Geotechnik kompakt – Band 1: Bodenmechanik nach Eurocode 7

Jetzt diesen Titel zusätzlich als E-Book downloaden und 70 % sparen!

Als Käufer dieses Buchtitels haben Sie Anspruch auf ein besonderes Kombi-Angebot: Sie können den Titel zusätzlich zum Ihnen vorliegenden gedruckten Exemplar für nur 30 % des Normalpreises als E-Book beziehen.

Der BESONDERE VORTEIL: Im E-Book recherchieren Sie in Sekundenschnelle die gewünschten Themen und Textpassagen. Denn die E-Book-Variante ist mit einer komfortablen Volltextsuche ausgestattet!

Deshalb: Zögern Sie nicht. Laden Sie sich am besten gleich Ihre persönliche E-Book-Ausgabe dieses Titels herunter.

In 3 einfachen Schritten zum E-Book:

❶ Rufen Sie die Website www.beuth.de/e-book auf.

❷ Geben Sie hier Ihren persönlichen, nur einmal verwendbaren E-Book-Code ein:

27130217DF3K421

❸ Klicken Sie das „Download-Feld“ an und gehen dann weiter zum Warenkorb. Führen Sie den normalen Bestellprozess aus.

Hinweis: Der E-Book-Code wurde individuell für Sie als Erwerber dieses Buches erzeugt und darf nicht an Dritte weitergegeben werden. Mit Zurückziehung dieses Buches wird auch der damit verbundene E-Book-Code für den Download ungültig.

Geotechnik kompakt
Band 1: Bodenmechanik nach Eurocode 7

Prof. Dr.-Ing. Gerd Möller

Geotechnik kompakt

Band 1: Bodenmechanik nach Eurocode 7

Kurzinfos
Formeln
Beispiele
Aufgaben mit Lösungen

5., überarbeitete und aktualisierte Auflage

Beuth Verlag GmbH · Berlin · Wien · Zürich

Bauwerk

Berlin · Wien · Zürich
Am DIN-Platz
Burggrafenstraße 6
10787 Berlin

Telefon: +49 30 2601-0
Telefax: +49 30 2601-1260
Internet: www.beuth.de
E-Mail: kundenservice@beuth.de

Druck und Bindung:
Zakład Graficzny Colonel S.A., Kraków

Gedruckt auf säurefreiem, alterungsbeständigem Papier nach DIN EN ISO 9706.

ISBN 978-3-410-27130-7

Vorwort

Wie die bisherigen Auflagen soll auch die 5. Auflage Studierenden an Fachhochschulen und Universitäten als Unterlage für ihr Studium im Fachgebiet Geotechnik dienen. Konzipiert ist sie aber auch für all diejenigen, die sich im Berufsalltag über bestimmte Themen der Bodenmechanik im Grundsatz informieren wollen bzw. ihren Wissensstand aktualisieren möchten.

Seit 2012 gilt unverändert, dass der Umfang der für die Geotechnik geltenden Regelwerke enorm groß ist. Dies ist dem Ersatz der deutschen Normung durch eine europäische Normung in den Bauordnungen der Bundesländer geschuldet. Damit verbunden sind u. a. Ergänzungen zur Erfassung der spezifisch deutschen Erfahrungen wie insbesondere die DIN 1054, die als nationale Ergänzung in die normativen Verweisungen von DIN EN 1997-1/NA eingearbeitet ist (der zu kennende Normenumfang wird zudem erheblich vergrößert durch die vielfältigen Verweisungen in DIN 1054 auf „Nebennormen“ mit ca. 1 650 Seiten). In diesem Zusammenhang ist auch auf das zweibändige „Normen-Handbuch Eurocode 7“ hinzuweisen, das die wichtigsten geotechnischen Normen zusammenführt. Band 1 (Allgemeine Regeln) enthält die Normen DIN EN 1997-1, DIN EN 1997-1/NA und DIN 1054, Band 2 (Erkundung und Untersuchung) die Normen DIN EN 1997-2, DIN EN 1997-2/NA und DIN 4020. Die beiden Bände bieten den in der Praxis tätigen Ingenieurinnen und Ingenieuren die Möglichkeit, statt jeweils mit drei Unterlagen mit nur einer arbeiten zu können.

Auch in der fünften Auflage war es mir wichtig, die behandelten Themen anhand möglichst vieler Anwendungsbeispiele und Aufgaben transparent zu machen, da meine Erfahrung zeigt, dass nicht nur Studierende sondern auch in der Praxis tätige Ingenieurinnen und Ingenieure Neues gern anhand von Fallbeispielen erlernen. Mit diesen Beispielen und Aufgaben wird das Ziel verfolgt, einige Aspekte noch einmal hervorzuheben und darüber hinaus den Leserinnen und Lesern die Kontrolle des Gelesenen zu erleichtern sowie die Möglichkeit zu geben, sich in der Lösung von Problemstellungen zu üben. Die den Aufgaben beigefügten Lösungen sollen der Selbstkontrolle dienen. Sie stellen jeweils eine, aber oftmals nicht die alleinige Möglichkeit der Lösung dar. Wie bisher wurden bei den Aufgaben die Aufgabenstellungen und -lösungen voneinander getrennt.

Schließlich bitte ich, wie bei allen meinen Büchern, die Leserinnen und Leser um Anregungen zur Veränderung des Vorgelegten, denn das Erreichte lässt sich nur durch Veränderung verbessern.

Berlin, im Oktober 2016

Gerd Möller

Für Susanne

Inhaltsverzeichnis

1 Einteilung und Benennung von Böden

1.1 Bezeichnungen, Kriterien und Feldversuche

1.1.1 Bezeichnungen

Die nachstehenden Bezeichnungen sind zum Teil DIN EN ISO 14688-1 [L 92] und DIN EN ISO 14689-1 [L 94] entnommen.

Fels (*Festgestein*): natürlich entstandene Ansammlung konsolidierter, verkitteter oder in anderer Form verbundener Mineralien, die ein Gestein von größerer Druckfestigkeit oder Steifigkeit bilden als Boden.

Gestein: vom Trennflächengefüge begrenzter Fels (Sedimentgesteine sowie magmatische und methamorphe Gesteine).

Boden (*Lockergestein*): Gemisch mineralischer Bestandteile in Form einer natürlich entstandenen Ablagerung, aber fallweise organischen Ursprungs, das mit geringem Aufwand separiert werden kann und unterschiedliche Anteile von Wasser und Luft (fallweise anderen Gasen) enthält. Der Begriff wird auch für Auffüllungen, umgelagerten Boden oder anthropogenes Material verwendet, die ein ähnliches Verhalten aufweisen (z. B. zerkleinertes Gestein, Hochofenschlacken und Flugaschen).

Anmerkung: Böden weisen teilweise auch felsartiges Gefüge auf, besitzen aber normalerweise eine geringere Festigkeit als Fels.

Baugrund: Boden, Fels und Auffüllung (einschließlich aller Inhaltsstoffe wie z. B. Grundwasser und Luft), die vor Baubeginn vorhanden sind und in denen Bauwerke gegründet oder eingebettet werden sollen oder die durch Baumaßnahmen beeinflusst werden.

Baustoff: bei der Errichtung von Bauwerken oder Bauteilen verwendeter Boden oder Fels.

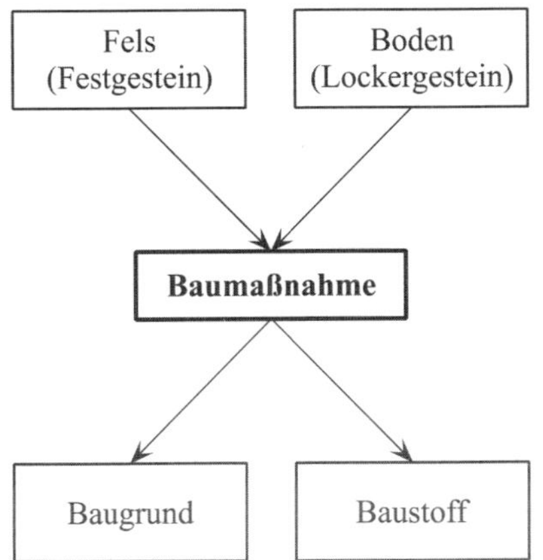

Abb. 1-1 Bezeichnungsveränderungen infolge von Baumaßnahmen

1.1.2 Kriterien zur Einteilung von Böden

- Entstehung (Verwitterung, Erosion bzw. Abtragung, Sedimentation, Frachtung durch Wind, Eis oder Wasser, usw.),
- Menge und Zustand ihrer organischen Bestandteile (brennbar, schwelbar),

- Größe und Anteil ihrer Körner (Siebkorn, Schlämmkorn, Korngrößenverteilung),
- bodenmechanische Eigenschaften (Kohäsion, Wasserdurchlässigkeit, Zusammendrückbarkeit, usw.),
- Bearbeitbarkeit (Lösen, Laden, Fördern, Einbauen und Verdichten),
- Verhaltensunterschiede bei Belastung (Fels, gewachsener Boden, geschütteter Boden, usw.),
- Verwendbarkeit für bautechnische Zwecke (Gruppengliederung bezüglich stofflichem Aufbau und bautechnischen Eigenschaften),
- Erkennbarkeit bei Feldversuchen (Bodenfarbe, Plastizität, Kalkgehalt, Konsistenz).

Die unterschiedlichen Gesichtspunkte, nach der die Klassifikation und Benennung von Böden erfolgen kann, führen auch dazu, dass zu diesem Thema entsprechende Ausführungen in so verschiedenen DIN-Normen zu finden sind wie in DIN 1054 [L 2], DIN 4023 [L 24], DIN 18196 [L 58], DIN 18300 [L 59], DIN 19682-1 [L 60], DIN 19682-2 [L 61], DIN 19682-12 [L 63], DIN EN 1997-1 [L 73], DIN EN ISO 14688-1 [L 92], DIN EN ISO 14688-2 [L 93], DIN EN ISO 14689-1 [L 94] und DIN EN ISO 22475-1 [L 97].

1.1.3 Einteilung nach Korngrößen und Bodenarten

Grobkörnige Böden (auch *nichtbindige* oder *rollige Böden*): einzelne mineralische Partikel („Körner"), die mit bloßem Auge erkennbar sind (Sande, Kiese, Schotter usw.).

Feinkörnige Böden (auch *bindige* oder *kohäsive Böden*): Einzelkörner sind mit bloßem Auge nicht mehr erkennbar (Tone, Schluffe usw.); im Gegensatz zu den grobkörnigen Böden weisen sie plastische Eigenschaften auf.

Reine Bodenarten: bestehen aus nur einem der Korngrößenbereiche der Tabelle 1-1 und werden nach diesem benannt (z. B. Kies, Feinsand oder Ton).

Zusammengesetzte Bodenarten: Gemische aus reinen Bodenarten.

1.1.4 Einteilung reiner Bodenarten

In Tabelle 1-1 wird die Einteilung und Benennung gemäß DIN EN ISO 14688-1, 4.2 von Böden mit Korngrößen bis zu 630 mm und mehr gezeigt. Die Einteilung definiert „reine" Bodenarten, die aus nur einem der aufgeführten Korngrößenbereiche bestehen und nach diesem benannt werden (z. B. Kies (Gr), Grobsand (CSa), Feinschluff (FSi), Ton (Cl)). Beachte auch Tabelle 1-2.

In Ergänzung zu Tabelle 1-1 ist darauf hinzuweisen, dass die nach DIN EN ISO 14688-1 zu verwendenden Kurzzeichen zur Benennung der Böden nicht mit den Kurzformen übereinstimmen, die in DIN 4023 für die zeichnerische Darstellung angegeben werden (bezüglich der entsprechenden Begründung siehe DIN 4023, Anhang B). Gemäß dem Nationalen Anhang von DIN EN ISO 14688-1 ist die Verwendung der Kurzzeichen nach DIN EN ISO 14688-1 als auch die der Kurzformen nach DIN 4023 zulässig. Tabelle 1-2 zeigt eine entsprechende Gegenüberstellung dieser Kurzbezeichnungen.

Tabelle 1-1 Einteilung und Benennung von Böden nach Korngrößen (nach DIN EN ISO 14688-1, Tabelle 1; Bemerkungen nach [L 23])

Bereich	Benennung (Kurzzeichen)	Korngröße (in mm)	Bemerkungen
sehr grob-körniger Boden	großer Block (LBo)	> 630	–
	Block (Bo)	> 200 bis 630	> Kopfgröße
	Stein (Co)	> 63 bis 200	< Kopfgröße > Hühnereier
grobkörniger Boden	Kies (Gr)	> 2 bis 63	< Hühnereier > Streichholzköpfe
	Grobkies (CGr)	> 20 bis 63	< Hühnereier > Haselnüsse
	Mittelkies (MGr)	> 6,3 bis 20	< Haselnüsse > Erbsen
	Feinkies (FGr)	> 2 bis 6,3	< Erbsen > Streichholzköpfe
	Sand (Sa)	> 0,063 bis 2	< Streichholzköpfe, aber Einzelkorn noch erkennbar
	Grobsand (CSa)	> 0,63 bis 2	< Streichholzköpfe > Grieß
	Mittelsand (MSa)	> 0,2 bis 0,63	etwa Grieß
	Feinsand (FSa) *	> 0,063 bis 0,2	< Grieß, aber Einzelkorn noch erkennbar
feinkörniger Boden	Schluff (Si)	> 0,002 bis 0,063	Einzelkörner mit bloßem Auge nicht mehr erkennbar
	Grobschluff (CSi) *	> 0,02 bis 0,063	
	Mittelschluff (MSi)	> 0,0063 bis 0,02	
	Feinschluff (FSi)	> 0,002 bis 0,0063	
	Ton (Cl)	< 0,002	

*) Sand mit Korngrößen ≤ 0,1 mm und Grobschluff werden auch als „Mehlsand“ bezeichnet.

Tabelle 1-2 Gegenüberstellung der zur Benennung von Böden zu verwendenden Kurzformen nach DIN 4023 und Kurzzeichen nach DIN EN ISO 14688-1 (nach DIN 4023, Tabelle B.1)

Benennung des Bodens	Kurzform, DIN 4023	Kurzzeichen, DIN EN ISO 14688-1
große Blöcke	–	LBo
Blöcke	Y	Bo
Steine	X	Co
Kies (Gr) Grobkies Mittelkies Feinkies	G gG mG fG-	Gr CGr MGr FGr
Sand Grobsand Mittelsand Feinsand	S gS mS fS	Sa CSa MSa FSa
Schluff Grobschluff Mittelschluff Feinschluff	U – – –	Si CSi MSi FSi
Ton	T	Cl

1.1.5 Einteilung und Bezeichnungen zusammengesetzter Böden

Zusammengesetzte Böden enthalten unterschiedliche Anteile reiner Bodenarten, die in der nachstehenden Weise zu unterscheiden sind (als Kurzbezeichnungen werden die Kurzformen der DIN 4023 verwendet).

Hauptanteil: Bodenart, die nach den Massenanteilen am stärksten vertreten ist (bei sehr grobkörnigen und grobkörnigen Böden) bzw. die bestimmenden Eigenschaften des Bodens prägt (bei feinkörnigen Böden).

Nebenanteil: Bodenart, die als Feinkornanteil die bestimmenden Eigenschaften des Bodens nicht prägt bzw. als Grobkorn nicht den stärksten Massenanteil repräsentiert und weniger als 40 % des Massenanteils ausmacht.

Nach DIN EN ISO 14688-1, 4.3.2 bestimmt das Feinkorn dann nicht das Verhalten eines gemischtkörnigen Bodens, wenn der Boden im Trockenfestigkeitsversuch (vgl. Abschnitt 1.1.8) keine oder nur eine niedrige Trockenfestigkeit aufweist bzw. wenn er beim Knetversuch (vgl. Abschnitt 1.1.8) keine Knetfähigkeit zeigt. Hingegen ist von dem Bestimmen des Verhaltens eines gemischtkörnigen Bodens durch das Feinkorn auszugehen, wenn dieser mindestens eine mittlere Trockenfestigkeit aufweist und/oder knetbar ist).

Zu den im Folgenden verwendeten Bezeichnungen zusammengesetzter Böden siehe DIN EN ISO 14688-1 und DIN EN ISO 14688-2 (beachte die Erläuterungen der Nationalen Anhänge dieser Normen).

Hauptanteilsbezeichnungen: durch Substantive (z. B. Kies, Sand, Grobsand, Feinsand, Schluff, Ton) bzw. durch Großbuchstaben (z. B. G, S, gS, fS, U, T).

Nebenanteilsbezeichnungen: durch Adjektive (z. B. kiesig, sandig, grobsandig, feinsandig, schluffig, tonig) bzw. durch Kleinbuchstaben (z. B. g, s, gs, fs, u, t).

Zu den im Folgenden verwendeten Bezeichnungen zusammengesetzter Böden siehe DIN EN ISO 14688-1 und DIN EN ISO 14688-2 (beachte die Erläuterungen der Nationalen Anhänge dieser Normen).

Neben den angegebenen Bezeichnungen für gemischtkörnige Böden existieren noch eine Vielzahl weiterer Begriffe. Vier davon sind nachstehend erläutert.

Geschiebemergel (Mg): in Eiszeiten durch Ablagerung entstandener kalkhaltiger bindiger Boden, aus Geröll, Kies, Sand, Schluff und Ton bestehende Mischung mit regelloser Struktur.

Geschiebelehm (Lg): wie Geschiebemergel, dem der von Sicker- und Grundwasser ausgewaschene Kalk fehlt.

Lehm (L): bindiger Boden als Mischung aus Kies, Sand, Schluff und Ton (z. B. *Hanglehm*).

Löss (Lö): vom Wind angewehtes gleichkörniges, zumeist hellbraunes Sediment mit hohem Anteil der Teilchengrößen von 0,01 bis 0,05 mm und mit ≈ 10 bis 20 % Kalkanteil.

1.1.6 Kennzeichnung von Böden gemäß DIN 4023

Die nachstehende Tabelle ist DIN 4023 entnommen. Sie zeigt Vereinbarungen für die einheitliche Kennzeichnung wichtiger zusammengesetzter Bodenarten, wie sie in zeichnerischen Darstellungen (z. B. von Bohrergebnissen) und im Schrifttum verwendet werden können.

Weitere Kennzeichnungen sind in DIN 4023 oder auch in MÖLLER [L 126], Abschnitt 1.5 zu finden.

Tabelle 1-3 Beispiele von Kurzformen, Zeichen und Farbkennzeichnungen für zusammengesetzte Bodenarten sowie für nicht-petrographische Bezeichnungen von Boden (nach DIN 4023)

Benennung	Kurzformen	Zeichen	Farbkennzeichnung [a] Farbname	Farbmaßzahlen nach DIN 6164-1
Grobkies, steinig	gG, x		gelb	2 : 6 : 1
Feinkies und Sand	fG/S		orange	6 : 6 : 2
Grobsand, mittelkiesig	gS, mg		orange	6 : 6 : 2
Mittelsand, schluffig, humos	mS, u, h		orange	6 : 6 : 2
Schluff, stark feinsandig	U, fs*		oliv	1 : 4 : 5
Auffüllung	A	A	–	–
Mutterboden	Mu	Mu	gelblichbraun	4 : 5 : 3
Verwitterungslehm, Hanglehm	L		grau	N : 0 : 5,5
Lößlehm	Löl		oliv	1 : 4 : 5
Geschiebelehm	Lg		grau	15 : 6 : 4
Geschiebemergel	Mg		violettblau	N : 0 : 5,5
Klei, Schlick	Kl		lila	11 : 4 : 4
Klei, feinsandig	Kl, fs		lila	11 : 4 : 4
Torf, feinsandig, schwach schluffig	H, fs, u'		dunkelbraun	5 : 2 : 6
Mudde (Faulschlamm)	F		lila	11 : 4 : 4

[a] Handelsbezeichnungen nach DIN 4023, Anhang A.

1.1.7 Einteilung von Böden mit organischen Bestandteilen

Böden können vollkommen aus organischen Substanzen bestehen oder organische Stoffe als Beimengungen besitzen. Organische Substanzen sind physikalisch und chemisch umgewandelte Überreste pflanzlichen und/oder tierischen Lebens.

Wie schon bei den zusammengesetzten Bodenarten findet sich in der Praxis auch für Böden mit organischen Bestandteilen eine Vielzahl weiterer Bodenartnamen. In diese Gruppe gehören Begriffe wie

Mutterboden bzw. *Oberboden* (Mu): aus Kies-, Sand-, Schluff- und Tongemischen bestehende oberste Bodenschicht, die auch Humus und Lebewesen enthält.

Mudde bzw. *Faulschlamm* (F): in Verlandungsgebieten von Gewässern vorkommender organischer Boden mit mineralischen Beimengungen.

Schlick (Kl): am küstennahen Meeresboden abgelagerter Tonschlamm, gemischt mit organischen Stoffen, Schluff und Feinsand.

Klei (Kl): ältere, verfestigte Schlickablagerung.

Zu weiteren Unterscheidungen siehe z. B. DIN EN ISO 14688-1, DIN 18196 und Abschnitt 5.5.2.

1.1.8 Bodenarterkennung mit Feldversuchen gemäß DIN EN ISO 14688-1

Reibeversuch (Abschätzung der Sand-, Schluff- und Tonanteile)

Das Zerreiben einer kleinen Probenmenge zwischen den Fingern (ggf. unter Wasser) zeigt

tonigen Boden durch seifiges sich anfühlen, an den Fingern kleben bleiben und sich auch im trockenen Zustand nicht ohne Abwaschen entfernen lassen,

schluffigen Boden durch weiches und mehliges sich anfühlen und sich im trockenen Zustand durch Fortblasen bzw. in die Hände klatschen von den Fingern problemlos entfernen lassen,

Sandkornanteil durch Rauigkeitsgefühl bzw. durch Knirschen und Kratzen (im Zweifelsfall bei der Versuchsdurchführung zwischen den Zähnen) sowie durch die mit bloßem Auge erkennbaren Einzelkörner.

Trockenfestigkeitsversuch (Erkennung der Bodenzusammensetzung nach Art und Menge des Feinkornanteils)

Der Widerstand einer getrockneten Bodenprobe gegen ihre Zerstörung weist z. B. hin auf (angegebene Bodenarten nach [L 23])

G, S, Gs wenn sie ohne oder bei geringster Berührung zerfällt (keine Trockenfestigkeit),

U, Ufs, fS$\bar{\text{u}}$, G$\bar{\text{u}}$ wenn sie bei leichtem bis mäßigem Fingerdruck zerfällt (geringe Trockenfestigkeit),

G$\bar{\text{t}}$, S$\bar{\text{t}}$, Ut wenn sie erst unter erheblichem Fingerdruck zerbricht (mittlere Trockenfestigkeit),

T, Tu, Ts, G$\bar{\text{t}}$s wenn sie durch Fingerdruck nicht zerstörbar ist (hohe Trockenfestigkeit).

Schneideversuch (Erkennung als Schluff oder Ton)

Nach dem Durchschneiden einer erdfeuchten Bodenprobe mit einem Messer weist die frische Schnittfläche hin auf

- Ton, wenn sie ein glänzendes Aussehen besitzt,
- Schluff bzw. tonig, sandigen Schluff mit geringer Plastizität, wenn sie stumpf aussieht.

Konsistenzbestimmung bindiger Böden (Zustandsformen plastischer Böden)

Unterschiede beim mit der Hand Bearbeiten von Bodenproben liefern die Zustandsformen

breiig beim Pressen des Bodens in der Faust quillt dieser durch die Finger,

weich lässt sich leicht kneten,
steif schwer knetbar, aber in 3 mm dicke Walzen ausrollbar ohne dabei zu reißen oder zu zerbröckeln,
halbfest bröckelt und reißt beim Ausrollen in 3 mm dicke Walzen, lässt sich aber erneut zum Klumpen formen,
fest (*hart*) nicht mehr knet-, sondern nur noch zerbrechbarer ausgetrockneter Boden.

Bei gering plastischen Böden lässt sich die Unterteilung nur annähernd verwenden (vgl. DIN EN ISO 14688-1, 5.14).

Ausquetschversuch (Feststellung des Zersetzungsgrades von Torf)
Nach kräftigem Quetschen von nassem Torfstück in der Faust ist Torf zu unterscheiden in
nicht zersetzt beim Ausquetschen geht zwischen den Fingern nur klares Wasser hindurch,
mäßig zersetzt beim Ausquetschen geht trübes Wasser mit weniger als 50 % Feststoffanteil zwischen den Fingern hindurch,
völlig zersetzt beim Ausquetschen geht ein wässriger Brei mit mehr als 50 % Feststoffanteil zwischen den Fingern hindurch.

1.2 Aufgaben mit Lösungen

Aufgabe 1-1 (Lösung Seite 9)

Zu benennen sind zwei Materialeigenschaften, über die sich bindige und nichtbindige Böden unterscheiden lassen!

Aufgabe 1-2 (Lösung Seite 9)

Wie kann mittels eines Feldversuchs gemäß DIN EN ISO 14688-1 [L 92] festgestellt werden, dass ein bindiger Boden von halbfester Konsistenz ist?

Aufgabe 1-3 (Lösung Seite 9)

Wann werden Anteile gemischtkörniger Böden nach DIN EN ISO 14688-1 mit Groß- bzw. Kleinbuchstaben bezeichnet? Anzugeben ist ein Beispiel einschließlich der Kurzbezeichnung gemäß DIN EN ISO 14688-1, DIN EN ISO 14688-2 und DIN 4023!

Aufgabe 1-4 (Lösung Seite 10)

Welcher Boden liegt vor, wenn eine kleine, feuchte Bodenprobemenge zwischen den Fingern zerrieben wird und Bodenmaterial an den Fingern kleben bleibt, das sich auch im trockenen Zustand nicht ohne Abwaschen entfernen lässt?

Wie wird dieser Versuch genannt und in welcher DIN ist er beschrieben?

Aufgabe 1-5 (Lösung Seite 10)

Wodurch lassen sich beim Trockenfestigkeitsversuch gemäß DIN EN ISO 14688-1 [L 92]
- Sand
- feinsandiger Schluff
- stark schluffiger Feinsand und

► stark toniger, schwach sandiger Kies

erkennen?

Aufgabe 1-6 (Lösung Seite 10)

Aus welchen Bodenarten setzt sich ein Geschiebelehm zusammen, und wodurch unterscheidet er sich vom Geschiebemergel?

Aufgabe 1-7 (Lösung Seite 10)

Welche Bodenarten liegen vor, wenn das Bodenmaterial beim Trockenfestigkeitsversuch gemäß DIN EN ISO 14688-1 [L 92]

a) bei geringster Berührung zerfällt
b) unter erheblichem Fingerdruck zerbricht.

Anzugeben sind auch die Kurzbezeichnungen dieser Bodenarten gemäß [L 23] und DIN 4023.

Aufgabe 1-8 (Lösung Seite 10)

Welcher Boden wird als „Schlick" bezeichnet?

Aufgabe 1-9 (Lösung Seite 10)

In einer Bohrprofildarstellung (vgl. z. B. Abb. 4-13) erfolgte die Bodenkennzeichnung gemäß DIN 4023 [L 24].

Es ist anzugeben, wie der in einer der Schichten anstehende Boden zu benennen ist, dessen Kurzzeichen durch Kl, fs und dessen Zeichen durch

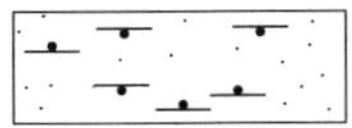

gegeben sind. Darüber hinaus ist die Bodenart zu beschreiben, welche die Eigenschaften des in der Schicht anstehenden Bodens am stärksten bestimmt.

Lösung zu Aufgabe 1-1 (Aufgabenstellung Seite 8)

a) Korndurchmesser (im Gegensatz zu nichtbindigen Böden sind Einzelkörner bei bindigen Böden mit bloßem Auge zu erkennen),
b) plastische Eigenschaften, die bindige Böden, nicht aber nichtbindige Böden aufweisen.

Lösung zu Aufgabe 1-2 (Aufgabenstellung Seite 8)

Der Boden wird per Hand in 3 mm dicke Walzen ausgerollt. Wenn er dabei bröckelt und reißt, aber dennoch feucht genug ist, um erneut zu einem Klumpen geformt werden zu können, ist der Boden von halbfester Konsistenz (Abschnitt 1.1.8).

Lösung zu Aufgabe 1-3 (Aufgabenstellung Seite 8)

Ein Anteil eines gemischtkörnigen Bodens wird mit einem Großbuchstaben bezeichnet, wenn er den Hauptanteil (nach Massenanteilen am stärksten vertretene oder die bestimmenden Eigenschaften des Bodens prägende Bodenart) darstellt.

Stellt der Boden einen Nebenanteil (nach Massenanteilen nicht am stärksten vertretene oder als Feinkorn die bestimmenden Bodeneigenschaften nicht prägende Bodenart) dar, wird er mit Kleinbuchstaben bezeichnet.

Beispiel: Grobsand, mittelsandig, feinkiesig bzw.
gS, ms, fg.

Lösung zu Aufgabe 1-4 (Aufgabenstellung Seite 8)

Dieser Sachverhalt tritt auf, wenn toniger Boden gemäß dem Reibeversuch nach DIN EN ISO 14688-1 [L 92] untersucht wird.

Lösung zu Aufgabe 1-5 (Aufgabenstellung Seite 8)

1. Sand (S) zerfällt bei geringster Berührung.
2. Feinsandiger Schluff (Ufs) und stark schluffiger Feinsand ($fS\bar{u}$) zerfallen bei leichtem Fingerdruck.
3. Stark toniger, schwach sandiger Kies ($G\bar{t}s$) ist durch Fingerdruck nicht zerstörbar.

Lösung zu Aufgabe 1-6 (Aufgabenstellung Seite 9)

Geschiebelehm ist, wie auch Geschiebemergel, ein gemischtkörniger Boden, der aus Kies, Sand, Schluff und Ton besteht.

Im Gegensatz zum Geschiebemergel enthält Geschiebelehm keinen Kalk, da dieser durch das Grundwasser ausgewaschen wurde.

Lösung zu Aufgabe 1-7 (Aufgabenstellung Seite 9)

a) Kies (G), Sand (S), sandiger Kies (Gs)
b) stark toniger Kies ($G\bar{t}$), stark toniger Sand ($S\bar{t}$), stark toniger Schluff ($U\bar{t}$).

Lösung zu Aufgabe 1-8 (Aufgabenstellung Seite 9)

Schlick ist am Meeresboden in Küstennähe abgelagerter Tonschlamm, gemischt mit organischen Stoffen, Schluff und Feinsand.

Lösung zu Aufgabe 1-9 (Aufgabenstellung Seite 9)

Nach Tabelle 1-3 gehören das angegebene Kurzzeichen und das Zeichen zu feinsandigem Klei.

Der Hauptanteil des in der Schicht anstehenden Bodens ist Klei (Kl). Bei ihm handelt es sich um älteren, verfestigten Tonschlamm, der mit organischen Stoffen, Schluff und Feinsand gemischt ist.

2 Wasser im Baugrund

2.1 Regelwerke

Bestimmungen zu Untersuchungen der Gegebenheiten und Eigenschaften des Grundwassers sowie zu den Auswirkungen von stehendem oder fließendem Grundwasser auf Baumaterial und Baukonstruktionen finden sich z. B. in

- DIN 1054 [L 2], DIN 4020 [L 19], DIN 4030-1 [L 26], DIN 4030-2 [L 27], DIN 18130-2 [L 51], DIN 19682-8 [L 62], DIN EN 1992-1-1 [L 71], DIN EN 1992-1-1/NA [L 72], DIN EN 1997-2 [L 76], DIN EN 1997-2/NA [L 77] und DIN EN ISO 22475-1 [L 97],
- den EAB [L 108],
- den EAU 2012 [L 110].

2.2 Begriffe

Die im Folgenden aufgeführten Begriffe sind der DIN EN ISO 22475-1 und [L 22] entnommen.

Sickerwasser: überwiegend infolge der Schwerkraft sich abwärts bewegendes Wasser, soweit es kein Grundwasser ist.

Grundwasser: unterirdisches Wasser, das die Hohlräume des Baugrunds zusammenhängend ausfüllt.

Grundwasserspiegel: ausgeglichene Grenzfläche des Grundwassers gegen die Atmosphäre (z. B. in Brunnen, Grundwassermessstellen, Höhlen oder Gewässern).

Grundwasseroberfläche: obere Grenzfläche des Grundwassers.

Grundwasserleiter: wasserdurchlässiger Boden oder Fels, der geeignet ist, Grundwasser aufzunehmen oder zu leiten.

Grundwasserhemmer: Grenzschicht aus Fels oder Boden, die die Strömung von Wasser in einen benachbarten Grundwasserleiter bzw. daraus behindert, jedoch nicht verhindert.

Grundwassernichtleiter: Fels oder Boden mit sehr geringer Transmissivität (auch Profildurchlässigkeit genannt; Integral der Wasserdurchlässigkeit über die Mächtigkeit des Nichtleiters), wodurch die Wasserströmung durch den Boden oder Fels praktisch verhindert wird.

Grundwasserdruckfläche: geometrischer Ort der Endpunkte aller Standrohrspiegelhöhen an einer Grundwasseroberfläche.

Freie Grundwasseroberfläche (*freies Grundwasser*): Grundwasserdruckfläche, die mit der Grundwasseroberfläche identisch ist.

Gespanntes Grundwasser: Grundwassertyp, bei dem die Grundwasserdruckfläche über der Grundwasseroberfläche liegt.

Artesisch gespanntes Grundwasser: Grundwassertyp, bei dem die Grundwasserdruckfläche über der Grundwasseroberfläche und über der Erdoberfläche liegt.

Grundwasserstockwerk: Grundwasserleiter einschließlich seiner oberen und unteren Begrenzung als Betrachtungseinheit innerhalb der senkrechten Gliederung der Erdrinde. Die Grundwasserstockwerke werden von oben nach unten gezählt.

Porendruck: Druck der Flüssigkeit, mit der die Poren im Boden oder Fels gefüllt sind.

Grundwasserschwankungen: Schwankungen der Grundwasseroberfläche und/oder des Porendrucks.

Grundwassermessung: Messung der Grundwasseroberfläche oder des Porendrucks.

Grundwassermessstelle: Ort, an dem die Geräte für Grundwassermessungen installiert sind oder Grundwassermessungen durchgeführt werden.

Piezometer: Einrichtung für die messtechnische Bestimmung der Grundwasseroberfläche oder der Grundwasserdruckhöhe in offenen und geschlossenen Systemen (Weiteres siehe DIN EN ISO 22475-1).

2.3 Erscheinungsformen und Messungen

2.3.1 Erscheinungsformen des Wassers

Kapillarwasser

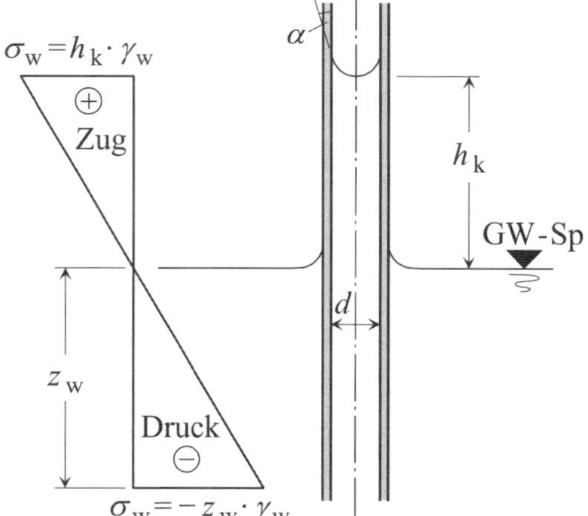

Abb. 2-1 Zug- und Druckspannungsverlauf in einem Kapillarrohr

Bei nicht vollständig mit Grundwasser gefüllten Bodenporen treten zwischen dem Boden und dem Wasser Oberflächenspannungen auf. Sie bewirken Kapillarkräfte, die mit abnehmender Porengröße zunehmen und das Grundwasser als „Kapillarwasser" um die kapillare Steighöhe h_k über den Grundwasserspiegel anheben (Abb. 2-1). Näherungsweise gilt hierfür in nicht dimensionsreiner Form

$$h_k \text{ (in cm)} \approx \frac{0{,}3}{d \text{ (in cm)}} \qquad \text{Gl. 2-1}$$

Kapillar angehobenes Grundwasser findet sich im Baugrund in der „geschlossenen Kapillarzone“ (Kapillarwasser füllt alle Poren) und der „offenen Kapillarzone“ (nur ein Teil der Poren ist mit Kapillarwasser gefüllt).

Porenwinkelwasser

Porenwinkelwasser ist Wasser im Bereich der Kontaktflächen (Porenwinkel) von Körnern feuchter, nichtbindiger Böden. Das Aneinanderziehen der Bodenkörner durch die Kapillarkräfte dieses Wassers wird als „Kapillarkohäsion“ oder auch „scheinbare Kohäsion“ bezeichnet (wirkt sich insbesondere bei feinkörnigeren rolligen Böden aus). Vollständig trockene und gesättigte Böden außerhalb der geschlossenen Kapillarzone weisen keine Kapillarkohäsion auf.

Hygroskopisches Wasser

Hygroskopisches Wasser (Adsorptionswasser) wird von elektrisch negativ geladenen Oberflächen der Bodenteilchen angezogen und dort angelagert (adsorbiert). Es umgibt die Bodenteilchen in einer verdichteten Schicht („diffuse Hülle“ oder „diffuse Schicht“), hat die Konsistenz einer hochviskosen Flüssigkeit, wird zur Teilchenoberfläche hin zäh wie Eis und unmittelbar an der Oberfläche praktisch zum Bestandteil der Bodenteilchen.

2.3.2 Grundwassermessstellen

Die Planung von in den Grundwasserbereich hineinreichenden Bauwerken verlangt die Kenntnis der Höhenlage des Grundwasserspiegels bzw. der Grundwasserdruckfläche, die durch Niederschläge, Wasserentnahmen usw. zeitlich verändert wird. Die Ermittlung der Grundwasserstände und insbesondere ihrer Höchst-, Mittel- und Tiefstwerte erfolgt durch Messungen in dafür eingerichteten Messstellen (vgl. z. B. MÖLLER [L 126], Abschnitt 2.9).

Zur Bestimmung aktueller Wasserstände durch Einzelmessungen können Kabellichtlote verwendet werden (vgl. Abb. 2-2 und MÖLLER [L 126], Abschnitt 2.9).

Abb. 2-2 Kabellichtlot zur Einzelmessung von Wasserständen (aus Firmenprospekt [F 3])

2.4 Betonangreifendes Grundwasser

Hinsichtlich der Beurteilung des Angriffsvermögens von Wässern auf erhärteten Beton können die Normen DIN 4030-1 und DIN 4030-2 herangezogen werden. Danach

- soll junger Beton im Allgemeinen mit betonangreifendem Wasser nicht in Berührung kommen (Ausnahmebeispiel: Ortbetonpfähle);
- können Wässer betonangreifend sein, wenn sie z. B.
  - freie Säuren (pH-Werte < 7; betonangreifend ab pH-Werten < 6,5),
  - Sulfide (bei Zutritt von Sauerstoff und Feuchte ist u. a. ihre Oxidation zu Sulfaten und Schwefelsäure möglich),
  - Sulfate (Umsetzung mit Zementsteinverbindungen in Calciumaluminatsulfathydrate oder Gips; wirkt ggf. treibend),
  - Magnesiumsalze (lösen Calciumhydroxid aus dem Zementstein),
  - Ammoniumsalze (lösen vorwiegend Calciumhydroxid aus dem Zementstein),
  - pflanzliche und tierische Fette und Öle (bilden mit dem Calciumhydroxid des Zementsteins fettsaure Calciumsalze (Kalkseifen))

  enthalten;
- können besonders weiche Wässer (mit Härten < 30 mg Calciumoxid (CaO) je Liter) betonangreifend sein;
- enthält Grundwasser oft kalklösende Kohlensäure, Sulfate und Magnesiumverbindungen (Abwässer oder entsprechende Ablagerungen können höhere Konzentrationen von Schwefelwasserstoffen, Ammonium und betonangreifenden organischen Verbindungen bewirken).

Allgemeine Merkmale, die Hinweise auf betonangreifende Bestandteile des Grundwassers geben können, sind z. B. dunkle Färbung des Wassers, Salzausscheidungen, fauliger Geruch oder saure Reaktionen. Eine sichere Feststellung vorhandener betonangreifender Bestandteile im Grundwasser verlangt allerdings eine chemische Analyse gemäß DIN 4030-2.

Zur Beurteilung des Angriffsgrades von Wässern vorwiegend natürlicher Zusammensetzung kann die Tabelle 2-1 herangezogen werden. Die darin angegebenen Grenzwerte gelten für stehendes oder schwach fließendes, in großen Mengen vorhandenes Wasser, das unmittelbar auf den Beton einwirkt und bei dem die angreifende Reaktion mit dem Boden nicht vermindert wird. Temperatur- und Druckerhöhungen führen zur Verstärkung des Angriffsgrades. Der Angriffsgrad reduziert sich bei Temperaturabnahme bzw. bei nur in geringen Mengen anstehendem Wasser. Dies gilt auch für sich praktisch nicht bewegendes Wasser, das nur eine langsame Erneuerung der betonangreifenden Bestandteile zulässt (z. B. wenig durchlässige Böden mit Durchlässigkeitsbeiwerten von $k < 10^{-5}$ m/s).

Tabelle 2-1 Grenzwerte zur Beurteilung des Angriffsgrades von natürlichen Wässern und Böden (nach DIN 4030-1 und DIN EN 1992-1-1, Tabelle 4.1)

	Chemisches Merkmal	**Expositionsklasse** XA1 (schwach angreifend)	XA2 (mäßig angreifend)	XA3 (stark angreifend)
Grundwasser				
1	Sulfat (SO_4^{2-}) in mg/Liter	≥ 200 und ≤ 600	> 200 und $\leq 3\,000$	$> 3\,000$ und $\leq 6\,000$
2	pH-Wert	$\leq 6{,}5$ und $\geq 5{,}5$	$< 5{,}5$ und $\geq 4{,}5$	$< 4{,}5$ und $\geq 4{,}0$
3	kalklösende Kohlensäure (CO_2) in mg/Liter	≥ 15 und ≤ 40	> 40 und ≤ 100	> 100 bis Sättigung
4	Ammonium (NH_4^+) in mg/Liter	≥ 15 und ≤ 30	> 30 und ≤ 60	> 60 und ≤ 100
5	Magnesium (Mg^{2+}) in mg/Liter	≥ 300 und $\leq 1\,000$	$> 1\,000$ und $\leq 3\,000$	$> 3\,000$ bis Sättigung
Boden				
6	Sulfat [a] (SO_4^{2-}) in mg/kg	≥ 200 und ≤ 600	> 200 und $\leq 3\,000$ [b]	$> 3\,000$ [b] und $\leq 6\,000$
7	Säuregrad (nach BAUMAN-GULLY)	> 200	in der Praxis nicht anzutreffen	

[a] Tonböden mit einer Durchlässigkeit von $< 10^{-5}$ m/s dürfen in eine niedrigere Klasse eingeteilt werden.

[b] Besteht die Gefahr der Anhäufung von Sulfationen im Beton (zurückzuführen auf wechselndes Trocknen und Durchfeuchten oder kapillares Saugen), ist der Grenzwert von 3 000 mg/kg auf 2 000 mg/kg zu vermindern.

2.5 Aufgaben mit Lösungen

Aufgabe 2-1 (Lösung Seite 16)

Bei welchen Böden kann Kapillarkohäsion auftreten und wodurch wird sie hervorgerufen?

Aufgabe 2-2 (Lösung Seite 16)

Wodurch unterscheiden sich Kohäsion und Kapillarkohäsion und worauf ist dieser Unterschied zurückzuführen?

Aufgabe 2-3 (Lösung Seite 16)

Nachdem ein nach unten offener, mit trockenem nichtbindigen Boden gefüllter Behälter in 10 °C warmes Wasser gestellt wurde, stellte sich in dem Boden als größte aktive kapillare Steighöhe max $h_{ka} = 40$ cm (Grenze der offenen Kapillarzone) und als kleinste Steighöhe min $h_{ka} = 15$ cm (Grenze der geschlossenen Kapillarzone) ein.

Näherungsweise zu ermitteln sind die Durchmessergrößen (Angabe in mm) von Kapillarrohren, in denen sich kapillare Steighöhen einstellen, die den oben angegebenen Werten der geschlossenen und der offenen Kapillarzone entsprechen.

Lösung zu Aufgabe 2-1 (Aufgabenstellung Seite 15)

Kapillarkohäsion kann bei nichtbindigen Böden auftreten. Hervorgerufen wird sie durch die Kapillarkräfte des Porenwinkelwassers.

Lösung zu Aufgabe 2-2 (Aufgabenstellung Seite 15)

Die Kapillarkohäsion basiert auf der Wirkung der Kapillarkräfte des Porenwinkelwassers nichtbindiger Böden und ist deshalb nur bei feuchten nichtbindigen Böden anzutreffen. Bei Trocknung solcher Böden geht die scheinbare Kohäsion wegen der Verdunstung des Porenwinkelwassers verloren.

Kohäsion tritt bei bindigen Böden auf und ist auf die Wirkung freier Oberflächenkräfte im hygroskopischen Wasser (Saugwasser) zurückzuführen. Die Kohäsion eines bindigen Bodens vergrößert sich bei abnehmendem Wassergehalt wegen der damit verbundenen Zunahme der freien Oberflächenkräfte.

Lösung zu Aufgabe 2-3 (Aufgabenstellung Seite 15)

Für 10 °C warmes Wasser kann die aktive kapillare Steighöhe näherungsweise durch (Gl. 2-1)

$$h_{\mathrm{k}}\,(\text{in cm}) \approx \frac{0{,}3}{d\,(\text{in cm})}$$

ermittelt werden. Durch Auflösung nach d ergeben sich somit die beiden Werte

$$\min d \approx \frac{0{,}3}{40} = 0{,}0075 \text{ cm} = 0{,}075 \text{ mm} \qquad \text{und} \qquad \max d \approx \frac{0{,}3}{15} = 0{,}02 \text{ cm} = 0{,}2 \text{ mm}$$

für die Kapillarrohrdurchmesser, in denen sich kapillare Steighöhen einstellen, welche denen der offenen ($\min d$) und der geschlossenen ($\max d$) Kapillarzone entsprechen.

3 Geotechnische Untersuchungen

3.1 Regelwerke

Bestimmungen zu geotechnischen Untersuchungen finden sich z. B. in

- den Normen DIN 1054 [L 2], DIN 4020 [L 19], DIN EN 1997-1 [L 73], DIN EN 1997-1/NA [L 75], DIN EN 1997-2 [L 76] und DIN EN 1997-2/NA [L 77],
- den EAU 2012 [L 110],
- dem Merkblatt über geotechnische Untersuchungen und Berechnungen im Straßenbau [L 123].

3.2 Untersuchungsziel und -verfahren

Geotechnische Untersuchungen liefern Parameter für ein Bodenmodell (räumlicher Aufbau, Kennwerte und Grundwasserverhältnisse), dessen Genauigkeit die klare Beurteilung der Bodennutzung als Baustoff ermöglichen bzw. die technisch und wirtschaftlich einwandfreie Planung und Ausführung des Bauwerks sicherstellen muss. Zu den Verfahren gehören nach [L 21], Tabellen 1 bis 11 (die zeitliche Aufeinanderfolge der angegebenen Verfahren ist auch gemäß den Untersuchungskosten zu regeln; z. B. mit der kostengünstigen Einsichtnahme in vorhandene Unterlagen beginnen).

Ermittlung der geologischen und bautechnischen Vorgeschichte: bei Bauämtern, Geologischen Landesämtern, Wasserwirtschaftsverwaltungen usw. vorhandene Unterlagen zu Bohrprofilen, Grundwassermessungen, Setzungsbeobachtungen usw. einsehen.

Ortsbegehung: Inaugenscheinnahme des Baugeländes bezüglich Bodenbeschaffenheit, Geländeform, Vegetation, Wasserläufen, Nachbarbebauungen, Leitungen usw.

Luftaufnahmen: liefern Informationen zur Oberflächenbeschaffenheit großräumiger Untersuchungsbereiche und schlecht zugänglicher Gebiete.

Direkte Aufschlüsse: vorgegebene und einsehbare Aufschlüsse (Steilufer von Wasserläufen, Kiesgruben usw.), Schürfe, Untersuchungsschächte und -stollen sowie Bohrungen.

Sondierungen: z. B. als Ramm- und Drucksondierungen zur Ermittlung von Lagerungsdichten, Festigkeitseigenschaften und Schichtgrenzentiefen des Baugrunds verwendbar.

Geophysikalische Verfahren: geophysikalische Oberflächen- und Bohrlochverfahren wie Seismik, Radar, Radiometrie usw.

Laborversuche: Versuche an Boden-, Gesteins- und Wasserproben zur Ermittlung von Kenngrößen wie etwa Körnungslinien, Plastizitätsgrenzen, Wassergehalt usw.

Feldversuche: Versuche in Böden und Fels (z. B. Plattendruck- und Versickerungsversuch).

Messtechnische Verfahren: Messung von Verschiebungen, Kräften, Grundwasserverhältnissen, Erschütterungen usw.

Probebelastungen: Erfassung des Last-Verformungsverhaltens, der äußeren und inneren Tragfähigkeit sowie des Einflusses der Herstellung auf die Tragfähigkeit des Gründungselements (z. B. Verpressanker) an Gründungselementen im natürlichen Maßstab.

Probeschüttungen: Erfassung von Verdichtungsmöglichkeiten, Setzungsverhalten usw.

Modellversuche: Maßnahmen zur Untersuchung von Bruchmechanismen, des Wechselwirkungsverhaltens Boden–Bauwerk usw.

Vor der Aufnahme von Aufschlussarbeiten müssen die Ansatzpunkte der Aufschlüsse auf Kampfmittel- und Leitungsfreiheit überprüft werden.

3.3 Vor- und Hauptuntersuchungen

3.3.1 Baugrund

Voruntersuchungen des Baugrunds sind für die Standortwahl und die Vorplanung eines Bauobjekts erforderlich. Mit ihnen ist z. B. zu klären, ob das geplante Bauwerk bei den vorgefundenen Baugrundverhältnissen im vorgesehenen Bereich überhaupt errichtet werden kann bzw. ob spezielle Forderungen an die Gestaltung und Ausführung des Bauwerks zu stellen sind. Weiteres siehe z. B. DIN EN 1997-1, 3.2.2 und DIN EN 1997-2, 2.3. Grundsätzlich ist es zu empfehlen, am Anfang der geotechnischen Untersuchungen eine Ortsbegehung durchzuführen.

Hauptuntersuchungen des Baugrunds sind durchzuführen, wenn es um die Ausführbarkeit von Entwürfen und damit verbundene Ausschreibungen und Durchführungen geplanter Baumaßnahmen geht. Auch zur Klärung von Schadensfällen können sie erforderlich sein. Die Untersuchungen gliedern sich nach DIN EN 1997-2, 2.4 in Felduntersuchungen und Laborversuche. Die Aufschlüsse und Felduntersuchungen müssen ausreichende Informationen über die Lage der homogenen Bodenbereiche und die Orientierung der entsprechenden Trennflächen im Baugrund ermöglichen. Mit den durchzuführenden Laboruntersuchungen müssen sich die geotechnischen Fragestellungen hinreichend klären und die entsprechenden charakteristischen Kenngrößen zufriedenstellend ermitteln lassen. Zu weiteren Einzelheiten siehe z. B. DIN EN 1997-1, 3.2.3.

Nach DIN 4020, A 2.2.3 ist bei zur Geotechnischen Kategorie 1 (siehe Abschnitt 3.4.1) gehörenden Baumaßnahmen nicht zwischen Vor- und Hauptuntersuchungen zu unterscheiden.

3.3.2 Baustoffgewinnung und -verarbeitung

Im Gegensatz zur derzeitigen Norm enthielt die DIN 4020 in der Vergangenheit auch für den Fall der Erschließung von Boden und Fels als Baustoff Empfehlungen für Vor- und Hauptuntersuchungen. Inzwischen beschränken sich die entsprechenden Angaben auf die Ausführungen in DIN EN 1997-2, 2.1.3. Da die „alten“ Empfehlungen aber immer noch als sinnvoll anzusehen sind, sei darauf hingewiesen, dass (vgl. [L 20], Anhang D)

- Voruntersuchungen zur Auffindung geeigneter Lagerstätten und zur Ermittlung von deren Umfang dienen (grobe Einschätzung der boden- bzw. felsmechanischen Beschaffenheit des Lagerstättenmaterials),
- mit Hauptuntersuchungen die Begrenzungen der gefundenen Vorkommen zu ermitteln und die mechanischen Eigenschaften sowie die damit verbundene Gewinnungsform des abzubauenden Materials zu beurteilen sind.

3.4 Geotechnische Kategorien

DIN EN 1997-1, DIN 1054, DIN 4020, [L 123] und EAU 2012 gliedern die geotechnischen Untersuchungen in die drei „geotechnische Kategorien“ GK 1, GK 2 und GK 3. Wachsender Schwierigkeitsgrad der Konstruktion, der Baugrundverhältnisse und der Wechselwirkungen zwischen Bauwerk und Umgebung verlangt umfangreichere Untersuchungen und den Einsatz höher qualifizierten Personals. Fälle, die nicht durch die geotechnischen Kategorien GK 1 und GK 3 erfasst werden, gehören automatisch zur Kategorie GK 2.

Zu unterscheiden sind

- geringer Schwierigkeitsgrad (Geotechnische Kategorie GK 1),
- mittlerer (üblicher) Schwierigkeitsgrad (Geotechnische Kategorie GK 2),
- hoher Schwierigkeitsgrad (Geotechnische Kategorie GK 3).

3.4.1 Geotechnische Kategorie GK 1

Nach DIN 1054, A 2.1.2.2 umfasst die Geotechnische Kategorie GK 1 nur kleine und relativ einfache Bauwerke, bei denen die grundsätzlichen Anforderungen auf der Basis von Erfahrungen und qualitativen geotechnischen Untersuchungen erfüllbar sind und darüber hinaus ein vernachlässigbares Risiko besteht. Hierzu gehören u. a.

- einfache Bauobjekte wie z. B.
  - setzungsunempfindliche, flach gegründete Bauwerke mit Stützenlasten ≤ 250 kN und Streifenlasten ≤ 100 kN/m (Einfamilienhäuser, eingeschossige Hallen usw.),
  - Einzel- und Streifenfundamente, für die ein vereinfachter Tragfähigkeitsnachweis geführt werden darf (Nachweis der Einhaltung des zulässigen Sohlwiderstands),
  - ≤ 2 m hohe Stützbauwerke, hinter denen keine hohen Auflasten wirken,
  - ≤ 3 m hohe Erddämme auf tragfähigem Baugrund (ggf. mit Verkehrsflächen auf der Dammkrone),
  - nicht in Grundwasser einschneidende Gräben für Leitungen oder Rohre bis 2 m Tiefe;
- Bauwerke in waagerechtem oder schwach geneigtem Gelände mit Baugrundverhältnissen, die nach den geologischen Bedingungen und gesicherter örtlicher Erfahrung als tragfähig und setzungsarm bekannt sind;
- Bauwerke in waagerechtem oder schwach geneigtem Gelände mit einem Baugrund, der nach gesicherter örtlicher Erfahrung als tragfähig und setzungsarm bekannt ist (z. B. Baugrund mit horizontaler Schichtung, großer Schichtmächtigkeit und einheitlicher Beschaffenheit);
- Bauwerke, deren Baugruben- bzw. Gründungssohle über dem Grundwasserspiegel liegt;
- Bauwerke, durch die bzw. durch deren Errichtung Nachbargebäude, Verkehrswege, Leitungen usw. in ihrer Standsicherheit nicht gefährdet oder in ihrer Gebrauchstauglichkeit beeinträchtigt werden können.

3.4.2 Geotechnische Kategorie GK 3

In diese Kategorie gehören bauliche Anlagen, die bezüglich ihrer Konstruktion und/oder ihrer Baugrundgegebenheiten als besonders schwierig einzustufen sind und deren Bearbeitung besondere Kenntnisse und Erfahrungen auf speziellen Gebieten der Geotechnik verlangt. Bei zur Kategorie GK 3 zählenden Bauvorhaben ist immer ein entsprechender Sachverständiger für Geotechnik einzuschalten. Zu diesen Vorhaben zählen z. B. Bauwerke mit großer Flächenausdehnung, hohen Lasten, sehr uneinheitlichem Baugrund und großer Empfindlichkeit gegen äußere Einflüsse. Nach DIN 1054, A 2.1.2.4 und DIN 4020, A Anhang AA umfasst die Kategorie GK 3 u. a.

- ▶ große oder nicht herkömmliche Baukonstruktionen sowie Konstruktionen mit hohem Sicherheitsanspruch oder hoher Verformungsempfindlichkeit wie z. B.
  - ▷ tiefe Baugruben,
  - ▷ Staudämme, Deiche und andere Bauwerke, die durch Wasser mit Druckhöhen von > 5 m belastet werden,
  - ▷ den Grundwasserspiegel vorübergehend oder bleibend verändernde Einrichtungen, die damit ein Risiko für benachbarte Bauten bewirken,
  - ▷ weitgespannte Brücken (Spannweiten > 40 m),
  - ▷ Maschinenfundamente mit hohen dynamischen Lasten,
  - ▷ Chemiewerke und Anlagen, in denen gefährliche chemische Stoffe erzeugt, gelagert oder umgeschlagen werden,
  - ▷ hohe Türme, Antennen, Schornsteine und große Windkraftanlagen;
- ▶ sehr schwierige Baugrundverhältnisse wie geologisch junge Ablagerungen mit regelloser Schichtung, weiche organische und organogene Böden mit größerer Mächtigkeit, geologisch wechselhafte Formationen;
- ▶ gespanntes Grundwasser, das durch Bodenaushub zu artesischem Grundwasser werden kann;
- ▶ Bauvorhaben, bei denen von der baulichen Anlage oder der Bauausführung besondere Gefährdungen bautechnischer oder sonstiger Art auf die Umgebung ausgehen.

3.5 Erforderliche Maßnahmen

3.5.1 Geotechnische Kategorie GK 1

Immer erforderlich ist die Einholung von Informationen über allgemeine Baugrundverhältnisse und örtliche Bauerfahrungen, die Erkundung der Boden- bzw. Gesteinsarten und ihre Schichtung (z. B. durch Schürfe, Kleinbohrungen und Sondierungen), die Abschätzung der Grundwasserverhältnisse vor und während der Bauausführung und die Besichtigung der ausgehobenen Baugrube. Zwischen Vor- und Hauptuntersuchungen besteht kein Unterschied.

3.5.2 Geotechnische Kategorie GK 2

Bei Verhältnissen dieser Kategorie sind stets direkte Aufschlüsse durchzuführen. Die für den Entwurf und die Berechnung des Bauobjekts notwendigen Bodenkenngrößen sind versuchstechnisch zu bestimmen; hilfsweise dürfen Korrelationen herangezogen werden.

Bezüglich Art und Umfang der Baugrunduntersuchungen ist zwischen Vor- und Hauptuntersuchungen zu unterscheiden. Bei Voruntersuchungen ist immer die Sichtung und Bewertung vorhandener Unterlagen vorzunehmen, ein weitmaschiges Untersuchungsnetz anzulegen und eine stichprobenhafte Feststellung maßgebender Kenngrößen und Eigenschaften des Baugrundes durchzuführen. Hauptuntersuchungen verlangen Erkundungen der Konstruktionsmerkmale und Gründungsverhältnisse im Einflussbereich der Baumaßnahme liegender baulicher Anlagen, direkte und indirekte Aufschlüsse und ggf. Feldversuche, Laboruntersuchungen, Probebelastungen, Messungen von Grundwasserschwankungen, Hangbewegungen usw.

3.5.3 Geotechnische Kategorie GK 3

Gehört ein Bauwerk bzw. der Baugrund zur Kategorie GK 3, sind generell Untersuchungen gemäß Abschnitt 3.5.2 notwendig. Wegen Besonderheiten des Bauwerks (Abmessungen, Eigenschaften und Beanspruchungen) oder des Baugrunds (inkl. Grundwasser) bzw. der Umgebung werden darüber hinausgehende Maßnahmen erforderlich.

3.6 Geotechnischer Bericht

Für Baugrunduntersuchungen (einschließlich Grundwasseruntersuchungen) wird in DIN 4020, A 7.1 in allen Geotechnischen Kategorien ein Geotechnischer Bericht in schriftlicher Form verlangt (zum Untersuchungsumfang siehe DIN 4020, A 2.2.3). Bei der Geotechnischen Kategorie GK1 genügt es, wenn der Geotechnische Bericht den Nachweis enthält, dass die Geotechnische Kategorie GK 1 vorliegt. Darüber hinaus sind die Ergebnisse der Erkundungen und Untersuchungen in dem Bericht zu beschreiben, darzustellen und zu kommentieren. Bei Vorhaben der Geotechnischen Kategorien GK 2 und GK 3 sind die Berichte in die Abschnitte

- Geotechnischer Untersuchungsbericht (nach DIN EN 1997-2, 6, Abb. 3-1),
- Auswertung und Bewertung der geotechnischen Untersuchungsergebnisse,
- Folgerungen, Empfehlungen und Hinweise

zu gliedern (zu Einzelheiten siehe DIN 4020, A 7.2).

Abb. 3-1 zeigt, dass der Geotechnische Bericht einerseits ein Teil des Geotechnischen Entwurfsberichts nach DIN EN 1997-1, 2.8 ist und sich andererseits gliedert in den Geotechnischen Untersuchungsbericht nach DIN EN 1997-1, 3.4 und DIN EN 1997-2 sowie die Bewertung der Ergebnisse des Untersuchungsberichtes. Nach DIN EN 1997-1, 2.8 ist die Ausführlichkeit des Geotechnischen Entwurfsberichts abhängig vom Schwierigkeitsgrad des zu errichtenden Bauwerks und kann in einfachen Fällen ein einzelnes Blatt umfassen.

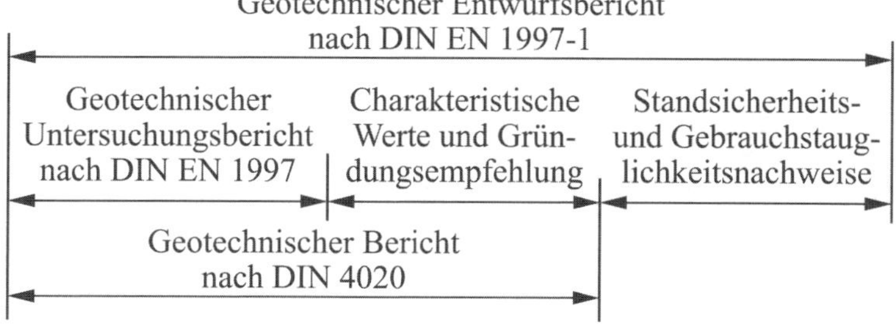

Abb. 3-1 Einordnung des Geotechnischen Berichts (nach DIN 4020, A 7.1)

3.7 Aufgaben mit Lösungen

Aufgabe 3-1

Im Zuge der Planung für einen Wohnhausneubau innerhalb eines Bebauungsgebiets mit schon vorhandenem Baubestand sind geotechnische Untersuchungen durchzuführen.

Zu benennen sind drei Untersuchungsverfahren, die hierfür geeignet sind. Zusätzlich ist anzugeben, welches dieser Verfahren aus Kostengründen zuerst angewendet werden sollte.

Aufgabe 3-2

Bei welchen geotechnischen Kategorien sind nach DIN 4020 immer direkte Aufschlüsse durchzuführen.

Aufgabe 3-3 (Lösung Seite 23)

Mit welchem Ziel werden geotechnische Untersuchungen durchgeführt und wie werden die dabei gewonnenen Informationen im Weiteren verwendet?

Welche Formen geotechnischer Untersuchungen sind nach DIN 4020 zu unterscheiden?

Aufgabe 3-4 (Lösung Seite 23)

Für ein zu errichtendes Einfamilienwohnhaus, das auf gutem und übersichtlichem Baugrund stehen wird und seine Umgebung nicht beeinträchtigt oder gefährdet, sind geotechnische Untersuchungen durchzuführen.

Es ist anzugeben, in welche geotechnische Kategorie die entsprechenden Maßnahmen einzustufen sind.

Lösung zu Aufgabe 3-1

Als Untersuchungsverfahren sind (Abschnitt 3.1)

1) die Ermittlung der geologischen und bautechnischen Vorgeschichte (vorhanden Unterlagen bei Bauämtern usw. einsehen),
2) Bohrungen (direkte Aufschlüsse),
3) Sondierungen (indirekte Aufschlüsse)

geeignet.

Da zu erwarten ist, dass das erste der drei genannten Verfahren die geringsten Kosten verursacht, ist es zuerst anzuwenden.

Lösung zu Aufgabe 3-2

Nach DIN 4020 sind direkte Aufschlüsse immer dann durchzuführen, wenn die jeweilige bauliche Anlage der geotechnischen Kategorie GK 2 oder GK 3 zuzuordnen ist.

Lösung zu Aufgabe 3-3 (Aufgabenstellung Seite 22)

Geotechnische Untersuchungen dienen zur Ermittlung des räumlichen Aufbaus und der Eigenschaften von Baugrund, soweit dies im Zuge von Baumaßnahmen erforderlich ist. Mit den bei den Untersuchungen anfallenden Informationen werden Modelle des Bodens erstellt, mit denen die Nutzung des Bodens als Baugrund bzw. als Baustoff zu beurteilen ist.

Nach DIN 4020 ist bei geotechnischen Untersuchungen zwischen Vor- und Hauptuntersuchungen zu unterscheiden.

Lösung zu Aufgabe 3-4 (Aufgabenstellung Seite 22)

Nach DIN 4020 sind Maßnahmen gemäß der geotechnischen Kategorie GK 1 erforderlich.

4 Bodenuntersuchungen im Feld

4.1 Regelwerke

Bestimmungen zu Bodenuntersuchungen im Feld können z. B. in den Normen

- DIN 1054 [L 2], DIN 4023 [L 24], DIN 4094-2 [L 34], DIN 4094-4 [L 36], DIN 18134 [L 52], DIN EN 1997-2 [L 76], DIN EN 1997-2/NA [L 77], DIN EN ISO 22475-1 [L 97], DIN EN ISO 22476-1 [L 98], DIN EN ISO 22476-2 [L 99], DIN EN ISO 22476-3 [L 100], DIN EN ISO 22476-12 [L 101],
- den EAU 2012 [L 110]

entnommen werden.

4.2 Art und Umfang von Aufschlüssen

4.2.1 Untersuchungszweck und Aufschlussformen

Untersuchungszweck: Informationsgewinnung über die Bodenschichten, die das Wechselwirkungsverhalten zwischen Boden und Bauwerk in nennenswerter Weise beeinflussen bzw. die für Zwecke der Baustoffgewinnung zu untersuchen sind. Dazu gehören die Geometrie der Bodenschichten (Ausdehnung, Tiefenlage, Mächtigkeit, Neigung), Eigenschaften des Schichtmaterials (z. B. Festigkeit, Wasserdurchlässigkeit, Zusammendrückbarkeit) und Grundwasserverhältnisse (z. B. Grundwasseroberfläche, Grundwasserstandsschwankungen, Grundwassergefälle).

Direkte Aufschlüsse: natürliche (Uferböschungen von Fließgewässern, Steilhänge usw.) oder künstlich geschaffene Möglichkeiten wie Schürfe, Bohrungen sowie Untersuchungsschächte und -stollen. Sie dienen zur Besichtigung von Boden in situ, Entnahme von Boden- oder Felsproben und zur Durchführung von Feldversuchen.

Indirekte Aufschlüsse: Verfahren, die mittels bekannter Beziehungen zwischen Messgrößen und boden- bzw. felsmechanischen Kenngrößen Rückschlüsse auf den Baugrund gestatten. Hierzu gehören z. B. Sondierungen und geophysikalische Verfahren.

4.2.2 Richtwerte für Aufschlusstiefen und -abstände

Mit der Bauwerks- oder Bauteilunterkante, der Aushub- oder Ausbruchsohle als Bezugsebene für z_a gelten nach DIN EN 1997-2, B.3 für Hauptuntersuchungen die nachstehenden Richtwerte, die gemäß DIN EN 1997-2/NA, NDP zu Anhang B.3 keine Richtwerte, sondern Mindestwerte darstellen.

Hoch- und Ingenieurbauten

Für Fundamente gilt der größte z_a-Wert aus (vgl. Abb. 4-1 a))

$$z_a \geq 3{,}0 \cdot b_F \qquad z_a \geq 6\,\text{m} \qquad \text{Gl. 4-1}$$

b_F = kleinere Fundamentseitenlänge

Bei Plattengründungen und Bauwerken mit mehreren Gründungskörpern, deren Einfluss sich in tieferen Schichten überlagert, gilt (vgl. Abb. 4-1 b))

$$z_a \geq 1{,}5 \cdot b_B \quad \text{Gl. 4-2}$$

b_B = kleinere Bauwerksseitenlänge

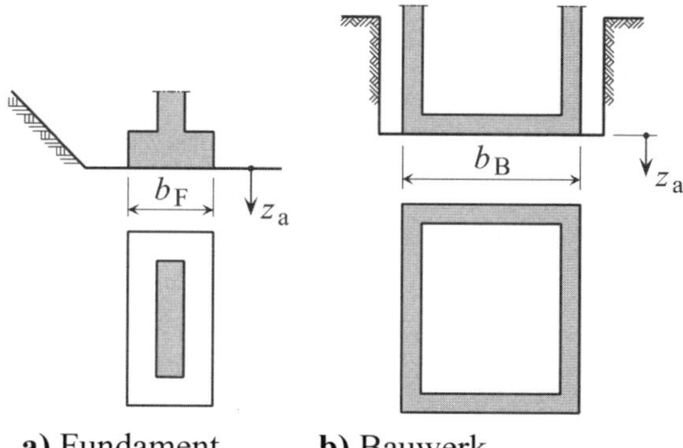

Abb. 4-1 Hochbauten, Ingenieurbauten (DIN EN 1997-2)

Baugruben

Maßgebend ist der jeweils größte z_a-Wert.

a) Grundwasserdruckfläche und -spiegel liegen unter der Baugrubensohle (Abb. 4-2 a))

$$z_a \geq 0{,}4 \cdot h$$
$$z_a \geq t + 2\text{ m} \quad \text{Gl. 4-3}$$

h = Baugrubentiefe
t = Einbindetiefe der Umschließung

b) Grundwasserdruckfläche und -spiegel liegen über der Baugrubensohle (Abb. 4-2 b))

$$z_a \geq H + 2\text{ m}$$
$$z_a \geq t + 2\text{ m} \quad \text{Gl. 4-4}$$
$$z_a \geq t + 5\text{ m}$$

H = Grundwasserspiegelhöhe über der Baugrubensohle

Die letzte der drei Ungleichungen gilt, wenn ein Grundwasserhemmer erst unterhalb der Aufschlusstiefen ansteht, die nach den beiden ersten Ungleichungen erforderlich wären.

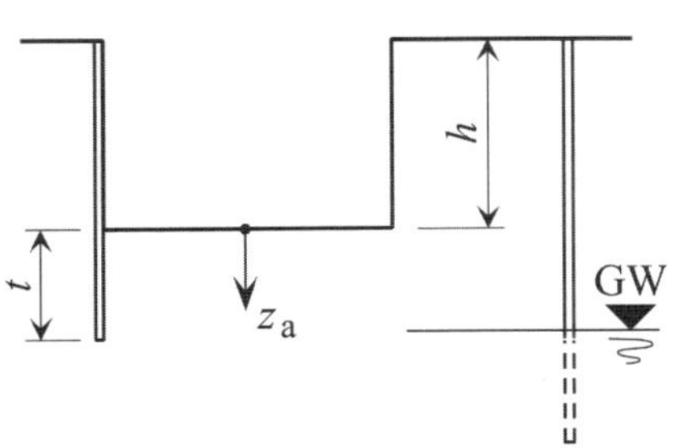

a) Grundwasserspiegel unterhalb der Baugrubensohle

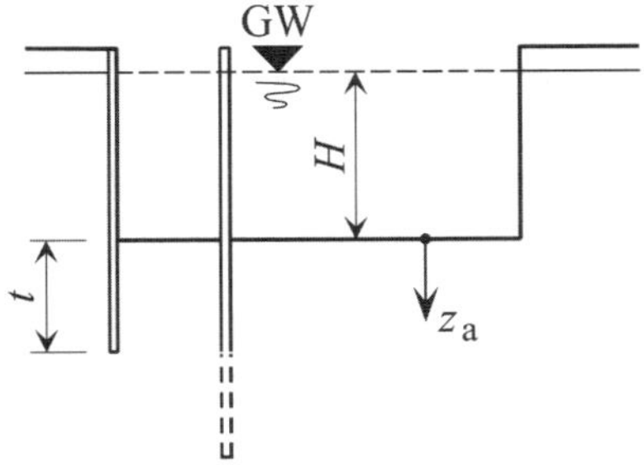

b) Grundwasserspiegel oberhalb der Baugrubensohle

Abb. 4-2 Baugruben (DIN EN 1997-2)

Linienbauwerke

Ab Aushubsohle abwärts ist der z_a-Wert aus Gl. 4-5 bzw. Gl. 4-6 anzusetzen.

a) Landverkehrswege (Abb. 4-3 a))

$$z_a \geq 2 \text{ m} \qquad \text{Gl. 4-5}$$

b) Kanäle und Leitungen (Abb. 4-3 a); größter Wert gilt)

$$z_a \geq 2 \text{ m}$$
$$z_a \geq 1{,}5 \cdot b_{Ah} \qquad \text{Gl. 4-6}$$

(b_{Ah} = Aushubbreite)

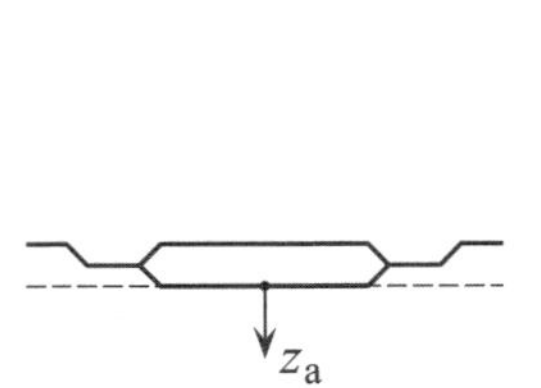

a) Landverkehrsweg

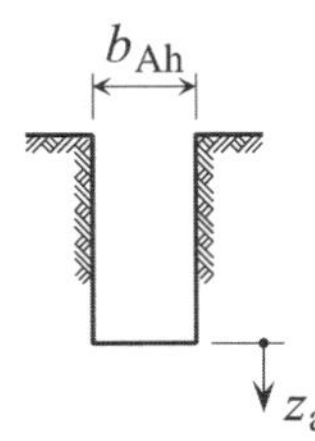

b) Kanal

Abb. 4-3 Linienbauwerke (DIN EN 1997-2)

Erdbauwerke

Anzusetzen ist der jeweils größte z_a-Wert aus Gl. 4-7 bzw. Gl. 4-8.

a) Einschnitte (h = Einschnitttiefe; Abb. 4-4 a))

$$z_a \geq 0{,}4 \cdot h$$
$$z_a \geq 2 \text{ m} \qquad \text{Gl. 4-7}$$

b) Dämme (h = Dammhöhe; Abb. 4-4 b))

$$0{,}8 \cdot h < z_a < 1{,}2 \cdot h$$
$$z_a \geq z(\Delta\sigma_{Damm} < 0{,}2 \cdot \sigma_{insitu}) \qquad \text{Gl. 4-8}$$
$$z_a \geq 6 \text{ m}$$

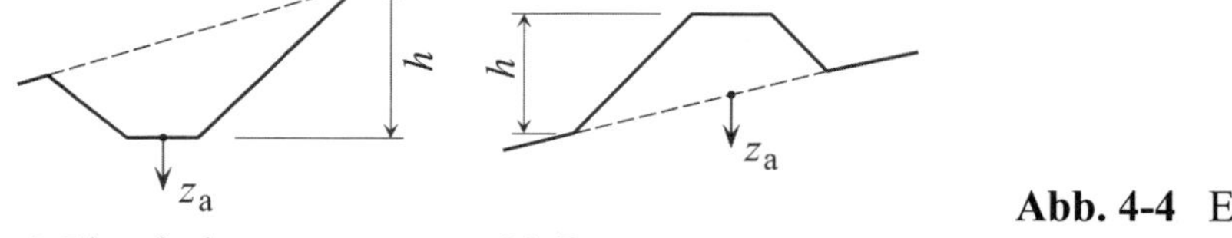

Abb. 4-4 Erdbauwerke (DIN EN 1997-2)

Pfähle

Bei Pfählen zählen die z_a-Werte ab ihrer unteren Begrenzung. Die folgenden Gleichungen gelten für Einzelpfähle mit dem Pfahlfußdurchmesser D_F und für Pfahlgruppen. Bei gruppenweise angeordneten Pfählen ist das Maß b_G zu berücksichtigen; es ist das kleinere Seitenmaß eines Rechtecks, das die Pfahlgruppe in der Fußebene umschließt.

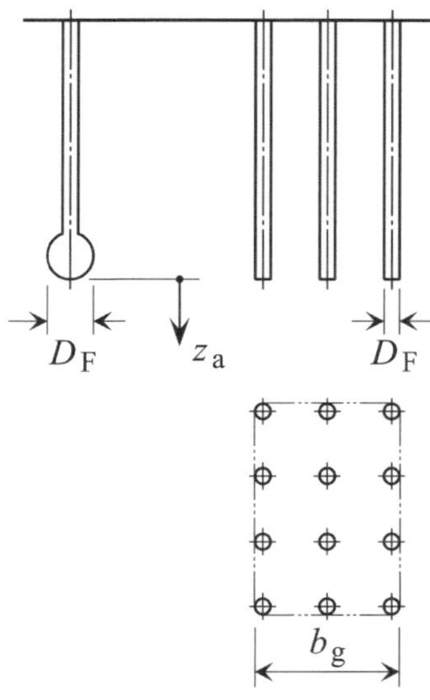

Abb. 4-5 Pfähle (DIN EN 1997-2)

Bei Pfahlgruppen gilt (Abb. 4-5)

$$z_a \geq b_G \qquad \text{Gl. 4-9}$$

In allen Fällen (Einzelpfähle wie auch Pfahlgruppen; Abb. 4-5)

$$z_a \geq 4\ \text{m}$$
$$z_a \geq 3{,}0 \cdot D_F \qquad \text{Gl. 4-10}$$

Dichtungswände

Ab der Oberfläche des Grundwassernichtleiters, in den die jeweilige Dichtungswand einbindet, gilt

$$z_a \geq 2\ \text{m} \qquad \text{Gl. 4-11}$$

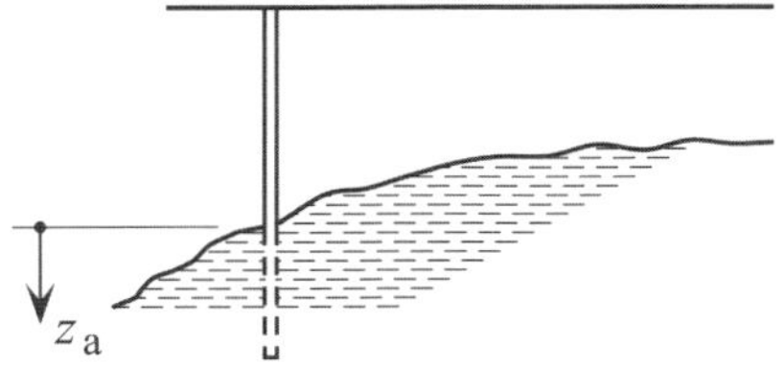

Abb. 4-6 Dichtungswände (DIN EN 1997-2)

Als Richtwerte für Abstände direkter Aufschlüsse werden in DIN EN 1997-2, 2.3 für Hauptuntersuchungen die in Tabelle 4-1 zusammengestellten Größen vorgeschlagen.

Tabelle 4-1 Richtwerte für Untersuchungsabstände bei Hauptuntersuchungen (nach DIN EN 1997-2, B.3)

Bauwerkstyp	**Untersuchungsrichtwerte**
Hoch- und Industriebauten	Rasterabstände von 15 bis 40 m
großflächige Bauwerke (z. B. Deponien)	Rasterabstände von ≤ 60 m
Linienbauwerke (Straßen, Eisenbahnen, Kanäle, Rohrleitungen, Tunnel, Deiche, Rückhaltedämme)	Abstände von 20 bis 200 m
Sonderbauwerke (Brücken, Schornsteine, Maschinenfundamente usw.)	2 bis 6 Aufschlüsse pro Fundament
Staudämme und Wehre	Abstände von 25 bis 75 m in maßgebenden Schnitten

Anwendungsbeispiel

Für die Gründung einer Werkhalle sind 3 m breite und 4 m lange Rechteckfundamente geplant. Die Einbindetiefe der Fundamente beträgt 2 m.

Wie tief müssen, gemäß der DIN EN 1997-2, Bohrungen zur Erkundung der Baugrundgegebenheiten unter den Fundamenten mindestens geführt werden, wenn sie noch vor den Bodenaushubarbeiten durchzuführen sind?

Lösung

Nach DIN EN 1997-2 gilt für die erforderliche Erkundungstiefe unter der rechteckigen Fundamentsohle (Gl. 4-1)

$$z_a \geq 3{,}0 \cdot b_F \quad (b_F = \text{kleine Rechteckseitenlänge})$$

$$z_a \geq 6\text{ m}$$

Da die Aufschlussarbeiten noch vor den Bodenaushubarbeiten durchgeführt werden und somit die Erkundungstiefe um die Einbindetiefe der Fundamente von 2 m zu vergrößern ist, führen die obigen Forderungen für den vorliegenden Fall zu der Aufschlusstiefe

$$z_a \geq 3{,}0 \cdot b_F + 2 = 3{,}0 \cdot 3\text{ m} + 2\text{ m} = 11{,}0\text{ m}$$

4.2.3 Aufgaben mit Lösungen

Aufgabe 4-1 (Lösung Seite 30)

Geplant ist ein Einschnitt, der gemäß der Abb. 4-7 im Bereich eines unter dem Winkel $\beta = 5°$ geneigten Hanges herzustellen ist. Die Einschnitttiefe in der Mitte der $b = 9{,}0$ m breiten Einschnittsohle beträgt $d = 5$ m.

Zu ermitteln ist die nach DIN EN 1997-2 mindestens erforderliche Aufschlusstiefe in der Sohlenmitte des dargestellten Falls (Neigungswinkel $\alpha = 30°$), wenn die Aufschlussarbeiten noch vor Aushubbeginn durchgeführt werden sollen und die spannungsabhängige Aufschlusstiefenbedingung der DIN nicht berücksichtigt wird.

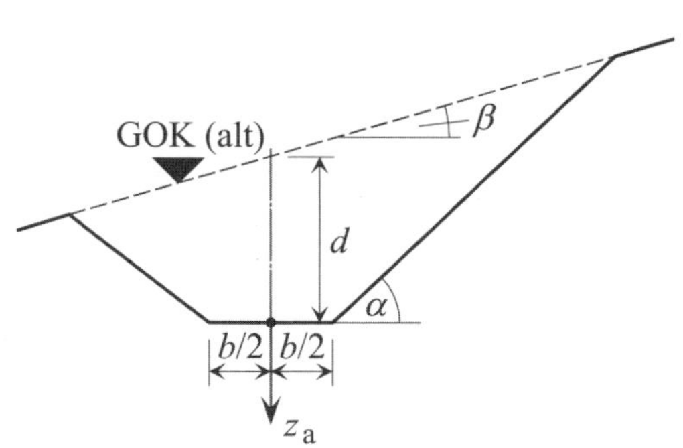

Abb. 4-7 Geplanter Einschnitt im Querschnitt

Aufgabe 4-2 (Lösung Seite 31)

Die auf Nachbargrundstücken gewonnenen Bodenaufschlussergebnisse, lassen im Bereich einer herzustellenden Baugrube einen Baugrundaufbau gemäß der Abb. 4-8 erwarten.

Zu berechnen ist die nach DIN EN 1997-2 erforderliche Tiefe der Aufschlüsse, mit denen u. a. überprüft werden soll, ob die der Abbildung zu Grunde gelegten Annahmen zutreffen. Bei der Berechnung ist zu beachten, dass die Aufschlüsse vor Beginn des Baugrubenaushubs durchzuführen sind.

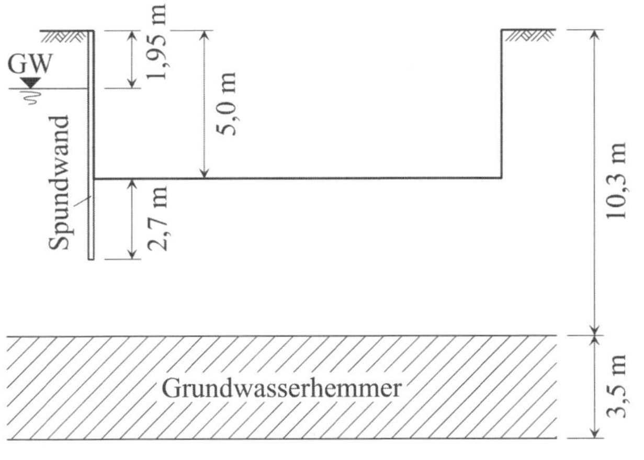

Abb. 4-8 Geplante Baugrube im Querschnitt

Aufgabe 4-3 (Lösung Seite 32)

Auf Grund durchgeführter Baugrundaufschlüsse ist für ein geplantes Gebäude eine Pfahlgründung vorzusehen. Nach ersten Planungen überträgt eine 0,4 m dicke Sohlplatte, die mit ihrer Oberkante 2,2 m unter der ursprünglichen Geländeoberkante anzuordnen ist, die Bauwerkslasten auf 16 m lange Ortbetonpfähle (gemessen ab Sohlplattenunterkante), die im Fußbereich auf einen Durchmesser von $D_F = 1{,}60$ m auszustampfen sind.

Es ist zu prüfen, ob die Aufschlusstiefe von 22,6 m, die bei den Aufschlussarbeiten von der ursprünglichen Geländeoberfläche aus erreicht wurde, nach DIN EN 1997-2 für die geplante Gründung ausreicht.

Aufgabe 4-4 (Lösung Seite 32)

Geplant ist ein Damm mit der Dammkronenbreite $b = 8{,}00$ m, der gemäß Abb. 4-9 im Bereich eines unter dem Winkel $\beta = 14°$ geneigten Hangs aufzuschütten ist, wobei die Schütthöhe in der Mitte der Dammkrone $d = 6{,}50$ m beträgt.

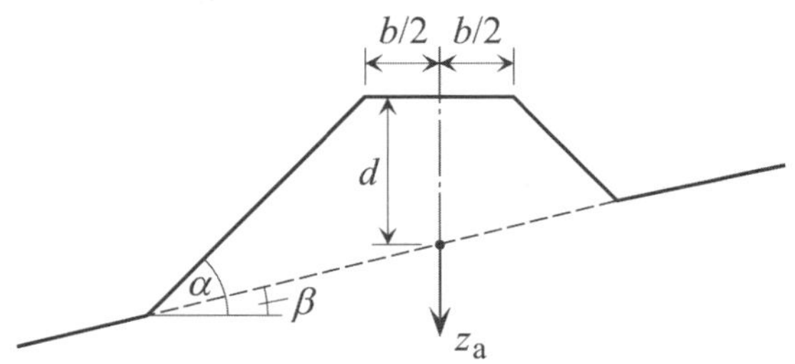

Abb. 4-9 Geplanter Damm im Querschnitt

Zu berechnen ist die nach DIN EN 1997-2 mindestens erforderliche Aufschlusstiefe z_a für den dargestellten Fall, bei dem die Dammböschung unter dem Winkel $\alpha = 32°$ geneigt ist! Bei der Berechnung ist die spannungsabhängige Aufschlusstiefenbedingung der DIN nicht zu berücksichtigen.

Lösung zu Aufgabe 4-1 (Aufgabenstellung Seite 29)

Nach DIN EN 1997-2 gilt für die Aufschlusstiefe (Gl. 4-8)

$$z_a \geq 0{,}4 \cdot h \qquad \text{bzw.} \qquad z_a \geq 2{,}0 \text{ m}$$

(zur Größe h siehe Abb. 4-10).

Mit den trigonometrischen Beziehungen

$$h = l \cdot \tan\alpha = d + \frac{b}{2} \cdot \tan\beta + l \cdot \tan\beta$$

und

$$l = \frac{h}{\tan\alpha}$$

ergibt sich

$$h \cdot \left(1 - \frac{\tan\beta}{\tan\alpha}\right) = d + \frac{b}{2} \cdot \tan\beta$$

bzw.

$$h \cdot (\tan\alpha - \tan\beta) = \left(d + \frac{b}{2} \cdot \tan\beta\right) \cdot \tan\alpha$$

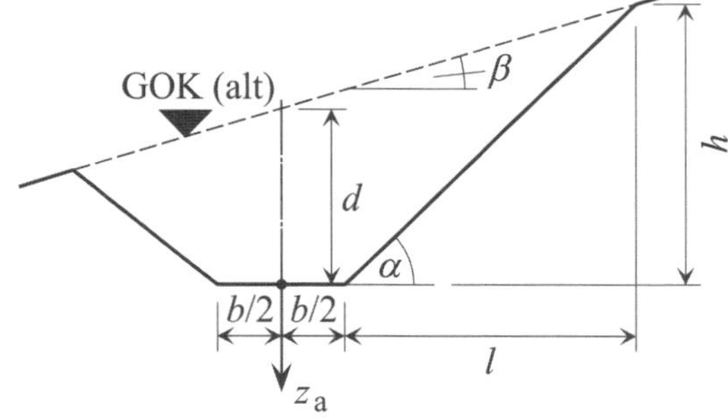

Abb. 4-10 Einschnittsquerschnitt mit eingetragenen geometrischen Größen

und daraus der Ausdruck

$$h = \frac{\left(d + \frac{b}{2} \cdot \tan\beta\right) \cdot \tan\alpha}{\tan\alpha - \tan\beta} = \frac{\left(5{,}0 + \frac{9{,}0}{2} \cdot \tan 5°\right) \cdot \tan 30°}{\tan 30° - \tan 5°} = 6{,}36 \text{ m}$$

Die Mindesttiefe t_a der in der Sohlenmitte des vorliegenden Falls durchzuführenden Aufschlüsse ergibt sich ab der alten Geländeoberkante somit zu

$$t_a \geq z_a + d = 0{,}4 \cdot h + d = 0{,}4 \cdot 6{,}36 + 5{,}0 = 7{,}54 \text{ m}$$

bzw.

$$t_a \geq z_a + d = 2{,}0 + d = 2{,}0 + 5{,}0 = 7{,}00 \text{ m}$$

wovon der größere Wert, also 7,54 m, maßgebend ist.

Lösung zu Aufgabe 4-2 (Aufgabenstellung Seite 29)

Nach DIN EN 1997-2 sind für den vorliegenden Fall von der Baugrubensohle aus geltende Mindestaufschlusstiefen von (Gl. 4-4)

$$z_a \geq H + 2 \text{ m}$$
$$z_a \geq t + 2 \text{ m}$$
$$z_a \geq t + 5 \text{ m}$$

einzuhalten. Die dritte Ungleichung gilt für den Fall, dass der Grundwasserhemmer unterhalb der Aufschlusstiefen ansteht, die nach den beiden ersten Gleichungen erforderlich sind.

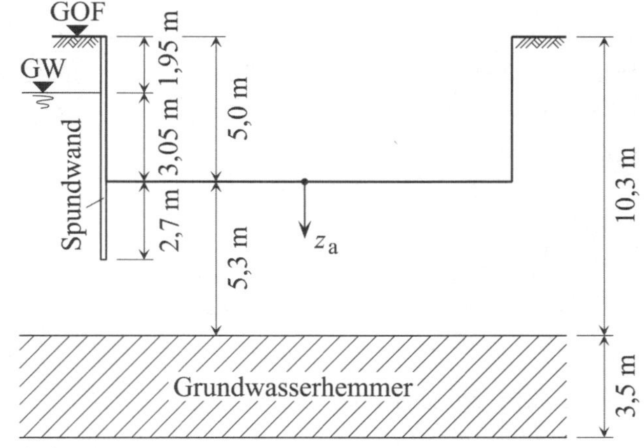

Abb. 4-11 Abstand des Grundwasserhemmers von der Sohle der geplanten Baugrube

Mit den Größen

$$H = 5{,}0 - 1{,}95 = 3{,}05 \text{ m}$$
$$t = 2{,}70 \text{ m}$$

führen die beiden ersten Ungleichungen zu den Mindestaufschlusstiefen

$$z_a \geq 3{,}05 + 2{,}0 = 5{,}05 \text{ m}$$
$$z_a \geq 2{,}70 + 2{,}0 = 4{,}70 \text{ m}$$

Da der Grundwasserhemmer aber

$$10{,}3 - 5{,}0 = 5{,}3 \text{ m}$$

unterhalb der Baugrubensohle und damit unterhalb der Aufschlusstiefen ansteht, die nach den beiden ersten Ungleichungen erforderlich sind (vgl. Abb. 4-11), ist als Mindestaufschlusstiefe

$$z_a \geq t + 5 = 2{,}70 + 5{,}0 = 7{,}7 \text{ m}$$

festzulegen. Da die Aufschlüsse vor Beginn des Baugrubenaushubs durchzuführen sind, ergibt sich als erforderliche Aufschlusstiefe ab der Geländeoberfläche (GOF)

$$7{,}7 + 5{,}0 = 12{,}7 \text{ m}$$

Lösung zu Aufgabe 4-3 (Aufgabenstellung Seite 30)

Für den beschriebenen Fall verlangt die DIN EN 1997-2, dass der Baugrund mindestens bis zu einer Tiefe von (Gl. 4-9 und Gl. 4-10)

$$z_a \geq 4 \text{ m} \quad \text{bzw.} \quad z_a \geq 3{,}0 \cdot D_F = 3{,}0 \cdot 1{,}6 = 4{,}8 \text{ m}$$

unterhalb der Pfahlfußenden aufgeschlossen wird. Für die ab der ursprünglichen Geländeoberfläche durchzuführenden Aufschlussarbeiten ergibt sich damit eine Gesamttiefe der Aufschlüsse von mindestens

$$z_A \geq z_a + 16{,}0 \text{ m} + 0{,}4 \text{ m} + 2{,}2 \text{ m} = 4{,}8 \text{ m} + 18{,}6 \text{ m} = 23{,}4 \text{ m} > 22{,}6 \text{ m}$$

Damit ist gezeigt, dass die Arbeiten über eine zu geringe Aufschlusstiefe durchgeführt wurden!

Lösung zu Aufgabe 4-4 (Aufgabenstellung Seite 30)

Wird die spannungsabhängige Aufschlusstiefenbedingung nicht berücksichtigt, gilt nach DIN EN 1997-2 für die Aufschlusstiefe (Gl. 4-7)

$$0{,}8 \cdot h < z_a < 1{,}2 \cdot h$$

bzw.

$$z_a \geq 6 \text{ m}$$

wobei die Größe h gemäß Abb. 4-12 definiert ist.

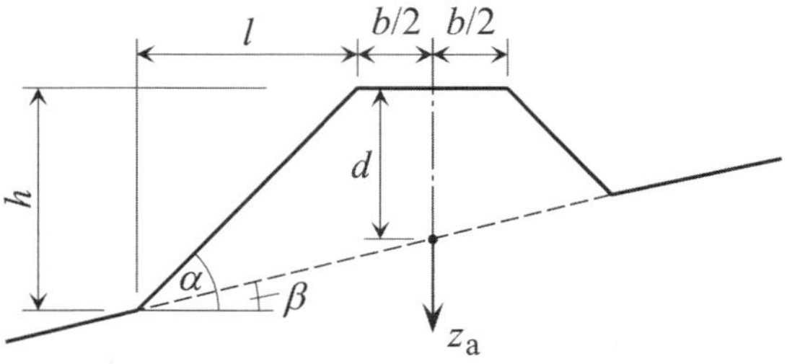

Abb. 4-12 Dammquerschnitt mit eingetragenen geometrischen Größen

Mit den trigonometrischen Beziehungen

$$l = \frac{h}{\tan\alpha}$$

und

$$h = l \cdot \tan\alpha = d + \left(l + \frac{b}{2}\right) \cdot \tan\beta = d + l \cdot \tan\beta + \frac{b}{2} \cdot \tan\beta$$

ergibt sich

$$h \cdot \left(1 - \frac{\tan\beta}{\tan\alpha}\right) = d + \frac{b}{2} \cdot \tan\beta \qquad \text{bzw.} \qquad h \cdot (\tan\alpha - \tan\beta) = \left(d + \frac{b}{2} \cdot \tan\beta\right) \cdot \tan\alpha$$

und daraus der Ausdruck

$$h = \frac{\left(d + \frac{b}{2} \cdot \tan\beta\right) \cdot \tan\alpha}{\tan\alpha - \tan\beta} = \frac{\left(6{,}50 + \frac{8{,}00}{2} \cdot \tan 14°\right) \cdot \tan 32°}{\tan 32° - \tan 14°} = 12{,}47 \text{ m}$$

Die Mindesttiefe der Aufschlüsse beträgt somit

$$z_a > 0{,}8 \cdot h = 0{,}8 \cdot 12{,}47 = 9{,}98 \text{ m} > 6{,}00$$

4.3 Direkte Aufschlussverfahren

4.3.1 Schurf, Untersuchungsschacht und Untersuchungsstollen

Schurf (Grube oder Graben): direkter Aufschluss, der besonders für mäßige Untersuchungstiefen und oberhalb des Grundwassers geeignet ist und bei dem sich anstehender Boden unmittelbar betrachten lässt. Bodenprobenentnahmen und die Durchführung von Feldversuchen sind leicht möglich.

Untersuchungsschacht: direkter Aufschluss für die Baugrunduntersuchung bei Tiefgründungen (z. B. Kraftwerke, U-Bahn). Lotrecht oder stark geneigt erlaubt er die unmittelbare Einsichtnahme in den Baugrund, die Entnahme von Proben und die Durchführung von Feldversuchen.

Untersuchungsstollen: direkter Aufschluss zur Baugrunduntersuchung bei Kavernen, großen Tunneln und Staumauern. Waagerecht oder wenig geneigt hergestellt ermöglicht er die direkte Betrachtung des Bodens, die Entnahme von Bodenproben und die Durchführung von Feldversuchen.

Mit den drei definierten Aufschlussverfahren lassen sich, neben der Bodenzusammensetzung und der Schichtenabfolge z. B. auch die geologische Struktur, die Schichtenausrichtung und ggf. die Felsoberkante ermitteln. Die Gegebenheiten können, falls gewünscht, auch fotografisch dokumentiert werden. Steht Grundwasser an und wird von einer Grundwasserhaltung abgesehen, sind die Aufschlüsse in der Regel nur oberhalb der Grundwasseroberfläche durchführbar (vgl. DIN EN ISO 22475-1).

4.3.2 Bohrung (Verfahren und Güteklassen von Bodenproben)

Bohrungen (vgl. hierzu Tabelle 4-2) sind direkte Aufschlüsse, die nach [L 22] Anwendung finden

- bei der Entnahme von Boden-, Fels- oder Wasserproben aus erreichbaren Tiefen,
- bei der Durchführung von Untersuchungen im Bohrloch,
- als Grundwassermessstellen (entsprechend ausgebaut).

Tabelle 4-2 Beispiele für Bohrverfahren (D_e = Innendurchmesser des Bohrwerkzeugs)

Verfahren	Bohr-werkzeug	Art der Bodenprobe	Bevorzugt einsetzbar für	Erreichbare Güteklasse *)
Rammkern-Bohrung	Rammkernrohr	durchgehender Bohrkern	Ton, Schluff und Böden mit Korndurchmessern $\leq D_e/3$	bindige Böden: 2 (1) nichtbindige Böden: 3 (2)
Rotations-Kernbohrung	Einfach- oder Doppelkernrohr	durchgehender Bohrkern	Ton, Schluff, verkittete gemischtkörnige Böden	3 bis 4 (1 bis 3)
Handdreh-bohrung	Schappe, Schnecke, Spirale	durchgehende, nicht gekernte Bodenprobe	über GW-Spiegel: Ton bis Mittelkies unter GW-Spiegel: alle bindigen Böden	5
Schlag-Bohrung	Seil mit Ventil-bohrer	unvollständige Bodenprobe	Kies und Sand im GW	5 (4)
Kleindruck-Bohrung	Entnahmerohr	durchgehender Bohrkern	Ton, Schluff, Feinsand	5

*) Die in Klammern gesetzten Angaben bedeuten, dass die jeweilige Güteklasse (vgl. Tabelle 4-3) nur bei besonders günstigen Bodenbedingungen erreicht werden kann.

Tabelle 4-3 Güteklassen für Bodenproben für Laborversuche (nach DIN EN 1997-2) und Kategorien der Probeentnahme (nach DIN EN ISO 22475-1)

<table>
<tr><th>Bodeneigenschaften/Güteklasse</th><th>1</th><th>2</th><th>3</th><th>4</th><th>5</th></tr>
<tr><td>Eigenschaften, die unverändert sind:</td><td></td><td></td><td></td><td></td><td></td></tr>
<tr><td>Korngrößenverteilung</td><td>•</td><td>•</td><td>•</td><td>•</td><td></td></tr>
<tr><td>Wassergehalt</td><td>•</td><td>•</td><td>•</td><td></td><td></td></tr>
<tr><td>Dichte, Lagerungsdichte, Durchlässigkeit</td><td>•</td><td>•</td><td></td><td></td><td></td></tr>
<tr><td>Zusammendrückbarkeit, Festigkeit</td><td>•</td><td></td><td></td><td></td><td></td></tr>
<tr><td>Eigenschaften, die bestimmt werden können:</td><td></td><td></td><td></td><td></td><td></td></tr>
<tr><td>Schichtenfolge</td><td>•</td><td>•</td><td>•</td><td>•</td><td>•</td></tr>
<tr><td>Schichtgrenze (grob)</td><td>•</td><td>•</td><td>•</td><td>•</td><td></td></tr>
<tr><td>Schichtgrenze (fein)</td><td>•</td><td>•</td><td></td><td></td><td></td></tr>
<tr><td>Konsistenzgrenzen, Korndichte, organische Bestandteile</td><td>•</td><td>•</td><td>•</td><td>•</td><td></td></tr>
<tr><td>Wassergehalt</td><td>•</td><td>•</td><td>•</td><td></td><td></td></tr>
<tr><td>Dichte, Lagerungsdichte, Porenzahl, Durchlässigkeit</td><td>•</td><td>•</td><td></td><td></td><td></td></tr>
<tr><td>Zusammendrückbarkeit, Scherfestigkeit</td><td>•</td><td></td><td></td><td></td><td></td></tr>
<tr><td rowspan="3">Kategorien der zu verwendenden Entnahmeverfahren</td><td colspan="5">A</td></tr>
<tr><td colspan="2"></td><td colspan="3">B</td></tr>
<tr><td colspan="4"></td><td>C</td></tr>
</table>

Bei Aufschlüssen entnommene Bodenproben dienen zur Ermittlung von Eigenschaften bzw. Kenngrößen des Bodenmaterials (z. B. die aus Tabelle 4-3). Abhängig von der Anzahl der mit der Probe ermittelbaren bodenmechanischen Kenngrößen und Eigenschaften des Bodenmaterials werden in DIN EN 1997-2, 3.4.1 fünf Güteklassen unterschieden (vgl. Tabelle 4-3). Weitestgehend ungestörte Bodenproben gehören zur Güteklasse 1, bei Proben der Güteklasse 5 ist die Struktur des Bodens völlig verändert.

4.3.3 Mit Geräten entnommene Proben aus Schürfen und Bohrlöchern

Nach DIN EN ISO 22475-1 können Proben der Kategorie A mit besonderen Geräten u. a. aus der Abtreppung eines Schurfs entnommen werden (vgl. MÖLLER [L 126], Abschnitt 4.2.11). In [L 22] werden solche Proben als „Sonderproben" bezeichnet.

Zur Probenentnahme aus Bohrlöchern werden nach DIN EN ISO 22475-1, abhängig von der angetroffenen Bodenart, z. B. das offene Entnahmegerät mit Ventil und das Kolbenentnahmegerät empfohlen. Die Probe wird unterhalb der Verrohrung entnommen, wobei das Entnahmegerät nach DIN EN ISO 22475-1 ≥ 20 cm in den ungestörten Boden eingebracht wird. Die Qualität der gewonnenen Bodenproben liegt nach DIN EN ISO 22475-1, Tabelle 3 zwischen den Güteklassen 1 und 3.

4.3.4 Darstellung von Aufschlussergebnissen

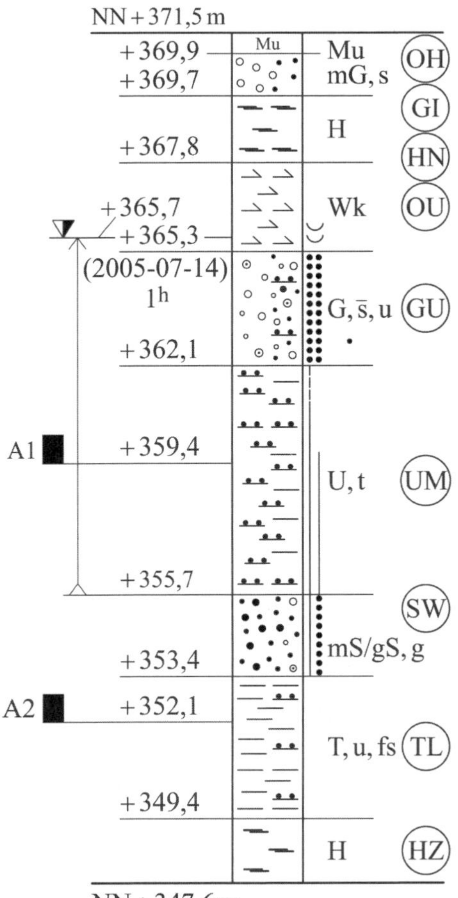

Abb. 4-13 Beispiel für die Darstellung eines Bohrprofils (nach DIN 4023]) für eine Bohrung mit durchgehender Gewinnung nicht gekernter Proben

Zur Ergebnisdarstellung von direkten Aufschlüssen werden in DIN 4023 Kennzeichnungen für die wichtigsten Boden- und Felsarten sowie Zeichen angegeben, mit denen sich auch der vorgefundene Grundwasserstand darstellen lässt. Mit diesen Elementen lassen sich die bei natürlichen oder künstlichen Aufschlüssen gewonnenen Boden- und Wasserverhältnisse zeichnerisch wiedergeben (vgl. auch MÖLLER [L 126], Abschnitt 4.2.12). Abb. 4-13 zeigt die Darstellung eines Bohrprofils.

4.3.5 Aufgaben mit Lösungen

Aufgabe 4-5

Zu benennen sind drei Bohrverfahren und die Böden, bei denen ihr Einsatz geeignet ist.

Aufgabe 4-6

In welchen Böden können Rammkernbohrungen zur Erkundung von Baugrundverhältnissen eingesetzt werden, wenn dabei die Erkennung von Feinschichtgrenzen zu gewährleisten ist?

Lösung zu Aufgabe 4-5

Zu den Bohrverfahren zählen (Tabelle 4-2)

1) Rammkernbohrung (für alle Böden geeignet)
2) Hand- oder Maschinendrehbohrung (über dem Grundwasser für alle und unter Grundwasser für bindige Böden geeignet)
3) Schlagbohrung (für alle Böden unter Grundwasser geeignet)

Lösung zu Aufgabe 4-6

Feinschichtgrenzen sind gemäß Tabelle 4-3 nur feststellbar, wenn die gewonnenen Bodenproben mindestens die Güteklasse 2 aufweisen. Bei der Auswahl des einzusetzenden Bohrverfahrens ist demzufolge sicherzustellen, dass diese Güteklasse auch erreicht werden kann.

Mit Rammkernbohrungen lässt sich die genannte Forderung nur dann erfüllen, wenn es sich bei dem aufzuschließenden Boden um bindigen Boden oder um nichtbindigen Boden mit besonders günstigen Bedingungen handelt (vgl. Tabelle 4-2).

4.4 Sondierungen (indirekte Aufschlussverfahren)

Bei Sondierungen werden Sonden in den Boden gerammt bzw. eingedrückt oder, nach Eintrieb in den Boden, um ihre Längsachse gedreht. Die zu messenden Kenngrößen erfassen die Widerstände des Bodens gegen das Eindringen bzw. das Drehen der Sonden.

Sondierungen sind grundsätzlich nur in Verbindung mit direkten Aufschlüssen (z. B. Bohrungen) durchzuführen, da die alleinige Kenntnis der Sondierwiderstände keine eindeutigen Angaben zur Bodenart und zu Kenngrößen erlaubt.

Tabelle 4-4 Arten und Einsatzmöglichkeiten der Sondiergeräte (nach [L 33], DIN 4094-2 und [L 35])

Benennung	Kurzzeichen	Sondiergerät: Spitzenquerschnitt A_c cm²	Sondiergerät: Masse des Rammbären [1]) m kg	Messgrößen [2])	Untersuchungstiefe ab Ansatzpunkt [3]) t m	Einsatz eingeschränkt in (Böden nach DIN 4022-1)
Leichte Rammsonde (Dynamic Probing Light)	DPL	10	10 ± 0,1	N_{10}	10	mitteldichten und dicht gelagerten Kiesen, festen, tonigen und schluffigen Böden
Leichte Rammsonde	DPL-5	5	10 ± 0,1	N_{10}	8	tonigen und schluffigen Böden und dicht gelagerten, grobkörnigen Böden
Mittelschwere Rammsonde (Dynamic Probing Medium)	DPM	10	30 ± 0,3	N_{10}	20	dicht gelagerten Kiesen
Mittelschwere Rammsonde	DPM-A	10	30 ± 0,3	N_{10}	15	dicht gelagerten Kiesen, festen, tonigen und schluffigen Böden
Schwere Rammsonde (Dynamic Probing Heavy)	DPH	15	50 ± 0,5	N_{10}	25	–
Überschwere Rammsonde (Dynamic Probing Giant)	DPG	20	200 ± 0,5	N_{10}	40	–
Bohrlochrammsondierung (Borehole Dynamic Probing)	BDP	20	63,5 ± 0,5	N_{30}	0,45 [4])	–
Drucksonde mit Messung von Spitzenwiderstand und lokaler Mantelreibung (Cone Penetration Test)	CPT 10 CPT 15	10 15	–	q_c, f_s	60	Böden mit Steineinlagerungen, dicht gelagerten Kiesen, festen tonigen und schluffigen Böden
Drucksonde mit Messung von Spitzenwiderstand, lokaler Mantelreibung und Porenwasserdruck	CPTU 10 CPTU 15	10 15	–	q_c, f_s, u	60	Böden mit Steineinlagerungen, dicht gelagerten Kiesen, festen tonigen und schluffigen Böden

[1]) Fertigungstoleranzen.
[2]) Bedeutungen: N_{10} Anzahl der Schläge je 10 cm Eindringtiefe, N_{30} Anzahl der Schläge je 30 cm Eindringtiefe, q_c Spitzenwiderstand in MPa, f_s lokale Mantelreibung in Mpa, u Porenwasserdruck in MPa.
[3]) Richtwerte, bei Baugrundverhältnissen mittlerer Festigkeit gemessen.
[4]) Ansatzpunkt ist die jeweilige Baugrundsohle.

4.4.1 Rammsondierungen

Bei Rammsondierungen werden Sonden mit Rammbären in den Boden gerammt (siehe hierzu DIN EN ISO 22476-2). Gmessen wird die Anzahl der Schläge N_{10}, die für eine Eindringtiefe von jeweils 10 cm erforderlich sind. Diese Messwerte sind in ein Messprotokoll einzutragen und, in Verbindung mit den zugehörigen Bohrprofilen, grafisch darzustellen (Beispiel in Abb. 4-14).

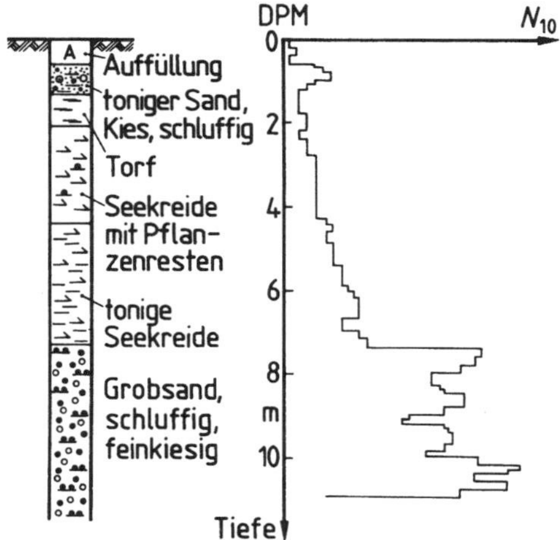

Abb. 4-14 Schwankungen des Eindringwiderstands in verschiedenen Böden (aus [L 35])

4.4.2 Drucksondierungen

Bei nach DIN EN ISO 22476-12 ausgeführten Drucksondierungen mit mechanischen Messwertaufnehmern werden Sonden durch sich verändernde Kräfte mit konstanter Geschwindigkeit in den Boden gedrückt. Gemessen werden Spitzendruck und Mantelreibung. Die getrennte Erfassung von lokaler Mantelreibung f_s (in MN/m²) und Spitzenwiderstand q_c (in MN/m²) ist ein erheblicher Vorteil der Drucksonden gegenüber den Rammsonden. Bezüglich der Drucksondierungen mit elektrischen Messwertaufnehmern und Messeinrichtungen für den Porenwasserdruck ist auf DIN EN ISO 22476-1 und [L 33] zu verweisen. Gegenüber den Sondierungen mit mechanischen Aufnehmern bieten sie zusätzlich die Möglichkeit, den Porenwasserdruck zu messen.

4.4.3 Bohrlochrammsondierungen

Bohrlochrammsondierungen nach DIN 4094-2 (in DIN EN ISO 22476-3 als „Standard Penetration Test" bezeichnet) sind Rammsondierungen von der Bohrlochsohle aus. Das Sondiergerät eignet sich für Untersuchungstiefen bis zu 0,45 m (Abb. 4-15). Gezählt wird die Anzahl der Schläge, die zum Einrammen der Sonde um jeweils 15 cm erforderlich sind. Die Summe der zum zweiten und dritten 15 cm-Stück gehörenden Schlaganzahlen wird mit N_{30} bezeichnet.

Zu den Vorteilen der Bohrlochrammsondierung zählt, dass die Ergebnisse nicht durch Mantelreibung am Sondiergestänge verfälscht werden.

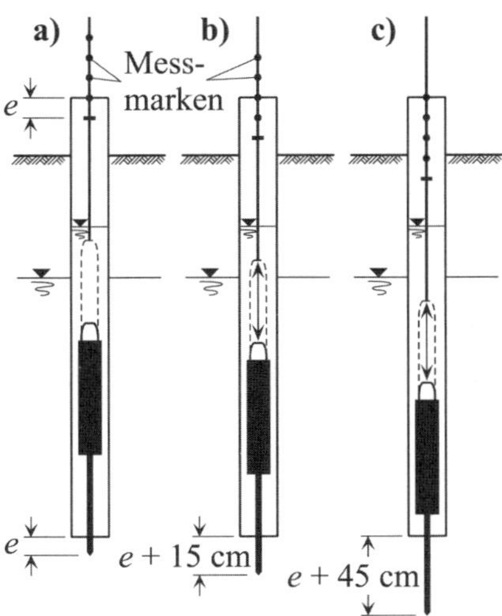

Abb. 4-15 Bohrlochrammsondierung (Durchführung)

4.4.4 Korrelationen zwischen Sondierergebnissen und Bodenkenngrößen

Von Sondierergebnissen kann u. a. auf Bodenkennwerte wie z. B. Lagerungsdichte D, Reibungswinkel φ und Steifemodul E_s geschlossen werden, wenn hierfür entsprechende Korrelationen bekannt sind (DIN 4094-2, [L 33] und [L 35]). Bei vergleichbaren Bodenverhältnissen geben die Korrelationen dem Anwender die Möglichkeit, die zu „seinen" Sondierergebnissen gehörenden Bodenkenngrößen zu bestimmen.

Tabelle 4-5 Zusammenhang zwischen Drucksondenspitzenwiderstand q_c und Lagerungsdichte D erdfeuchter, gleichförmiger Sande (nach WEIß [L 114], Kapitel 1.4)

Spitzenwiderstand q_s MN/m²	Lagerungsdichte D	Bezeichnung
q_c <2,5	$D<0{,}15$	sehr locker
$2{,}5 \leq q_c \leq 7{,}5$	$0{,}15 \leq D < 0{,}30$	locker
$7{,}5 < q_c \leq 15{,}0$	$0{,}30 \leq D < 0{,}50$	mitteldicht
$15{,}0 < q_c \leq 25{,}0$	$0{,}50 \leq D \leq 0{,}65$	dicht
$25{,}0 < q_c$	$0{,}65 < D$	sehr dicht

Zur Lagerungsdichte D bzw. zur bezogenen Lagerungsdichte I_D (Abschnitt 0) gibt Tabelle 4-5 für Drucksondierungsergebnisse Beziehungen zwischen Spitzenwiderstand q_c und Lagerungsdichte an (gilt für Sondiertiefen > 1,5 bis 2,5 m). Abb. 4-16 zeigt Korrelationen, mit denen von den ermittelten Schlagzahlen N_k verschiedener Rammsonden auf die Lagerungsdichte geschlossen werden kann.

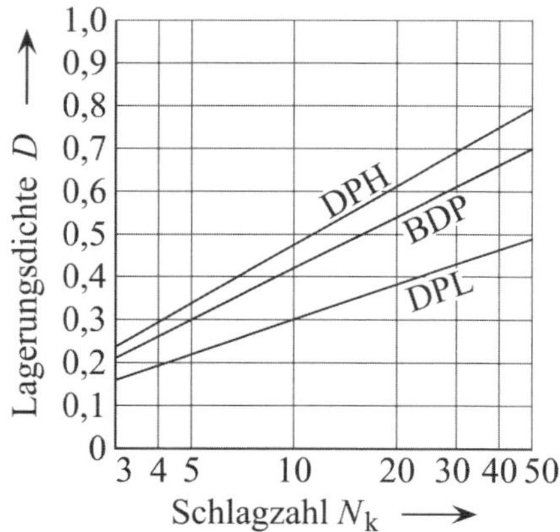

Gleichungen
(Gültigkeitsbereiche $3 \leq N_k \leq 50$)

DPL: $D = 0{,}03 + 0{,}270 \cdot \lg N_{10L}$

DPH: $D = 0{,}02 + 0{,}455 \cdot \lg N_{10H}$

BDP: $D = 0{,}02 + 0{,}400 \cdot \lg N_{30}$

Abb. 4-16 Zusammenhang zwischen den Schlagzahlen verschiedener Rammsonden und der Lagerungsdichte D bei enggestuften Sanden (SE) mit Ungleichförmigkeitszahlen $C_U \leq 3$ über Grundwasser (nach [L 35])

Anwendungsbeispiel

Im Rahmen von Baugrundaufschlüssen wurden auch Rammsondierungen mit einer leichten Rammsonde (DPL) durchgeführt. Bohrprofile und Laboruntersuchungen zeigen, dass oberhalb des Grundwasserspiegels enggestufte Sande mit Ungleichförmigkeitszahlen von $C_U < 3$ anstehen. Die in diesen Sanden gemessenen Schlagzahlen schwanken zwischen $N_{10} = 15$ und $N_{10} = 35$.

Wie groß sind die Grenzwerte des Größenbereichs, in dem die Lagerungsdichten D der sondierten Sande liegen und wie wird dieser Bereich bezeichnet?

Lösung

Da die gewonnenen Rammsondierungsergebnisse durchweg zu enggestuften Sanden (SE) mit $C_U \leq 3$ gehören, die außerdem über dem Grundwasser liegen, kann auf die Ergebnisse von Referenzmessungen zurückgegriffen werden, die in [L 35] dokumentiert sind (Abb. 4-16).

Danach ergeben sich mit der Gleichung (Abb. 4-16)

$$D_{(DPL)} = 0{,}03 + 0{,}27 \cdot \lg N_{10(DPL)}$$

die Grenzwerte

$$\min D_{(DPL)} = 0{,}03 + 0{,}27 \cdot \lg 15 = 0{,}35$$

$$\max D_{(DPL)} = 0{,}03 + 0{,}27 \cdot \lg 35 = 0{,}45$$

des Bereichs, in dem die Lagerungsdichten der sondierten Sande liegen. Da damit für die Lagerungsdichten $0{,}30 < D \leq 0{,}50$ gilt, handelt es sich um mitteldicht gelagerte Sande (Tabelle 4-5).

4.4.5 Flügelscherversuch (Felduntersuchung)

Im Gelände durchgeführte Flügelscherversuche („Flügelsondierungen“) erfassen Scherwiderstände des Bodens. Sie liefern Gesamtscherfestigkeiten beim schnellen Abscheren undränierter Böden im ungestörten und gestörten Zustand.

Beim Versuch wird das Flügelschergerät in ungestörten Boden eingedrückt und danach mit konstanter Geschwindigkeit bis zum Bruch des Bodens gedreht. Gemessen wird das hierzu erforderliche maximale Drehmoment M_{max}. Zur Bestimmung der Scherfestigkeit von gestörtem Boden wird das Gerät mindestens zehnmal im Boden gedreht und danach die Messung wie im Falle des ungestörten Bodens durchgeführt; gemessen wird das Restdrehmoment M_{R}, zu dem der Rest-Scherwiderstand c_{Rv} gehört.

Weitere Angaben zu Flügelscherveruschen sind z. B. in DIN 4094-4 zu finden.

4.4.6 Aufgaben mit Lösungen

Aufgabe 4-7 (Lösung Seite 42)

Zu benennen sind zwei direkte und ein indirektes Aufschlussverfahren. Zusätzlich ist, mit einer entsprechenden Begründung, anzugeben, welches Aufschlussverfahren die Durchführung eines weiteren Aufschlussverfahrens erfordert.

Aufgabe 4-8 (Lösung Seite 42)

Bei einer Hauptuntersuchung des für einen Hotelbau vorgesehenen Baugrunds wurden Rammsondierungen durchgeführt, deren Ergebnisse in einem Sondierprotokoll dokumentiert sind. Unter Aufführung der Gründe ist anzugeben, welche zusätzlichen Informationen erforderlich sind, um die Lagerungsdichte des Baugrunds ermitteln zu können.

Aufgabe 4-9 (Lösung Seite 43)

Zu benennen sind drei Bohr- und drei Sondierverfahren!

Aufgabe 4-10 (Lösung Seite 43)

Aus welchen Gründen sind Drucksondierungen statt Rammsondierungen zu empfehlen und welche Nachteile sind damit verbunden?

Aufgabe 4-11 (Lösung Seite 43)

Unter Benennung der entsprechenden Literaturquelle ist anzugeben, bis zu welchen Untersuchungstiefen t ab Ansatzpunkt der Einsatz von leichten, mittelschweren und schweren Rammsonden bei Baugrundverhältnissen mittlerer Festigkeit nach dieser Quelle zu empfehlen ist.

Aufgabe 4-12 (Lösung Seite 43)

In welchen Fällen können mit Rammsonden besonders schnell und wirtschaftlich gute Aufschlussergebnisse erreicht werden?

Aufgabe 4-13 (Lösung Seite 43)

Für die Bestimmung der Lagerungsdichte des Bodens in einer unter der Sohlfuge liegenden Schicht mit rolligem Material soll eine schwere Rammsonde eingesetzt werden.

Mit entsprechenden Begründungen ist anzugeben, welche Informationen zur Ermittlung der Lagerungsdichte D des Schichtbodens insgesamt benötigt werden.

Aufgabe 4-14 (Lösung Seite 44)

Aus welchen Gründen sind Rammsondierungen statt Drucksondierungen zu empfehlen und welche Vorteile sind damit verbunden?

Aufgabe 4-15 (Lösung Seite 44)

Im Rahmen von Baugrunduntersuchungen sind auch Rammsondierungen vorgesehen. Die Ergebnisse schon vor Ort durchgeführter Bohrungen zeigen, dass der Baugrund aus enggestuften Sanden mit Ungleichförmigkeitszahlen $C_U < 3$ besteht. Grundwasser wurde bei den Bohrungen nicht vorgefunden.

Zu ermitteln ist der Bereich der Schlagzahlen N_{10}, mit denen beim Einsatz einer schweren Rammsonde (DPH) zu rechnen ist, wenn die Sande mitteldicht gelagert wären!

Aufgabe 4-16 (Lösung Seite 44)

Es ist anzugeben, für welche Untersuchungstiefe ab Ansatzpunkt die mittelschwere Rammsonde DMP bei Baugrundverhältnissen mittlerer Festigkeit nach [L 35] eingesetzt werden kann und in welchen Böden ihr Einsatz eingeschränkt ist.

Lösung zu Aufgabe 4-7 (Aufgabenstellung Seite 41)

Zu den direkten Aufschlussverfahren gehören Schurf und Bohrung. Ein indirektes Aufschlussverfahren ist die Sondierung.

Sondierungen verlangen zusätzliche direkte Aufschlüsse, da sonst keine Anhaltspunkte über die jeweils durchfahrenen Schichten vorliegen, mit deren Hilfe ermittelte Eindringwiderstände und Schichtbodenarten einander zugeordnet werden können (Sondierungen in unterschiedlichen Böden können durchaus zu gleichen Eindringwiderständen führen).

Lösung zu Aufgabe 4-8 (Aufgabenstellung Seite 41)

Da eine Sondierung ein indirektes Aufschlussverfahren ist, welches keine unmittelbaren Anhaltspunkte über die Materialbeschaffenheit der jeweils durchfahrenen Schicht liefert, muss diese anhand der Ergebnisse zusätzlicher Bohrungen bestimmt werden. Erst wenn das Schichtmaterial durch Analyse der Bohrprobe bekannt ist (z. B. enggestufter Sand mit der Ungleichförmigkeitszahl $C_U < 3$) und Referenzmessungen vorliegen, welche die Lagerungsdichte als von dem Eindringwiderstand und der Schlagzahl abhängige Größe erfassen, kann, unter Benutzung der Schlagzahlen des Sondierprotokolls, auf die Lagerungsdichte des Schichtmaterials geschlossen werden.

Lösung zu Aufgabe 4-9 (Aufgabenstellung Seite 41)

Bohrverfahren: Rammbohrung, Drehbohrung und Schlagbohrung

Sondierverfahren: Rammsondierung, Drucksondierung und Bohrlochrammsondierung

Lösung zu Aufgabe 4-10 (Aufgabenstellung Seite 41)

Drucksondierungen sind statt Rammsondierungen immer dann zu empfehlen, wenn damit zu rechnen ist, dass die Mantelreibung die Ergebnisse der Rammsondierung zu stark beeinflusst.

Zu den Nachteilen der Drucksondierung gegenüber der Rammsondierung gehören

- hohe Kosten für die Durchführung der Sondierung auf Grund hoher Gerätekosten (MÖLLER [L 126], Abschnitt 4.3.4),
- die begrenzte Einsetzbarkeit von Drucksonden (nach [L 2], zu Abschnitt 4.2.1 ausführbar bei Böden mit Größtkorn bis 4 mm).

Lösung zu Aufgabe 4-11 (Aufgabenstellung Seite 41)

Nach Tabelle 1 aus [L 35] (siehe auch Tabelle 4-4) sind bei Baugrundverhältnissen mittlerer Festigkeit folgende maximale Untersuchungstiefen

- leichte Rammsonde DPL-5 ≤ 8 m
- leichte Rammsonde DPL ≤ 10 m
- mittelschwere Rammsonde DPM-A ≤ 15 m
- mittelschwere Rammsonde DPM ≤ 20 m
- schwere Rammsonde DPH ≤ 25 m

ab dem Ansatzpunkt einzuhalten.

Lösung zu Aufgabe 4-12 (Aufgabenstellung Seite 41)

Bei Bodenschichtungen mit stark veränderlichen Eindringwiderständen dienen Rammsondierungen zur schnellen Erkennung von Schichtwechseln und insbesondere weichen Stellen zwischen den Bohrlöchern (z. B. Sölle), deren Auffindung wichtiger sein kann als eine genaue Kenntnis der Eigenschaften von „Zufallsproben“, die in mehr oder weniger weit auseinanderliegenden Bohrlöchern entnommen wurden.

Lösung zu Aufgabe 4-13 (Aufgabenstellung Seite 42)

Die schwere Rammsondierung ist ein indirektes Aufschlussverfahren, dessen alleinige Anwendung keine unmittelbaren Anhaltspunkte über die Materialbeschaffenheit der jeweils durchfahrenen Schicht liefert. Daher sind außer den bei ihrer Durchführung ermittelten

- Schlagzahlen N_{10}

die Ergebnisse von

- zusätzlichen Bohrungen (z. B. enggestufter Sand mit der Ungleichförmigkeitszahl $C_U < 3$, der in oder über dem Grundwasser liegt) und
- zu dem erbohrten Material gehörenden Referenzmessungen (geben die Lagerungsdichte D als von der Schlagzahl abhängige Größe an)

erforderlich, um von den Schlagzahlen auf die Lagerungsdichte des Schichtmaterials schließen zu können.

Lösung zu Aufgabe 4-14 (Aufgabenstellung Seite 42)

Statt Drucksondierungen sind Rammsondierungen immer dann zu empfehlen, wenn

- der zu sondierende Boden für Drucksondierungen nicht geeignet ist,
- nicht damit zu rechnen ist, dass die Mantelreibung die Sondierergebnisse zu stark beeinflusst.

Zu den Vorteilen der Rammsondierung gegenüber der Drucksondierung gehören (MÖLLER [L 126], Abschnitt 4.3.4)

- geringere Kosten für die Durchführung der Sondierung wegen geringerer Gerätekosten,
- mit den drei Rammsondenvarianten (leicht, mittelschwer, schwer) können praktisch alle Lockerböden aufgeschlossen werden (Tabelle 1 aus [L 35]).

Lösung zu Aufgabe 4-15 (Aufgabenstellung Seite 42)

Für enggestufte Sande ($C_U \leq 3$) mit mitteldichter Lagerung gilt als Wertebereich der Lagerungsdichte $0{,}30 < D \leq 0{,}50$ (Tabelle 5-19). Für solche, über dem Grundwasserspiegel liegende Sande existieren Ergebnisse von Referenzmessungen, die in [L 35] dokumentiert sind (Abb. 4-16). Durch Umformung der dort angegebenen Gleichung

$$D_{(\mathrm{DPH})} = 0{,}02 + 0{,}455 \cdot \lg N_{10(\mathrm{DPH})}$$

in

$$N_{10(\mathrm{DPH})} = 10^{(D_{(\mathrm{DPH})} - 0{,}02)/0{,}455}$$

ergeben sich mit den Bereichsgrenzen D für die Lagerungsdichte die Schlagzahlen

$$N_{10(\mathrm{DPH}=0{,}30)} = 10^{(0{,}30-0{,}02)/0{,}455} = 4{,}1$$

$$N_{10(\mathrm{DPH}=0{,}50)} = 10^{(0{,}50-0{,}02)/0{,}455} = 11{,}3$$

und damit der gesuchte Wertebereich

$$4 < N_{10} \leq 11$$

für die zu erwartenden Schlagzahlen N_{10} in mitteldicht gelagerten Sanden, die oberhalb des Grundwassers liegen.

Lösung zu Aufgabe 4-16 (Aufgabenstellung Seite 42)

Nach Tabelle 1 aus [L 35] (siehe auch Tabelle 4-4) kann bei Baugrundverhältnissen mittlerer Festigkeit die mittelschwere Rammsonde DMP bis zu Untersuchungstiefen von maximal 20 m ab Ansatzpunkt eingesetzt werden.

In dicht gelagerten Kiesen ist diese Sonde nur eingeschränkt einsetzbar.

4.5 Plattendruckversuch

4.5.1 Untersuchungszweck und Geräte

Plattendruckversuche dienen zur Beurteilung der Verformbarkeit von Böden, zur Überprüfung ausgeführter Bodenverdichtungen im Erd- und Grundbau sowie als Bemessungsgrundlage für Befestigungen von Straßen und Flugplätzen.

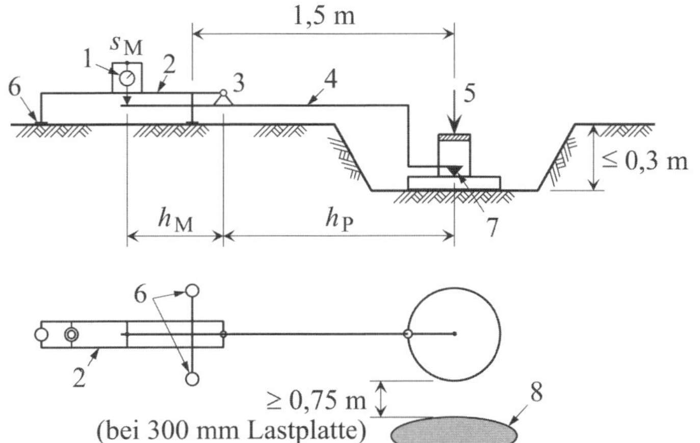

1 Messuhr bzw. Wegaufnehmer
2 Traggestell
3 Drehpunkt
4 Tastarm
5 Last
6 Auflager
7 Tastvorrichtung
8 Aufstandsfläche des Belastungswiderlagers
s_M Setzung an der Messuhr bzw. am Wegaufnehmer

Abb. 4-17 Setzungsmesseinrichtung mit nach dem Prinzip des Wägebalkens drehbarem Tastarm (nach DIN 18134); Messung der Setzung s unter Berücksichtigung des Hebelverhältnisses $h_P : h_M$ ($s = s_M \cdot h_P / h_M$)

Nach DIN 18134 sind zur Versuchsdurchführung als Geräte u. a. erforderlich

- Plattendruckgerät (Abb. 4-17),
- Belastungswiderlager als Gegengewicht (in der Regel ein beladener LKW oder Anhänger oder ein entsprechendes festes Widerlager),
- Rechner (mit Programm) für Versuchsauswertung.

4.5.2 Begriffe und Anwendungsbeispiel

Plattendruckversuch: Versuch, bei dem der Boden durch eine kreisförmige Lastplatte mit Hilfe einer Druckvorrichtung wiederholt stufenweise be- und entlastet wird. Als Versuchsgrößen ergeben sich die mittleren Normalspannungen σ_0 unter der Lastplatte und die zugehörigen Setzungen s der einzelnen Laststufen. Im Zuge der Versuchsauswertung werden diese Größen als Drucksetzungslinie dargestellt, aus der sich der Verformungsmodul E_V und der Bettungsmodul k_s ermitteln lassen.

Verformungsmodul E_V (in MN/m³): Kenngröße für die Verformbarkeit des Bodens. Zahlenmäßig wird mit ihm die Sekantenneigung der Drucksetzungslinie (Beziehung zwischen der mittleren Normalspannung σ_0 unter der Platte und der Plattensetzung s; vgl. Abb. 4-18) der stufenweise aufgebrachten Erst- (E_{V1}) und Wiederbelastung (E_{V2}) zwischen den Punkten $0{,}3 \cdot \sigma_{0max}$ und $0{,}7 \cdot \sigma_{0max}$ angegeben. Seine Berechnung erfolgt mittels der Beziehung

$$E_{\mathrm{Vi}} = 1{,}5 \cdot r \cdot \frac{\Delta\sigma_{\mathrm{i}}}{\Delta s_{\mathrm{i}}} = 1{,}5 \cdot r \cdot \frac{\sigma_{2\mathrm{i}} - \sigma_{1\mathrm{i}}}{s_{2\mathrm{i}} - s_{1\mathrm{i}}} \qquad i = 1{,}2$$ Gl. 4-12

in der r (in mm) der Radius der Lastplatte ist.

Bettungsmodul k_{s} (in MN/m³): aus der Drucksetzungslinie der stufenweise aufgebrachten Erstbelastung des Bodens bestimmte Kenngröße, mit der die Nachgiebigkeit der Bodenoberfläche unter einer Flächenlast beschrieben wird.

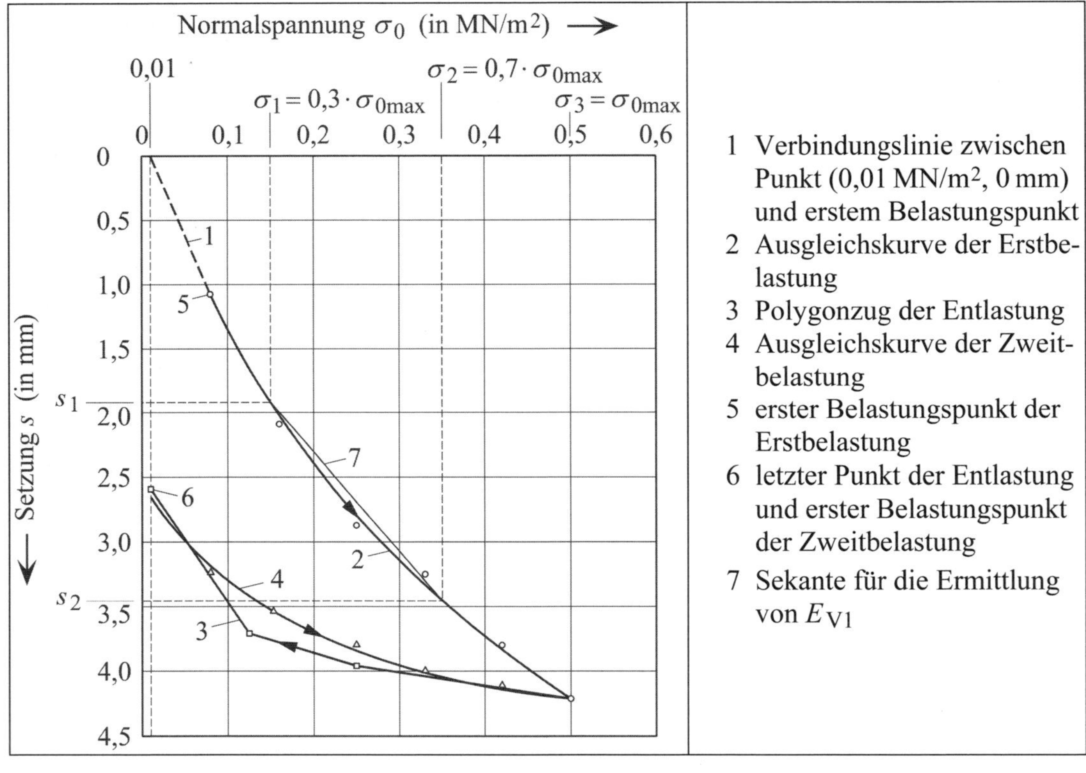

Abb. 4-18 Beispiel für Drucksetzungslinie zur Bestimmung der Verformungsmodule E_{V1} und E_{V2} (nach DIN 18134)

Bei der Bettungsmodulermittlung erfolgt die Versuchsdurchführung meist mit einer Lastplatte des Durchmessers 762 mm. Ermittelt wird die zu der mittleren Setzung von $s = 1{,}25$ mm gehörende Druckspannung σ_0. Der Bettungsmodul berechnet sich dann mit

$$k_{\mathrm{s}} = \frac{\sigma_0}{s^*} = \frac{\sigma_0}{0{,}00125} \quad \text{(in MN/m}^3\text{)}$$ Gl. 4-13

Anwendungsbeispiel

Bei dem der DIN 18134 entnommenen Fall wurden unter Verwendung einer Lastplatte des Durchmessers 762 mm die in Tabelle 4-6 zusammengestellten Messwerte ermittelt.

Tabelle 4-6 Messwerte eines Plattendruckversuchs zur Bestimmung des Bettungsmoduls k_s (nach DIN 18134)

Nr.	Last F in kN	Normal-spannung σ_0 in MN/m^2	Messuhr-ablesung s_M in mm	Setzung des Lastplatte s in mm
0	4,56	0,01	0	0
1	18,24	0,04	0,23	0,31
2	36,48	0,08	0,42	0,56
3	63,85	0,14	0,73	0,97
4	91,21	0,20	1,15	1,53
5	36,48	0,08	0,87	1,16
6	0,00	0,00	0,43	0,57

Zu bestimmen ist die Größe des zu diesen Messwerten gehörenden Bettungsmoduls k_s.

Lösung

Unter Verwendung der Messwerte aus Tabelle 4-6 ergibt sich die in Abb. 4-19 dargestellte Drucksetzungslinie mit dem korrigierten Nullpunkt 0* und der zu dem Zahlenwert

$$s^* = 1{,}25 \text{ mm} = 0{,}00125 \text{ m}$$

gehörenden Normalspannung

$$\sigma_0 = 0{,}186 \text{ MN/m}^2$$

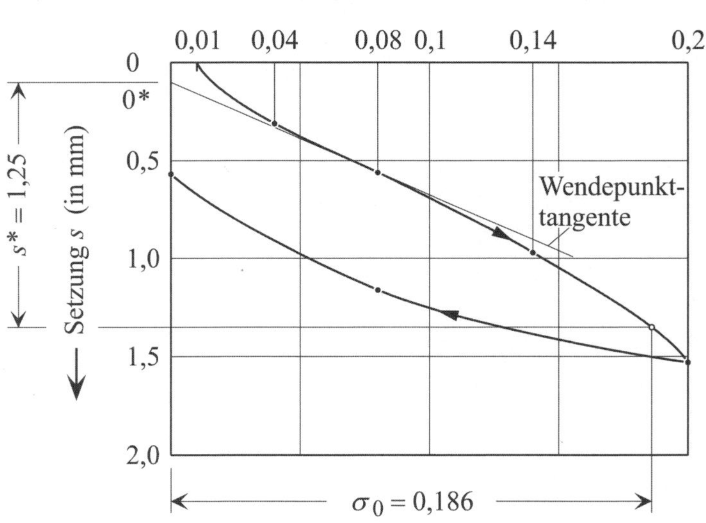

Abb. 4-19 Drucksetzungslinie zur Bestimmung des Bettungsmoduls (nach DIN 18134)

Die gesuchte Größe des Bettungsmoduls beträgt somit

$$k_s = \frac{\sigma_0}{s^*} = \frac{0{,}186}{0{,}00125} = 148{,}8\ \text{MN/m}^3$$

4.6 Aussagekraft von Bodenuntersuchungen

Alle Arten von Aufschlüssen in Boden und Fels sowie Plattendruckversuche sind letztendlich Stichproben an diskreten Stellen. Zu allen Bereichen, die durch die Untersuchungen nicht direkt erfasst werden, können Aussagen, unter Berücksichtigung weiterer ergänzender Informationen, nur als Wahrscheinlichkeitsbetrachtungen gemacht werden.

Bei der Festlegung des Umfangs der Untersuchungen (Lage, Anzahl und Art von Aufschlüssen und Versuchen, Aufschlusstiefen usw.) sind deshalb möglichst viele Informationen zu berücksichtigen, insbesondere solche zur Bodengenese und zu örtlichen Erfahrungen.

4.7 Beobachtungsmethode

Ist davon auszugehen, dass das Wechselwirkungsverhalten zwischen Bauwerk und Baugrund auf der Basis vorab durchgeführter Baugrunduntersuchungen nebst entsprechenden Berechnungen nicht hinreichend zuverlässig erfasst werden kann, sollte der Einsatz der Beobachtungsmethode in Erwägung gezogen werden.

In DIN 1054, 2.7 sind einige Angaben und Hinweise zu dieser Methode zu finden. Danach handelt es sich bei ihr um: „eine Kombination der üblichen geotechnischen Untersuchungen und Nachweise (Prognosen) mit der laufenden messtechnischen Kontrolle des Bauwerks während dessen Herstellung, wobei kritische Situationen durch die Anwendung vorbereiteter technischer Maßnahmen beherrscht werden“. Die Prognoseunsicherheit wird so weitestgehend durch die fortlaufende Anpassung der Prognose an die tatsächlichen Verhältnisse ausgeglichen.

Als Sicherheitsnachweis ist die Beobachtungsmethode nicht anwendbar, wenn der Eintritt von Versagenszuständen vorab nicht erkennbar ist bzw. so rasch erfolgen kann, dass keine Gegenmaßnahmen mehr möglich sind (bei Systemen mit mangelnder Duktilität kann „Versagen ohne Vorankündigung“ eintreten).

5 Laborversuche

Laborversuche zählen zu den geotechnischen Untersuchungsverfahren. Mit ihnen werden Bodenkenngrößen wie etwa Korndichten, Proctordichten oder Reibungswinkel ermittelt.

5.1 Mehrphasensysteme des Bodens

Boden besteht aus Festmasse und Poren (Hohlräumen), die in der Regel mit Wasser und Luft gefüllt sind (Dreiphasensystem). Sonderfälle sind die Zweiphasensysteme „gesättigter Boden" oder auch „wassergesättigter Boden" (Poren nur mit Wasser gefüllt) und „trockener Boden" (Poren nur mit Luft gefüllt).

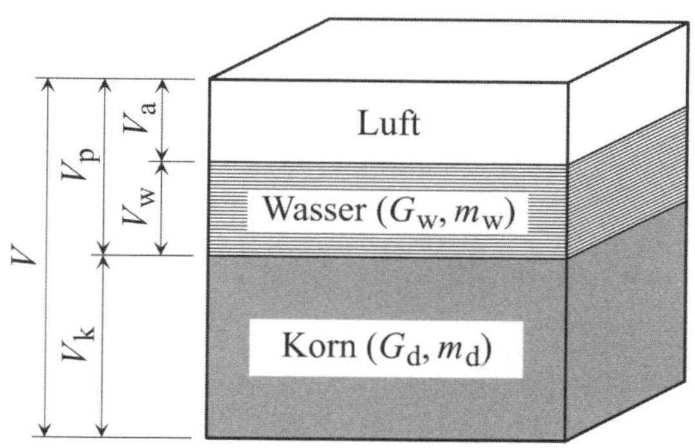

V = Gesamtvolumen der Bodenprobe
V_p = Porenvolumen der Bodenprobe
G = Eigenlast der Bodenprobe
= $G_w + G_d$
m = Masse der Bodenprobe
= $m_w + m_d$

Abb. 5-1 Bestandteile Festmasse (auch Trocken- oder Kornmasse), Wasser und Luft des Bodens im allgemeinen Fall (Dreiphasensystem)

5.1.1 Kenngrößen von Mehrphasensystemen

Porenanteil (Anteil des Porenvolumens am Gesamtvolumen des Bodens)

$$n = \frac{V_p}{V} = \frac{V - V_k}{V} = 1 - \frac{V_k}{V} = \frac{e}{1+e} \qquad \text{Gl. 5-1}$$

Porenzahl (Verhältnis des Porenvolumens zum Volumen der Festmasse des Bodens)

$$e = \frac{V_p}{V_k} = \frac{V - V_k}{V_k} = \frac{V}{V_k} - 1 = \frac{n}{1-n} \qquad \text{Gl. 5-2}$$

Porenluftanteil (Anteil des luftgefüllten Porenvolumens am Bodengesamtvolumen)

$$n_a = \frac{V_a}{V} = \frac{V - V_k - V_w}{V} = 1 - \frac{V_k + V_w}{V} \qquad \text{Gl. 5-3}$$

Porenwasseranteil (Anteil des wassergefüllten Porenvolumens am Bodengesamtvolumen)

$$n_w = \frac{V_w}{V} = \frac{V_p - V_a}{V} = \frac{V - V_k - V_a}{V} = 1 - \frac{V_k + V_a}{V} = n - n_a \qquad \text{Gl. 5-4}$$

Wassergehalt (Verhältnis der Masse des Porenwassers zur Festmasse der Bodenprobe)

$$w = \frac{m_w}{m_d} = \frac{m - m_d}{m_d} = \frac{m}{m_d} - 1 = \frac{G_w}{G_d} = \frac{G - G_d}{G_d} = \frac{G}{G_d} - 1$$ Gl. 5-5

Wassergehalt des wassergesättigten Bodens

$$w_r = \frac{m_w}{m_d} = \frac{G_w}{G_d}$$ Gl. 5-6

Sättigungszahl (Anteil des wassergefüllten Porenvolumens zum gesamten Porenvolumen)

$$S_r = \frac{V_w}{V_p} = \frac{n_w}{n} = \frac{n - n_a}{n} = 1 - \frac{n_a}{n} = \frac{w}{w_r} \qquad 0 \le S_r \le 1$$ Gl. 5-7

Wasserwichte (in kN/m³)

$$\gamma_w = \frac{G_w}{V_w}$$ Gl. 5-8

Wasserdichte (in t/m³)

$$\rho_w = \frac{m_w}{V_w}$$ Gl. 5-9

Kornwichte (in kN/m³)

$$\gamma_s = \frac{G_d}{V_k}$$ Gl. 5-10

Korndichte (in t/m³)

$$\rho_s = \frac{m_d}{V_k}$$ Gl. 5-11

Trockenwichte des Bodens (in kN/m³)

$$\gamma_d = \frac{G_d}{V} = \gamma_s \cdot (1 - n) = \frac{\gamma_s}{1 + e} = \frac{n_w \cdot \gamma_w}{w} = \frac{(1 - n_a) \cdot \gamma_s \cdot \gamma_w}{w \cdot \gamma_s + \gamma_w} = \frac{S_r \cdot \gamma_s \cdot \gamma_w}{w \cdot \gamma_s + S_r \cdot \gamma_w}$$ Gl. 5-12

Trockendichte des Bodens (in t/m³)

$$\rho_d = \frac{m_d}{V} = \rho_s \cdot (1 - n) = \frac{\rho_s}{1 + e} = \frac{n_w \cdot \rho_w}{w} = \frac{(1 - n_a) \cdot \rho_s \cdot \rho_w}{w \cdot \rho_s + \rho_w} = \frac{S_r \cdot \rho_s \cdot \rho_w}{w \cdot \rho_s + S_r \cdot \rho_w}$$ Gl. 5-13

Wichte des feuchten (teilgesättigten) Bodens (in kN/m³)

$$\begin{aligned}\gamma &= \frac{G}{V} = \frac{G_d + G_w}{V} = \gamma_s \cdot \frac{1 + w}{1 + e} = \frac{\gamma_s \cdot \gamma_w \cdot S_r \cdot (1 + w)}{w \cdot \gamma_s + S_r \cdot \gamma_w} = \frac{\gamma_s \cdot \gamma_w \cdot (1 + w) \cdot (1 - n_a)}{w \cdot \gamma_s + \gamma_w} \\ &= \gamma_s \cdot (1 - n) \cdot (1 + w) = \gamma_s \cdot (1 - n) + n_w \cdot \gamma_w = \gamma_d + n_w \cdot \gamma_w \\ &= \gamma_d \cdot (1 + w) = \gamma_d + S_r \cdot n \cdot \gamma_w\end{aligned}$$ Gl. 5-14

Dichte des feuchten (teilgesättigten) Bodens (in t/m³)

$$\rho=\frac{m}{V}=\frac{m_d+m_w}{V}=\rho_s\cdot\frac{1+w}{1+e}=\frac{\rho_s\cdot\rho_w\cdot S_r\cdot(1+w)}{w\cdot\rho_s+S_r\cdot\rho_w}=\frac{\rho_s\cdot\rho_w\cdot(1+w)\cdot(1-n_a)}{w\cdot\rho_s+\rho_w}$$
$$=\rho_s\cdot(1-n)\cdot(1+w)=\rho_s\cdot(1-n)+n_w\cdot\rho_w=\rho_d+n_w\cdot\rho_w$$
$$=\rho_d\cdot(1+w)=\rho_d+S_r\cdot n\cdot\rho_w \qquad \text{Gl. 5-15}$$

Wichte des wassergesättigten Bodens ($V_w=V_p$) (in kN/m³)

$$\gamma_r=\frac{G}{V}=\frac{G_d+G_w}{V}=\frac{\gamma_s\cdot\gamma_w\cdot(1+w_r)}{w_r\cdot\gamma_s+\gamma_w}=\gamma_d\cdot(1+w_r)$$
$$=\gamma_w+\frac{\gamma}{1+w}\cdot\left(1-\frac{\gamma_w}{\gamma_s}\right)=\gamma_w+\gamma_d\cdot\left(1-\frac{\gamma_w}{\gamma_s}\right)=\gamma_d+\gamma_w\cdot\left(1-\frac{\gamma_d}{\gamma_s}\right) \qquad \text{Gl. 5-16}$$
$$=\gamma_s\cdot(1-n)+n\cdot\gamma_w=\gamma_d+n\cdot\gamma_w=\frac{\gamma_s+e\cdot\gamma_w}{1+e}$$

Dichte des wassergesättigten Bodens ($V_w=V_p$) (in t/m³)

$$\rho_r=\frac{G}{V}=\frac{G_d+G_w}{V}=\frac{\rho_s\cdot\rho_w\cdot(1+w_r)}{w_r\cdot\rho_s+\rho_w}=\rho_d\cdot(1+w_r)$$
$$=\rho_w+\frac{\rho}{1+w}\cdot\left(1-\frac{\rho_w}{\rho_s}\right)=\rho_w+\rho_d\cdot\left(1-\frac{\rho_w}{\rho_s}\right)=\rho_d+\rho_w\cdot\left(1-\frac{\rho_d}{\rho_s}\right) \qquad \text{Gl. 5-17}$$
$$=\rho_s\cdot(1-n)+n\cdot\rho_w=\rho_d+n\cdot\rho_w=\frac{\rho_s+e\cdot\rho_w}{1+e}$$

Wichte des Bodens unter Auftrieb (in kN/m³)

$$\gamma'=\gamma_r-\gamma_w=\frac{\gamma_w\cdot(\gamma_s-\gamma_w)}{w\cdot\gamma_s+\gamma_w}=(\gamma_s-\gamma_w)\cdot(1-n)=\gamma_d+(n-1)\cdot\gamma_w=\frac{\gamma_s-\gamma_w}{1+e} \qquad \text{Gl. 5-18}$$

Dichte des Bodens unter Auftrieb (in t/m³)

$$\rho'=\rho_r-\rho_w=\frac{\rho_w\cdot(\rho_s-\rho_w)}{w\cdot\rho_s+\rho_w}=(\rho_s-\rho_w)\cdot(1-n)=\rho_d+(n-1)\cdot\rho_w=\frac{\rho_s-\rho_w}{1+e} \qquad \text{Gl. 5-19}$$

Anwendungsbeispiel 1

Wie viel Liter Wasser kann ein feuchter Boden pro m³ noch maximal aufnehmen, von dem die Kenngrößen

Dichte $\rho=1{,}675$ g/cm³
Porenanteil $n=0{,}42$
Wassergehalt $w=0{,}05$

bekannt sind?

Lösung

Da bei der Wasseraufnahme nur das noch mit Luft gefüllte Volumen des feuchten Bodens (Gl. 5-4)

$$V_a = V_p - V_w$$

aufgefüllt wird, muss das entsprechende Volumen pro m³ des Bodens ermittelt werden.

Porenvolumen von 1 m³ des Bodens (Gl. 5-1)

$$V_p = V \cdot n = 1{,}0 \cdot 0{,}42 = 0{,}42 \text{ m}^3$$

Trockendichte des Bodens (Gl. 5-26)

$$\rho_d = \frac{\rho}{1+w} = \frac{1{,}675}{1+0{,}05} = 1{,}595 \text{ g/cm}^3 = 1{,}595 \text{ t/m}^3$$

Festmasse von 1 m³ des Bodens (Gl. 5-13)

$$m_d = \rho_d \cdot V = 1{,}595 \cdot 1 = 1{,}595 \text{ t}$$

Masse des in 1 m³ feuchten Bodens enthaltenen Wassers (Gl. 5-15)

$$m_w = \rho \cdot V - m_d = 1{,}675 \cdot 1{,}0 - 1{,}595 = 0{,}080 \text{ t}$$

Volumen des in 1 m³ feuchten Bodens enthaltenen Wassers (Gl. 5-9); mit $\rho_w = 1{,}0$ t/m³

$$V_w = \frac{m_w}{\rho_w} = \frac{0{,}08}{1{,}0} = 0{,}08 \text{ m}^3$$

Für die Wasseraufnahme pro m³ feuchten Bodens zur Verfügung stehendes Luftvolumen (Gl. 5-4)

$$V_a = V_p - V_w = 0{,}42 - 0{,}08 = 0{,}34 \text{ m}^3 = 340 \text{ Liter}$$

Anwendungsbeispiel 2

Zu ermitteln ist das bereitzustellende Transportvolumen $V_{\text{Transport}}$ (in m³) für 10 t erdfeuchten Quarzsand unter der Annahme, dass der Sand beim Transport einen Porenanteil von $n = 0{,}45$ und einen Wassergehalt von $w = 0{,}165$ besitzt.

Lösung

Mit dem Kornvolumen von 1 m³ Quarzsand (Gl. 5-1)

$$V_k = V - V_p = V \cdot (1{,}0 - n) = 1{,}0 \cdot (1{,}0 - 0{,}45) = 0{,}55 \text{ m}^3$$

und der Korndichte des Quarzsandes (Tabelle 5-8)

$$\rho_s = 2{,}65 \text{ t/m}^3$$

berechnet sich die Trockenmasse von 1 m³ Sand zu (Gl. 5-10)

$$m_d = \rho_s \cdot V_k = 2{,}65 \cdot 0{,}55 = 1{,}4575 \text{ t}$$

Mit der Masse des Wassers pro m³ erdfeuchten Sandes (Gl. 5-5)

$$m_w = w \cdot m_d = 0{,}165 \cdot 1{,}4575 = 0{,}2405 \text{ t}$$

ergibt sich die Masse von 1 m³ des erdfeuchten Sandes (Gl. 5-15)

$$m = m_d + m_w = 1{,}4575 + 0{,}2405 = 1{,}698 \text{ t}$$

und damit das Transportvolumen der 10 t erdfeuchten Quarzsandes

$$V_{\text{Transport}} = \frac{10{,}0}{1{,}698} = 5{,}89 \text{ m}^3$$

5.1.2 Aufgaben mit Lösungen

Aufgabe 5-1 (Lösung Seite 55)

Welche Bestandteile beinhaltet das Dreiphasensystem und welche dieser Bestandteile nehmen das Volumen V_p ein?

Mit welchen Bezeichnungen können die Zustände von Böden benannt werden, bei denen V_p durch nur einen Bestandteil ausgefüllt wird?

Aufgabe 5-2 (Lösung Seite 55)

Zu ermitteln ist die Masse m (in t) von 1 m³ eines Bodens mit den Kenngrößen

Korndichte $\rho_s = 2{,}75$ g/cm³
Porenanteil $n = 0{,}42$
Wassergehalt $w = 0{,}05$

Aufgabe 5-3 (Lösung Seite 55)

Anhand von Formeln ist für feuchte, nichtgesättigte Böden der Zahlenbereich anzugeben, in dem Werte für die Sättigungszahlen S_r dieser Böden liegen können.

Aufgabe 5-4 (Lösung Seite 56)

Für einen nichtbindigen Boden oberhalb des Grundwasserspiegels sind als Werte bekannt

Porenanteil $n = 0{,}3$
Wassergehalt $w = 6{,}0$ %
Dichte $\rho = 1{,}961$ t/m³

Um wie viel cm steigt das Grundwasser in diesem Boden, wenn infolge flächendeckender Niederschläge über die Bodenoberfläche 51 Liter Wasser pro m² eingeleitet werden?

Aufgabe 5-5 (Lösung Seite 56)

In DIN 1055-2 [L 7] ist für wassergesättigten locker gelagerten Sand (mit einer Ungleichförmigkeitszahl $C_U \leq 6$) als Wichte $\gamma_r = 18{,}5$ kN/m³ angegeben.

Wie groß ist der Wassergehalt w_r (in %) dieses Sandes unter der Voraussetzung, dass seine Korndichte $\rho_s = 2{,}65$ g/cm³ beträgt?

Aufgabe 5-6 (Lösung Seite 57)

Unter Verwendung von Formeln ist zu erläutern, warum sich der mittlere Wassergehalt eines naturfeuchten Sandes bei Verdichtung (Sättigung des Bodens tritt nicht ein) oder Auflockerung nicht ändert.

Aufgabe 5-7 (Lösung Seite 57)

In DIN 1055-2 [L 7] ist für wassergesättigten locker gelagerten Sand (mit einer Ungleichförmigkeitszahl $C_U \leq 6$) als Wichte $\gamma_r = 18{,}5$ kN/m³ angegeben.

Wie groß ist die Trockenwichte γ_d dieses Sandes unter der Voraussetzung, dass die Kornwichte $\gamma_s = 26{,}5$ kN/m³ beträgt?

Aufgabe 5-8 (Lösung Seite 57)

Nach DIN 1055-2 [L 7] kann die Wichte eines enggestuften mitteldicht gelagerten und unter Auftrieb stehenden Kieses mit $\gamma' = 9{,}5$ kN/m³ angenommen werden.

Zu berechnen ist der Porenanteil dieses Kieses unter der Voraussetzung, dass die Kornwichte des Bodenmaterials $\gamma_s = 0{,}0265$ N/cm³ beträgt.

Aufgabe 5-9 (Lösung Seite 58)

Zu ermitteln ist der Wassergehalt w (in %) eines wassergesättigten Bodens mit dem Porenanteil $n = 0{,}34$ und der Wichte $\gamma_r = 21{,}0$ kN/m³.

Aufgabe 5-10 (Lösung Seite 58)

In einer Kiesgrube steht Bodenmaterial an mit den Kenngrößen

Korndichte $\rho_s = 2{,}65$ g/cm³
Porenanteil $n = 0{,}3$
Wassergehalt $w = 6$ %

Mit wie viel m³ abgebauten Bodens kann ein Transportfahrzeug maximal beladen werden, wenn dessen Ladekapazität 12 t beträgt?

Aufgabe 5-11 (Lösung Seite 58)

Die gleichmäßige Verdichtung einer 2,50 m mächtigen Schicht aus wassergesättigtem Boden führte zu einer Verminderung der Schichtdicke auf 2,40 m.

Zu ermitteln ist die mittlere Wichte des verdichteten Bodens unter der Voraussetzung, dass für den unverdichteten Boden eine mittlere Wichte von $\gamma_{ru} = 20{,}56$ kN/m³ galt.

Aufgabe 5-12 (Lösung Seite 59)

Bei einer Laboruntersuchung wurden von einer Bodenprobe die Feuchtmasse $m = 133{,}8$ g und die Trockenmasse $m_d = 125{,}2$ g ermittelt.

Zu berechnen ist die Sättigungszahl S_r des Bodens unter der Voraussetzung, dass es sich um einen mitteldicht gelagerten Quarzsand mit dem Porenanteil $n = 0{,}394$ handelt.

Aufgabe 5-13 (Lösung Seite 59)

Zu ermitteln ist die Wichte γ_r (in kN/m³) eines gesättigten Bodens, dessen Porenanteil $n = 0{,}33$ und dessen Wassergehalt $w = 19{,}1$ % beträgt.

Lösung zu Aufgabe 5-1 (Aufgabenstellung Seite 53)

1) Das Dreiphasensystem beinhaltet Festmasse, Wasser und Luft, wovon das Wasser und die Luft gemeinsam das Porenvolumen V_p einnehmen.
2) Böden sind *trocken*, wenn V_p nur durch Luft ausgefüllt wird, und sie sind *gesättigt* (oder auch *wassergesättigt*), wenn V_p nur durch Wasser ausgefüllt wird.

Lösung zu Aufgabe 5-2 (Aufgabenstellung Seite 53)

Porenvolumen von 1 m³ des Bodens (Gl. 5-1)

$$V_p = V \cdot n = 1{,}0 \cdot 0{,}42 = 0{,}42 \text{ m}^3$$

Kornvolumen von 1 m³ des Bodens (Abb. 5-1)

$$V_k = V - V_p = 1{,}0 - 0{,}42 = 0{,}58 \text{ m}^3$$

Trockenmasse von 1 m³ des Bodens (Gl. 5-11)

$$m_d = V_k \cdot \rho_s = 0{,}58 \cdot 2{,}75 = 1{,}595 \text{ t}$$

Porenwassermasse von 1 m³ des Bodens (Gl. 5-5)

$$m_w = w \cdot m_d = 0{,}05 \cdot 1{,}595 = 0{,}080 \text{ t}$$

Gesamtmasse von 1 m³ des Bodens (Gl. 5-15)

$$m = m_d + m_w = 1{,}595 + 0{,}08 = 1{,}675 \text{ t}$$

Alternative Lösung:

Dichte des feuchten Bodens (Gl. 5-15)

$$\rho = \rho_s \cdot (1-n) \cdot (1+w) = 2{,}75 \cdot (1-0{,}42) \cdot (1+0{,}05) = 1{,}675 \text{ g/cm}^3 = 1{,}675 \text{ t/m}^3$$

Gesamtmasse von 1 m³ des Bodens (Gl. 5-15)

$$m = \rho \cdot V = 1{,}675 \cdot 1{,}0 = 1{,}675 \text{ t}$$

Lösung zu Aufgabe 5-3 (Aufgabenstellung Seite 53)

Aus der Definition der Sättigungszahl (Gl. 5-7)

$$S_r = \frac{V_w}{V_p}$$

geht hervor, dass S_r bei trockenen Böden den Wert 0 annimmt (unterer Grenzwert für S_r), da für deren Wassergehalte

$$V_w = 0$$

gilt und dass sich der Wert

$$S_r = 1$$

ergibt (oberer Grenzwert für S_r), wenn das Volumen V_W des Wassers im Boden dem Volumen V_p der Poren des Bodens entspricht (vollständig gesättigter Boden, der keine mit Luft gefüllten Hohlräume mehr hat).

Da bei feuchten, nichtgesättigten Böden die Poren immer zum Teil mit Luft und zum Teil mit Wasser gefüllt sind, gilt für das Wasservolumen

$$0 < V_w < V_p$$

und somit für den Wertebereich der Sättigungszahlen S_r solcher Böden

$$0 < S_r < 1$$

Lösung zu Aufgabe 5-4 (Aufgabenstellung Seite 53)

Porenvolumen von 1 m³ des Bodens (Gl. 5-1)

$$V_p = V \cdot n = 1{,}0 \cdot 0{,}3 = 0{,}3 \text{ m}^3$$

Trockendichte des Bodens (Gl. 5-26)

$$\rho_d = \frac{\rho}{1+w} = \frac{1{,}961}{1+0{,}06} = 1{,}85 \text{ t/m}^3$$

Trockenmasse von 1 m³ des Bodens (Gl. 5-13)

$$m_d = \rho_d \cdot V = 1{,}85 \cdot 1{,}0 = 1{,}85 \text{ t}$$

Masse des in 1 m³ des Bodens enthaltenen Wassers (Gl. 5-15)

$$m_w = \rho \cdot V - m_d = 1{,}961 \cdot 1 - 1{,}85 = 0{,}111 \text{ t}$$

Volumen des in 1 m³ des Bodens enthaltenen Wassers (Gl. 5-9); mit $\rho_w = 1{,}0$ t/m³

$$V_w = \frac{m_w}{\rho_w} = \frac{0{,}111}{1{,}0} = 0{,}111 \text{ m}^3$$

Volumen der durch das Wasser zu verdrängenden Luft pro m³ des Bodens (Gl. 5-4)

$$V_a = V_p - V_w = 0{,}3 - 0{,}111 = 0{,}189 \text{ m}^3 = 189 \text{ Liter}$$

Höhe des Grundwasseranstiegs bei Einleitung von 51 Liter Wasser pro m² Bodenoberfläche

$$h_{\text{Anstieg}} = 1{,}0 \text{ m} \cdot \frac{0{,}051}{0{,}189} = 0{,}27 \text{ m} = 27 \text{ cm}$$

Lösung zu Aufgabe 5-5 (Aufgabenstellung Seite 53)

Mit der Dichte des wassergesättigten Bodens (Gl. 5-40)

$$\rho_r = \gamma_r (\text{in kN/m}^3) \cdot 0{,}1 = 18{,}5 \cdot 0{,}1 = 1{,}85 \text{ t/m}^3 = 1{,}85 \text{ g/cm}^3$$

ergibt sich mit

$$\rho_w = 1 \text{ g/m}^3$$

als Wassergehalt des gesättigten Sandes (Gl. 5-17)

$$w_r = \frac{\rho_w \cdot (\rho_s - \rho_r)}{\rho_s \cdot (\rho_r - \rho_w)} = \frac{1{,}00 \cdot (2{,}65 - 1{,}85)}{2{,}65 \cdot (1{,}85 - 1{,}00)} = 0{,}355 = 35{,}6\ \%$$

Lösung zu Aufgabe 5-6 (Aufgabenstellung Seite 54)

Durch die Auflockerung bzw. Verdichtung ändert sich das mit Luft gefüllte Porenvolumen um ΔV_a. Dies führt dazu, dass sich aus dem ursprünglichen Volumen (Abb. 5-1)

$$V_{alt} = V_k + V_w + V_a$$

das Volumen

$$V_{neu} = V_k + V_w + V_a + \Delta V_a$$

ergibt.

Da sich das Wasservolumen V_w und das Kornvolumen V_k und damit die Eigenlasten des Wassers G_w und des Korns G_d nicht ändern, ändert sich auch der Wassergehalt (Gl. 5-5)

$$w = \frac{G_w}{G_d}$$

bei Verdichtung oder Auflockerung des Sandes nicht.

Lösung zu Aufgabe 5-7 (Aufgabenstellung Seite 54)

Mit der Beziehung (Gl. 5-16)

$$\gamma_r = \gamma_s \cdot (1 - n) + n \cdot \gamma_w = n \cdot (\gamma_w - \gamma_s) + \gamma_s \text{ kN/m}^3$$

ergibt sich durch Gleichungsumstellung und mit der Wasserwichte

$$\gamma_w = 10 \text{ kN/m}^3$$

der Porenanteil des wassergesättigten Sandes zu

$$n = \frac{\gamma_s - \gamma_r}{\gamma_s - \gamma_w} = \frac{26{,}5 - 18{,}5}{26{,}5 - 10{,}0} = 0{,}4848$$

Die Kenntnis des n-Werts führt zu der Trockenwichte des Sandes (Gl. 5-12)

$$\gamma_d = \gamma_s \cdot (1 - n) = 26{,}5 \cdot (1 - 0{,}4848) = 13{,}65 \text{ kN/m}^3$$

Lösung zu Aufgabe 5-8 (Aufgabenstellung Seite 54)

Mit der sich nach Gl. 5-18 ergebenden Beziehung für die Wichte unter Auftrieb

$$\text{cal } \gamma' = (\gamma_s - \gamma_w) \cdot (1 - n)$$

und der Umrechnung

$$\gamma_s = 0{,}0265 \text{ N/cm}^3 = 26{,}5 \text{ kN/m}^3$$

ergibt sich, mit $\gamma_w = 0{,}01$ N/cm³ $= 10{,}0$ kN/m³ und nach entsprechender Gleichungsumstellung, der Porenanteil des unter Auftrieb stehenden Kieses zu

$$n = 1 - \frac{\gamma'}{\gamma_s - \gamma_w} = 1 - \frac{9{,}5}{26{,}5 - 10{,}0} = 0{,}424$$

Lösung zu Aufgabe 5-9 (Aufgabenstellung Seite 54)

Kornwichte des wassergesättigten Bodens (Gl. 5-16)

$$\gamma_s = \frac{\gamma_r - n \cdot \gamma_w}{1 - n} = \frac{21 - 0{,}34 \cdot 10}{1 - 0{,}34} = 26{,}67 \text{ kN/m}^3$$

Mit der Eigenlast des Wassers pro m³ des Bodens (Gl. 5-1 und Gl. 5-8)

$$G_w = V_p \cdot \gamma_w = V \cdot n \cdot \gamma_w$$

der Eigenlast des Kornmaterials pro m³ des Bodens (Gl. 5-1 und Gl. 5-10)

$$G_d = V_k \cdot \gamma_s = V \cdot (1 - n) \cdot \gamma_s$$

und der Wasserwichte

$$\gamma_w = 10{,}0 \text{ kN/m}^3$$

ergibt sich als Wassergehalt des wassergesättigten Bodens (Gl. 5-5)

$$w = \frac{G_w}{G_d} = \frac{n \cdot \gamma_w}{(1 - n) \cdot \gamma_s} = \frac{0{,}34 \cdot 10{,}0}{(1 - 0{,}34) \cdot 26{,}67} = 0{,}193 = 19{,}3\ \%$$

Lösung zu Aufgabe 5-10 (Aufgabenstellung Seite 54)

Mit der Trockendichte des anstehenden Bodens (Gl. 5-13)

$$\rho_d = \rho_s \cdot (1 - n) = 2{,}65 \cdot (1 - 0{,}3) = 1{,}855 \text{ t/m}^3$$

und der Dichte des anstehenden Bodens (Gl. 5-15)

$$\rho = \rho_d \cdot (1 + w) = 1{,}855 \cdot (1 + 0{,}06) = 1{,}9663 \text{ t/m}^3$$

ergibt sich das Volumen des abgebauten Bodens mit der Masse $m_{\text{Abbau}} = 12$ t zu

$$V_{\text{Abbau}} = \frac{m_{\text{Abbau}}}{\rho} = \frac{12}{1{,}9663} = 6{,}10 \text{ m}^3$$

Lösung zu Aufgabe 5-11 (Aufgabenstellung Seite 54)

Die Eigenlast der unverdichteten gesättigten Bodenschicht beträgt pro m² (Gl. 5-16)

$$G_u = V_u \cdot \gamma_r = 1{,}0 \cdot 2{,}50 \cdot 20{,}56 = 51{,}4 \text{ kN}$$

Durch die Verdichtung werden pro m² der Schicht

$$\Delta V_w = 1{,}0 \cdot (2{,}50 - 2{,}40) = 0{,}1 \text{ m}^3$$

Wasser ausgepresst, so dass sich die Eigenlast pro m² verdichteter Schicht auf

$$G_v = G_u - \Delta V_w \cdot \gamma_w = 51{,}4 - 0{,}1 \cdot 10{,}0 = 50{,}4 \text{ kN}$$

reduziert. Mit dem Volumen pro m² verdichteter Bodenschicht

$$V_{\text{v}} = 1{,}0 \cdot 2{,}40 = 2{,}40 \text{ m}^3$$

ergibt sich die gesuchte Wichte des verdichteten Bodens zu

$$\gamma_{\text{r; v}} = \frac{G_{\text{v}}}{V_{\text{v}}} = \frac{50{,}4}{2{,}40} = 21{,}0 \text{ kN/m}^3$$

Lösung zu Aufgabe 5-12 (Aufgabenstellung Seite 54)

Mit der Masse des Porenwassers (Gl. 5-15)

$$m_{\text{w}} = m - m_{\text{d}} = 133{,}8 - 125{,}2 = 8{,}6 \text{ g}$$

ergibt sich als Wassergehalt der Bodenprobe (Gl. 5-5)

$$w = \frac{m_{\text{w}}}{m_{\text{d}}} = \frac{8{,}6}{125{,}2} = 0{,}0687$$

Mit der Korndichte des Quarzsandes (Tabelle 5-8)

$$\rho_{\text{s}} = 2{,}65 \text{ g/cm}^3$$

und seiner Trockendichte (Gl. 5-13)

$$\rho_{\text{d}} = \rho_{\text{s}} \cdot (1 - n) = 2{,}65 \cdot (1 - 0{,}394) = 1{,}606 \text{ g/cm}^3$$

ergibt sich die gesuchte Sättigungszahl zu (Gl. 5-46)

$$S_{\text{r}} = \frac{w \cdot \rho_{\text{d}} \cdot \rho_{\text{s}}}{\rho_{\text{w}} \cdot (\rho_{\text{s}} - \rho_{\text{d}})} = \frac{0{,}0687 \cdot 1{,}606 \cdot 2{,}65}{1{,}0 \cdot (2{,}65 - 1{,}606)} = 0{,}28$$

Lösung zu Aufgabe 5-13 (Aufgabenstellung Seite 55)

Aus den Gleichungen für den Wassergehalt (Gl. 5-5)

$$w = \frac{G_{\text{w}}}{G_{\text{d}}}$$

für die Eigenlast des Wassers pro m³ gesättigter Boden (Gl. 5-8)

$$G_{\text{w}} = V_{\text{p}} \cdot \gamma_{\text{w}} = V \cdot n \cdot \gamma_{\text{w}}$$

und für die Eigenlast des Kornmaterials pro m³ Boden (Gl. 5-10)

$$G_{\text{d}} = V_{\text{k}} \cdot \gamma_{\text{s}} = V \cdot (1 - n) \cdot \gamma_{\text{s}}$$

ergibt sich

$$w = \frac{n \cdot \gamma_{\text{w}}}{(1 - n) \cdot \gamma_{\text{s}}}$$

und nach Umformung

$$\gamma_{\text{s}} = \frac{n \cdot \gamma_{\text{w}}}{(1 - n) \cdot w} = \frac{0{,}33 \cdot 10}{(1 - 0{,}33) \cdot 0{,}191} = 25{,}79 \text{ kN/m}^3$$

Die ermittelte Kornwichte γ_s liefert mit der Beziehung (Gl. 5-16)

$$\gamma_r = \gamma_s \cdot (1 - n) + n \cdot \gamma_w$$

die gesuchte Wichte

$$\gamma_r = 25{,}79 \cdot (1 - 0{,}33) + 0{,}33 \cdot 10 = 20{,}58 \text{ kN/m}^3$$

5.2 Korngrößenverteilung (Sieb- und Schlämmanalyse)

Bestimmt wird die Korngrößenverteilung eines Bodens mittels Siebung und/oder Sedimentation. Ihre Kenntnis lässt u. a. Rückschlüsse zu auf bautechnische Eigenschaften des untersuchten Bodens wie z. B. Scherfestigkeit, Verdichtungsfähigkeit, Wasserdurchlässigkeit und Frostempfindlichkeit. Mit diesen Größen ergeben sich wiederum Beurteilungskriterien für die Eignung des Bodens als Baugrund, Baustoff für Dämme, Baustoff im Straßenbau usw.

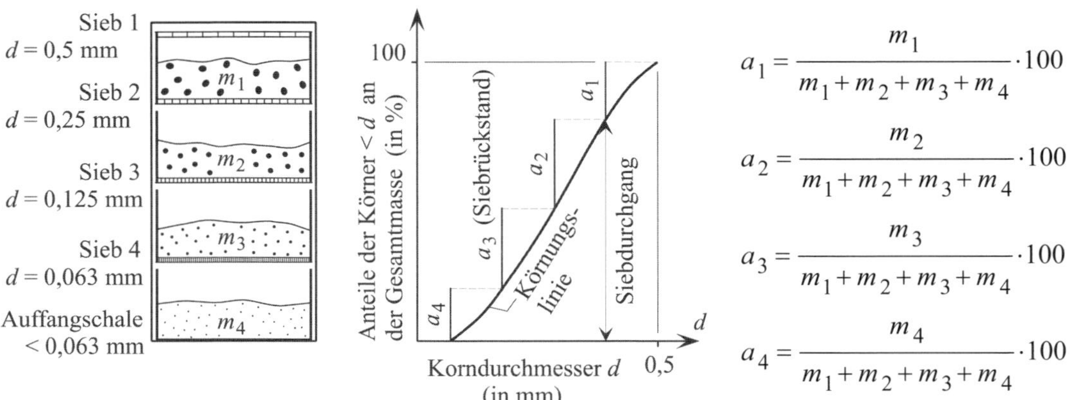

$$a_1 = \frac{m_1}{m_1 + m_2 + m_3 + m_4} \cdot 100$$

$$a_2 = \frac{m_2}{m_1 + m_2 + m_3 + m_4} \cdot 100$$

$$a_3 = \frac{m_3}{m_1 + m_2 + m_3 + m_4} \cdot 100$$

$$a_4 = \frac{m_4}{m_1 + m_2 + m_3 + m_4} \cdot 100$$

Abb. 5-2 Versuchsvorgang bei der Bestimmung der Kornverteilung durch Siebanalyse

Siebanalysen sind nach DIN 18123 [L 43] mit getrocknetem Bodenmaterial und Korngrößen > 0,063 mm durchführbar. Mit den gewogenen Rückstandsmassen auf den Sieben und in der Auffangschale lässt sich gemäß Abb. 5-2 die „Körnungslinie" des untersuchten Bodens ermitteln, die in halblogarithmischem Maßstab dargestellt wird. Zur Versuchsauswertung werden heute meist entsprechende EDV-Programme verwendet.

Anwendungsbeispiel

In Tabelle 5-1 sind die Ergebnisse einer Siebanalyse angegeben. Die aufgeführten Rückstandswerte ergaben sich durch Wägung der Rückstandsmassen auf den einzelnen Sieben.

Mit Hilfe eines EDV-Programms ist die Körnungslinie des Bodenmaterials grafisch darzustellen.

Lösung

Die bei der Trockensiebung ermittelten Rückstände wurden mit dem Programm GGU-SIEVE [F 1] ausgewertet. Es berechnet u. a. aus den in Gramm eingegebenen Werten die entsprechenden Werte in % sowie die zugehörigen Werte für die Siebdurchgänge (Tabelle 5-1).

Die mit dem Programm erstellte grafische Auswertung in Form der Körnungslinie ist auszugsweise in Abb. 5-3 dargestellt.

Tabelle 5-1 Rückstände einer Siebanalyse

Korngröße (in mm)	Rückstand (in g)	Rückstand (in %)	Siebdurchgänge (in %)
31,5	0,00	0,00	100,00
16,0	884,50	15,47	84,53
8,0	1112,80	19,46	65,06
4,0	1284,00	22,46	42,60
2,0	827,40	14,47	28,13
1,0	741,90	12,98	15,15
0,5	428,00	7,49	7,67
0,25	220,50	3,86	3,81
0,125	205,50	3,59	0,22
0,063	11,30	0,20	0,02
Schale	1,10	0,02	–
Summe	5717,00		
Siebverlust	0,00		

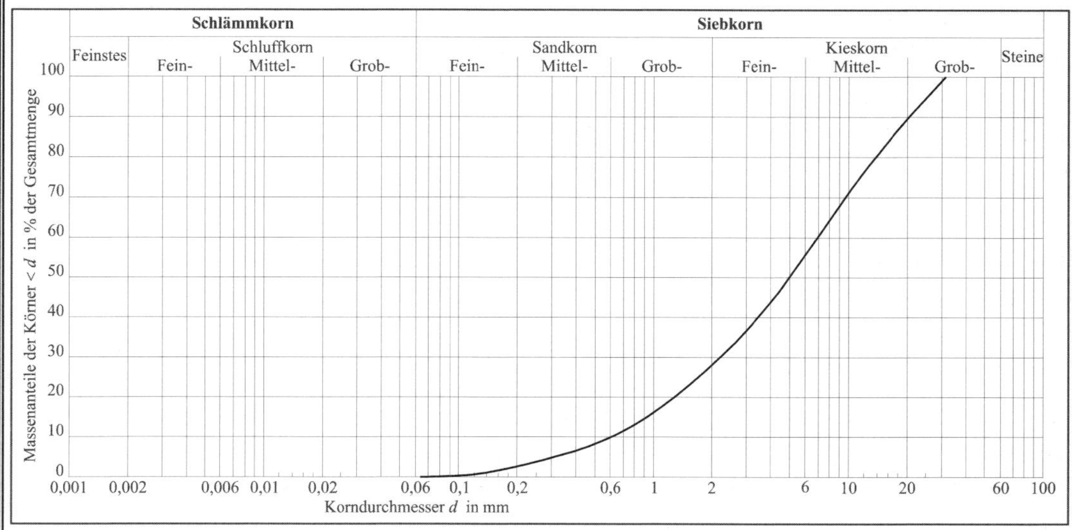

Abb. 5-3 Körnungslinie einer Trockensiebung (Auszug aus dem mit dem Programm GGU-SIEVE [F 1] gewonnenen Ergebnis; Grafik mit dem Programm CORELDRAW [F 2] modifiziert)

Die Sedimentationsanalyse kommt bei Böden zum Einsatz, deren Einzelkörner durch Siebung nicht mehr trennbar sind (Böden mit Korngrößen $d < 0{,}125$ mm). Mit der Schlämmung kann der Korngrößenbereich $0{,}001 \text{ mm} < d < 0{,}125$ mm unterteilt werden. Die Analyse basiert auf der unterschiedlichen Geschwindigkeit, mit der verschieden große Körner gleicher Dichte in stehendem Wasser absinken und der sich mit der Absinkzeit reduzierenden Dichte der aus Wasser und Körnern bestehenden Suspension.

Diese Zusammenhänge werden in der Bodenmechanik meist durch die Aräometer-Methode nach BOUYOUCOS-CASAGRANDE genutzt (Abb. 5-4). Gemessen wird die Temperatur der hergestellten Suspension und die von ihr und der Suspensionsdichte abhängige Eintauchtiefe des frei schwimmenden Aräometers. Da große und schwere Körner schneller absinken als kleine und leichte, nimmt die Suspensionsdichte unmittelbar nach dem Durchschütteln besonders schnell ab. Mit zunehmender Absinkzeit schwächt sich diese Veränderung ab.

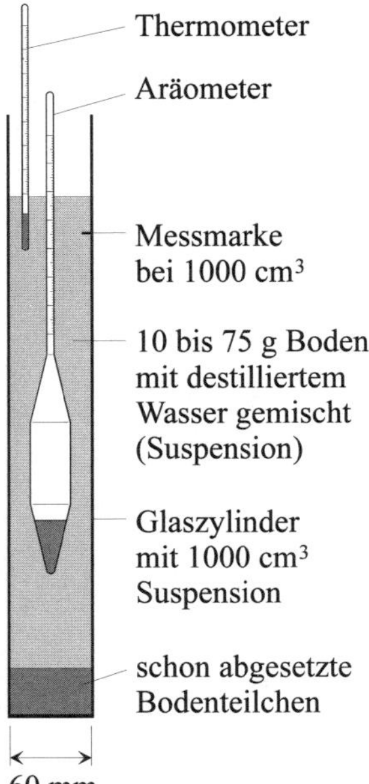

Abb. 5-4 Versuchsvorgang bei der Aräometer-Methode

Eine Kombination von Sieb- und Sedimentationsanalyse ist erforderlich, wenn der zu untersuchende Boden nennenswerte Kornanteile > 0,063 mm oder < 0,063 mm enthält.

5.2.1 Charakteristische Größen der Körnungslinie

Mit den Korndurchmessern d_{10}, d_{30} und d_{60}, die sich bei 10 %, 30 % und 60 % Siebdurchgang ergeben, sowie dem „mittleren Korndurchmesser" d_{50} (Korndurchmesser bei 50 % Siebdurchgang; vgl. z. B. Abb. 5-5) ergeben sich als charakteristische Größen

Ungleichförmigkeitszahl (Maß für Körnungsliniensteilheit)

$$C_U = \frac{d_{60}}{d_{10}} \qquad \text{Gl. 5-20}$$

Krümmungszahl (charakterisiert Körnungslinienverlauf zwischen d_{10} und d_{60})

$$C_C = \frac{d_{30}^2}{d_{10} \cdot d_{60}} \qquad \text{Gl. 5-21}$$

Tabelle 5-2 Unterteilung grobkörniger Böden in Abhängigkeit von Ungleichförmigkeitszahl C_U und Krümmungszahl C_C (nach DIN 18196 [L 58], Tabelle 2)

Benennung	Kurzzeichen	Ungleichförmigkeitszahl C_U	Krümmungszahl C_C
eng gestuft	E	< 6	beliebig
weit gestuft	W	≥ 6	1 bis 3
intermittierend gestuft	I	≥ 6	< 1 oder > 3

5.2.2 Bodenklassifikation nach DIN 18196

In DIN 18196 [L 58] werden Klassifizierungen von Böden im Hinblick auf bautechnische Zwecke vorgenommen. Die Einteilungen gelten nicht für Fels und auch nicht für Böden mit einem Massenanteil an Steinen und Blöcken von mehr als 40 %.

Definiert werden Bodengruppen mit annähernd gleichem stofflichem Aufbau anhand der

- Korngrößenbereiche,
- Korngrößenverteilung,
- plastischen Eigenschaften (siehe Abschnitt 5.6.1),
- organischen Bestandteile (siehe Abschnitt 5.5),
- Entstehung.

Für diese Gruppen erfolgt eine Bewertung bezüglich ihrer bautechnischen Eigenschaften

- Scherfestigkeit,
- Verdichtungsfähigkeit,
- Zusammendrückbarkeit,
- Durchlässigkeit,
- Erosionsempfindlichkeit,
- Frostempfindlichkeit,

und ihrer bautechnischen Eignung als

- Baugrund für Gründungen,
- Baustoff für Erd- und Baustraßen,
- Baustoff für Straßen- und Bahndämme,
- Baustoff für Dichtungen,
- Baustoff für Stützkörper,
- Baustoff für Dränagen.

Die in Tabelle 5-3 gezeigte Bodenklassifikation für bautechnische Zwecke gemäß DIN 18196 [L 58] führt u. a. Einteilungen der Lockergesteine nach Korngrößenbereichen auf und gibt einen guten Überblick über bautechnische Eigenschaften und Eignungen von Böden.

Tabelle 5-3 Bodenklassifikation für bautechnische Zwecke (nach DIN 18196 [L 58], Tabelle 4)

Sp.	1	2	3	4	5	6	7	8	9	10	11	12	13	14	15	16	17	18	19	20	21	Sp.
	Definition und Benennung								Anmerkungen [a])													
										Bautechnische Eigenschaften						Bautechnische Eignung als						
Zeile	Hauptgruppen	Korngrößen-Massenanteil Korndurchmesser ≤ 0,063 mm	Korngrößen-Massenanteil Korndurchmesser ≤ 2 mm	Lage zur A-Linie (siehe Abb. 5-16)	Gruppen		Kurzzeichen Gruppensymbol [b]	Erkennungsmerkmale (u. a. für Zeilen 15 bis 22): Trockenfestigkeit / Reaktion beim Schüttelversuch / Plastizität beim Knetversuch	Beispiele	Scherfestigkeit	Verdichtungsfähigkeit	Zusammendrückbarkeit	Durchlässigkeit	Erosionsempfindlichkeit	Frostempfindlichkeit	Baugrund für Gründungen	Baustoff für Erd- und Baustraßen	Baustoff für Straßen und Bahndämme	Baustoff für Dichtungen	Baustoff für Stützkörper	Baustoff für Dränagen	Zeile
1	grobkörnige Böden	kleiner 5%	bis 60%	–	Kies (Grant)	enggestufte Kiese	GE	steile Körnungslinie infolge Vorherrschens eines Korngrößenbereichs	Fluss- und Strandkies	+	+○	++	−−	++	++	+	−	+	−−	+	++	1
2						weitgestufte Kies-Sand-Gemische	GW	über mehrere Korngrößenbereiche kontinuierlich verlaufende Körnungslinie	Terrassenschotter	++	++	++	−○	+	++	++	++	++	−−	++	+○	2
3						intermittierend gestufte Kies-Sand-Gemische	GI	meist treppenartig verlaufende Körnungslinie infolge Fehlens eines oder mehrerer Korngrößenbereiche	vulkanische Schlacken	++	+	++	−	○	++	++	+	++	−−	++	+○	3
4			über 60%	–	Sand	enggestufte Sande	SE	steile Körnungslinie infolge Vorherrschens eines Korngrößenbereiches	Dünen- und Flugsand Fließsand Berliner Sand Beckensand Tertiärsand	+	+○	++	−	−	++	+	−−	+○	−−	○	+	4
5						weitgestufte Sand-Kies-Gemische	SW	über mehrere Korngrößenbereiche kontinuierlich verlaufende Körnungslinie	Moränensand Terrassensand	++	++	++	−○	+○	++	++	+	+	−−	+	+○	5
6						intermittierend gestufte Sand-Kies-Gemische	SI	meist treppenartig verlaufende Körnungslinie infolge Fehlens eines oder mehrerer Korngrößenbereiche	Granitgrus	+	+	++	−○	+○	++	++	○	+	−−	+	+○	6

Sp.	1	2	3	4	5	6		7	8			9	10	11	12	13	14	15	16	17	18	19	20	21	Sp.
7	gemischtkörnige Böden	5 bis 40 %	bis 60 %	–	Kies-Schluff Gemische	5 bis 15 %	≤ 0,063 mm	GU	weit oder intermittierend gestufte Körnungslinie Feinkornanteil ist schluffig			Moränenkies	++	+	++	○	+○	–○	++	++	+	–	+	–	7
8						über 15 bis 40 %	≤ 0,063 mm	GU*				Verwitterungs-kies	+	+○	+	+	–○	––	+	+○	–○	+○	–	––	8
9					Kies-Ton Gemische	5 bis 15 %	≤ 0,063 mm	GT	weit oder intermittierend gestufte Körnungslinie Feinkornanteil ist tonig			Hangschutt	+	+	+	+○	+○	–○	++	++	+	–○	+○	–	9
10						über 15 bis 40 %	≤ 0,063 mm	GT*				Geschiebelehm	+○	○	+○	++	+○	–	+○	+○	+○	+	––	––	10
11			über 60 %	–	Sand-Schluff Gemische	5 bis 15 %	≤ 0,063 mm	SU	weit oder intermittierend gestufte Körnungslinie Feinkornanteil ist schluffig			Tertiärsand	++	+	+	○	○	○	++	○	+○	○	–○	–	11
12						über 15 bis 40 %	≤ 0,063 mm	SU*				Auelehm Sandlöss	+	○	+○	+	–	––	○	–○	–○	+○	––	––	12
13					Sand-Ton Gemische	5 bis 15 %	≤ 0,063 mm	ST	weit oder intermittierend gestufte Körnungslinie Feinkornanteil ist tonig			Terrassensand Schleichsand	+	+○	+○	+○	○	–○	+	+	+○	○	–	––	13
14						über 15 bis 40 %	≤ 0,063 mm	ST*				Geschiebelehm und -mergel	+○	–○	+○	++	–○	–	○	○	○	+	––	––	14
15	feinkörnige Böden	über 40 %	–	$I_P \leq 4$ % oder unterhalb der A-Linie	Schluff	**l**eicht plastische Schluffe	$w_L < 35$ %	UL	niedrige	schnelle	keine bis leichte	Löss Hochflutlehm	–○	–○	+○	+○	––	––	+○	––	–○	○	––	––	15
16						**m**ittelplastische Schluffe	35 % $\leq w_L \leq$ 50 %	UM	niedrige bis mittlere	langsame	leichte bis mittlere	Seeton Beckenschluff	–○	–	–○	+	–	––	○	–	–○	+○	––	––	16
17						**a**usgeprägt zusammen-drückbarer Schluff	$w_L > 50$ %	UA	hohe	keine bis langsame	mittlere bis aus-geprägte	vulkanische Böden Bimsboden	–	–	–	++	–○	–○	–○	–	–	–○	––	––	17
18				$I_P \geq 7$ % und oberhalb der A-Linie	Ton	**l**eicht plastische Tone	$w_L < 35$ %	TL	mittlere bis hohe	keine bis langsame	leichte	Geschiebe-mergel Bänderton	–○	–○	○	+	–	––	○	–	–○	++	––	––	18
19						**m**ittelplastische Tone	35 % $\leq w_L \leq$ 50 %	TM	hohe	keine	mittlere	Lösslehm Seeton Beckenton Keuperton	–	–	–○	++	–○	–○	○	–	–○	+	––	––	19
20						**a**usgeprägte plastische Tone	$w_L > 50$ %	TA	sehr hohe	keine	aus-geprägte	Tarras, Lauenburger Ton, Beckenton	––	––	––	++	○	+○	–○	––	–	–	––	––	20

Sp.	1	2	3	4	5	6	7	8			9	10	11	12	13	14	15	16	17	18	19	20	21	Sp.
21	organogene[c] und Böden mit organischen Beimengungen	über 40 %	–	$I_P \geq 7$ % und unterhalb der A-Linie	nicht brenn- oder nicht schwelbar	Schluffe mit organischen Beimengungen und organogene 3) Schluffe $35\ \% \leq w_L \leq 50\ \%$	OU	mittlere	langsame bis sehr schnelle	mittlere	Seekreide Kieselgur Mutterboden	−○	−	−○	+○	−−	−−	−−	−−	−−	−	−−	−−	21
22						**T**one mit organischen Beimengungen und organogene 3) Tone $w_L > 50\ \%$	OT	hohe	keine	ausgeprägte	Schlick Klei, tertiäre Kohletone	−−	−−	−	++	−○	−○	−−	−−	−−	−	−−	−−	22
23		bis 40 %		–		grob- bis gemischtkörnige Böden mit Beimengungen **h**umoser Art	OH	Beimengungen pflanzlicher Art, meist dunkle Färbung, Modergeruch, Glühverlust bis etwa 20 % Massenanteil			Mutterboden Paläoboden	○	−○	−○	○	+○	−○	−	○	−	−−	−−	−−	23
24						grob- bis gemischtkörnige Böden mit **k**alkigen, kieseligen Bildungen	OK	Beimengungen nicht pflanzlicher Art, meist helle Färbung, leichtes Gewicht, große Porosität			Kalk-Tuffsand Wiesenkalk	+	○	−○	−○	○	+○	−○	○	−○	−−	−−	−−	24
25	organische Böden	–		–	brenn- oder schwelbar	**n**icht bis mäßig zersetzte Torfe (**H**umus)	HN	an Ort und Stelle aufgewachsene Humusbildungen	Zersetzungsgrad 1 bis 5 nach DIN 19682-12, faserig, holzreich, hellbraun bis braun		Niedermoor-, Hochmoor-, Bruchwaldtorf	−	−−	−−	○	+○	−	−−	−−	−−	−−	−−	−−	25
26						**z**ersetzte Torfe	HZ		Zersetzungsgrad 6 bis 10, schwarzbraun bis schwarz			−−	−−	−−	+○	−	−−	−−	−−	−−	−−	−−	−−	26
27						Schlamme als Sammelbegriff für **F**aulschlamm, Mudde, Gyttja, Dy und Sapropel	F	unter Wasser abgesetzte (sedimentäre) Schlamme aus Pflanzenresten, Kot und Mikroorganismen, oft von Sand, Ton und Kalk durchsetzt, blauschwarz oder grünlich bis gelbbraun, gelegentlich dunkelgraubraun bis blauschwarz, federnd, weichschwammig			Mudde Faulschlamm	−−	−−	−−	+○	−	−−	−−	−−	−−	−−	−−	−−	27
28	Auffüllung	–		–	Auffüllung aus natürlichen Böden; (jeweiliges Gruppensymbol in Klammern)		[·]				–													28
29					**A**uffüllung aus Fremdstoffen (die Klassifizierung ist kein Ersatz für die abfalltechnische Bewertung)		A				Müll, Schlacke Bauschutt Industrieabfall													29

[a] Die Spalten 10 bis 21 enthalten als grobe Leitlinie Hinweise auf bautechnische Eigenschaften und auf die bautechnische Eignung nebst Beispielen in Spalte 9. Diese Angaben sind keine normativen Festlegungen.
[b] An den Kurzzeichen U und T darf anstelle des Sterns auch der Querbalken verwendet werden, siehe Tabelle 3 der DIN 18196.
[c] Unter Mitwirkung von Organismen gebildete Böden.

Legende: Bedeutung der qualitativen und wertenden Angaben

Spalte 10		Spalte 11		Spalten 12 bis 15		Spalten 16 bis 21	
−−	sehr gering	−−	sehr schlecht	−−	sehr groß	−−	ungeeignet
−	gering	−	schlecht	−	groß	−	weniger geeignet
−○	mäßig	−○	mäßig	−○	groß bis mittel	−○	mäßig brauchbar
○	mittel	○	mittel	○	mittel	○	brauchbar
+○	groß bis mittel	+○	gut bis mittel	+○	gering bis mittel	+○	geeignet
+	groß	+	gut	+	sehr gering	+	gut geeignet
++	sehr groß	++	sehr gut	++	vernachlässigbar klein	++	sehr gut geeignet

Anwendungsbeispiel

Zu betrachten ist das in der Abb. 5-5 dargestellte Ergebnis einer Siebanalyse.

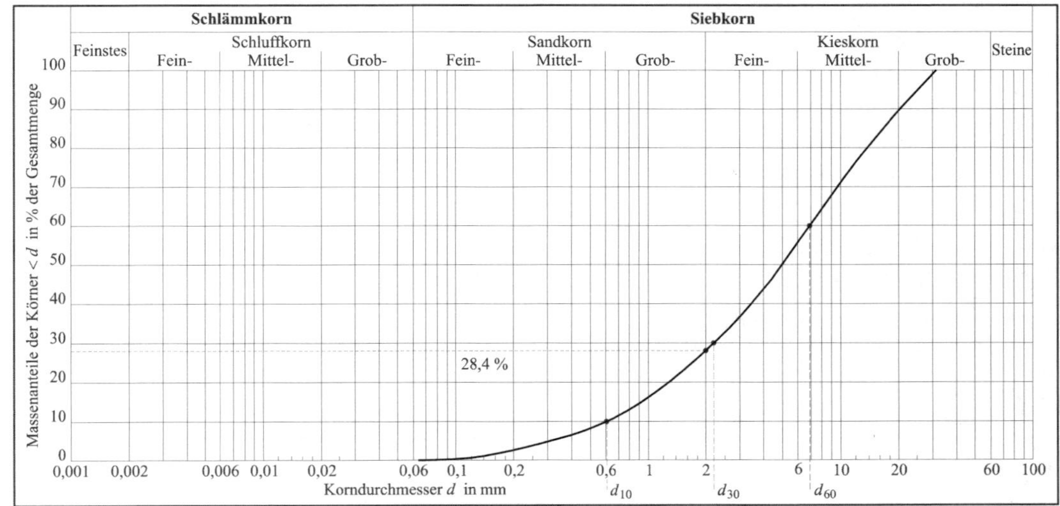

Abb. 5-5 Ergebnis einer Siebanalyse (dargestellt mittels des Programms GGU-SIEVE [F 1]; Grafik mit dem Programm CORELDRAW [F 2] modifiziert)

Zuerst sind die zu dieser Körnungslinie gehörende Ungleichförmigkeitszahl C_U und die Krümmungszahl C_C zu ermitteln. Danach ist das Probenmaterial nach der DIN 18196, Tabelle 5 [L 58] zu klassifizieren und anzugeben, für welche bautechnischen Zwecke dieses Material nach dieser DIN „sehr gut geeignet", „geeignet" und „ungeeignet" ist.

Lösung

Korndurchmesser der Körnungslinie; vom Programm berechnet (Abb. 5-5)

$d_{60} = 6{,}896$ mm (Korndurchmesser bei 60 % Siebdurchgang)
$d_{30} = 2{,}169$ mm (Korndurchmesser bei 30 % Siebdurchgang)
$d_{10} = 0{,}607$ mm (Korndurchmesser bei 10 % Siebdurchgang)

Ungleichförmigkeitszahl C_U und Krümmungszahl C_C

$$C_U = \frac{d_{60}}{d_{10}} = \frac{6{,}896}{0{,}607} = 11{,}36$$

$$C_C = \frac{d_{30}^2}{d_{10} \cdot d_{60}} = \frac{2{,}169^2}{0{,}607 \cdot 6{,}896} = 1{,}12$$

Einstufung nach DIN 18196 [L 58]

Da die Körnungslinie der Siebanalyse mit 28,4 % weniger als 60 % Massenanteil mit $d \leq 2$ mm aufweist und der Massenanteil des Siebguts mit Korndurchmessern $\leq 0{,}06$ mm weniger als 5 % beträgt, ist der Hauptbestandteil dieses Bodens nach Tabelle 5-3 (entspricht Tabelle 4 der DIN 18196 [L 58]) Kieskorn (G). Mit den Beziehungen $C_U = 11{,}36 > 6$ und $1 < C_C = 1{,}12 < 3$ ergibt sich nach Tabelle 2 der DIN 18196 [L 58] (entspricht Tabelle 5-2) außerdem eine weite Stufung. Bei dem gesiebten Kies handelt es sich somit um weitgestuftes Material (GW).

Eignung für bautechnische Zwecke nach Tabelle 5-3

GW ist sehr gut geeignet als
- Baugrund für Gründungen,
- Baustoff für Erd- und Baustraßen,
- Baustoff für Straßen- und Bahndämme,
- Baustoff für Stützkörper.

GW ist geeignet als
- Baustoff für Dränagen.

GW ist ungeeignet als
- Baustoff für Dichtungen.

5.2.3 Aufgaben mit Lösungen

Aufgabe 5-14 (Lösung Seite 73)

Bei einer Trockensiebung einer Probe von zu entwässerndem Bodenmaterial wurden als Siebrückstände gewogen:

auf Sieb	2,0 mm	0,0 g
auf Sieb	1,0 mm	2,6 g
auf Sieb	0,5 mm	11,2 g
auf Sieb	0,25 mm	49,6 g
auf Sieb	0,125 mm	103,1 g
auf Sieb	0,063 mm	46,0 g
in der Schale		7,8 g

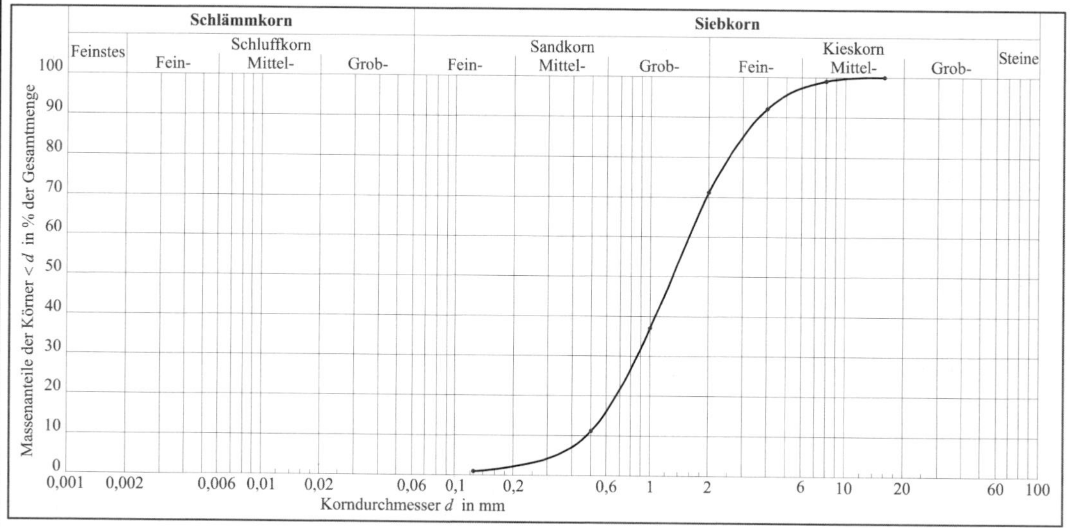

Abb. 5-6 Körnungslinie des Filtermaterials (erstellt mit dem Programm GU-SIEVE [F 1]; Grafik mit dem Programm CORELDRAW [F 2] modifiziert)

Mit diesen Angaben ist

a) die Körnungslinie der Probe in das Diagramm der Abb. 5-6 einzuzeichnen,
b) die Ungleichförmigkeitszahl dieses Bodens zu bestimmen,
c) anzugeben, ob das gesiebte Material als zu entwässernder Boden die Filterregel von TERZAGHI erfüllt, wenn die Körnungslinie des Diagramms der Abb. 5-6 die Körnungslinie des Filtermaterials darstellt.

Aufgabe 5-15 (Lösung Seite 75)

Bei einer Trockensiebung ergaben sich bei einem Gesamtrückstand von 213,8 g als Massenanteile die Siebdurchgänge

Siebdurchmesser 1,0 mm: 98 %
Siebdurchmesser 0,5 mm: 85 %
Siebdurchmesser 0,25 mm: 60 %
Siebdurchmesser 0,125 mm: 30 %
Siebdurchmesser 0,063 mm: 4 %

Mit diesen Angaben ist

a) die Körnungslinie der Probe in das Diagramm aus Abb. 5-7 einzuzeichnen,
b) der Boden gemäß der DIN 18196 [L 58] zu klassifizieren,
c) anzugeben, wie viel Gramm des Gesamtrückstands zu den Korngrößenbereichen
   - 0,25 mm $< d \leq 3$ mm,
   - 0,063 mm $< d \leq 0{,}23$ mm,
   - $d \leq 0{,}063$ mm

   gehören.

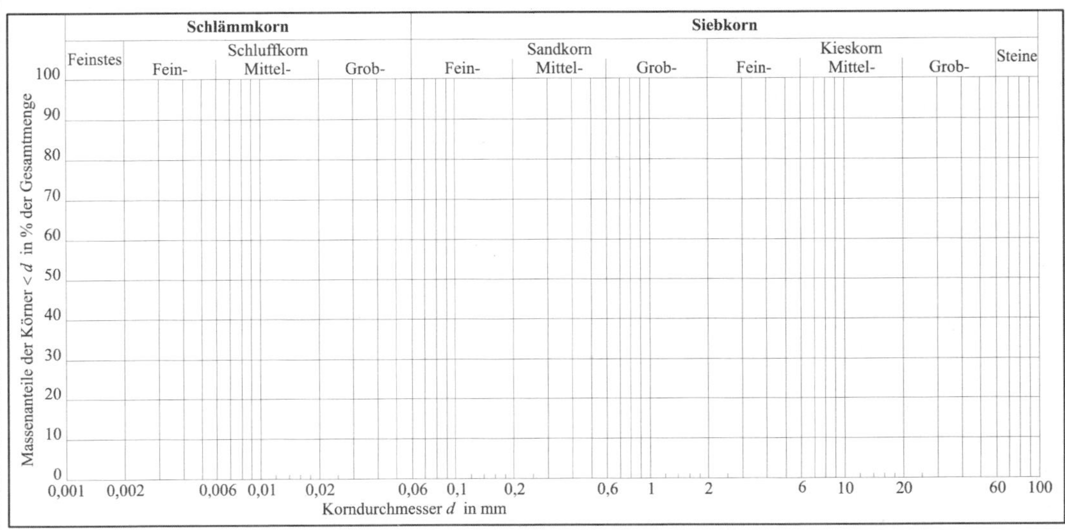

Abb. 5-7 Vorlage für Körnungsliniendarstellung (erstellt mit dem Programm GGU-SIEVE [F 1]; Grafik mit dem Programm CORELDRAW [F 2] modifiziert)

Aufgabe 5-16 (Lösung Seite 76)

Zur Entwässerung anstehenden Bodens steht Filtermaterial zur Verfügung, dessen mit „•“ markierte Körnungslinie der Abb. 5-8 zu entnehmen ist.

Es ist anzugeben

- welche Werte die Kenngrößen d_{15} und d_{85} eines mit diesem Filtermaterial entwässerbaren Bodens aufweisen müssen, wenn die entsprechenden Bedingungen der Filterregel von TERZAGHI einzuhalten sind,
- ob der Boden, dessen Körnungslinie in die Abb. 5-8 eingetragen ist (Markierung mit „○“), unter Verwendung des bereitstehenden Filtermaterials entwässert werden kann, ohne dass die Filterregeln von TERZAGHI verletzt werden.

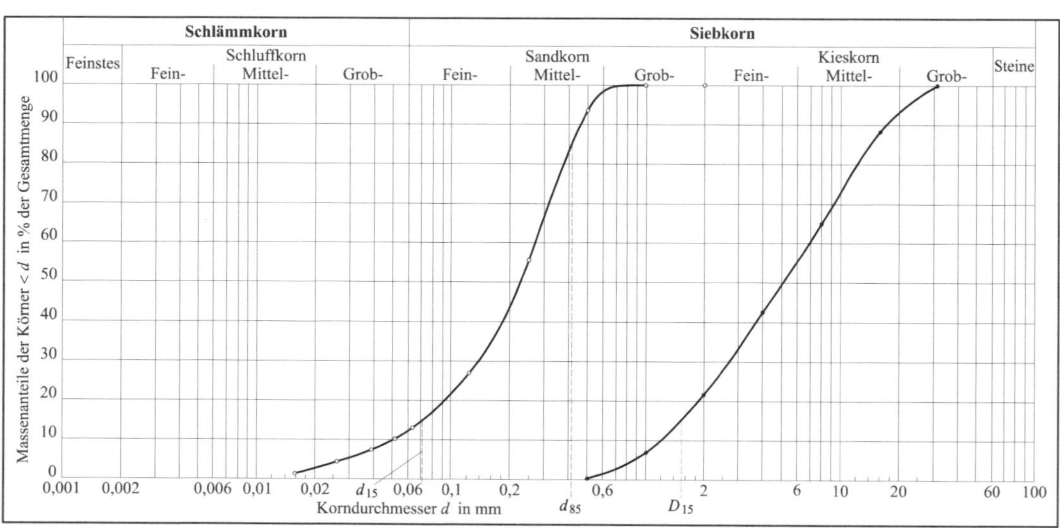

Abb. 5-8 Körnungslinien eines zu entwässernden Bodens („○“) und von zu verwendendem Filtermaterial („•“), ermittelt mit dem Programm GGU-SIEVE [F 1] (Grafik mit dem Programm CORELDRAW [F 2] modifiziert)

Aufgabe 5-17 (Lösung Seite 76)

Wann wird ein Boden nach DIN 18196 [L 58] als

a) Kies mit geringem Tonanteil,
b) Kies mit hohem Tonanteil

bezeichnet und wie lauten die entsprechenden Kurzbezeichnungen?

Aufgabe 5-18 (Lösung Seite 77)

Eine Probe aus angeliefertem Bodenmaterial wurde einer Siebanalyse unterzogen, welche die in Tabelle 5-4 aufgeführten Ergebnisse lieferte.

Zu betrachten ist der Fall, dass das gelieferte Bodenmaterial pro 100 kg Trockenmasse mit 10 kg trockenem Sand der Korngröße 0,125 mm $< d <$ 0,25 mm vermischt wird. Für dieses „neue“ Bodenmaterial sind die entsprechenden Tabellenwerte zu ermitteln und in die zugehörigen Tabellenspalten einzutragen.

Tabelle 5-4 Siebanalyseergebnisse von angeliefertem Bodenmaterial

Korngröße (in mm)	Siebrückstände als Massenanteile (in %)		Summe der Siebdurchgänge als Massenanteile (in %)	
	alt	neu	alt	neu
63	0,0		–	
31,5	0,0		100,0	
16	15,5		84,5	
8	19,5		65,0	
4	22,5		42,5	
2	14,5		28,0	
1	13,0		15,0	
0,5	7,5		7,5	
0,25	3,7		3,8	
0,125	3,6		0,2	
0,063	0,2		0,0	
< 0,063	0,0		0,0	

Aufgabe 5-19 (Lösung Seite 78)

Wie wird bei der Herstellung eines Filters sichergestellt, dass keine Bodenteilchen des zu entwässernden Bodens durch das Filtermaterial geschlämmt werden und wie lauten die entsprechenden Forderungen der Filterregel von TERZAGHI?

Aufgabe 5-20 (Lösung Seite 78)

Eine Probe aus angeliefertem Bodenmaterial wurde einer Siebanalyse unterzogen, welche die in Tabelle 5-5 aufgeführten Ergebnisse lieferte.

Betrachtet wird der Fall, dass aus dem gesamten gelieferten Bodenmaterial die Kornfraktion 0,125 mm $< d \leq$ 0,25 mm ausgesiebt wurde. Zu ermitteln sind für dieses „neue" Bodenmaterial die Tabellenwerte für die

- Siebrückstände als Massenanteile der Kornfraktionen 16 mm $< d \leq$ 31,5 mm und 8 mm $< d \leq$ 16 mm
- Summe der Siebdurchgänge als Massenanteile der Korngrößen $d \leq$ 31,5 mm und $d \leq$ 16 mm

Tabelle 5-5 Siebanalyseergebnisse von angeliefertem Bodenmaterial

Korngröße D (in mm)	Siebrückstände als Massenanteile (in %)	Summe der Siebdurchgänge als Massenanteile (in %)
63	0,0	–
31,5	0,0	100,0
16	15,5	84,5
8	19,5	65,0
4	22,5	42,5
2	14,5	28,0
1	13,0	15,0
0,5	7,5	7,5
0,25	3,7	3,8
0,125	3,6	0,2
0,063	0,2	0,0
< 0,063	0,0	0,0

Aufgabe 5-21 (Lösung Seite 79)

Die Klassifizierung eines Bodens gemäß DIN 18196 [L 58] ist anhand seiner Körnungslinie aus Abb. 5-9 durchzuführen. Außerdem ist anzugeben, für welche bautechnischen Zwecke der untersuchte Boden sehr gut geeignet ist.

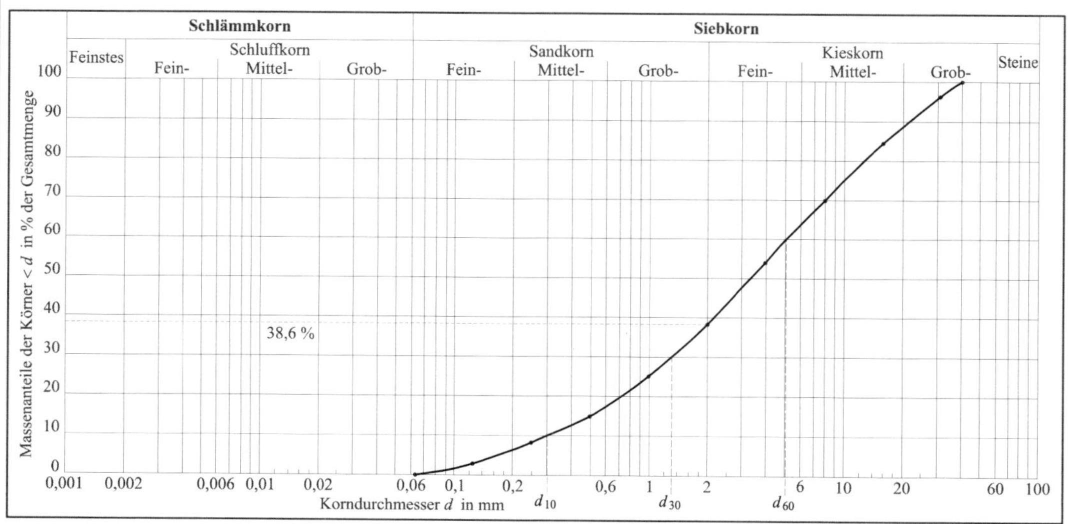

Abb. 5-9 Körnungslinie für die Bodenklassifizierung, ermittelt mit dem Programm GGU-SIEVE [F 1] (Grafik mit dem Programm CORELDRAW [F 2] modifiziert)

Aufgabe 5-22 (Lösung Seite 79)

Aus anstehendem Boden sollen 300 kN trockenes Filtermaterial der Körnung

$2\text{ mm} \leq d < 16\text{ mm}$

ausgesiebt werden.

Wie viel m³ des Ausgangsmaterials sind erforderlich, wenn für den anstehenden Boden

$\gamma_S = 26{,}5\text{ kN/m}^3$

$n = 0{,}4$

gelten und die Siebanalyse einer Probe des Ausgangsmaterials die Ergebnisse aus der Tabelle 5-6 geliefert hat?

Tabelle 5-6 Ermittelte Siebdurchgänge von anstehendem Bodenmaterial

Korngröße (in mm)	Summe der Siebdurchgänge als Massenanteile (in %)
31,5	100,0
16	85,9
8	68,2
4	47,8
2	34,6
1	22,8
0,5	16,0
0,25	12,6
0,125	0,2
≤ 0,063	0,0

Aufgabe 5-23 (Lösung Seite 80)

Nach welchen Kriterien ergeben sich bei der Klassifizierung von Böden die Gruppensymbole SE und SW gemäß DIN 18196 [L 58]?

Aufgabe 5-24 (Lösung Seite 80)

In welcher Hinsicht weisen intermittierend gestufte Sand-Kies-Gemische gemäß DIN 18196 [L 58] bessere bautechnische Eigenschaften aus als enggestufte Sande?

Aufgabe 5-25 (Lösung Seite 80)

Im Rahmen einer Baumaßnahme ist Bodenmaterial einzubauen,

- welches eine sehr große Scherfestigkeit haben muss,
- das mindestens gut verdichtbar ist,
- dessen Zusammendrückbarkeit und Frostempfindlichkeit vernachlässigbar sind.

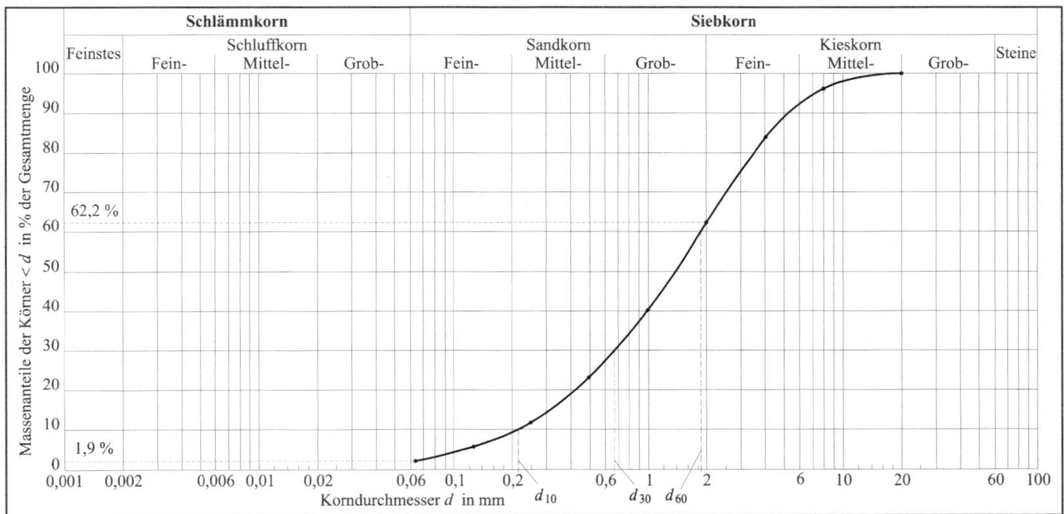

Abb. 5-10 Körnungslinie eines Bodens, ermittelt mit dem Programm GGU-SIEVE [F 1] (Grafik mit dem Programm CORELDRAW [F 2] modifiziert)

Anhand der Körnungslinie eines Bodens gemäß Abb. 5-10 ist zu prüfen, ob das untersuchte Material nach DIN 18196 [L 58] diesen Kriterien genügt.

Lösung zu Aufgabe 5-14 (Aufgabenstellung Seite 68)

Mit der Summe aller Rückstände

$$2{,}6 + 11{,}2 + 49{,}6 + 103{,}1 + 46{,}0 + 7{,}8 = 220{,}3 \text{ g}$$

ergeben sich als Siebdurchgänge

Durchmesser 2 mm: $(220{,}3 - 0{,}0)/220{,}3 = 100{,}00\,\%$

Durchmesser 1 mm: $(220{,}3 - 2{,}6)/220{,}3 = 98{,}82\,\%$

Durchmesser 0,5 mm: $(217{,}7 - 11{,}2)/220{,}3 = 93{,}74\,\%$

Durchmesser 0,25 mm: $(206{,}5 - 49{,}6)/220{,}3 = 71{,}22\,\%$

Durchmesser 0,125 mm: $(156{,}9 - 103{,}1)/220{,}3 = 24{,}42\,\%$

Durchmesser 0,063 mm: $(\ 53{,}8 - 46{,}0)/220{,}3 = 3{,}54\,\%$.

Die mit diesen Größen gezeichnete und mit „•“ markierte Siebkurve zeigt Abb. 5-11

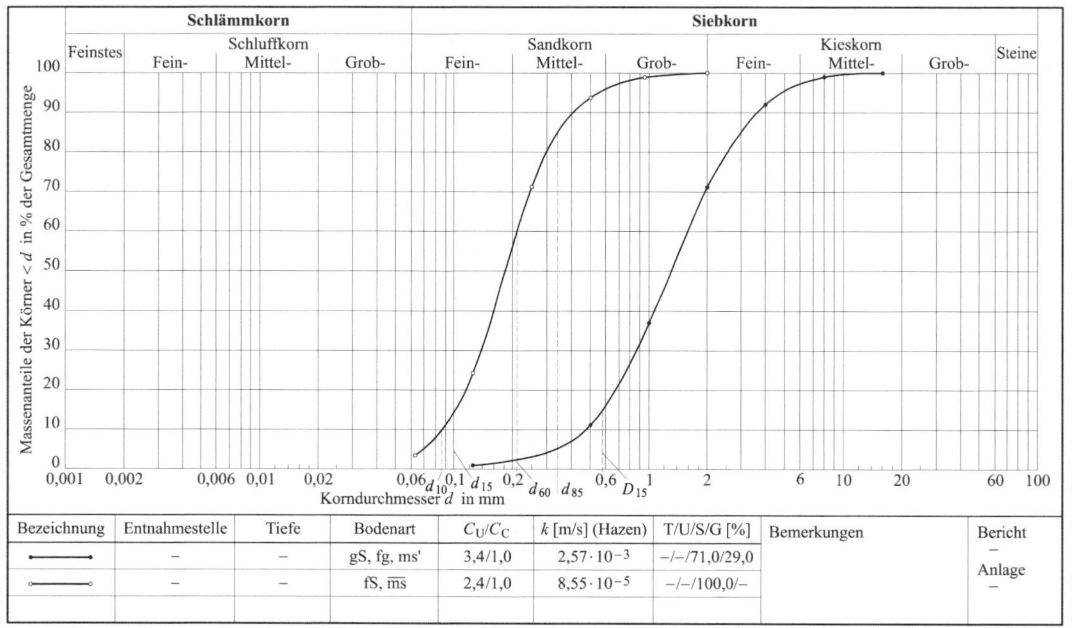

Bezeichnung	Entnahmestelle	Tiefe	Bodenart	C_U/C_C	k [m/s] (Hazen)	T/U/S/G [%]	Bemerkungen	Bericht – Anlage –
•——•	–	–	gS, fg, ms'	3,4/1,0	$2{,}57 \cdot 10^{-3}$	–/–/71,0/29,0		
○——○	–	–	fS, $\overline{\text{ms}}$	2,4/1,0	$8{,}55 \cdot 10^{-5}$	–/–/100,0/–		

Abb. 5-11 Körnungslinien des zu entwässernden Bodens und des Filtermaterials mit eingezeichneten Siebkurvenkenngrößen (Auszug aus dem mit dem Programm GGU-SIEVE [F 1] gewonnenen Ergebnis; Grafik mit dem Programm CORELDRAW [F 2] modifiziert)

Als Kenngrößen der zu der Trockensiebung gehörenden Siebkurve des zu entwässernden Bodens wurden mit dem Programm GGU-SIEVE [F 1] berechnet (Abb. 5-11)

$$d_{10} = 0{,}086 \text{ mm}$$

$$d_{15} = 0{,}101 \text{ mm}$$

$$d_{60} = 0{,}210 \text{ mm}$$

$$d_{85} = 0{,}341 \text{ mm}$$

mit deren Hilfe sich die Ungleichförmigkeitszahl zu

$$C_U = \frac{d_{60}}{d_{10}} = \frac{0{,}210}{0{,}086} = 2{,}4$$

berechnet (Abb. 5-11).

Mit der für die Siebkurve des Filtermaterials (durch „○“ markiert) ebenfalls mit dem Programm GGU-SIEVE [F 1] berechneten Kenngröße (Abb. 5-11)

$$D_{15} = 0{,}574 \text{ mm}$$

zeigt sich, dass das gesiebte Material (anstehender Boden) die 3 Filterregeln von TERZAGHI (vgl. z. B. MÖLLER [L 126], Abschnitt 5.2.6) erfüllt, da die Körnungslinien von dem zu entwässernden Bodenmaterial und dem Filtermaterial ähnlich verlaufen (3. Regel) und auch die 1. und 2. Regel

$$D_{15} = 0{,}574 < 4 \cdot d_{85} = 4 \cdot 0{,}341 = 1{,}364 \text{ mm} \qquad \text{(Zurückhaltung transp. Bodens im Filter)}$$

$D_{15} = 0{,}574 > 4 \cdot d_{15} = 4 \cdot 0{,}101 = 0{,}404 \text{ mm}$ (Sicherung drucklosen Wasserabflusses)

eingehalten sind.

Lösung zu Aufgabe 5-15 (Aufgabenstellung Seite 69)

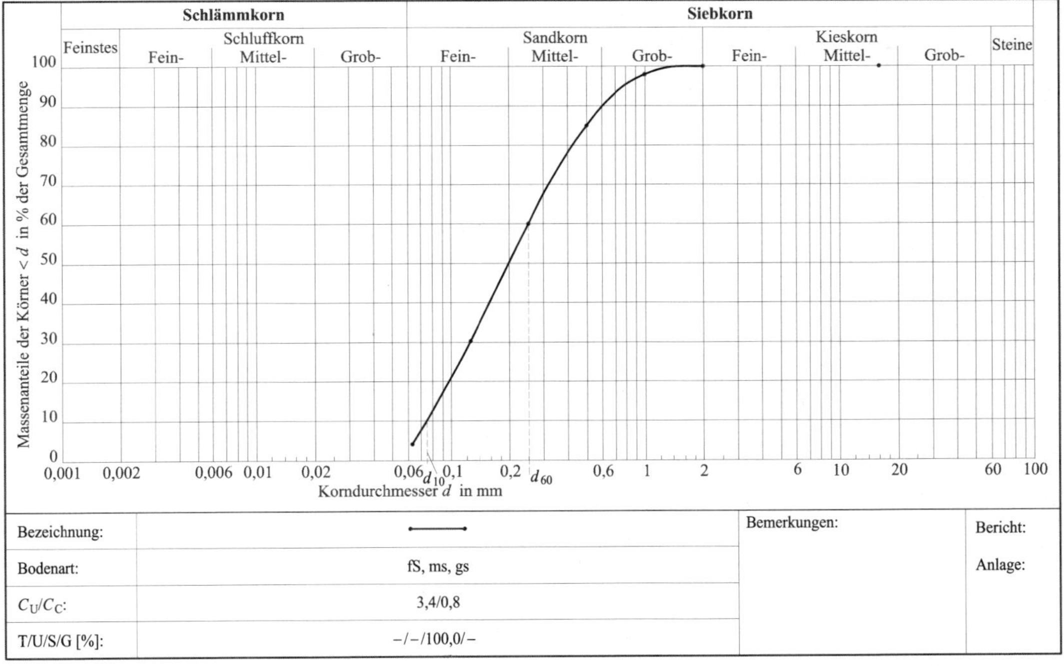

Abb. 5-12 Zu den Siebdurchgängen der Aufgabenstellung gehörende Körnungslinie (mit dem Programm GGU-SIEVE [F 1] ermittelt; Grafik mit dem Programm CORELDRAW [F 2] modifiziert)

Mit den mit dem Programm GGU-SIEVE [F 1] berechneten Korndurchmessern der Siebkurve (Abb. 5-12)

$$d_{10} = 0{,}074 \text{ mm}$$

$$d_{60} = 0{,}25 \text{ mm}$$

ergibt sich die Ungleichförmigkeitszahl

$$C_U = \frac{d_{60}}{d_{10}} = \frac{0{,}25}{0{,}074} = 3{,}38 < 6$$

Da die Körnungslinie einen Siebgutmassenanteil mit Korndurchmessern ≤ 2 mm von 100 % und damit von mehr als 60 % sowie einen Massenanteil des Siebguts mit Korndurchmessern $\leq 0{,}06$ mm von weniger als 5 % aufweist, ergibt sich aus Tabelle 5-3 (entspricht der Tabelle 4 aus DIN 18196 [L 58]), dass es sich bei dem Siebgut um Sand (S) handelt. Mit $C_U < 6$ ergibt sich nach DIN 18196 [L 58], Tabelle 2 (entspricht Tabelle 5-2) zudem eine enge Stufung, so dass es sich bei dem gesiebten Sand um enggestuftes Material (SE) handelt.

Von der Gesamtrückstandsmasse von 213,8 g entfallen auf die Korngrößenbereiche

$$0{,}25 \text{ mm} < d \leq 1 \text{ mm: } 98 - 60 = 38\,\% \Rightarrow 0{,}38 \cdot 213{,}8 = 81{,}24 \text{ g}$$

$$0{,}063 \text{ mm} < d \leq 0{,}25 \text{ mm: } 60 - 4 = 56\,\% \Rightarrow 0{,}56 \cdot 213{,}8 = 119{,}73 \text{ g}$$

$$d \leq 0{,}063 \text{ mm: } 4\,\% \Rightarrow 0{,}04 \cdot 213{,}8 = 8{,}55 \text{ g}$$

Lösung zu Aufgabe 5-16 (Aufgabenstellung Seite 70)

Die von TERZAGHI formulierten Bedingungen (vgl. z. B. MÖLLER, [L 126], Abschnitt 5.2.6) liefern bezüglich der

Zurückhaltung transportierten Bodens im Filter: $D_{15} < 4 \cdot d_{85} \Rightarrow d_{85} > \frac{D_{15}}{4}$

Sicherung drucklosen Wasserdurchflusses: $D_{15} > 4 \cdot d_{15} \Rightarrow d_{15} < \frac{D_{15}}{4}$

Mit dem Programm GGU-SIEVE [F 1] wurde der zum Filtermaterial gehörende Wert (Abb. 5-8)

$$D_{15} = 1{,}532 \text{ mm}$$

berechnet. Mit ihm gelten für die gesuchten Korndurchmesser eines mit diesem Filtermaterial entwässerbaren Bodenmaterials

$$d_{85} > \frac{D_{15}}{4} = \frac{1{,}532}{4} = 0{,}383 \text{ mm}$$

$$d_{15} < \frac{D_{15}}{4} = \frac{1{,}532}{4} = 0{,}383 \text{ mm}$$

Mit den für den zu entwässernden Boden berechneten Durchmessergrößen (Abb. 5-8)

$$d_{15} = 0{,}071 \text{ mm}$$

$$d_{85} = 0{,}413 \text{ mm}$$

ergeben sich

$$d_{85} = 0{,}413 \text{ mm} > 0{,}383 \text{ mm}$$

$$d_{15} = 0{,}071 \text{ mm} < 0{,}383 \text{ mm}$$

Die Körnungslinien des zu entwässernden Bodenmaterials und des Filtermaterials erfüllen somit die Filterregeln von TERZAGHI bezüglich des Zurückhaltens transportierten Bodens und der Sicherung drucklosen Wasserabflusses (vgl. z. B. MÖLLER, [L 126], Abschnitt 5.2.6). Da sie darüber hinaus ähnlich verlaufen (3. Regel von TERZAGHI), kann der Boden unter Verwendung des vorhandenen Filtermaterials entwässert werden.

Lösung zu Aufgabe 5-17 (Aufgabenstellung Seite 70)

Nach DIN 18196, Tabelle 4 [L 58] (entspricht der Tabelle 5-3) wird ein Boden als „Kies“ (G) bezeichnet, wenn seine Körnungslinie einen Siebgutmassenanteil mit Korndurchmessern ≤ 2 mm von bis zu 60 % sowie einen Massenanteil des Siebguts mit Korndurchmessern $\leq 0{,}06$ mm von weniger als 5 % aufweist.

Gemäß DIN 18196, Tabelle 3 [L 58] wird dieser Kies mit

a) Massenanteilen von Ton ≥ 5 % und ≤ 15 % als Kies mit geringem Tonanteil
b) Massenanteilen von Ton > 15 % und ≤ 40 % als Kies mit hohem Tonanteil

bezeichnet. Die entsprechenden Kurzbezeichnungen lauten (DIN 18196, Tabelle 4 [L 58] und MÖLLER [L 126], Abschnitt 5.2.7))

a) GT oder GU
b) GT* oder GU*

Lösung zu Aufgabe 5-18 (Aufgabenstellung Seite 70)

Würde das vermischte Material erneut einer Siebanalyse unterzogen und würde diese „neue" Siebanalyse gegenüber der „alten" mit der dann um 10 % vergrößerten Probenmenge und der gleichen Genauigkeit der Versuchsdurchführung erfolgen, sind, außer für die vergrößerte Kornfraktion 0,125 mm < d < 0,25 mm, dieselben Siebrückstandsmassen zu erwarten. Die Vergrößerung der Probenmenge wirkt sich somit allein auf die Siebrückstandsmasse der vergrößerten Kornfraktion aus.

Damit ergibt sich für alle nicht vergrößerten Siebrückstände (siehe Tabelle 5-7)

$$\mathrm{SR}_{\mathrm{i;\,neu}} = \frac{m_{\mathrm{i;\,alt}}}{1{,}1 \cdot \sum\limits_i m_{\mathrm{i;\,alt}}} \cdot 100 = \frac{\mathrm{SR}_{\mathrm{i;\,alt}}}{1{,}1}$$

Tabelle 5-7 Siebanalyseergebnisse des „alten" und „neuen" Bodenmaterials

Korngröße (in mm)	Siebrückstände als Massenanteile (in %)		Summe der Siebdurchgänge als Massenanteile (in %)	
	alt	neu	alt	neu
63	0,0	0,0	–	–
31,5	0,0	0,0	100,0	100,0
16	15,5	14,1	84,5	85,9
8	19,5	17,7	65,0	68,2
4	22,5	20,4	42,5	47,8
2	14,5	13,2	28,0	34,6
1	13,0	11,8	15,0	22,8
0,5	7,5	6,8	7,5	16,0
0,25	3,7	3,4	3,8	12,6
0,125	3,6	12,4	0,2	0,2
0,063	0,2	0,2	0,0	0,0
< 0,063	0,0	0,0	0,0	0,0

Da die Vergrößerung um das 0,1fache der „alten" Probenmenge sich ausschließlich in einer Vergrößerung des Massenanteils der Kornfraktion 0,125 mm < d < 0,25 mm auswirkt und die erste Siebung als Massenanteil des Siebrückstands dieser Kornfraktion den Wert 0,036 lieferte, gilt für den entsprechenden „neuen" Rückstand

$$\mathrm{SR}_{0{,}125-0{,}25;\,\mathrm{neu}} = \frac{(0{,}1+0{,}036)\cdot\sum\limits_i m_{\mathrm{i;\,alt}}}{1{,}1\cdot\sum\limits_i m_{\mathrm{i;\,alt}}}\cdot 100 = 12{,}36\,\%$$

Die gesuchten Werte für die Summe der Siebdurchgänge (SD) als Massenanteile der Korngrößen $d \leq 31{,}5$ mm, $d \leq 16$ mm, … des neuen Bodenmaterials ergeben sich dann aus

$$\mathrm{SD}_{\mathrm{i;\,neu}} = 100 - \sum_{j=1}^{i} \mathrm{SR}_{\mathrm{j;\,neu}}$$

wie z. B.

$$\mathrm{SD}_{\leq 2\,\mathrm{mm}} = 100 - 0{,}0 - 14{,}1 - 17{,}7 - 20{,}4 - 13{,}2 = 34{,}6\,\%$$

Lösung zu Aufgabe 5-19 (Aufgabenstellung Seite 71)

Bei der Filterherstellung wird der Transport von Teilchen des zu entwässernden Bodens durch den Filter dann verhindert, wenn das gewählte Filtermaterial eine geeignete Körnungskurve besitzt.

Nach der Filterregel von TERZAGHI ist das Filtermaterial geeignet, wenn (siehe z. B. MÖLLER [L 126], Abschnitt 5.2.6)

- es gegenüber dem zu entwässernden Boden nicht zu grobkörnig ist (wird durch die 1. Regel von TERZAGHI, $D_{15} < 4 \cdot d_{85}$, gewährleistet) und
- seine Körnungskurve ähnlich verläuft wie die des zu entwässernden Bodens (3. Regel von TERZAGHI).

Lösung zu Aufgabe 5-20 (Aufgabenstellung Seite 71)

Würde das „neue" Material, das keine Anteile der Kornfraktion 0,125 mm $< d \leq$ 0,25 mm (entspricht 3,6 % Massenanteil der Siebrückstände des „alten" Materials) mehr enthält, erneut einer Siebanalyse unterzogen und würde diese „neue" Siebanalyse gegenüber der „alten" mit der dann um 3,6 % verminderten Probenmenge und der gleichen Genauigkeit der Versuchsdurchführung erfolgen, sind, außer für die fehlende Kornfraktion 0,125 mm $< d \leq$ 0,25 mm, dieselben Siebrückstandsmassen zu erwarten.

Damit ergibt sich für alle nicht verringerten Siebrückstände (SR) als Massenanteile

$$\mathrm{SR}_{\mathrm{i;neu}} = \frac{m_{\mathrm{i;alt}}}{0{,}964\cdot\sum\limits_i m_{\mathrm{i;alt}}}\cdot 100 = \frac{\mathrm{SR}_{\mathrm{i;alt}}}{0{,}964}$$

und insbesondere für die Siebrückstände der Kornfraktionen 16 mm $< d \leq$ 31,5 mm und 8 mm $< d \leq$ 16 mm

$$\mathrm{SR}_{16-31{,}5\,\mathrm{mm;\,neu}} = \frac{15{,}5}{0{,}964} = 16{,}08\,\% \qquad \text{und} \qquad \mathrm{SR}_{8-16\,\mathrm{mm;\,neu}} = \frac{19{,}5}{0{,}964} = 20{,}23\,\%$$

sowie die zugehörigen Siebrückstände (siehe Lösung zu Aufgabe 5-18)

$$\mathrm{SD}_{\leq 31{,}5\,\mathrm{mm;\,neu}} = 100 - 0 = 100\,\% \qquad \text{und} \qquad \mathrm{SD}_{\leq 16\,\mathrm{mm;\,neu}} = 100 - 16{,}08 = 83{,}92\,\%$$

Lösung zu Aufgabe 5-21 (Aufgabenstellung Seite 72)

Für die Körnungslinie der Abb. 5-9 wurden mit dem Programm GGU-SIEVE [F 1] für die Korndurchmesser bei 10 %, 30 % und 60 % Siebdurchgang die Größen

$$d_{10} = 0{,}305 \text{ mm}$$

$$d_{30} = 1{,}301 \text{ mm}$$

$$d_{60} = 5{,}068 \text{ mm}$$

berechnet. Mit ihnen ergibt sich als Ungleichförmigkeitszahl

$$C_U = \frac{d_{60}}{d_{10}} = \frac{5{,}068}{0{,}305} = 16{,}6$$

und die Krümmungszahl zu

$$C_C = \frac{d_{30}^2}{d_{10} \cdot d_{60}} = \frac{1{,}301^2}{0{,}305 \cdot 5{,}068} = 1{,}10$$

Da der untersuchte grobkörnige Boden mit 38,6 % weniger als 60 % Massenanteil mit $d \leq 2$ mm aufweist und der Massenanteil des Siebguts mit Korndurchmessern $\leq 0{,}06$ mm weniger als 5 % beträgt, ist der Hauptbestandteil dieses Bodens nach Tabelle 5-3 (gibt die Tabelle 4 der DIN 18196 [L 58] wieder) Kieskorn (G).

Mit der Ungleichförmigkeitszahl $C_U = 16{,}6 \geq 6$ und der Krümmungszahl $1 < C_C = 1{,}10 < 3$ ergibt sich nach Tabelle 2 der DIN 18196 [L 58] (entspricht Tabelle 5-2) eine weite Stufung. Somit handelt es sich um einen weitgestuften Kies (GW). Dieses Bodenmaterial ist nach Tabelle 5-3 sehr gut geeignet als

- ► Baugrund für Gründungen,
- ► Baustoff für
  - ▷ Erd- und Baustraßen,
  - ▷ Straßen- und Bahndämme,
  - ▷ Stützkörper von Erd-Staudämmen.

Lösung zu Aufgabe 5-22 (Aufgabenstellung Seite 72)

Die Eigenlast von 1 m³ Trockenmasse des anstehenden Bodens beträgt

$$G_d = \gamma_s \cdot V_k = \gamma_s \cdot V \cdot (1 - n) = 26{,}5 \cdot 1{,}0 \cdot (1 - 0{,}4) = 15{,}9 \text{ kN}$$

Da nach den Siebanalyseergebnissen auf die Kornfraktion $2 \text{ mm} \leq d < 16$ mm

$$85{,}9 - 34{,}6 = 51{,}3 \text{ \%}$$

der Eigenlast der Trockenmasse entfallen und damit 1 m³ Ausgangsmaterial

$$15{,}9 \cdot 0{,}513 = 8{,}16 \text{ kN}$$

trockenes Filtermaterial liefert, sind zur Gewinnung von 300 kN trockenem Filtermaterial

$$\frac{300}{8{,}16} = 36{,}78 \text{ m}^3$$

des anstehenden Bodens erforderlich.

Lösung zu Aufgabe 5-23 (Aufgabenstellung Seite 72)

Bei Böden mit den Gruppensymbolen SE bzw. SW handelt es sich um enggestufte (E) bzw. weitgestufte (W) Sande (S), die einen Massenanteil von $< 5\,\%$ des Korns $\leq 0{,}06$ mm und von $> 60\,\%$ des Korns ≤ 2 mm besitzen und deren Ungleichförmigkeitszahlen bei enggestuften Sanden (SE) Werte $C_U < 6$ und bei weitgestuften Sanden (SW) Werte $C_U \geq 6$ aufweisen. Im Falle der weiten Stufung müssen außerdem die Krümmungszahlen C_C zwischen 1 und 3 liegen (Tabellen 2 und 4 der DIN 18196 [L 58] sowie MÖLLER [L 126], Abschnitt 5.2.7).

Lösung zu Aufgabe 5-24 (Aufgabenstellung Seite 73)

Gemäß Tabelle 5-3 (gibt die Tabelle 4 der DIN 18196 [L 58] wieder) besitzen intermittierend gestufte Sand-Kies-Gemische (SI) gegenüber enggestuften Sanden (SE) bessere bautechnische Eigenschaften hinsichtlich ihrer

- größeren Verdichtungsfähigkeit,
- geringeren Durchlässigkeit,
- geringeren Witterungs- und Erosionsempfindlichkeit.

Lösung zu Aufgabe 5-25 (Aufgabenstellung Seite 73)

Für die Körnungslinie der Abb. 5-10 wurden mit dem Programm GGU-SIEVE [F 1] für die Korndurchmesser bei 10 %, 30 % und 60 % Siebdurchgang die Größen

$$d_{10} = 0{,}215 \text{ mm}$$

$$d_{30} = 0{,}669 \text{ mm}$$

$$d_{60} = 1{,}873 \text{ mm}$$

berechnet. Mit ihnen ergibt sich für Ungleichförmigkeitszahl

$$C_U = \frac{d_{60}}{d_{10}} = \frac{1{,}873}{0{,}215} = 8{,}71$$

und für die Krümmungszahl

$$C_C = \frac{d_{30}^2}{d_{10} \cdot d_{60}} = \frac{0{,}669^2}{0{,}215 \cdot 1{,}873} = 1{,}11$$

Da der untersuchte grobkörnige Boden mit 62,2 % mehr als 60 % Massenanteil mit $d \leq 2$ mm und mit 1,9 % weniger als 5 % Massenanteil mit $d \leq 0{,}06$ mm aufweist, ist der Hauptbestandteil dieses Bodens nach DIN 18196 [L 58], Tabelle 4 (entspricht Tabelle 5-3) Sandkorn (S).

Mit der Ungleichförmigkeitszahl $C_U = 8{,}8 \geq 6$ und der Krümmungszahl $1 < C_C = 1{,}11 < 3$ ergibt sich nach Tabelle 2 der DIN 18196 [L 58] (entspricht Tabelle 5-2) eine weite Stufung. Somit handelt es sich um einen weitgestuften Sand (SW).

Da der Tabelle 5-3 entnommen werden kann, dass dieses Bodenmaterial

- eine sehr große Scherfestigkeit besitzt,
- sehr gut verdichtbar ist,

- eine Zusammendrückbarkeit und eine Frostempfindlichkeit aufweist, die vernachlässigbar sind,

genügt der untersuchte Boden den geforderten Kriterien und kann im Rahmen der Baumaßnahme eingebaut werden.

5.3 Wassergehalt

5.3.1 Allgemeines, Definition und Bestimmung

Der Wassergehalt beeinflusst Eigenschaften des Bodens wie die Zusammendrückbarkeit und Festigkeit bindiger Böden oder die Verdichtbarkeit von Böden (vgl. Abschnitt 5.7).

Definition gemäß DIN EN ISO 17892-1 [L 95]

Mit der Masse m_{w} des Porenwassers und der Masse m_{d} des trockenen Bodens wird der Wassergehalt definiert durch

$$w = \frac{m_{\mathrm{w}}}{m_{\mathrm{d}}} \qquad \text{Gl. 5-22}$$

Bestimmung gemäß DIN EN ISO 17892-1 [L 95]

Zur Wassergehaltsbestimmung sind drei verschiedene Wägungen durchzuführen, mit denen die für Gl. 5-22 erforderlichen Massen m_{w} und m_{d} bestimmt werden können. Die dritte Wägung erfolgt, wenn sich z. B. durch die Trocknung des Probenmaterials im Wärmeschrank bei 105 °C Massenkonstanz eingestellt hat (vgl. z. B. DIN EN ISO 17892-1 [L 95] oder MÖLLER [L 126], Abschnitt 5.3.5).

5.3.2 Mit *w* in Beziehung stehende Kenngrößen feuchter Böden

Wichte des Bodens (in kN/m³)

$$\gamma = (1+w)\cdot\gamma_{\mathrm{d}} = (1+w)\cdot(1-n)\cdot\gamma_{\mathrm{s}} = \frac{1+w}{1+e}\cdot\gamma_{\mathrm{s}} \qquad \text{Gl. 5-23}$$

Dichte des Bodens (in t/m³)

$$\rho = (1+w)\cdot\rho_{\mathrm{d}} = (1+w)\cdot(1-n)\cdot\rho_{\mathrm{s}} = \frac{1+w}{1+e}\cdot\rho_{\mathrm{s}} \qquad \text{Gl. 5-24}$$

Trockenwichte des Bodens (in kN/m³)

$$\gamma_{\mathrm{d}} = \frac{\gamma}{1+w} = \frac{n_{\mathrm{w}}\cdot\gamma_{\mathrm{w}}}{w} = \frac{(1-n_{\mathrm{a}})\cdot\gamma_{\mathrm{s}}\cdot\gamma_{\mathrm{w}}}{w\cdot\gamma_{\mathrm{s}}+\gamma_{\mathrm{w}}} = \frac{S_{\mathrm{r}}\cdot\gamma_{\mathrm{s}}\cdot\gamma_{\mathrm{w}}}{w\cdot\gamma_{\mathrm{s}}+S_{\mathrm{r}}\cdot\gamma_{\mathrm{w}}} \qquad \text{Gl. 5-25}$$

Trockendichte des Bodens (in t/m³)

$$\rho_{\mathrm{d}} = \frac{\rho}{1+w} = \frac{n_{\mathrm{w}}\cdot\rho_{\mathrm{w}}}{w} = \frac{(1-n_{\mathrm{a}})\cdot\rho_{\mathrm{s}}\cdot\rho_{\mathrm{w}}}{w\cdot\rho_{\mathrm{s}}+\rho_{\mathrm{w}}} = \frac{S_{\mathrm{r}}\cdot\rho_{\mathrm{s}}\cdot\rho_{\mathrm{w}}}{w\cdot\rho_{\mathrm{s}}+S_{\mathrm{r}}\cdot\rho_{\mathrm{w}}} \qquad \text{Gl. 5-26}$$

Porenanteil des Bodens (ρ_s = Korndichte gemäß Abschnitt 5.4.1)

$$n = \frac{w \cdot \rho_s + n_a \cdot \rho_w}{w \cdot \rho_s + \rho_w} = \frac{w \cdot \rho_s}{w \cdot \rho_s + S_r \cdot \rho_w} = \frac{w \cdot \rho_d}{S_r \cdot \rho_w} = 1 - \frac{\rho}{(1+w) \cdot \rho_s}$$
$$= \frac{w \cdot \gamma_s + n_a \cdot \gamma_w}{w \cdot \gamma_s + \gamma_w} = \frac{w \cdot \gamma_s}{w \cdot \gamma_s + S_r \cdot \gamma_w} = \frac{w \cdot \gamma_d}{S_r \cdot \gamma_w} = 1 - \frac{\gamma}{(1+w) \cdot \gamma_s} \qquad \text{Gl. 5-27}$$

Porenzahl des Bodens

$$e = \frac{w \cdot \rho_s + n_a \cdot \rho_w}{\rho_w \cdot (1 - n_a)} = \frac{w \cdot \rho_s}{S_r \cdot \rho_w} = \frac{w \cdot \rho_d}{S_r \cdot \rho_w - w \cdot \rho_d} = (1+w) \cdot \frac{\rho_s}{\rho} - 1$$
$$= \frac{w \cdot \gamma_s + n_a \cdot \gamma_w}{\gamma_w \cdot (1 - n_a)} = \frac{w \cdot \gamma_s}{S_r \cdot \gamma_w} = \frac{w \cdot \gamma_d}{S_r \cdot \gamma_w - w \cdot \gamma_d} = (1+w) \cdot \frac{\gamma_s}{\gamma} - 1 \qquad \text{Gl. 5-28}$$

Sättigungszahl des Bodens

$$S_r = \frac{w \cdot \rho_d \cdot \rho_s}{\rho_w \cdot (\rho_s - \rho_d)} = \frac{w \cdot \rho \cdot \rho_s}{\rho_w \cdot [(1+w) \cdot \rho_s - \rho]} = \frac{w \cdot \rho_d}{n \cdot \rho_w} = \frac{(1-n) \cdot w \cdot \rho_s}{n \cdot \rho_w}$$
$$= \frac{(1-n_a) \cdot w \cdot \rho_s}{w \cdot \rho_s + n_a \cdot \rho_w}$$
$$= \frac{w \cdot \gamma_d \cdot \gamma_s}{\gamma_w \cdot (\gamma_s - \gamma_d)} = \frac{w \cdot \gamma \cdot \gamma_s}{\gamma_w \cdot [(1+w) \cdot \gamma_s - \gamma]} = \frac{w \cdot \gamma_d}{n \cdot \gamma_w} = \frac{(1-n) \cdot w \cdot \gamma_s}{n \cdot \gamma_w} \qquad \text{Gl. 5-29}$$
$$= \frac{(1-n_a) \cdot w \cdot \gamma_s}{w \cdot \gamma_s + n_a \cdot \gamma_w}$$

5.3.3 Mit *w* in Beziehung stehende Kenngrößen gesättigter Böden

Wichte des gesättigten Bodens (in kN/m³)

$$\gamma_r = \frac{\gamma_s \cdot \gamma_w \cdot (1 + w_r)}{w_r \cdot \gamma_s + \gamma_w} = \gamma_d \cdot (1 + w_r) = (1+w) \cdot (1-n) \cdot \gamma_s = \frac{1+w}{1+e} \cdot \gamma_s \qquad \text{Gl. 5-30}$$

Dichte des gesättigten Bodens (in t/m³)

$$\rho_r = \frac{\rho_s \cdot \rho_w \cdot (1 + w_r)}{w_r \cdot \rho_s + \rho_w} = \rho_d \cdot (1 + w_r) = (1+w) \cdot (1-n) \cdot \rho_s = \frac{1+w}{1+e} \cdot \rho_s \qquad \text{Gl. 5-31}$$

Trockenwichte des Bodens im gesättigten Zustand (in kN/m³)

$$\gamma_d = \frac{\gamma_r}{1+w_r} = \frac{n \cdot \gamma_w}{w} = \frac{\gamma_s \cdot \gamma_w}{w \cdot \gamma_s + \gamma_w} \qquad \text{Gl. 5-32}$$

Trockendichte des Bodens im gesättigten Zustand (in t/m³)

$$\rho_d = \frac{\rho_r}{1+w_r} = \frac{n_w \cdot \rho_w}{w} = \frac{\rho_s \cdot \rho_w}{w \cdot \rho_s + \rho_w} \qquad \text{Gl. 5-33}$$

Porenanteil des gesättigten Bodens

$$n = \frac{w_r \cdot \rho_s}{w_r \cdot \rho_s + \rho_w} = 1 - \frac{\rho_r}{(1+w_r) \cdot \rho_s} = \frac{w_r \cdot \gamma_s}{w_r \cdot \gamma_s + \gamma_w} = 1 - \frac{\gamma_r}{(1+w_r) \cdot \gamma_s} \qquad \text{Gl. 5-34}$$

Porenzahl des gesättigten Bodens

$$e = \frac{w_r \cdot \rho_s}{\rho_w} = (1+w_r) \cdot \frac{\rho_s}{\rho_r} - 1 = \frac{w_r \cdot \gamma_s}{\gamma_w} = (1+w_r) \cdot \frac{\gamma_s}{\gamma_r} - 1 \qquad \text{Gl. 5-35}$$

5.3.4 Aufgaben mit Lösungen

Aufgabe 5-26

Welchen Zwecken dient die Bestimmung des Wassergehalts nach DIN 18121-2 [L 40] und DIN EN ISO 17892-1 [L 95]?

Aufgabe 5-27

Welche Trocknungsverfahren nach DIN EN ISO 17892-1 [L 95] und DIN 18121-2 [L 40] dürfen im Zuge der Bestimmung des Wassergehalts angewendet werden?

Aufgabe 5-28 (Lösung Seite 84)

Unter Verwendung von Formeln ist zu erläutern, warum und in welcher Form sich der Wassergehalt eines im Grundwasserbereich anstehenden Bodens bei Verdichtung bzw. Auflockerung ändert.

Aufgabe 5-29 (Lösung Seite 84)

Anhand einer Formel ist zu begründen, welche Forderungen im Zuge der Gewinnung von Bodenproben der Güteklasse 1 gemäß DIN EN ISO 22475-1 [L 97] einzuhalten sind, wenn mit dem Probenmaterial der Wassergehalt im Labor bestimmt werden soll.

Darüber hinaus sind drei Möglichkeiten zu benennen, mit denen die Einhaltung der Forderungen nach DIN EN ISO 22475-1 [L 97] sichergestellt werden kann.

Lösung zu Aufgabe 5-26

Die Wassergehaltsbestimmung nach DIN 18121-2 [L 40] und DIN EN ISO 17892-1 [L 95] dient

- zur Beurteilung bautechnischer Bodeneigenschaften wie z. B. Zusammendrückbarkeit und Festigkeit bindiger Böden,
- als Hilfsgröße bei der Auswertung anderer Labor- und Feldversuche wie z. B. dem Proctorversuch.

Lösung zu Aufgabe 5-27

Zur Wassergehaltsbestimmung dürfen nach DIN EN ISO 17892-1 [L 95] und DIN 18121-2 [L 40]

- die Ofentrocknung (Gerät: Wärmeschrank, auch „Trockenschrank“ oder „Trocknungsofen“ genannt),
- Schnelltrocknungsverfahren (Geräte: Mikrowellenherd, Infrarotstrahler, Elektroplatte, Gasbrenner)

angewendet werden.

Lösung zu Aufgabe 5-28 (Aufgabenstellung Seite 83)

Durch die Verdichtung bzw. Auflockerung ändert sich das Volumen des gesättigten Bodens um

$$\Delta V = \Delta V_p = \Delta V_w$$

und zwar von

$$V_{alt} = V_k + V_p = V_k + V_w$$

auf

$$V_{neu,Auflockerung} = V_k + V_w + \Delta V_w$$

bzw.

$$V_{neu,Verdichtung} = V_k + V_w - \Delta V_w$$

mit den Volumina des Porenvolumens (Index p), des Kornmaterials (Index k) und des Wassers (Index w).

Da aus den Formeln ersichtlich ist, dass sich durch die Auflockerung bzw. Verdichtung

- das Kornvolumen und damit die Masse m_d des Kornmaterials nicht ändert,
- das Wasservolumen und damit die Masse m_w des Wassers bei Auflockerung vergrößert bzw. bei Verdichtung verringert,

ergibt sich mit der Gleichung für den Wassergehalt (Gl. 5-22)

$$w = \frac{m_w}{m_d}$$

dass sich der Wassergehalt bei Auflockerung vergrößert und bei Verdichtung verringert.

Lösung zu Aufgabe 5-29 (Aufgabenstellung Seite 83)

Da der Wassergehalt mit Hilfe von (Gl. 5-22)

$$w = \frac{m_w}{m_d}$$

zu berechnen ist, muss sichergestellt sein, dass die in situ vorhandenen Massen m_w und m_d im Labor noch ermittelt werden können. Bezüglich der Trockenmasse bedeutet dies, dass kein Kornmaterial verloren gehen darf, und bezüglich der Masse m_w, dass kein Wasser verdunsten darf. Unmittelbar nach der Entnahme der Sonderprobe und der Entfernung gestörter oder aufgeweichter Teile an ihren Endflächen ist der Entnahmezylinder deshalb oben und unten so zu verschließen, dass kein Verlust an Kornmaterial und Wasser auftritt.

Erfolgen kann die Einhaltung dieser Forderungen nach DIN EN ISO 22475-1 [L 97] z. B. mit Hilfe von (vgl. auch [L 126], Seite 80)

- Kunststoff- oder Gummikappen,
- Ceresinvergüssen,
- mechanischen Packern.

5.4 Dichte und Korndichte

5.4.1 Definitionen von Dichten und Korndichten

Dichte des feuchten Bodens (in g/cm³): Verhältnis der Masse m zum Volumen V (inkl. Luft) der feuchten Bodenprobe gemäß

$$\rho = \frac{m}{V}$$ Gl. 5-36

Dichte des trockenen Bodens (in g/cm³): Verhältnis der Masse m_d zum Volumen V (inkl. Luft) der trockenen Bodenprobe gemäß

$$\rho_d = \frac{m_d}{V}$$ Gl. 5-37

Korndichte des Bodens (in g/cm³): Verhältnis der Trockenmasse m_d zum Volumen V_k der Bodenkörner der Bodenprobe gemäß

$$\rho_s = \frac{m_d}{V_k}$$ Gl. 5-38

5.4.2 Mit ρ, ρ_d und ρ_s in Beziehung stehende Kenngrößen feuchter Böden

Wichte des Bodens (in N/cm³)

$\gamma = \rho \cdot g$ mit der Erdbeschleunigung $g \approx 10\,\text{m/s}^2$ Gl. 5-39

mit den nicht dimensionsreinen Beziehungen

$$\gamma\,(\text{in kN/m}^3) = 10 \cdot \rho\,(\text{in t/m}^3) \quad \text{bzw.}$$
$$\gamma\,(\text{in N/cm}^3) = 0{,}01 \cdot \rho\,(\text{in g/cm}^3)$$ Gl. 5-40

Wassergehalt des Bodens

$$w = \frac{\rho}{\rho_d} - 1$$ Gl. 5-41

Porenanteil des Bodens

$$n = 1 - \frac{\rho_d}{\rho_s} = 1 - \frac{\rho}{(1+w) \cdot \rho_s} = \frac{w \cdot \rho_s}{w \cdot \rho_s + S_r \cdot \rho_w}$$ Gl. 5-42

Porenzahl des Bodens

$$e = \frac{\rho_s}{\rho_d} - 1 = \frac{\rho_s \cdot (1+w)}{\rho} - 1 = \frac{w \cdot \rho_s}{S_r \cdot \rho_w} \qquad \text{Gl. 5-43}$$

Anteil der wassergefüllten Poren des Bodens (ρ_w = Dichte des Wassers)

$$n_w = w \cdot \frac{\rho_d}{\rho_w} = \frac{w \cdot \rho}{(1+w) \cdot \rho_w} = \frac{S_r \cdot w \cdot \rho_s}{w \cdot \rho_s + S_r \cdot \rho_w} \qquad \text{Gl. 5-44}$$

Anteil der mit Luft gefüllten Poren des Bodens

$$n_a = 1 - \frac{\rho_d \cdot (w \cdot \rho_s + \rho_w)}{\rho_w \cdot \rho_s} = 1 - \frac{\rho \cdot (w \cdot \rho_s + \rho_w)}{\rho_w \cdot \rho_s \cdot (1+w)} = \frac{w \cdot \rho_s \cdot (1 - S_r)}{w \cdot \rho_s + S_r \cdot \rho_w} \qquad \text{Gl. 5-45}$$

Sättigungszahl des Bodens

$$S_r = \frac{w \cdot \rho \cdot \rho_s}{\rho_w \cdot [(1+w) \cdot \rho_s - \rho]} = \frac{w \cdot \rho_d \cdot \rho_s}{\rho_w \cdot (\rho_s - \rho_d)} = \frac{w \cdot \rho_d}{n \cdot \rho_w} \qquad \text{Gl. 5-46}$$

5.4.3 Dichtebestimmung mit Feldversuchen nach DIN 18125-2

In DIN 18125-2 [L 45] werden mehrere Versuche (z. B. Sandersatz-Verfahren, Ballon-Verfahren) angegeben, mit deren Hilfe sich die Dichte des Bodens in situ bestimmen lässt (vgl. z. B. MÖLLER [L 126], Abschnitt 5.4.4).

Das sehr einfach funktionierende Ausstechzylinder-Verfahren ist danach nur für Böden geeignet, in denen Grobsand, Kies, Steine oder Blöcke nicht enthalten sind. Das Volumen V, der mit dem Ausstechzylinder entnommenen Bodenprobe, errechnet sich mit den bekannten Abmessungen des Zylinders. Die Massen m bzw. m_d werden durch Wägung des naturfeuchten bzw. des getrockneten Materials ermittelt.

Mit den bekannten Größen Volumen und Masse ist die Dichte ρ des feuchten mit Gl. 5-36 bzw. ρ_d des trockenen Bodens mit Gl. 5-37 ermittelbar.

Anwendungsbeispiel

Zu ermitteln ist der Wassergehalt w eines verdichteten rolligen Bodens ($\gamma_s = 26{,}6\ \text{kN/m}^3$) mit Hilfe der nachstehenden Ergebnisse des Sandersatz-Verfahrens!

Die aus der Prüfgrube entnommene Bodenmenge wog im feuchten Zustand 136 N und nach ihrer Trocknung 125 N. Für die Prüfgrubenfüllung wurden 8,85 kg Prüfsand (Prüfsandschüttdichte $\rho_E = 1{,}45\ \text{g/cm}^3$) benötigt.

Lösung

Mit dem Volumen (Gl. 5-13)

$$V_{\text{Grube}} = \frac{m_d}{\rho_E} = \frac{8\,850\ \text{g} \cdot \text{cm}^3}{1{,}45\ \text{g}} = 6\,103{,}45\ \text{cm}^3$$

der mit dem Prüfsand gefüllten Prüfgrube ergibt sich als Wichte der feuchten Bodenprobe im ursprünglichen Zustand (Gl. 5-14)

$$\gamma = \frac{G}{V_{\text{Grube}}} = \frac{136}{6\,103{,}45} = 0{,}022\,28 \text{ N/cm}^3 = 22{,}28 \text{ kN/m}^3$$

und als Trockenwichte der Bodenprobe im ursprünglichen Zustand (Gl. 5-13)

$$\gamma_\text{d} = \frac{G_\text{d}}{V_{\text{Grube}}} = \frac{125}{6\,103{,}45} = 0{,}020\,48 \text{ N/cm}^3 = 20{,}48 \text{ kN/m}^3$$

Mit diesen Größen berechnet sich der Wassergehalt des verdichteten Bodens zu (Gl. 5-14)

$$w = \frac{\gamma}{\gamma_\text{d}} - 1 = \frac{22{,}28}{20{,}48} - 1 = 1{,}088 - 1 = 0{,}088 = 8{,}8\ \%$$

Alternative Lösung

Mit den Eigenlasten $G = 136$ N und $G_\text{d} = 125$ N ergibt sich der Wassergehalt des verdichteten Bodens zu (Gl. 5-5)

$$w = \frac{G_\text{w}}{G_\text{d}} = \frac{G - G_\text{d}}{G_\text{d}} = \frac{136 - 125}{125} = \frac{11}{125} = 0{,}088 = 8{,}8\ \%$$

5.4.4 Bestimmung der Korndichte mit dem Kapillarpyknometer

Die Ermittlung der nach Gl. 5-38 erforderlichen Größen m_d und V_k erfolgt gemäß DIN 18124 [L 44] durch Wägungen des leeren sowie des mit Wasser bzw. mit der getrockneten Probe bzw. des mit Wasser und der getrockneten Probe gefüllten Kapillarpyknometers (siehe z. B. MÖLLER [L 126], Abschnitt 5.5.3).

Tabelle 5-8 Korndichte ρ_s von Mineralien und Böden

Korndichte ρ_s in g/cm³			
Mineralien		Böden	
Gips	2,32	Bimsstein	1,40 – 1,60
Feldspat	2,55	Torf	1,50 – 1,80
Kaolinit	2,64	Sand	2,65
Quarz	2,65	Kies	2,60 – 2,70
Na-Feldspat	2,62 – 2,76	Schluff	2,68 – 2,70
Kalzit	2,72	Ton	2,70 – 2,80
Montmorillonit	2,75 – 2,78		

5.4.5 Aufgabe mit Lösung

Aufgabe 5-30

Zu ermitteln ist der Porenanteil n eines verdichteten Bodens ($\gamma_S = 26{,}5\,kN/m^3$) mit Hilfe der nachstehenden Ergebnisse des Sandersatz-Verfahrens!

Die aus der Prüfgrube entnommene und getrocknete Bodenmenge wiegt 125 N. Für die Prüfgrubenfüllung wurden 8,8 kg Prüfsand (Prüfsandschüttdichte $\rho_E = 1{,}43\,g/cm^3$) benötigt.

Lösung zu Aufgabe 5-30

Mit dem Volumen (Gl. 5-12)

$$V_{Grube} = \frac{m_d}{\rho_E} = \frac{8\,800\ g \cdot cm^3}{1{,}43\ g} = 6\,153{,}85\ cm^3$$

der mit dem Prüfsand gefüllten Prüfgrube ergibt sich als Trockenwichte der Bodenprobe im ursprünglichen Zustand (Gl. 5-12)

$$\gamma_d = \frac{G_d}{V_{Grube}} = \frac{125}{6\,153{,}85} = 0{,}020\,31\ N/cm^3 = 20{,}31\ kN/m^3$$

und damit der Porenanteil des verdichteten Bodens (Gl. 5-12)

$$n = 1 - \frac{\gamma_d}{\gamma_s} = 1 - \frac{20{,}31}{26{,}50} = 0{,}233$$

5.5 Organische Bestandteile und Kalkgehalt

Organische Bestandteile des Bodens können u. a. die Korndichte, Wichte, Festigkeit und Zusammendrückbarkeit des Bodens erheblich beeinflussen. Der Kalkgehalt von Böden beeinflusst bodenmechanische Eigenschaften wie die Trockenfestigkeit bindiger und gemischtkörniger Böden und dient als Unterscheidungskriterium für Böden (z. B. bei Geschiebemergel und Geschiebelehm). Im Norddeutschen Raum ist sein Einfluss auf die mechanischen Eigenschaften des Bodens nur unwesentlich.

5.5.1 Definition des Glühverlustes und Anhaltswerte

Mit den durch Wägungen bestimmten Trockenmassen m_d und m_{gl} der Bodenprobe vor und nach dem Glühen im Muffelofen (bei 550 °C) wird der Glühverlust nach DIN 18128 [L 48] definiert durch

$$V_{gl} = \frac{m_d - m_{gl}}{m_d} \qquad \text{Gl. 5-47}$$

Anhaltswerte für die Zuordnung von Glühverlust V_{gl} und Bodenart sind nach [L 134]

- V_{gl} von 0 % bis 10 % ⇒ humus- oder faulschlammhaltiger Boden
- V_{gl} von 10 % bis > 20 % ⇒ organische Schluff- und Tonböden
- V_{gl} < 100 % ⇒ Torf

5.5.2 Bodenklassifikation für organische Böden nach DIN 18196

Nach DIN 18196 [L 58] unterscheiden sich Böden mit organischen Bestandteilen vor allem hinsichtlich ihrer Brenn- bzw. Schwelbarkeit an der Luft. Weitere Kriterien sind ihre Entstehungsart und, bei Torfen, der Zersetzungsgrad (siehe auch Ausquetschversuch, Abschnitt 1.1.8) der organischen Bestandteile

- **n**icht bis mäßig zersetzt (Kurzzeichen **N**) und
- **z**ersetzt (Kurzzeichen **Z**).

5.5.3 Bestimmung des Kalkgehalts

Bei einer einfachen Methode zur Kalkgehaltsbestimmung wird eine Probe mit verdünnter Salzsäure (Wasser-Salzsäure-Verhältnis 3 : 1) beträufelt. Die zu beobachtende Reaktion liefert als Anhaltswerte für den Kalkgehalt ([L 118]):

kein	Aufbrausen:	< 1 %
schwaches	Aufbrausen:	1 % bis 2 %
deutliches	Aufbrausen:	2 % bis 4 %
starkes	Aufbrausen:	> 5 %

Nach DIN EN ISO 14688-1, 5.10 [L 92] sind Böden

kalkfrei	wenn	kein Aufbrausen
kalkhaltig	wenn	schwaches bis deutliches, aber nicht anhaltendes Aufbrausen
stark kalkhaltig	wenn	starkes, lang andauerndes Aufbrausen

zu beobachten ist.

Eine genauere Methode zur Kalkgehaltsbestimmung wird in DIN 18129 [L 49] beschrieben.

5.5.4 Aufgaben mit Lösungen

Aufgabe 5-31 (Lösung Seite 90)

Durch welchen bodenmechanischen Versuch kann der Anteil an organischen Bestandteilen eines Bodens ermittelt werden und welche Güteklasse gemäß DIN EN 1997-2 [L 76] müssen die Bodenproben mindestens haben, mit denen dieser Versuch durchgeführt werden kann?

Aufgabe 5-32 (Lösung Seite 90)

Mit angeliefertem Probenmaterial wurden drei Teilversuche zur Ermittlung des Glühverlustes nach DIN 18128 [L 48] durchgeführt.

Die drei Behälter, die bei den Versuchen verwendet wurden, besaßen die Massen

$m_{B,1} = 72{,}12$ g

$m_{B,2} = 71{,}98$ g

$m_{B,3} = 73{,}14$ g

die einschließlich der Behältermassen ermittelten Trockenmassen der ungeglühten Proben die Größen

$m_{B,1} + m_{d,1} = 134{,}96$ g

$m_{B,2} + m_{d,2} = 135{,}06$ g

$m_{B,3} + m_{d,3} = 135{,}54$ g

und die einschließlich der Behältermassen bestimmten Massen der geglühten Proben die Größen

$m_{B,1} + m_{gl,1} = 132{,}32$ g

$m_{B,2} + m_{gl,2} = 132{,}61$ g

$m_{B,3} + m_{gl,3} = 132{,}86$ g

Zu bestimmen ist der zu dem Gesamtversuch gehörende Mittelwert des Glühverlustes des untersuchten Probenmaterials (Angabe in %).

Lösung zu Aufgabe 5-31 (Aufgabenstellung Seite 89)

1) Der Anteil an organischen Bestandteilen eines Bodens kann durch den Versuch zur Bestimmung des Glühverlustes gemäß DIN 18128 [L 48] ermittelt werden.
2) Bodenproben mit denen dieser Versuch durchgeführt werden kann, müssen gemäß der Tabelle 4-3 mindestens die Güteklasse 4 haben, da erst ab dieser Klasse organische Bestandteile feststellbar sein müssen.

Lösung zu Aufgabe 5-32 (Aufgabenstellung Seite 89)

Mit den durch das Glühen entstandenen Massenverlusten (vgl. z. B. auch MÖLLER [L 126], Abschnitt 5.6.3)

$$\Delta m_{gl,1} = (m_{B,1} + m_{d,1}) - (m_{B,1} + m_{gl,1}) = 134{,}96 - 132{,}32 = 2{,}64 \text{ g}$$

$$\Delta m_{gl,2} = (m_{B,2} + m_{d,2}) - (m_{B,2} + m_{gl,2}) = 135{,}06 - 132{,}61 = 2{,}45 \text{ g}$$

$$\Delta m_{gl,3} = (m_{B,3} + m_{d,3}) - (m_{B,3} + m_{gl,3}) = 135{,}54 - 132{,}86 = 2{,}68 \text{ g}$$

und den Trockenmassen der Bodenproben vor dem Glühen

$$m_{d,1} = (m_{B,1} + m_{d,1}) - m_{B,1} = 134{,}96 - 72{,}12 = 62{,}84 \text{ g}$$

$$m_{d,2} = (m_{B,2} + m_{d,2}) - m_{B,2} = 135{,}06 - 71{,}98 = 63{,}08 \text{ g}$$

$$m_{d,3} = (m_{B,3} + m_{d,3}) - m_{B,3} = 135{,}54 - 73{,}14 = 62{,}40 \text{ g}$$

ergeben sich die Glühverluste

$$V_{gl,1} = \frac{\Delta m_{gl,1}}{m_{d,1}} = \frac{2,64}{62,84} = 0,0420$$

$$V_{gl,2} = \frac{\Delta m_{gl,2}}{m_{d,2}} = \frac{2,45}{63,08} = 0,0388$$

$$V_{gl,3} = \frac{\Delta m_{gl,3}}{m_{d,3}} = \frac{2,68}{62,40} = 0,0429$$

und daraus der gesuchte und zum Gesamtversuch gehörende Mittelwert des Glühverlustes

$$V_{gl} = \frac{V_{gl,1} + V_{gl,2} + V_{gl,3}}{3} = \frac{0,0420 + 0,0388 + 0,0429}{3} = 0,0412 = 4,12\ \%$$

5.6 Zustandsgrenzen (Konsistenzgrenzen)

5.6.1 Definitionen, Kenngrößenbestimmungen und Bodenklassifikation

Zustandsgrenzen werden bei bindigen Böden definiert.

Definitionen

Fließgrenze w_L: Wassergehalt beim Übergang des Bodens vom flüssigen zum bildsamen Zustand.

Ausrollgrenze w_P: Wassergehalt beim Übergang des Bodens vom bildsamen zum halbfesten Zustand.

Schrumpfgrenze w_S: Wassergehalt beim Übergang des Bodens vom halbfesten zum festen Zustand.

Plastizitätszahl

$$I_P = w_L - w_P \qquad \text{Gl. 5-48}$$

Konsistenzzahl (w = Wassergehalt des Bodens)

$$I_C = \frac{w_L - w}{w_L - w_P} = \frac{w_L - w}{I_P} \qquad \text{Gl. 5-49}$$

Liquiditätszahl (*Liquiditätsindex*)

$$I_L = \frac{w - w_P}{I_P} = 1 - I_C \qquad \text{Gl. 5-50}$$

Aktivitätszahl

$$I_A = \frac{I_P}{m_T / m_d} \qquad \text{Gl. 5-51}$$

mit der Trockenmasse m_T der Körner ≤ 0,002 mm und der Trockenmasse m_d der Körner ≤ 0,4 mm in der Bodenprobe.

Bestimmung der Fließgrenze nach DIN 18122-1 [L 41]

Die Fließgrenze wird mit dem Fließgrenzengerät nach CASAGRANDE (Abb. 5-13) ermittelt.

Im Zuge der Versuchsdurchführung wird

- zu einer Paste durchgearbeitetes Probenmaterial in das Fließgrenzengerät gefüllt,
- mit einem Furchenzieher eine bis auf den Schalenboden reichende Furche gezogen,
- die Schale so oft auf den Hartgummiblock fallen gelassen, bis sich die Furche am Boden der Schale auf eine Länge von 10 mm geschlossen hat (erf. Schlagzahl protokollieren),
- der Wassergehalt an Probenmaterial aus der Schalenmitte bestimmt.

Als Fließgrenze wird der Wassergehalt w_L bezeichnet, bei dem sich die Probenfurche nach 25 Schlägen schließt. Die zahlenmäßige Ermittlung von w_L erfolgt gemäß Abb. 5-14 (Mehrpunktmethode nach DIN 18122-1 [L 41]). Der Schnitt der zu den Wassergehaltswerten von vier Einzelversuchen gehörenden Ausgleichsgeraden mit der zur Schlagzahl 25 gehörenden Ordinate liefert den zu bestimmenden Wassergehalt w_L an der Fließgrenze.

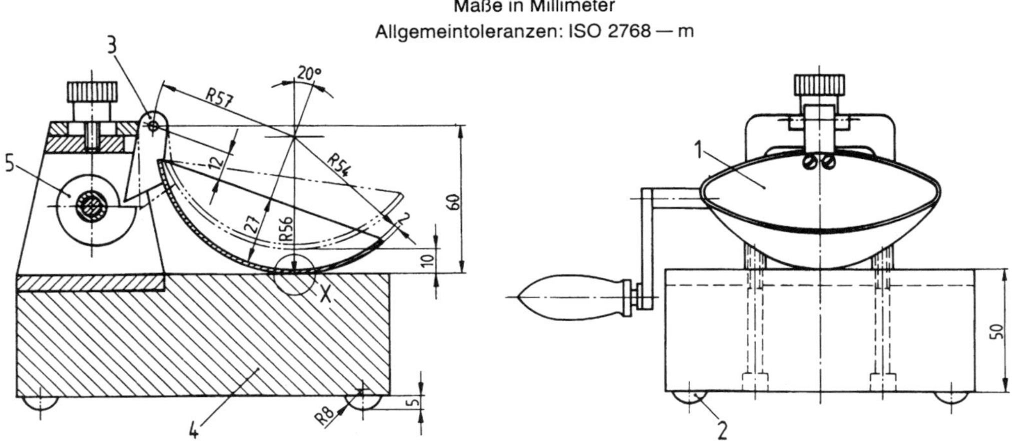

1 Schale aus Kupfer-Zink-Legierung, innen mattiert (fein gesandstrahlt)
Gewicht: 173 g; durch Abzug nicht unter 170 g
2 Gummifüße (Härte 62 bis 65 Shore A nach DIN 53505)
3 Haken (Gewicht des Hakens mit Schrauben: 27 g, durch Abnutzung nicht unter 26 g)
4 Hartgummi (Härte mindestens 80 Shore D nach DIN 53505)
5 Spirale zum Anheben der Schale

Abb. 5-13 Fließgrenzengerät nach A. CASAGRANDE (aus DIN 18122-1 [L 41])

Anwendungsbeispiel

Zu bestimmen ist die Fließgrenze w_L einer Tonprobe gemäß DIN 18122-1 [L 41]. Dazu sind die Schlagzahlen aus Tabelle 5-9 zu verwenden, die versuchsmäßig ermittelt wurden.

Tabelle 5-9 Versuchsmäßig ermittelte Schlagzahlen für Fließgrenzenbestimmung

Anzahl der Schläge	37	26	21	16
Wassergehalt w in %	60,2	61,8	62,9	64,1

Lösung

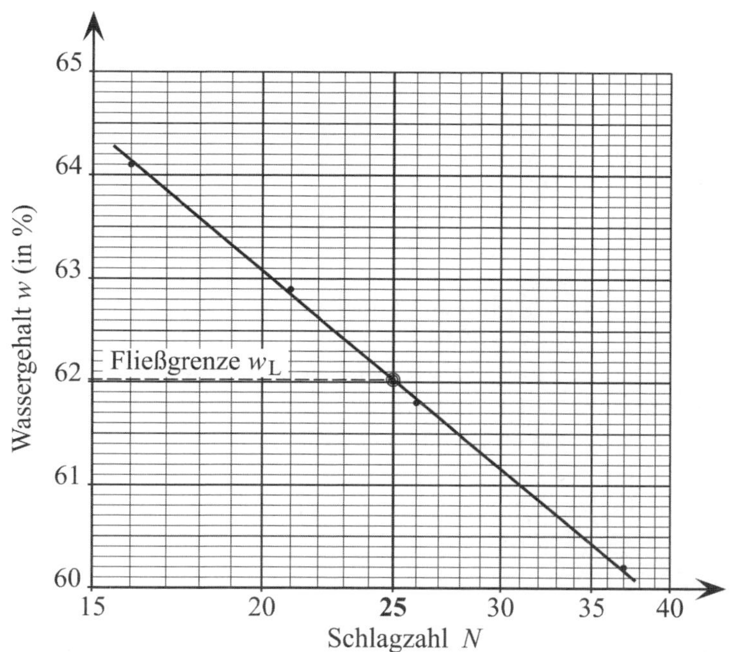

Abb. 5-14 Fließgrenzenbestimmung aus 4 Einzelversuchen mit der Mehrpunktmethode nach DIN 18122-1 [L 41]

Mit der in das Diagramm der Abb. 5-14 eingezeichneten Ausgleichsgeraden ergibt sich für die Fließgrenze (Wassergehalt am Übergang von der flüssigen zur bildsamen Zustandsform)

$$w_L = 62\ \% = 0{,}62$$

Bestimmung der Ausrollgrenze nach DIN 18122-1 [L 41]

Die Bestimmung der Ausrollgrenze w_P erfolgt in den Schritten

1. Proben kneten – mit der Hand auf Saugpapier oder feinporiger Steinplatte in 3 mm dicke Röllchen ausrollen – kneten – ausrollen ... bis Röllchen bröckeln (w_P ist erreicht)
2. danach sofort den Wassergehalt jeder Probe bestimmen.

Der Wassergehalt w_P des Bodens ist der Mittelwert der Wassergehalte von mindestens drei Proben, deren Wassergehalte um $\Delta w = \leq 0{,}02$ voneinander abweichen.

Bestimmung der Schrumpfgrenze nach DIN 18122-2 [L 42]

Die Schrumpfgrenze w_s gibt die Lage des Knickpunkts der bilinearen Beziehung von Wassergehalt w und Volumen V bindiger Böden an (Abb. 5-15).

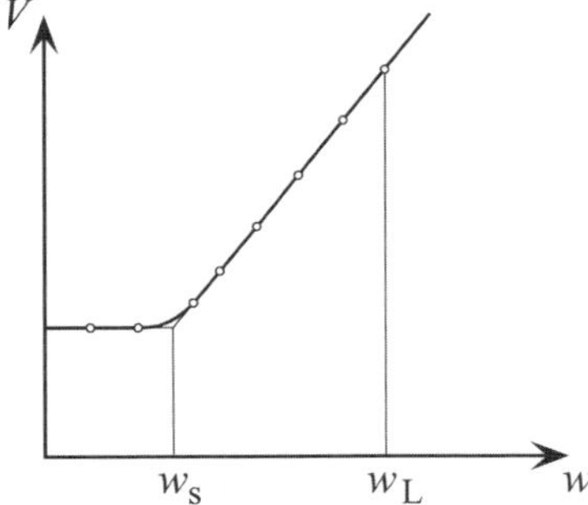

Abb. 5-15 Beziehung von Wassergehalt w zu Volumen V eines bindigen Bodens

Zur w_s-Ermittlung ist eine feuchte Bodenprobe bei Zimmertemperatur bis zum Farbumschlag zum Hellen zu trocknen, dann bei 105 °C bis zur Massenkonstanz zu trocknen, nach Abkühlung zu wiegen und das Volumen V_d des trockenen Probekörpers zu ermitteln. Unter der Voraussetzung, dass bei Erreichung der Schrumpfgrenze die Probe gerade noch gesättigt ist (V_{ps} = Wasser- bzw. Porenvolumen), ergibt sich als Schrumpfgrenze

$$w_s = \frac{V_{ps} \cdot \rho_w}{m_d} = \left(\frac{V_d}{m_d} - \frac{1}{\rho_s} \right) \cdot \rho_w \qquad \text{Gl. 5-52}$$

mit der Trockenmasse m_d der Probe, der Wasserdichte ρ_w und der Korndichte ρ_s.

Bodenklassifikation nach DIN 18196 [L 58]

Die Klassifizierung feinkörniger Böden mit den Hauptanteilen Ton (T) und Schluff (U) erfolgt mit dem Wassergehalt w_L an der Fließgrenze und der Plastizitätszahl I_P. Tone und Schluffe werden gemäß Tabelle 5-10 unterschieden sowie unter Verwendung von I_P und dem Plastizitätsdiagramm aus Abb. 5-16. Gemischtkörnige Böden sind in analoger Form zu klassifizieren.

Tabelle 5-10 Vom Wassergehalt w_L an der Fließgrenze abhängige Einstufung von Tonen und Schluffen nach DIN 18196, Tabelle 4 [L 58])

Benennung	Kurzzeichen	Wassergehalt w_L
leicht plastisch	L	$< 35\,\%$
mittelplastisch	M	35 % bis 50 %
ausgeprägt plastisch	A	$> 50\,\%$

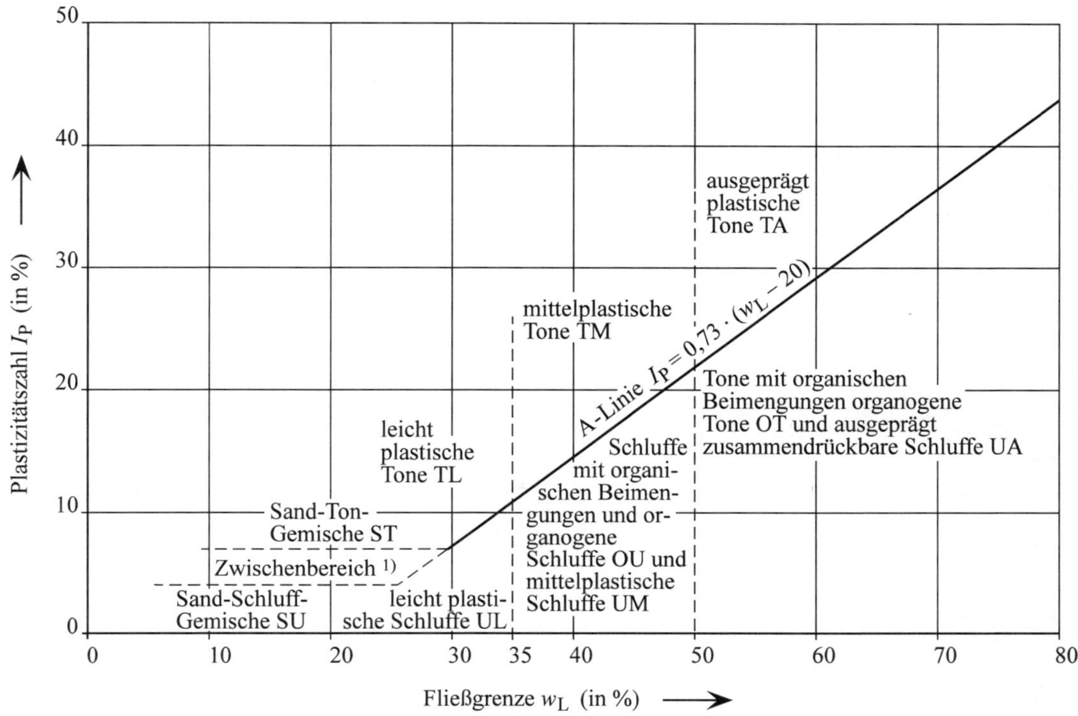

Abb. 5-16 Plastizitätsdiagramm mit Bodengruppen (nach DIN 18196 [L 58])

1) Die Plastizitätszahl von Böden mit niedriger Fließgrenze ist versuchsmäßig nur ungenau zu ermitteln. In den Zwischenbereich fallende Böden müssen daher mit anderen Verfahren, z. B. nach DIN EN ISO 14688-1, dem Ton- und Schluffbereich zugeordnet werden.

5.6.2 Plastische Bereiche und zulässige Bodenpressungen nach DIN 1054

Für baupraktische Zwecke wird der Bereich zwischen dem Wassergehalt w_L an der Fließgrenze und dem Wassergehalt w_P an der Ausrollgrenze in DIN 18122-1 [L 41] gemäß der Tabelle 5-11 unterteilt.

Tabelle 5-11 Zustandsformen des plastischen Bereichs zwischen Fließ- und Ausrollgrenze (nach DIN 18122-1, Tabelle 1 [L 41])

Zustandsform des plastischen Bereichs	Liquiditätszahl I_L	Konsistenzzahl I_C
flüssig	$> 1,0$	< 0
breiig	$\leq 1,0$ [1] bis $> 0,50$	≥ 0 [1] bis $< 0,50$
weich	$\leq 0,50$ bis $> 0,25$	$\geq 0,50$ bis $< 0,75$
steif	$\leq 0,25$ bis ≥ 0 [2]	$\geq 0,75$ bis $\leq 1,0$ [2]
halbfest	< 0	$> 1,0$ (bis w_s)
1) Fließgrenze 2) Ausrollgrenze		

Hinweis: DIN EN ISO 14688-2 [L 93] verwendet statt der Zustandsformen „flüssig“ und „breiig“ die Formen „breiig“ und „sehr weich“; deren Wertebereiche werden bei breiiger Konsistenz durch $I_C < 0{,}25$ bzw. $I_L > 0{,}75$ und bei sehr weicher Konsistenz durch $0{,}25 \leq I_C < 0{,}50$ bzw. $0{,}5 < I_L \leq 0{,}75$ angegeben.

Mit den Zustandsformen gemäß Tabelle 5-11 werden in DIN 1054 [L 2] für auf bindigen Böden gegründeten Streifenfundamenten ansetzbare Sohlwiderstandsbemessungswerte $\sigma_{R,d}$ angegeben, wie sie für definierte Regelfälle verwendet werden dürfen (siehe hierzu Abschnitt 8.4). Zu weiteren Bodenarten gehörende Bemessungswerte des ansetzbaren Sohlwiderstands $\sigma_{R,d}$ siehe DIN 1054 [L 2], Tabellen A 6.1 bis A 6.6.

Tabelle 5-12 Ansetzbare Sohlwiderstandsbemessungswerte $\sigma_{R,d}$ für Streifenfundamente mit Breiten b bzw. b' von 0,5 bis 2 m (nach DIN 1054, Tabellen A 6.7 und A 6.8 [L 2])

Kleinste Einbindetiefe des Fundaments	**Sohlwiderstand $\sigma_{R,d}$ (in kN/m²) mittlere Konsistenz**		
in m	steif	halbfest	fest
0,5	170	240	390
1,0	200	290	450
1,5	220	350	500
2,0	250	390	560
mittlere einaxiale Druckfestigkeit $q_{u,k}$ in kN/m²	120 bis 300	300 bis 700	> 700
tonig schluffige Böden (UM, TL, TM nach DIN 18196)			

Kleinste Einbindetiefe des Fundaments	**Sohlwiderstand $\sigma_{R,d}$ (in kN/m²) mittlere Konsistenz**		
in m	steif	halbfest	fest
0,5	130	200	280
1,0	150	250	340
1,5	180	290	380
2,0	210	320	420
mittlere einaxiale Druckfestigkeit $q_{u,k}$ in kN/m²	120 bis 300	300 bis 700	> 700
ausgeprägt plastische Tone (TA nach DIN 18196)			

Anwendungsbeispiel

Bei der Ofentrocknung einer Tonprobe wurden als Massen ermittelt

feuchte Probe mit Behälter $m_1 = 261{,}9$ g
trockene Probe mit Behälter $m_2 = 215{,}1$ g
Behälter $m_3 = 103{,}7$ g

Als Fließgrenze (Wassergehalt am Übergang von der flüssigen zur bildsamen Zustandsform) wurde der Wert $w_L = 62\,\% = 0{,}62$ ermittelt, der Wassergehalt an der Ausrollgrenze (Übergang vom bildsamen zum halbfesten Zustand) beträgt $w_P = 32{,}3\,\%$.

Zu bestimmen ist die Zustandsform des Tons gemäß DIN 18122-1 [L 41].

Lösung

Mit der Masse des Porenwassers

$$m_w = m_1 - m_2 = 261{,}9 - 215{,}1 = 46{,}8 \text{ g}$$

und der Festmasse des Bodens

$$m_d = m_2 - m_3 = 215{,}1 - 103{,}7 = 111{,}4 \text{ g}$$

ergibt sich als Wassergehalt des Bodens (Gl. 5-5)

$$w = \frac{m_w}{m_d} = \frac{46{,}8}{111{,}4} = 0{,}42$$

Der Wassergehalt an der Fließgrenze

$$w_L = 62\ \% = 0{,}62$$

führt in Verbindung mit dem Wassergehalt an Ausrollgrenze

$$w_P = 32{,}3\ \% = 0{,}323$$

zu der Plastizitätszahl (Gl. 5-48)

$$I_P = w_L - w_P = 0{,}62 - 0{,}323 = 0{,}297$$

sowie der Konsistenzzahl (Gl. 5-49)

$$I_C = \frac{w_L - w}{I_P} = \frac{0{,}62 - 0{,}42}{0{,}297} = 0{,}673$$

Nach Tabelle 1 von DIN 18122-1 [L 41] (identisch mit Tabelle 5-11) hat der Ton eine weiche Zustandsform ($0{,}5 \le I_C < 0{,}75$).

5.6.3 Aufgaben mit Lösungen

Aufgabe 5-33 (Lösung Seite 98)

Im Labor wurde schluffiger Ton untersucht, der aus einer unterhalb des Grundwasserspiegels anstehenden Schicht entnommen wurde. Die Untersuchungen lieferten die Ergebnisse

- Kornwichte $\gamma_s = 0{,}0266\ \text{N/cm}^3$
- Wichte des wassergesättigten Bodens $\gamma_r = 19{,}6\ \text{kN/m}^3$
- Wassergehalt an der Fließgrenze $w_L = 42\ \%$
- Wassergehalt an der Ausrollgrenze $w_P = 23\ \%$

Zu ermitteln ist die Konsistenzzahl I_C des untersuchten Bodens und seine Konsistenz gemäß DIN 18122-1 [L 41].

Aufgabe 5-34 (Lösung Seite 99)

Es ist anzugeben

- nach welchen DIN-Vorschriften welche Zustandsformen (Konsistenzen) bindiger Böden ermittelt werden können und
- in welchen vier Punkten sich die Verfahren wesentlich unterscheiden.

Aufgabe 5-35 (Lösung Seite 99)

Bei der Ofentrocknung einer Tonprobe wurden als Massen ermittelt

feuchte Probe mit Behälter $m_1 = 262{,}0$ g
trockene Probe mit Behälter $m_2 = 215{,}0$ g

Behälter $m_3 = 103{,}8$ g

Zu ermitteln sind

- der Wassergehalt w der Tonprobe,
- der Wassergehalt w_P der Tonprobe an der Ausrollgrenze, der sich bei einem entsprechenden Versuch ergeben müsste, wenn die Plastizitätszahl des Tons $I_P = 0{,}295$ und der mit dem Versuch nach CASAGRANDE ermittelte Wassergehalt an der Fließgrenze $w_L = 0{,}62$ betragen,
- die Größe der zugehörigen Konsistenzzahl I_C,
- die Zustandsform des Tons.

Aufgabe 5-36 (Lösung Seite 100)

Bei Laboruntersuchungen mit bindigem Boden ergab sich dessen Fließgrenze zu $w_L = 32{,}5$ %. Für die Bestimmung der Ausrollgrenze w_P wurden vier Teilversuche durchgeführt, die zu den in Tabelle 5-13 aufgeführten Wassergehalten führten.

Tabelle 5-13 Für die Bestimmung der Ausrollgrenze ermittelte Wassergehalte

Teilprobe	1	2	3	4
Wassergehalt w (in %)	16,5	18,9	18,6	18,8

Zu ermitteln ist die Größe der Ausrollgrenze gemäß DIN 18122-1 [L 41] und der Wertebereich für den möglichen Wassergehalt w (in %) unter der Voraussetzung, dass der Boden eine steife Konsistenz besitzt.

Aufgabe 5-37 (Lösung Seite 100)

Zur Beurteilung der bautechnischen Eigenschaften eines Bodens wurden mit entsprechendem Probenmaterial die Ausrollgrenze und die Fließgrenze ermittelt. Als Zahlenwerte ergaben sich $w_P = 19{,}6$ % und $w_L = 39{,}1$ %.

Es ist anzugeben, wie die Scherfestigkeit, Zusammendrückbarkeit und Durchlässigkeit des Bodens gemäß DIN 18196 [L 58] einzustufen sind. Zur Beurteilung ist u. a. das Plastizitätsdiagramm der DIN 18196 [L 58] zu benutzen.

Lösung zu Aufgabe 5-33 (Aufgabenstellung Seite 97)

Aus Gl. 5-16 ergibt sich die Gleichung für die Porenzahl des wassergesättigten Bodens

$$n = \frac{\gamma_s - \gamma_r}{\gamma_s - \gamma_w}$$

Mit ihr berechnet sich die Porenzahl, nach Einsetzen der Zahlenwerte der Untersuchungsergebnisse $\gamma_r = 19{,}6\,\text{kN/m}^3$ und $\gamma_s = 0{,}0266\,\text{N/cm}^3 = 26{,}6\,\text{kN/m}^3$ sowie der Wasserwichte $\gamma_w = 10{,}0\,\text{kN/m}^3$, zu

$$n = \frac{26{,}6 - 19{,}6}{26{,}6 - 10{,}0} = 0{,}422$$

Da das Probenmaterial aus einer unterhalb des Grundwasserspiegels anstehenden Schicht entnommen wurde, gilt für die Sättigungszahl

$$S_r = 1{,}0$$

Damit ergibt sich mit Gl. 5-29 der Wassergehalt des Probenmaterials

$$w = \frac{S_r \cdot n \cdot \gamma_w}{\gamma_s \cdot (1-n)} = \frac{1 \cdot n \cdot \gamma_w}{\gamma_s \cdot (1-n)} = \frac{1 \cdot 0{,}422 \cdot 10{,}0}{26{,}6 \cdot (1-0{,}422)} = 0{,}274$$

Mit den bekannten Zahlenwerten für n und w sowie den vorliegenden Versuchsergebnissen

$$w_L = 0{,}42$$

$$w_P = 0{,}23$$

berechnet sich die Konsistenzzahl des Bodenmaterials zu dem Wert (Gl. 5-49)

$$I_C = \frac{w_L - w}{w_L - w_P} = \frac{0{,}42 - 0{,}274}{0{,}42 - 0{,}23} = 0{,}768$$

mit dem sich für den untersuchten Boden gemäß DIN 18122-1 [L 41] (siehe Tabelle 5-11) eine als „steif" zu bezeichnende Konsistenz ergibt ($0{,}75 \le I_C \le 1{,}0$).

Lösung zu Aufgabe 5-34 (Aufgabenstellung Seite 97)

Die Konsistenz (Zustandsform) bindiger Böden kann nach

- DIN EN ISO 14688-1 [L 92] mittels eines Feldversuchs ermittelt und in den Zustandsformen „breiig", „weich", „steif", „halbfest" und „fest" („hart") unterschieden werden (vgl. Abschnitt 1.1.8),
- DIN 18122-1 [L 41] und DIN 18122-2 [L 42] mit Hilfe von Laborversuchen (Fließ-, Ausroll- und Schrumpfgrenzenbestimmung) ermittelt und in den Zustandsformen „flüssig", „breiig", „weich", „steif", „halbfest" und „fest" unterschieden werden (vgl. auch [L 126], Bild 5-22).

Gegenüber den Laborversuchen unterscheidet sich die Felduntersuchung dadurch, dass sie

- viel einfacher durchführbar ist (die Bearbeitung der Bodenprobe erfolgt per Hand, spezielle Geräte, wie z. B. das Fließgrenzengerät nach CASAGRANDE, sind nicht erforderlich),
- schneller zu Ergebnissen führt,
- mit geringeren Kosten durchgeführt werden kann,
- unschärfere Ergebnisse liefert (wesentliche Ergebnisbeeinflussung durch die den Versuch ausführende Person), was sich vor allem beim Übergang von einer zur anderen Zustandsform bemerkbar macht.

Lösung zu Aufgabe 5-35 (Aufgabenstellung Seite 97)

Mit der Trockenmasse der Tonprobe

$$m_d = m_2 - m_3 = 215{,}0 - 103{,}8 = 111{,}2 \text{ g}$$

und der Masse des Wassers der Probe

$$m_w = m_1 - m_2 = 262{,}0 - 215{,}0 = 47{,}0 \text{ g}$$

ergibt sich als Wassergehalt der Probe

$$w = \frac{m_w}{m_d} = \frac{47{,}0}{111{,}2} = 0{,}423 = 42{,}3\ \%$$

Die vorgegebenen Werte für die Plastizitätszahl des Tons $I_P = 0{,}295$ (Plastizitätszahl des Tons) und $w_L = 0{,}62$ (Wassergehalt an der Fließgrenze) liefern mit Gl. 5-48 den Wassergehalt des Tons an der Ausrollgrenze

$$w_P = w_L - I_P = 0{,}62 - 0{,}295 = 0{,}325$$

und damit die Konsistenzzahl des Tons (Gl. 5-49)

$$I_C = \frac{w_L - w}{I_P} = \frac{0{,}62 - 0{,}423}{0{,}295} = 0{,}668$$

Gemäß Tabelle 5-11 (Tabelle 1 von DIN 18122-1 [L 41]) weist der Ton eine „weiche" Konsistenz ($0{,}5 \le I_C < 0{,}75$) auf.

Lösung zu Aufgabe 5-36 (Aufgabenstellung Seite 98)

Die Ermittlung der Ausrollgrenze ist gemäß DIN 18122-1 [L 41] mit den Wassergehalten von mindestens drei Teilproben durchzuführen, deren Zahlenwerte um nicht mehr als $\Delta w = 2\ \%$ voneinander abweichen. Da diese Bedingung im vorliegenden Fall nur von den Teilproben 2, 3 und 4 erfüllt wird (maximale Abweichung $\Delta w = 18{,}9 - 18{,}6 = 0{,}3\ \%$), ergibt sich als Ausrollgrenze

$$w_P = \frac{18{,}9 + 18{,}6 + 18{,}8}{3} = 18{,}77\ \%$$

Aus der Gleichung der Konsistenzzahl (Gl. 5-49) ergibt sich damit für den Wassergehalt

$$w = w_L - I_C \cdot (w_L - w_P) = 32{,}5 - I_C \cdot (32{,}5 - 18{,}77) = 32{,}5 - I_C \cdot 13{,}73$$

Durch Einsetzen der Grenzwerte der für steifen Boden geltenden Ungleichung

$$0{,}75 \le I_C \le 1{,}0$$

ergeben sich die gesuchten Grenzen von w zu

$$\max w = 32{,}5 - 0{,}75 \cdot 13{,}73 = 22{,}2\ \%$$

und

$$\min w = 32{,}5 - 1{,}0 \cdot 13{,}73 = 18{,}77\ \%$$

Lösung zu Aufgabe 5-37 (Aufgabenstellung Seite 98)

Mit den in den Versuchen ermittelten Größen

$$w_P = 19{,}6\ \% \quad \text{und} \quad w_L = 39{,}1\ \%$$

ergibt sich als Plastizitätszahl

$$I_P = w_L - w_P = 39{,}1 - 19{,}6 = 19{,}5\ \%$$

Für die Werte von w_L und I_P ergibt sich aus dem Plastizitätsdiagramm der DIN 18196 [L 58] (Abb. 5-16), dass es sich bei dem untersuchten Boden um einen mittelplastischen Ton (TM) handelt. Für diesen Boden gilt nach der Tabelle 5 der DIN 18196 [L 58] (entspricht der Tabelle 5-3), dass er eine

- geringe Scherfestigkeit,
- große bis mittlere Zusammendrückbarkeit,
- vernachlässigbar kleine Durchlässigkeit

besitzt.

5.7 Proctordichte (Proctorversuch)

Der Proctorversuch dient zur Beurteilung der vorhandenen bzw. der bei Verdichtungsarbeiten erreichten Dichte von Bodenmaterial sowie zur Angabe von Anforderungen an Verdichtungsmaßnahmen.

5.7.1 Definitionen

Proctordichte ρ_{Pr}: größte erreichbare Trockendichte bei einer volumenbezogenen Verdichtungsarbeit von $W \approx 0{,}6$ MNm/m^3.

Modifizierte Proctordichte mod ρ_{Pr}: größte erreichbare Trockendichte bei einer volumenbezogenen Verdichtungsarbeit von $W \approx 2{,}7$ MNm/m^3.

Optimaler Wassergehalt w_{Pr} bzw. mod w_{Pr}: Wassergehalt, bei dem die Proctordichte bzw. die modifizierte Proctordichte erreicht wird.

Verdichtungsgrad: aus Trockendichte ρ_d und Proctordichte ρ_{Pr} des Bodens sich ergebendes Verhältnis

$$D_{Pr} = \frac{\rho_d}{\rho_{Pr}} \qquad \text{Gl. 5-53}$$

5.7.2 Versuchsdurchführung und -auswertung nach DIN 18127

Nach DIN 18127 [L 47] gehören zum Proctorversuch mindestens fünf Einzelversuche, die sich alle durch die Wassergehalte ihrer Bodenproben voneinander unterscheiden. Deren jeweilige Größe ist durch

$$w = \frac{m_w}{m_d} = \frac{m - m_d}{m_d} \qquad \text{Gl. 5-54}$$

zu bestimmen. m ist die Masse der gesamten feuchten und m_d die Masse der gesamten trockenen Bodenprobe.

Bei jedem Einzelversuch wird der Boden in mehreren Schichten in den Versuchszylinder gefüllt und schichtweise mit dem Verdichtungsgerät und der vorgeschriebenen Schlagzahl verdichtet. Zum Schluss wird der Versuchszylinder samt Inhalt gewogen und die Trockendichte ρ_d der jeweiligen Probe bestimmt.

Die so gewonnenen Wertepaare (w, ρ_d) für jeden der Teilversuche werden

1. als Messpunkte in ein ρ_d-w-Diagramm eingetragen und
2. durch eine Ausgleichskurve (Proctorkurve), mit möglichst großem Krümmungskreis in ihrem Scheitel, verbunden.

Der Wassergehalt und die Trockendichte, die zum Scheitelpunkt der Proctorkurve gehören, sind der optimale Wassergehalt w_{Pr} und die Proctordichte ρ_{Pr} bzw. die modifizierte Proctordichte mod ρ_{Pr}.

Anwendungsbeispiel

In Tabelle 5-14 sind die Ergebnisse der fünf Teilversuche eines Proctorversuchs mit Tonmaterial zusammengestellt, dessen Korndichte $\rho_s = 2{,}69$ g/cm³ beträgt.

Tabelle 5-14 Trockendichten und Wassergehalte der Teilversuche eines Proctorversuchs

Teilprobe	1	2	3	4	5
Trockendichte ρ_d (in g/cm³)	1,410	1,463	1,495	1,484	1,423
Wassergehalt w (in %)	20,10	22,74	24,91	27,69	31,12

Mit diesen Zahlenwerten sind die Proctorkurve und die Sättigungskurve darzustellen. Danach sind der optimale Wassergehalt w_{Pr} und die Proctordichte ρ_{Pr} zu ermitteln.

Lösung

Die Aufgabe wurde mit Hilfe des Programms „Proctor“ [F 1] bearbeitet. Das mit ihm gewonnene grafische Ergebnis der Versuchsauswertung zeigt Abb. 5-17, mit den zum Scheitelpunkt der Proctorkurve gehörenden Werten $\rho_{Pr} = 1{,}497$ g/cm³ und $w_{Pr} = 25{,}7$ %.

Die Sättigungskurve erfasst den Zustand von 100 % Sättigung ($S_r = 1$). Sie verbindet Wertepaare (w, ρ_d), deren Wassergehalt w zu gesättigtem Boden gehört. Mittels

$$\rho_d = \frac{\rho_s}{1 + \dfrac{w \cdot \rho_s}{\rho_w}} \qquad \text{Gl. 5-55}$$

kann ihre Trockendichte mit der Korndichte ρ_s des Probenmaterials und der Dichte ρ_w des Wassers berechnet werden.

Der zu einem ρ_d-Wert ($\rho_d \le \rho_{Pr}$) gehörende waagerechte Abstand zwischen der Sättigungskurve ($w = w_{ges}$) und der Proctorkurve ($w = w_{proctor}$) ist ein Maß für den Luftgehalt der entsprechenden Probe. Der Porenluftanteil des Probenmaterials wird durch

$$n_a = 1 - \rho_d \cdot \left(\frac{1}{\rho_s} + \frac{w_{proctor}}{\rho_w} \right) \qquad \text{Gl. 5-56}$$

ermittelt. Durch Auflösung nach ρ_d ergibt sich aus Gl. 5-56 der Ausdruck

$$\rho_d = \frac{(1-n_a)\cdot\rho_s\cdot\rho_w}{\rho_w + w_{proctor}\cdot\rho_s}$$ Gl. 5-57

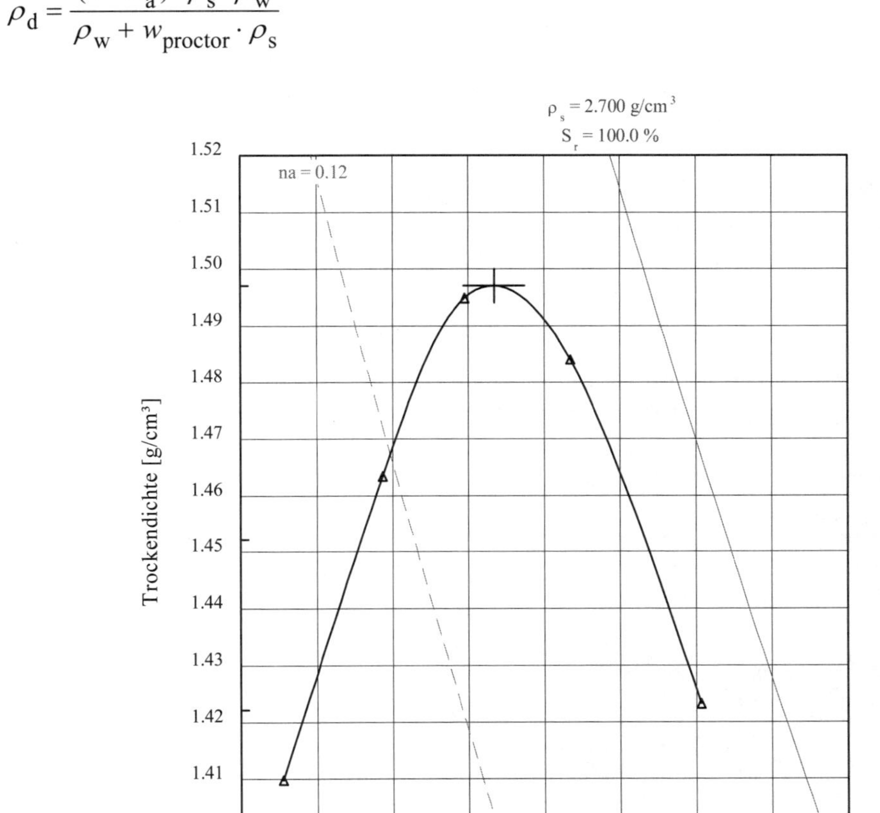

Abb. 5-17 Proctorkurve eines Tons mit Sättigungslinie und Kurve gleicher Porenluftanteile ($n_a = 0{,}12$)

5.7.3 Aufgaben mit Lösungen

Aufgabe 5-38 (Lösung Seite 106)

Welche Güteklasse gemäß DIN EN 1997-2 [L 76] müssen Bodenproben mindestens haben, wenn mit ihnen der Verdichtungsgrad bestimmt werden soll?

Zu begründen ist die Angabe der Güteklasse anhand entsprechender Formeln.

Aufgabe 5-39 (Lösung Seite 106)

Wie viel Verdichtungsarbeit ist erforderlich, um beim Verdichten von Bodenmaterial, dessen Wassergehalt w_{Pr} beträgt, einen Verdichtungsgrad von $D_{Pr} > 100\,\%$ zu erreichen?

Aufgabe 5-40 (Lösung Seite 106)

Bei der Verdichtungskontrolle eines Bodens werden zwei Bodenproben entnommen. Die erste Probe dient zur Bestimmung der Proctordichte und des optimalen Wassergehalts dieses Bodens und die zweite Probe zur Ermittlung seines Verdichtungsgrades an der entsprechenden Entnahmestelle.

Mit dem Boden der ersten Probe wurde ein Proctorversuch im Versuchszylinder mit dem Durchmesser $d_1 = 100$ mm und dem Volumen $V = 942$ cm³ gemäß DIN 18127 [L 47] durchgeführt. Für die einzelnen Teilproben wurden jeweils nach der Verdichtung die Masse m der feuchten Probe und der Wassergehalt w ermittelt; die Ergebnisse zeigt Tabelle 5-15.

Tabelle 5-15 Probenmassen und Wassergehalte der 5 Teilversuche eines Proctorversuchs

Teilprobe	1	2	3	4	5
Probemasse m (in g)	1825	1879	1917	1907	1880
Wassergehalt w (in %)	8,9	10,1	11,3	12,4	13,2

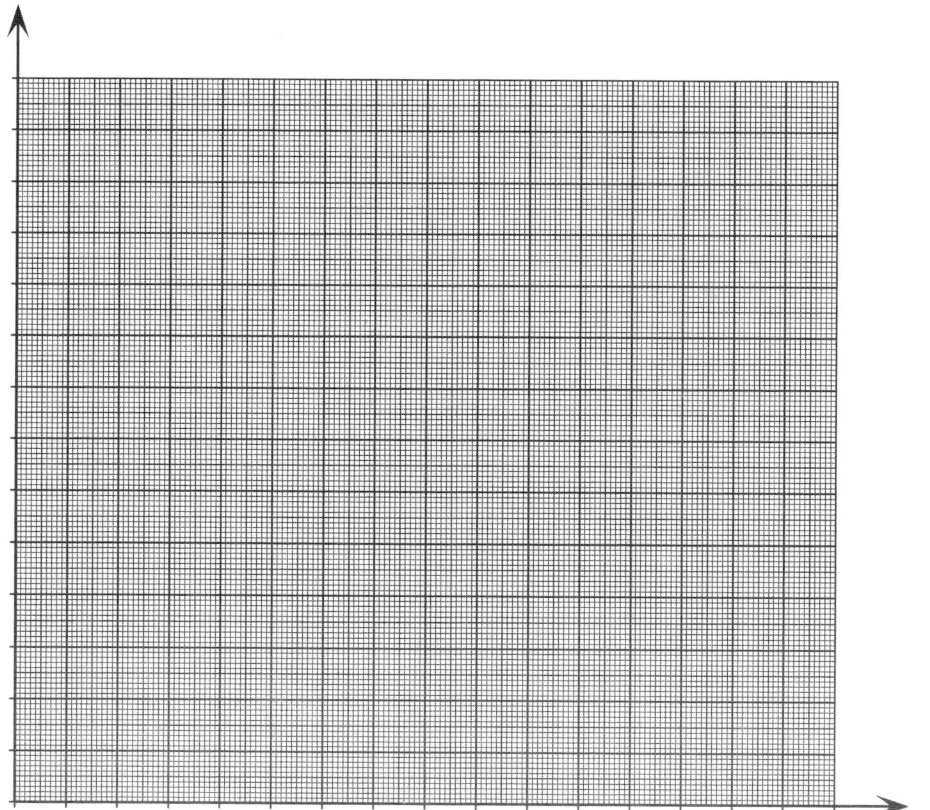

Abb. 5-18 Vorlage zur Konstruktion der Proctorkurve

Im Labor wurde die Dichte des Materials der zweiten Bodenprobe zu $\rho = 1{,}974$ t/m³ und sein Wassergehalt zu $w = 6{,}8$ % bestimmt.

Zu ermitteln ist die Proctordichte ρ_{Pr} und der optimale Wassergehalt w_{Pr} der ersten Bodenprobe sowie der Verdichtungsgrad D_{Pr} der zweiten Bodenprobe.

Zur Bearbeitung ist die Vorlage aus Abb. 5-18 zu benutzen.

Aufgabe 5-41 (Lösung Seite 107)

Im Zuge einer Verdichtungskontrolle wurde mit Bodenprobenmaterial, dessen Korndichte $\rho_{\mathrm{S}} = 2{,}65\ \mathrm{g/cm^3}$ beträgt, ein Proctorversuch gemäß DIN 18127 [L 47] durchgeführt. Der Versuch lieferte für die 5 Teilversuche die in der Tabelle 5-16 aufgeführten Ergebnisse.

Tabelle 5-16 Ergebnisse der fünf Teilversuche eines Proctorversuchs

Teilprobe	1	2	3	4	5
Trockendichte ρ_{d} (in g/cm³)	1,410	1,461	1,496	1,485	1,423
Wassergehalt w (in %)	20,2	22,8	25,0	27,8	31,2

Darzustellen sind die Proctorkurve und die Sättigungskurve (100 % Sättigung), wobei die Sättigungskurve unter Verwendung von 3 Stützstellen zu zeichnen ist, die mit Hilfe der Wassergehaltswerte des Proctorversuchs der Teilproben 1, 3 und 5 zu bestimmen sind. Zur Bearbeitung ist die Vorlage der Abb. 5-18 zu benutzen!

Aufgabe 5-42 (Lösung Seite 108)

Warum kann mit der auf Bodenmaterial aufgebrachten Verdichtungsarbeit $W < 0{,}6\ \mathrm{MNm/m^3}$ nur ein Verdichtungsgrad von $D_{\mathrm{Pr}} < 100\ \%$ erreicht werden?

Aufgabe 5-43 (Lösung Seite 108)

Im Zuge einer Verdichtungskontrolle wurde ein Proctorversuch mit Bodenmaterial gemäß DIN 18127 [L 47] durchgeführt, dessen Korndichte $\rho_{\mathrm{S}} = 2{,}65\ \mathrm{g/cm^3}$ beträgt. Der Versuch lieferte die nachstehend angegebenen Ergebnisse.

Tabelle 5-17 Ergebnisse der fünf Teilversuche eines Proctorversuchs

Teilprobe	1	2	3	4	5
Trockendichte ρ_{d} (in g/cm³)	1,430	1,481	1,516	1,505	1,443
Wassergehalt w (in %)	20,2	22,8	25,0	27,8	31,2

Unter Benutzung der Vorlage der Abb. 5-18 ist die Proctorkurve darzustellen und die Proctordichte ρ_{Pr}, der optimale Wassergehalt w_{Pr} und der zu dem Wertepaar (ρ_{Pr}, w_{Pr}) gehörende Porenluftanteil n_{a} der Probe zu ermitteln.

Aufgabe 5-44 (Lösung Seite 109)

Warum kann bei Bodenmaterial, für dessen Wassergehalt $w \neq w_{\mathrm{Pr}}$ gilt, mit der aufgebrachten Verdichtungsarbeit $W \approx 0{,}6\ \mathrm{MNm/m^3}$ nur ein Verdichtungsgrad von $D_{\mathrm{Pr}} < 100\ \%$ erreicht werden?

Aufgabe 5-45 (Lösung Seite 110)

Zu erläutern ist die in den ZTVE-StB 09 [L 139] zu findende Anforderung $D_{Pr} = 98\,\%$ an das 10 %-Mindestquantil für den Verdichtungsgrad!

Lösung zu Aufgabe 5-38 (Aufgabenstellung Seite 103)

Aus der Definition des Verdichtungsgrades (Gl. 5-53) in Verbindung mit Gl. 5-26

$$D_{Pr} = \frac{\rho_d}{\rho_{Pr}} = \frac{\rho}{(1+w)\cdot\rho_{Pr}}$$

geht hervor, dass die Güteklasse der Bodenprobe die Bestimmung der Bodendichte ρ des Bodens und des Wassergehalts w ermöglichen muss. Dies wird gemäß der Tabelle 4-3 ab der Güteklasse 2 gewährleistet.

Lösung zu Aufgabe 5-39 (Aufgabenstellung Seite 103)

Da bei einem Boden mit dem Wassergehalt w_{Pr} die aufgebrachte Verdichtungsarbeit $W \approx 0{,}6\ \mathrm{MNm/m^3}$ zu einem Verdichtungsgrad von $D_{Pr} = 100\,\%$ führt, ist zur Erreichung eines Verdichtungsgrades von $D_{Pr} > 100\,\%$ als Verdichtungsarbeit $W > 0{,}6\ \mathrm{MNm/m^3}$ aufzuwenden.

Lösung zu Aufgabe 5-40 (Aufgabenstellung Seite 104)

Für die fünf Teilproben mit dem Bodenmaterial der ersten Probe ergeben sich die Trockendichten (Gl. 5-15)

$$\rho_{d1} = \frac{m_1}{V\cdot(1+w_1)} = \frac{1825}{942\cdot(1+0{,}089)} = 1{,}779\ \mathrm{g/cm^3}$$

$$\rho_{d2} = \frac{m_2}{V\cdot(1+w_2)} = \frac{1879}{942\cdot(1+0{,}101)} = 1{,}812\ \mathrm{g/cm^3}$$

$$\rho_{d3} = \frac{m_3}{V\cdot(1+w_3)} = \frac{1917}{942\cdot(1+0{,}113)} = 1{,}828\ \mathrm{g/cm^3}$$

$$\rho_{d4} = \frac{m_4}{V\cdot(1+w_4)} = \frac{1907}{942\cdot(1+0{,}124)} = 1{,}801\ \mathrm{g/cm^3}$$

$$\rho_{d5} = \frac{m_5}{V\cdot(1+w_5)} = \frac{1880}{942\cdot(1+0{,}132)} = 1{,}763\ \mathrm{g/cm^3}$$

mit denen, in Verbindung mit den zugehörigen Wassergehalten, fünf Stützstellen im w-ρ-Diagramm eingetragen werden können, die sich durch die Proctorkurve gemäß der Abb. 5-19 verbinden lassen.

Durch Ablesung ergeben sich aus der Proctorkurve der Abb. 5-19 die Proctordichte

$$\rho_{Pr} = 1{,}828\ \mathrm{g/cm^3}$$

und der optimale Wassergehalt

$$w_{Pr} = 11{,}2\,\%$$

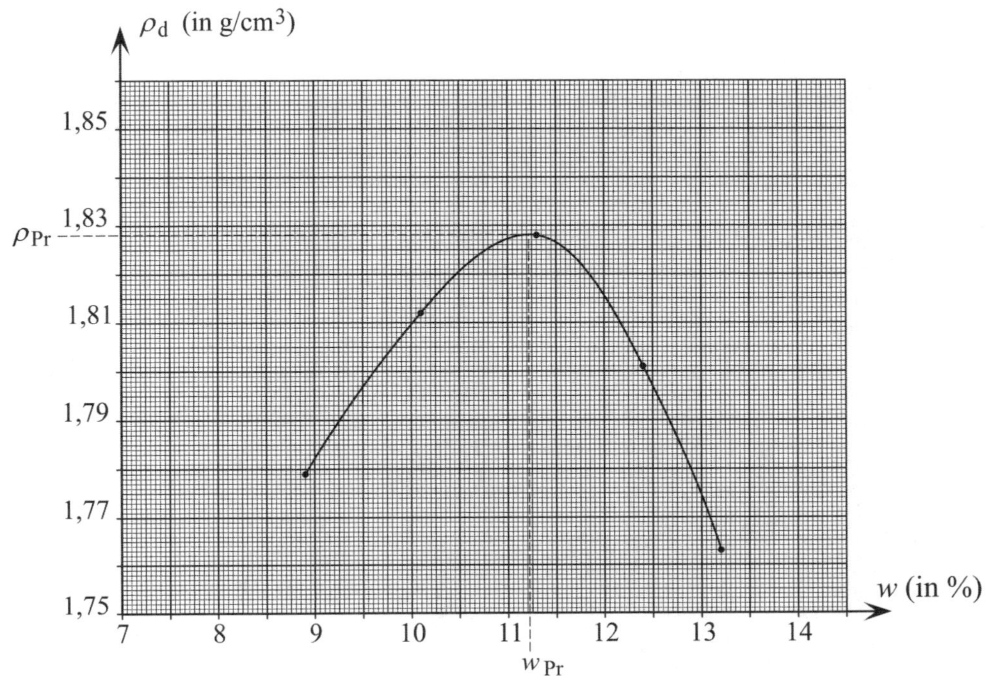

Abb. 5-19 Proctorkurve der ersten Probe

Mit der Dichte der zweiten Probe (Gl. 5-24)

$$\rho_d = \frac{\rho}{1+w} = \frac{1{,}974}{1+0{,}068} = 1{,}85 \text{ g/cm}^3$$

und der Proctordichte berechnet sich der Verdichtungsgrad des Bodenmaterials der zweiten Probe zu (Gl. 5-53)

$$D_{Pr} = \frac{\rho_d}{\rho_{Pr}} = \frac{1{,}85}{1{,}828} = 1{,}01$$

Lösung zu Aufgabe 5-41 (Aufgabenstellung Seite 105)

Für die Darstellung der Sättigungskurve sind drei Stützstellen mit Wertepaaren (w, ρ_d) zu ermitteln, von denen die w-Werte identisch sind mit den Wassergehaltswerten des Proctorversuchs der Teilproben 1, 3 und 5 (Tabelle 5-16). Zu ermitteln sind die zugehörigen ρ_d-Werte mit der Beziehung (Gl. 5-13)

$$\rho_d = \frac{S_r \cdot \rho_s \cdot \rho_w}{w \cdot \rho_s + S_r \cdot \rho_w}$$

aus der sich, mit $S_r = 1$ und $\rho_w = 1{,}0$ g/cm³, der Ausdruck

$$\rho_d = \frac{\rho_s}{w \cdot \rho_s + 1}$$

ergibt. Die damit berechneten ρ_d-Größen sind in Tabelle 5-18 aufgeführt und gelten für den Zustand der 100 %igen Sättigung.

Tabelle 5-18 Ergebnisse von drei Teilversuchen eines Proctorversuchs

Stützstelle	1	3	5
Wassergehalt w (in %)	20,2	25,0	31,2
Trockendichte ρ_d (in g/cm³)	1,726	1,594	1,451

Mit den Wertepaaren der Aufgabenstellung (Tabelle 5-16) und den berechneten Wertepaaren der Tabelle 5-18 wurden die Proctorkurve und die Sättigungskurve der Abb. 5-20 konstruiert.

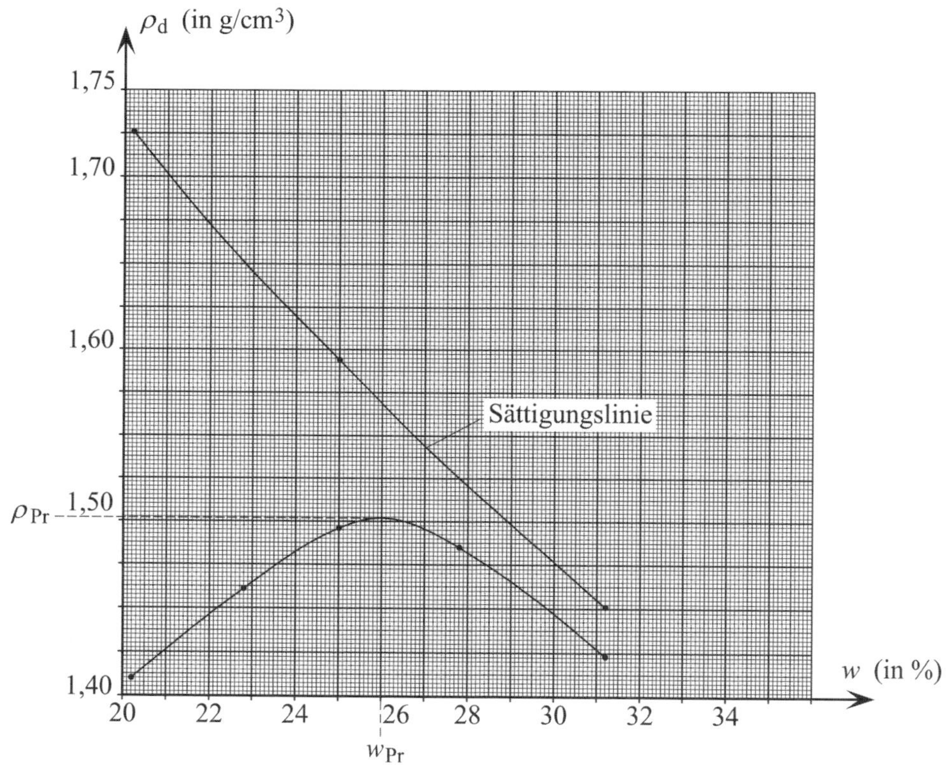

Abb. 5-20 Proctorkurve und Sättigungslinie

Durch Ablesung ergeben sich aus der Proctorkurve der Abb. 5-20 die Proctordichte

$\rho_{Pr} = 1{,}502 \text{ g/cm}^3$

und der optimale Wassergehalt

$w_{Pr} = 26{,}0\ \%$

Lösung zu Aufgabe 5-42 (Aufgabenstellung Seite 105)

Da bei einem Boden mit der aufgebrachten Verdichtungsarbeit $W \approx 0{,}6$ MNm/m³ (Versuch zur Ermittlung der einfachen Proctordichte) höchstens der Verdichtungsgrad $D_{Pr} = 100\ \%$ erreichbar ist (beim Wassergehalt des Bodenmaterials von $w = w_{Pr}$), führt die Verdichtungsarbeit $W < 0{,}6$ MNm/m³ entsprechend zu einem Verdichtungsgrad $D_{Pr} < 100$ %.

Lösung zu Aufgabe 5-43 (Aufgabenstellung Seite 105)

Als Proctordichte und optimaler Wassergehalt ergeben sich durch Ablesung aus der in Abb. 5-21 dargestellten Proctorkurve die Größen

$$\rho_{Pr} = 1{,}52 \text{ g/cm}^3 \quad \text{und}$$

$$w_{Pr} = 26{,}0\ \%$$

Mit Gl. 5-56 berechnet sich der für dieses Wertepaar gesuchte Anteil der Porenluft zu

$$n_a = 1 - \rho_d \cdot \left(\frac{1}{\rho_s} + \frac{w_{proctor}}{\rho_w} \right) = 1 - \rho_{Pr} \cdot \left(\frac{1}{\rho_s} + \frac{w_{Pr}}{\rho_w} \right)$$

$$= 1 - 1{,}52 \cdot \left(\frac{1}{2{,}65} + \frac{0{,}26}{1{,}00} \right) = 0{,}031 = 3{,}1\ \%$$

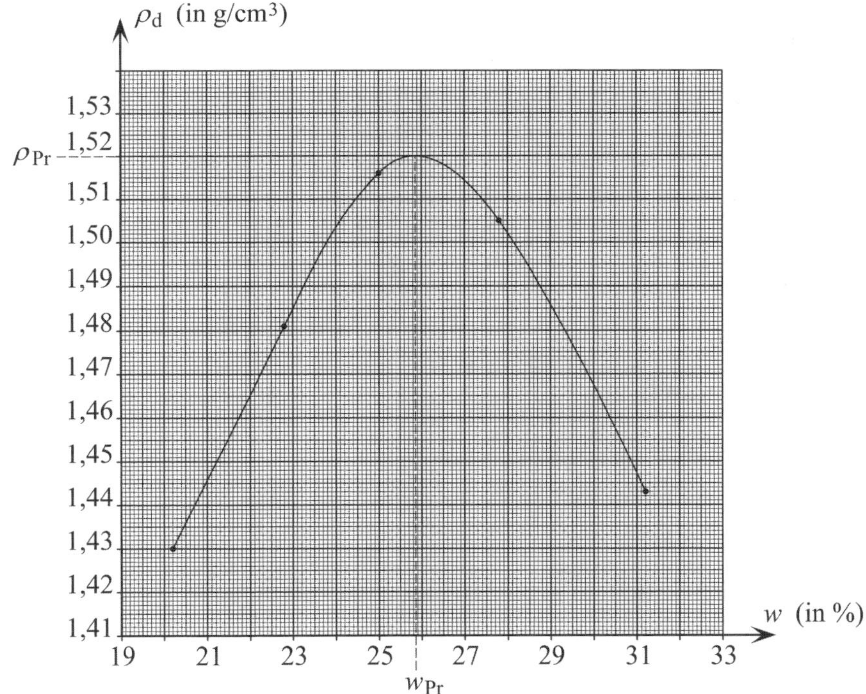

Abb. 5-21 Proctorkurve des Versuchs

Lösung zu Aufgabe 5-44 (Aufgabenstellung Seite 105)

Da mit der aufgebrachten Verdichtungsarbeit $W \approx 0{,}6$ MNm/m³ nur dann ein Verdichtungsgrad von $D_{Pr} = 100$ % erreicht werden kann, wenn der Wassergehalt des Bodenmaterials den optimalen Wert w_{Pr} besitzt (Proctorkurve liefert für diesen Wert die größte Trockendichte $\rho_d = \rho_{Pr}$), führt die gleiche Verdichtungsarbeit bei allen anderen Wassergehalten zu Werten des Verdichtungsgrades D_{Pr}, die kleiner als 100 % sind.

Lösung zu Aufgabe 5-45 (Aufgabenstellung Seite 106)

Die in den ZTVE-StB 09 [L 139] zu findende Anforderung von $D_{Pr} = 98\,\%$ an das 10 %-Mindestquantil für den Verdichtungsgrad bedeutet, dass (MÖLLER [L 126], Abschnitt 5.9.5)

- höchstens 10 % der im gesamten Prüflos ermittelten Verdichtungsgrade den Wert $D_{Pr} = 98\,\%$ unterschreiten dürfen bzw.
- mindestens 90 % aller im Prüflos ermittelten Verdichtungsgrade den Wert $D_{Pr} = 98\,\%$ überschreiten müssen.

5.8 Dichte bei lockerster und dichtester Lagerung

5.8.1 Definitionen

Dichte max ρ_d *bei dichtester Lagerung* (in g/cm³): Nach den entsprechenden Versuchen der DIN 18126 [L 46] erzielte Trockendichte des Bodens (Einrütteln des Probenmaterials im Versuchszylinder mit dem Rütteltisch- oder dem Schlaggabelversuch).

Dichte min ρ_d *bei lockerster Lagerung* (in g/cm³): Nach den entsprechenden Versuchen der DIN 18126 [L 46] erzielte Trockendichte des Bodens (Einfüllen des Probenmaterials in den Versuchszylinder mit Hilfe des Trichters bzw. der Kelle oder Handschaufel).

Mit dem Gesamtvolumen V, dem Festmassenvolumen V_k, dem Porenvolumen V_p bei dichtester (min V_p) und lockerster (max V_p) Lagerung sowie der Trockendichte ρ_d und der Korndichte ρ_s (in g/cm³) des Probenmaterials ergeben sich die Größen

Porenanteil bei lockerster Lagerung

$$\max n = \frac{\max V_p}{V} = 1 - \frac{\min \rho_d}{\rho_s} \qquad \text{Gl. 5-58}$$

Porenanteil bei dichtester Lagerung

$$\min n = \frac{\min V_p}{V} = 1 - \frac{\max \rho_d}{\rho_s} \qquad \text{Gl. 5-59}$$

Porenzahl bei lockerster Lagerung

$$\max e = \frac{\max V_p}{V_k} = \frac{\rho_s}{\min \rho_d} - 1 \qquad \text{Gl. 5-60}$$

Porenzahl bei dichtester Lagerung

$$\min e = \frac{\min V_p}{V_k} = \frac{\rho_s}{\max \rho_d} - 1 \qquad \text{Gl. 5-61}$$

Lagerungsdichte

$$D = \frac{\max n - n}{\max n - \min n} = \frac{\rho_d - \min \rho_d}{\max \rho_d - \min \rho_d} \quad \text{mit} \quad n = 1 - \frac{\rho_d}{\rho_s} \qquad \text{Gl. 5-62}$$

Bezogene Lagerungsdichte

$$I_D = \frac{\max e - e}{\max e - \min e} = \frac{\max \rho_d \cdot (\rho_d - \min \rho_d)}{\rho_d \cdot (\max \rho_d - \min \rho_d)} \quad \text{mit} \quad e = \frac{\rho_s}{\rho_d} - 1 \qquad \text{Gl. 5-63}$$

Verdichtungsfähigkeit

$$I_f = \frac{\max e - \min e}{\min e} = \frac{\rho_s \cdot (\max \rho_d - \min \rho_d)}{\min \rho_d \cdot (\rho_s - \max \rho_d)} = \frac{\max n}{\min n} \cdot \left(\frac{1 - \min n}{1 - \max n} - 1 \right) \qquad \text{Gl. 5-64}$$

Tabelle 5-19 Anhaltswerte für die Lagerungsdichte *D* (nach EAB, Tabelle 1.1 [L 108])

Benennung der Lagerung	**Lagerungsdichten *D* für die Ungleichförmigkeitszahlen**		**Spitzenwiderstand q_c von Drucksonden**
	$C_U \leq 3$	$C_U > 3$	in MN/m²
sehr locker	$D < 0{,}15$	$D < 0{,}20$	$q_c < 5{,}0$
locker	$0{,}15 \leq D < 0{,}30$	$0{,}20 \leq D < 0{,}45$	$5{,}0 \leq q_c < 7{,}5$
mitteldicht	$0{,}30 \leq D < 0{,}50$	$0{,}45 \leq D < 0{,}65$	$7{,}5 \leq q_c < 15{,}0$
dicht	$0{,}50 \leq D < 0{,}75$	$0{,}65 \leq D < 0{,}90$	$15{,}0 \leq q_c < 25{,}0$
sehr dicht	$D \geq 0{,}75$	$D \geq 0{,}90$	$q_c \geq 25{,}0$

Hinweis: nach [L 6] sind nichtbindige Böden mit Sicherheit locker gelagert, wenn ein Stahlstab von ≈ 20 mm Durchmesser ohne Anstrengung 0,5 m tief in den Boden eingedrückt werden kann.

Anwendungsbeispiel

Betrachtet wird eine 50 cm dicke Sandschicht, deren Dicke sich infolge einer dynamischen Verdichtungsmaßnahme um 3 cm reduziert.

Zu ermitteln ist die nach der Verdichtung vorhandene mittlere Lagerungsdichte *D* des Sandes unter der Annahme, dass

- der Sand vor der Verdichtung den Porenanteil $n = 0{,}42$ aufwies,
- Laborversuche mit diesem Sand die Werte $\max n = 0{,}43$ und $\min n = 0{,}34$ lieferten.

Lösung

Vor der Verdichtung hat die Sandschicht pro m² Grundfläche das Porenvolumen (Gl. 5-1)

$$V_{p,alt} = V_{alt} \cdot n_{alt} = 1{,}0 \cdot 1{,}0 \cdot 0{,}5 \cdot 0{,}42 = 0{,}21 \text{ m}^3$$

welches sich durch die Verdichtung auf

$$V_{\mathrm{p,neu}} = 0{,}21 - 1{,}0 \cdot 1{,}0 \cdot 0{,}03 = 0{,}18 \text{ m}^3$$

verringert.

Mit dem neuen Volumen

$$V_{\mathrm{neu}} = 1{,}0 \cdot 1{,}0 \cdot 0{,}47 = 0{,}47 \text{ m}^3$$

nimmt der Porenanteil nach der Verdichtung den mittleren Wert (Gl. 5-1)

$$n_{\mathrm{neu}} = \frac{V_{\mathrm{p,neu}}}{V_{\mathrm{neu}}} = \frac{0{,}18}{1{,}0 \cdot 1{,}0 \cdot 0{,}47} = 0{,}383$$

an. Dieser neue Wert führt mit den Laborversuchsergebnissen für max n und min n zu der mittleren Lagerungsdichte (Gl. 5-62)

$$D = \frac{\max n - n_{\mathrm{neu}}}{\max n - \min n} = \frac{0{,}43 - 0{,}383}{0{,}43 - 0{,}34} = 0{,}522$$

5.8.2 Aufgaben mit Lösungen

Aufgabe 5-46 (Lösung Seite 114)

Von einem Sand sind bekannt

Korndichte	ρ_s	$= 2{,}65$ g/cm³
Porenanteil bei dichtester Lagerung	min n	$= 0{,}271$
Porenanteil bei lockerster Lagerung	max n	$= 0{,}419$
Wassergehalt	w	$= 0{,}062$

Bei der Dichtemessung mit dem Ausstechzylinder wurden für diesen Sand ermittelt

Masse des feuchten Sandes im Zylinder	$m = 1546$ g
Volumen des Ausstechzylinders	$V = 872$ cm³

Zu ermitteln sind

a) die Lagerungsdichte D
b) die Sättigungszahl S_r
c) der Wassergehalt w_{ges} in seinem gesättigten Zustand

Aufgabe 5-47 (Lösung Seite 115)

In welcher Form kann im Feld geprüft werden, ob ein in der Schichtdicke 1 m anstehender nichtbindiger Boden locker gelagert ist?

Aufgabe 5-48 (Lösung Seite 115)

Zu begründen ist, auch anhand von Formeln und unter Beachtung der DIN EN 1997-2 [L 76], warum die in situ vorhandene Lagerungsdichte D von nichtbindigem Baugrund nicht immer vollständig im Labor ermittelt werden kann.

Aufgabe 5-49 (Lösung Seite 115)

Laborversuche mit einem Sand ergaben als

Dichte bei lockerster Lagerung min $\rho_d = 1{,}540$ g/cm³
Dichte bei dichtester Lagerung max $\rho_d = 1{,}932$ g/cm³
Korndichte $\rho_s = 2{,}650$ g/cm³

Die Dichtemessung mit dem Ausstechzylinder lieferte

die Masse des feuchten Sandes im Zylinder $m = 1732$ g
das Volumen des Ausstechzylinders $V = 870$ cm³
den Wassergehalt $w = 8{,}2$ %

Für den Sand sind zu berechnen

a) die Lagerungsdichte D
b) der Wassergehalt w_{ges} im gesättigten Zustand
c) die Menge des Wassers (in Litern) die er bei dichtester Lagerung pro m³ insgesamt aufnehmen kann.

Aufgabe 5-50 (Lösung Seite 116)

Im Zuge von Aufschlussarbeiten sind Proben zu entnehmen, mit deren Hilfe die bezogene Lagerungsdichte I_D des Bodens ermittelt werden soll.

Es ist anzugeben und anhand entsprechender Formeln zu begründen, welche Güteklasse die entsprechenden Bodenproben gemäß der DIN EN 1997-2 [L 76] mindestens haben müssen.

Aufgabe 5-51 (Lösung Seite 116)

Durch eine Verdichtungsmaßnahme wurde die Dicke einer Sandschicht von ursprünglich 30 cm auf 28,2 cm reduziert.

Zu ermitteln ist der nach der Verdichtung vorhandene mittlere Porenanteil n_{neu} und die zugehörige mittlere Lagerungsdichte D_{neu} des Sandes unter der Annahme, dass

- der Sand vor der Verdichtung die mittlere Lagerungsdichte $D_{alt} = 0{,}111$ aufwies,
- Laborversuche mit diesem Sand die Werte max $n = 0{,}43$ und min $n = 0{,}34$ lieferten.

Aufgabe 5-52 (Lösung Seite 117)

Wie ist ein anstehender nichtbindiger Boden gelagert, wenn ein Stahlstab mit einem Durchmesser von ≈ 20 mm ohne Anstrengung 0,5 m in den Boden eingedrückt werden kann?

Aufgabe 5-53 (Lösung Seite 117)

Im Zuge einer Baumaßnahme ist Sand anzuliefern, der in einem 5 m³ großen Bereich mit der Lagerungsdichte $D = 0{,}6$ eingebaut werden soll.

Wie viel m³ sind aus einer nahegelegenen Sandgrube abzubauen, in der das Material mit einer Lagerungsdichte von $D = 0{,}4$ ansteht.

Für die Berechnung ist vorauszusetzen, dass der Porenanteil des Sandes bei

lockerster Lagerung max $n = 0{,}44$

dichtester Lagerung min $n = 0{,}3$

beträgt.

Aufgabe 5-54 (Lösung Seite 117)

Im Zuge einer Baumaßnahme sind 5 m³ kiesiger Sand mit der Lagerungsdichte $D = 0{,}6$ einzubauen.

Zu ermitteln ist die Eigenlast dieses Sandes unter der Voraussetzung, dass

der Wassergehalt	$w = 15\,\%$
die Kornwichte	$\gamma_s = 26{,}5\ \text{kN/m}^3$
der Porenanteil bei lockerster Lagerung	max $n = 0{,}32$
der Porenanteil bei dichtester Lagerung	min $n = 0{,}20$

betragen.

Lösung zu Aufgabe 5-46 (Aufgabenstellung Seite 112)

Mit Hilfe der Gl. 5-5 sowie den bekannten Werten für die Masse m des feuchten Sandes im Zylinder und seinen Wassergehalt w berechnet sich die Trockenmasse des ausgestochenen Sandes zu

$$m_d = \frac{m}{w+1} = \frac{1\,546}{0{,}062+1} = 1\,455{,}7\ \text{g}$$

Mit dieser Größe ergeben sich für den Sand die Trockendichte (Gl. 5-13)

$$\rho_d = \frac{m_d}{V} = \frac{1\,455{,}7}{872} = 1{,}67\ \text{g/cm}^3$$

und damit sein Porenanteil (Gl. 5-42)

$$n = 1 - \frac{\rho_d}{\rho_s} = 1 - \frac{1{,}67}{2{,}65} = 0{,}37$$

Die ermittelten Größen gestatten die Berechnung der Lagerungsdichte (Gl. 5-62)

$$D = \frac{\max n - n}{\max n - \min n} = \frac{0{,}419 - 0{,}370}{0{,}419 - 0{,}271} = 0{,}331$$

der Sättigungszahl (Gl. 5-29)

$$S_r = \frac{w \cdot \rho_d \cdot \rho_s}{\rho_w \cdot (\rho_s - \rho_d)} = \frac{0{,}062 \cdot 1{,}67 \cdot 2{,}65}{1 \cdot (2{,}65 - 1{,}67)} = 0{,}28$$

und des Wassergehalts bei Wassersättigung (Gl. 5-7)

$$w_{ges} = \frac{w}{S_r} = \frac{0{,}062}{0{,}28} = 0{,}221$$

Lösung zu Aufgabe 5-47 (Aufgabenstellung Seite 112)

Lässt sich im Feld ein Stahlstab von ≈ 20 mm Durchmesser ohne Anstrengung 0,5 m in nichtbindigen Boden eindrücken, ist dieser Boden mit Sicherheit locker gelagert (MÖLLER [L 126], Seite 164).

Lösung zu Aufgabe 5-48 (Aufgabenstellung Seite 112)

Da die Lagerungsdichte D und die Dichte ρ_d des trockenen Bodens durch

$$D = \frac{\rho_d - \min \rho_d}{\max \rho_d - \min \rho_d} \quad \text{und} \quad \rho_d = \frac{\rho}{1+w}$$

definiert sind, muss die Güteklasse der Bodenprobe die Bestimmung der Dichte ρ und des Wassergehalts w des Bodens ermöglichen. Dies wird gewährleistet, wenn die entnommene Bodenprobe gemäß Tabelle 4-3 mindestens die Güteklasse 2 aufweist.

Da z. B. bei der Probenentnahme nichtbindiger Böden diese Güteklasse nicht immer erreicht werden kann (bei der Entnahme aus dem Bohrloch mittels Bohrverfahren in der Regel nur bei besonders günstigen Bodenbedingungen; vgl. z. B. Tabelle 4-2), lassen sich für die entsprechenden nichtbindigen Böden keine Proben bereitstellen, mit denen die Lagerungsdichte D vollständig im Labor bestimmt werden kann. In solchen Fällen muss die Dichte ρ mittels Feldversuchen bestimmt werden (vgl. Abschnitt 5.4.3).

Lösung zu Aufgabe 5-49 (Aufgabenstellung Seite 113)

Mit der Dichte (Gl. 5-15)

$$\rho = \frac{m}{V} = \frac{1\,732}{870} = 1{,}991 \text{ g/cm}^3$$

der Trockendichte (Gl. 5-26)

$$\rho_d = \frac{\rho}{1+w} = \frac{1{,}991}{1+0{,}082} = 1{,}84 \text{ g/cm}^3$$

und dem Porenanteil bei dichtester Lagerung (Gl. 5-59)

$$\min n = 1 - \frac{\max \rho_d}{\rho_s} = 1 - \frac{1{,}932}{2{,}65} = 0{,}271$$

ergibt sich als Lagerungsdichte des Sandes (Gl. 5-62)

$$D = \frac{\rho_d - \min \rho_d}{\max \rho_d - \min \rho_d} = \frac{1{,}84 - 1{,}54}{1{,}932 - 1{,}54} = \frac{0{,}3}{0{,}392} = 0{,}765$$

Unter Beachtung von $S_r = 1$ berechnet sich mit Gl. 5-29 der Wassergehalt des Sandes im gesättigten Zustand zu

$$w_{ges} = \frac{\rho_w \cdot (\rho_s - \rho_d)}{\rho_d \cdot \rho_s} = \frac{\rho_w}{\rho_d} - \frac{\rho_w}{\rho_s} = \frac{1{,}0}{1{,}84} - \frac{1{,}0}{2{,}65} = 0{,}166$$

Das bei dichtester Lagerung insgesamt von einem m³ des Sandes aufnehmbare Wasservolumen entspricht dem Wasservolumen im Fall der Sättigung, in dem das Wasser das gesamte Porenvolumen (Gl. 5-1)

$$V_p = V \cdot \min n = 1{,}0 \cdot 0{,}271 = 0{,}271\ \text{m}^3 = 271\ \text{Liter}$$

ausfüllt.

Lösung zu Aufgabe 5-50 (Aufgabenstellung Seite 113)

Da die bezogene Lagerungsdichte I_D und die Dichte des trockenen Bodens ρ_d durch (Gl. 5-63 und Gl. 5-26)

$$I_D = \frac{\max \rho_d \cdot (\rho_d - \min \rho_d)}{\rho_d \cdot (\max \rho_d - \min \rho_d)} \qquad \text{und} \qquad \rho_d = \frac{\rho}{1+w}$$

definiert sind und die Größen max ρ_d und min ρ_d mit gestörten Bodenproben bestimmt werden können, muss die Güteklasse der Bodenprobe die Bestimmung der Dichte ρ und des Wassergehalts w des Bodens ermöglichen. Dies wird ab der Güteklasse 2 gemäß der Tabelle 4-3 gewährleistet.

Lösung zu Aufgabe 5-51 (Aufgabenstellung Seite 113)

Vor der Verdichtung hat die Sandschicht den mittleren Porenanteil (Gl. 5-62)

$$n_{alt} = \max n - D_{alt} \cdot (\max n - \min n) = 0{,}43 - 0{,}111 \cdot (0{,}43 - 0{,}34) = 0{,}42$$

und damit das Porenvolumen pro m² Grundfläche (Gl. 5-1)

$$V_{p,alt} = V_{alt} \cdot n_{alt} = 1{,}0 \cdot 1{,}0 \cdot 0{,}3 \cdot 0{,}42 = 0{,}126\ \text{m}^3$$

Durch die Verdichtung verringert sich das Porenvolumen um

$$\Delta V_p = 1{,}0 \cdot 1{,}0 \cdot (0{,}30 - 0{,}282) = 0{,}018\ \text{m}^3$$

auf

$$V_{p,neu} = V_{p,alt} - \Delta V_p = 0{,}126 - 0{,}018 = 0{,}108\ \text{m}^3$$

Mit diesem Wert und der Größe des neuen Bodenvolumens pro m² Grundfläche

$$V_{neu} = 1{,}0 \cdot 1{,}0 \cdot 0{,}282 = 0{,}282\ \text{m}^3$$

ergibt sich für den mittleren Porenanteil des Sandes nach der Verdichtung (Gl. 5-1)

$$n_{neu} = \frac{V_{p,neu}}{V_{neu}} = \frac{0{,}108}{0{,}282} = 0{,}383$$

mit der zugehörigen mittleren Lagerungsdichte

$$D = \frac{\max n - n_{neu}}{\max n - \min n} = \frac{0{,}43 - 0{,}383}{0{,}43 - 0{,}34} = 0{,}552$$

Lösung zu Aufgabe 5-52 (Aufgabenstellung Seite 113)

Lässt sich ein Stahlstab von ≈ 20 mm Durchmesser ohne Anstrengung 0,5 m in den Boden eindrücken, ist der nichtbindige Boden mit Sicherheit locker gelagert (vgl. Hinweis zu Tabelle 5-19).

Lösung zu Aufgabe 5-53 (Aufgabenstellung Seite 113)

Aus Gl. 5-62 ergibt sich durch Auflösung nach n die Gleichung

$$n = \max n - D \cdot (\max n - \min n)$$

Mit ihr berechnen sich durch Einsetzen der Zahlenwerte der Aufgabenstellung die Größen

$$n_{0,6} = 0,44 - 0,6 \cdot (0,44 - 0,3) = 0,356$$

$$n_{0,4} = 0,44 - 0,4 \cdot (0,44 - 0,3) = 0,384$$

Für den einzubauenden Sand ergibt sich damit das Porenvolumen (Gl. 5-1)

$$V_{p,0,6} = n_{0,6} \cdot V_{0,6} = 0,356 \cdot 5,0 = 1,78 \text{ m}^3$$

und das Kornvolumen

$$V_k = V_{0,6} - V_{p,0,6} = 5,0 - 1,78 = 3,22 \text{ m}^3$$

das identisch ist mit dem Kornvolumen des abzubauenden Sandes.

Für den auszubauenden Sand gilt die Beziehung (Gl. 5-1)

$$n_{0,4} \cdot (V_{p,0,4} + V_k) = V_{p,0,4}$$

Durch entsprechende Umstellung ergibt sich sein Porenvolumen

$$V_{p,0,4} = \frac{n_{0,4} \cdot V_k}{1 - n_{0,4}} = \frac{0,384 \cdot 3,22}{1 - 0,384} = 2,01 \text{ m}^3$$

und damit sein Gesamtvolumen

$$V_{0,4} = V_k + V_{p,0,4} = 3,22 + 2,01 = 5,23 \text{ m}^3$$

Lösung zu Aufgabe 5-54 (Aufgabenstellung Seite 114)

Mit der Gleichung (Gl. 5-62)

$$D = \frac{\max n - n}{\max n - \min n}$$

ergibt sich durch Auflösung nach dem Porenanteil n und Einsetzen der obigen Zahlen

$$n = \max n - D \cdot (\max n - \min n) = 0,32 - 0,6 \cdot (0,32 - 0,20) = 0,248$$

Die Kenntnis von n ermöglicht die Berechnung des Kornvolumens (Gl. 5-1)

$$V_k = V - V_p = V - V \cdot n = 5,0 - 5,0 \cdot 0,248 = 3,76 \text{ m}^3$$

und damit der Eigenlast des Kornmaterials (Gl. 5-10)

$G_d = V_k \cdot \gamma_s = 3{,}76 \cdot 26{,}5 = 99{,}64$ kN

In Verbindung mit dem Wassergehalt ergibt sich die Eigenlast des Porenwassers (Gl. 5-5)

$G_w = w \cdot G_d = 0{,}15 \cdot 99{,}64 = 14{,}59$ kN

und daraus schließlich die gesuchte Eigenlast der 5 m³ Sand

$G = G_w + G_d = 99{,}64 + 14{,}95 = 114{,}59$ kN

5.9 Wasserdurchlässigkeit

5.9.1 Allgemeines

Die Wasserdurchlässigkeit dient u. a. als Grundlage für die Berechnung von Grundwasserströmungen und zur Beurteilung der Durchlässigkeit von künstlich hergestellten Dichtungs- und Filterschichten. Sie ist z. B. erforderlich bei

- dem Entwurf von Wasserhaltungen für in das Grundwasser reichende Bauwerke,
- der Beurteilung von Filtermaterial für Dränagen,
- der Kontrolle des erreichten Verdichtungsgrades von Deponieabdichtungen,
- der Abdichtung der Sohlen und Böschungen von Kanälen.

5.9.2 Definitionen

Durchfluss Q (in m³/s): Auf Zeiteinheit bezogenes Wasservolumen V_w, das während der Versuchszeit t aus der Querschnittsfläche A (Feststoffe + Poren) eines Probekörpers austritt (siehe Abb. 5-22).

$$Q = \frac{V_w}{t} \qquad \text{Gl. 5-65}$$

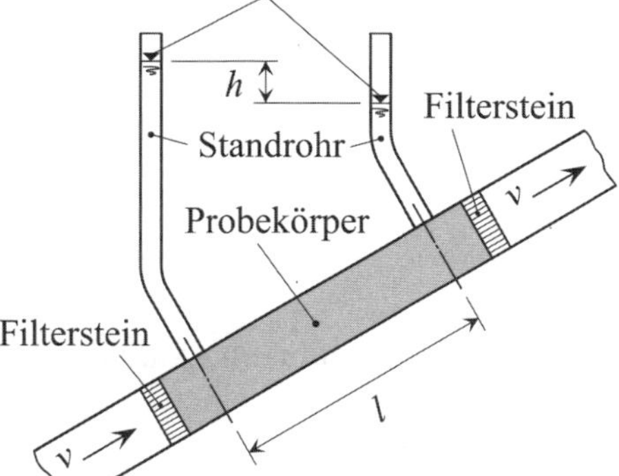

Abb. 5-22 Strömungsvorgang in einer Bodenprobe (nach DIN 18130-1 [L 50])

Filtergeschwindigkeit v (in m/s): Durchfluss Q pro Einheit der Querschnittsfläche A (senkrecht zur Fließrichtung angeordnet) bzw. Wasservolumen V_w, bezogen auf die Querschnittsfläche A und die Versuchszeit t

Filtergeschwindigkeit v (in m/s): Durchfluss Q pro Einheit der Querschnittsfläche A (senkrecht zur Fließrichtung angeordnet) bzw. Wasservolumen V_w, bezogen auf die Querschnittsfläche A und die Versuchszeit t

$$v = \frac{Q}{A} = \frac{V_w}{A \cdot t} \qquad \text{Gl. 5-66}$$

Hydraulischer Höhenunterschied h (in m): Differenz von zwei Standrohrspiegelhöhen in zwei Querschnitten des Probekörpers (Abb. 5-22).

Durchströmte Länge l (in m): Abstand der Standrohransatzpunkte in Fließrichtung des Wassers bzw. Länge der dazwischenliegenden durchströmten Bodenprobe (Abb. 5-22).

Hydraulisches Gefälle i: hydraulischer Höhenunterschied, bezogen auf die durchströmte Länge

$$i = \frac{h}{l} \qquad \text{Gl. 5-67}$$

Durchlässigkeitsbeiwerte k_r und k (in m/s): Verhältnis von Filtergeschwindigkeit zu hydraulischem Gefälle eines wassergesättigten (k_r) bzw. teilweise wassergesättigten (k) Bodens, bei dem der Fließvorgang nach dem Gesetz von DARCY (für gleichmäßige, lineare Durchströmung) erfolgt (es gilt stets $k_r > k$).

$$k_r = \frac{v}{i} \quad \text{(gesättigter Boden)}$$
$$k = \frac{v}{i} \quad \text{(teilgesättigter Boden)} \qquad \text{Gl. 5-68}$$

Tabelle 5-20 Erfahrungswerte für den Durchlässigkeitsbeiwert k (nach VON SOOS [L 115], Kapitel 1.4)

Bodenart	**Durchlässigkeitsbeiwert k** in m/s
sandiger Kies	$2 \cdot 10^{-2}$ bis $1 \cdot 10^{-4}$
Sand	$1 \cdot 10^{-3}$ bis $1 \cdot 10^{-5}$
Schluff-Sand-Gemische	$5 \cdot 10^{-5}$ bis $1 \cdot 10^{-7}$
Schluff	$5 \cdot 10^{-6}$ bis $1 \cdot 10^{-8}$
Ton	$1 \cdot 10^{-8}$ bis $1 \cdot 10^{-12}$

Durchlässigkeitsbereiche: Wertebereiche von Durchlässigkeitsbeiwerten, die in Tabelle 1 der DIN 18130-1 [L 50] für bautechnische Zwecke definiert sind (sie reichen von „sehr schwach durchlässig“ für Böden mit $k < 10^{-8}$ m/s bis „sehr stark durchlässig“ für Böden mit $k > 10^{-2}$ m/s).

5.9.3 Beziehungen der Filtergeschwindigkeit zum hydraulischen Gefälle

Zwischen der Filtergeschwindigkeit v und dem hydraulischen Gefälle i besteht nur dann ein linearer Zusammenhang, wenn der Boden laminar durchströmt wird und sich die Querschnittsfläche der durchflossenen Porenkanäle nicht ändert. Andernfalls ergeben sich nichtlineare Beziehungen zwischen v und i, wie etwa bei turbulenten Strömungen auftretende Verwirbelungen des strömenden Wassers (Reduktion der Durchflussgeschwindigkeit) oder bei diffusen Wasserhüllen, die in bindigen Sedimenten die Querschnitte durchflossener Porenkanäle einengen und bei zunehmendem hydraulischem Gefälle durch die damit wachsenden Strömungskräfte zerstört werden (Vergrößerung des Durchflussquerschnitts).

5.9.4 Temperatureinfluss

Nach DIN 18130-1 [L 50] werden die bei der Versuchstemperatur T (in °C) ermittelten Durchlässigkeitsbeiwerte k_T auf die zur Vergleichstemperatur 10 °C (durchschnittliche Grundwassertemperatur) gehörenden Werte mit

$$k_{10} = \alpha \cdot k_T = \frac{1{,}359}{1 + 0{,}0337 \cdot T + 0{,}00022 \cdot T^2} \cdot k_T \qquad \text{Gl. 5-69}$$

umgerechnet. Bei bekanntem k_{10} lassen sich damit zu beliebigen anderen Temperaturen gehörende Wasserdurchlässigkeitsbeiwerte berechnen.

Anwendungsbeispiel

Im Zuge von Laborversuchen mit wassergesättigtem Boden wurde bei der Temperatur von 22 °C ein Durchlässigkeitsbeiwert $k = 2 \cdot 10^{-3}$ m/s ermittelt.

Wie groß wäre nach DIN 18130-1 [L 50] der Durchlässigkeitsbeiwert, wenn, bei sonst gleichen Versuchsbedingungen, die Temperatur auf 14 °C abfiele?

Lösung

Die Gleichung für den zur Temperatur 10 °C gehörenden Durchlässigkeitsbeiwert (Gl. 5-69)

$$k_{10} = \alpha \cdot k_T = \frac{1{,}359}{1 + 0{,}0337 \cdot T + 0{,}00022 \cdot T^2} \cdot k_T$$

führt für die Temperaturfälle $T = 22$ °C und $T = 14$ °C zu den α-Werten

$$\alpha_{22} = \frac{1{,}359}{1 + 0{,}0337 \cdot 22 + 0{,}00022 \cdot 22^2} = 0{,}7354$$

$$\alpha_{14} = \frac{1{,}359}{1 + 0{,}0337 \cdot 14 + 0{,}00022 \cdot 14^2} = 0{,}8971$$

Mit diesen Größen ergeben sich aus dem zur Temperatur $T = 22$ °C gehörenden Durchlässigkeitsbeiwert $k_{22} = 2 \cdot 10^{-3}$ m/s

$$k_{10} = \alpha_{22} \cdot k_{22} = 0{,}7354 \cdot 2 \cdot 10^{-3} = 1{,}4709 \cdot 10^{-3} \text{ m/s}$$

sowie der zur Temperatur $T = 14$ °C gehörende Durchlässigkeitsbeiwert

$$k_{14} = \frac{k_{10}}{\alpha_{14}} = \frac{\alpha_{22} \cdot k_{22}}{\alpha_{14}} = \frac{0{,}7354 \cdot 2 \cdot 10^{-3}}{0{,}8971} = 1{,}64 \cdot 10^{-3} \text{ m/s}$$

5.9.5 Versuche mit veränderlichem und konstantem hydraulischem Gefälle

Versuch bei statischer Belastung mit veränderlichem hydraulischem Gefälle

In DIN 18130-1 [L 50] werden zwei Formen des erzeugten hydraulischen Gefälles unterschieden. Bei der einen bleibt das Gefälle während des gesamten Versuchs konstant, und bei der anderen nimmt es während des Versuchs ab.

Die in Abb. 5-23 dargestellte Versuchsanordnung gehört zur zweiten Kategorie. Ihr Einsatz ist geeignet für feinkörnige Böden, insbesondere für Tone und Schluffe.

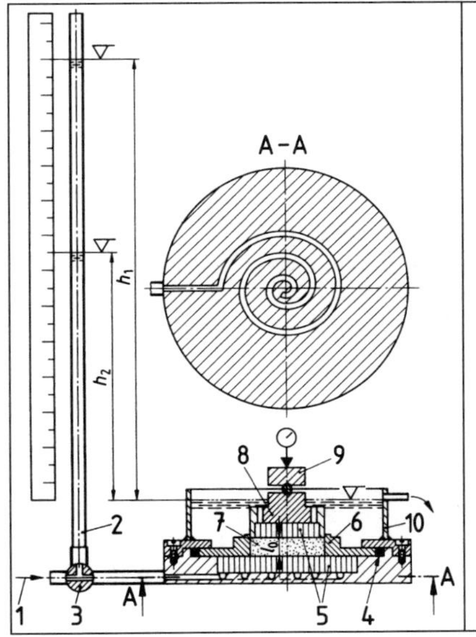

1 Zuführung von entlüftetem Wasser
2 Aufsetzbares Standrohr (Piezometer), Querschnittsfläche
3 Dreiwegeventil
4 Gummidichtung
5 Filtersteine
6 Probenring
7 Probekörper
8 Kopfplatte für statische Belastung
9 Vorrichtung für vertikale Belastung und Messuhr für Zusammendrückung
10 Wasserbehälter mit Überlauf für konstante Bezugshöhe
h_1 Wasserspiegelhöhe zu Beginn der Messung
h_2 Wasserspiegelhöhe zum Zeitpunkt t
l_0 Höhe des Probekörpers (gleich der Länge der Sickerstrecke)

Abb. 5-23 Durchlässigkeitsversuch im Kompressions-Durchlässigkeitsgerät mit statischer Belastung des Probekörpers und veränderlichem hydraulischem Gefälle (nach DIN 18130-1 [L 50])

Während des Durchlässigkeitsversuchs durchströmt entlüftetes Wasser die Bodenprobe von unten nach oben. Der zu ermittelnde Durchlässigkeitsbeiwert wird bei diesem Versuch durch

$$k = \frac{a \cdot l_0}{A \cdot t} \cdot \ln\left(\frac{h_1}{h_2}\right) \qquad \text{Gl. 5-70}$$

bestimmt. Die verwendeten Größen sind

a = Querschnittsfläche des Standrohrs (in m^2)
l_0 = Höhe des Probekörpers (in m)
A = Querschnittsfläche des Probekörpers (in m^2)
t = Messzeit (in s)
h_1 = Wasserhöhe im Standrohr (in m) gemäß Abb. 5-23 bei Versuchsbeginn ($t = 0$)
h_2 = Wasserhöhe im Standrohr (in m) gemäß Abb. 5-23 zum Zeitpunkt t der Messung

Versuch im Versuchszylinder mit Standrohren bei konstantem hydraulischem Gefälle

Der Versuch eignet sich für grobkörnige Böden, wie Sande, Kiese und Kies-Sand-Gemische. Während der Versuchsdurchführung bleibt das erzeugte hydraulische Gefälle konstant.

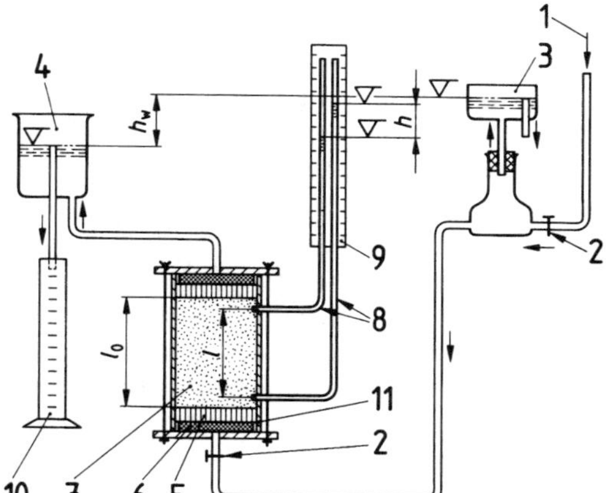

1 Zuführung von entlüftetem Wasser
2 Schlauchklemme oder Kugelventil
3 Überlauf O (Oberwasser)
4 Überlauf U (Unterwasser)
5 Filter
6 Lochplatte mit Drahtgewebe
7 Probekörper
8 Standrohre (Piezometer)
9 Messstab
10 Messzylinder
11 Versuchszylinder
h Differenz der Standwasserspiegelhöhen
h_w Höhendifferenz zwischen Oberwasser- und Unterwasserspiegel
l Länge der Sickerstrecke
l_0 Höhe des Probekörpers

Abb. 5-24 Durchlässigkeitsversuch im Versuchszylinder mit Standrohren und konstantem hydraulischem Gefälle (nach DIN 18130-1 [L 50])

Während des Versuchs durchströmt entlüftetes Wasser die Bodenprobe von unten nach oben. Der Durchlässigkeitsbeiwert (in m/s) wird mit den gemessenen Größen Q (Durchfluss in m^3/s) und h (Differenz der Standrohrspiegelhöhen in m) und der Gleichung

$$k = \frac{Q \cdot l}{A \cdot h} \qquad \text{Gl. 5-71}$$

bestimmt. Die Größen l und A sind der Abstand (in m) der Ansatzpunkte der beiden Standrohre (Abb. 5-24) und die Querschnittsfläche (in m^2) der Bodenprobe (Feststoffe + Poren).

5.9.6 Aufgaben mit Lösungen

Aufgabe 5-55 (Lösung Seite 123)

Zu begründen ist die für Böden stets geltende Beziehung

$$k_r > k$$

für die in DIN 18130-1 [L 50] definierten Durchlässigkeitsbeiwerte k_r (gilt für gleichmäßige, lineare Durchströmung des wassergesättigten Bodens) und k (gilt für gleichmäßige, lineare Durchströmung des teilgesättigten Bodens).

Aufgabe 5-56 (Lösung Seite 124)

Welchen Fließweg (in m) legt gleichmäßig linear strömendes Grundwasser innerhalb eines Jahres (365 Tage) in einer Bodenschicht mit konstantem hydraulischem Gefälle zurück, die einen Wasserdurchlässigkeitsbeiwert $k_r = 10^{-4}$ m/s und einen hydraulischen Höhenunterschied $h = 2$ m pro 100 m durchströmter Bodenschicht aufweist?

Aufgabe 5-57 (Lösung Seite 124)

Es ist zu erläutern, weshalb die Filtergeschwindigkeit v in einem Boden bei sinkender Wassertemperatur und sonst unveränderten Bedingungen abnimmt.

Aufgabe 5-58 (Lösung Seite 124)

Es ist anzugeben, bei welchen Böden die Ermittlung des Wasserdurchlässigkeitsbeiwerts mit Hilfe der Untersuchung im Versuchszylinder mit Standrohren und konstantem hydraulischem Gefälle gemäß DIN 18130-1 [L 50] zu empfehlen ist.

Aufgabe 5-59 (Lösung Seite 124)

Im Zuge von Laborversuchen mit wassergesättigtem Boden wurde bei der Temperatur von 19 °C ein Durchfluss von $Q = 1{,}7 \cdot 10^{-5}$ m³/s ermittelt.

Um wie viel m³/s würde sich der Durchfluss des wassergesättigten Bodens nach DIN 18130-1 [L 50] verändern, wenn, bei sonst gleichen Versuchsbedingungen, die Temperatur von 19 °C auf 15 °C abfiele?

Aufgabe 5-60 (Lösung Seite 125)

Zu ermitteln ist die Größe des Durchlässigkeitsbeiwerts k_r einer Bodenschicht, in der bei gleichmäßig linearer Durchströmung und konstantem hydraulischem Gefälle von 2 % das Grundwasser innerhalb von 10 Tagen einen Fließweg von 1,73 m zurücklegt.

Aufgabe 5-61 (Lösung Seite 125)

Anzugeben ist ein Verfahren, das gemäß DIN 18130-1 [L 50] zu empfehlen ist, wenn der Durchlässigkeitsbeiwert eines tonigen Schluffs (U, t) ermittelt werden soll.

Aufgabe 5-62 (Lösung Seite 125)

Es ist anzugeben, welches Verfahren zur Ermittlung des Wasserdurchlässigkeitsbeiwerts gemäß DIN 18130-1 [L 50] zu empfehlen ist, wenn ein k-Wert in den Grenzen $2 \cdot 10^{-2}$ m/s und $1 \cdot 10^{-5}$ m/s zu erwarten ist.

Aufgabe 5-63 (Lösung Seite 125)

Es ist anzugeben, welche

- grobkörnigen Böden gemäß DIN 18196 [L 58] als Baustoff für Dränagen sehr gut geeignet sind
- Untersuchung zur Ermittlung von deren Wasserdurchlässigkeitsbeiwerten gemäß DIN 18130-1 [L 50] besonders zu empfehlen ist.

Lösung zu Aufgabe 5-55 (Aufgabenstellung Seite 122)

Teilgesättigte Böden enthalten im Gegensatz zu wassergesättigten Böden mit Luft gefüllte Poren. Da Luftporen den Durchflussquerschnitt der Querschnittsfläche A (Feststoffe und Poren) einengen, ist die Durchlässigkeit k des teilgesättigten Bodens kleiner als die Durchlässigkeit k_r des wassergesättigten Bodens.

Lösung zu Aufgabe 5-56 (Aufgabenstellung Seite 122)

Mit der Filtergeschwindigkeit (Gl. 5-67 und Gl. 5-68)

$$v = k_\mathrm{r} \cdot i = k_\mathrm{r} \cdot \frac{h}{l} = 10^{-4} \cdot \frac{2}{100} = 2 \cdot 10^{-6}\ \mathrm{m/s}$$

ergibt sich als gesuchter Fließweg

$$\mathit{Fließweg} = v \cdot t = 2 \cdot 10^{-6} \cdot 60 \cdot 60 \cdot 24 \cdot 365 = 63{,}07\ \mathrm{m}$$

Lösung zu Aufgabe 5-57 (Aufgabenstellung Seite 123)

Wasser besitzt eine mit abnehmender Temperatur zunehmende Zähigkeit, d. h. dass das Wasser mit abnehmender Temperatur immer „dickflüssiger" wird. Aus diesem Grunde verringert sich bei sinkender Wassertemperatur die tatsächliche Fließ- und somit auch die Filtergeschwindigkeit v.

Lösung zu Aufgabe 5-58 (Aufgabenstellung Seite 123)

Die Ermittlung des Wasserdurchlässigkeitsbeiwerts mit Hilfe der Untersuchung im Versuchszylinder mit Standrohren und konstantem hydraulischem Gefälle gemäß DIN 18130-1 [L 50] ist bei grobkörnigen Böden wie

- Sanden,
- Kiesen und
- Kies-Sand-Gemischen

zu empfehlen (vgl. auch MÖLLER [L 126], Abschnitt 5.11.6).

Lösung zu Aufgabe 5-59 (Aufgabenstellung Seite 123)

Während sich mit den Gl. 5-66 und Gl. 5-68 die Beziehungen

$$\frac{Q_{15}}{Q_{19}} = \frac{k_{15}}{k_{19}} \quad \Rightarrow \quad Q_{15} = Q_{19} \cdot \frac{k_{15}}{k_{19}} = \frac{k_{15}}{k_{19}} \cdot 1{,}7 \cdot 10^{-5}\ \mathrm{m^3/s}$$

herleiten lassen, ergibt sich aus den Gleichungen der zu den Temperaturen $T = 10\ °\mathrm{C}$ und $T = 15\ °\mathrm{C}$ gehörenden Durchlässigkeitsbeiwerte (Gl. 5-69)

$$k_{10} = \alpha_{19} \cdot k_{19} \quad \text{und} \quad k_{15} = \frac{k_{10}}{\alpha_{15}}$$

das Verhältnis

$$\frac{k_{15}}{k_{19}} = \frac{\alpha_{19}}{\alpha_{15}} = \frac{1 + 0{,}0337 \cdot 15 + 0{,}00022 \cdot 15^2}{1 + 0{,}0337 \cdot 19 + 0{,}00022 \cdot 19^2} = 0{,}9042$$

Mit diesen Größen berechnet sich

$$Q_{15} = 1{,}7 \cdot 10^{-5} \cdot 0{,}9042 = 1{,}537 \cdot 10^{-5}\ \mathrm{m^3/s}$$

und

$$\Delta Q = Q_{19} - Q_{15} = (1{,}7 - 1{,}54) \cdot 10^{-5} = 0{,}16 \cdot 10^{-5}\ \mathrm{m^3/s}$$

Somit würde sich der Durchfluss des wassergesättigten Bodens um $\Delta Q = 0{,}16 \cdot 10^{-5}\,\text{m}^3/\text{s}$ verringern, wenn, bei sonst gleichen Versuchsbedingungen, die Temperatur von 19 °C auf 15 °C abfiele.

Lösung zu Aufgabe 5-60 (Aufgabenstellung Seite 123)

Mit der Filtergeschwindigkeit

$$v = \frac{Fließweg}{t} = \frac{1{,}73}{10 \cdot 24 \cdot 60 \cdot 60} = 2{,}0023 \cdot 10^{-6}\ \text{m/s}$$

ergibt sich die gesuchte Größe des Durchlässigkeitsbeiwerts zu (Gl. 5-68)

$$k_{\text{r}} = \frac{v}{i} = \frac{2{,}0023 \cdot 10^{-6}}{0{,}02} \approx 1 \cdot 10^{-4}\ \text{m/s}$$

Lösung zu Aufgabe 5-61 (Aufgabenstellung Seite 123)

Zur Ermittlung des Durchlässigkeitsbeiwerts eines tonigen Schluffs (U, t) ist die Untersuchung im Kompressions-Durchlässigkeitsgerät mit statischer Belastung des Probekörpers und veränderlichem hydraulischem Gefälle gemäß DIN 18130-1 [L 50] zu empfehlen.

Lösung zu Aufgabe 5-62 (Aufgabenstellung Seite 123)

Bei einem Boden dessen Wasserdurchlässigkeitsbeiwert voraussichtlich zwischen $2 \cdot 10^{-2}$ m/s und $1 \cdot 10^{-5}$ m/s liegen wird, handelt es sich um Sand oder sandigen Kies (vgl. Tabelle 5-20). Für diesen Boden empfiehlt sich gemäß DIN 18130-1 [L 50] die Verwendung des Versuchszylinders mit Standrohren und konstantem hydraulischem Gefälle.

Lösung zu Aufgabe 5-63 (Aufgabenstellung Seite 123)

Nach DIN 18196 [L 58], Tabelle 5 (entspricht Tabelle 5-3) sind enggestufte Kiese (GE) als Baustoff für Dränagen sehr gut geeignet.

Zur Ermittlung der Wasserdurchlässigkeitsbeiwerte dieser Böden ist gemäß DIN 18130-1 [L 50] die Untersuchung im Versuchszylinder mit Standrohren und konstantem hydraulischem Gefälle besonders zu empfehlen.

5.10 Einaxiale Zusammendrückbarkeit

5.10.1 Allgemeines

Wird Bodenmaterial durch Druck belastet, verringert sich sein Volumen. Diese Zusammendrückung beruht nahezu vollständig auf der Verringerung seines Porenraums; die Zusammendrückung der Feststoffe ist demgegenüber vernachlässigbar.

Bodenmaterial, das im Moment der Lastaufbringung wassergesättigt ist und unter der Last seitlich nicht ausweichen kann, zeigt ein zeitabhängiges Last-Verformungs-Verhalten. Seine Charakteristik lässt sich mit Hilfe des einfachen Federtopfmodells aus Abb. 5-25 beschreiben.

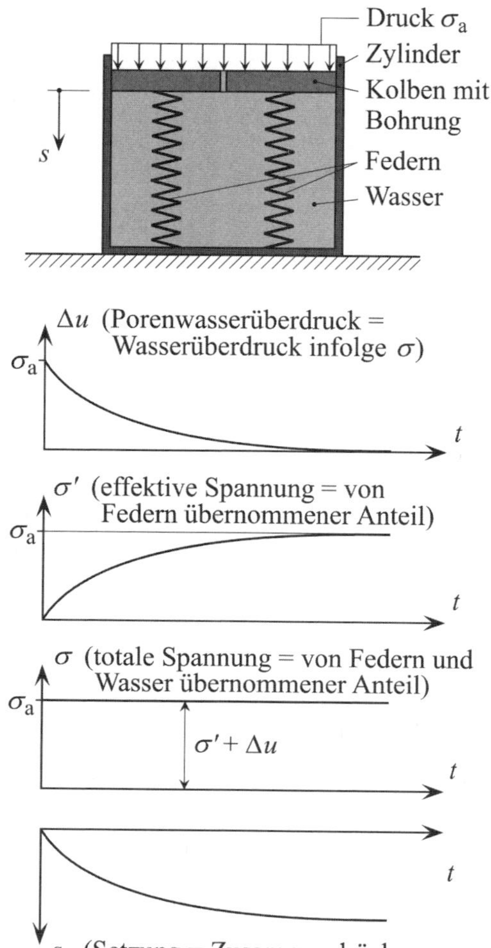

Abb. 5-25 Federtopfmodell zur Erklärung des Last-Verformungs-Verhaltens wassergesättigter Böden

Mit dem Wasser wird das Porenwasser und mit den Federn das Korngerüst nachgebildet. Die Größe der Bohrung im Kolben ist ein Maß für die Wasserdurchlässigkeit des Bodens.

Bei angenommener Inkompressibilität des Porenwassers (Wasser im Topf) übernimmt es zum Zeitpunkt $t = 0$ die Belastung σ_a vollständig. Dabei stellt sich ein Porenwasserüberdruck Δu (Wasserüberdruck im Topf) ein, der sich mit zunehmender Zeit abbaut, da sich das Wasser der Belastung entzieht, indem es durch die Porenkanäle (Kolbenbohrung) entweicht. Die damit verbundene Belastungsumlagerung vom Porenwasser auf das Korngerüst des Bodens (Topffedern) führt zur Entspannung des Porenwassers und damit zu einer sich verlangsamenden Entwässerung. Für diese Vorgänge sind die nichtlinearen Zeitverläufe in Abb. 5-25 typisch. Die Zeitspanne, in der die Lastumlagerung erfolgt, wird „Konsolidationszeit“ genannt.

5.10.2 Kompressionsversuch

Das Last-Verformungs-Verhalten von Böden wird im Labor mit Hilfe von Kompressionsgeräten untersucht (Gerät mit feststehendem Ring zeigt Abb. 5-26). Die Untersuchungsergebnisse dienen im Grund- und Erdbau zur Beurteilung des Setzungsverhaltens von Böden.

Beim Kompressionsversuch wird Probenmaterial in das ringförmige Gerät eingebaut. Um die Wirkung von Randstörungen zu minimieren, ist das Verhältnis Probendurchmesser zu Probenhöhe von $d/h_0 \approx 5$ zu wählen.

Die stufenweise aufgebrachte Belastung ruft in der Probe einen einaxialen Deformationszustand hervor (Verhinderung der Querdehnung durch Versuchseinrichtung). Gemessen wird die zeitabhängige Zusammendrückung Δh(t) der Probe (vgl. Abb. 5-26), die auch mit s(t) bezeichnet wird. Bezogen auf die Anfangshöhe h_0 des Probenkörpers, ergibt sich daraus die „bezogene Zusammendrückung"

$$s'(t) = \frac{\Delta h(t)}{h_0} = \frac{s(t)}{h_0} \qquad \text{Gl. 5-72}$$

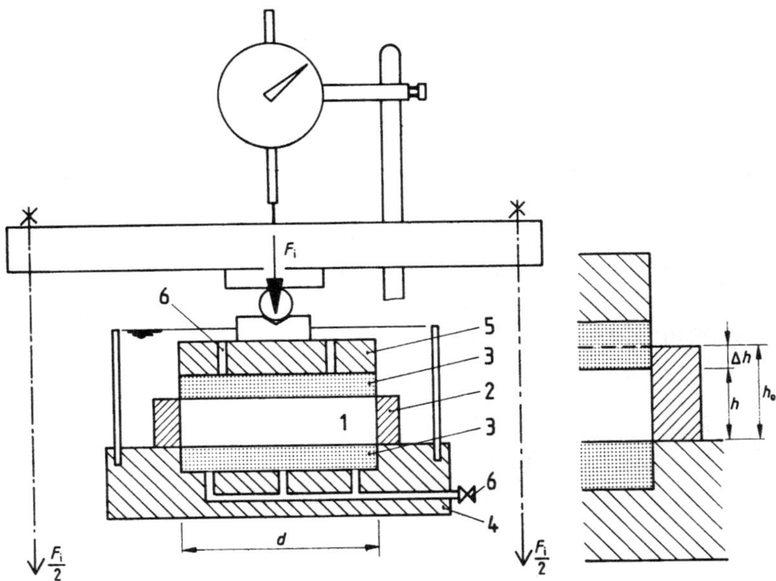

1 scheibenförmige Bodenprobe
2 Probeneinspannring
3 Filterplatten
4 starre Grundplatte
5 starre Druckplatte
6 Be- und Entwässerung

d Probendurchmesser
F_i axiale Druckkraft der Laststufe i
h_0 Anfangsprobenhöhe
Δh erreichte Zusammendrückung der Probe

Abb. 5-26 Schema eines Kompressionsgeräts mit starrer Druckplatte, zentrischer Lasteintragung und feststehendem Ring (aus ÖNORM B 4420 [L 131])

Ihre Auftragung liefert eine girlandenförmige Zeit-Zusammendrückungs-Kurve, aus der sich, durch Zuordnung der Endzusammendrückungsgrößen s'_1, s'_2, ... der einzelnen Laststritte zu den zugehörigen Belastungsgrößen σ'_1, σ'_2, ..., die entsprechende Druck-Zusammendrückungs-Kurve (Abb. 5-27) des Versuchs ergibt.

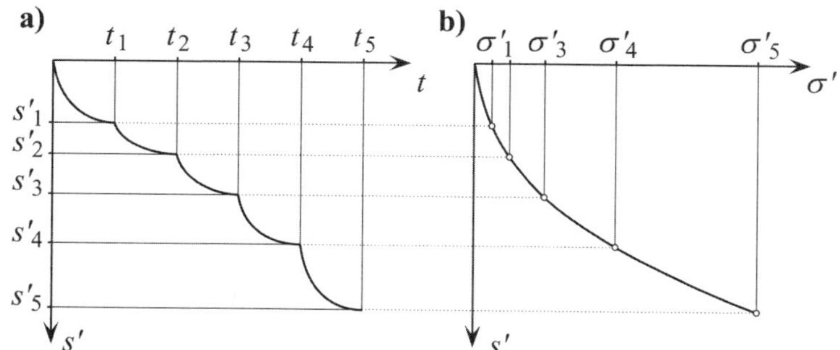

Abb. 5-27 Ergebnisschema eines Kompressionsversuchs mit fünf Laststufen und bindigem Boden
a) Zeit-Zusammendrückungs-Kurve
b) Druck-Zusammendrückungs-Kurve

Mit dem Zuwachs der effektiven Spannungen

$$\Delta\sigma'_i = \sigma'_i - \sigma'_{i-1} \quad \text{Gl. 5-73}$$

und der Gesamtzusammendrückung Δh_i der Probe in der i-ten Laststufe ergibt sich die bezogene Zusammendrückung (Stauchung) der Probe in dieser Laststufe

$$\Delta s'_i(\sigma'_{i-1}, \Delta\sigma'_i) = \frac{\Delta h_i(\sigma'_{i-1}, \Delta\sigma'_i)}{h_0} = \frac{s_i(\sigma'_{i-1}, \Delta\sigma'_i)}{h_0} = \frac{\Delta s_i}{h_0} \quad \text{Gl. 5-74}$$

und damit der Wert für die bezogene Zusammendrückung der Probe am Ende der j-ten Laststufe

$$s'_j(\sigma'_j) = \sum_{i=1}^{j} \Delta s'_i(\sigma'_{i-1}, \Delta\sigma'_i) = \sum_{i=1}^{j} \frac{\Delta s_i}{h_0} = \frac{s_j}{h_0} \quad \text{Gl. 5-75}$$

5.10.3 Steifemodul

Der Steifemodul E_s von Böden ist ein Maß für deren einaxiale Zusammendrückbarkeit. Ein Boden mit geringer Zusammendrückbarkeit besitzt einen zahlenmäßig großen Steifemodul.

Bei der Definition von E_s ist zwischen dem zu einer Spannung σ' gehörenden Tangentenmodul und dem zu einem Spannungsbereich σ' gehörenden Sekantenmodul zu unterscheiden.

Wenn ein Probekörper der Höhe h_0 durch eine aufgebrachte effektive Normalspannung σ'_1 um das Maß s_1 zusammengedrückt, ergibt sich mit der Stauchung bzw. der auf h_0 bezogenen Zusammendrückung

$$\varepsilon_1 = \frac{s_1}{h_0} = s'_1 \quad \text{Gl. 5-76}$$

als zugehöriger Steifemodul (Sekantenmodul) gemäß Abb. 5-28

$$E_{s1} = E_s(\sigma'_1) = \frac{\sigma'_1}{\varepsilon_1} = \frac{\sigma'_1}{s'_1} = \tan\beta_{S1} \qquad \text{Gl. 5-77}$$

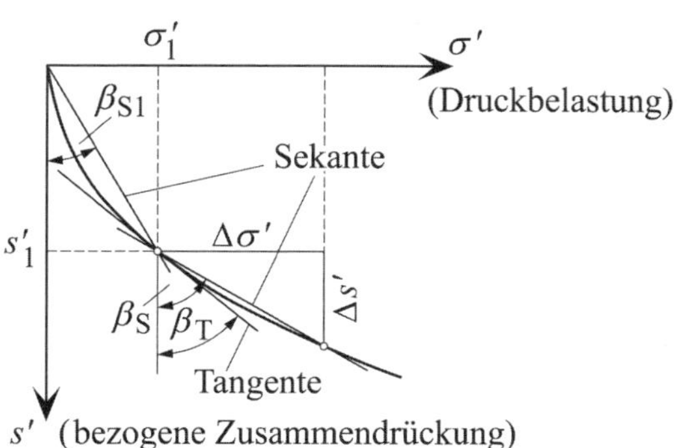

Abb. 5-28 Druck-Zusammendrückungs-Kurve mit Sekante und Tangente

Eine Erhöhung der effektiven Normalspannung σ'_1 um $\Delta\sigma'$ (Abb. 5-28) führt zu einer weiteren Zusammendrückung Δs. Wird beachtet, dass vor Eintritt der zu Δs gehörenden Stauchung $\Delta\varepsilon$ die Probe die durch die Wirkung von σ'_1 reduzierte Höhe $h_0 - s_1$ aufweist, ergibt sich in Analogie zu Gl. 5-76

$$\Delta\varepsilon = \frac{\Delta s}{h_0 - s_1} = \frac{\dfrac{\Delta s}{h_0}}{1 - \dfrac{s_1}{h_0}} = \frac{\Delta s'}{1 - s'_1} \qquad \text{Gl. 5-78}$$

und für den zu $\Delta\sigma'$ gehörenden Sekantenmodul (siehe Abb. 5-28)

$$E_s = E_s(\Delta\sigma') = \frac{\Delta\sigma'}{\Delta\varepsilon} = \frac{\Delta\sigma' \cdot (h_0 - s_1)}{\Delta s} = \frac{\Delta\sigma'}{\Delta s'} \cdot (1 - s'_1) = \tan\beta_S \cdot (1 - s'_1) \qquad \text{Gl. 5-79}$$

Zur Definition des Tangentenmoduls wird wieder auf Abb. 5-28 verwiesen. Die Erhöhung der effektiven Normalspannung σ'_1 um $\mathrm{d}\sigma'$ führt zu einer weiteren Zusammendrückung $\mathrm{d}s$. Analog zum Fall der Spannungserhöhung um $\Delta\sigma'$, besitzt die Probe wieder die Höhe $h_0 - s_1$. Für die entsprechende Stauchung gilt dann (vgl. Gl. 5-78)

$$\mathrm{d}\varepsilon = \frac{\mathrm{d}s}{h_0 - s_1} = \frac{\dfrac{\mathrm{d}s}{h_0}}{1 - \dfrac{s_1}{h_0}} = \frac{\mathrm{d}s'}{1 - s'_1} \qquad \text{Gl. 5-80}$$

und für den Tangentenmodul

$$E_s = E_s(\sigma'_1) = \frac{\mathrm{d}\sigma'}{\mathrm{d}\varepsilon} = \frac{\mathrm{d}\sigma' \cdot (h_0 - s_1)}{\mathrm{d}s} = \frac{\mathrm{d}\sigma'}{\mathrm{d}s'} \cdot (1 - s'_1) = \tan\beta_T \cdot (1 - s'_1) \qquad \text{Gl. 5-81}$$

Tabelle 5-21 Charakteristische Bodenkenngrößen (Erfahrungswerte) (Auszug aus EAU 2012, Tabelle E 9-1 [L 110])

Bodenart	Bodengruppe nach DIN 18196	Sondierspitzenwiderstand q_c	Konsistenz (Ausgangszustand)	Wichte		Steifemodul $E_s = v_e \cdot \sigma_{at} \cdot (\sigma/\sigma_{at})^{we}$		Scherparameter des Bodens		
								dräniert		undräniert
				γ_k	γ'_k	v_e	w_e	φ'_k	c'_k	$c_{u,k}$
		MN/m²		kN/m³	kN/m³			Grad	kN/m²	kN/m²
Kies	GE	< 7,5 7,5 – 15,0 > 15,0		16,0 17,0 18,0	8,5 9,5 10,5	400 900	0,60 0,40	30,0 – 32,5 32,5 – 37,5 35,0 – 40,0		
	GW, WI $6 \leq C_U \leq 15$	< 7,5 7,5 – 15,0 > 15,0		16,5 18,0 19,5	9,0 10,5 12,0	400 1 100	0,70 0,50	30,0 – 32,5 32,5 – 37,5 35,0 – 40,0		
	GW, GI $C_U > 15$	< 7,5 7,5 – 15,0 > 15,0		17,0 19,0 21,0	9,5 11,5 13,5	400 1 200	0,70 0,50	30,0 – 32,5 32,5 – 37,5 35,0 – 40,0		
Sand (Grobsand)	SE	< 7,5 7,5 – 15,0 > 15,0		16,0 17,0 18,0	8,5 9,5 10,5	250 475 700	0,75 0,60 0,55	30,0 – 32,5 32,5 – 37,5 35,0 – 40,0		
Sand (Feinsand)	SE	< 7,5 7,5 – 15,0 > 15,0		16,0 17,0 18,0	8,5 9,5 10,5	150 225 300	0,75 0,65 0,60	30,0 – 32,5 32,5 – 37,5 35,0 – 40,0		
Sand	SW, SI $6 \leq C_U \leq 15$	< 7,5 7,5 – 15,0 > 15,0		16,5 18,0 19,5	9,0 10,5 12,0	200 400 600	0,70 0,60 0,55	30,0 – 32,5 32,5 – 37,5 35,0 – 40,0		
	SW, SI $C_U > 15$	< 7,5 7,5 – 15,0 > 15,0		17,0 19,0 21,0	9,5 11,5 13,5	200 400 600	0,70 0,60 0,55	30,0 – 32,5 32,5 – 37,5 35,0 – 40,0		
bindige Böden	UL		weich steif halbfest	17,5 18,5 19,5	9,0 10,0 11,0	40 110	0,80 0,60	27,5 – 32,5	0 2 – 5 5 – 10	5 – 60 20 – 150 50 – 300
	UM		weich steif halbfest	16,5 18,0 19,5	8,5 9,5 10,5	30 70	0,90 0,70	25,0 – 30,0	0 5 – 10 10 – 15	5 – 60 20 – 150 50 – 300
	TL		weich steif halbfest	19,0 20,0 21,0	9,0 10,0 11,0	20 50	1,00 0,90	25,0 – 30,0	0 5 – 10 10 – 15	5 – 60 20 – 150 50 – 300
	TM		weich steif halbfest	18,5 19,5 20,5	8,5 9,5 10,5	10 30	1,00 0,95	22,5 – 27,5	5 – 10 10 – 15 15 – 20	5 – 60 20 – 150 50 – 300
	TA		weich steif halbfest	17,5 18,5 19,5	7,5 8,5 9,5	6 20	1,00 1,00	20,0 – 25,0	5 – 15 10 – 20 15 – 25	5 – 60 20 – 150 50 – 300

Hinweise zum Steifemodul E_s:

1) Die Angaben für den Steifemodul gelten für Erstbelastungen des Bodens.
2) Die Größen v_e (Steifebeiwert) und w_e sind empirisch gefundene Parameter, σ_{at} ist der mit 100 kN/m² anzusetzende Atmosphärendruck.
3) Bei Wiederbelastung sind die v_e-Größen bis zum 10-Fachen höher und w_e geht gegen 1.

Nach [L 116], Kapitel 1.3 darf in Fällen kleiner s'_1-Werte der Faktor $(1 - s'_1)$ in Gl. 5-79 und Gl. 5-81 unberücksichtigt bleiben. Generell gilt aber, dass dies zu größeren Werten der Steifemodule und damit zu einer steiferen Einstufung des Bodens führt.

In Tabelle 5-21 sind Rechenwerte für Steifemodulgrößen nichtbindiger und bindiger Böden zusammengestellt. Die Tabelle beinhaltet außerdem entsprechende Angaben für die Wichte sowie den Reibungswinkel und die Kohäsion des dränierten und undränierten Bodens.

Anwendungsbeispiel

Bei einem Kompressionsversuch mit einer Probe aus steifem Mergel, deren Durchmesser 71,5 mm und deren Anfangshöhe $h_0 = 20$ mm betrug, wurden als Endzusammendrückungen

$s_1 = 0{,}18$ mm bei $\sigma_1 = 25$ kN/m²

$s_2 = 0{,}30$ mm bei $\sigma_2 = 50$ kN/m²

$s_3 = 0{,}47$ mm bei $\sigma_3 = 100$ kN/m²

$s_4 = 0{,}67$ mm bei $\sigma_4 = 200$ kN/m²

$s_5 = 0{,}91$ mm bei $\sigma_5 = 400$ kN/m²

für die angegebenen aufgebrachten Spannungen gemessen.

Die Druck-Zusammendrückungs-Kurve, die zu diesen Werten des untersuchten Bodens gehört, ist grafisch darzustellen. Unter Benutzung dieser Grafik ist die für den Spannungsbereich

$$\sigma'_1 = 75 \text{ kN/m}^2 \leq \sigma' \leq 300 \text{ kN/m}^2 = \sigma'_2$$

sich ergebende Größe des Steifemoduls in Form des entsprechenden Sekantenmoduls zu ermitteln.

Lösung

Mit den in der Aufgabenstellung angegebenen Endsetzungswerten und der Probendicke ergeben sich als bezogene Zusammendrückungen (Gl. 5-72)

$$s'_1 = \frac{s_1}{h_0} = \frac{0{,}18}{20} = 0{,}0090$$

$$s'_2 = \frac{s_2}{h_0} = \frac{0{,}30}{20} = 0{,}0150$$

$$s'_3 = \frac{s_3}{h_0} = \frac{0{,}47}{20} = 0{,}0235$$

$$s'_4 = \frac{s_4}{h_0} = \frac{0{,}67}{20} = 0{,}0335$$

$$s'_5 = \frac{s_5}{h_0} = \frac{0{,}91}{20} = 0{,}0455$$

Mit diesen Werten und den zugehörigen Spannungen lässt sich die Druck-Zusammendrückungs-Kurve des Versuchs darstellen (Abb. 5-29).

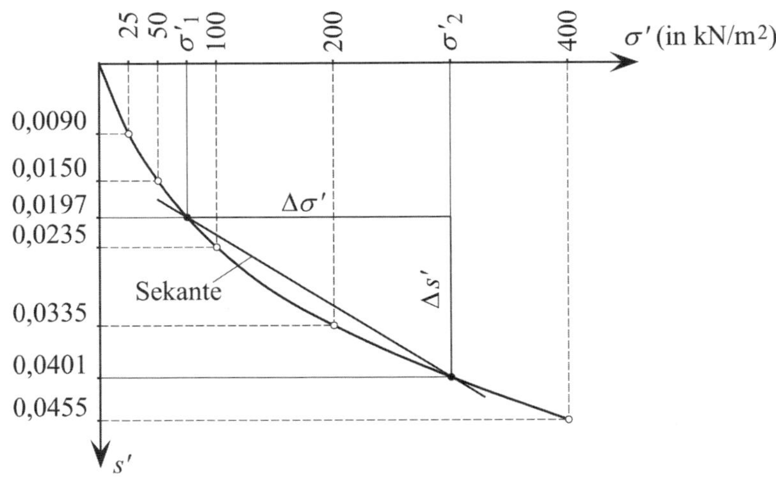

Abb. 5-29 Druck-Zusammendrückungs-Kurve mit der Sekantenlage für den gewählten Spannungsbereich und den zugehörigen $\Delta\sigma'$- und $\Delta s'$-Werten

Aus Abb. 5-29 lassen sich die zu den Spannungen σ'_1 und σ'_2 gehörenden bezogenen Zusammendrückungen

$$s'_{\sigma'_1} = 0{,}0197 \qquad \text{und} \qquad s'_{\sigma'_2} = 0{,}0401$$

ablesen. Mit deren Differenz

$$\Delta s' = 0{,}0401 - 0{,}0197 = 0{,}0204$$

ergibt sich als Größe des für den Spannungsbereich $\sigma'_1 \leq \sigma' \leq \sigma'_2$ gesuchten Steifemoduls des Mergels (Sekantenmodul, vgl. Gl. 5-79)

$$E_s = \frac{\Delta\sigma'}{\Delta s'} \cdot (1 - s'_{\sigma'_1}) = \frac{300 - 75}{0{,}0204} \cdot (1 - 0{,}0197) = 10812 \text{ kN/m}^2 = 10{,}081 \text{ MN/m}^2$$

5.10.4 Modellgesetz für Setzungszeiten

Zur Übertragung der Konsolidationszusammendrückungszeit t_1 des Versuchs auf die zu erwartende Konsolidationszusammendrückungszeit t_2 (auch Konsolidationssetzungszeit genannt) einer im Baugrund vorhandenen Bodenschicht dient die Modellformel

$$\frac{t_1}{t_2} = \frac{h_1^2}{h_2^2} \quad \Rightarrow \quad t_2 = t_1 \cdot \frac{h_2^2}{h_1^2} \qquad \text{Gl. 5-82}$$

Die in Gl. 5-82 verwendeten h-Größen sind

- $h_1 =$ Anfangsdicke der beim Versuch verwendeten Bodenprobe
- $h_2 =$ Anfangsdicke der im Baugrund vorhandenen Schicht bei Entwässerung nach oben *und* unten
  = Zweifaches der Anfangsdicke der im Baugrund vorhandenen Schicht bei Entwässerung nach oben *oder* unten

Anwendungsbeispiel

Bei einem Kompressionsversuch wurde eine 3,9 cm dicke Bodenprobe aus einer nur nach oben entwässernden Baugrundschicht untersucht. Die Konsolidationszeit beim Versuch betrug 7,5 Stunden.

Wie dick ist die Baugrundschicht, wenn durch Messungen am Bauwerk als Konsolidationszeit dieser Schicht 12 000 Stunden ermittelt wurden?

Lösung

Gemäß Gl. 5-82 gilt die Beziehung

$$\frac{t_1}{t_2} = \frac{h_1^2}{h_2^2}$$

aus der sich für die Dicke der Baugrundschicht die Größe

$$h_2 = \sqrt{h_1^2 \cdot \frac{t_2}{t_1}} = \sqrt{3{,}9^2 \cdot \frac{12\,000}{7{,}5}} = 156 \text{ cm}$$

ergibt.

Dieser Wert gehört, gemäß der Modellbetrachtung, zu einer Schicht, die wie die Probe nach oben und unten entwässert. Da die Entwässerung der Baugrundschicht allerdings nur nach oben möglich ist, beträgt deren Dicke

$$h = \frac{h_2}{2} = \frac{156}{2} = 78 \text{ cm}$$

5.10.5 Aufgaben mit Lösungen

Aufgabe 5-64 (Lösung Seite 134)

Die Auswertung eines Kompressionsversuchs mit einer Probe aus bindigem Boden lieferte für den Druckspannungsbereich $0 \le \sigma' \le 0{,}6$ MN/m² den mit der zugehörigen Sekante ermittelten Steifemodul $E_s = 5$ MN/m² (Sekantenmodul).

Um wie viel mm hat sich die am Anfang des Versuches 1,8 cm hohe Probe zusammengedrückt, nachdem die Belastung $\sigma' = 0{,}6$ MN/m² aufgebracht wurde und der konsolidierte Zustand eingetreten war?

Aufgabe 5-65

Aus Aufschlussbohrungen geht hervor, dass 2 m unter der Fundamentsohle eines geplanten Bauwerkes eine 3 m dicke Schicht aus wassergesättigtem Ton ansteht, die sowohl nach oben als auch nach unten entwässern kann.

Mit entsprechender Begründung ist anzugeben, um welchen Faktor sich die zu erwartende Konsolidationszeit der zu der Tonschicht gehörenden Setzungsanteile verändern würde, wenn die Tonschicht nicht nach oben und unten, sondern nur nach unten entwässern könnte!

Aufgabe 5-66 (Lösung Seite 135)

Die Auswertung eines Kompressionsversuchs mit einer Probe aus bindigem Boden lieferte für den Druckspannungsbereich $0 \le \sigma' \le 0{,}7$ MN/m² den mit der zugehörigen Sekante ermittelten Steifemodul $E_s = 5$ MN/m².

Zu ermitteln ist die Probenhöhe bei Versuchsbeginn unter der Voraussetzung, dass sich die Probe um 2,52 mm zusammengedrückt hat, nachdem die Belastung $\sigma' = 0{,}7$ MN/m² aufgebracht wurde und der konsolidierte Zustand eingetreten war.

Lösung zu Aufgabe 5-64 (Aufgabenstellung Seite 133)

Mit Gl. 5-77, Gl. 5-72 und Gl. 5-75 gelten für den Sekantenmodul

$$E_s = \frac{\Delta\sigma'}{\Delta s'} = \frac{\Delta\sigma'}{\frac{\Delta h}{h_0}} = \frac{\Delta\sigma'}{\frac{s}{h_0}}$$

Damit ergeben sich als bezogene Zusammendrückung (Stauchung) der Probe

$$\Delta s' = \frac{\Delta\sigma'}{E_s} = \frac{0{,}6}{5} = 0{,}12$$

und als Zusammendrückung der am Versuchsanfang $h_0 = 1{,}8$ cm $= 18$ mm hohen Probe

$$\Delta h = s = \Delta s' \cdot h_0 = 0{,}12 \cdot 18 = 2{,}16 \text{ mm}$$

Lösung zu Aufgabe 5-65

Unter der Voraussetzung gleicher Entwässerungsverhältnisse gilt nach der Modellformel zur Übertragung der Konsolidationszeit t_1 von Versuchen mit Proben der Dicke h_1 auf die Konsolidationszeit t_2 der im Baugrund tatsächlich vorhandenen Bodenschicht der Dicke h_2 die Beziehung (Gl. 5-82)

$$t_2 = t_1 \cdot \frac{h_2^2}{h_1^2}$$

Da bei Versuchen die Entwässerung nach oben und unten erfolgt, ist die Formel in der angegebenen Form auch nur gültig für im Baugrund tatsächlich vorhandene Bodenschichten, die ebenfalls nach oben und unten entwässern. Im vorliegenden Fall ist die Dicke dieser Bodenschicht mit $h_2 = 3$ m anzusetzen.

Kann die Entwässerung nur nach einer Seite (z. B. nach unten) erfolgen, verdoppelt sich im Mittel die Länge der Entwässerungswege aller Bodenteilchen, was in der Formel durch den Ansatz der doppelten Dicke der tatsächlich vorhandenen Bodenschicht und damit durch $h_2 = 6$ m erfasst wird. Da h_2 in der Formel einen quadratischen Ausdruck darstellt, erhöht sich die zu erwartende Konsolidationszeit auf das Vierfache gemäß der Berechnung

$$t_{2\,\mathrm{o+u}} = t_1 \cdot \frac{3^2}{h_1^2} = 9 \cdot \frac{t_1}{h_1^2}$$

$$t_{2\,\mathrm{u}} = t_1 \cdot \frac{6^2}{h_1^2} = 36 \cdot \frac{t_1}{h_1^2}$$

$$\frac{t_{2\,\mathrm{u}}}{t_{2\,\mathrm{o+u}}} = \frac{36}{9} = 4$$

Lösung zu Aufgabe 5-66 (Aufgabenstellung Seite 134)

Mit Gl. 5-77, Gl. 5-72 und Gl. 5-75 gelten für den Sekantenmodul

$$E_\mathrm{s} = \frac{\Delta\sigma'}{\Delta s'} = \frac{\Delta\sigma'}{\dfrac{\Delta h}{h_0}} = \frac{\Delta\sigma'}{\dfrac{s}{h_0}}$$

Damit ergibt sich für die Belastung $\Delta\sigma' = \sigma' = 0{,}7$ MN/m² die bezogene Zusammendrückung (Stauchung) der Probe

$$\Delta s' = \frac{\Delta\sigma'}{E_\mathrm{s}} = \frac{0{,}7}{5} = 0{,}14$$

Das Einsetzen in die Beziehung

$$\Delta s' = \frac{\Delta h}{h_0} = \frac{s}{h_0} = 0{,}14$$

liefert die gesuchte Anfangsprobenhöhe

$$h_0 = \frac{\Delta h}{0{,}14} = \frac{2{,}52}{0{,}14} = 18\ \mathrm{mm}$$

5.11 Scherfestigkeit

5.11.1 Allgemeines

Die Scherfestigkeit von Böden hängt ab von der Normalspannungsgröße an den Kontaktpunkten der einzelnen Mineralkörner und von der Kohäsion, die auf der Wirkung des hygroskopischen Wassers beruht. Sie hat z. B. großen Einfluss auf die Standsicherheit von Böschungen und Geländesprüngen und kann beim Versagen z. B. in einer ebenen „Gleitfläche" („Gleit-" bzw. „Scherfuge") überschritten werden (Abb. 5-30).

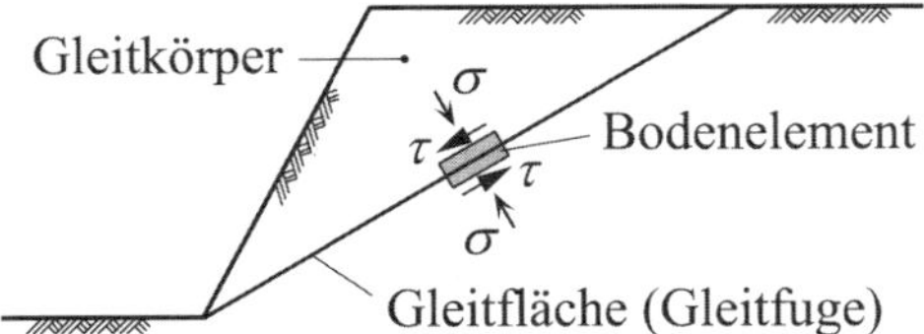

Abb. 5-30 Böschung mit Gleitkörper (möglicher Versagensmechanismus bei Überschreitung der Scherfestigkeit des Bodens)

5.11.2 Begriffe nach DIN 18137-1

Porenwasserdruck u (in kN/m²): Druck des freien Porenwassers.

Totale Normalspannung σ (in kN/m²): Vom Porenwasser und dem Korngerüst aufgenommene Normalspannung (Abschnitt 6.4.2).

Effektive (wirksame) Normalspannung σ' (in kN/m²): Allein vom Korngerüst getragene Normalspannung (Abschnitt 6.4.2) mit

$$\sigma' = \sigma - u \qquad \text{Gl. 5-83}$$

Effektive Schubspannung τ (in kN/m²): Allein vom Korngerüst getragene Schubspannung. Sie ist identisch mit der totalen Schubspannung τ, da Wasser keine Schubspannungen aufnehmen kann.

Grenzbedingung: diejenige Gleichung der Spannungskomponenten, durch welche die von einem Bodenkörper aufnehmbaren Spannungen begrenzt werden.

Grenzzustand: Zustand der Spannungen und Dehnungsänderungen des Bodens, in welchem die Spannungen die Grenzbedingung erfüllen.

Plastisches Versagen: Anwachsen (unbegrenzt) der Verformungen in einem Grenzzustand.

Zonenbruch: plastisches Versagen bei kontinuierlicher Verformung einer räumlichen Zone.

Scherfuge: dünner, flächenhafter Bereich, in welchem Scherverformungen beim plastischen Versagen konzentriert stattfinden.

Scherfestigkeit τ_f (in kN/m²): In einer Scherfuge im Grenzzustand auftretende Schubspannung.

Scherversuch: Versuch zur Bestimmung der Scherfestigkeit bzw. des Grenzzustands eines Probekörpers durch kontrollierte Einwirkung von Spannungen und/oder Verschiebungen.

Reibungswinkel φ bzw. φ' (in °): Neigungswinkel einer als Gerade dargestellten Grenzbedingung in einem (τ, σ)- bzw. einem (τ, σ')-Diagramm (bei gleichen Maßstäben für die Abszisse σ bzw. σ' und die Ordinate τ).

Kohäsion c bzw. c' (in kN/m²): Ordinatenabschnitt auf der τ-Achse der als Gerade dargestellten Grenzbedingung in einem (τ, σ)- bzw. einem (τ, σ')-Diagramm.

Grenzbedingung nach COULOMB: in der Regel für Scherfugen geltende lineare Beziehung

$$\tau_f = c' + \sigma' \cdot \tan \varphi' \qquad \text{Gl. 5-84}$$

mit der effektiven Normalspannung σ' auf die Scherfuge und der Schubspannung τ_f in der Scherfuge im Grenzzustand.

Grenzbedingung nach MOHR-COULOMB: in der Regel für Zonenbrüche geltende gerade Umhüllende der MOHR'schen σ_1, σ_3- bzw. σ'_1, σ'_3-Spannungskreise im Grenzzustand. Die Gleichung der Grenzbedingung lautet für die effektiven Spannungen

$$\frac{\sigma_1 - \sigma_3}{\sigma'_1 + \sigma'_3} = \frac{2 \cdot c' \cdot \cos \varphi'}{\sigma'_1 + \sigma'_3} + \sin \varphi' \qquad \text{Gl. 5-85}$$

und für die totalen Spannungen

$$\frac{\sigma_1 - \sigma_3}{\sigma_1 + \sigma_3} = \frac{2 \cdot c_u \cdot \cos \varphi_u}{\sigma_1 + \sigma_3} + \sin \varphi_u \qquad \text{Gl. 5-86}$$

Konsolidation (*Konsolidierung*): Änderung von Porenzahl e (Porenanteil n) und Wassergehalt w eines Bodens infolge einer Änderung der effektiven Spannungen. Die Zunahme von e und w wird auch „Schwellung" genannt. Wassergesättigte Böden konsolidieren nach einer Erhöhung bzw. schwellen nach einer Verminderung der totalen Spannungen unter Ab- bzw. Zunahme des Porenwasserdrucks.

Konsolidationsspannung: effektiver Spannungszustand (σ'_1, σ'_2, σ'_3) bei abgeschlossener Konsolidation.

Normalkonsolidiert: Konsolidation für effektiven anisotropen Spannungszustand (isotroper Spannungszustand ist mit $\sigma'_1 = \sigma'_2 = \sigma'_3$ ein Sonderfall) mit der effektiven Vergleichsspannung

$$\sigma'_V = \frac{\sigma'_1 + \sigma'_2 + \sigma'_3}{3} \qquad \text{Gl. 5-87}$$

wenn der Boden niemals zuvor einem effektiven Spannungszustand mit der Vergleichsspannung max $\sigma'_V > \sigma'_V$ ausgesetzt war.

Überkonsolidiert (*überverdichtet*): Konsolidation für effektiven anisotropen Spannungszustand (isotroper Spannungszustand ist mit $\sigma'_1 = \sigma'_2 = \sigma'_3$ ein Sonderfall) mit der effektiven Vergleichsspannung σ'_V, wenn der Boden zuvor einem effektiven Spannungszustand mit der Vergleichsspannung max $\sigma'_0 > \sigma'_V$ ausgesetzt war.

Effektive Scherparameter c' und φ' überkonsolidierter, dränierter, wassergesättigter bindiger Böden: Durch Gl. 5-84 bzw. Gl. 5-85 definierte Größen der geraden Umhüllenden der effektiven Grenzspannungszustände größter Scherfestigkeit von Probekörpern, die unter der Spannung max σ' bzw. unter gleich großen Spannungen max σ'_1, max σ'_2, max σ'_3 und der zugehörigen Vergleichsspannung max σ'_V konsolidiert wurden und anschließend unter verschieden großen Spannungen $\sigma' <$ max σ' bzw. unter σ'_1, σ'_2, σ'_3 mit der Vergleichsspannung $\sigma'_V <$ max σ'_V geschwollen sind.

Totale Scherparameter c_u und φ_u undränierter bindiger Böden: Die Kohäsion c_u und der Reibungswinkel φ_u des undränierten bindigen Bodens sind durch die totale Grenzbedingung nach MOHR-COULOMB (Gl. 5-86) definiert für Probekörper, deren Wassergehalt und Porenzahl vor dem Versuch gleich sind und deren Wassergehalt sich bis zum Erreichen des Grenzzustands nicht ändert.

5.11.3 Rahmenscherversuch

Mit Rahmenschergeräten (Abb. 5-31; siehe auch z. B. DIN 18137-3 [L 57]) werden nach DIN 18137-1 [L 55] „direkte Scherversuche“ durchgeführt, bei denen die Scherkraft T unmittelbar aufgebracht und die Entstehung einer Scherfuge erzwungen wird. Beim Abscheren der Bodenprobe werden Scherspannungen

$$\tau = \frac{T}{A} \qquad \text{Gl. 5-88}$$

aktiviert. Die Größen T und A sind die aufgebrachte Scherkraft und die Anfangsscherfläche (Querschnittsfläche des Scherrahmens) der Bodenprobe. Die Größe dieser Spannungen ist u. a. von der aufgebrachten Normalbelastung N und dem eingeprägten Scherweg x abhängig.

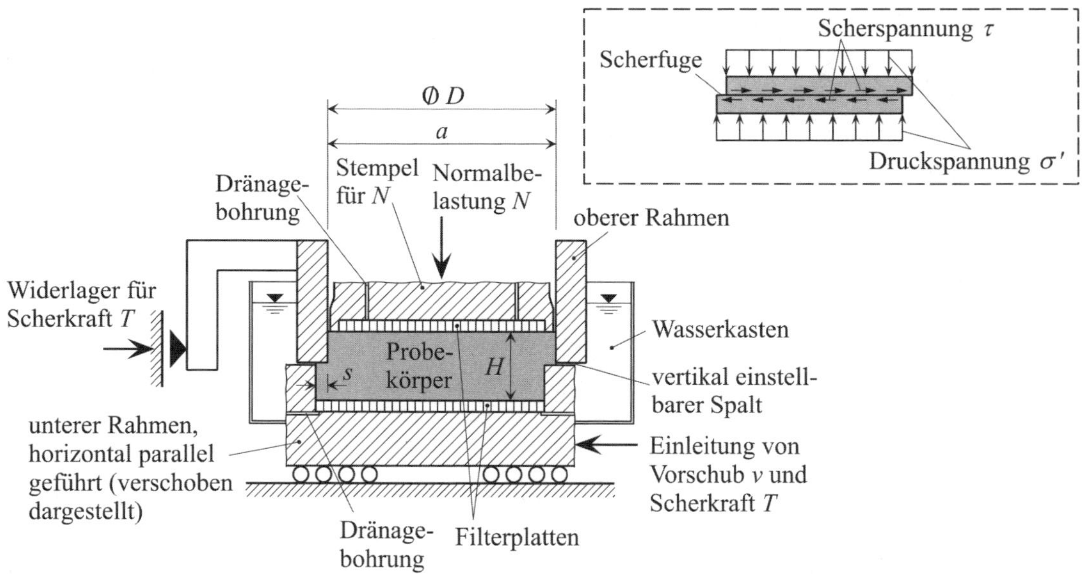

Abb. 5-31 Schema eines Rahmenschergeräts mit verschieblichem unterem Rahmen und ohne Parallelführung des oberen Rahmens und des Normalspannungsstempels (nach DIN 18137-3 [L 57])

Abb. 5-32 zeigt die Ergebnisse von drei Scherversuchen an konsolidierten Proben aus stark schluffigem, schwach tonigem Sand, die mit unterschiedlichen Normalbelastungen N bzw. den sich mit der Anfangsscherfläche A der Bodenproben daraus ergebenden konstanten effektiven Normalspannungen $\sigma'_1 = 50\,\text{kN/m}^2$, $\sigma'_2 = 100\,\text{kN/m}^2$ und $\sigma'_3 = 200\,\text{kN/m}^2$ beansprucht wurden. Darüber hinaus ist die Schergerade (Grenzbedingung nach COULOMB gemäß Gl. 5-84) dargestellt, die mit den drei (τ_f, σ')-Punkten der Versuchsergebnisse als Ausgleichsgerade gewonnen wird.

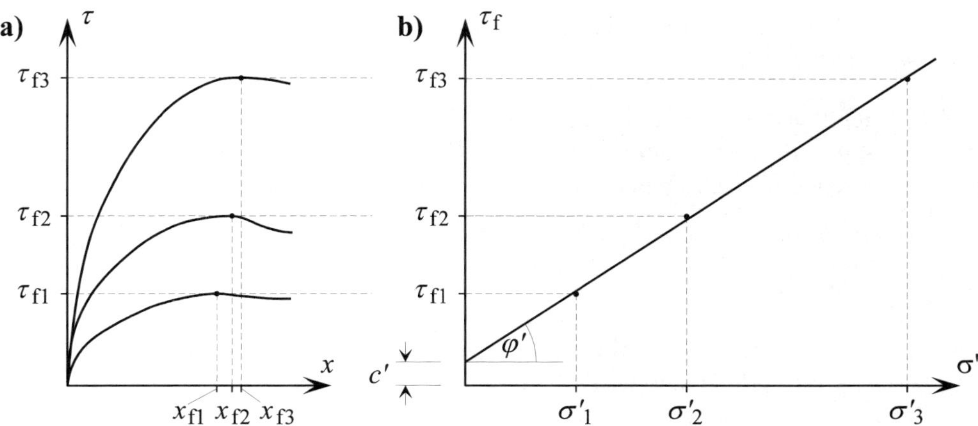

Abb. 5-32 Rahmenscherversuchsergebnisse mit stark schluffigem, schwach tonigem Sand

a) zu den konstanten effektiven Normalspannungen σ'_1, σ'_2 und σ'_3 gehörende und vom eingeprägten Scherweg x abhängige Schubspannungsverläufe mit den Scherfestigkeiten τ_{f1}, τ_{f2} und τ_{f3}

b) (τ_f, σ')-Diagramm mit der Schergeraden (Grenzbedingung nach COULOMB) und den effektiven Scherparametern c' und φ'

5.11.4 Triaxialversuch nach DIN 18137-2

Der zur Bestimmung der Scherfestigkeit von Böden dienende Triaxialversuch („indirekter Scherversuch") gewinnt besondere Bedeutung u. a. durch die Möglichkeit zur Simulation dreidimensionaler Baugrundgegebenheiten im Labor (siehe DIN 18137-2 [L 56]).

Bei dem Versuch werden kreiszylindrische Probekörper in Geräte eingebaut, wie sie in Abb. 5-33 gezeigt sind. Danach werden die zylinderförmigen Druckzellen mit Flüssigkeit gefüllt und Drücke in der Flüssigkeit (Zelldrücke) aufgebaut. Die Abscherung der Bodenproben erfolgt bei unterschiedlichen Zelldrücken σ_3 und zusätzlichen axialen Belastungen, die mit den radialsymmetrischen Normalspannungen σ_3 die axialen Normalspannungen σ_1 ergeben.

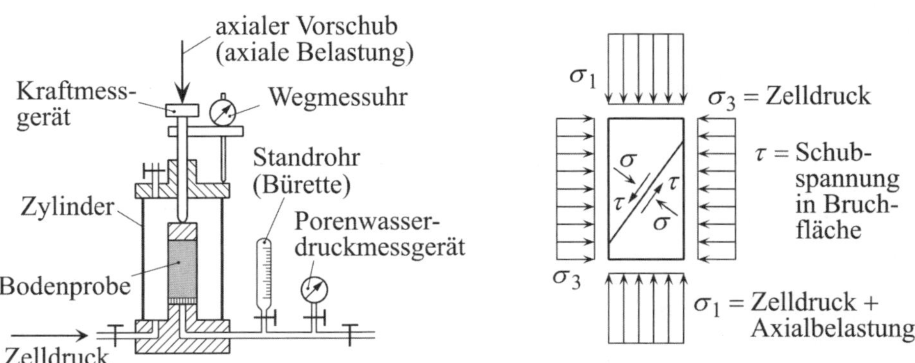

Abb. 5-33 Prinzipskizze eines Triaxialgeräts und der auf die Bodenprobe wirkenden Spannungen

Die zu untersuchenden Bodenproben können beim Abscheren wassergesättigt, nicht wassergesättigt oder trocken sein.

Das Triaxialgerät bietet eine Reihe von Möglichkeiten, die Versuchsbedingungen den tatsächlichen Baugrundgegebenheiten anzupassen. Die mit dem Gerät durchführbaren Versuche werden im Folgenden beschrieben (siehe auch DIN 18137-2 [L 56]).

Konsolidierter, dränierter Versuch (*D-Versuch*): vor dem Abscheren wird die Bodenprobe konsolidiert, danach kann das Probenmaterial Porenwasser unbehindert aufnehmen bzw. abgeben.

Konsolidierter, undränierter Versuch (*CU-Versuch*): vor dem Abscheren wird die Bodenprobe konsolidiert und danach die Aufnahme und Abgabe von Porenwasser der Probe verhindert (dabei ist der auftretende Porenwasserdruck ständig zu messen).

Konsolidierter, dränierter Versuch mit konstant gehaltenem Volumen (*CCV-Versuch*): das Volumen der konsolidierten (entsprechend dem CU-Versuch) und dränierten Probekörper wird beim Abscheren konstant gehalten. Volumenänderungen werden durch die laufende Regelung von mindestens einer totalen Hauptspannung bei konstantem Porenwasserdruck (Sättigungsdruck) verhindert.

Unkonsolidierter, undränierter Versuch (*UU-Versuch*): bei geschlossenem Porenwassersystem wird der bindige Probenkörper zuerst durch einen Anfangszelldruck σ_3 belastet und anschließend durch Steigerung der axialen Normalspannung σ_1 abgeschert.

5.11.5 Auswertung des Triaxialversuchs

Zur Bestimmung von Scher- und Normalspannungen in einer um einen Winkel α gegen die Horizontale geneigten, gedachten Schnittfläche der Bodenprobe kann der MOHR'sche Spannungskreis verwendet werden (Abb. 5-34).

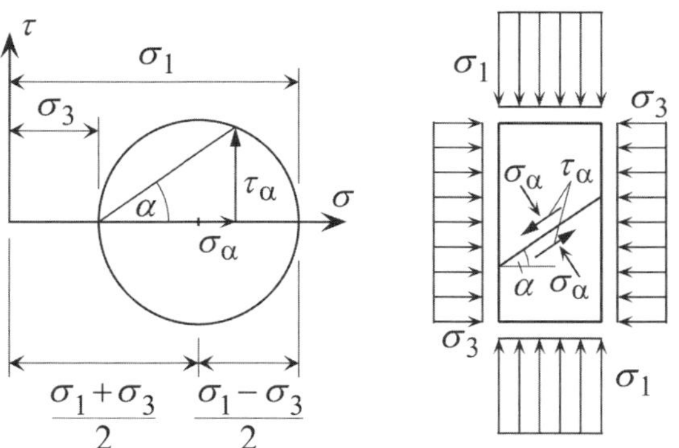

Abb. 5-34 Ermittlung der Normalspannungen σ und der Schubspannungen τ in einer um α geneigten Probenfläche mit Hilfe des MOHR'schen Spannungskreises

Zu der grafischen Ermittlung der senkrecht auf die Schnittfläche wirkenden Normalspannung (totale Spannung σ oder effektive Spannung σ') und der in der Schnittfläche wirkenden Schubspannung τ gehören im Fall totaler Spannungen die Gleichungen

$$\sigma = \frac{\sigma_1 + \sigma_3}{2} + \frac{\sigma_1 - \sigma_3}{2} \cdot \cos 2\alpha$$
$$\tau = \frac{\sigma_1 - \sigma_3}{2} \cdot \sin 2\alpha \qquad \text{Gl. 5-89}$$

wobei der Neigungswinkel α der Schnittflächen im Bereich $0° < \alpha < 90°$ liegen muss. Die Gleichungen gelten in analoger Form auch für effektive Normalspannungen.

Die Anwendung der MOHR'schen Spannungskreisbetrachtung auf die Durchführung von Triaxialversuchen mit konstant gehaltenem Zelldruck σ_3 führt dazu, dass die Steigerung von σ_1 bis zum Bruch der Probe einen Spannungskreis liefert, der die MOHR-COULOMB'sche Grenzbedingung erfüllt. Das Wertepaar (σ, τ_f) der in der Bruchfuge wirkenden Normal- und Schubspannungen muss dann sowohl zum Spannungskreis von MOHR als auch zur Geraden der Grenzbedingung von MOHR-COULOMB gehören. Diese Bedingung erfüllen die zu dem Berührungspunkt der Tangente an den Spannungskreis gehörende Normal- und Schubspannung. Der zu diesem Punkt gehörende Winkel $\alpha = \vartheta$ (Abb. 5-34 und Abb. 5-35) ist der Neigungswinkel (Bruchwinkel) der Scherfläche gegen die Horizontale.

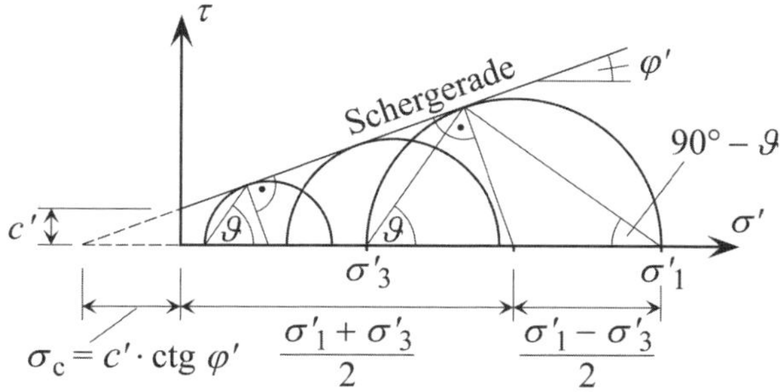

Abb. 5-35 Scherdiagramm für Reibung und Kohäsion (ϑ = Bruchwinkel)

Da die Grenzbedingung von MOHR-COULOMB sich als gerade Umhüllende der mit den Versuchen gewonnenen MOHR'schen σ_1, σ_3- bzw. σ'_1, σ'_3-Spannungen (Spannungskreise) im Grenzzustand ergibt und bei der Durchführung und Auswertung der Versuche immer unvermeidliche Fehler auftreten, ist deren Wirkung auszugleichen. Dies erfolgt dadurch, dass mindestens ein Versuch mehr durchgeführt wird als es zur mathematischen Konstruktion der Schergeraden erforderlich ist (zwei Versuche bzw. Spannungskreise bei kohäsiven und ein Versuch bei kohäsionslosen Böden). Somit stellt die bei der Versuchsauswertung gewonnene Schergerade eine Ausgleichsgerade dar.

Anwendungsbeispiel

Die in der Abb. 5-36 gezeigten MOHR'schen Halbkreise gehören zu den Ergebnissen von zwei unkonsolidierten, undränierten Versuchen (UU-Versuch) mit einem teilgesättigten bindigen Boden.

Unter der Voraussetzung dass die Bruchbedingung von MOHR-COULOMB gilt, sind, unter Verwendung der Abb. 5-36, zu ermitteln

a) die Größe c_u der Kohäsion (in kN/m²),
b) die Größe φ_u des Reibungswinkels (in °),

c) die Größen der Normalspannungen σ und Schubspannungen τ in den Versagensfugen der zwei Proben (in kN/m²),
d) die Neigungswinkel ϑ der beiden Versagensflächen gegenüber der Horizontalen (in °).

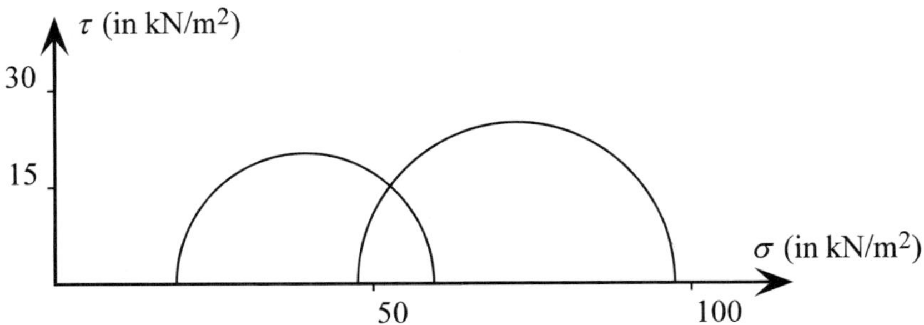

Abb. 5-36 Zu zwei UU-Versuchen gehörende MOHR'sche Halbkreise

Lösung

Mit der Bruchbedingung von MOHR-COULOMB (Abb. 5-35) ergibt sich die in Abb. 5-37 gezeigte Spannungssituation.

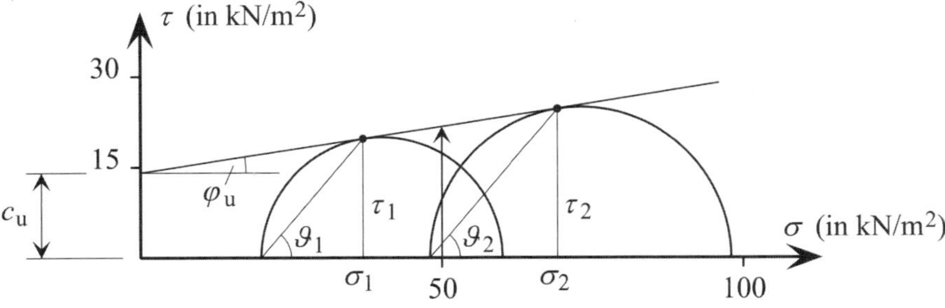

Abb. 5-37 MOHR'sche Halbkreise mit der Schergeraden nach MOHR-COULOMB

Durch Ablesung ergeben sich aus Abb. 5-37 die

a) Größe der Kohäsion $c_u \approx 14{,}1$ kN/m²
b) Größe des Reibungswinkels $\varphi_u \approx 8{,}5°$
c) Größen der Normal- und Schubspannungen in den Versagensfugen der zwei Proben

$\sigma_1 \approx 36{,}3$ kN/m² und $\tau_1 \approx 19{,}8$ kN/m²

$\sigma_2 \approx 68{,}7$ kN/m² und $\tau_2 \approx 24{,}7$ kN/m²

d) Neigungswinkel der beiden Versagensflächen gegenüber der Horizontalen

$\vartheta_1 = \vartheta_2 \approx 49{,}5°$

5.11.6 Aufgaben mit Lösungen

Aufgabe 5-67 (Lösung Seite 145)

Der in Abb. 5-38 gezeigte MOHR'sche Halbkreis gehört zu den Ergebnissen von unkonsolidierten, undränierten Versuchen (UU-Versuchen) mit einem teilgesättigten bindigen Boden. Die Versagensfläche, die sich bei diesem Versuch einstellte, wies gegenüber der Horizontalen den Neigungswinkel $\vartheta = 55°$ auf.

Unter der Voraussetzung, dass die Bruchbedingung von MOHR-COULOMB gilt, sind zu ermitteln (hierzu Abb. 5-38 verwenden)

a) die Größe c_u der Kohäsion (in kN/m²)

b) die Größen der Normalspannungen σ und Schubspannungen τ in der Versagensfuge der Probe (in kN/m²).

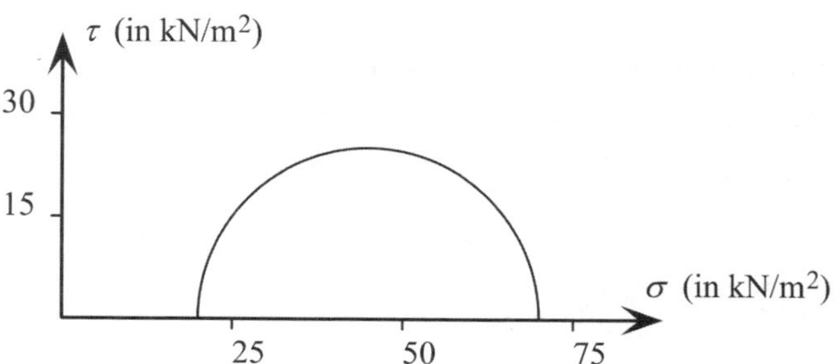

Abb. 5-38 MOHR'scher Halbkreis eines UU-Versuchs

Aufgabe 5-68 (Lösung Seite 145)

Die MOHR'schen Halbkreise aus Abb. 5-39 gehören zu den Ergebnissen zweier unkonsolidierter, undränierter Versuche (UU-Versuch) mit einem teilgesättigten bindigen Boden.

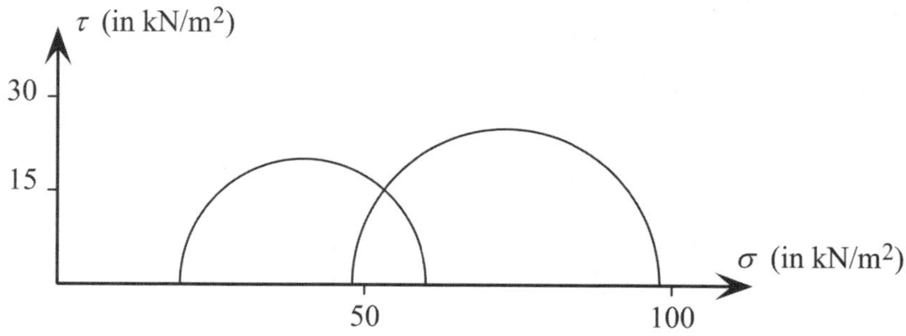

Abb. 5-39 Zu zwei UU-Versuchen gehörende MOHR'sche Halbkreise

Unter der Voraussetzung, dass die Bruchbedingung von MOHR-COULOMB gilt, sind anhand der Abbildung die Größen

a) Reibungswinkel φ_u (in °),

b) Schubspannung τ in den Versagensfuge (in kN/m²),

c) Bruchwinkel ϑ (Neigung der Versagensfläche gegenüber der Horizontalen; in °)

zu ermitteln, die für eine Probe zu erwarten sind, in deren Versagensfuge die Normalspannung $\sigma = 50$ kN/m² auftritt.

Aufgabe 5-69 (Lösung Seite 146)

Es ist anzugeben, bei welchem Triaxialversuch, unter welchen Umständen und aus welchen Gründen sich das in der Abb. 5-40 gezeigte Versuchsergebnis einstellen kann!

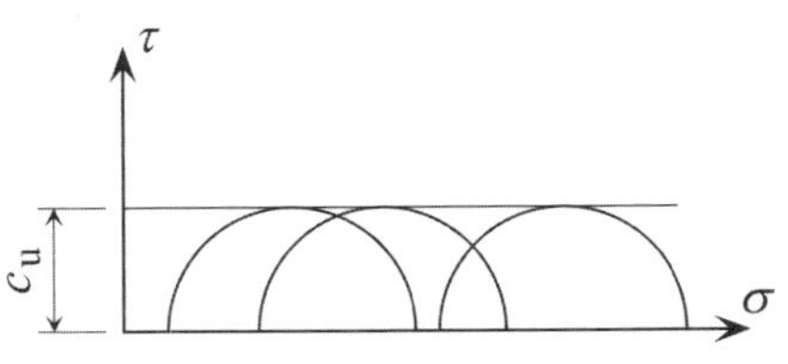

Abb. 5-40 Ergebnis eines Triaxialversuchs mit 3 Teilversuchen

Aufgabe 5-70 (Lösung Seite 146)

Bei einem UU-Versuch mit dem Triaxialgerät ergab die Auswertung der Versuchsergebnisse die in Abb. 5-41 gezeigte Schergerade.

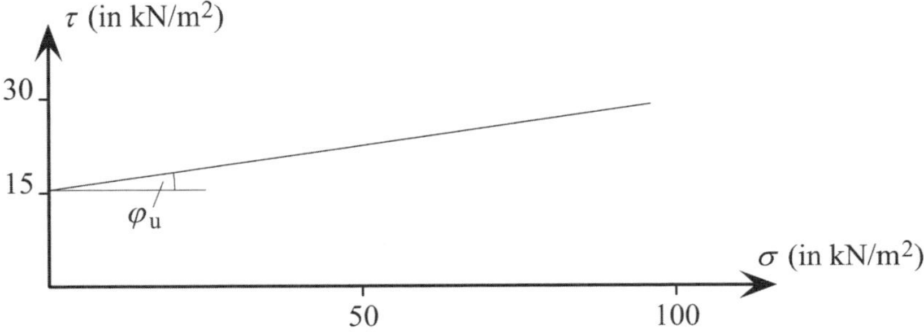

Abb. 5-41 Schergerade eines UU-Versuchs im σ-τ-Diagramm

Anhand der Abbildung sind auf grafischem Wege die Größen σ_1, σ_3, τ und ϑ zu ermitteln, die zu der in der Versagensfuge wirkenden Normalspannung $\sigma = 50\ \text{kN/m}^2$ gehören.

Aufgabe 5-71 (Lösung Seite 147)

Der in Abb. 5-42 gezeigte MOHR'sche Halbkreis gehört zu den Ergebnissen eines unkonsolidierten, undränierten Versuchs (UU-Versuch) mit teilgesättigtem bindigem Boden.

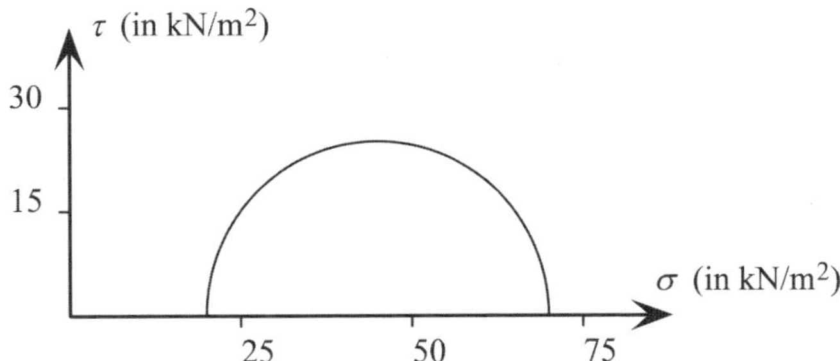

Abb. 5-42 MOHR'scher Halbkreis eines UU-Versuchs

Unter der Voraussetzung, dass

- die Bruchbedingung von MOHR-COULOMB gilt und
- beim Abscheren in einer Versagensfuge die Normalspannung $\sigma = 70\ \text{kN/m}^2$ und die Schubspannung $\tau = 35{,}7\ \text{kN/m}^2$ auftreten

sind anhand der Abbildung

a) der Reibungswinkel φ_u (in °),
b) die Kohäsion c_u (in kN/m²),
c) der Bruchwinkel ϑ (in °)

grafisch zu ermitteln.

Aufgabe 5-72 (Lösung Seite 147)

Für einen im Bruchzustand befindlichen Probekörper im Triaxial-Versuch sind auf grafischem Wege die Größe der Normalspannungen σ und der Schubspannungen τ zu ermitteln, die in einer gegenüber der Horizontalen um den Winkel $\alpha = 30°$ geneigten gedachten Schnittfläche des Probekörpers wirken, wenn

- die zugehörigen Spannungen in der Bruchfläche $\sigma = 25$ kN/m² und $\tau_f = 21{,}9$ kN/m² betragen und
- für die Hauptspannungen $\sigma_1 - \sigma_3 = 56$ kN/m² gilt.

Lösung zu Aufgabe 5-67 (Aufgabenstellung Seite 143)

Mit der Bruchbedingung von MOHR-COULOMB (Abb. 5-35) und der bekannten Neigung $\vartheta = 55°$ der Versagensfläche gegenüber der Horizontalen ergibt sich die in Abb. 5-43 gezeigte Spannungssituation.

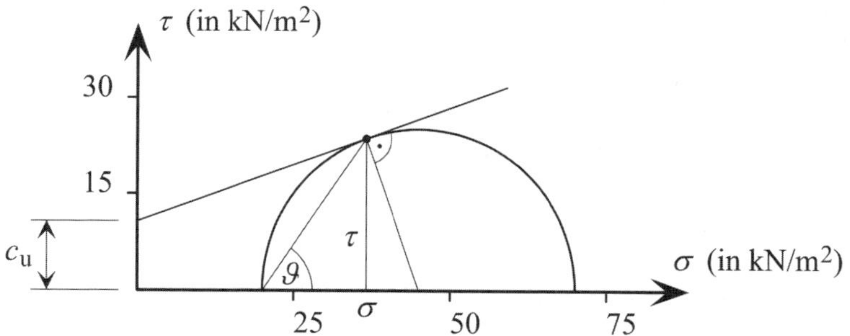

Abb. 5-43 MOHR'scher Halbkreis mit der Schergeraden nach MOHR-COULOMB

Durch Ablesung ergeben sich aus Abb. 5-43 die

a) Größe der Kohäsion $c_u \approx 10{,}6$ kN/m²
b) Größen der Normal- und Schubspannungen in der Versagensfuge der Probe $\sigma \approx 36{,}5$ kN/m² und $\tau \approx 23{,}7$ kN/m²

Lösung zu Aufgabe 5-68 (Aufgabenstellung Seite 143)

Mit der Bruchbedingung von MOHR-COULOMB (Abb. 5-35) und der in der Versagensfuge auftretenden Normalspannung $\sigma = 50$ kN/m² ergibt sich die in Abb. 5-44 gezeigte Spannungssituation.

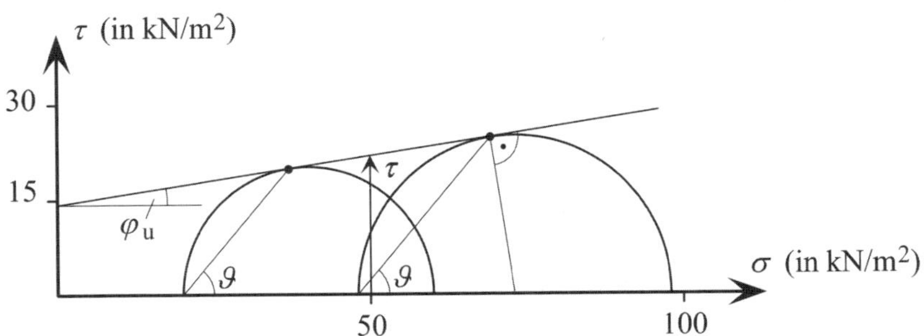

Abb. 5-44 MOHR'sche Halbkreise mit der Schergeraden nach MOHR-COULOMB

Aus Abb. 5-44 lassen sich die Werte für

a) den Reibungswinkel $\varphi_u \approx 8{,}7°$
b) die Schubspannung in der Versagensfuge $\tau_{\sigma = 50\,kN/m^2} \approx 21{,}9\,kN/m^2$
c) den Bruchwinkel (Neigung der Versagensfläche gegenüber der Horizontalen) $\vartheta \approx 49{,}4°$ (da für alle MOHR'schen Kreise gleich, Ermittlung am größeren Kreis)

ablesen.

Lösung zu Aufgabe 5-69 (Aufgabenstellung Seite 144)

Das Versuchsergebnis aus Abb. 5-40 kann beim UU-Versuch gemäß DIN 18137-2 [L 56] eintreten, wenn das Bodenmaterial des Probekörpers bindig ist und bei Versuchsbeginn vollständig wassergesättigt war. Bei Laststeigerung stellt sich in solchen Fällen keine über die Kohäsion des undränierten Bodens c_u hinausgehende Erhöhung der Scherfestigkeit ein, da die Laststeigerung von dem Porenwasser, in Form von Porenwasserüberdruck, nicht aber von dem Korngerüst (durch Erhöhung der effektiven Normalspannung) aufgenommen wird. Die zur Bruchbedingung von MOHR-COULOMB gehörende Schergerade (Tangente an den MOHR'schen Spannungskreis) verläuft dann horizontal (Reibungswinkel $\varphi_u = 0°$).

Lösung zu Aufgabe 5-70 (Aufgabenstellung Seite 144)

Mit der Bruchbedingung von MOHR-COULOMB (Abb. 5-35) und der in der Versagensfuge auftretenden Normalspannung $\sigma = 50\,kN/m^2$ ergibt sich die in Abb. 5-45 gezeigte Spannungssituation.

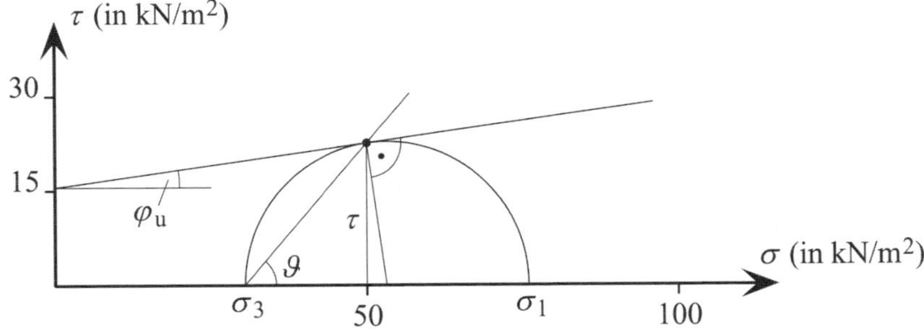

Abb. 5-45 Schergerade nach MOHR-COULOMB mit MOHR'schem Halbkreis

Durch Ablesung aus der Abbildung ergeben sich die gesuchten Größen für die Normalspannungen

$\sigma_1 \approx 75{,}9\ \text{kN/m}^2$ und $\sigma_3 \approx 30{,}4\ \text{kN/m}^2$

für die Schubspannung in der Versagensfuge

$\tau \approx 22{,}5\ \text{kN/m}^2$

sowie für den Bruchwinkel (Neigung der Versagensfläche gegenüber der Horizontalen)

$\vartheta \approx 49°$

Lösung zu Aufgabe 5-71 (Aufgabenstellung Seite 144)

Unter der Voraussetzung, dass die Bruchbedingung von MOHR-COULOMB (Abb. 5-35) gilt und beim Abscheren in einer Versagensfuge die Normalspannung $\sigma = 70\ \text{kN/m}^2$ und die Schubspannung $\tau = 35{,}7\ \text{kN/m}^2$ auftreten, ergibt sich die in Abb. 5-46 gezeigte Spannungssituation.

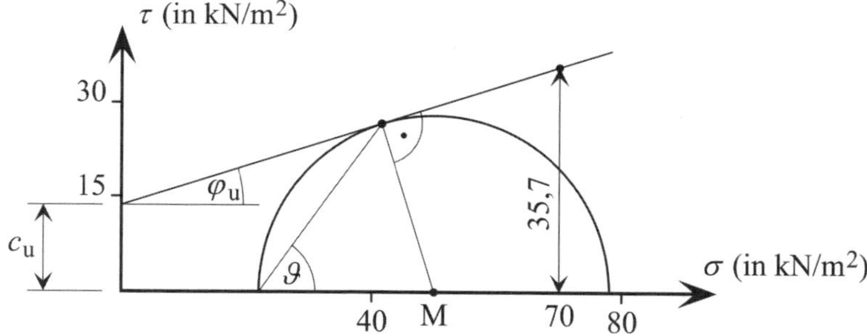

Abb. 5-46 MOHR'scher Halbkreis mit der Schergeraden nach MOHR-COULOMB

Aus der Abbildung lassen sich als Größen ablesen

a) Reibungswinkel $\varphi_u \approx 17{,}5°$
b) Kohäsion $c_u \approx 13{,}6\ \text{kN/m}^2$
c) Bruchwinkel (Neigung der Versagensfläche gegenüber der Horizontalen) $\vartheta \approx 53{,}8°$

Lösung zu Aufgabe 5-72 (Aufgabenstellung Seite 145)

Der zu dem Wertepaar (σ, τ_f) gehörende Punkt im σ-τ-Diagramm liegt auch auf dem zum Bruchzustand gehörenden MOHR'schen Spannungskreis, dessen Durchmesser mit $\sigma_1 - \sigma_3 = 56\ \text{kN/m}^2$ vorgegeben ist. Von dem (σ, τ_f)-Punkt aus kann mit dem Spannungskreisradius $28\ \text{kN/m}^2$ die Lage des auf der σ-Achse liegenden Mittelpunkts M des Spannungskreises ermittelt und damit der Spannungskreis selbst konstruiert werden.

Die Größe der Normalspannung σ und der Schubspannung τ, die in einer gegenüber der Horizontalen um den Winkel $\alpha = 30°$ geneigten gedachten Schnittfläche des Probekörpers wirken, können gemäß Abb. 5-34 grafisch ermittelt werden (siehe Abb. 5-47). Die Ablesung aus der Zeichnung ergibt die Spannungswerte

$$\sigma_{30°} \approx 56{,}4 \text{ kN/m}^2$$

$$\tau_{30°} \approx 24{,}3 \text{ kN/m}^2$$

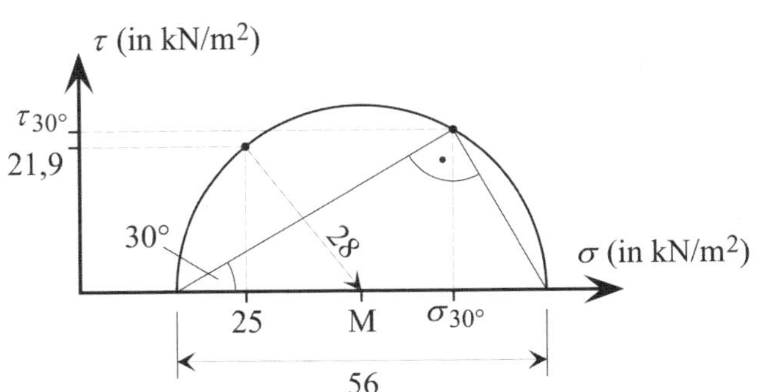

Abb. 5-47 MOHR'scher Spannungskreis mit Spannungspunkt für um 30° geneigte Schnittfläche

5.12 Einaxiale Druckfestigkeit

Die Ermittlung einaxialer Druckfestigkeiten erfolgt vorwiegend im Erd- und Grundbau. Solche Versuche werden mit zylindrischen oder gleich schlanken prismatischen Probekörpern (Höhe beträgt das 2- bis 2,5fache des Durchmessers bzw. der Kantenlänge des Probekörpers) bei unbehinderter Seitendehnung und konstanter Stauchungsgeschwindigkeit durchgeführt. Die Ergebnisse dienen zur Abschätzung der Last-Verformungs-Beziehungen von Lockergesteinen oder auch von Fels.

5.12.1 Definitionen

Maßgeblicher Querschnitt (in mm²): Verhältnis von Probenanfangsvolumen V_a (in mm³) und der sich bei der jeweiligen axialen Prüfkraft F (in N) ergebenden Probenhöhe h (in mm); zur Versuchsauswertung werden der Probenkörperquerschnitt A_a bei Versuchsbeginn und die Probekörperstauchung ε verwendet

$$A = \frac{V_a}{h} = \frac{A_a}{1 - \varepsilon} \qquad \text{Gl. 5-90}$$

Einaxiale Druckspannung (in N/mm²): Verhältnis aus Prüfkraft F und maßgeblichem Querschnitt

$$\sigma = \frac{F}{A} \qquad \text{Gl. 5-91}$$

Einaxiale Druckfestigkeit (in N/mm²): Höchstwert der einaxialen Druckspannung mit

$$q_u = \max \sigma \qquad \text{Gl. 5-92}$$

bzw. die bei der Stauchung $\varepsilon = 20\,\%$ vorhandene einaxiale Druckspannung, wenn sich bis zum Erreichen dieser Stauchung kein Druckspannungshöchstwert ergeben hat

$$q_u = \sigma_{0,2} \qquad \text{Gl. 5-93}$$

5.12.2 Druck-Stauchungsdiagramm

Beim einaxialen Druckversuch werden Probekörper gemäß DIN 18136 [L 54] in einer Werkstoffprüfmaschine axial gestaucht. Da das Probenmaterial über die Druckplatten der Prüfmaschine nicht entwässern kann, entspricht der Versuch einem UU-Versuch ohne Zelldruck.

Mit der während der Versuchsdurchführung gemessenen Prüfkraft F und Probenkörperhöhenänderung Δh sowie der Anfangshöhe h_a ergibt sich die Stauchung

$$\varepsilon = \frac{\Delta h}{h_a} \qquad \text{Gl. 5-94}$$

und die zu F gehörende Höhe $h = h_a - \Delta h$, aus der sich mittels Gl. 5-90 der maßgebliche Querschnitt A und mit Gl. 5-91 die einaxiale Druckspannung σ berechnen lassen.

Mit den zu den verschiedenen F-Werten gehörenden Größen σ und ε lässt sich ein Druck-Stauchungsdiagramm herstellen (Abb. 5-48). Die zur einaxialen Druckfestigkeit q_u gehörende Stauchung ε_u ist die „Bruchstauchung".

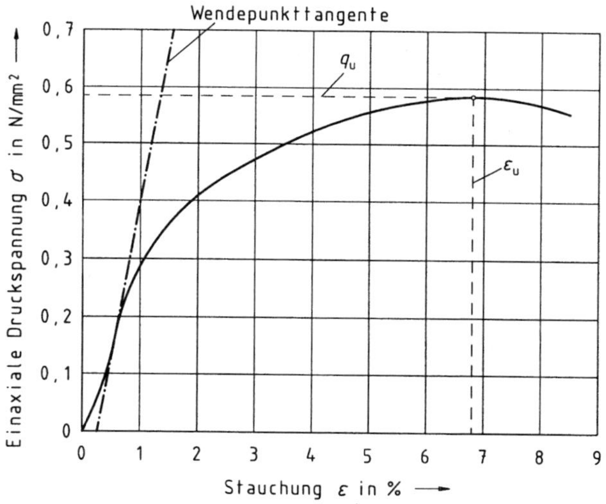

Abb. 5-48 Druck-Stauchungsdiagramm eines Tons (aus DIN 18136 [L 54], Bild 1)

Anhand der Versuchsergebnisse können Elastizitätsmoduln in Form von Sekantenmoduln

$$E = \frac{\Delta \sigma}{\Delta \varepsilon} \qquad \text{Gl. 5-95}$$

oder entsprechenden Tangentenmoduln der Druck-Stauchungsdiagramme ermittelt werden (Abschnitt 5.10.3), von denen der mit der maximalen Tangentenneigung

$$E_u = \max \frac{d\sigma}{d\varepsilon} \qquad \text{Gl. 5-96}$$

als „Modul des einaxialen Druckversuchs" bezeichnet wird.

6 Spannungen und Verzerrungen

6.1 Grundlagen

Belastungen verursachen im Baugrund Spannungen und Verzerrungen. Die Beziehung zwischen beiden Größen wird „Stoffgesetz“ genannt.

6.1.1 Darstellungen

Die Spannungsdarstellung erfolgt in der Regel in kartesischen Koordinaten, bei radialsymmetrischen Problemstellungen aber auch in Zylinderkoordinaten.

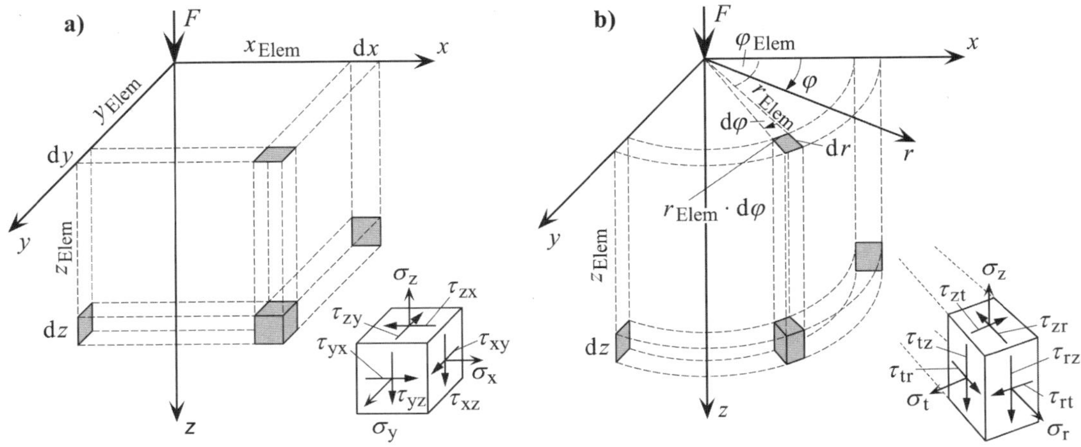

Abb. 6-1 Spannungen im Baugrund (Positivbilder gemäß [L 8])
a) kartesische Koordinaten
b) Zylinderkoordinaten

Die im Baugrund auftretenden Spannungen haben positive Vorzeichen, wenn ihr Richtungssinn mit dem der Spannungen in den Positivbildern von Abb. 6-1 übereinstimmt. Diese Definition steht den in der Bodenmechanik oft benutzten Vorzeichenregeln (Druck ist positiv) entgegen.

Normal- und Schubspannungen bewirken Verzerrungen der Bodenelemente, wie sie Abb. 6-2 für zwei ebene Fälle zeigt. Die Normalspannungen σ verändern das Volumen der Bodenelemente (außer bei inkompressiblem Material), die Schubspannungen τ bewirken hingegen nur eine volumenneutrale Formänderung der Elemente. Für die Dehnungen ε_x und ε_z gelten (Entsprechendes gilt auch für die Dehnung ε_y)

$$\varepsilon_x = -\frac{\Delta x_l + \Delta x_r}{x_E} \quad \text{und} \quad \varepsilon_z = +\frac{\Delta z_o + \Delta z_u}{z_E} \qquad \text{Gl. 6-1}$$

Mit diesen Beziehungen bestimmt sich die Querdehnzahl (auch Querkontraktionszahl) zu

$$\nu = \frac{-\varepsilon_x}{\varepsilon_z} \qquad \text{Gl. 6-2}$$

Der durch die Schubspannungen τ_{xy} und τ_{yx} hervorgerufene vollständige Winkel der „Gleitung" (Winkelverzerrung) beträgt für die x, z-Ebene

$$\gamma_{xy} = \gamma_{xy1} + \gamma_{xy2} = 2 \cdot \varepsilon_{xy} \qquad \text{Gl. 6-3}$$

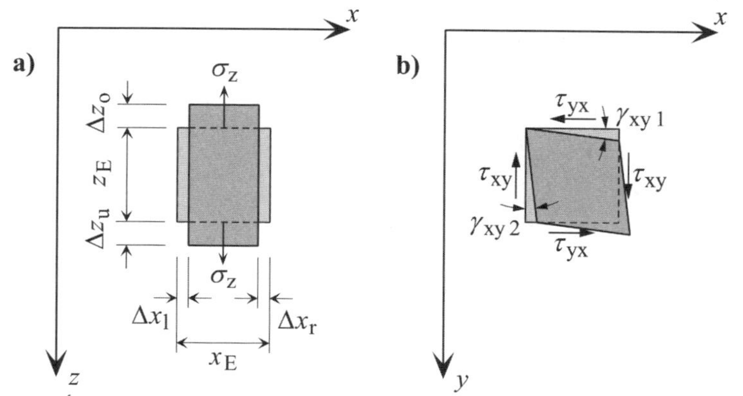

Abb. 6-2 Verzerrungen (in kartesischen Koordinaten)
a) Dehnungen
b) Winkelverzerrungen

6.1.2 Spannungs- und Verzerrungstensor

Beschränkt auf die Angabe der Tensorkoordinaten in Matrizenform und bezogen auf ein kartesisches x, y, z-Koordinatensystem besitzen die vollständige dreidimensionale Koordinatenmatrix **S** des Spannungstensors und die entsprechende Koordinatenmatrix **D** des geometrisch linearisierten Deformationstensors (infinitesimaler Verzerrungstensor) die Form

$$\mathbf{S} = \begin{pmatrix} \sigma_x & \tau_{xy} & \tau_{xz} \\ \tau_{yx} & \sigma_y & \tau_{yz} \\ \tau_{zx} & \tau_{zy} & \sigma_z \end{pmatrix} \qquad \mathbf{D} = \begin{pmatrix} \varepsilon_x & \varepsilon_{xy} & \varepsilon_{xz} \\ \varepsilon_{xy} & \varepsilon_y & \varepsilon_{yz} \\ \varepsilon_{xz} & \varepsilon_{yz} & \varepsilon_z \end{pmatrix} = \frac{1}{2} \cdot \begin{pmatrix} 2 \cdot \varepsilon_x & \gamma_{xy} & \gamma_{xz} \\ \gamma_{xy} & 2 \cdot \varepsilon_y & \gamma_{yz} \\ \gamma_{xz} & \gamma_{yz} & 2 \cdot \varepsilon_z \end{pmatrix} \qquad \text{Gl. 6-4}$$

6.2 Sonderfälle

6.2.1 Hauptspannungen

Zu allen im Baugrund auftretenden Spannungszuständen existiert ein kartesisches Koordinatensystem, zu dem ein Bodenelement gemäß Abb. 6-1 gehört, das nur Normal- und keine Schubspannungen aufweist (vgl. ebenen Spannungszustand von Abb. 6-3).

Mit der Normalspannung σ und der Schubspannung τ nach Abb. 6-3

$$\sigma = \frac{\sigma_x + \sigma_z}{2} + \frac{\sigma_x - \sigma_z}{2} \cdot \cos 2\alpha + \tau_{xz} \cdot \sin 2\alpha$$

$$\tau = \frac{\sigma_x - \sigma_z}{2} \cdot \sin 2\alpha - \tau_{xz} \cdot \cos 2\alpha \qquad \text{Gl. 6-5}$$

ergibt sich als Winkel α_H einer der beiden Hauptspannungsebenen (Ebene ohne Schubspannungen)

$$\alpha_H = \frac{1}{2} \cdot \arctan \frac{2 \cdot \tau_{xz}}{\sigma_x - \sigma_z}$$ Gl. 6-6

Die zweite Hauptspannungsebene schließt mit der ersten den Winkel 90° ein.

Die Größe der Normalspannungen in den beiden Hauptspannungsebenen beträgt

$$\sigma_{1,3} = \frac{\sigma_x + \sigma_z}{2} \pm \sqrt{\left(\frac{\sigma_x - \sigma_z}{2}\right)^2 + \tau_{xz}^2}$$ Gl. 6-7

Die Koordinatenmatrix des Hauptspannungstensors im dreidimensionalen Fall hat die Form

$$\mathbf{S}_H = \begin{pmatrix} \sigma_1 & 0 & 0 \\ 0 & \sigma_2 & 0 \\ 0 & 0 & \sigma_3 \end{pmatrix}$$ Gl. 6-8

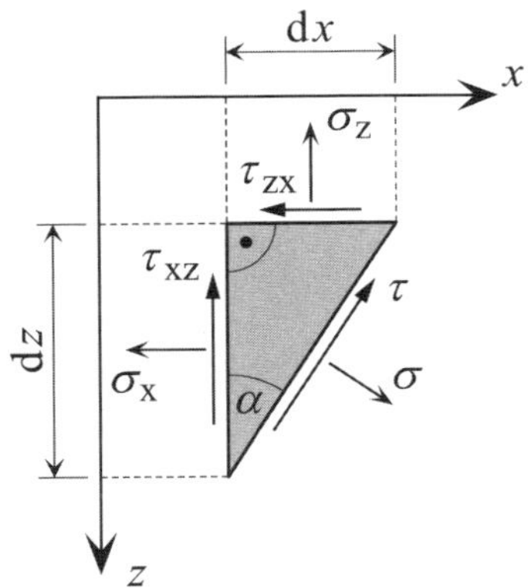

Abb. 6-3 Spannungszustand in der x, z-Ebene

Anwendungsbeispiel

Gegeben sind im x, y, z-Koordinatensystem die im Punkt „A" wirkenden Spannungen

$\sigma_x\,(A) = 45\ \text{kN/m}^2$

$\sigma_z\,(A) = 65\ \text{kN/m}^2$

$\tau_{xz}\,(A) = \tau_{zx}\,(A) = 20\ \text{kN/m}^2$

eines ebenen Spannungszustands.

Zu ermitteln sind die zu diesem Spannungszustand gehörenden Hauptspannungen $\sigma_1(A)$ und $\sigma_3(A)$ sowie der Winkel $\alpha_H(A)$ (in Altgrad), um den eine der Hauptspannungsebenen gegenüber der y, z-Ebene gedreht ist.

Lösung

Mit Hilfe von Gl. 6-7 berechnen sich die gesuchten Hauptspannungen zu

$$\sigma_{1,3}(A) = \frac{\sigma_x(A) + \sigma_z(A)}{2} \pm \sqrt{\left(\frac{\sigma_x(A) - \sigma_z(A)}{2}\right)^2 + \tau_{xz}(A)^2}$$

$$= \frac{45+65}{2} \pm \sqrt{\left(\frac{45-65}{2}\right)^2 + 20^2} = 55{,}0 \pm 22{,}36 \text{ kN/m}^2$$

bzw.

$$\sigma_1(A) = 55{,}0 + 22{,}36 = 77{,}36 \text{ kN/m}^2$$
$$\sigma_3(A) = 55{,}0 - 22{,}36 = 32{,}64 \text{ kN/m}^2$$

Mit Gl. 6-6 ergibt sich der gesuchte Winkel

$$\alpha_H(A) = \frac{1}{2} \cdot \arctan \frac{2 \cdot \tau_{xz}(A)}{\sigma_x(A) - \sigma_z(A)} = \frac{1}{2} \cdot \arctan \frac{2 \cdot 20}{45-65} = \frac{1}{2} \cdot (-63{,}43) = -31{,}72°$$

um den eine der Hauptspannungsebenen gegenüber der y, z-Ebene gedreht ist.

6.2.2 Ebene Spannungs- und Deformationszustände

Beim „ebenen Spannungszustand" und beim „ebenen Deformationszustand" treten die Spannungen bzw. Verzerrungen nur in einer Ebene auf. Ist dies die x, z-Ebene, besitzt die Koordinatenmatrix des entsprechenden Spannungs- bzw. Deformationstensors die Form

$$\mathbf{S} = \begin{pmatrix} \sigma_x & 0 & \tau_{xz} \\ 0 & 0 & 0 \\ \tau_{zx} & 0 & \sigma_z \end{pmatrix} \quad \text{und} \quad \mathbf{D} = \begin{pmatrix} \varepsilon_x & 0 & \varepsilon_{xz} \\ 0 & 0 & 0 \\ \varepsilon_{xz} & 0 & \varepsilon_z \end{pmatrix} \qquad \text{Gl. 6-9}$$

6.2.3 Aufgabe mit Lösung

Aufgabe 6-1

Gegeben sind im kartesischen x, y, z-Koordinatensystem die an einem Punkt „A" des Halbraums wirkenden Spannungen

$$\sigma_x(A) = 35 \text{ kN/m}^2$$
$$\sigma_z(A) = 55 \text{ kN/m}^2$$
$$\tau_{xz}(A) = \tau_{zx}(A) = 15 \text{ kN/m}^2$$

eines ebenen Spannungszustands.

Zu ermitteln sind die Spannungen $\sigma(A)$ und $\tau(A)$ in einer Ebene, die den Halbraumpunkt „A" enthält, gegenüber der y, z-Ebene um den Winkel $\alpha = -30°$ gedreht ist und normal auf der x, z-Ebene steht!

Lösung zu Aufgabe 6-1

Mit Hilfe von Gl. 6-5 berechnen sich die gesuchten Spannungen zu

$$\sigma(\mathrm{A}) = \frac{\sigma_x(\mathrm{A}) + \sigma_z(\mathrm{A})}{2} + \frac{\sigma_x(\mathrm{A}) - \sigma_z(\mathrm{A})}{2} \cdot \cos(2 \cdot \alpha) + \tau_{xz}(\mathrm{A}) \cdot \sin(2 \cdot \alpha)$$

$$= \frac{35+55}{2} + \frac{35-55}{2} \cdot \cos(-60°) + 15 \cdot \sin(-60°) = 45 - 5 - 13 = 27 \text{ kN/m}^2$$

und

$$\tau(\mathrm{A}) = \frac{\sigma_x(\mathrm{A}) - \sigma_z(\mathrm{A})}{2} \cdot \sin(2 \cdot \alpha) - \tau_{xz}(\mathrm{A}) \cdot \cos(2 \cdot \alpha)$$

$$= \frac{35-55}{2} \cdot \sin(-60°) - 15 \cdot \cos(-60°) = 8{,}66 - 7{,}5 = 1{,}16 \text{ kN/m}^2$$

6.3 Steifemodul und Elastizitätsmodul

Der Elastizitätsmodul E unterscheidet sich von dem in der Geotechnik verwendeten Steifemodul E_s durch die unbehinderte Seitendehnung.

Die Spannungs-Dehnungs-Beziehungen des Hauptspannungszustands bei HOOKE'schem Materialverhalten (ν ist die im Wertebereich $0 \le \nu \le 0{,}5$ liegende Querdehnzahl) haben die Form

$$\varepsilon_x = \frac{\sigma_x - \nu \cdot (\sigma_y + \sigma_z)}{E} \qquad \varepsilon_y = \frac{\sigma_y - \nu \cdot (\sigma_x + \sigma_z)}{E} \qquad \varepsilon_z = \frac{\sigma_z - \nu \cdot (\sigma_x + \sigma_y)}{E} \qquad \text{Gl. 6-10}$$

Die Beziehung zwischen Steife- und Elastizitätsmodul bei Berücksichtigung der Randbedingungen des Kompressionsversuchs $\varepsilon_x = \varepsilon_y = 0$ lautet

$$E_s = \frac{\sigma_z}{\varepsilon_z} = \frac{E \cdot (1-\nu)}{(1+\nu) \cdot (1-2 \cdot \nu)} \quad \text{bzw.} \quad E = \frac{E_s \cdot (1 - \nu - 2 \cdot \nu^2)}{1-\nu} \qquad \text{Gl. 6-11}$$

6.4 Rechnerische Druckspannungen im Baugrund

6.4.1 Eigenlast aus trockenem oder erdfeuchtem Boden

Trockener oder erdfeuchter Boden trägt in der Tiefe z die Eigenlast des darüber anstehenden Bodenmaterials vollständig über das Korngerüst ab. Für Berechnungen wird die zwischen den einzelnen Körnern des Bodens tatsächlich auftretende Verteilung der vertikalen Spannungen, unter Beachtung des vertikalen Kräftegleichgewichts, in eine konstante „rechnerische" Spannung $\sigma_z(z)$ umgeformt (vgl. z. B. MÖLLER [L 126], Abschnitt 6.4.1).

Bei horizontal geschichtetem Boden lässt sich die rechnerische σ_z-Spannung analog zu dem für die zweite Schicht (Abb. 6-4) geltenden Fall der Gleichung

$$\sigma_z = \gamma_1 \cdot z_1 + \gamma_2 \cdot z_2 = \sum_{i=1}^{2} \gamma_i \cdot z_i \qquad \text{Gl. 6-12}$$

berechnen (γ_1 und γ_2 sind Wichten des Bodenmaterials).

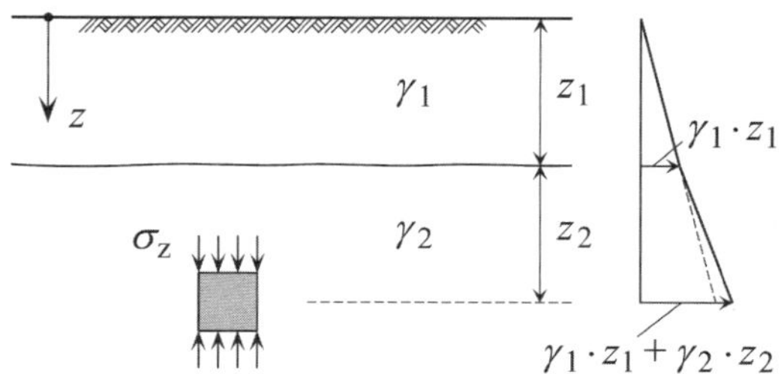

Abb. 6-4 Verlauf der σ_z-Spannungen aus der Bodeneigenlast von waagerecht geschichtetem Boden ($\gamma_1 < \gamma_2$)

6.4.2 Totale und effektive Druckspannungen

Bei Druckspannungsberechnungen von Boden, der im Grundwasserbereich liegt, sind „totale" und „effektive" Druckspannungen zu unterscheiden. Sie sind rechnerische Spannungen gemäß Abschnitt 6.4.1 und ergeben sich aus dem Gleichgewicht der Vertikalkräfte.

In einer im Grundwasser liegenden Schnittebene (Abb. 6-5) sind als tatsächlich auftretende Druckspannungen die im Korngerüst wirkenden und die im Wasser wirkenden Spannungen zu unterscheiden. Die Umformung (Verschmierung) beider Anteile liefert die „totalen" Druckspannungen σ_z des Baugrunds. Für den Fall aus Abb. 6-5 berechnet sich deren Größe, mit der Wichte γ des erdfeuchten und der Wichte γ_r des wassergesättigten Bodens, zu

$$\sigma_z = \gamma \cdot z_1 + \gamma_r \cdot z_2 \qquad \text{Gl. 6-13}$$

Die Umformung der ausschließlich im Korngerüst wirkenden Druckspannungen führt zu den „effektiven" Druckspannungen σ'_z des Baugrundes. Wichtig sind diese Spannungen u. a. bei Setzungsberechnungen, da nur sie das Korngerüst zusammendrücken.

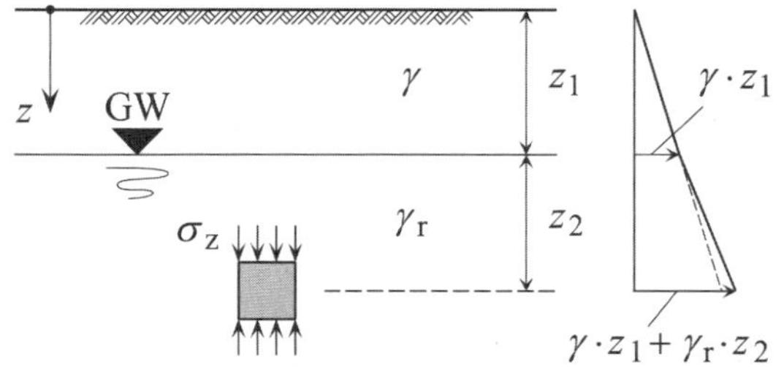

Abb. 6-5 Verlauf der totalen Druckspannungen σ_z im Grundwasserbereich

Mit den Wichten γ_w des Grundwassers und γ' des Bodens unter Auftrieb ergibt sich, analog zu Gl. 6-13, die Gleichung der in der Tiefe z konstanten effektiven Normalspannung

$$\sigma'_z = \gamma \cdot z_1 + \gamma_r \cdot z_2 - \gamma_w \cdot z_2 = \gamma \cdot z_1 + (\gamma_r - \gamma_w) \cdot z_2 = \gamma \cdot z_1 + \gamma' \cdot z_2 \qquad \text{Gl. 6-14}$$

Bei trockenem und erdfeuchtem Boden sind effektive und totale Druckspannungen identisch.

Anwendungsbeispiel

Im Zuge von 10 m tiefen Bohrungen und zugehörigen Laboruntersuchungen fielen u. a. die Ergebnisse aus Abb. 6-6 an.

Zu bestimmen sind die zu den Untersuchungsergebnissen gehörenden Verläufe der totalen und der effektiven Druckspannungen σ_z und σ'_z über die Aufschlusstiefe 10 m.

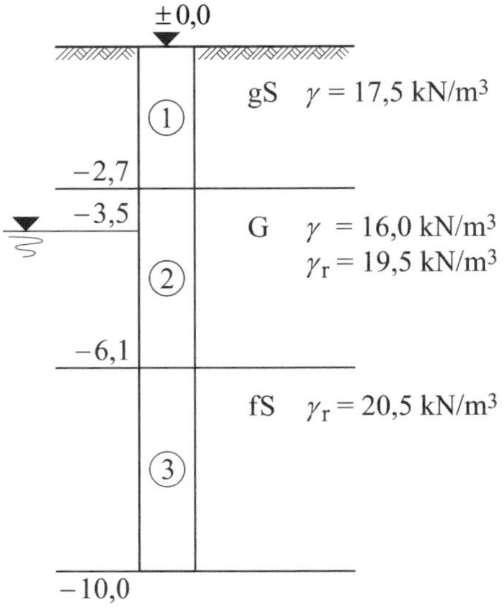

Abb. 6-6 Ergebnisse von geotechnischen Untersuchungen

Lösung

Mit den Wichten

$$\gamma_w = 10{,}0 \text{ kN/m}^3$$
$$\gamma_1 = 17{,}5 \text{ kN/m}^3$$
$$\gamma_2 = 16{,}0 \text{ kN/m}^3$$
$$\gamma_{r2} = 19{,}5 \text{ kN/m}^3$$
$$\gamma'_2 = \gamma_{r2} - \gamma_w = 19{,}5 - 10{,}0 = 9{,}5 \text{ kN/m}^3$$
$$\gamma_{r3} = 20{,}5 \text{ kN/m}^3$$
$$\gamma'_3 = \gamma_{r3} - \gamma_w = 20{,}5 - 10{,}0 = 10{,}5 \text{ kN/m}^3$$

ergeben sich über die Tiefe z für die einzelnen Tiefenbereiche die nachstehenden Gleichungen der totalen und der effektiven Spannungen σ_z und σ'_z.

Bereich $0{,}0 \text{ m} \le z \le 2{,}7 \text{ m}$

$$\sigma_z(z) = \sigma'_z(z) = \gamma_1 \cdot z = 17{,}5 \cdot z \qquad \text{(Geradengleichung)}$$

Werte an den Bereichsgrenzen

$$\sigma_z(z = 0{,}0 \text{ m}) = \sigma'_z(z = 0{,}0 \text{ m}) = 17{,}5 \cdot 0{,}0 = 0{,}00 \text{ kN/m}^2$$
$$\sigma_z(z = 2{,}7 \text{ m}) = \sigma'_z(z = 2{,}7 \text{ m}) = 17{,}5 \cdot 2{,}7 = 47{,}25 \text{ kN/m}^2$$

Bereich $2{,}7 \text{ m} \le z \le 3{,}5 \text{ m}$

$$\sigma_z(z) = \sigma'_z(z) = \gamma_1 \cdot 2{,}7 + \gamma_2 \cdot (z - 2{,}7) = 17{,}5 \cdot 2{,}7 - 16{,}0 \cdot 2{,}7 + 16{,}0 \cdot z$$
$$= 4{,}05 + 16{,}00 \cdot z \qquad \text{(Geradengleichung)}$$

Werte an den Bereichsgrenzen

$$\sigma_z(z = 2{,}7 \text{ m}) = \sigma'_z(z = 2{,}7 \text{ m}) = 4{,}05 + 16 \cdot 2{,}7 = 4{,}05 + 43{,}20 = 47{,}25 \text{ kN/m}^2$$
$$\sigma_z(z = 3{,}5 \text{ m}) = \sigma'_z(z = 3{,}5 \text{ m}) = 4{,}05 + 16 \cdot 3{,}5 = 4{,}05 + 56{,}00 = 60{,}05 \text{ kN/m}^2$$

Bereich $3{,}5 \text{ m} \le z \le 6{,}1 \text{ m}$

$$\sigma_z(z) = \gamma_1 \cdot 2{,}7 + \gamma_2 \cdot (3{,}5 - 2{,}7) + \gamma_{r2} \cdot (z - 3{,}5)$$
$$= 17{,}5 \cdot 2{,}7 + 16{,}0 \cdot 0{,}8 - 19{,}5 \cdot 3{,}5 + 19{,}5 \cdot z$$
$$= 19{,}5 \cdot z - 8{,}2 \qquad \text{(Geradengleichung)}$$

$$\sigma'_z(z) = \gamma_1 \cdot 2{,}7 + \gamma_2 \cdot (3{,}5 - 2{,}7) + \gamma'_2 \cdot (z - 3{,}5) = 17{,}5 \cdot 2{,}7 + 16{,}0 \cdot 0{,}8 - 9{,}5 \cdot 3{,}5 + 9{,}5 \cdot z$$
$$= 26{,}8 + 9{,}5 \cdot z \qquad \text{(Geradengleichung)}$$

Werte an den Bereichsgrenzen

$$\sigma_z(z = 3{,}5\ \text{m}) = 19{,}5 \cdot 3{,}5 - 8{,}2 = 68{,}25 - 8{,}20 = 60{,}05\ \text{kN/m}^2$$
$$\sigma_z(z = 6{,}1\ \text{m}) = 19{,}5 \cdot 6{,}1 - 8{,}2 = 118{,}95 - 8{,}20 = 110{,}75\ \text{kN/m}^2$$
$$\sigma'_z(z = 3{,}5\ \text{m}) = 26{,}8 + 9{,}5 \cdot 3{,}5 = 26{,}80 + 33{,}25 = 60{,}05\ \text{kN/m}^2$$
$$\sigma'_z(z = 6{,}1\ \text{m}) = 26{,}8 + 9{,}5 \cdot 6{,}1 = 26{,}80 + 57{,}95 = 84{,}75\ \text{kN/m}^2$$

<u>Bereich $6{,}1\ \text{m} \le z \le 10{,}0\ \text{m}$</u>

$$\sigma_z(z) = \gamma_1 \cdot 2{,}7 + \gamma_2 \cdot (3{,}5 - 2{,}7) + \gamma_{r2} \cdot (6{,}1 - 3{,}5) + \gamma_{r3} \cdot (z - 6{,}1)$$
$$= 17{,}5 \cdot 2{,}7 + 16{,}0 \cdot 0{,}8 + 19{,}5 \cdot 2{,}6 - 20{,}5 \cdot 6{,}1 + 20{,}5 \cdot z$$
$$= 20{,}5 \cdot z - 14{,}30 \qquad \text{(Geradengleichung)}$$
$$\sigma'_z(z) = \gamma_1 \cdot 2{,}7 + \gamma_2 \cdot (3{,}5 - 2{,}7) + \gamma'_2 \cdot (6{,}1 - 3{,}5) + \gamma'_3 \cdot (z - 6{,}1)$$
$$= 17{,}5 \cdot 2{,}7 + 16{,}0 \cdot 0{,}8 + 9{,}5 \cdot 2{,}6 - 10{,}5 \cdot 6{,}1 + 10{,}5 \cdot z$$
$$= 20{,}7 + 10{,}5 \cdot z \qquad \text{(Geradengleichung)}$$

Werte an den Bereichsgrenzen

$$\sigma_z(z = 6{,}1\ \text{m}) = 20{,}5 \cdot 6{,}1 - 14{,}3 = 125{,}05 - 14{,}30 = 110{,}75\ \text{kN/m}^2$$
$$\sigma_z(z = 10{,}0\ \text{m}) = 20{,}5 \cdot 10{,}0 - 14{,}3 = 205{,}00 - 14{,}30 = 190{,}70\ \text{kN/m}^2$$
$$\sigma'_z(z = 6{,}1\ \text{m}) = 20{,}7 + 10{,}5 \cdot 6{,}1 = 20{,}70 + 64{,}05 = 84{,}75\ \text{kN/m}^2$$
$$\sigma'_z(z = 10{,}0\ \text{m}) = 20{,}7 + 10{,}5 \cdot 10{,}0 = 20{,}70 + 105{,}00 = 125{,}70\ \text{kN/m}^2$$

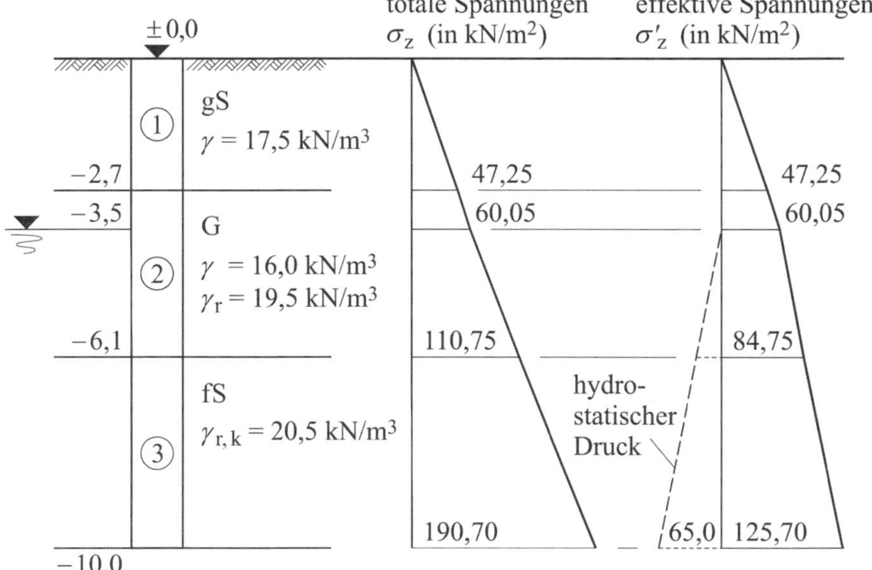

Abb. 6-7 Verläufe der totalen und der effektiven Druckspannungen über die Aufschlusstiefe 10 m

6.4.3 Aufgaben mit Lösungen

Aufgabe 6-2 (Lösung Seite 158)

Betrachtet werden ein homogener, elastischer und isotroper Halbraum unter Eigenlast und ein kartesisches Koordinatensystem, dessen x- und y-Achse in der Halbraumoberfläche liegen und dessen positive z-Achse in den Halbraum zeigt.

Welche Spannungsgrößen im Punkt „A" haben den Wert 0 und welche den Wert $\neq 0$, wenn „A" in der Tiefe $z > 0$ liegt?

Die dadurch festgelegte Besetzung des zugehörigen dreidimensionalen Spannungstensors ist darzustellen.

Aufgabe 6-3 (Lösung Seite 159)

Zu betrachten ist ein im Grundwasserbereich liegender und durch sandigen Kies (G, s) überdeckter Tunnel aus Abb. 6-8.

Es ist zu erklären, ob die vertikale Belastung zur Bemessung der Tunneldecke am Punkt „A" durch σ_z oder σ'_z bestimmt wird.

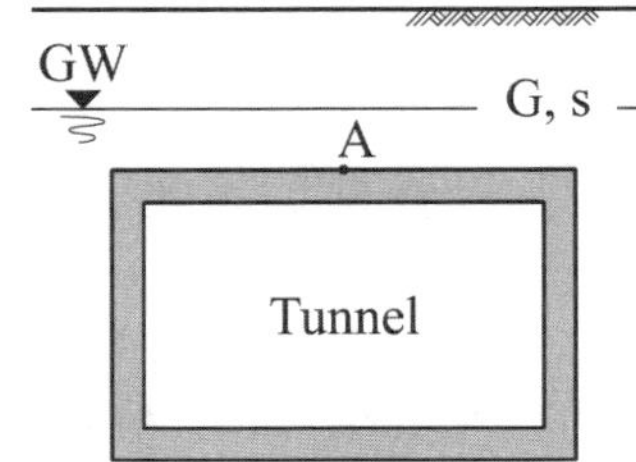

Abb. 6-8 Tunnel im Grundwasserbereich

Aufgabe 6-4 (Lösung Seite 159)

Welche Arten von Vertikalspannungen können für einen im Grundwasser liegenden Punkt „A" des Bodens angegeben werden?

Wie wird die Differenz dieser Spannungen genannt und in welchem Bereich des Bodens ist sie wirksam?

Aufgabe 6-5 (Lösung Seite 159)

Wie groß ist der Unterschied der Normalspannungen $\sigma'_z(\text{A})$ und $\sigma_z(\text{A})$ an einem Punkt „A" des Bodens, wenn dieser 3 m unter dem Grundwasserspiegel liegt (Angaben in kN/m²)?

Aufgabe 6-6 (Lösung Seite 159)

Es ist zu begründen, warum Grundwasserabsenkungen unter bestehenden Bauwerken Setzungen dieser Bauwerke verursachen

Aufgabe 6-7 (Lösung Seite 160)

Unter Angabe der Gründe ist anzugeben, welche Spannung eines im Grundwasser befindlichen rolligen Bodens dessen Scherfestigkeit in horizontaler Richtung bestimmt.

Lösung zu Aufgabe 6-2 (Aufgabenstellung Seite 158)

Der dreidimensionale Spannungstensor für den Punkt „A" ist in allgemeiner Form gegeben durch (Gl. 6-4)

$$\mathbf{S} = \begin{pmatrix} \sigma_x & \tau_{xy} & \tau_{xz} \\ \tau_{yx} & \sigma_y & \tau_{yz} \\ \tau_{zx} & \tau_{zy} & \sigma_z \end{pmatrix}$$

Im Fall des homogenen, elastischen und isotropen Halbraums unter Eigenlast gilt für die Normal- und Schubspannungen

$$\sigma_x = \sigma_y \neq 0 \quad \text{und} \quad \sigma_z \neq 0$$

$$\tau_{xy} = \tau_{xz} = \tau_{yx} = \tau_{yz} = \tau_{zx} = \tau_{zy} = 0$$

Der Spannungstensor für den Punkt „A" nimmt daher die Form

$$\mathbf{S} = \begin{pmatrix} \sigma_x & 0 & 0 \\ 0 & \sigma_y & 0 \\ 0 & 0 & \sigma_z \end{pmatrix}$$

an und stellt somit einen Hauptspannungstensor dar (Gl. 6-8).

Lösung zu Aufgabe 6-3 (Aufgabenstellung Seite 158)

Da die Schnittlasten der Tunneldecke nicht nur durch die von den Körnern des sandigen Kieses übertragenen Kräfte, sondern auch durch die Grundwasserbelastung hervorgerufen werden, ist die für die Bemessung anzusetzende Belastung im Punkt „A" von der totalen Spannung σ_z und nicht von der effektiven Spannung σ'_z abhängig.

Lösung zu Aufgabe 6-4 (Aufgabenstellung Seite 158)

Für den im Grundwasser liegenden Punkt „A" des Bodens können die totale Spannung σ_z und die effektive Spannung σ'_z angegeben werden. Die Differenz dieser Spannungen wirkt als Auftrieb auf den im Grundwasser befindlichen Teil des Bodens oberhalb von „A".

Lösung zu Aufgabe 6-5 (Aufgabenstellung Seite 158)

Die Größe der effektiven Spannung $\sigma'_z(A)$ des Punktes „A" unterscheidet sich von der Größe der totalen Spannung $\sigma_z(A)$ durch den Auftrieb. Dessen Größe ergibt sich mit der Wichte γ_w des Wassers zu

$$\gamma_w \cdot 3 \text{ m} = 10 \text{ kN/m}^3 \cdot 3 \text{ m} = 30 \text{ kN/m}^2$$

Lösung zu Aufgabe 6-6 (Aufgabenstellung Seite 158)

Grundwasserabsenkungen erhöhen die effektiven Spannungen im Baugrund durch Veränderung der Auftriebsgegebenheiten im ursprünglich vorhandenen Grundwasserbereich.

Da die Deformation des Korngerüstes durch die effektiven Spannungen hervorgerufen wird (Abschnitt 6.4.2), bewirkt deren Erhöhung eine zusätzliche Bodendeformation und damit zusätzliche Setzungen.

Lösung zu Aufgabe 6-7 (Aufgabenstellung Seite 158)

Da die Scherfestigkeit rolliger Böden in horizontaler Richtung nur durch die vertikalen Normalkräfte beeinflusst wird, die zwischen den einzelnen Bodenkörnern übertragen werden (COULOMB'sche Reibung), muss bei im Grundwasser befindlichen rolligen Böden die Wirkung des Auftriebs beachtet werden.

Aus den im Korngerüst übertragenen Normalkräften ergibt sich als statisches Äquivalent durch „Verschmieren" die effektive Druckspannung σ'_z, die somit die Größe der Scherfestigkeit des Korngefüges bestimmt. Diese Spannung unterscheidet sich von der totalen Druckspannung σ_z durch die Größe des in der jeweiligen Tiefe wirkenden Auftriebs (Abschnitt 6.4.2). Es gilt stets

$$|\sigma'_z| \leq |\sigma_z|$$

6.5 Spannungen im Halbraum

6.5.1 Infolge vertikaler Punktlast *F* nach BOUSSINESQ

Annahmen für den Halbraum bei der Spannungs- und Deformationsberechnung nach BOUSSINESQ:

- gewichtslos,
- homogen,
- linear elastisch,
- isotrop (gleiche Eigenschaften in alle Richtungen).

Für den Sonderfall der Querdehnzahl $\nu = 0{,}5$ (inkompressibles Material) ergeben sich mit den geometrischen Beziehungen

$$r = \sqrt{x^2 + y^2} \quad \text{und} \quad R = \sqrt{x^2 + y^2 + z^2} \qquad \text{Gl. 6-15}$$

die im kartesischen x, y, z-Koordinatensystem (gemäß Abb. 6-9) definierten Spannungen

$$\sigma_x = \frac{3 \cdot F}{2 \cdot \pi \cdot R^2} \cdot \frac{z \cdot x^2}{R^3} \qquad \sigma_y = \frac{3 \cdot F}{2 \cdot \pi \cdot R^2} \cdot \frac{z \cdot y^2}{R^3} \qquad \sigma_z = \frac{3 \cdot F}{2 \cdot \pi \cdot R^2} \cdot \left(\frac{z}{R}\right)^3$$

$$\tau_{xy} = \frac{3 \cdot F}{2 \cdot \pi \cdot R^2} \cdot \frac{x \cdot y \cdot z}{R^3} \qquad \tau_{xz} = \frac{3 \cdot F}{2 \cdot \pi \cdot R^2} \cdot \frac{x \cdot z^2}{R^3} \qquad \tau_{yz} = \frac{3 \cdot F}{2 \cdot \pi \cdot R^2} \cdot \frac{y \cdot z^2}{R^3} \qquad \text{Gl. 6-16}$$

mit den Schubspannungen

$$\tau_{xy} = \tau_{yx}, \qquad \tau_{xz} = \tau_{zx}, \qquad \tau_{yz} = \tau_{zy} \qquad \text{Gl. 6-17}$$

Für die zugehörigen Verschiebungen u (radiale Richtung) und w (axiale Richtung) der radialsymmetrischen Problemstellung gelten

$$u(r,z) = \frac{F}{4 \cdot \pi \cdot G \cdot R} \cdot \frac{r \cdot z}{R} \quad \text{und} \quad w(r,z) = \frac{F}{4 \cdot \pi \cdot G \cdot R} \cdot \frac{R^2 + z^2}{R^2} \qquad \text{Gl. 6-18}$$

mit dem Schubmodul

$$G = \frac{E}{2 \cdot (1 + \nu)} \qquad \text{Gl. 6-19}$$

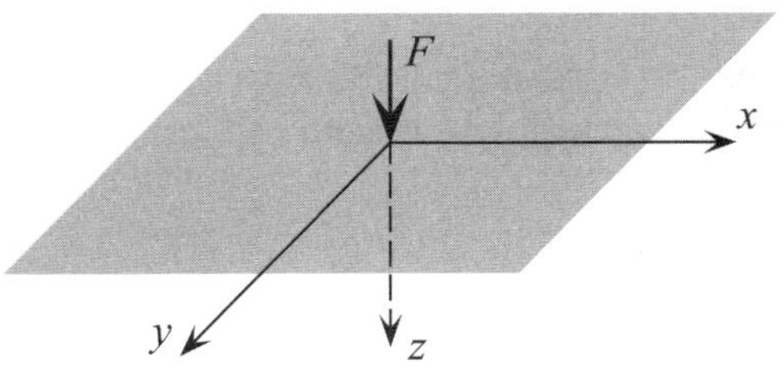

Abb. 6-9 Halbraum mit Einzellast F

Anwendungsbeispiel

Zu berechnen sind die Normalspannungen σ_x, σ_y und σ_z für einen in der Tiefe $z_A = 3{,}5$ m liegenden Punkt „A", die durch eine auf der Baugrundoberfläche wirkende vertikale Einzellast $F = 120$ kN hervorgerufen werden. Zum Lasteinleitungspunkt besitzt der Spannungspunkt „A" die Koordinaten (bezogen auf ein kartesisches Koordinatensystem, dessen x- und y-Achse in der Baugrundoberfläche liegen)

$x_A = 1{,}2$ m
$y_A = 0{,}1$ m

Für die Berechnung kann davon ausgegangen werden, dass der anstehende Baugrund näherungsweise als Halbraum mit inkompressiblem Material ($\nu = 0{,}5$) betrachtet werden kann.

Lösung

Mit der geometrischen Größe (Gl. 6-15)

$$R = \sqrt{x_A^2 + y_A^2 + z_A^2} = \sqrt{1{,}2^2 + 0{,}1^2 + 3{,}5^2} = \sqrt{13{,}7} = 3{,}7 \text{ m}$$

ergibt sich nach den Gleichungen von BOUSSINESQ (Gl. 6-16)

$$\sigma_x = \frac{3 \cdot F}{2 \cdot \pi \cdot R^2} \cdot \frac{z \cdot x^2}{R^3} = \frac{3 \cdot 120}{2 \cdot \pi \cdot 3{,}7^2} \cdot \frac{3{,}5 \cdot 1{,}2^2}{3{,}7^3} = 4{,}185 \cdot 0{,}0995 = 0{,}416 \text{ kN/m}^2$$

$$\sigma_y = \frac{3 \cdot F}{2 \cdot \pi \cdot R^2} \cdot \frac{z \cdot y^2}{R^3} = \frac{3 \cdot 120}{2 \cdot \pi \cdot 3{,}7^2} \cdot \frac{3{,}5 \cdot 0{,}1^2}{3{,}7^3} = 4{,}185 \cdot 0{,}000691 = 0{,}0029 \text{ kN/m}^2$$

$$\sigma_z = \frac{3 \cdot F}{2 \cdot \pi \cdot R^2} \cdot \frac{z^3}{R^3} = \frac{3 \cdot 120}{2 \cdot \pi \cdot 3{,}7^2} \cdot \frac{3{,}5^3}{3{,}7^3} = 4{,}185 \cdot 0{,}00069 = 3{,}536 \text{ kN/m}^2$$

6.5.2 Aufgaben mit Lösungen

Aufgabe 6-8 (Lösung Seite 162)

Warum liefert die von BOUSSINESQ durchgeführte Behandlung des durch eine Einzellast F belasteten Halbraums sowohl die Spannungen als auch die Verschiebungen?

Aufgabe 6-9

Warum können nach FRÖHLICH nur Spannungen und keine Verschiebungen des Halbraums ermittelt werden?

Aufgabe 6-10

Wodurch unterscheiden sich die Theorien von BOUSSINESQ und FRÖHLICH zur Ermittlung der Halbraumspannungen unter einer Punktlast und zu welchen Konsequenzen führt das?

Lösung zu Aufgabe 6-8 (Aufgabenstellung Seite 161)

Da BOUSSINESQ bei seiner Behandlung des genannten Halbraumproblems von den für den Halbraum geltenden Spannungs-Deformationsbeziehungen (Stoffgesetz) ausgeht, erhält er als Lösung nicht nur die Spannungsgrößen, sondern, über das Stoffgesetz, auch die zu ihnen gehörenden Deformationsgrößen (vgl. z. B. MÖLLER [L 126], Abschnitt 6.6.1).

Lösung zu Aufgabe 6-9

Da die Vorgehensweise von FRÖHLICH (vgl. z. B. MÖLLER [L 126], Abschnitt 6.6.2)

- auf einer Annahme für die Verteilung der Spannungen im Halbraum und
- der Einhaltung der Gleichgewichtsbedingungen

beruht und keine Beziehung zwischen den Spannungen und den zugehörigen Deformationen (Stoffgesetz) definiert wird, ist nur die Ermittlung der Spannungen, nicht aber der durch sie hervorgerufenen Verschiebungen möglich.

Lösung zu Aufgabe 6-10

Unterschied der Theorien (vgl. z. B. MÖLLER [L 126], Abschnitt 6.6): BOUSSINESQ geht vom Materialgesetz (Beziehung zwischen dem dreidimensionalen Spannungs- und dem zugehörigen dreidimensionalen Deformationszustand) des homogenen, linear elastischen und isotropen Halbraums aus, FRÖHLICH hingegen von reinen Gleichgewichtsbedingungen an einer Halbkugelschale.

Konsequenz: bei Verwendung der Theorie von BOUSSINESQ können sowohl Spannungen als auch Deformationen, bei Verwendung der Theorie von FRÖHLICH hingegen nur Spannungen berechnet werden.

6.5.3 Infolge einer vertikalen Linienlast f

Gelten die Halbraumbedingungen von BOUSSINESQ, lassen sich die zu einer unbegrenzt langen Linienlast f gehörenden Spannungen des Halbraums durch Integration der zu Punktlasten $\mathrm{d}f$ gehörenden Halbraumspannungen ermitteln. Bei paralleler Anordnung von f zur y-Achse eines kartesischen Koordinatensystems ist über die zu den Lastelementen $\mathrm{d}f = f \cdot \mathrm{d}y$ gehörenden Spannungen aus Gl. 6-16 zu integrieren. Dies führt zu den in der x, z-Ebene wirkenden Spannungen von BOUSSINESQ (Abb. 6-10)

$$\sigma_x = \frac{2}{\pi} \cdot \frac{f}{R_L} \cdot \cos\vartheta_L \cdot \sin^2\vartheta_L$$

$$\sigma_z = \frac{2}{\pi} \cdot \frac{f}{R_L} \cdot \cos^3\vartheta_L \qquad \text{Gl. 6-20}$$

$$\tau_{xz} = \tau_{zx} = \frac{2}{\pi} \cdot \frac{f}{R_L} \cdot \cos^2\vartheta_L \cdot \sin\vartheta_L$$

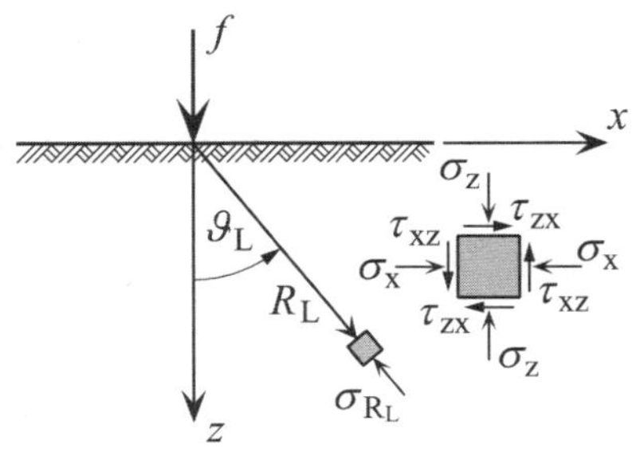

Abb. 6-10 Halbraum unter Linienlast f und Spannungen des ebenen Falls

6.5.4 Infolge einer Streifenlast q

Bei Halbraumbedingungen von BOUSSINESQ und bekannten Halbraumspannungen unter einer Linienlast f ergeben sich die zu einer unbegrenzt langen Streifenlast q gehörenden Spannungen des Halbraums durch Integration. Bei paralleler Lage von q zur kartesischen y-Achse wird über die zu den Linienlasten $\mathrm{d}f = q \cdot \mathrm{d}x$ (Abb. 6-11) gehörenden Spannungen integriert.

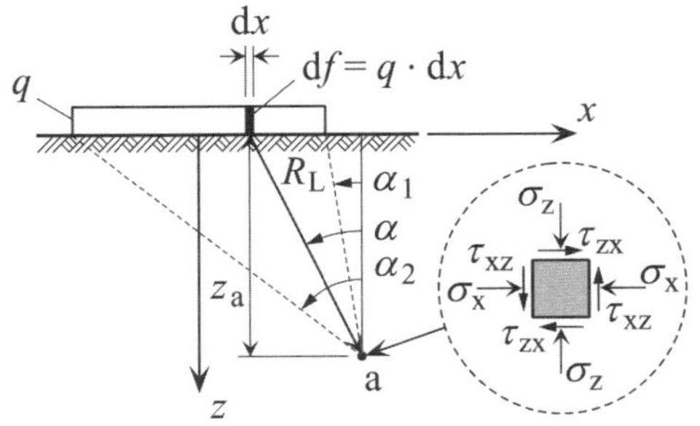

Abb. 6-11 Halbraum unter Streifenlast q und Spannungen in der x, z-Ebene

Für inkompressibles Material (Querdehnzahl $\nu = 0{,}5$) gelten die Beziehungen

$$\sigma_x = \frac{q}{\pi} \cdot \left[\hat{\alpha}_2 - \hat{\alpha}_1 - \sin(\alpha_2 - \alpha_1) \cdot \cos(\alpha_2 + \alpha_1)\right]$$

$$\sigma_z = \frac{q}{\pi} \cdot \left[\hat{\alpha}_2 - \hat{\alpha}_1 + \sin(\alpha_2 - \alpha_1) \cdot \cos(\alpha_2 + \alpha_1)\right] \qquad \text{Gl. 6-21}$$

$$\tau_{xz} = \tau_{zx} = \frac{q}{\pi} \cdot \sin(\alpha_2 - \alpha_1) \cdot \cos(\alpha_2 + \alpha_1)$$

6.5.5 Aufgaben mit Lösungen

Aufgabe 6-11

Betrachtet wird eine vertikal angeordnete Scheibe eines Halbraums, die durch zwei gedachte parallele Schnittebenen begrenzt ist.

Wie wird der Deformationszustand genannt, der sich in dieser Scheibe einstellt, wenn auf die horizontale Oberfläche des Halbraums ein unendlich langes Streifenfundament mit konstanter Last aufgebracht wird und die Längsachse des Fundaments eine Normale der parallelen Schnittebenen ist?

Anzugeben ist die Besetzung des zugehörigen Deformationstensors in Bezug auf ein kartesisches x, y, z-Koordinatensystem, dessen x- und y-Achse in der Halbraumoberfläche liegen und dessen x-Achse parallel zur Längsachse des Fundaments verläuft!

Aufgabe 6-12

Im Zuge einer Grundwasserabsenkung wurde unter einem Streifenfundament der ursprünglich in 0,5 m unter der Fundamentsohle anstehende Grundwasserspiegel um 1,0 m abgesenkt.

Wie werden die Spannungen im Baugrund genannt, die durch die Grundwasserabsenkung beeinflusst werden und die eine mit ihr verbundene Setzung des Streifenfundaments hervorrufen. Anzugeben sind außerdem die Änderungen (Größe und Verlauf) der Spannungen, die die Setzungen infolge der Grundwasserabsenkung bewirken.

Lösung zu Aufgabe 6-11

Der sich einstellende Deformationszustand ist ein „ebener Deformationszustand".

Die Besetzung des zugehörigen Deformationstensors ergibt sich wegen der zur beschriebenen Koordinatensystemlage gehörenden Deformationsbedingungen

$$\varepsilon_{xx} = \gamma_{xy} = \gamma_{xz} = \gamma_{yx} = \gamma_{zx} = 0$$

zu (Gl. 6-9)

$$\mathbf{D} = \begin{pmatrix} 0 & 0 & 0 \\ 0 & \varepsilon_{yy} & \gamma_{yz} \\ 0 & \gamma_{zy} & \varepsilon_{zz} \end{pmatrix} \text{ (3D-Schreibweise) bzw. } \mathbf{D} = \begin{pmatrix} \varepsilon_{yy} & \gamma_{yz} \\ \gamma_{zy} & \varepsilon_{zz} \end{pmatrix} \text{ (2D-Schreibweise).}$$

Lösung zu Aufgabe 6-12

Die Setzung des Streifenfundaments wird durch die Veränderung der effektiven Spannungen im Baugrund hervorgerufen (Abschnitt 6.4.2).

Die entsprechenden, die Fundamentsetzung bewirkenden Spannungsänderungen beginnen in Höhe des ursprünglichen Grundwasserspiegels (0,5 m unter der Fundamentsohle). Ihr

Wert steigt im Bereich der Grundwasserabsenkung mit der Tiefe t gemäß der Beziehung (Gl. 6-14)

$$\sigma'_{z\,neu} = \sigma'_{z\,alt} + \gamma_w \cdot t$$

linear von 0 kN/m² auf den Wert

$$\gamma_w \cdot 1{,}0 \text{ m} = 10 \text{ kN/m}^3 \cdot 1{,}0 \text{ m} = 10 \text{ kN/m}^2$$

in der neuen Grundwasserspiegelhöhe (1,5 m unter der Fundamentsohle) und bleibt über die weitere Tiefe konstant.

6.5.6 Spannungen σ_z unter Eckpunkten konstanter Rechtecklasten

Konstante rechteckförmige Belastungen σ_0 der Halbraumoberfläche (Abb. 6-12) können als „schlaffe Lastbündel" erzeugt werden, wie z. B. durch Eigenlasten von in Lagen geschüttetem Boden oder von praktisch schlaffen Fundamentplatten (ohne Biege- und Schubsteifigkeit).

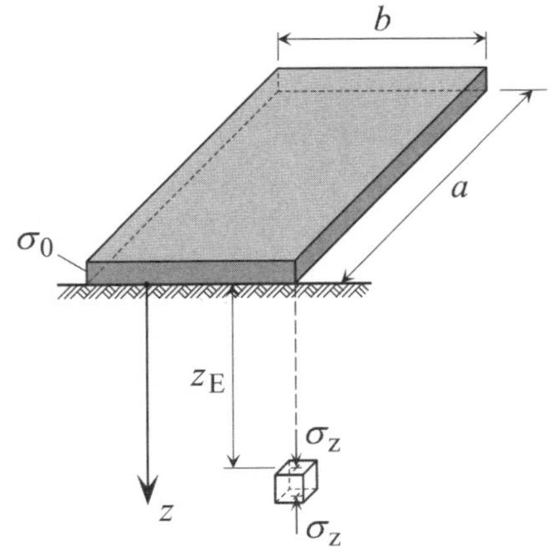

Abb. 6-12 Vertikalspannung σ_z unter einem Eckpunkt einer konstanten rechteckförmigen Flächenbelastung σ_0 der Halbraumoberfläche

Zur Ermittlung der σ_z-Spannungen unter den Eckpunkten solcher Belastungen wird von STEINBRENNER in [L 137] die Formel

$$\sigma_z = \frac{\sigma_0}{2 \cdot \pi} \cdot \left\{ \arctan\left[\frac{b}{z} \cdot \frac{a \cdot (a^2 + b^2) - 2 \cdot a \cdot z \cdot (R - z)}{(a^2 + b^2) \cdot (R - z) - z \cdot (R - z)^2} \right] + \frac{b \cdot z}{b^2 + z^2} \cdot \frac{a \cdot (R^2 + z^2)}{(a^2 + z^2) \cdot R} \right\} \qquad \text{Gl. 6-22}$$

angegeben. In ihr steht R für

$$R = \sqrt{a^2 + b^2 + z^2} \qquad \text{Gl. 6-23}$$

Gl. 6-22 beruht auf dem für Einzellasten P geltenden Ausdruck für σ_z der Gl. 6-20 und wird durch Integration über die auf den differentiellen Teilflächen dA der Grundfläche $A = a \times b$ (Abb. 6-12) wirkenden Einzellasten $\mathrm{d}P = \mathrm{d}A \cdot \sigma_0$ gewonnen. Da σ_z aus Gl. 6-20 von ν unabhängig ist, gilt auch Gl. 6-22 für den gesamten Querdehnzahlbereich $0 \leq \nu \leq 0{,}5$.

Da Gl. 6-22 auf der Überlagerung (Superposition) von Lastwirkungen basiert, lassen sich mit ihr die σ_Z-Größen beliebiger Punkte des Halbraums ermitteln. Abb. 6-13 zeigt die prinzipielle Vorgehensweise. Mit Gl. 6-22 werden die zu den Belastungen der rechteckförmigen Teilflächen gehörenden σ_Z-Werte im Punkt S berechnet, wobei für jede der gewählten Teilflächen die Forderung erfüllt sein muss, dass S unter einem ihrer Eckpunkte liegt. Die durch die tatsächliche Belastung hervorgerufene σ_Z-Spannung in Punkt S ergibt sich dann aus der algebraischen Addition der für die Teilflächenbelastungen berechneten Spannungsanteile (Superposition)

$$\sigma_{Z(S)} = \sum_{i=1}^{n} \sigma_{Z(S)i} \qquad \text{Gl. 6-24}$$

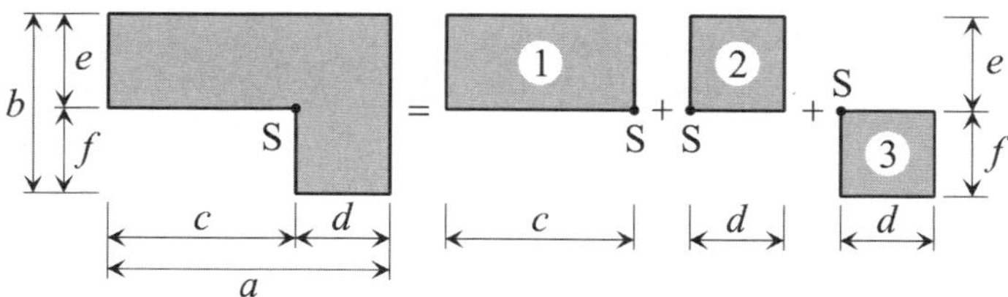

Abb. 6-13 Einteilung in mit σ_0 belastete Teilflächen zur Berechnung der σ_Z-Spannungen des in der Tiefe z liegenden Punkts S

Zur schnellen Spannungsermittlung ist das in Abb. 6-14 gezeigte Nomogramm von STEINBRENNER verwendbar (die linke Skala ist der linken Kurvenschar und die rechte Skala der rechten Kurvenschar zuzuordnen). Die von einer Rechtecklast hervorgerufene σ_Z-Spannung unter einem ihrer Eckpunkte berechnet sich durch

$$\sigma_Z = i \cdot \sigma_0 \qquad \text{Gl. 6-25}$$

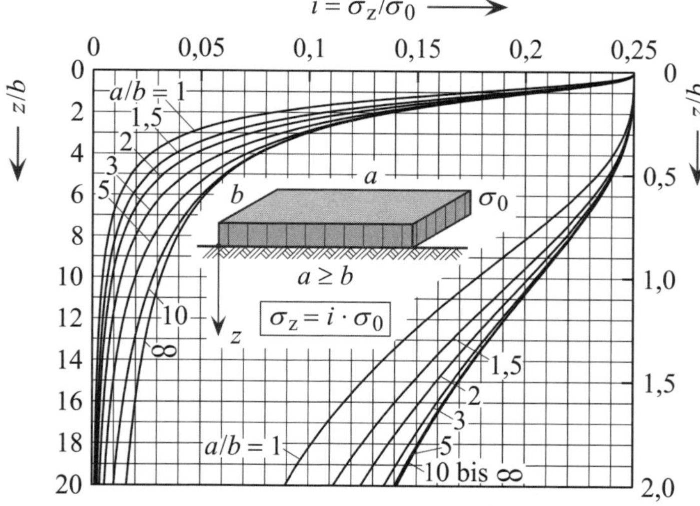

Abb. 6-14 Einflusswerte i für die vertikalen Normalspannungen unter den Eckpunkten konstanter Rechtecklasten (nach STEINBRENNER, nach [L 107])

Der verwendete Einflusswert i ist abhängig von dem Verhältnis der Rechteckseiten a und b $(a \geq b)$ und dem der Tiefenlage z des Spannungspunkts zur Rechteckseitenlänge b. Zur Ermittlung von i sind deshalb die Verhältnisse a/b und z/b zu bestimmen. Danach ist die zu a/b passende Lösungskurve mit der Ordinate z/b zum Schnitt zu bringen und der gesuchte i-Wert auf der Abszisse abzulesen. Passt der berechnete a/b-Wert zu keiner der Lösungskurven, sind entsprechende „Zwischenkurven“ zu wählen.

Ein Sonderfall dieser Betrachtung betrifft den charakteristischen Punkt eines rechteckigen Fundaments mit den Abmessungen $a \times b$ ($a \geq b$!!!). An ihm nehmen die Setzungen eines starren und eines schlaffen Fundaments mit gleichen Seitenabmessungen und gleich großen und zentrisch wirkenden Belastungsresultierenden gleich große Werte an (Abschnitt 9.4.1 und Abb. 9-4). Die Vertikalspannungen in der Tiefe z unter diesem Punkt lassen sich durch

$$\sigma_z = \sigma_0 \cdot i_K = \frac{\sigma_0}{2 \cdot \pi} \cdot \sum_{n=1}^{n=4} \left[\arctan\left(\frac{a_n \cdot b_n}{z \cdot R_n}\right) + \frac{a_n \cdot b_n \cdot z}{R_n} \cdot \left(\frac{1}{a_n^2 + z^2} + \frac{1}{b_n^2 + z^2}\right)\right] \qquad \text{Gl. 6-26}$$

berechnen. Die einzelnen Größen stehen für

$$\begin{aligned} R_n &= \sqrt{a_n^2 + b_n^2 + z^2} \\ a_1 &= a_2 = 0{,}87 \cdot a \\ a_3 &= 0{,}87 \cdot b \\ a_4 &= 0{,}13 \cdot a \\ b_1 &= 0{,}87 \cdot b \\ b_2 &= b_4 = 0{,}13 \cdot b \\ b_3 &= 0{,}13 \cdot a \end{aligned} \qquad \text{Gl. 6-27}$$

Die Größe i_K kann mit Hilfe von

$$i_K = \sum_{n=1}^{n=4} i_n \qquad \text{Gl. 6-28}$$

berechnet werden. Die vier i_n-Werte lassen sich unter Verwendung von z und den entsprechenden Abmessungen a_n und b_n der vier Teilflächen (Gl. 6-27) mit Hilfe der Abb. 6-14 ermitteln. Eine direkte Ablesung der zur Tiefe z und den Rechteckabmessungen a und b gehörenden Größe erlaubt Abb. 6-15. Bei der Verwendung dieser Abbildung ist zu beachten, dass hier die Belastung nicht mit σ_0, sondern mit q bezeichnet wird und dass die linke Skala der linken Kurvenschar und die rechte Skala der rechten Kurvenschar zuzuordnen ist.

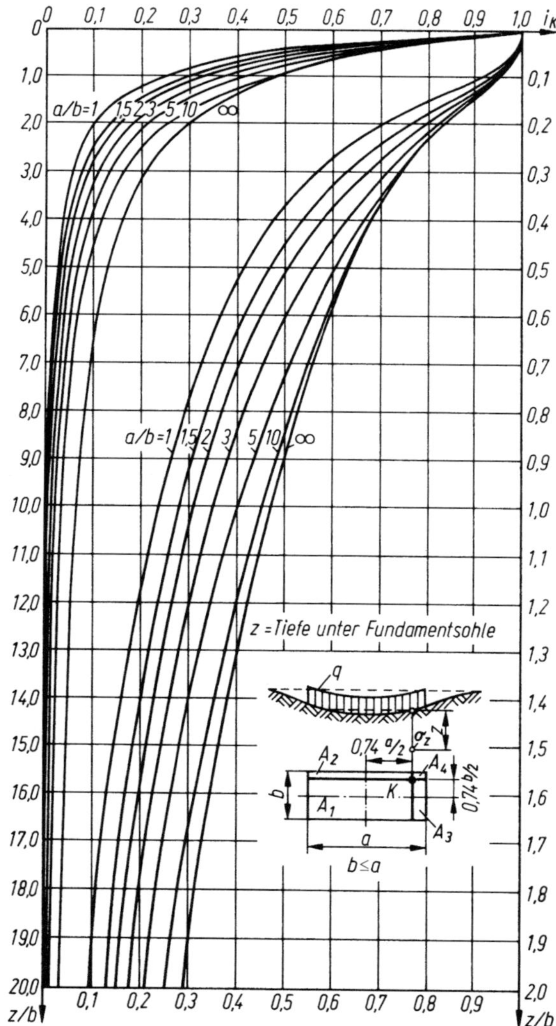

Abb. 6-15 Einflusswerte i_K für die vertikalen Normalspannungen unter den charakteristischen Punkten von konstanten Rechtecklasten (nach KANY, aus EVB [L 112])

Anwendungsbeispiel

In einem Boden aus Sand ($\gamma_{S,k} = 18{,}5$ kN/m³) wurde ein Wasserrohr verlegt (die Tiefe des Rohrscheitels unter Geländeoberkante beträgt 4,0 m).

Für eine Planung ist die zulässige Größe der vertikalen konstanten charakteristischen Flächenlast $\sigma_{0,k}$ zu ermitteln, die auf einem 2 m × 3 m großen Teilstück der Baugrundoberfläche wirkt, wenn im Punkt „A" der Scheitellinie des Rohres (Abb. 6-16) der Wert 200 kN/m² für die gesamte charakteristische Vertikalspannung $\sigma_{z,k}$ nicht überschritten werden darf.

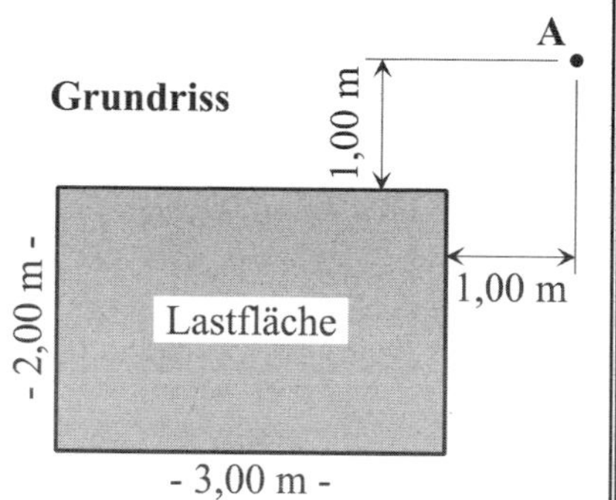

Abb. 6-16 Lageplan für konstante Flächenlast und Punkt A der Rohrscheitellinie

Lösung

Mit der vertikal wirkenden charakteristischen Normalspannung im Punkt „A“ infolge Bodenauflast

$$\sigma_{z,\,\text{Boden},\,k} = \gamma_{S,\,k} \cdot 4{,}0 = 18{,}5 \cdot 4{,}0 = 74{,}0\ \text{kN/m}^2$$

verbleibt als charakteristische σ_Z-Spannung, die im Punkt „A“ durch die konstante Last $\sigma_{0,\,k}$ erzeugt werden darf

$$\sigma_{z,\,\text{Last},\,k} = 200{,}0 - 74{,}0 = 126{,}0\ \text{kN/m}^2$$

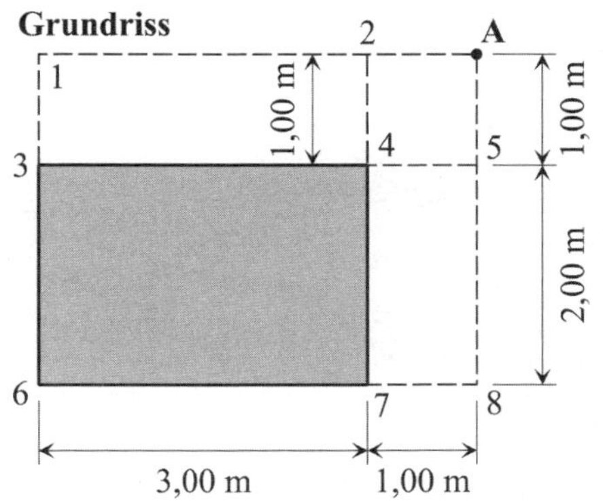

Abb. 6-17 Teilflächeneinteilung für die Superposition

Aus der Einteilung der Rechteckfläche in 4 Teilflächen (Abb. 6-17) ergibt sich mit dem Nomogramm aus Abb. 6-14 für

Rechteck 1 (1-6-8-A):

$$\frac{a_1}{b_1} = \frac{4{,}0}{3{,}0} = 1{,}33 \quad \text{und} \quad \frac{z}{b_1} = \frac{4{,}0}{3{,}0} = 1{,}33 \quad \Rightarrow \quad i_1 = 0{,}155$$

Rechteck 2 (1-3-5-A):

$$\frac{a_2}{b_2} = \frac{4{,}0}{1{,}0} = 4{,}0 \quad \text{und} \quad \frac{z}{b_2} = \frac{4{,}0}{1{,}0} = 4{,}0 \quad \Rightarrow \quad i_2 = 0{,}067$$

Rechteck 3 (2-7-8-A):

$$\frac{a_3}{b_3} = \frac{3{,}0}{1{,}0} = 3{,}0 \quad \text{und} \quad \frac{z}{b_3} = \frac{4{,}0}{1{,}0} = 4{,}0 \quad \Rightarrow \quad i_3 = 0{,}060$$

Rechteck 4 (2-4-5-A):

$$\frac{a_4}{b_4} = \frac{1{,}0}{1{,}0} = 1{,}0 \quad \text{und} \quad \frac{z}{b_4} = \frac{4{,}0}{1{,}0} = 4{,}0 \quad \Rightarrow \quad i_4 = 0{,}027$$

Die zulässige Größe der konstanten Last σ_0 ergibt sich damit aus

$$\sigma_{z;\,\text{Last}} = \sigma_0 \cdot (i_1 - i_2 - i_3 + i_4) = \sigma_0 \cdot (0{,}155 - 0{,}067 - 0{,}06 + 0{,}027) = \sigma_0 \cdot 0{,}055$$

zu

$$\sigma_0 = \frac{\sigma_{z;\,\text{Last}}}{0{,}055} = \frac{126}{0{,}055} = 2\,291\ \text{kN/m}^2$$

6.5.7 Einflusswerte für σ_Z-Spannungen unter verschiedenen Flächenlasten

Einflusswerte, die auf der Integration der Gleichungen von BOUSSINESQ basieren, existieren, außer für den Fall des Abschnitts 6.5.6, u. a. für Linien- und Streifenlasten sowie für rechteckförmig und kreisförmig verteilte schlaffe Lasten. Eine Reihe solcher Lösungen ist z. B. in [L 112] zusammengestellt. Abb. 6-18 zeigt einen dieser Fälle.

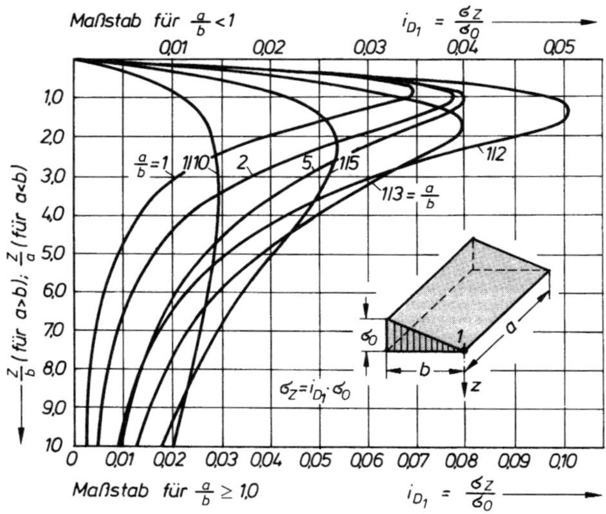

Abb. 6-18 Einflusswerte i_{D1} für die Ermittlung der vertikalen Normalspannungen unter dem Punkt 1 einer Dreiecklast mit rechteckigem Grundriss; gültig für den Konzentrationsfaktor $\nu_K = 3$ (nach JELINEK, aus [L 134]; zu ν_K siehe z. B. MÖLLER [L 126], Abschnitt 6.6.2)

Anwendungsbeispiel

Betrachtet wird ein Halbraum mit dem Konzentrationsfaktor $\nu_K = 3$, auf dessen Oberfläche eine charakteristische Dreiecklast einwirkt (Abb. 6-19). Sie weist einen rechteckigen Grundriss der Abmessungen $a \times b = 4{,}00\ \text{m} \times 2{,}00\ \text{m}$ und die maximale Ordinate $\sigma_{0,k} = 5\ \text{kN/m}^2$ auf.

Zu ermitteln ist die durch die Dreiecklast aktivierte charakteristische Normalspannung $\sigma_{z,k}$ in der Tiefe $z = 4{,}0$ m unter dem Punkt „A" der Lastfläche.

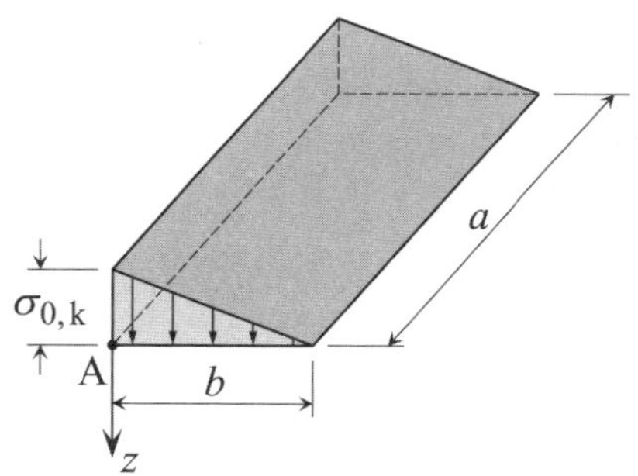

Abb. 6-19 Dreiecklast auf Halbraumoberfläche

Lösung

Wird von der in Abb. 6-20 gezeigten Superpositionsbeziehung ausgegangen, ergeben sich mit dem Verhältnis der Seitenlängen der Lastflächen

$$\frac{a}{b} = \frac{4{,}00}{2{,}00} = 2{,}00$$

und dem Verhältnis

$$\frac{z}{b} = \frac{4{,}00}{2{,}00} = 2{,}00$$

die Beiwerte nach STEINBRENNER (Abb. 6-14) und JELINEK (Abb. 6-18)

$i = 0{,}12$

und

$i_{D1} = 0{,}057$

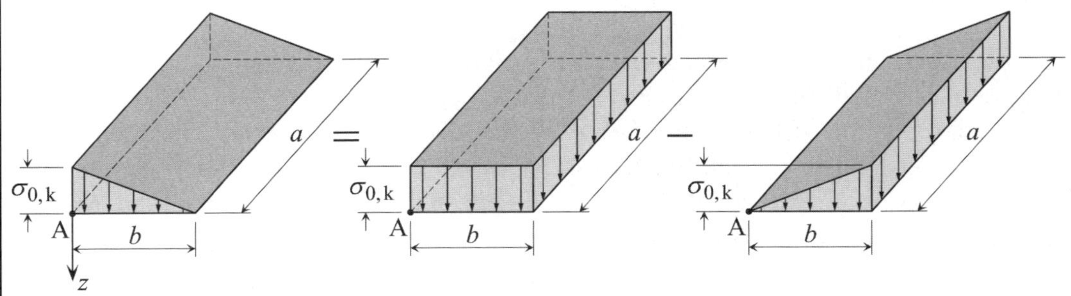

Abb. 6-20 Superposition der Belastungen

Mit ihnen berechnet sich die charakteristische Normalspannung in der Tiefe $z = 4$ m unter dem Punkt „A" zu

$$\sigma_{z,k} = i \cdot \sigma_{0,k} - i_{D1} \cdot \sigma_{0,k} = (i - i_{D1}) \cdot \sigma_{0,k} = (0{,}12 - 0{,}057) \cdot 5{,}0 = 0{,}315 \text{ kN/m}^2$$

6.5.8 Spannungen σ_z unter beliebigen Flächenlasten

Zur Berechnung der σ_z-Spannungen des Halbraums infolge beliebig berandeter Vertikalbelastungen der Halbraumoberfläche dient das Verfahren von NEWMARK.

Die Gleichung der unter dem Mittelpunkt konstanter Kreislasten σ_0 wirkenden Spannung

$$\sigma_z = \sigma_0 \cdot \left\{ 1 - \left[1 + \left(\frac{R}{z} \right)^2 \right]^{-\nu_K/2} \right\} \qquad \text{Gl. 6-29}$$

liefert durch Umstellung und Einsetzung des Konzentrationsfaktors (vgl. z. B. MÖLLER [L 126], Abschnitt 6.6.2) $\nu_K = 3$ das dafür geltende Verhältnis vom Lastkreisradius R zur Tiefe z

$$\frac{R}{z} = \left[\left(1 - \frac{\sigma_z}{\sigma_0} \right)^{-2/3} - 1 \right]^{1/2} \qquad \text{Gl. 6-30}$$

Zahlenwerte dieses Verhältnisses beinhaltet Tabelle 6-1 für ausgewählte σ_z/σ_0-Größen.

Tabelle 6-1 R/z-Größen für vorgegebene Verhältnisse von σ_z/σ_0

σ_z/σ_0	0	0,1	0,2	0,3	0,4	0,5	0,6	0,7	0,8	0,9
R/z	0	0,270	0,400	0,518	0,637	0,776	0,918	1,110	1,387	1,908

Die Eintragung kreisförmiger Lastflächen mit den Radien $R_1 = 0{,}27 \cdot z$, $R_2 = 0{,}4 \cdot z$, $R_3 = 0{,}518 \cdot z$, ... (Tabelle 6-1) in eine Zeichnung führt zu der in Abb. 6-21 gezeigten Situation. Durch die Belastung σ_0 im Kreis 1 (Radius R_1) wird z. B. die σ_z-Spannung $0{,}1 \cdot \sigma_0$ in der Tiefe z unter der Mitte der Kreislast hervorgerufen. Wegen der Radialsymmetrie liefert die Belastung von jedem der 20 gleich großen Kreissektoren den σ_z-Anteil $0{,}1/20 \cdot \sigma_0 = 0{,}005 \cdot \sigma_0$.

Wird die Last durch Hinzufügung einer kreisringförmigen Lastfläche so ergänzt, dass als neue Lastfläche der Kreis 2 (Radius R_2) entsteht, erhöht sich dadurch die σ_z-Spannung unter der Kreislastmitte um $0{,}1 \cdot \sigma_0$ auf $0{,}2 \cdot \sigma_0$. Wegen der Radialsymmetrie leistet jede der 20 Teilflächen des Kreisringes den Beitrag $0{,}1/20 \cdot \sigma_0 = 0{,}005 \cdot \sigma_0$. Damit liefert die gleichmäßige Belastung σ_0 in jeder der $9 \cdot 20 = 180$ Teilflächen der Einflusskarte aus Abb. 6-21 den Beitrag $0{,}005 \cdot \sigma_0$ zu der σ_z-Spannung.

Anwendungsbeispiel

Unter Verwendung einer Einflusskarte ist die Spannung σ_z in der Tiefe $z = 3$ m unter dem Punkt S einer geradlinig begrenzten Lastfläche (vgl. Abb. 6-21) zu ermitteln. Dabei ist eine konstante Lastflächenbelegung mit $\sigma_0 = 200$ kN/m² anzusetzen.

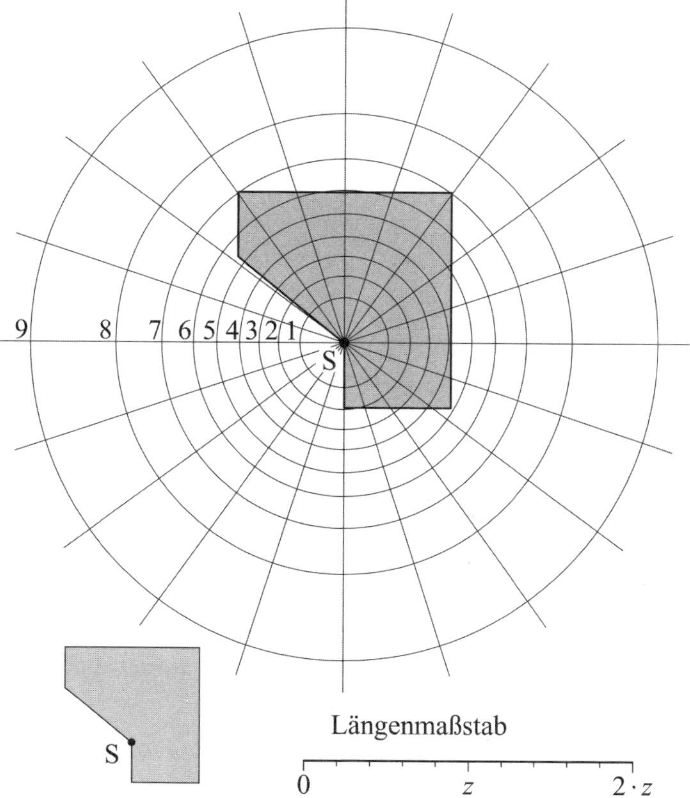

Abb. 6-21 Für den Konzentrationsfaktor $\nu_K = 3$ geltende Einflusskarte nach NEWMARK zur Ermittlung der σ_z-Spannungen in der Tiefe $z = 3$ m unter dem Punkt S

Lösung

Da die Spannung σ_z unter dem Punkt S zu ermitteln ist, wird, unter Beachtung des von der Tiefe $z = 3$ m des Spannungspunkts abhängigen Längenmaßstabes, die Lastfläche so eingezeichnet, dass der Punkt S und der Mittelpunkt der Einflusskartenkreise zusammenfallen. Bei durchgehender Belegung der Lastfläche mit σ_0 ergibt sich die gesuchte Spannung σ_z aus $n \cdot 0{,}005 \cdot \sigma_0$ (n ist die durch Auszählung ermittelte Zahl der Einflusskartenteilflächen, die mit σ_0 belegt sind).

Für den vorliegenden Fall ergibt sich durch Auszählung $n \approx 62$ und somit als gesuchte Spannung

$$\sigma_z \approx 62 \cdot 0{,}005 \cdot \sigma_0 = 0{,}31 \cdot 200 = 62 \text{ kN/m}^2$$

7 Berechnungsgrundlagen der neuen Normen

7.1 Allgemeines

Die im März 2014 erschienene neueste Fassung der DIN EN 1997-1 [L 73] basiert unverändert auf dem Konzept der Teilsicherheiten. Die Norm wird ergänzt durch den zugehörigen Nationalen Anhang DIN EN 1997-1/NA [L 75] und durch die DIN 1054 [L 2], die insbesondere die spezifisch deutschen Erfahrungen als nationale Ergänzung enthält. Um die Verwendung dieser drei Normen durch die Nutzer anwenderfreundlicher zu gestalten, wurden sie im Jahr 2011 erstmalig in dem Normen-Handbuch „Geotechnische Bemessung, Band 1: Allgemeine Regeln“ [L 127] zusammengestellt (vgl. hierzu auch Abschnitt 14.3); DIN EN 1997-1 in der Fassung [L 74]. Die gleichen Gründe führten, ebenfalls im Jahr 2011, zu der Herausgabe des zweiten Normen-Handbuchs „Geotechnische Bemessung, Band 2: Erkundung und Untersuchung“ [L 129]. Im Jahr 2015 erschienen die beiden Bände in einer Neuauflage. Leider beinhaltet der Band 1 [L 128] als Ergänzung nur die Änderungen DIN1054/A1 [L 3] und DIN 1054/A2 [L 4], nicht aber die Änderungen, die zu DIN EN 1997-1 [L 73] geführt haben. Der neue Band 2 [L 130] unterscheidet sich von dem „alten“ Band 2 [L 129] nur durch die ISBN-Nummer.

Bei den einzelnen Regelungen in DIN EN 1997-1 ist zwischen „Grundsätzen“ und „Anwendungsregeln“ zu unterscheiden. Die Grundsätze betreffen

- allgemeine Feststellungen und Begriffsbestimmungen, zu denen es keine Alternative gibt,
- Anforderungen und Berechnungsmodelle, von denen ohne ausdrückliche Zustimmung nicht abgewichen werden darf.

Grundsätze sind daran zu erkennen, dass ihnen der Buchstabe P vorgestellt ist. Bezüglich der Anwendungsregeln gilt, dass sie

- Beispiele anerkannter Regeln sind, die den Grundsätzen entsprechen,
- durch alternative Regeln ersetzt werden dürfen, wenn diese den einschlägigen Grundsätzen entsprechen oder in Bezug auf Sicherheit, Gebrauchstauglichkeit und Dauerhaftigkeit Ergebnisse erwarten lassen, die mindestens den Ergebnissen gleichwertig sind, die bei Anwendung der Eurocode-Regeln zu erwarten sind.

Die in DIN 1054 zu findenden nationalen Ergänzungen zu DIN EN 1997-1 sind Anwendungsregeln.

Darauf hinzuweisen ist, dass das Deutsche Institut für Normung e. V. (DIN) über das Internet Antworten auf Auslegungs-Anfragen zu DIN-Normen des Bauwesens zur Verfügung stellt. Der kostenlose Zugang erfolgt über http://www.din.de (Homepage des DIN), verbunden mit den aufeinanderfolgenden Mouseclicks auf den Button „Normen erarbeiten“, den Button „Normenausschüsse“, den Button „NA 005 Normenausschuss Bauwesen (NABau)“, den Button „Aktuelles“, den Button „Auslegungen zu DIN-Normen“ und schließlich den Button „Antworten zu Auslegungs-Anfragen“. Am Ende der so aufgerufenen Seite finden sich mehrere Normen, zu denen entsprechende Informationen vorliegen. Beim Mouseclick auf z. B. „Auslegungen zu DIN 1054“ öffnet sich eine Seite, an deren Ende über „Auslegungen zur DIN 1054“ sich ein pdf-File öffnen und auch herunterladen lässt. Es enthält neben Antworten zu Auslegungs-Anfragen auch Berichtigungen.

7.2 Einwirkungen, geotechnische Kenngrößen und Widerstände

7.2.1 Einwirkungen und Einwirkungskombinationen

Einwirkungen lassen sich zahlenmäßig den verschiedenen Teilen von DIN EN 1991 entnehmen. Die Werte der geotechnischen Einwirkungen sind ggf. Schätzwerte, die sich im Zuge der Berechnung noch ändern können.

Für geotechnische Bemessungen sollten u. a. nach Abschnitt 2.4.2 von DIN EN 1997-1 und DIN 1054 als Einwirkungen berücksichtigt werden

- geotechnische Einwirkungen wie Boden-, Fels- und Wassereigenlasten, Spannungen im Untergrund, Erddrücke, Wasserdrücke, Strömungsdrücke, Schwellen oder Schrumpfen von Bodenmaterial, Eislasten, negative Mantelreibung, Vorspannung von Bodenankern oder Steifen usw.
- Einwirkungen aus Bauwerken (Gründungslasten), wie z. B. ruhende und eingeprägte Bauwerkslasten aus einem aufliegenden Tragwerk, die sich aus dessen statischer Berechnung ergeben (Eigenlasten, Verkehrslasten, Wind, Schnee usw.) oder Pollerzugkräfte.

Mit der Kombination von Einwirkungen werden alle gleichzeitig auftretenden Einwirkungen bezüglich ihrer Bemessungswerte erfasst, wie sie für den Nachweis der Tragwerkszuverlässigkeit für einen Grenzzustand benötigt werden.

7.2.2 Geotechische Kenngrößen

Nach DIN EN 1997-1, 2.4.3 werden für rechnerische geotechnische Nachweise geotechnische Kenngrößen zahlenmäßig benötigt, mit deren Hilfe die Eigenschaften der Boden- und Felsbereiche erfasst werden können, die für die Berechnungen bedeutsam sind. Die Ermittlung der Zahlenwerte kann z. B. durch Versuche auf direktem Wege oder über Korrelationen erfolgen.

7.2.3 Widerstände

Widerstände von Boden und Fels sind Schnittgrößen bzw. Spannungen, die im oder am Tragwerk oder auch im Baugrund wirken können und sich aus der Festigkeit bzw. der Steifigkeit der Baustoffe oder des Baugrunds ergeben. Gemäß DIN 1054, Tabelle A 2.3 (identisch mit Tabelle 7-3) können sie auftreten als

- Scherfestigkeiten,
- Sohlwiderstände (Grundbruch- bzw. Gleitwiderstand),
- Erdwiderstände (Relativbewegung zwischen Konstruktion und Boden beachten),
- Eindring- und Herauszieh-Widerstände von Pfählen, Zuggliedern oder Ankerkörpern.

7.3 Charakteristische und repräsentative Werte

7.3.1 Charakteristische Werte

Bei der Bemessung geotechnischer Bauwerke werden zu Beginn charakteristische Werte (Index „k“) für

- Einwirkungen F_k und Beanspruchungen E_k,
- geotechnische Kenngrößen M_k,
- Widerstände R_k

benötigt.

Die Werte charakteristischer Einwirkungen sind nach DIN EN 1997-1, 2.4.5.1 gemäß DIN EN 1990 [L 69] und den verschiedenen Teilen von DIN EN 1991 festzulegen.

Geht es um charakteristische Werte von geotechnischen Kenngrößen, ist bei deren Wahl, nach Abschnitt 2.4.5.2 von DIN EN 1997-1 und DIN 1054, u. a. der Einfluss

- von geologischen und zusätzlichen Informationen (wie z. B. Projekterfahrungen),
- von Messgrößenstreuungen,
- des Umfangs der Feld- und Laboruntersuchungen sowie der Art und Anzahl der Bodenproben,
- der Ausdehnung des Baugrundbereichs, der das Verhalten des geotechnischen Bauwerks maßgeblich beeinflusst,
- der Möglichkeit, dass das geotechnische Bauwerk Lasten aus weicheren in festere Baugrundbereiche umlagert,

zu berücksichtigen. Darüber hinaus sind die charakteristischen Werte anhand der Ergebnisse und abgeleiteter Werte aus Labor- und Feldversuchen zu wählen, wobei auch vergleichbare Erfahrungen zu berücksichtigen sind. Als charakteristischer Wert einer geotechnischen Kenngröße ist eine vorsichtig geschätzte Größe des Werts zu vereinbaren, der im Grenzzustand wirkt.

Nach [L 5], 5.3 gilt grundsätzlich, dass Berechnungen mit festgelegten charakteristischen Bodenkenngrößen zu Ergebnissen führen müssen, die auf der sicheren Seite liegen.

7.3.2 Repräsentative Werte

Bei repräsentativen Werten (mit dem Index „rep“ zu kennzeichnen) handelt es sich immer um Werte von Einwirkungen oder Einwirkungskombinationen.

Nach DIN EN 1997-1, 2.4.6.1 berechnet sich der repräsentative Wert einer Einwirkung mit dem charakteristischen Wert F_k der Einwirkung und dem Kombinationsbeiwert ψ zu

$$F_{rep} = \psi \cdot F_k \qquad \text{mit} \quad \psi \leq 1 \qquad \text{Gl. 7-1}$$

Handelt es sich bei F_k um eine ständige Einwirkung oder um die Leiteinwirkung der veränderlichen Einwirkungen (dominierende Einwirkung), gilt nach DIN 1054, 2.4.6.1

$$F_{rep} = F_k \qquad \text{Gl. 7-2}$$

Bei linear-elastisch berechenbaren Tragwerken lassen sich mehrere gleichzeitig auftretende veränderliche und voneinander unabhängige charakteristische Einwirkungen $Q_{k,i}$ in einer „Kombination“ zusammenfassen. Wird eine dieser Einwirkungen als Leiteinwirkung $Q_{k,1}$ festgelegt, ergibt sich der repräsentative Wert dieser Kombination mit $Q_{k,1}$ sowie den übrigen veränderlichen Einwirkungen $Q_{k,i}$ und den ihnen zuzuordnenden Kombinationswerten $\psi_{0,i}$ aus

$$Q_{rep} "=" Q_{k,1} "+" \sum_{i>1} \psi_{0,i} \cdot Q_{k,i} \qquad \text{Gl. 7-3}$$

Die Zeichenkombination "=" hat darin die Bedeutung „ergibt sich aus“ und die Kombination "+" die Bedeutung „in Verbindung mit“. Bezüglich der Größe der zu wählenden Kombinationsbeiwerte ist auf DIN EN 1990 [L 69] sowie auf die für Hochbauten geltende Tabelle A 1.1 in DIN EN 1990/NA [L 70] hinzuweisen. In der Geotechnik ist nach DIN 054, A .4.6.1.1 A (3) der Wert $\psi_0 = 0{,}8$ zu verwenden.

7.4 Grenzzustände

Grenzzustände erfassen ein mögliches Versagen des Bauwerks oder des Baugrunds oder auch ein gleichzeitiges Versagen von Bauwerk und Baugrund oder auch den Verlust der Gebrauchstauglichkeit des Bauwerks bzw. von Bauwerksteilen. Für entsprechende rechnerische Nachweise benötigte Teilsicherheitsbeiwerte, die zu Einwirkungen und Beanspruchungen, geotechnischen Kenngrößen und Widerständen gehören, sind der jeweiligen Tabelle in DIN 1054 entnehmbar (Abschnitt 7.5.3). Von der Bezeichnung her ist zwischen dem Grenzzustande der

- Gebrauchstauglichkeit SLS (**S**erviceability **l**imit **s**tate) und
- Tragfähigkeit ULS (**U**ltimate **l**imit **s**tate)

zu unterscheiden.

Der Grenzzustand ULS gliedert sich in die Grenzzustände des

- Versagens durch hydraulischen Grundbruch HYD (**hyd**raulic failure), der das Versagen infolge Strömungsgradienten im Boden betrifft (Beispiele: hydraulischer Grundbruch, innere Erosion und Piping);
- Verlustes der Lagesicherheit des Bauwerks oder Baugrunds infolge von Aufschwimmen UPL (**upl**ift), der den Verlust des Gleichgewichts von Bauwerk oder Baugrund infolge Aufschwimmens durch Wasserdruck (Auftrieb) oder anderer vertikaler Einwirkungen betrifft;
- Verlustes der Lagesicherheit EQU (**equ**ilibrium), der den Verlust des Gleichgewichts des als starren Körper angesehenen Tragwerks oder des Baugrunds betrifft;
- Versagens von Bauwerken und Bauteilen STR (**str**ucture failure), der das innere Versagen oder sehr große Verformungen des Bauwerks oder seiner Bauteile, einschließlich der Fundamente, Pfähle, Kellerwände usw. betrifft;
- Versagens von Baugrund GEO (**geo**technic failure), der das innere Versagen oder sehr große Verformungen des Baugrunds betrifft;
- Versagens von Baugrund GEO-2, bei dem das Nachweisverfahren 2 anzuwenden ist und der das innere Versagen oder sehr große Verformungen des Baugrunds betrifft;

- Versagens von Baugrund durch den Verlust der Gesamtstandsicherheit GEO-3, bei dem das Nachweisverfahren 3 anzuwenden ist und der das innere Versagen oder sehr große Verformungen des Baugrunds betrifft.

7.5 Bemessungssituationen und Teilsicherheitsbeiwerte

7.5.1 Allgemeines

Bei Berechnungen zum Nachweis der Tragfähigkeit bzw. der Gebrauchstauglichkeit werden für Einwirkungen und Beanspruchungen sowie für geotechnische Kenngrößen und Widerstände Bemessungswerte benötigt (vgl. Abschnitt 7.6), deren Größe u. a. mit Hilfe von Teilsicherheitsbeiwerten (vgl. Abschnitt 7.5.3) zu bestimmen ist. Die Tabellen des Abschnitts 7.5.3 zeigen, dass die Zahlenwerte der Teilsicherheitsbeiwerte neben anderen Aspekten auch von der jeweils anzunehmenden Bemessungssituation (BS) abhängen.

7.5.2 Bemessungssituationen

Gemäß DIN EN 1997-1/NA, NCI Zu 2.2 (1)P sind grundsätzlich die folgenden vier Bemessungssituationen zu unterscheiden (vgl. DIN 1054, 2.2 A (4)):

- BS-P ständige Situationen (**P**ersistent situations), die den üblichen Nutzungsbedingungen des Tragwerks entsprechen. Zu berücksichtigen sind ständige Einwirkungen und veränderliche Einwirkungen, die während der Funktionszeit des Bauwerks regelmäßig auftreten.
- BS-T vorübergehende Situationen (**T**ransient situations), die sich auf zeitlich begrenzte Zustände beziehen, wie etwa Bauzustände bei der Bauwerksherstellung, Bauzustände an einem bestehenden Bauwerk, Baumaßnahmen für vorübergehende Zwecke, Zustände mit planmäßig einmaligen Einwirkungen oder Gegebenheiten (außer den vorübergehenden Einwirkungen erfasst die Bemessungssituation BS-T auch die ständigen Einwirkungen der Situation BS-P).
- BS-A außergewöhnliche Situationen (**A**ccidental situations), die sich auf außergewöhnliche Gegebenheiten des Tragwerks oder seiner Umgebung beziehen. Hierzu gehören z. B. Feuer oder Brand, Explosion, Anprall, extremes Hochwasser, Ankerausfall (neben jeweils einer außergewöhnlichen Einwirkung sind bei dieser Bemessungssituation aber auch ständige und regelmäßig auftretende veränderliche Einwirkungen gemäß den Bemessungssituationen BS-P und BS-T zu berücksichtigen).

  Als außergewöhnlich sind auch Situationen zu betrachten, bei denen gleichzeitig mehrere voneinander unabhängige seltene Einwirkungen zu berücksichtigen sind, wie etwa eine ungewöhnlich große Einwirkung oder eine planmäßige einmalige Einwirkung.
- BS-E für Erdbebeneinwirkungen geltende Bemessungssituationen (**E**arthquake situations).

Bei den Bemessungssituationen BS-A oder BS-E lässt sich nicht ausschließen, dass das jeweilige Bauwerk nach Eintritt einer solchen Situation den Anforderungen an die Gebrauchstauglichkeit nicht mehr genügt und außerdem in entsprechender Weise geschädigt ist. Zur

Vermeidung solcher Schäden sind Maßnahmen zu empfehlen, mit denen die Gebrauchstauglichkeit nachgewiesen werden kann.

Bei Baumaßnahmen, die Baugrubenkonstruktionen betreffen, darf in besonderen Situationen gemäß EAB, EB 24 [L 108] die Bemessungssituation BS-T mit abgeminderten Teilsicherheitsbeiwerten unter der Bezeichnung BS-T/A eingefügt werden (vgl. hierzu DIN 1054, 2.2 A (6), EAB, EB 79 [L 108] und Abschnitt 13.1.5).

7.5.3 Teilsicherheitsbeiwerte

Die folgenden Tabellen enthalten die Teilsicherheitsbeiwerte, die bei der Berechnung der Bemessungswerte von Einwirkungen und Beanspruchungen (Tabelle 7-2), Widerständen (Tabelle 7-3) und geotechnischen Kenngrößen (Tabelle 7-1) zu verwenden sind. Ihre zahlenmäßigen Größen hängen ab von der jeweils anzusetzenden Bemessungssituation (BS-P oder BS-T oder BS-A) bzw. von dem jeweils zu betrachtenden Grenzzustand (HYD oder UPL oder EQU oder STR und GEO-2 oder GEO-3 oder SLS).

Tabelle 7-1 Teilsicherheitsbeiwerte γ_M (Materialeigenschaft M im Einzelfall) für geotechnische Kenngrößen; nach DIN 1054, Tabelle A 2.2

Bodenkenngrößen	**Formelzeichen**	**Bemessungssituation**		
		BS-P	**BS-T**	**BS-A**
HYD und UPL: Grenzzustand des Versagens durch hydraulischen Grundbruch und Aufschwimmen				
Reibungsbeiwert tan φ' des dränierten Bodens und Reibungsbeiwert tan φ_u des undränierten Bodens	$\gamma_{\varphi'}$, $\gamma_{\varphi u}$	1,00	1,00	1,00
Kohäsion c' des dränierten Bodens und Scherfestigkeit c_u des undränierten Bodens	$\gamma_{c'}$, γ_{cu}	1,00	1,00	1,00
GEO-2: Grenzzustand des Versagens von Bauwerken, Bauteilen und Baugrund				
Reibungsbeiwert tan φ' des dränierten Bodens und Reibungsbeiwert tan φ_u des undränierten Bodens	$\gamma_{\varphi'}$, $\gamma_{\varphi u}$	1,00	1,00	1,00
Kohäsion c' des dränierten Bodens und Scherfestigkeit c_u des undränierten Bodens	$\gamma_{c'}$, γ_{cu}	1,00	1,00	1,00
GEO-2: Grenzzustand des Versagens von Bauwerken, Bauteilen und Baugrund				
Reibungsbeiwert tan φ' des dränierten Bodens und Reibungsbeiwert tan φ_u des undränierten Bodens	$\gamma_{\varphi'}$, $\gamma_{\varphi u}$	1,25	1,15	1,10
Kohäsion c' des dränierten Bodens und Scherfestigkeit c_u des undränierten Bodens	$\gamma_{c'}$, γ_{cu}	1,25	1,15	1,10

Anmerkung zu Tabelle 7-1: In der Bemessungssituation BS-E werden nach DIN EN 1990 [L 69] keine Teilsicherheitsbeiwerte angesetzt.

Tabelle 7-2 Für Einwirkungen und Beanspruchungen geltende Teilsicherheitsbeiwerte γ_F (Einwirkung F im Einzelfall) bzw. γ_E (Beanspruchung E im Einzelfall); nach DIN 1054/A2, Tabelle A 2.1

Einwirkung bzw. Beanspruchung	Formelzeichen	Bemessungssituation BS-P	BS-T	BS-A
HYD und UPL: Grenzzustand des Versagens durch hydraulischen Grundbruch und Aufschwimmen				
destabilisierende ständige Einwirkungen [a]	$\gamma_{G,dst}$	1,05	1,05	100
stabilisierende ständige Einwirkungen	$\gamma_{G,stb}$	0,95	0,95	0,95
destabilisierende veränderliche Einwirkungen	$\gamma_{Q,dstb}$	1,50	1,30	1,00
stabilisierende veränderliche Einwirkungen	$\gamma_{G,stb}$	0	0	0
Strömungskraft bei günstigem Untergrund	γ_H	1,45	1,45	1,250
Strömungskraft bei ungünstigem Untergrund	γ_H	1,90	1,90	1,45
EQU: Grenzzustand des Verlusts der Lagesicherheit				
ungünstige ständige Einwirkungen	$\gamma_{G,dst}$	1,10	1,05	1,00
günstige ständige Einwirkungen	$\gamma_{G,stb}$	0,90	0,90	0,95
ungünstige veränderliche Einwirkungen	γ_Q	1,50	1,25	1,00
STR und GEO-2: Grenzzustand des Versagens von Bauwerken, Bauteilen und Baugrund				
Beanspruchungen aus ständigen Einwirkungen allgemein [a]	γ_G	1,35	1,20	1,10
Beanspruchungen aus günstigen ständigen Einwirkungen [b]	$\gamma_{G,inf}$	1,00	1,00	1,00
Beanspruchungen aus ständigen Einwirkungen aus Erdruhedruck	$\gamma_{G,E0}$	1,20	1,10	1,00
Beanspruchungen aus ungünstigen veränderlichen Einwirkungen	γ_Q	1,50	1,30	1,10
Beanspruchungen aus günstigen veränderlichen Einwirkungen	γ_Q	0	0	0
GEO-3: Grenzzustand des Versagens durch Verlust der Gesamtstandsicherheit				
ständige Einwirkungen [a]	γ_G	1,00	1,00	1,00
ungünstige veränderliche Einwirkungen	γ_Q	1,30	1,20	1,00
SLS: Grenzzustand der Gebrauchstauglichkeit				
ständige Einwirkungen bzw. Beanspruchungen	γ_G	1,00		
veränderliche Einwirkungen bzw. Beanspruchungen	γ_Q	1,00		

[a] einschließlich ständigem und veränderlichem Wasserdruck.
[b] nur im Sonderfall nach DIN 1054, 7.6.3.1 A(2).

Anmerkungen zu Tabelle 7-2 siehe nächste Seite

1) Zur Beibehaltung des bisherigen Sicherheitsniveaus sind, in Abweichung von DIN EN 1990 [L 69], die Teilsicherheitsbeiwerte γ_G und γ_Q für Beanspruchungen aus ständigen und ungünstigen veränderlichen Einwirkungen für die Bemessungssituation BS-A von $\gamma_G = \gamma_Q = 1{,}00$ auf $\gamma_G = \gamma_Q = 1{,}10$ angehoben worden.
2) Die Teilsicherheitsbeiwerte $\gamma_{G,E0}$ wurden gegenüber den Teilsicherheitsbeiwerten γ_G herabgesetzt, da der Erdruhedruck bereits bei geringen Entspannungsbewegungen auf einen geringeren Erddruck, im Grenzfall auf den wesentlich kleineren aktiven Erddruck absinkt.
3) In der Bemessungssituation BS-E werden nach DIN EN 1990 [L 69] keine Teilsicherheitsbeiwerte angesetzt.

Tabelle 7-3 Teilsicherheitsbeiwerte γ_R (Widerstand *R* im Einzelfall) für Widerstände (nach DIN 1054, Tabelle A 2.3)

Widerstand	Formelzeichen	Bemessungssituation BS-P	BS-T	BS-A
STR und GEO-2: Grenzzustand des Versagens von Bauwerken, Bauteilen und Baugrund				
Bodenwiderstände				
Erdwiderstand und Grundbruchwiderstand	$\gamma_{R,e}, \gamma_{R,v}$	1,40	1,30	1,20
Gleitwiderstand	$\gamma_{R,h}$	1,10	1,10	1,10
Pfahlwiderstände aus statischen und dynamischen Pfahlprobebelastungen				
Fußwiderstand	γ_b	1,10	1,10	1,10
Mantelwiderstand (Druck)	γ_s	1,10	1,10	1,10
Gesamtwiderstand (Druck)	γ_t	1,10	1,10	1,10
Mantelwiderstand (Zug)	$\gamma_{s,t}$	1,15	1,15	1,15
Pfahlwiderstände auf der Grundlage von Erfahrungswerten				
Druckpfähle	$\gamma_b, \gamma_s, \gamma_t$	1,40	1,40	1,40
Zugpfähle (nur in Ausnahmefällen)	$\gamma_{s,t}$	1,50	1,50	1,50
Herauszieh-Widerstände				
Boden- bzw. Felsnägel	γ_a	1,40	1,30	1,20
Verpresskörper von Verpressankern	γ_a	1,10	1,10	1,10
flexible Bewehrungselemente	γ_a	1,40	1,30	1,20
GEO-3: Grenzzustand des Versagens durch Verlust der Gesamtstandsicherheit				
Scherfestigkeit				
siehe Tabelle 7-1				
Herauszieh-Widerstände				
siehe STR und GEO-2				

Anmerkungen zu Tabelle 7-3 siehe nächste Seite

1) Der Teilsicherheitsbeiwert für den Materialwiderstand des Stahlzugglieds aus Spannstahl und Betonstahl ist in DIN EN 1992-1-1/NA, Tabelle 2.1DE für die Bemessungssituationen BS-P und BS-T der Grenzzustände GEO-2 und GEO-3 mit $\gamma_M = 1{,}15$ angegeben; für die Bemessungssituation BS-A gilt $\gamma_M = 1{,}0$.
2) Der Teilsicherheitsbeiwert für den Materialwiderstand von flexiblen Bewehrungselementen ist für die Grenzzustände GEO-2 und GEO-3 in EBGEO [L 111] angegeben.
3) In der Bemessungssituation BS-E werden nach DIN EN 1990 [L 69] keine Teilsicherheitsbeiwerte angesetzt.

7.6 Bemessungswerte

Bemessungswerte werden mit dem Index „d“ gekennzeichnet und ergeben sich aus charakteristischen Werten von Einwirkungen F_k und Beanspruchungen E_k sowie von geotechnischen Kenngrößen M_k oder Widerständen R_k (siehe auch Abschnitt 7.3.1).

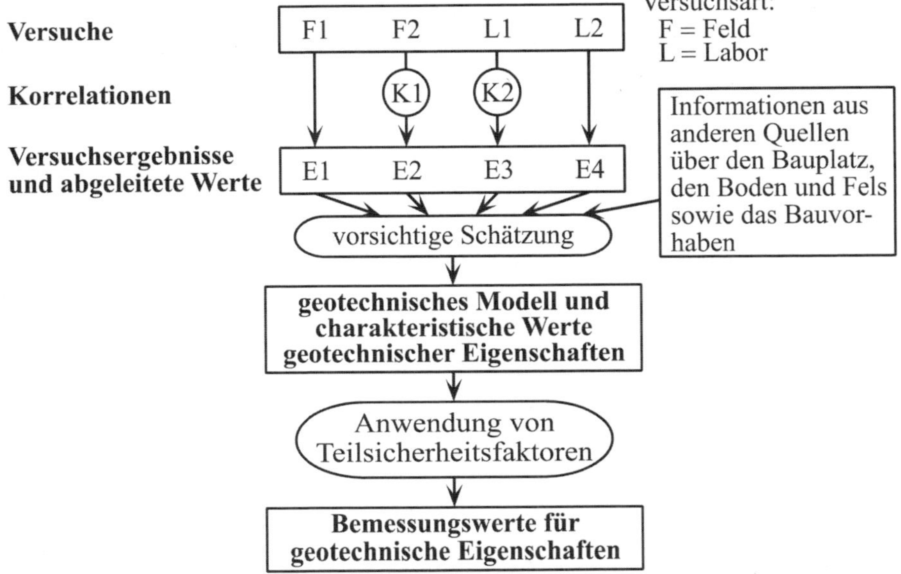

Abb. 7-1 Flussdiagramm für die Ermittlung von Bemessungswerten geotechnischer Eigenschaften (nach DIN EN 1997-2 [L 76])

7.6.1 Bemessungswerte von Einwirkungen

Nach DIN EN 1997-1, 2.4.6.1 ist der Bemessungswert F_d einer Einwirkung nach DIN EN 1990 [L 69] zu bestimmen. Der Wert ist entweder direkt festzulegen oder aus repräsentativen Werten mittels

$$F_d = \gamma_F \cdot F_{rep} = \gamma_F \cdot \psi \cdot F_k \qquad \text{Gl. 7-4}$$

zu bestimmen (mit Teilsicherheitsbeiwerten γ_F aus Tabelle 7-2). Für eine ständige Einwirkung oder eine Leiteinwirkung gilt

$$F_d = \gamma_F \cdot F_k \qquad \text{Gl. 7-5}$$

Hinsichtlich der Ermittlung des repräsentativen Werts einer Kombination von mehreren veränderlichen und voneinander unabhängigen charakteristischen Einwirkungen siehe Abschnitt 7.3.2.

Bemessungswerte von Einwirkungen, die für einen Nachweis der Sicherheit gegen Aufschwimmen (Grenzzustand UPL) oder gegen hydraulischen Grundbruch (Grenzzustand HYD) erforderlich sind, berechnen sich nach DIN 1054, 2.4.6.1.1 für die Bemessungssituationen BS-P, BS-T und BS-A mit Hilfe von Teilsicherheitsbeiwerten γ_F der Tabelle 7-2 zu

$$F_d = F_k \cdot \gamma_F \quad \text{bzw.} \quad F_d = \sum_{i \geq 1} F_{k,i} \cdot \gamma_{F,i} \qquad \text{Gl. 7-6}$$

Kombinationsbeiwerte sind dabei nicht zu berücksichtigen.

7.6.2 Bemessungswerte von geotechnischen Kenngrößen

Nach DIN EN 1997-1, 2.4.6.2 sind Bemessungswerte X_d von geotechnischen Kenngrößen entweder direkt festzulegen oder mit Hilfe von charakteristischen Werten X_k und Teilsicherheitsbeiwerten γ_M aus Tabelle 7-1 sowie der Gleichung

$$X_d = \frac{X_k}{\gamma_M} \qquad \text{Gl. 7-7}$$

zu berechnen.

Bemessungswerte von Scherfestigkeiten, die bei Gesamtstandsicherheitsnachweisen (Grenzzustand GEO-3) verwendet werden, sind nach DIN 1054, 2.4.6.2 mit den Gleichungen

$$\tan\varphi'_d = \frac{\tan\varphi'_k}{\gamma_{\varphi'}} \quad \text{bzw.} \quad \tan\varphi_{u;d} = \frac{\tan\varphi_{u,k}}{\gamma_{\varphi u}}$$

und Gl. 7-8

$$c'_d = \frac{c'_k}{\gamma_{c'}} \quad \text{bzw.} \quad c_{u;d} = \frac{c_{u,k}}{\gamma_{cu}}$$

zu berechnen. Die charakteristischen Größen in den Zählern der Brüche stehen für den Reibungsbeiwert $\tan\varphi'$ und die Kohäsion c' des dränierten Bodens sowie den Reibungsbeiwert $\tan\varphi_u$ und die Kohäsion c_u des undränierten Bodens. Die in den Nennern der Brüche stehenden Größen sind die entsprechenden Teilsicherheitsbeiwerte aus Tabelle 7-1.

7.6.3 Bemessungswerte von Bauwerkseigenschaften

Gemäß DIN EN 1997-1, 2.4.6.4 sind ggf. erforderliche Bemessungswerte für Festigkeitseigenschaften von Baustoffen und für Bauteilwiderstände nach den Normen DIN EN 1992 bis DIN EN 1996 sowie DIN EN 1999 zu ermitteln.

7.7 Tragsicherheit, Nachweisführung

Nach DIN EN 1997-1, 2.4.1 sind bei rechnerischen Nachweisen der Tragsicherheit die grundsätzlichen Anforderungen und speziellen Regeln von DIN EN 1990 [L 69] zu berücksichtigen. Die Nachweisführung kann erfolgen mit Hilfe

- analytischer Verfahren,
- halbempirischer Verfahren,
- numerischer Verfahren (Beispiele: Finite-Elemente-Methode (FEM), Steifemodulverfahren, Bettungsmodulverfahren).

7.7.1 Verlust der Lagesicherheit (EQU)

Zum rechnerischen Nachweis, dass das Gleichgewicht des als starr angesehenen Tragwerks bzw. des Baugrunds eingehalten werden kann, dient die Einhaltung der Ungleichung

$$E_{\mathrm{dst,d}} \leq E_{\mathrm{stb,d}} + T_{\mathrm{d}} \qquad \text{bzw.} \qquad \mu = \frac{E_{\mathrm{dst,d}}}{E_{\mathrm{stb,d}} + T_{\mathrm{d}}} \leq 1 \qquad \text{Gl. 7-9}$$

Für die darin verwendeten Größen gilt:

$E_{\mathrm{dst,d}}$ = Bemessungswert der Resultierenden der destabilisierenden Beanspruchungen,
$E_{\mathrm{stb,d}}$ = Bemessungswert der Resultierenden der stabilisierenden Beanspruchungen,
T_{d} = Bemessungswert der Resultierenden des gesamten mobilisierbaren Scherwiderstands in einer Fuge zwischen Baugrund und Bauwerk oder des gesamten Scherwiderstands, der an einem Bodenblock aktivierbar ist, welcher z. B. eine Zugpfahlgruppe enthält,
μ = Ausnutzungsgrad.

In der Geotechnik erfolgen Nachweise in diesem Grenzzustand eher selten (Beispiel: Kippsicherheit, vgl. Abschnitt 13.3), da mit EQU weder die Gesamtstandsicherheit noch die Sicherheit gegen Aufschwimmen erfasst wird.

7.7.2 Versagen im Tragwerk und im Baugrund (STR und GEO)

Ausreichende Sicherheit gegen das Auftreten von Brüchen oder sehr großer Verformungen in einem Tragwerk, einem Tragwerksteil oder im Baugrund ist mit der Einhaltung der Ungleichung

$$E_{\mathrm{d}} \leq R_{\mathrm{d}} \qquad \text{bzw.} \qquad \mu = \frac{E_{\mathrm{d}}}{R_{\mathrm{d}}} \leq 1 \qquad \text{Gl. 7-10}$$

nachweisbar (vgl. DIN EN 1997-1, 2.4.7.3). Die darin verwendeten Größen sind die Bemessungswerte der Beanspruchungen E_{d} und der Widerstände R_{d} sowie der Ausnutzungsgrad μ.

7.7.3 Versagen durch Aufschwimmen (UPL)

Der Nachweis der Sicherheit gegen das Aufschwimmen von Bauwerken oder Bauwerksteilen erfolgt nach DIN EN 1997-1, 2.4.7.4 mit Hilfe des Bemessungswerts der

- Kombination von destabilisierenden ständigen und veränderlichen vertikalen Einwirkungen $V_{\mathrm{dst,d}}$,

- Summe der ständigen stabilisierenden vertikalen Einwirkungen $G_{stb,d}$ (z. B. Eigenlast von Tragwerk und Bodenschichten),
- Summe zusätzlicher ständiger Widerstände gegen Aufschwimmen R_d (z. B. Wandreibungskräfte T_d und Ankerkräfte P_d),
- Summe der destabilisierenden veränderlichen vertikalen Einwirkungen $Q_{dst,d}$

sowie der Einhaltung der Ungleichung (μ = Ausnutzungsgrad)

$$V_{dst,d} \leq G_{stb,d} + R_d \qquad \text{mit} \quad V_{dst,d} \leq G_{dst,d} + Q_{dst,d}$$

bzw.

$$\mu = \frac{V_{dst,d}}{G_{stb,d} + R_d} \leq 1 \qquad \text{Gl. 7-11}$$

Da zusätzliche Widerstände gegen Aufschwimmen wie stabilisierende ständige vertikale Einwirkungen zu behandeln sind und die Bemessungswerte der Einwirkungen ohne Berücksichtigung von Kombinationsbeiwerten berechnet werden dürfen (vgl. Abschnitte 7.6.1 und 7.3.2), kann die Ermittlung aller Bemessungswerte der Gl. 7-11 ausschließlich mit Teilsicherheitsbeiwerten aus Tabelle 7-2 erfolgen.

7.7.4 Versagen durch hydraulischen Grundbruch (HYD)

Beim Nachweis der Sicherheit gegen das Versagen durch hydraulischen Grundbruch wird nach Abschnitt 2.4.7.5 von DIN EN 1997-1 und DIN 1054 verlangt, dass für jedes untersuchte Bodenprisma die Ungleichung

$$S_{dst,d} \leq G'_{stb;d} \qquad \text{bzw.} \qquad \mu = \frac{S_{dst,d}}{G'_{stb,d}} \leq 1 \qquad \text{Gl. 7-12}$$

eingehalten wird. Die darin verwendeten Größen sind die destabilisierende Strömungskraft $S_{dst,d}$ in dem Bodenprisma, die stabilisierende Eigengewichtskraft $G'_{stb,d}$ des Bodenprismas unter Auftrieb und der Ausnutzungsgrad μ. Die Ermittlung aller Bemessungswerte kann ausschließlich mit Teilsicherheitsbeiwerten aus Tabelle 7-2 erfolgen.

7.8 Beobachtungsmethode

Ist das Baugrundverhalten auf der Basis vorab durchgeführter Baugrunduntersuchungen nebst entsprechenden Berechnungen nicht hinreichend zuverlässig erfassbar, wird der Einsatz der Beobachtungsmethode vorgeschlagen. Diese ist eine Kombination der üblichen geotechnischen Untersuchungen und Berechnungen (Prognosen) mit der laufenden messtechnischen Kontrolle des Baugrunds und des Bauwerks während dessen Herstellung (gegebenenfalls auch in dessen Nutzungszeit). Die Prognoseunsicherheit wird so weitestgehend durch die fortlaufende Anpassung der Prognose an die tatsächlichen Verhältnisse ausgeglichen.

Als Sicherheitsnachweis ist die Beobachtungsmethode ungeeignet, wenn davon ausgegangen werden muss, dass ein mögliches Versagen nicht frühzeitig zu erkennen ist bzw. dass es sich nicht rechtzeitig ankündigt.

Nach DIN 1054, 2.7 kann die Anwendung der Beobachtungsmethode insbesondere bei Baumaßnahmen zweckmäßig sein, die in die geotechnische Kategorie GK3 (Maßnahmen mit hohem Schwierigkeitsgrad) einzuordnen sind und

- mit ausgeprägten Wechselwirkungen zwischen Bauwerk und Baugrund verbunden sind (z. B. Gründungsplatten oder nachgiebig verankerte Stützkonstruktionen),
- durch erhebliche und veränderliche Wasserdruckeinwirkungen gekennzeichnet sind (z. B. Trogbauwerke oder Ufereinfassungen im Tidegebiet),
- durch eine komplexe Wechselwirkung zwischen Baugrund, Baugrubenkonstruktion und angrenzender Bebauung gekennzeichnet sind,
- deren Standsicherheit durch Porenwasserdrücke vermindert werden kann,
- an Hängen zur Ausführung kommen.

8 Sohldruckverteilung

8.1 Allgemeines

Druckspannungen in der Kontaktfläche von Bauwerk und Baugrund („Sohlfläche" oder „Sohlfuge") stellen sowohl Belastungen des Baugrunds als auch des Bauwerks dar.

a)

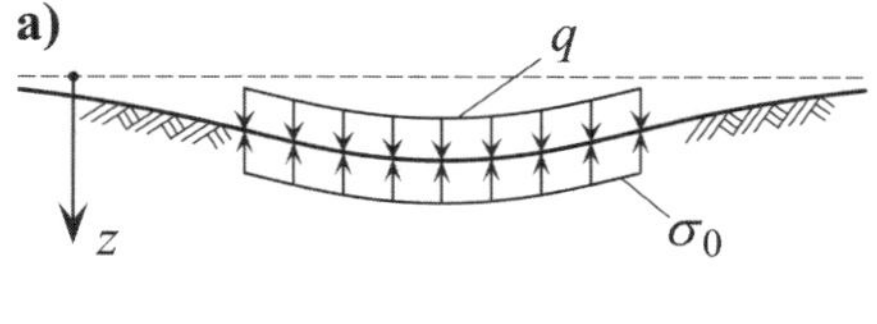

b)

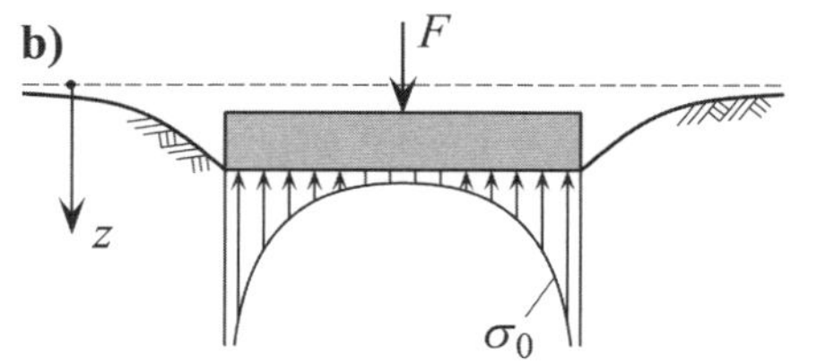

Abb. 8-1 Sohldruckspannungen σ_0
a) unter schlaffem Fundament mit $EI = GF_Q = 0$
b) unter starrem Fundament mit $EI = GF_Q = \infty$ (nach BOUSSINESQ)

Abb. 8-1 zeigt Sohlspannungsverteilungen für die Steifigkeitsgrenzfälle „schlaffes Lastbündel" und „starre Sohlplatte" (nach BOUSSINESQ) und Abb. 8-2 Sohldruckverteilungen bei „biegeweicher" Flächengründung. Der Abbildungsvergleich macht deutlich, dass bei biegeweichen Gründungen die Bodenpressungsverteilung von der Steifigkeit der Gründungskonstruktion und der Belastungsverteilung abhängt. Statt der unendlich hohen Sohlspannungen unter den Rändern des starren Fundaments nach BOUSSINESQ (Abb. 8-1) treten in realem Baugrund reduzierte Größen auf, da sich das Bodenmaterial der Aufnahme zu hoher Pressungen durch Plastizierung und Spannungsumlagerung entzieht.

a)

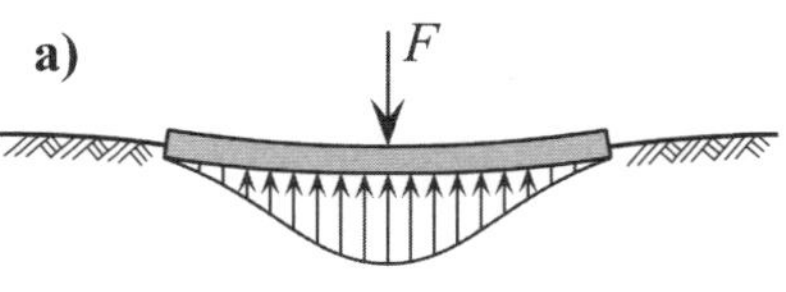

b)

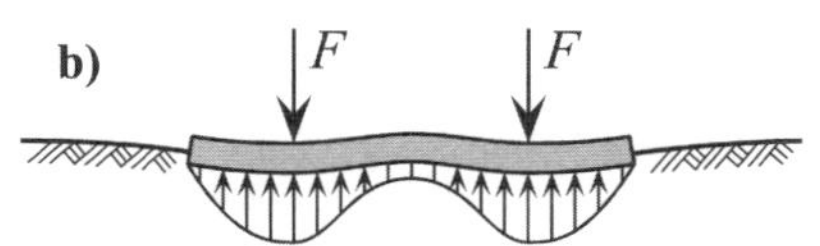

Abb. 8-2 Bodenpressungsverteilungen unter biegeweichen Flächengründungen (nach L 5])

8.2 Regelwerke

Zur Verteilung der Bodenpressungen in der Sohlfuge finden sich entsprechende Angaben in den Normen

- DIN 1054 [L 2], DIN EN 1997-1 [L 73]

die auf dem Teilsicherheitskonzept beruhen, sowie in den Normen

- DIN 4017 [L 9], DIN 4017, Beiblatt 1 [L 10], DIN 4018 [L 12], DIN 4018, Beiblatt 1 [L 13], DIN 4019 [L 14]

und in dem

- DIN-Fachbericht 130 [L 106].

8.3 Kennzeichnende Punkte und Linien

Abb. 8-3 zeigt die Sohldruckverteilungen unter einem kreisförmigen schlaffen Lastbündel und unter einem starren Fundament nach BOUSSINESQ. Die Vertikallast F entspricht der Resultierenden der Gleichlast q.

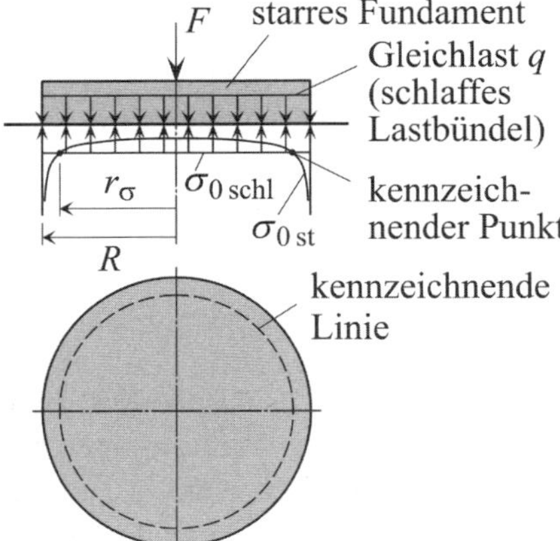

Abb. 8-3 Kennzeichnende Punkte auf der kennzeichnenden Linie der Sohldruckspannungen σ_0 unter einem Kreisfundament

Die Sohlspannungen beider Fälle sind in zwei Punkten („kennzeichnende Punkte“ oder „charakteristische Punkte“) identisch. Bei Kreisfundamenten liegen sie auf einer Kreislinie („kennzeichnende Linie“ oder „charakteristische Linie“) mit dem Radius

$$r_\sigma = R \cdot \sqrt{0{,}75} = 0{,}866 \cdot R \qquad \text{Gl. 8-1}$$

Für ein entsprechend belastetes unendlich langes Streifenfundament der Breite b sind die kennzeichnenden Linien zwei Parallelen, mit dem jeweiligen Abstand zur Fundamentlängsachse von

$$a_\sigma = \frac{b}{2} \cdot \sqrt{1 - \frac{4}{\pi^2}} = 0{,}386 \cdot b \qquad \text{Gl. 8-2}$$

8.4 Verteilung der Bodenpressungen in der Sohlfuge nach DIN 1054

Die Sohldruckverteilung wird in der Praxis meistens durch vereinfachte Annahmen erfasst, wie z. B. im Fall der DIN 1054, nach der anzunehmen ist, dass die Sohlfugenpressungen bei Flach- und Flächengründungen

a) gleichmäßig verteilt sind, wenn der Nachweis gemäß Gl. 8-3 für einfache Fälle gemäß DIN 1054, A 6.10 bzw. der Grundbruchnachweis gemäß DIN 1054, 6.5.2.2 (siehe hierzu auch DIN 4017, 7.2.7 und Abschnitt 11.5) zu führen ist,

b) geradlinig verteilt sind, wenn die Schnittkräfte starrer Fundamente zu ermitteln sind bzw. der Setzungsnachweis zu führen ist,
c) nach DIN-Fachbericht 130 bzw. DIN 4018 verteilt sind, wenn es sich um die Bemessung biegeweicher Gründungsplatten und Gründungsbalken handelt.

Gleichmäßige Verteilung

Die Verteilungen der Bemessungswerte $\sigma_{E,d}$ der einwirkenden Sohlspannungen aus Abb. 8-4 stellen keine wirklichkeitsnahen, sondern rechnerisch vorhandene Verteilungen dar. Spannungen $\sigma_{E,d}$ dienen zum Vergleich mit den ansetzbaren Sohlwiderstandsbemessungswerten $\sigma_{R,d}$, die den für Streifenfundamente geltenden Tabellen A 6.1 und A 6.2 (nichtbindige Böden) sowie A 6.5 bis A 6.8 (bindige Böden) der DIN 1054 entnommen werden können (siehe auch Tabelle 5-12). Kann gezeigt werden, dass

$$\sigma_{E,d} \le \sigma_{R,d} \qquad \text{Gl. 8-3}$$

gilt, besteht in einfachen Fällen ausreichende Sicherheit gegen Grundbruch und bauwerksunverträgliche Setzungen. Näheres hierzu siehe DIN 1054, A 6.10 oder auch MÖLLER [L 126], Abschnitt 8.3.2

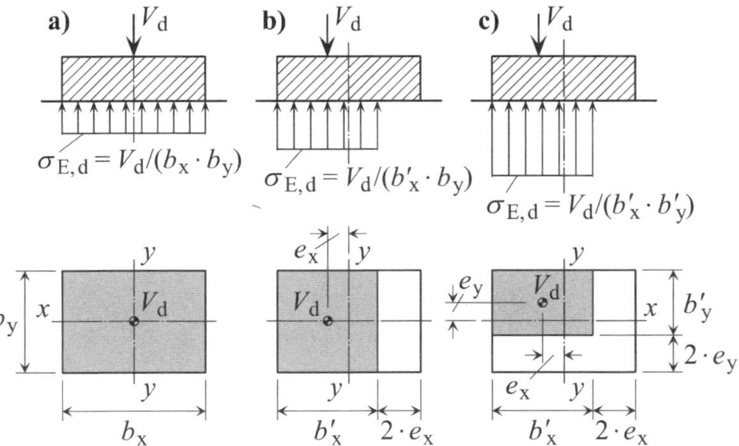

Abb. 8-4 Beim Bemessungswert V_d rechnerisch anzusetzende gleichmäßig verteilte Sohldrücke $\sigma_{E,d}$ gemäß DIN 1054, A 6.10.1
a) zentrische Belastung
b) einfach exzentrische Belastung
c) zweifach exzentrische Belastung

Geradlinige Verteilung

Die geradlinige Verteilung der Sohlspannungen wird bei Setzungsnachweisen (DIN 4019, 6) bzw. für die Beanspruchung zur Bemessung starrer Fundamente (DIN EN 1997-1, 6.8) angenommen. Mögliche Verteilungsverläufe zeigt Abb. 8-5.

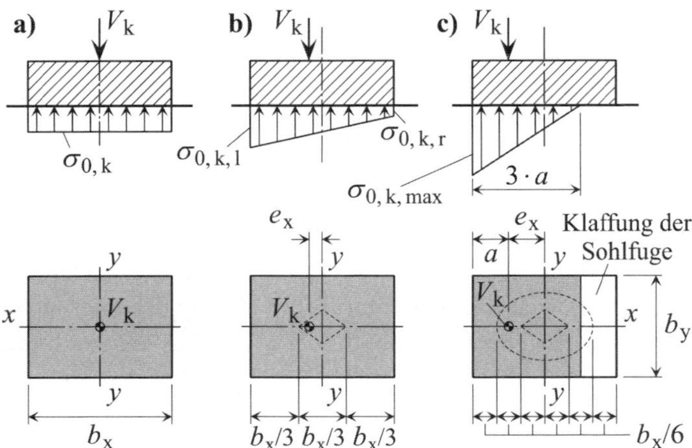

Abb. 8-5 Beispiele für geradlinige Sohlspannungsverläufe und ihre Beeinflussung durch Exzentrizitäten der charakteristischen Resultierenden V_k gemäß DIN EN 1997-1, 6.8

a) mittige Belastung

b) außermittige Belastung mit Kraftschluss über die gesamte Sohlfläche

c) außermittige Belastung mit klaffender Sohlfuge

Zur Ermittlung der $\sigma_{0,k}$-Spannungen bei einfach außermittigen charakteristischen Belastungen V_k mit der Exzentrizität e_x dienen die Beziehungen

$$\sigma_{0,k} = \frac{V_k}{A} = \frac{V_k}{b_x \cdot b_y} \qquad \text{bei } e_x = 0 \qquad \text{Gl. 8-4}$$

$$\sigma_{0,k,l\,bzw.\,0,k,r} = \frac{V_k}{A} \pm \frac{M_k}{W} = \frac{V_k}{b_x \cdot b_y} \pm \frac{6 \cdot V_k \cdot e_x}{b_x^2 \cdot b_y} \qquad \text{bei } e_x \leq \frac{b_x}{6} \qquad \text{Gl. 8-5}$$

$$\sigma_{0,k,max} = \frac{4 \cdot V_k}{(3 \cdot b_x - 6 \cdot e_x) \cdot b_y} = \frac{2 \cdot V_k}{3 \cdot a \cdot b_y} \qquad \text{bei } e_x > \frac{b_x}{6} \qquad \text{Gl. 8-6}$$

Bei größeren Exzentrizitäten der charakteristischen Belastung V_k treten Klaffungen der Sohlfuge auf (Abb. 8-5).

Bei resultierenden vertikalen charakteristischen Belastungen V_k rechteckiger Fundamente mit Vollquerschnitt tritt keine Klaffung auf, wenn V_k nicht außerhalb der als „Kern" bezeichneten Zone der Sohlfläche (Abb. 8-7) liegt. Solche Belastungszustände genügen den drei Bedingungen

$$|e_x| + |e_y| \cdot \frac{b_x}{b_y} \leq \frac{b_x}{6} \quad \text{bzw.} \quad |e_x| \cdot \frac{b_y}{b_x} + |e_y| \leq \frac{b_y}{6} \quad \text{bzw.} \quad \frac{|e_x|}{b_x} + \frac{|e_y|}{b_y} \leq \frac{1}{6} \qquad \text{Gl. 8-7}$$

Die charakteristischen Druckspannungsgrößen an den Eck- oder Randpunkten der Sohlfuge können dann mit

$$\sigma_{0,\mathrm{k}} = \frac{V_\mathrm{k}}{A} \pm \frac{M_{\mathrm{x,k}}}{W_\mathrm{x}} \pm \frac{M_{\mathrm{y,k}}}{W_\mathrm{y}} = \frac{V_\mathrm{k}}{b_\mathrm{x} \cdot b_\mathrm{y}} \pm \frac{6 \cdot V_\mathrm{k} \cdot e_\mathrm{y}}{b_\mathrm{x} \cdot b_\mathrm{y}^2} \pm \frac{6 \cdot V_\mathrm{k} \cdot e_\mathrm{x}}{b_\mathrm{x}^2 \cdot b_\mathrm{y}} \qquad \text{Gl. 8-8}$$

berechnet werden.

Werden die Fälle der Gleichungen Gl. 8-4 und Gl. 8-5 auf Kreisfundamente mit dem Radius r übertragen, ergeben sich die Beziehungen

$$\sigma_{0,\mathrm{k}} = \frac{V_\mathrm{k}}{A} = \frac{V_\mathrm{k}}{\pi \cdot r^2} \qquad \text{bei } e_\mathrm{x} = 0 \qquad \text{Gl. 8-9}$$

und

$$\sigma_{0,\mathrm{k},1\,\mathrm{bzw.}\,0,\mathrm{k},\mathrm{r}} = \frac{V_\mathrm{k}}{A} \pm \frac{M_\mathrm{k}}{W} = \frac{V_\mathrm{k}}{\pi \cdot r^2} \pm \frac{4 \cdot V_\mathrm{k} \cdot e_\mathrm{x}}{\pi \cdot r^3} \qquad \text{bei } e_\mathrm{x} \le \frac{r}{4} \qquad \text{Gl. 8-10}$$

Anwendungsbeispiel

Zu betrachten ist das in Abb. 8-6 dargestellte, $d = 0{,}6$ m tief eingebundene Streifenfundament aus Stahlbeton mit der Höhe $h = 0{,}6$ m, der Breite $b = 1{,}20$ m und der charakteristischen Wichte $\gamma_{\mathrm{b,k}} = 25$ kN/m³. Das Fundament ist auf festem Baugrund der Bodengruppe ST gemäß DIN 18196 gegründet und wird durch die ständig vorhandene vertikale charakteristische Linienlast $f_\mathrm{k} = 205$ kN/lfdm mit der Exzentrizität $e_\mathrm{f} = 0{,}21$ m belastet.

Es ist zu prüfen, ob infolge der charakteristischen Belastung ein Klaffen der Sohlfuge auftritt und ob, bezüglich des Bodenpressungsnachweises gemäß DIN 1054, der zur Bemessungssituation BS-P gehörende Bemessungswert $\sigma_{\mathrm{E,d}}$ der rechnerisch vorhandenen Bodenpressung den nach DIN 1054 für einfache Fälle ansetzbaren Sohlwiderstand $\sigma_{\mathrm{R,d}}$ nicht überschreitet.

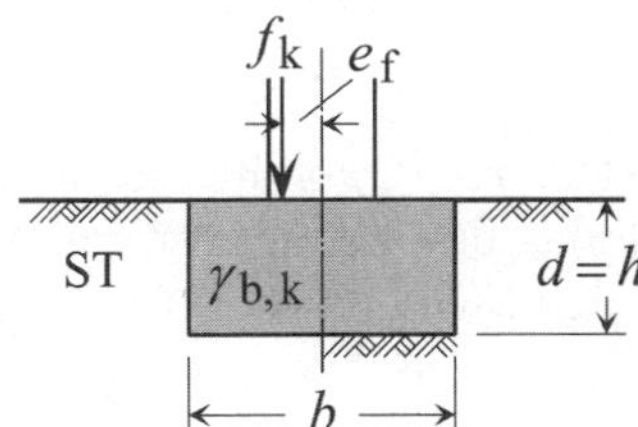

Abb. 8-6 Im Querschnitt dargestelltes Streifenfundament

Zusätzlich sind die charakteristischen Bodenpressungen in der Sohlfuge so zu berechnen, wie sie gemäß DIN 1054 für den Setzungsnachweis zu ermitteln sind.

Lösung

Mit der Größe der charakteristischen Fundamenteigenlast pro lfdm

$$g_{\mathrm{Fun,k}} = b \cdot h \cdot 1{,}0 \cdot \gamma_{\mathrm{b,k}} = 1{,}2 \cdot 0{,}6 \cdot 1{,}0 \cdot 25 = 18 \text{ kN/lfdm}$$

der Größe der Resultierenden aller charakteristischen Lasten

$$R_\mathrm{k} = g_{\mathrm{Fun,k}} + f_\mathrm{k} = 18 + 205 = 223 \text{ kN/lfdm}$$

und der Exzentrizität der charakteristischen Resultierenden (aus Momentenäquivalent um den rechten unteren Fundamenteckpunkt)

$$e_{R,k} = \frac{g_{Fun,k} \cdot \frac{b}{2} + f_k \cdot \left(\frac{b}{2} + 0{,}21\right)}{R_k} - \frac{b}{2} = \frac{18 \cdot \frac{1{,}2}{2} + 205 \cdot \left(\frac{1{,}2}{2} + 0{,}21\right)}{223} - \frac{1{,}2}{2} = 0{,}193 \text{ m}$$

zeigt sich, dass ein Klaffen der Sohlfuge nicht auftritt, da (Gl. 8-7)

$$0{,}193 \text{ m} = e_x < \frac{b}{6} = \frac{1{,}2}{6} = 0{,}2 \text{ m}$$

gilt.

Mit den zum Grenzzustand des Versagens von Bauwerken, Bauteilen und Baugrund (STR und GEO-2) sowie zur Bemessungssituation BS-P gehörenden Teilsicherheitsbeiwerten $\gamma_G = 1{,}35$ und $\gamma_Q = 1{,}50$ ergibt sich der Bemessungswert der Belastungsresultierenden

$$R_d = g_{Fun,k} \cdot \gamma_G + f_k \cdot \gamma_Q = 18 \cdot 1{,}35 + 205 \cdot 1{,}50 = 331{,}8 \text{ kN/lfdm}$$

und deren Exzentrizität (aus Momentenäquivalent um den rechten unteren Fundamenteckpunkt)

$$e_{R,d} = \frac{g_{Fun,d} \cdot \frac{b}{2} + f_d \cdot \left(\frac{b}{2} + 0{,}21\right)}{R_d} - \frac{b}{2} = \frac{18 \cdot 1{,}35 \cdot \frac{1{,}2}{2} + 205 \cdot 1{,}5 \cdot \left(\frac{1{,}2}{2} + 0{,}21\right)}{331{,}8} - \frac{1{,}2}{2}$$

$$= 0{,}195 \text{ m}$$

Der für Regelfälle geltende ansetzbare Sohlwiderstand $\sigma_{R,d}$ nach Tabelle A 6.6 der DIN 1054 beträgt für das 0,6 m tief eingebundene Fundament auf festem Baugrund (siehe auch MÖLLER [L 126], Tabelle 8-4)

$$\sigma_{R,d} = 460 + \frac{530 - 460}{0{,}5} \cdot 0{,}1 = 474 \text{ kN/m}^2$$

Sein Vergleich mit dem Bemessungswert der rechnerisch vorhandenen Bodenpressung $\sigma_{E,d}$ führt zu (Abb. 8-4)

$$\sigma_{E,d} = \frac{R_d}{b - 2 \cdot e_{R,d}} = \frac{331{,}8}{1{,}2 - 2 \cdot 0{,}195} = 409{,}63 \text{ kN/m}^2 < \sigma_{R,d} = 474 \text{ kN/m}^2$$

Die charakteristischen Randspannungswerte für den Setzungsnachweis, berechnet an einem 1 m langen Teilstück des Fundaments, haben die Größen (Gl. 8-5)

$$\sigma_{0,k,l} = \frac{R_k}{b} + \frac{R_k \cdot e_x \cdot 6}{b^2} = \frac{223}{1{,}2} + \frac{223 \cdot 0{,}193 \cdot 6}{1{,}2^2} = 185{,}83 + 179{,}33 = 365{,}16 \text{ kN/m}^2$$

$$\sigma_{0,k,r} = \frac{R_k}{b} - \frac{R_k \cdot e_x \cdot 6}{b^2} = \frac{223}{1{,}2} - \frac{223 \cdot 0{,}193 \cdot 6}{1{,}2^2} = 185{,}83 - 179{,}33 = 6{,}5 \text{ kN/m}^2$$

Der vollständige Sohlpressungsverlauf gemäß DIN 1054 ergibt sich durch die geradlinige Verbindung der beiden Randspannungswerte.

Liegt die Kraft V_k zwar außerhalb des Kerns, aber nicht außerhalb des auch als „2. Kernweite“ bezeichneten Bereichs (Abb. 8-7), klafft die Sohlfuge bis höchstens zu ihrem Schwerpunkt. Die Begrenzungslinie dieses Bereichs kann näherungsweise erfasst werden durch die elliptische Funktion

$$\left(\frac{x_e}{b_x}\right)^2 + \left(\frac{y_e}{b_y}\right)^2 = \frac{1}{9} \qquad \text{Gl. 8-11}$$

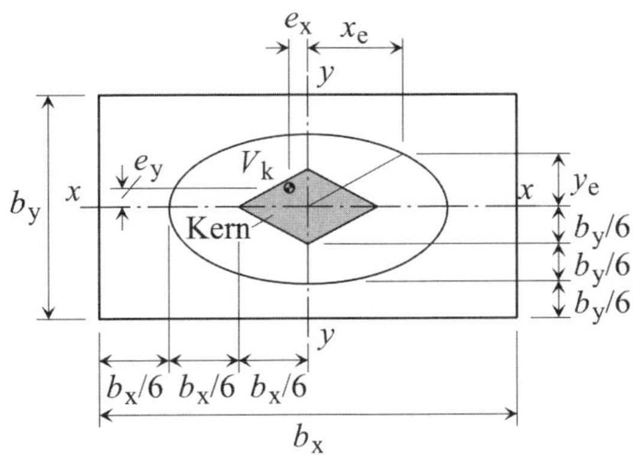

Abb. 8-7 Grundriss eines rechteckigen Fundaments; Bezeichnungen bei zweiachsiger Verkantung (nach DIN 1054)

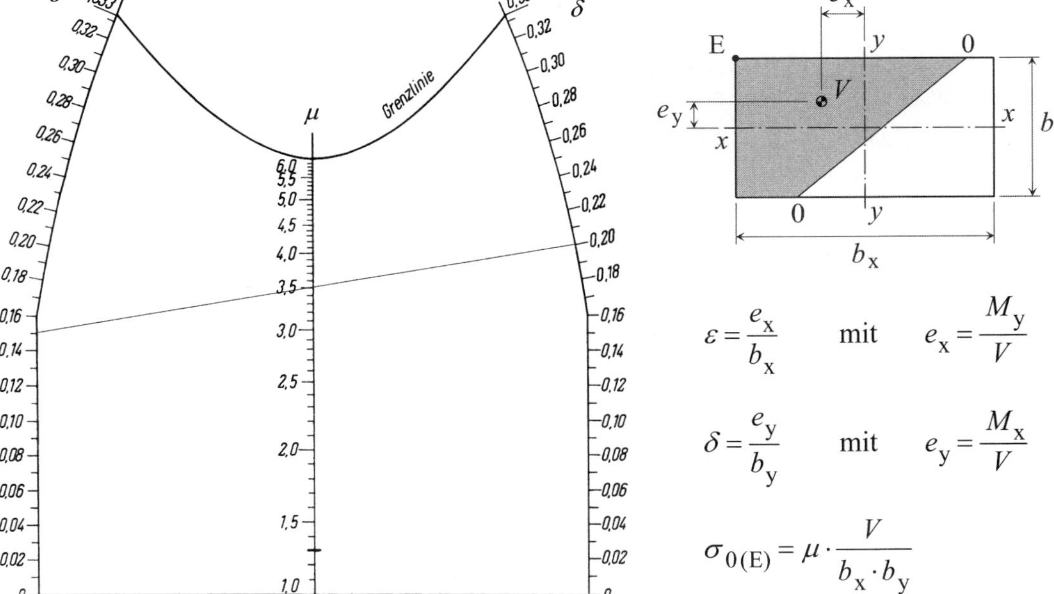

Hinweis: Die Ablesegerade darf die Grenzlinie nicht schneiden, wenn die halbe Grundfläche gemäß DIN 1054, A 6.6.5 A (2) an der Druckaufnahme teilhaben soll.

Abb. 8-8 Größte Sohldruckspannung $\sigma_{0(E)}$ unter Rechteckfundamenten bei Belastung mit Momenten in beiden Achsrichtungen (nach HÜLSDÜNKER [L 119])

Bei zweiseitiger Außermittigkeit von V_k und klaffender Sohlfuge sind die maximalen Größen (Eckspannungen $\sigma_{0(E)}$) der geradlinigen Sohldruckverläufe mit dem Diagramm von

HÜLSDÜNKER [L 119] ermittelbar (Abb. 8-8).

Anwendungsbeispiel

Zu betrachten ist das starre Rechteckfundament aus Abb. 8-9. Seine ständig vorhandene Gesamtlast (einschließlich Fundamenteigenlast) ist gegeben durch die zentrische charakteristische Vertikallast $V_k = 500$ kN und die charakteristischen Momente $M_{x,k} = M_{y,k} = 150$ kNm.

Es ist zu prüfen, ob die Lage der Resultierenden der Gesamtlast zu einem Sohlfugenklaffen führt, das über den Schwerpunkt der Sohlfläche hinausreicht.

Außerdem ist die größte Ordinate der charakteristischen Sohldruckspannungen unter der Voraussetzung zu ermitteln, dass diese geradlinig verteilt sind (z. B. nach DIN 1054 anzunehmende Spannungsverteilung für den Fall der Schnittlastenermittlung des Fundaments).

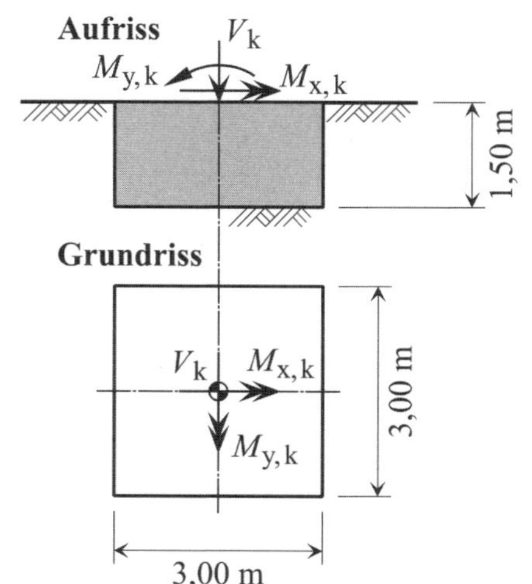

Abb. 8-9 Starres Rechteckfundament im Auf- und Grundriss

Lösung

Wird die angegebene charakteristische Gesamtlast durch eine exzentrische charakteristische Vertikallast V_k ersetzt, ergeben sich als Exzentrizitäten der Vertikallast

$$e_x = \frac{M_{y,k}}{V_k} = \frac{150}{500} = 0{,}30 \text{ m} = \frac{M_{x,k}}{V_k} = e_y$$

Mit der Beziehung (Gl. 8-11)

$$\left(\frac{e_x}{b_x}\right)^2 + \left(\frac{e_y}{b_y}\right)^2 = \left(\frac{0{,}30}{3{,}0}\right)^2 + \left(\frac{0{,}30}{3{,}0}\right)^2 = 0{,}02 < \frac{1}{9} = 0{,}111$$

zeigt sich, dass die Sohlfuge nicht bis zum Schwerpunkt klafft.

Mit (Gl. 8-7)

$$|e_x| + |e_y| \cdot \left(\frac{b_x}{b_y}\right)^2 = 0{,}30 + 0{,}30 \cdot \left(\frac{3{,}0}{3{,}0}\right)^2 = 0{,}60 \text{ m} > \frac{b_x}{6} = \frac{3{,}0}{6} = 0{,}5 \text{ m}$$

ist gezeigt, dass die Vertikalkraft außerhalb des Kerns liegt. Die Ermittlung der größten Ordinate $\sigma_{0,k(E)}$ der als geradlinig verteilt anzunehmenden Sohldruckspannungen in der klaffenden Sohlfuge kann z. B. unter Benutzung des Nomogramms von HÜLSDÜNKER erfolgen (Abb. 8-8).

Mit den Größen

$$\varepsilon = \frac{e_x}{b_x} = \frac{0{,}30}{3{,}0} = 0{,}1 = \delta = \frac{e_y}{b_y}$$

lässt sich aus dem Nomogramm von HÜLSDÜNKER (Abb. 8-8) der Wert

$$\mu = 2{,}2$$

ablesen. Mit ihm berechnet sich dann die größte Sohldruckspannungsordinate zu

$$\sigma_{0,\mathrm{k}(\mathrm{E})} = \mu \cdot \frac{V_\mathrm{k}}{b_x \cdot b_y} = 2{,}2 \cdot \frac{500}{3{,}0 \cdot 3{,}0} = 122{,}2 \text{ kN/m}^2$$

8.5 Sohldruckverteilung unter Flächengründungen nach DIN 4018

Die in DIN 4018 empfohlenen Verfahren zur Sohldruckberechnung gliedern sich in zwei Gruppen.

1. Vorgegebene Sohldruckverteilungen (DIN 4018, 6.2) mit
   - geradlinig begrenzten Bodenpressungen (Abschnitt 8.4), die anzusetzen sind bei leichten Bauwerken mit hinreichend gleichmäßiger Lastverteilung,
   - Sohldruckverteilungen nach BOUSSINESQ, die anzusetzen sind bei sehr biegesteifen Bauwerken, bei denen unmittelbar unter der Gründungssohle eine tiefreichende Schicht mit annähernd konstantem Steifemodul E_s und der Schichtdicke $d > b$ (b = Fundamentbreite) ansteht,
   - belastungsgleichen Verteilungen der Sohlnormalspannungen, die anzusetzen sind bei sehr biegeweichen, dem Grenzfall des schlaffen Lastbündels nahekommenden Gründungskonstruktionen.
2. Verformungsabhängige Sohldruckverteilungen (DIN 4018, 6.3) für Fälle, die durch unter 1 genannte Verfahren nur unzureichend erfassbar sind. Hierzu gehören das
   - Bettungsmodulverfahren (basiert auf Federmodell) mit Ansatz des Sohldrucks proportional zur zugehörigen Gründungseinsenkung,
   - Steifemodulverfahren (basiert auf Halbraummodell) mit Übereinstimmung von Durchbiegungsfläche des Gründungskörpers und Setzungsmuldenform des Baugrunds.

8.6 Aufgaben mit Lösungen

Aufgabe 8-1 (Lösung Seite 197)

Es ist anzugeben, wo die Sohlfugenpannungen unter einem starren und einem schlaffen Kreisfundament identisch sind, wenn

- beide Kreisfundamente den Durchmesser $D = 3$ m aufweisen,
- die zentrisch angreifenden vertikal wirkenden Resultierenden der jeweiligen Belastung in der entsprechenden Sohlfuge gleich groß sind,
- das schlaffe Fundament eine gleichmäßig verteilte Belastung aufweist.

Aufgabe 8-2 (Lösung Seite 197)

Welche Nachweise für Streifen-, Rechteck- und Kreisfundamente können gemäß DIN 1054 ggf. entfallen, wenn nachgewiesen wird, dass die nach der DIN zu ermittelnden rechnerischen Bemessungswerte $\sigma_{E,d}$ der einwirkenden Sohlspannungen die ansetzbaren Sohlwiderstandsbemessungswerte $\sigma_{R,d}$ gemäß den Tabellen A 6.1 bis A 6.8 der DIN 1054 nicht überschreiten?

Aufgabe 8-3 (Lösung Seite 197)

Zu betrachten ist das in Abb. 8-10 gezeigte Einzelfundament aus Stahlbeton ($\gamma_{b,k} = 25\,kN/m^3$), das auf steifem Baugrund der Bodengruppe GU* gemäß DIN 18196 gegründet ist und durch die ständig vorhandene vertikale charakteristische Last $V_k = 500\,kN$ und die beiden ständig vorhandenen charakteristischen Momente $M_{x,k} = 72\,kN \cdot m$ und $M_{y,k} = 90\,kN \cdot m$ belastet wird.

Es ist

1) zu prüfen, ob ein Klaffen der Sohlfuge auftritt.
2) anzugeben, um wie viel kN · m das Moment $M_{y,k}$ zu verändern ist, um den Zustand zu erreichen, bei dem ein Klaffen der Sohlfuge gerade noch verhindert wird.
3) zu prüfen, ob der zum Nachweis der zulässigen Bodenpressungen gemäß DIN 1054 zu ermittelnde rechnerisch vorhandene Bemessungswert $\sigma_{E,d}$ in der Bemessungssituation BS-P der einwirkenden Sohlspannungen den Bemessungswert $\sigma_{R,d}$ des ansetzbaren Sohlwiderstands nicht überschreitet.
4) analog zu 3) zu prüfen, ob für den Zustand gemäß 2) die ansetzbaren Sohlwiderstandsbemessungswerte nicht überschritten werden.

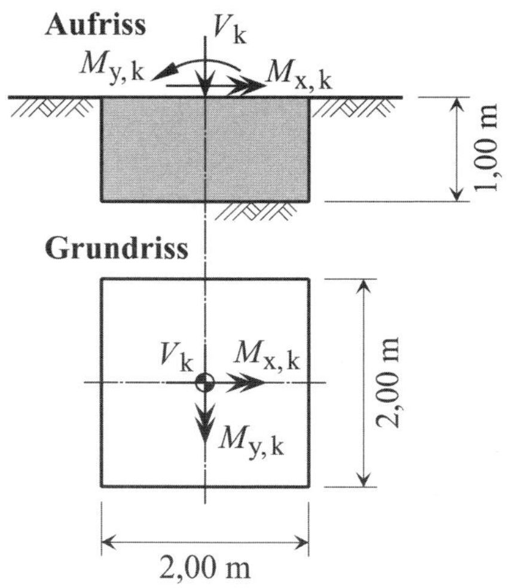

Abb. 8-10 Stahlbetonfundament im Auf- und Grundriss

Aufgabe 8-4 (Lösung Seite 199)

Warum darf nach DIN 1054 bei einem Rechteckfundament (Seitenlänge $b \leq a$) mit dem Seitenlängenverhältnis $a/b \leq 2$ der für Streifenfundamente geltende Bemessungswert $\sigma_{R,d}$ des ansetzbaren Sohlwiderstands erhöht werden?

Aufgabe 8-5 (Lösung Seite 199)

Für ein Fundament mit der Einbindetiefe $d = 1{,}15\,m$ wurden im Zuge einer Planung als Abmessungen seiner rechteckigen Sohlfläche

$b_x = 2{,}00\,m$

$b_y = 1{,}55\,m$

gewählt.

Bei dem unter dem Fundament anstehenden Baugrund handelt es sich um halbfesten Boden, der gemäß DIN 18196 durch das Gruppensymbol ST zu kennzeichnen ist.

Das Fundament wird in der Bemessungssituation BS-P belastet durch die ständig vorhandene charakteristische Vertikallast $V_{G,k} = 320$ kN, die eine einfache Exzentrizität (Exzentrizitäten $e_{x,G} = 0{,}30$ m und $e_{y,G} = 0{,}00$ m) aufweist und die veränderliche charakteristische Vertikallast $V_{Q,k} = 210$ kN mit der zweifachen Exzentrizität ($e_{x,Q} = 0{,}50$ m und $e_{y,Q} = 0{,}35$ m).

Es ist zu prüfen, ob nach DIN 1054 der Bemessungswert der rechnerisch vorhandenen Bodenpressungen den Bemessungswert des ansetzbaren Sohlwiderstands überschreitet.

Lösung zu Aufgabe 8-1 (Aufgabenstellung Seite 195)

Die Spannungen beider Fundamente mit dem Radius $R = 1{,}50$ m sind auf einer kreisförmigen „charakteristischen Linie" identisch, die zum Sohlflächenmittelpunkt den Radius (Gl. 8-1)

$$r_\sigma = 0{,}866 \cdot R = 0{,}866 \cdot 1{,}50 = 1{,}2995 \text{ m}$$

besitzt.

Lösung zu Aufgabe 8-2 (Aufgabenstellung Seite 196)

Wenn

- die Bedingungen der DIN 1054, A 6.10 für die Regelfälle eingehalten sind, für die der Nachweis gemäß Gl. 8-3 geführt werden darf und
- die ansetzbaren Sohlwiderstandsbemessungswerte $\sigma_{R,d}$ gemäß den Tabellen A 6.1 bis A 6.8 der DIN 1054 nicht kleiner sind als die ermittelnden rechnerischen Bemessungswerte $\sigma_{E,d}$ der einwirkenden Sohlspannungen,

kann ein Nachweis der Sicherheit gegen Grundbruch des Streifen-, Rechteck- oder Kreisfundaments entfallen. Handelt es sich bei den Fundamenten um alleinstehende Fundamente, darf auf eine Setzungsberechnung verzichtet werden, wenn diese Fundamente Setzungen gemäß DIN 1054, A 6.10 ausführen können, ohne dabei die Tragfähigkeit und die Gebrauchstauglichkeit von Bauwerksteilen oder des Gesamtbauwerks zu gefährden.

Lösung zu Aufgabe 8-3 (Aufgabenstellung Seite 196)

1. Prüfung auf Sohlfugenklaffung

Mit der Größe der charakteristischen Fundamenteigenlast

$$G_{\text{Fun,k}} = 2{,}0 \cdot 2{,}0 \cdot 1{,}0 \cdot \gamma_{\text{b,k}} = 4{,}0 \cdot 25 = 100 \text{ kN}$$

der Größe der charakteristischen Resultierenden von Fundamenteigenlast und Vertikallast

$$R_k = G_{\text{Fun,k}} + V_k = 100 + 500 = 600 \text{ kN}$$

sowie den Exzentrizitäten der charakteristischen Resultierenden

$$e_{x,k} = \frac{M_{y,k}}{R_k} = \frac{90}{600} = 0{,}15 \text{ m}$$

$$e_{y,k} = \frac{M_{x,k}}{R_k} = \frac{72}{600} = 0{,}12 \text{ m}$$

zeigt sich, dass ein Klaffen der Sohlfuge nicht auftritt, da gilt (Gl. 8-7)

$$e_{x,k} + e_{y,k} \cdot \frac{b_x}{b_y} = 0{,}15 + 0{,}12 \cdot \frac{2{,}0}{2{,}0} = 0{,}27 \text{ m} < \frac{b_x}{6} = \frac{2{,}0}{6} = 0{,}33 \text{ m}$$

2. Veränderung der Größe des Moments $M_{y,k}$

Aus der Beziehung

$$e_x + e_y \cdot \frac{b_x}{b_y} = \frac{b_x}{6}$$

im Grenzzustand der gerade noch nicht klaffenden Sohlfuge ergibt sich

$$\frac{M_y}{R} = e_x = \frac{b_x}{6} - e_y \cdot \frac{b_x}{b_y}$$

und das für diesen Grenzzustand erforderliche Moment

$$M_y = R \cdot \left(\frac{b_x}{6} - e_y \cdot \frac{b_x}{b_y} \right) = 600 \cdot \left(\frac{2{,}00}{6} - 0{,}12 \cdot \frac{2{,}00}{2{,}00} \right) = 128 \text{ kN} \cdot \text{m}$$

Damit ist M_y gegenüber dem ursprünglichen Wert von 90 kN · m um

$$\Delta M_y = 128 - 90 = 36 \text{ kN} \cdot \text{m}$$

zu steigern, um den Zustand zu erreichen, bei dem ein Klaffen der Sohlfuge gerade noch verhindert wird.

3. Prüfung der Einhaltung des Sohlwiderstands $\sigma_{R,d}$

Mit den zum Grenzzustand des Versagens von Bauwerken, Bauteilen und Baugrund (STR und GEO-2) sowie zur Bemessungssituation BS-P gehörenden Teilsicherheitsbeiwerten $\gamma_G = 1{,}35$ und $\gamma_Q = 1{,}50$ ergeben sich der Bemessungswert der vertikal wirkenden Resultierenden von Fundamenteigenlast und Vertikallast

$$R_d = G_{\text{Fun},k} \cdot \gamma_G + V_k \cdot \gamma_Q = 100 \cdot 1{,}35 + 500 \cdot 1{,}5 = 885 \text{ kN}$$

die Exzentrizitäten von R_d

$$e_{x,d} = \frac{M_{y,k} \cdot \gamma_Q}{R_d} = \frac{90 \cdot 1{,}5}{885} = 0{,}153 \text{ m}$$

$$e_{y,d} = \frac{M_{x,k} \cdot \gamma_Q}{R_d} = \frac{72 \cdot 1{,}5}{885} = 0{,}122 \text{ m}$$

und der Bemessungswert der rechnerisch einwirkenden Sohlspannungen

$$\sigma_{E,d} = \frac{R_d}{(b_x - 2 \cdot e_{x,d}) \cdot (b_y - 2 \cdot e_{y,d})} = \frac{885}{(2{,}0 - 2 \cdot 0{,}153) \cdot (2{,}0 - 2 \cdot 0{,}122)} = 297{,}5 \text{ kN/m}^2$$

Zu dem Seitenverhältnis des quadratischen Fundaments $1 < 2$ gehört nach Abschnitt A 6.10.3.2 und Tabelle A 6.6 der DIN 1054 (siehe auch MÖLLER [L 126], Tabelle 8-4) der Bemessungswert des ansetzbaren Sohlwiderstands

$$\sigma_{R,d} = 1{,}2 \cdot 250 = 300 \text{ kN/m}^2 > 297{,}5 \text{ kN/m}^2$$

4. Erneute Prüfung der Einhaltung des Sohlwiderstands $\sigma_{R,d}$

Mit dem gemäß 2) vergrößerten Moment $M_y = 128$ kN · m ergibt die „neue" Exzentrizität

$$e_{x,d} = \frac{M_{y,k} \cdot \gamma_Q}{R_d} = \frac{128 \cdot 1{,}5}{885} = 0{,}217 \text{ m}$$

der „neue" Bemessungswert der rechnerisch einwirkenden Sohlspannungen

$$\sigma_{E,d} = \frac{R_d}{(b_x - 2 \cdot e_{x,d}) \cdot (b_y - 2 \cdot e_{y,d})} = \frac{885}{(2{,}0 - 2 \cdot 0{,}217) \cdot (2{,}0 - 2 \cdot 0{,}122)} = 321{,}8 \text{ kN/m}^2 \text{ und}$$

und schließlich

$$\sigma_{R,d} = 300 \text{ kN/m}^2 < 321{,}8 \text{ kN/m}^2$$

Lösung zu Aufgabe 8-4 (Aufgabenstellung Seite 196)

Der Normalspannungszustand unterhalb eines langen Streifenfundaments (ebener Fall der Deformation) ist, bei gleicher Sohlnormalspannung, größer als unterhalb von einem Rechteckfundament, da die Lastverteilung beim Streifenfundament nur quer zur Längsachse, beim Rechteckfundament hingegen sowohl längs als auch quer zur Fundamentlängsachse erfolgt. Wenn bei beiden Fundamenttypen gleich große Setzungen zulässig sind, ist, wegen geringeren Spannungen unterhalb des Rechteckfundaments, eine entsprechende Erhöhung des Bodenpressungswerts zulässig.

Lösung zu Aufgabe 8-5 (Aufgabenstellung Seite 196)

1. Ansetzbarer Sohlwiderstand

Als ansetzbarer Bemessungswert des Sohlwiderstands für halbfesten ST ergeben sich nach DIN 1054, Tabelle A 6.6 (siehe auch MÖLLER [L 126], Tabelle 8-4) die Werte

$$\sigma_{R,d} = 390 \text{ kN/m}^2 \quad \text{(für die Einbindetiefe 1,00 m)}$$

$$\sigma_{R,d} = 460 \text{ kN/m}^2 \quad \text{(für die Einbindetiefe 1,50 m)}$$

Diese von der Einbindetiefe abhängigen Widerstandswerte dürfen bei anderen Einbindetiefen durch geradlinig eingeschaltete Zwischenwerte ergänzt werden. Durch lineare Interpolation ergibt sich für die Einbindetiefe 1,15 m als ansetzbarer Widerstand

$$\sigma_{R,d} = 390 + \frac{(460 - 390) \cdot 0{,}15}{0{,}5} = 411 \text{ kN/m}^2$$

Für Rechteckfundamente mit einem Seitenverhältnis <2 ist gemäß DIN 1054, A 6.10.3.2 eine Erhöhung der Werte aus Tabelle A 6.6 um 20 % zulässig. Wegen

$$\frac{b_x}{b_y} = \frac{2,00}{1,50} = 1,33 < 2$$

ergibt sich der erhöhte ansetzbare Widerstandswert

$$\sigma_{R,d} = 411 \cdot 1,2 = 493,2 \text{ kN/m}^2$$

2. Rechnerisch vorhandener Bemessungswert der Sohlspannung

Nach DIN 1054 gehört die rechnerisch vorhandene Bodenpressung zu der ungünstigsten Kombination ständiger und ungünstig veränderlicher Einwirkungen, die im vorliegenden Fall durch den Bemessungswert R_d repräsentiert wird, der sich mit den zur Bemessungssituation BS-P gehörenden Teilsicherheitsbeiwerten $\gamma_G = 1,35$ und $\gamma_Q = 1,50$ zu

$$R_d = V_{G,k} \cdot \gamma_G + V_{Q,k} \cdot \gamma_Q = 320 \cdot 1,35 + 210 \cdot 1,50 = 747 \text{ kN}$$

ergibt.

Da die Resultierende des quaderförmigen Spannungskörpers der rechnerisch vorhandenen Bodenpressungen in der Wirkungslinie von R_d liegen muss (Gleichgewichtsbedingungen), ergibt sich mit den Exzentrizitäten

$$e_{x,d} = \frac{V_{G,k} \cdot \gamma_G \cdot e_{x,G} + V_{Q,k} \cdot \gamma_Q \cdot e_{x,Q}}{R_d} = \frac{320 \cdot 1,35 \cdot 0,3 + 210 \cdot 1,50 \cdot 0,50}{747} = 0,3843 \text{ m}$$

und

$$e_{y,d} = \frac{V_{Q,k} \cdot \gamma_Q \cdot e_{y,Q}}{R_d} = \frac{210 \cdot 1,50 \cdot 0,35}{747} = 0,1486 \text{ m}$$

als die zugehörige Spannungsfläche des Fundaments (Abb. 8-4)

$$A = b'_x \cdot b'_y = (b_x - 2 \cdot e_{x,d}) \cdot (b_y - 2 \cdot e_{y,d})$$

$$= (2,0 - 2 \cdot 0,3843) \cdot (1,55 - 2 \cdot 0,1486) = 1,5427 \text{ m}^2$$

Mit diesem Wert berechnet sich der Bemessungswert der rechnerisch vorhandenen Spannung in der Sohlfuge des Fundaments zu

$$\sigma_{E,d} = \frac{R_d}{A} = \frac{747}{1,5427} = 484,2 \text{ kN/m}^2 < \sigma_{R,d} = 493,2 \text{ kN/m}^2$$

Mit den vorliegenden Rechenergebnissen ist gezeigt, dass die im Zuge der Planung vorgesehenen Grundrissabmessungen des Fundaments nach DIN 1054 zulässig sind.

9 Setzungen

9.1 Allgemeines

Setzungen sind Verschiebungen der Baugrundoberfläche in Richtung der Schwerkraft, die durch Spannungszustandsänderungen und damit verbundenen Deformationszustandsänderungen (Abschnitt 5.10) hervorgerufen werden. Ursache solcher Änderungen sind z. B. Bauwerkslasten und Grundwasserstandsschwankungen.

Abb. 9-1 zeigt charakteristische Setzungsformen unter Fundamenten mit Extremalsteifigkeiten (Größe der Biegesteifigkeiten EI und Schubsteifigkeiten GF_Q beträgt 0 im schlaffen bzw. ∞ im starren Fall).

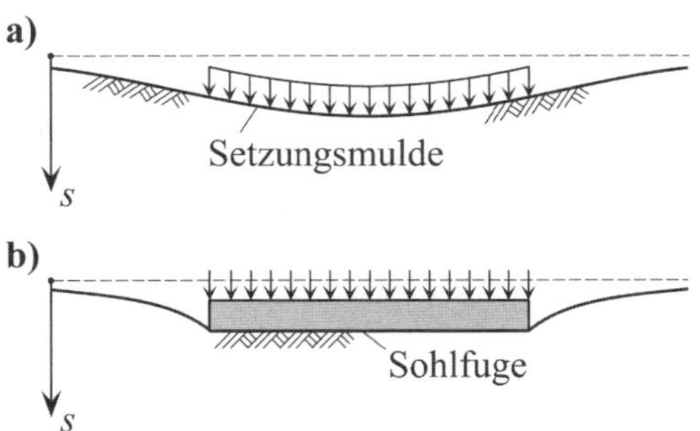

Abb. 9-1 Setzungsformen bei Belastungen durch Fundamente mit Extremalsteifigkeiten
a) schlaffe Fundamente
b) starre Fundamente

Die Größe und Form der Setzungen werden u. a. beeinflusst durch die Parameter

- Steifemodul E_s des Baugrunds bzw. der einzelnen Bodenschichten,
- Lage und Mächtigkeit der Bodenschichten mit besonders geringem Steifemodul E_s,
- Größe und Verteilung der Belastung in der Sohlfuge,
- Form und Größe der Sohlfläche,
- Biegesteifigkeit der Gründungskonstruktion.

9.2 Regelwerke

Zu Setzungsberechnungen und Setzungsbeobachtungen bei lotrechter, mittiger Belastung sowie bei schräg und bei außermittig wirkender Belastung sind Bestimmungen, Erläuterungen und Berechnungsbeispiele in den Normen

- DIN 4019 [L 14], DIN 4107-2 [L 37], DIN 4107-3 [L 38] und DIN EN ISO 18674-1 [L 96]

zu finden. Hinsichtlich der bei Tragfähigkeits- und Gebrauchstauglichkeitsnachweisen zu berücksichtigenden Setzungsgrößen ist auf

- DIN 1054 [L 2]

zu verweisen. Detailliertere Ausführungen zu Setzungen sind auch in den

- EVB [L 112]

zu finden.

9.3 Begriffe

Wird auf nicht vorbelasteten Boden eine Belastung plötzlich aufgebracht und ständig beibehalten, tritt eine zeitabhängige Setzungsentwicklung ein (Abb. 9-2). Einstellen können sich

gleichmäßige Setzungen (gleich starke Setzungen aller Baugrundoberflächenpunkte) und

ungleichmäßige Setzungen (unterschiedlich starke Setzungen der einzelnen Baugrundoberflächenpunkte).

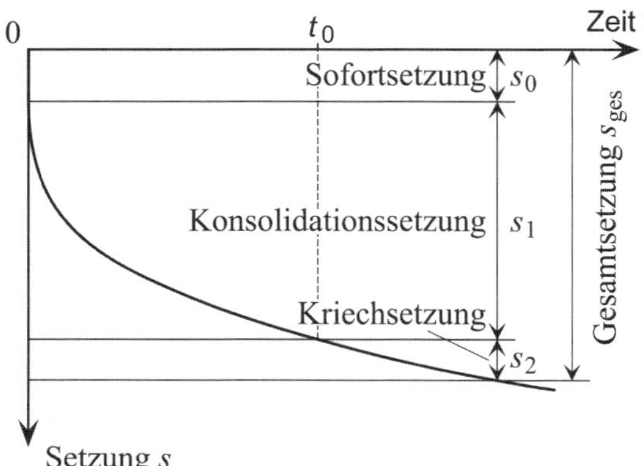

Abb. 9-2 Setzungsanteile bei konstanter, plötzlich auf nicht vorbelasteten Boden aufgebrachter Last (nach DIN 4019)

Setzungen beider Fälle sind die

Gesamtsetzung: Summe der Setzungsanteile Sofortsetzung s_0, Konsolidationssetzung s_1 und Kriechsetzung s_2

$$s_{ges} = s_0 + s_1 + s_2 \qquad \text{Gl. 9-1}$$

Sofortsetzung: zeitunabhängige Setzung infolge der volumentreuen Anfangsschubverformung s_{01} und der Sofortverdichtung s_{02} unmittelbar nach der Lastaufbringung

$$s_0 = s_{01} + s_{02} \qquad \text{Gl. 9-2}$$

Setzung infolge einer Anfangsschubverformung s_{01}: bei wassergesättigten bindigen Böden gesondert ermittelte Setzung infolge einer sich zu Beginn einer Belastung einstellenden Schubverformung (volumentreue Gestaltsänderung).

Setzung infolge von Sofortverdichtung s_{02}: bei nicht wassergesättigten Böden unmittelbar nach Lastaufbringung (Zunahme der effektiven Spannungen) auftretender Setzungsanteil.

Konsolidationssetzung s_1: infolge der Auspressung von Porenwasser und Porenluft nach Lastaufbringung (Zunahme der effektiven Spannungen) zeitlich verzögert auftretender Anteil der Setzung.

Kriechsetzung s_2: über lange Zeit sich aufbauender Setzungsanteil bindiger Böden infolge plastischen Fließens des Korngerüstes bei sich nicht verändernden effektiven Spannungen.

Setzungsberechnungen setzen die Kenntnis von Spannungszuständen im Boden voraus. Zu unterscheiden sind der

Ausgangsspannungszustand, der unmittelbar vor Aufbringung der die Setzungen hervorrufenden Belastungen bzw. Beanspruchungen im Baugrund wirksam ist,

Zusatzspannungszustand, der durch die aufgebrachten Belastungen bzw. Beanspruchungen im Baugrund hervorgerufen wird.

Neben den Setzungen gibt es noch andere lotrechte Verschiebungen der Baugrundoberfläche. Hierzu gehören z. B.:

Sackung: auf dem Verlust der Bindekräfte beruhende und durch Umlagerungen und Verdichtungen des Korngerüstes nichtbindiger Böden hervorgerufene Verschiebung in Richtung der Schwerkraft (Beispiel: Durchnässung feuchter Sande, die zum Verlust der Kapillarkohäsion führt).

Hebung: lotrechte Verschiebung entgegen der Richtung der Schwerkraft (z. B. durch entlastenden Baugrubenaushub hervorgerufen).

9.4 Kennzeichnende Punkte und Linien

9.4.1 Kreis-, Streifen- und Rechteckfundamente

Abb. 9-3 zeigt Setzungen, wie sie im Prinzip unter zentrisch belasteten starren Fundamenten und unter gleichmäßig verteilten schlaffen Belastungen q auftreten. Die Vertikallast F des starren Fundaments entspricht der Resultierenden der schlaffen Last q.

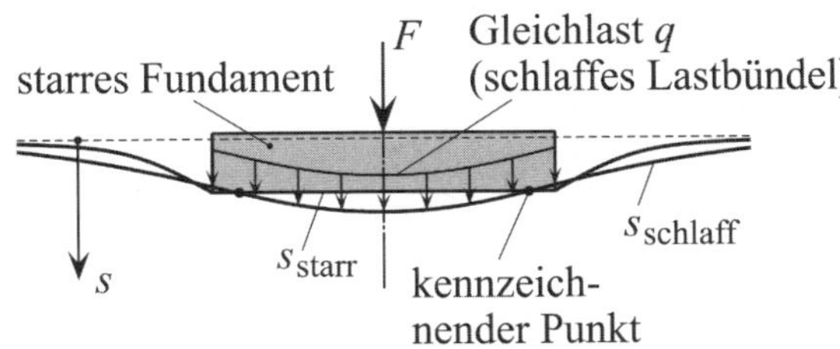

Abb. 9-3 Lage kennzeichnender Punkte von Setzungen (Prinzipskizze)

Die Identität der Setzungen beider Fälle in den zwei „kennzeichnenden Punkten“ (auch „charakteristische Punkte“) zeigt die Überlagerung ihrer Verläufe. Bei Kreisfundamenten mit dem Radius R liegen diese Punkte auf Kreislinien, die „kennzeichnende Linien“ oder „charakteristische Linien“ genannt werden. Ihr Radius beträgt

$$r_s = 0{,}845 \cdot R \qquad \text{Gl. 9-3}$$

Bei entsprechend belasteten unendlich langen Streifenfundamenten der Breite b sind die kennzeichnenden Linien zwei Parallelen mit dem Abstand zur Fundamentlängsachse von jeweils

$$a_s = 0{,}370 \cdot b \qquad \text{Gl. 9-4}$$

Die Lage des kennzeichnenden Punkts bei Rechteckfundamenten zeigt Abb. 9-4.

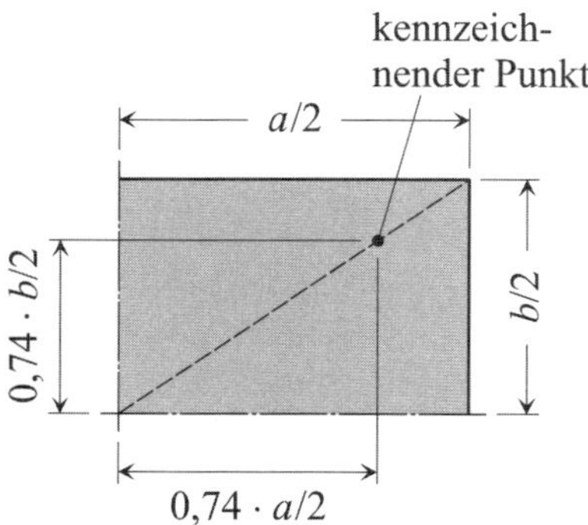

Abb. 9-4 Lage des kennzeichnenden Punkts in Rechteckfundamentviertel

9.4.2 Aufgaben mit Lösungen

Aufgabe 9-1 (Lösung Seite 204)

Anzugeben ist die Lage der Bereiche, in denen für ein schlaffes und ein starres Streifenfundament der Breite b gleich große Setzungen auftreten, wenn

- beide Fundamente ausschließlich vertikal belastet werden,
- die Resultierenden der Belastungen gleich groß sind und zentrisch wirken und
- die Belastung des schlaffen Fundaments gleichmäßig über die Breite b verteilt ist.

Aufgabe 9-2 (Lösung Seite 204)

Es ist anzugeben, wo die Setzungen unmittelbar unter einem starren und einem schlaffen Kreisfundament identisch sind, wenn

- beide Kreisfundamente den Durchmesser 3 m aufweisen,
- die zentrisch angreifenden vertikal wirkenden Resultierenden der jeweiligen Belastung in der entsprechenden Sohlfuge gleich groß sind,
- das schlaffe Fundament eine gleichmäßig verteilte Belastung aufweist.

Lösung zu Aufgabe 9-1 (Aufgabenstellung Seite 204)

Die gesuchten Bereiche sind zwei Linien, die als kennzeichnende Linien bezeichnet werden. Sie verlaufen parallel zur Fundamentlängsachse und weisen zu dieser einen Abstand von jeweils $0{,}37 \cdot b$ auf (Gl. 9-4).

Lösung zu Aufgabe 9-2 (Aufgabenstellung Seite 204)

Die Setzungen beider Fundamente (Radius $R = 1{,}5$ m) sind auf einer kreisförmigen „charakteristischen Linie" identisch. Ihr Radius zum Sohlflächenmittelpunkt beträgt (Gl. 9-3)

$$r_\sigma = 0{,}845 \cdot R = 0{,}845 \cdot 1{,}50 = 1{,}27 \text{ m}$$

9.5 Elastisch-isotroper Halbraum mit Einzellast

Bei einem linear-elastischen, isotropen Halbraum, der durch die Einzellast F belastet und verformt wird, lässt sich die zu dieser Verformung gehörende vertikale Verschiebung beliebiger Halbraumpunkte (Abb. 9-5 zeigt den Fall des Halbraumpunkts A) mit der Gleichung von BOUSSINESQ

$$w = \frac{F}{4 \cdot \pi \cdot G \cdot R} \cdot \left(2 - 2 \cdot \nu + \frac{z^2}{R^2} \right) \qquad \text{Gl. 9-5}$$

ermitteln.

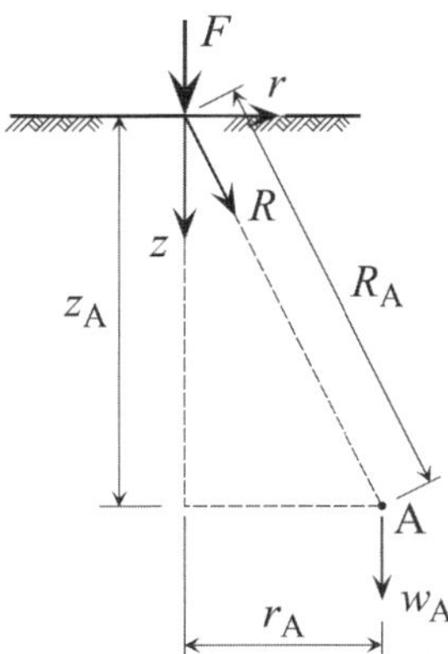

Abb. 9-5 Halbraumpunkt A mit Verschiebung w_A infolge der Einzellast F

Der Schubmodul G berechnet sich mit dem Elastizitätsmodul E und der Querdehnzahl ν durch

$$G = \frac{E}{2 \cdot (1 + \nu)} \qquad \text{Gl. 9-6}$$

Der radialsymmetrische Verlauf der durch F bewirkten Vertikalverschiebung (Setzung) der Halbraumoberfläche (in Abb. 9-6 qualitativ gezeigt) lässt sich erfassen durch

$$s(r) = \frac{F \cdot (1 - \nu^2)}{\pi \cdot E \cdot r} \qquad \text{Gl. 9-7}$$

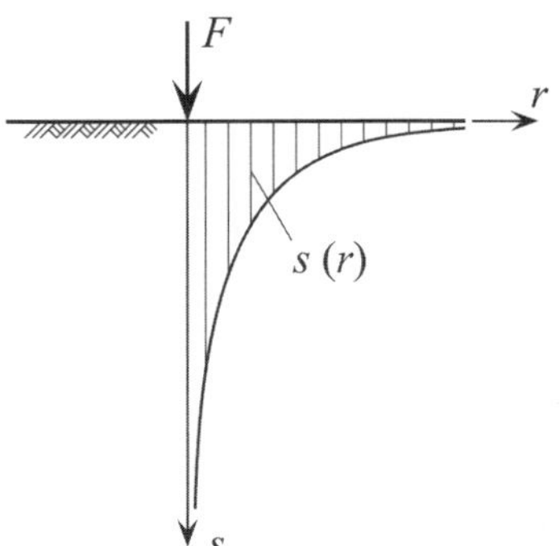

Abb. 9-6 Vertikalverschiebung $s(r)$ der Halbraumoberfläche infolge der Einzellast F

Für den Sonderfall $\nu = 0{,}5$ (inkompressibles Material) gilt

$$s(r) = \frac{3 \cdot F}{4 \cdot \pi \cdot E \cdot r} = \frac{F}{4 \cdot \pi \cdot G \cdot r} \qquad \text{Gl. 9-8}$$

Lösungen von Gl. 9-7 bzw. Gl. 9-8 dienen zur Setzungsberechnung verschiedener Belastungsformen des Halbraums mit Hilfe geschlossener Formeln.

9.6 Elastisch-isotroper Halbraum mit Rechteck- und Kreislasten σ_0

Für konstante Lasten σ_0 auf einem $a \times b$ großen rechteckigen Teil der Halbraumoberfläche lassen sich die Setzungen unter den Eckpunkten der Rechteckfläche mit der Gleichung von STEINBRENNER [L 137]

$$s_{\text{Halbraum}} = \frac{\sigma_0 \cdot (1-\nu^2)}{\pi \cdot E} \cdot \left(a \cdot \ln \frac{b + \sqrt{a^2+b^2}}{a} + b \cdot \ln \frac{a + \sqrt{a^2+b^2}}{b} \right) \qquad \text{Gl. 9-9}$$

berechnen. Die Gleichung basiert auf Gl. 9-5 eines im Halbraum liegenden Punkts A (Abb. 9-5) und ergibt sich als Verschiebungsdifferenz des an der Halbraumoberfläche liegenden Eckpunkts der Rechteckfläche und eines in der Tiefe $z = \infty$ darunterliegenden Punkts.

Liegt der zweite Halbraumpunkt in der endlichen Tiefe $z = t$, ergibt sich mit

$$R = \sqrt{a^2 + b^2 + t^2} \qquad \text{Gl. 9-10}$$

als Verschiebungsdifferenz der Ausdruck

$$s = \frac{\sigma_0 \cdot (1-\nu^2)}{\pi \cdot E} \cdot \left[a \cdot \ln \frac{\left(b + \sqrt{a^2+b^2}\right) \cdot \sqrt{a^2+t^2}}{a \cdot (b+R)} + b \cdot \ln \frac{\left(a + \sqrt{a^2+b^2}\right) \cdot \sqrt{b^2+t^2}}{b \cdot (a+R)} \right] + \frac{\sigma_0 \cdot (1-\nu-2\cdot\nu^2)}{2 \cdot \pi \cdot E} \cdot t \cdot \arctan\left(\frac{a \cdot b}{t \cdot R}\right) \qquad \text{Gl. 9-11}$$

Die Größe s verkörpert die Setzung unter dem Eckpunkt einer konstanten Rechtecklast auf einer zusammendrückbaren Schicht der Dicke t. Dabei wird u. a. angenommen, dass der Baugrund in der Tiefe $z > t$ nicht mehr deformierbar ist.

Analog zur Vorgehensweise von STEINBRENNER behandelt FISCHER [L 113] konstante Lasten σ_0, die auf einem kreisförmigen Teil (Radius R) der Halbraumoberfläche wirken. Danach beträgt die Differenz der Verschiebungen des auf der Halbraumoberfläche liegenden Kreismittelpunkts und eines in der Tiefe $z = t$ darunterliegenden Punkts

$$s_{\text{Mitte}} = \frac{2 \cdot \sigma_0}{E} \cdot \left[(1-\nu^2) \cdot \left(R + t - \sqrt{t^2+R^2} \right) - \frac{t \cdot (1+\nu)}{2} \cdot \left(1 - \frac{d}{\sqrt{t^2+R^2}} \right) \right] \qquad \text{Gl. 9-12}$$

9.7 Setzungseinflusstiefe für Setzungsberechnungen

Realer Baugrund ist kein Halbraum mit konstantem Elastizitätsmodul, und von der Bauwerkslast bewirkte vertikale Baugrundspannungen σ_z müssen einen „Strukturwiderstand" σ_{st} des Bodenmaterials überwinden, um eine Korngefügeumlagerung und damit Verformungen des Bodens herbeizuführen. Deshalb wird angenommen, dass die Setzungen durch die Zusammendrückungen eines Bereichs entstehen, dessen Tiefe, gemessen ab der Sohlfläche des Gründungskörpers, als „Setzungseinflusstiefe" oder auch „Grenztiefe" t_s bezeichnet wird.

Nach DIN 4019, 9 wird diese Setzungseinflusstiefe dort erreicht, wo für die sich aus σ_1 ergebende Vertikalspannung im Baugrund

$$\begin{aligned}\sigma_{z;\sigma_1}(t_s) &= 0{,}2 \cdot \sigma_ü \\ &= 0{,}2 \cdot \gamma \cdot (d + t_s)\end{aligned} \qquad \text{Gl. 9-13}$$

gilt (Abb. 9-7). Zu den Setzungen trägt somit der Teil des Baugrunds unterhalb der Setzungseinflusstiefe nichts mehr bei. Die Tiefe ist bezogen auf den kennzeichnenden Punkt (Abschnitt 9.4) und gilt für den elastisch-isotropen Halbraum mit konstantem Steifemodul und einer mittleren Sohlspannung σ_0, die wesentlich größer ist als die Überlagerungsspannung $\sigma_ü$.

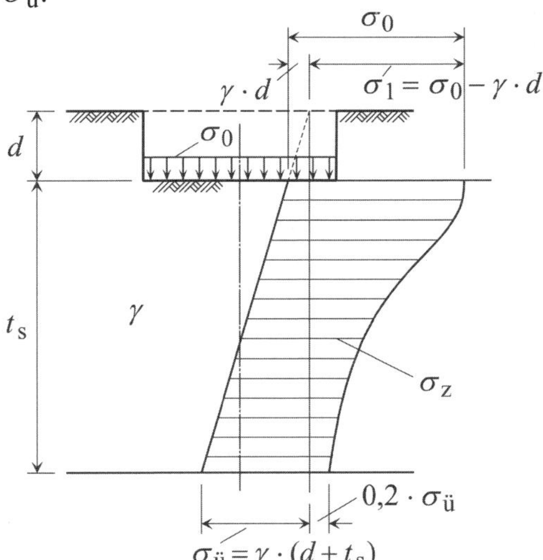

Abb. 9-7 Normalspannungsverlauf σ_z im Grenztiefenbereich (Aushub in normalkonsolidiertem Boden)

9.8 Grundlagen für Setzungsberechnungen nach DIN 4019

Für Setzungsberechnungen sind u. a. Angaben zu Sohlspannungen, Baugrundspannungen und zur Setzungseinflusstiefe t_s erforderlich. Benötigte Unterlagen sind z. B. allgemeine Bauwerksangaben (Gründungstiefe, Abmessungen, Fundamentplan mit Belastungsangaben usw.), Baugrundaufschlüsse und -darstellungen (Bohrprofile, Schichtenverzeichnisse, Ergebnisse von Setzungsbeobachtungen usw.), Bodenkenngrößen (Bodenwichte und Kenngrößen für die Zusammendrückbarkeit des Bodens) und maßgebende Rechenwerte für die Setzungsberechnung.

Für die Spannungen im Boden wird unterstellt, dass sie durch die Bodeneigenlast (Überlagerungsspannungen vor Aushub der Baugrube), den Baugrubenaushub (reduziert im Regelfall die durch die Bauwerkslast hervorgerufene Sohlnormalspannung) und die Bauwerkslasten verursacht werden.

Gemäß DIN 4019, 9 sind für die Ermittlung der Setzungseinflusstiefe (siehe Abschnitt 9.7) die Sohlspannungen infolge der ständigen Lasten und abzüglich des zugehörigen Sohlwasserdrucks unter dem Gründungskörper als gleichmäßig verteilt anzunehmen. Dies gilt unabhängig von der tatsächlich Sohldruckverteilung. Die Ermittlung von t_s ist dann für den kennzeichnenden Punkt vorzunehmen.

Bei Fundamentgruppen sind die Spannungsanteile aller Fundamente für die Ermittlung der Setzungseinflusstiefe zu überlagern. Vereinfachend darf die Fundamentgruppe auch zu einem Einzelfundament zusammengefasst werden.

9.9 Zusammendrückungsmodul *E** nach DIN 4019

9.9.1 Module des linear-elastischen Halbraums

Meistens basieren Setzungsberechnungen auf einem linear-elastischen Halbraum, dessen Verformungsverhalten infolge einer Belastung durch die Materialkenngrößen

- Elastizitätsmodul E bzw.
- Schubmodul G bzw.
- Steifemodul E_s und
- Querdehnzahl ν

bestimmt wird, deren mathematische Beziehungen durch

$$E = \frac{1-\nu-2\cdot\nu^2}{1-\nu}\cdot E_s = 2\cdot G\cdot(1+\nu) \quad \text{Gl. 9-14}$$

bzw.

$$E_s = \frac{E\cdot(1-\nu)}{1-\nu-2\cdot\nu^2} = \frac{2\cdot G\cdot(1-\nu^2)}{1-\nu-2\cdot\nu^2} \quad \text{Gl. 9-15}$$

bzw.

$$G = \frac{E}{2\cdot(1+\nu)} = \frac{E_s\cdot(1-2\cdot\nu)}{2\cdot(1-\nu)} = \frac{E_s\cdot(1-\nu-2\cdot\nu^2)}{2\cdot(1-\nu^2)} \quad \text{Gl. 9-16}$$

angegeben werden können (vgl. auch Abschnitt 6.3).

Die Größen aller Module dürfen aus Versuchs- und Beobachtungsergebnissen oder aus empirischen Beziehungen abgeleitet werden und dienen gemäß DIN 4019, 8 als Grundlage für die Wahl eines Moduls E^*, der letztendlich als „Rechenmodul" in die Setzungsberechnungen eingesetzt werden kann. Die Einführung dieses Wertes soll zu einer einheitlichen Modulbezeichnung in den Gleichungen führen.

In DIN 4019, 8.2 werden nach der Elastizitätstheorie der Zusammendrückungsmodul (Rechenmodul) E^* mit dem Elastizitätsmodul E und dem Steifemodul E_s (siehe Abschnitt 5.10.3) gemäß

$$E^* = \frac{E}{1-\nu^2} \qquad \text{Gl. 9-17}$$

und

$$E^* = \frac{1-\nu-2\cdot\nu^2}{1-\nu+2\cdot\nu^2}\cdot E_s \qquad \text{Gl. 9-18}$$

in Beziehung gesetzt.

Nach DIN 4019, 3.21 sind Steifemodule E_s nach DIN 18135 [L 53] aus den Ergebnissen von Kompressionsversuchen zu ermitteln und entsprechen deshalb Sekantenmodulen gemäß Gl. 5-77 bzw. Gl. 5-79 oder Tangentenmodulen gemäß Gl. 5-81.

Es ist noch zu erwähnen, dass nach [L 116], Kapitel 1.3 in Fällen kleiner s'_1-Werte der Faktor $(1 - s'_1)$ in Gl. 5-79 und Gl. 5-81 näherungsweise unberücksichtigt bleiben darf. Generell aber ist zu beachten, dass dies zu größeren Werten der Steifemodule und damit zur Annahme eines steiferen Bodens führt.

9.9.2 *E** aus Feld- und Laborversuchen

Gemäß DIN 4019, 8.4 sind durch Laborversuche gewonnene Kennwerte, die zur Festlegung von E^* verwendet werden, eventuell zu modifizieren, sofern dies der Vergleich mit Erfahrungswerten nahelegt. Ein Beispiel hierfür ist die Näherungsbeziehung

$$E^* \approx E_s \qquad \text{Gl. 9-19}$$

Auf Erfahrungen beruht auch der für lotrechte und mittige Belastungen geltende und auf den Steifemodul E_s bezogene Ansatz aus [L 15]

$$E^* = \frac{E_s}{\kappa} \qquad \text{Gl. 9-20}$$

mit dem sich der Rechenmodul E^* als mittlerer Zusammendrückungsmodul einer beanspruchten Schicht ermitteln lässt (Hinweis: in [L 15] wird E^* mit E_m bezeichnet!). Der mittlere Korrekturbeiwert κ ist von der Bodenart abhängig (Tabelle 9-1).

Tabelle 9-1 Mittlere Korrekturbeiwerte κ nach [L 15]

Bodenart	κ
Sand und Schluff	$\approx 2/3$
einfach verdichteter und leicht überverdichteter Ton	≈ 1
stark überverdichteter Ton	$\approx 0{,}5$ bis 1

Anwendungsbeispiel

Für Setzungsberechnungen wurde im Labor durch Kompressionsversuche ein Steifemodul der Größe $E_S = 20\ \text{MN/m}^2$ ermittelt, der zu einer Bodenprobe aus einer Schicht tonigen Schluffs gehört.

Wie groß ist der zu diesem Steifemodul gehörende mittlere Zusammendrückungsmodul (Rechenmodul) E^*?

Lösung

Mit dem für Sand und Schluff geltenden mittleren Korrekturbeiwert $\kappa = 2/3$ (Gl. 9-20 und Tabelle 9-1) ergibt sich als mittlerer Zusammendrückungsmodul (Rechenmodul)

$$E^* = \frac{E_S}{\kappa} = \frac{3}{2} \cdot 20 = 30\ \text{MN/m}^2$$

Auch auf der Basis von Feldversuchen darf der Rechenmodul E^* bestimmt werden und auch hierbei sind die Ergebnisse dieser Versuche anhand von Erfahrungswerten zu beurteilen und ggf. zu modifizieren.

In DIN 4019, 8.5 wird ausdrücklich darauf hingewiesen, dass Plattendruckversuche in der Regel nicht für die Bestimmung von E^* geeignet sind.

9.9.3 Ermittlung von E^* aus Setzungsbeobachtungen

Aus den Ergebnissen von Setzungsbeobachtungen können Module E_m durch Rückrechnung gewonnen werden. Dabei muss gelten, dass die Beobachtungen an vergleichbaren

- Bauwerken und/oder Gründungskörpern,
- Baugrundverhältnissen

durchgeführt wurden und dass das der Rückrechnung zugrunde gelegte mechanische Modell identisch ist mit dem der Setzungsberechnung.

Ausgehend von dem so gewonnenen E_m-Wert ist der Rechenmodul E^* in nachvollziehbarer Weise festzulegen.

9.9.4 Wahl von E^* für Setzungsberechnungen

Bei Setzungsberechnungen sind für den jeweils zu berücksichtigenden Boden- und Spannungsbereich vorsichtige Schätzwerte des Mittelwerts oder Grenzwerte der für die Berechnung maßgebenden Kennwerte zu wählen. Bei großer Schwankungsbreite bzw. geringer Datenbasis sollte für jede Kenngröße ein oberer und ein unterer Wert verwendet werden, um so die Schwankungsbreite der Verformungen abschätzen zu können.

9.10 Gleichungen zur Setzungsermittlung nach DIN 4019

9.10.1 Allgemeines

Die in DIN 4019 empfohlenen Berechnungsverfahren beruhen auf der Annahme eines elastischen, isotropen und homogenen Halbraums. Nach der Norm dürfen sie aber auch auf geschichtete Böden angewendet werden.

Die nachstehend angegebenen Verfahren sind verbunden mit Formeln, die, in Form geschlossener Lösungen, Setzungsermittlungen auf der Oberfläche des Halbraums oder für Schichten endlicher Mächtigkeit ermöglichen. Diese Formeln gestatten die Setzungsberechnung sowohl inner- als auch außerhalb der Sohlfläche.

Nach DIN 4019 sind Setzungen infolge lotrechter, gleichförmig verteilter Belastungen mit der Sohlpressung σ_0 (bei einfach verdichtetem Boden um Aushubentlastung verringern, vgl. [L 16]) mittels

$$s = \frac{\sigma_0 \cdot b \cdot f}{E^*} \qquad \text{Gl. 9-21}$$

zu berechnen. In der Formel sind b eine charakteristische Bezugslänge der Sohlfläche (z. B. Rechteckseitenlänge), f ein Setzungsbeiwert (hängt von der Form und Abmessung der Gründungsfläche, der Mächtigkeit der zusammendrückbaren Schicht und der Querdehnzahl ν ab) und E^* (siehe Abschnitt 9.9) ein mittlerer Zusammendrückungsmodul, der für den gesamten zusammengedrückten Bereich gilt. Während Gl. 9-21 für homogene Böden gilt, ist für geschichtete Böden die Gleichung

$$s = \sigma_0 \cdot b \cdot \left(\frac{f_1}{E^*_1} + \sum_{i=2}^{n} \frac{f_i - f_{i-1}}{E^*_i} \right) \qquad \text{Gl. 9-22}$$

zu verwenden. Die Größen n bzw. i erfassen darin die Anzahl der zu erfassenden Schichten bzw. die jeweilige Schichtennummer (zu beginnen ist mit der obersten Schicht), f_i den bis zur Tiefe der Unterkante der i-ten Schicht geltenden Setzungsbeiwert und E^*_i den für die i-te Schicht anzusetzenden Zusammendrückungsmodul.

Gl. 9-21 und Gl. 9-22 gelten für sehr unterschiedliche Lastkonfigurationen und Punkte in der Sohlfläche. Sie lassen sich verwenden zur

1. Bestimmung mittlerer Zusammendrückungsmodule E_m bei der Auswertung von Setzungsbeobachtungen nach Abschnitt 9.9.3 (siehe Berechnungsbeispiel in [L 16]),
2. Setzungsberechnung, wenn E^* vorgegeben ist (bei Setzungsbeobachtungen an anderen Bauwerken ermittelte E_m- bzw. E^*-Werte dürfen nur dann verwendet werden, wenn deren Gründungsflächen gleiche Größenordnungen besitzen und jeweils die gleiche Querdehnzahl zugrunde gelegt werden kann),
3. Setzungsberechnung einheitlicher und geschichteter Böden, wenn die Module E^* für die einzelnen Schichten anderweitig (z. B. aus Tabellen, Sondierungen oder Erfahrungen) bekannt sind (siehe Berechnungsbeispiel in [L 16]).

Bezüglich Literaturverweisen ist noch auf [L 16], Tabelle 2 hinzuweisen. Dort findet sich eine Reihe von Literaturquellen, die Tafeln und Tabellen zur Berechnung der Setzungen unter starren Gründungskörpern bzw. unter Gleichlasten bei konstantem Steifemodul betreffen. Mögliche Lastflächen sind Rechtecke, Streifen, Kreise, Kreisringe oder auch Ellipsen.

9.10.2 Setzung der Eckpunkte konstanter Rechtecklasten

Zu betrachten ist eine $a \times b$ große rechteckige Lastfläche auf einem linear-elastisch isotropen Halbraum mit der Querdehnzahl $\nu = 0$ und dem Zusammendrückungsmodul (Rechenmodul) E^*. Die Einwirkung einer konstanten Last σ_0 auf dieser Lastfläche führt zur Zusammendrückung einer oberen Halbraumschicht der Dicke z bzw. zur Setzung der Oberfläche dieser Schicht. Die Setzungswerte an den Eckpunkten der rechteckigen Lastfläche können durch die auf der Gl. 9-11 basierenden Beziehung (vgl. [L 112])

$$s = \frac{\sigma_0 \cdot b \cdot f_1}{E^*} = \frac{\sigma_0}{2 \cdot \pi \cdot E^*} \cdot \left[z \cdot \arctan \frac{a \cdot b}{z \cdot R} + a \cdot \ln\left(\frac{R-b}{R+b} \cdot \frac{r+b}{r-b} \right) + b \cdot \ln\left(\frac{R-a}{R+a} \cdot \frac{r+a}{r-a} \right) \right] \qquad \text{Gl. 9-23}$$

ermittelt werden. Die Größen R und r sind

$$R = \sqrt{a^2 + b^2 + z^2} \qquad \text{und} \qquad r = \sqrt{a^2 + b^2} \qquad \text{Gl. 9-24}$$

Der Beiwert f_1 ist von den Abmessungsverhältnissen a/b und z/b abhängig. Einige Funktionsverläufe von f_1 zeigt Abb. 9-8.

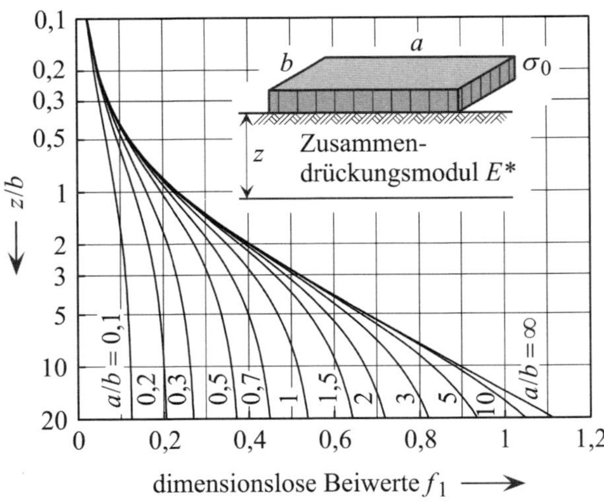

Abb. 9-8 Setzungsbeiwerte f_1 für die Eckpunkte rechteckförmiger Gleichlasten σ_0 auf einer nachgiebigen Schicht der Dicke z und der Querdehnzahl $\nu = 0$ nach KANY

Schlaffe Gründungskörper bewirken Setzungsmulden (Abb. 9-1). Die Setzungsgröße von Punkten innerhalb der Lastfläche lässt sich durch die Superposition von Setzungswerten gewinnen, die mit Gl. 9-23 und den Setzungsbeiwerten aus Abb. 9-8 ermittelt wurden. Für den Punkt S in Abb. 9-9 ergibt sich die Setzung s_S aus der Summe der Teilsetzungen s_{S1}, s_{S2}, s_{S3} und s_{S4}, die sich einstellen, wenn nur jeweils die Teilfläche 1, 2, 3 oder 4 mit σ_0 belastet ist.

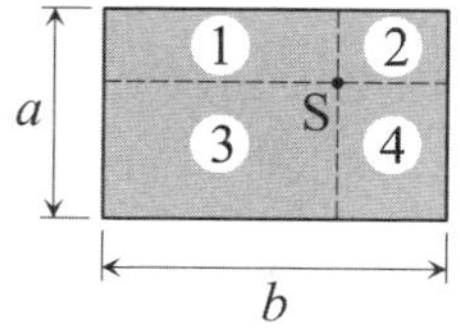

Abb. 9-9 Setzungspunkt S in einer rechteckigen Lastfläche

In Analogie zu Abschnitt 6.5.6 sind diese Betrachtungen auch erweiterbar auf außerhalb der Lastfläche liegende Setzungspunkte sowie auf andere als nur rechteckige Lastflächen.

Anwendungsbeispiel

Auf einer Baugrundoberfläche wirkt eine rechteckförmig verteilte Last mit der konstanten Größe $\sigma_0 = 240\ \text{kN/m}^2$ (Abb. 9-10). Aus geotechnischen Untersuchungen geht hervor, dass direkt unter der Lastfläche eine 4,5 m mächtige setzungsempfindliche Schicht aus einfach verdichtetem halbfestem Ton ansteht, deren Steifemodul mit $E^* = 9\,000\ \text{kN/m}^2$ ermittelt wurde.

Zu berechnen ist die sich infolge der Last ergebende Setzung s_S eines Punkts S (Abb. 9-10) unter der Voraussetzung, dass diese Setzung nur auf die Zusammendrückung der setzungsempfindlichen Schicht zurückzuführen ist und die Grenztiefe nicht kleiner ist als 4,5 m.

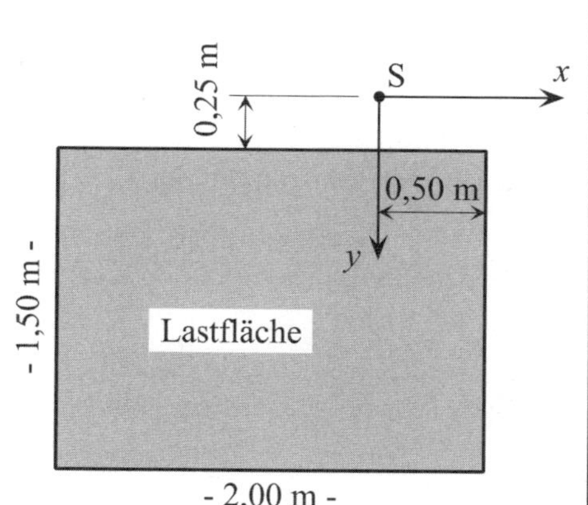

Abb. 9-10 Lage von Lastfläche und Setzungspunkt S im Grundriss

Lösung

Die Berechnung erfolgt auf der Basis der Superposition von Teillösungen, die im vorliegenden Fall von einer Aufteilung in vier Lastflächen gemäß Abb. 9-11 ausgeht. Für die Berechnung nach Kany ergeben sich damit für die 1. Rechtecklast (Teilfläche 1) die Seitenlängen ($a \geq b$!!!)

$a_1 = 1{,}75\ \text{m}$ und $b_1 = 1{,}50\ \text{m}$

und für die Teilflächen 2, 3 und 4 die Seitenlängen

$a_2 = 1{,}75\ \text{m}$ und $b_2 = 0{,}50\ \text{m}$

$a_3 = 1{,}50\ \text{m}$ und $b_3 = 0{,}25\ \text{m}$

$a_4 = 0{,}50\ \text{m}$ und $b_4 = 0{,}25\ \text{m}$

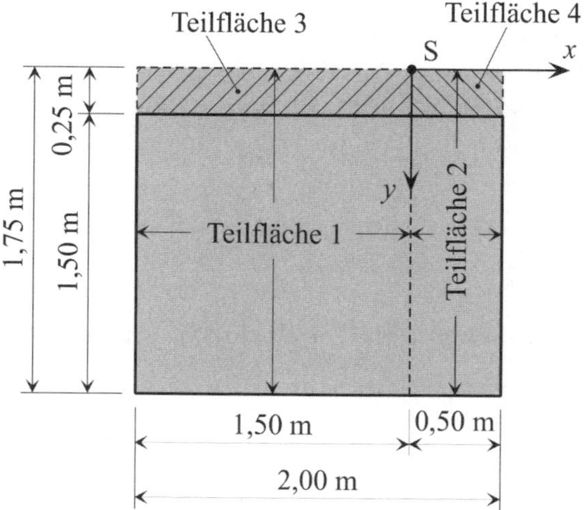

Abb. 9-11 Grundrisslage der vier Lastflächen für die Superposition

Diese Größen, die Dicke $z = 4{,}5\ \text{m}$ der setzungsempfindlichen Schicht und das zur Gl. 9-23 gehörende Nomogramm aus Abb. 9-8 führen zu den Beziehungen

$$\frac{a_1}{b_1} = \frac{1{,}75}{1{,}50} = 1{,}17 \quad \text{und} \quad \frac{z}{b_1} = \frac{4{,}50}{1{,}50} = 3{,}0 \quad \Rightarrow \quad f_{1,1} = 0{,}43 \quad \text{(Teilfläche 1)}$$

$$\frac{a_2}{b_2} = \frac{1{,}75}{0{,}50} = 3{,}50 \quad \text{und} \quad \frac{z}{b_2} = \frac{4{,}50}{0{,}50} = 9{,}0 \quad \Rightarrow \quad f_{1,2} = 0{,}76 \quad \text{(Teilfläche 2)}$$

$$\frac{a_3}{b_3} = \frac{1{,}50}{0{,}25} = 6{,}00 \quad \text{und} \quad \frac{z}{b_3} = \frac{4{,}50}{0{,}25} = 18{,}0 \quad \Rightarrow \quad f_{1,3} = 0{,}96 \quad \text{(Teilfläche 3)}$$

$$\frac{a_4}{b_4} = \frac{0{,}50}{0{,}25} = 2{,}00 \quad \text{und} \quad \frac{z}{b_4} = \frac{4{,}50}{0{,}25} = 18{,}0 \quad \Rightarrow \quad f_{1,4} = 0{,}71 \quad \text{(Teilfläche 4)}$$

Mit diesen f_1-Größen und der für einfach verdichteten Ton geltenden Beziehung $E^* = E_s$ (Gl. 9-20 und Tabelle 9-1) ergeben sich wiederum die Setzungsgrößen des Setzungspunkts S infolge der Belastungen der Teilflächen (Gl. 9-23)

$$s_{S1} = \frac{\sigma_0 \cdot b_1 \cdot f_{1,1}}{E^*} = \frac{240 \cdot 1{,}50 \cdot 0{,}43}{9000} = 0{,}0172 \text{ m} = 17{,}2 \text{ mm} \quad \text{(Teilfläche 1)}$$

$$s_{S2} = \frac{\sigma_0 \cdot b_2 \cdot f_{1,2}}{E^*} = \frac{240 \cdot 0{,}50 \cdot 0{,}76}{9000} = 0{,}0101 \text{ m} = 10{,}1 \text{ mm} \quad \text{(Teilfläche 2)}$$

$$s_{S3} = \frac{\sigma_0 \cdot b_3 \cdot f_{1,3}}{E^*} = \frac{240 \cdot 0{,}25 \cdot 0{,}96}{9000} = 0{,}0064 \text{ m} = 6{,}4 \text{ mm} \quad \text{(Teilfläche 3)}$$

$$s_{S4} = \frac{\sigma_0 \cdot b_4 \cdot f_{1,4}}{E^*} = \frac{240 \cdot 0{,}25 \cdot 0{,}71}{9000} = 0{,}0047 \text{ m} = 4{,}7 \text{ mm} \quad \text{(Teilfläche 4)}$$

Da die Teilfläche 1 eine Erweiterung der tatsächlich vorhandenen Lastfläche um die Teilfläche 3 und die Teilfläche 2 eine Erweiterung der tatsächlich vorhandenen Lastfläche um die Teilfläche 4 darstellt, müssen diese Erweiterungen wieder „zurückgenommen“ werden. Für die Setzungen am Setzungspunkt S infolge der auf 1,50 m × 2,00 m wirkenden Rechtecklast ergibt sich somit

$$s_S = s_{S1} + s_{S2} - s_{S3} - s_{S4} = 17{,}2 + 10{,}1 - 6{,}4 - 4{,}7 = 16{,}2 \text{ mm}$$

9.10.3 Setzung starrer Rechteckfundamente bei zentrischer Belastung

Die Setzungen starrer Fundamente mit rechteckigem Grundriss $a \times b$ sind bei homogenem Baugrund und zentrischer Belastung über die Sohlfläche konstant (Abb. 9-1). Im kennzeichnenden Punkt ist ihre Größe s_K identisch mit der Setzung unter einer Gleichlast mit der gleichen Belastungsresultierenden. Die Setzungsermittlung kann daher auf der Basis der Formeln und Setzungsbeiwerte aus Abschnitt 9.10.2 erfolgen. Für die Setzungsgröße gilt

$$s_K = \frac{\sigma_0 \cdot b \cdot f_K}{E^*} \quad \text{Gl. 9-25}$$

mit dem Setzungsbeiwert f_K für die Querdehnzahl $\nu = 0$

$$f_K = \frac{1}{2 \cdot \pi \cdot b} \cdot \sum_{n=1}^{4} \left[z \cdot \arctan \frac{a_n \cdot b_n}{z \cdot R_n} + a_n \cdot \ln \left(\frac{R_n - b_n}{R_n + b_n} \cdot \frac{r_n + b_n}{r_n - b_n} \right) + b_n \cdot \ln \left(\frac{R_n - a_n}{R_n + a_n} \cdot \frac{r_n + a_n}{r_n - a_n} \right) \right] \quad \text{Gl. 9-26}$$

und den einzelnen Größen in dem Summenausdruck

$$R_n = \sqrt{a_n^2 + b_n^2 + z^2} \qquad r_n = \sqrt{a_n^2 + b_n^2}$$

$$a_1 = 0{,}87 \cdot a \quad a_2 = 0{,}87 \cdot b \quad a_3 = 0{,}13 \cdot a \quad a_4 = 0{,}13 \cdot a \quad \text{Gl. 9-27}$$

$$b_1 = 0{,}87 \cdot b \quad b_2 = 0{,}13 \cdot b \quad b_3 = 0{,}87 \cdot a \quad b_4 = 0{,}13 \cdot b$$

Funktionsverläufe der Setzungsbeiwerte f_K für die Querdehnzahl $\nu = 0$ zeigt Abb. 9-12.

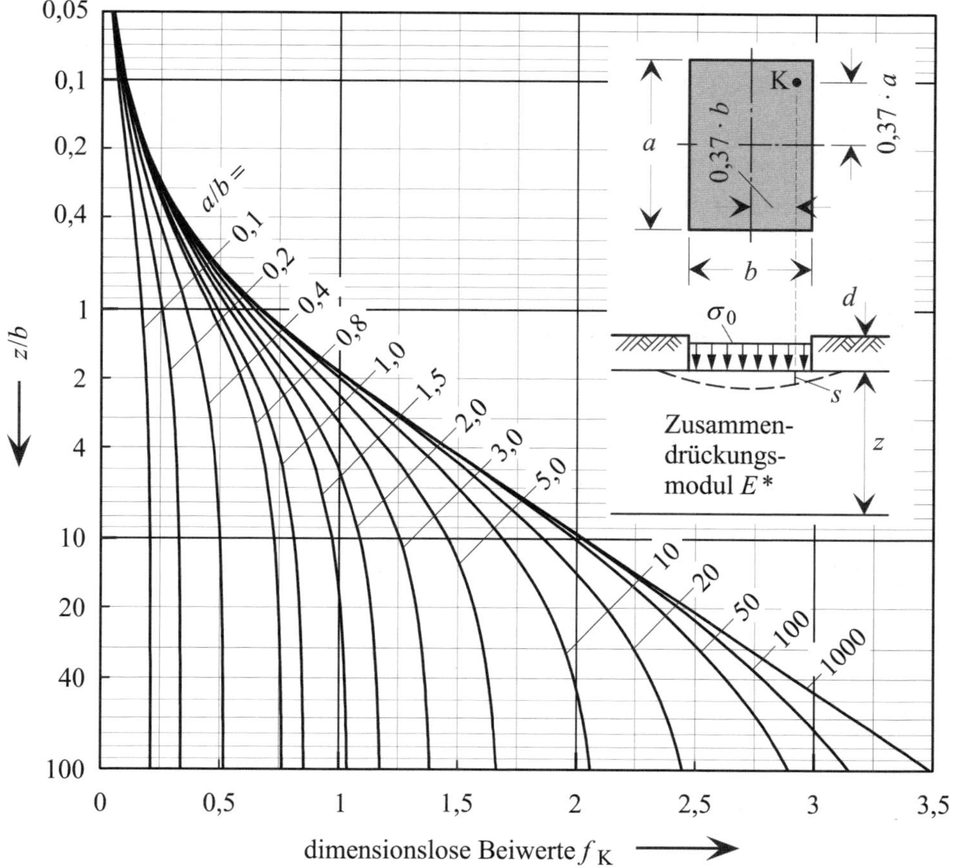

Abb. 9-12 Setzungsbeiwerte f_K für die kennzeichnenden Punkte starrer Rechteckfundamente (mittlere Sohlpressung σ_0) auf einer nachgiebigen Schicht der Dicke z und der Querdehnzahl $\nu = 0$ (nach KANY [L 120])

Anwendungsbeispiel

Zu betrachten ist das in Abb. 9-13 gezeigte Gebäude, dessen Sohlplatte als starr angesehen werden darf. Die in der Sohlfuge wirkenden Druckspannungen sind mit $\sigma_0 = 350\,\text{kN/m}^2$ anzusetzen. Da es sich bei dem Baugrund um einfach verdichteten Boden handelt, ist der Baugrubenaushub bei der Ermittlung der wirksamen Sohlnormalspannung zu berücksichtigen!

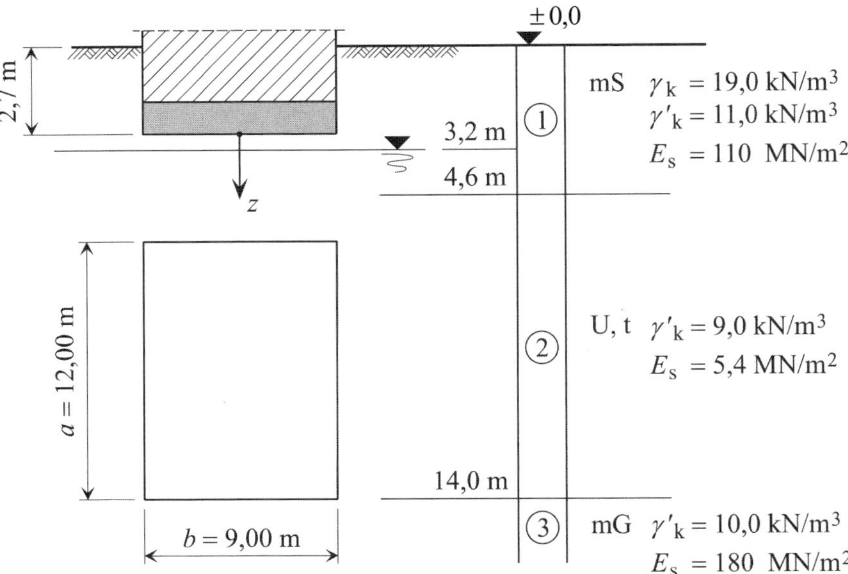

Abb. 9-13 Baugrundgegebenheiten eines zu gründenden Gebäudes mit starrer Sohlplatte

Unter der Annahme, dass für den Baugrund die Querdehnzahl $\nu = 0$ gilt, sind mit Hilfe geschlossener Formeln zu berechnen:

1. die Setzung der Sohlplatte infolge der Zusammendrückung der Schicht mit tonigem Schluff
2. die Setzungsbeiträge der Mittelsand- und Mittelkiesschicht, einschließlich des Vergleichs der entsprechenden Werte mit dem unter 1. berechneten Wert.

Lösung

1 Sohlplattensetzung infolge der Zusammendrückung der tonigen Schluffschicht

1.1 Wirksame Sohlnormalspannung σ_1 und Grenztiefe d_s

Als wirksame Sohlnormalspannung σ_1 ergibt sich im vorliegenden Fall

Sohlnormalspannung des Gebäudes $\sigma_0 =$	350,0 kN/m²
Entlastung durch Baugrubenaushub $\sigma_v = \gamma_1 \cdot d = 19{,}0 \cdot 2{,}7 =$	– 51,3 kN/m²
Zusätzliche Belastung σ_1 durch das Bauwerk	298,7 kN/m²

Für die tabellarische Ermittlung der Grenztiefe (Tabelle 9-2) wird angenommen, dass bei der Setzungsberechnung die Zusammendrückung aller Schichten berücksichtigt wird. In der Literatur existieren für die Setzungsberechnung mittels geschlossener Formeln zwar verschiedene Lösungen für konstante Spannungsverteilungen, aber keine für die unter starren Fundamenten üblicherweise auftretenden Sohlspannungsverteilungen. Da im charakteristischen Punkt die hier gesuchte Setzung eines starren Fundaments (über die Sohlfläche konstant) der Setzung eines schlaffen und gleichmäßig belasteten Fundaments entspricht, werden im Folgenden Hilfsmittel verwendet, mit denen sich die Setzung eines schlaffen Fundaments unter dem charakteristischen Punkt ermitteln lässt.

Spannungen $\sigma_{ü}$ infolge der Bauwerkslast werden mittels Gl. 6-26 und Gl. 6-28 unter dem charakteristischen Punkt berechnet. Als Überlagerungsspannungen in den unterschiedlichen Tiefenpunkten k unter dem charakteristischen Punkt ergeben sich die Größen

$$\sigma_{ü\,j} = \sigma_{v} + \sum_{k=1}^{j} \Delta d_k \cdot \gamma_k$$

Tabelle 9-2 Ermittlung der Grenztiefe für die Setzungsberechnung

Punkt k	Ordinate	Tiefe z unter Fund.	Schichtdicke Δd	Bodenspannungen ohne Bauwerk			wirksame Bodenspannung unter dem Bauwerk		
				$\Delta\sigma_{ü}$	$\sigma_{ü}$	$0{,}2 \cdot \sigma_{ü}$	z/b	i_K	$i_K \cdot \sigma_1$
	in m	in m	in m	in kN/m²	in kN/m²	in kN/m²			in kN/m²
0	2,70	0,00	2,70	51,30	51,30	10,26	0,000	1,000	298,7
1	3,20	0,50	0,50	9,50	60,80	12,16	0,056	0,981	293,0
2	4,60	1,90	1,40	15,40	76,20	15,24	0,211	0,722	215,7
3	9,30	6,60	4,70	42,30	118,50	23,70	0,733	0,345	103,1
4	14,00	11,30	4,70	42,30	160,80	32,16	1,260	0,212	63,3
5	18,60	15,90	4,60	46,00	206,80	41,36	1,770	0,139	41,5

Aus Tabelle 9-2 geht hervor, dass in der Tiefe $z = 11{,}3$ m unter der Fundamentsohle eine Spannung infolge Bauwerkslast mit dem 0,4fachen Wert der Bodenspannung $\sigma_{ü}$ vorliegt. Die Tiefê, in der für die wirksame Bodenspannung $i \cdot \sigma_1 = 0{,}2 \cdot \sigma_{ü}$ gilt, beträgt $\approx 15{,}9$ m und kann, gemäß DIN 4019-1, Abschnitt 8, als Grenztiefe d_s bezeichnet werden.

1.2 Setzung der starren Sohlplatte

Da im ersten Teil der Aufgabe nur die Setzung infolge der Zusammendrückung der Schicht mit tonigem Schluff zu berechnen ist (die Zusammendrückung aller anderen Schichten wird als vernachlässigbar klein eingestuft, d. h. sie werden als nicht zusammendrückbare Schichten behandelt), wird als Grenztiefe nicht die in der Tabelle mit $d_s \approx 15{,}9$ m ermittelte und im Bereich des Mittelkieses (mG) liegende Grenze gewählt, sondern die in der Tiefe von 11,3 m liegende untere Grenze der stark zusammendrückbaren Schicht (tonige Schluffschicht).

Bezüglich des Zusammendrückungsmoduls (Rechenmoduls) E^* wird auf der Basis von Erfahrungen davon ausgegangen, dass mit dem mittleren Korrekturbeiwert $\kappa = 2/3$ für Sand und Schluff (Tabelle 9-1)

$$E^* = \frac{E_s}{\kappa} = \frac{3}{2} \cdot 5400 = 8100 \text{ kN/m}^2$$

angesetzt werden kann.

Zur Berechnung der Setzung wird das Diagramm von KANY aus Abb. 9-12 zur Ermittlung der Setzungsbeiwerte f_K für den kennzeichnenden Punkt unter der Rechtecklast σ_1 verwendet. Die entsprechende Lösungskurve gehört zu

$$\frac{a}{b} = \frac{12{,}00}{9{,}00} = 1{,}33$$

Wird angenommen, dass sich der Baugrund über die Schichtdicke von 11,3 m unter der Fundamentsohle wie toniger Schluff (U, t) verhält, ergibt sich mit dem Wert

$$\frac{z}{b} = \frac{14{,}00 - 2{,}70}{9{,}00} = \frac{11{,}30}{9{,}00} = 1{,}26$$

und dem Diagramm von KANY aus Abb. 9-12 (die wirksame Sohlnormalspannung σ_1 wird dort mit σ_0 bezeichnet) die Setzung

$$s_{U1} = \frac{\sigma_1 \cdot b \cdot f_K}{E^*} = \frac{299{,}5 \cdot 9{,}00 \cdot 0{,}584}{8100} = 0{,}194 \text{ m}$$

Sie beinhaltet anteilig auch die zur Schichtdicke von 4,60 m – 2,70 m = 1,90 m unter der Fundamentsohle gehörende Setzung, die aber voraussetzungsgemäß die Größe Null hat (als nicht zusammendrückbar betrachteter Mittelsand) und deshalb von s_1 wieder abgezogen werden muss. Ihre Größe ergibt sich mit dem Wert $z/b = 1{,}90/9{,}00 = 0{,}211$ und dem Diagramm von KANY (Abb. 9-12) zu

$$s_{U2} = \frac{\sigma_1 \cdot b \cdot f_K}{E^*} = \frac{299{,}5 \cdot 9{,}00 \cdot 0{,}189}{8100} = 0{,}063 \text{ m}$$

Die Setzung der tatsächlich vorhandenen tonigen Schluffschicht besitzt somit die Größe

$$s_U = s_{U1} - s_{U2} = 0{,}194 - 0{,}063 = 0{,}131 \text{ m} = 13{,}1 \text{ cm}$$

2 Sohlplattensetzung infolge der Zusammendrückung von Mittelsand- und Mittelkiesschicht sowie Vergleich der Setzungsbeiträge

2.1 Setzung der starren Sohlplatte infolge der Zusammendrückung der Mittelsandschicht

Auch für den mittleren Zusammendrückungsmodul der Mittelsandschicht wird auf der Basis von Erfahrungen davon ausgegangen, dass mit dem mittleren Korrekturbeiwert $\kappa = 2/3$ (gültig für Sand und Schluff, vgl. Tabelle 9-1)

$$E^* = \frac{E_s}{\kappa} = \frac{3}{2} \cdot 110000 = 165000 \text{ kN/m}^2$$

angesetzt werden kann. Für die Schichtdicke von 1,90 m unter der Fundamentsohle ergibt sich dann mit dem Wert $z/b = 1{,}90/9{,}00 = 0{,}211$ und dem Diagramm von KANY (Abb. 9-12) die Setzung

$$s_S = \frac{\sigma_1 \cdot b \cdot f_K}{E^*} = \frac{299{,}5 \cdot 9{,}00 \cdot 0{,}189}{165000} = 0{,}0031 \text{ m} = 3{,}1 \text{ mm}$$

2.2 Setzung der starren Sohlplatte infolge der Zusammendrückung der Mittelkiesschicht

Aus Erfahrung wird als mittlerer Zusammendrückungsmodul für die Mittelkiesschicht

$$E^* = E_s = 180000 \text{ kN/m}^2$$

angesetzt.

Mit der Annahme, dass unter der Fundamentsohle eine 15,90 m mächtige Schicht aus Mittelkies ansteht, ergibt sich mit dem Wert $z/b = 15{,}90/9{,}00 = 1{,}93$ und dem Diagramm von KANY aus Abb. 9-12 ($a/b = 1{,}33$) die Setzung

$$s_{G1} = \frac{\sigma_1 \cdot b \cdot f_K}{E^*} = \frac{299{,}5 \cdot 9{,}00 \cdot 0{,}672}{180000} = 0{,}0101 \text{ m} = 10{,}1 \text{ mm}$$

Da s_{G1} anteilig auch die Setzung beinhaltet, die zu Boden gehört, der mit einer Schichtdicke von 14,00 m – 2,70 m = 11,30 m unter der Fundamentsohle ansteht und bei dem es sich nicht um Mittelkies handelt, muss dieser Setzungsanteil von s_{G1} wieder abgezogen werden. Mit dem Wert $z/b = 11{,}30/9{,}00 = 1{,}26$ und dem Diagramm von KANY (Abb. 9-12) ergibt sich seine Größe zu

$$s_{G2} = \frac{\sigma_1 \cdot b \cdot f_K}{E^*} = \frac{299{,}5 \cdot 9{,}00 \cdot 0{,}584}{180000} = 0{,}0087 \text{ m} = 8{,}7 \text{ mm}$$

Damit beträgt die zur tatsächlich vorhandenen, 1,90 m mächtigen Mittelkiesschicht gehörende Setzung

$$s_G = s_{G1} - s_{G2} = 10{,}1 - 8{,}7 = 1{,}4 \text{ mm}$$

2.3 Vergleich der Setzungsbeiträge aus Sand und Kies mit der Setzung aus tonigem Schluff

Der Setzungsbeitrag von Mittelsand- und Mittelkiesschicht ist mit

$$s_{S+G} = s_S + s_G = 0{,}31 + 0{,}14 = 0{,}45 \text{ cm}$$

deutlich kleiner als der zur tonigen Schluffschicht gehörende Wert von $s_U = 13{,}1$ cm. Bezogen auf diesen Wert beträgt die Setzung aus der Mittelsand- und der Mittelkiesschicht nur 3,4 %.

9.10.4 Setzungen unter konstanten kreisförmigen Lasten

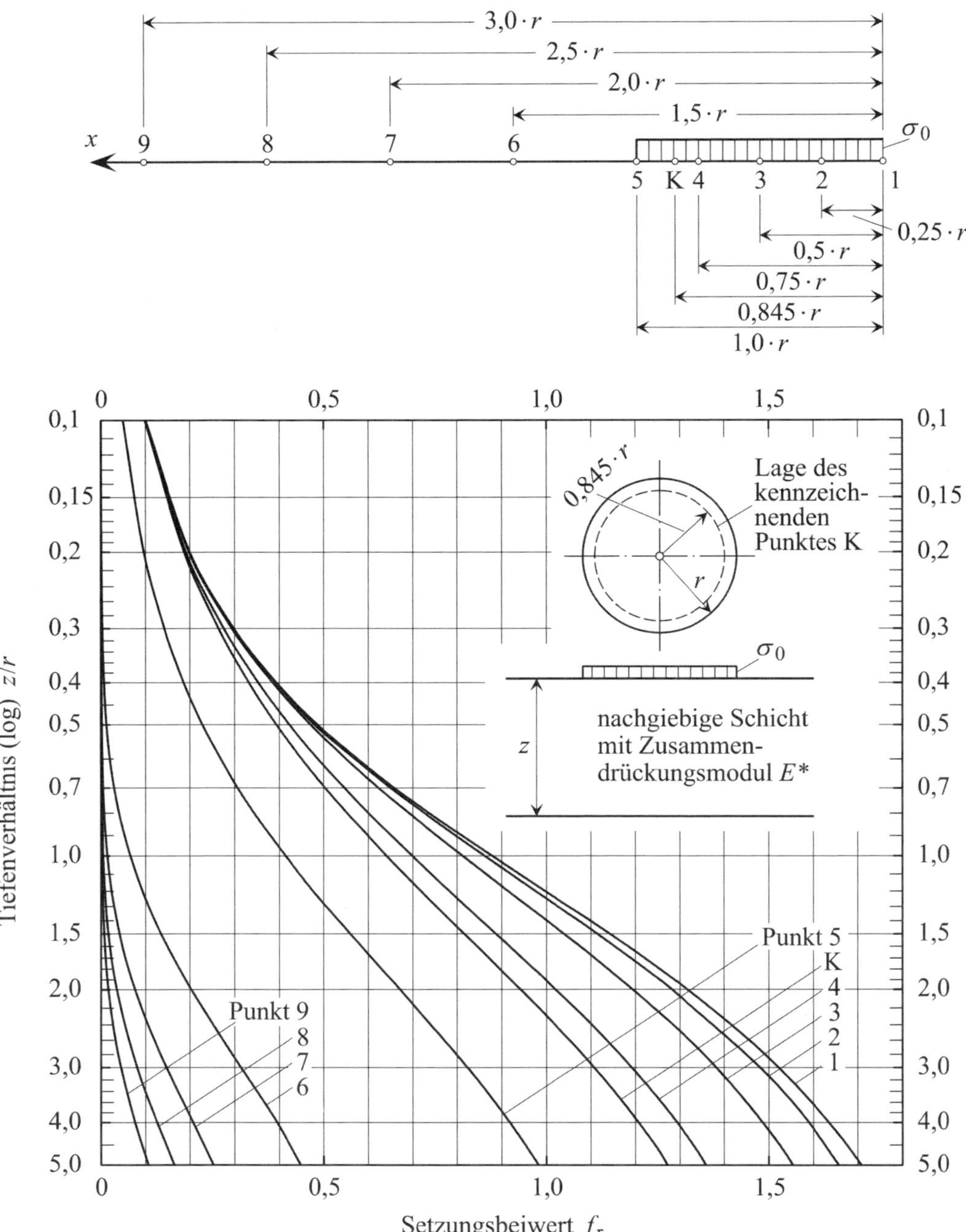

Abb. 9-14 Setzungsbeiwerte f_r für die Setzungspunkte 1 bis 9 und K (kennzeichnender Punkt) innerhalb und außerhalb von kreisförmigen Gleichlasten σ_0 auf einer nachgiebigen Schicht der Dicke z und dem mittleren Zusammendrückungsmodul E^* nach LEONHARDT (aus EVB [L 112])

Setzungen unter kreisförmigen Gleichlasten σ_0, die hervorgerufen werden durch die Zusammendrückung einer unter der Belastung anstehenden Schicht mit der Dicke z und dem mittleren Zusammendrückungsmodul E^*, können für verschiedene Punkte mit

$$s = \frac{\sigma_0 \cdot r \cdot f_r}{E^*} \qquad \text{Gl. 9-28}$$

ermittelt werden. r steht dabei für den Radius der Kreislast und f_r für Setzungsbeiwerte ausgewählter Setzungspunkte (Setzungskreise), die von dem Verhältnis z/r abhängig sind. Die Funktionsverläufe für zehn verschiedene Setzungspunkte (Kreismittelpunkt usw.) können Abb. 9-14 entnommen werden. Da auch der kennzeichnende Punkt ($x = 0{,}845 \cdot r$) behandelt wird, lassen sich Setzungsfälle von schlaffen und starren Gründungskonstruktionen erfassen.

9.10.5 Aufgaben mit Lösungen

Aufgabe 9-3 (Lösung Seite 222)

Zu ermitteln ist die Größe σ'_0 einer konstanten Flächenlast, die auf einem 3 m × 4 m messenden rechteckigen Bereich der Baugrundoberfläche wirkt und für die unter dem Punkt A (Abb. 9-15) die Setzung $s = 8{,}9$ cm ermittelt wurde. Die Setzungsberechnung erfolgte mit Hilfe geschlossener Formeln für einen elastisch-isotropen Halbraum mit der Querdehnzahl $\nu = 0$.

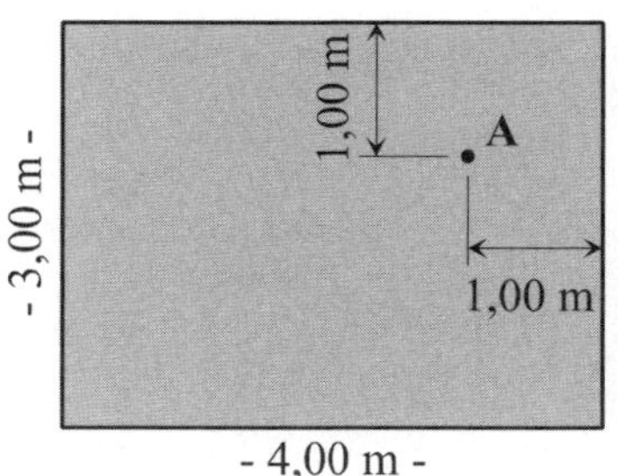

Abb. 9-15 Rechteckige Lastfläche und Setzungspunkt A (Grundrisslage)

Gemäß den Baugrundaufschlüssen ist davon auszugehen, dass die Setzung praktisch ausschließlich zurückzuführen ist auf die Zusammendrückung einer 3 m mächtigen Schicht mit tonigem Schluff, die unmittelbar unter der Lastfläche ansteht und den Steifemodul $E_s = 7\,000$ kN/m² aufweist.

Aufgabe 9-4 (Lösung Seite 222)

Ein schlaffes Fundament, das auf einem 3,00 m × 4,50 m großen rechteckigen Bereich der Baugrundoberfläche eine konstante vertikale Flächenlast $\sigma_0 = 450$ kN/m² erzeugt, weist in Fundamentmitte als Gesamtsetzung die Größe $s = 11{,}0$ cm auf.
Mit Hilfe geschlossener Formeln für den elastisch-isotropen Halbraum (Querdehnzahl $\nu = 0$) ist die Größe des Steifemoduls E_s der direkt unter der Lastfläche anstehenden und 4,50 m tief reichenden Schicht mit tonigem Schluff unter der Voraussetzung zu ermitteln, dass die Setzung allein auf die Zusammendrückung dieser Schicht zurückzuführen ist!

Lösung zu Aufgabe 9-3 (Aufgabenstellung Seite 221)

Für die Festlegung des Zusammendrückungsmoduls (Rechenmoduls) E^* wird auf der Basis von Erfahrungen davon ausgegangen, dass er mit dem mittleren Korrekturbeiwert $\kappa = 2/3$ für Sand und Schluff (Tabelle 9-1) zu

$$E^* = \frac{E_s}{\kappa} = \frac{3 \cdot 7\,000}{2} = 10\,500 \text{ kN/m}^2$$

ermittelt werden darf.

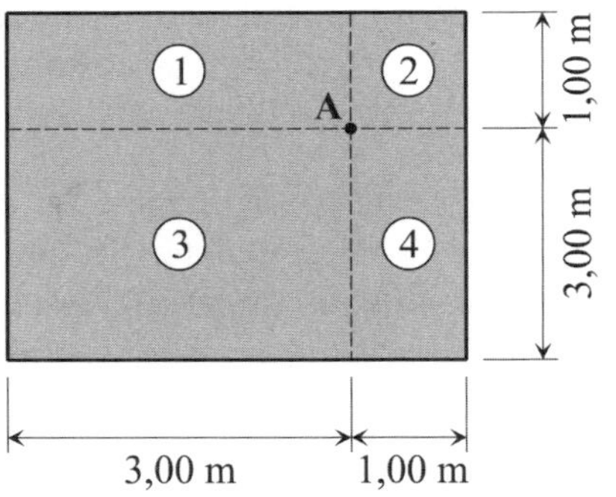

Abb. 9-16 Teilflächen im Grundriss

Die Einteilung der 3 m × 4 m großen rechteckigen Lastfläche in vier Teilflächen gemäß Abb. 9-16 führt, mit dem für die Eckpunkte rechteckförmiger Gleichlasten geltenden Nomogramm aus Abb. 9-8, für diese Teilflächen zu den Beziehungen

Rechteck 1: $\frac{a_1}{b_1} = \frac{3{,}0}{1{,}0} = 3{,}0$ und $\frac{z}{b_1} = \frac{3{,}0}{1{,}0} = 3{,}0 \Rightarrow f_{11} = 0{,}52$

Rechteck 2: $\frac{a_2}{b_2} = \frac{1{,}0}{1{,}0} = 1{,}0$ und $\frac{z}{b_2} = \frac{3{,}0}{1{,}0} = 3{,}0 \Rightarrow f_{12} = 0{,}41$

Rechteck 3: $\frac{a_3}{b_3} = \frac{3{,}0}{2{,}0} = 1{,}5$ und $\frac{z}{b_3} = \frac{3{,}0}{2{,}0} = 1{,}5 \Rightarrow f_{13} = 0{,}32$

Rechteck 4: $\frac{a_4}{b_4} = \frac{2{,}0}{1{,}0} = 2{,}0$ und $\frac{z}{b_4} = \frac{3{,}0}{1{,}0} = 3{,}0 \Rightarrow f_{14} = 0{,}49$

Die Gleichung für die Setzung lautet damit (Gl. 9-23)

$$s = \frac{\sigma'_0 \cdot (f_{11} \cdot b_1 + f_{12} \cdot b_2 + f_{13} \cdot b_3 + f_{14} \cdot b_4)}{E^*}$$

$$= \frac{\sigma'_0 \cdot (0{,}52 \cdot 1{,}0 + 0{,}41 \cdot 1{,}0 + 0{,}32 \cdot 2{,}0 + 0{,}49 \cdot 1{,}0)}{10500} = \frac{\sigma'_0 \cdot 2{,}06}{10500} = 0{,}089 \text{ m}$$

Ihre Auflösung nach der gesuchten Lastgröße σ'_0 liefert

$$\sigma'_0 = \frac{0{,}089 \cdot 10500}{2{,}06} = 453{,}6 \text{ kN/m}^2$$

Lösung zu Aufgabe 9-4 (Aufgabenstellung Seite 221)

Aus der Einteilung der 3,00 m × 4,50 m großen rechteckigen Lastfläche in je vier gleiche Teilflächen der Größe 1,50 m × 2,25 m ergibt sich für jede der Teilflächen das Verhältnis der Teilflächenseiten

$$\frac{a}{b} = \frac{2{,}25}{1{,}50} = 1{,}5$$

sowie das Tiefenverhältnis

$$\frac{z}{b} = \frac{4{,}50}{1{,}50} = 3{,}0$$

Mit dem für die Eckpunkte rechteckförmiger Gleichlasten geltenden Nomogramm von KANY (Abb. 9-8) ergibt sich damit der Beiwert $f_1 = 0{,}46$, der zu dem für die Setzungsermittlung geltenden Ausdruck (Gl. 9-23)

$$s = 4 \cdot \frac{\sigma'_0 \cdot b \cdot f_1}{E^*} = 4 \cdot \frac{450 \cdot 1{,}5 \cdot 0{,}46}{E^*} = \frac{1\,242}{E^*} = 0{,}11 \text{ m}$$

führt. Seine Auflösung nach dem mittleren Zusammendrückungsmodul liefert

$$E^* = \frac{1242}{0{,}11} = 11290 \text{ kN/m}^2$$

Darf davon ausgegangen werden (Erfahrung), dass für die Beziehung zwischen dem Zusammendrückungsmodul E^* und dem gesuchten Steifemodul die Gl. 9-20 verwendet werden kann, ergibt sich mit dem für Sand und Schluff geltenden mittleren Korrekturbeiwert $\kappa = 2/3$ (Tabelle 9-1) der gesuchte Steifemodulwert zu

$$E_s = E^* \cdot \kappa = 11290 \cdot \frac{2}{3} = 7\,530 \text{ kN/m}^2$$

9.11 Gleichungen zur Verdrehungsermittlung nach DIN 4019

9.11.1 Allgemeines

Die DIN 4019-2 behandelt u. a. den Fall rechteckiger (im Sonderfall quadratischer) starrer Gründungskörper auf dem linear-elastisch isotropen Halbraum. Diese Körper sind durch exzentrisch angreifende Vertikallastresultierende F so belastet, dass keine Klaffung der Sohlfuge auftritt. Für die Ermittlung der Gesamtsetzung ihrer Eck- oder Randpunkte ist die Gleichung

$$s = s_m \pm s_x \pm s_y \qquad \text{Gl. 9-29}$$

zu verwenden.

Der zur zentrischen Last gehörende Setzungsanteil s_m (Abb. 9-17) berechnet sich mit der mittleren Normalspannung

$$\sigma_0 = \frac{F}{A_S} \qquad \text{Gl. 9-30}$$

in der Sohlfuge (Sohlfläche A_S), dem mittleren Zusammendrückungsmodul (Rechenmodul) E^* des Baugrundes und dem Setzungsbeiwert f nach DIN 4019, 10.2.2 gemäß

$$s_m = \frac{\sigma_0 \cdot b \cdot f}{E^*} \qquad \text{Gl. 9-31}$$

(vgl. Gl. 9-21)

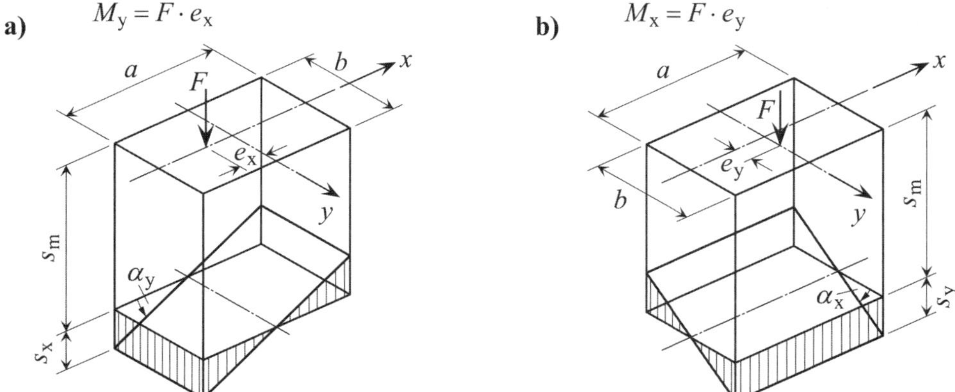

Abb. 9-17 Setzungen und Verkantungen eines rechteckigen starren Gründungskörpers (nach [L 17] bei einer
a) in Richtung der längeren Seite ausmittigen lotrechten Last
b) in Richtung der kürzeren Seite ausmittigen lotrechten Last

Mit den Bezeichnungen aus Abb. 9-17 erfassen die beiden übrigen Setzungsanteile den Einfluss des Moments $M_y = F \cdot e_x$ um die y-Achse (Verdrehung der Gründungsfläche um den Winkel α_y) durch

$$s_x = \tan\alpha_y \cdot \frac{a}{2} = \frac{M_y \cdot f_x}{b^3 \cdot E^*} \cdot \frac{a}{2} \qquad a \geq b \qquad \text{Gl. 9-32}$$

und den Einfluss des Moments $M_x = F \cdot e_y$ um die x-Achse (Verdrehung der Gründungsfläche um den Winkel α_x) durch

$$s_y = \tan\alpha_x \cdot \frac{b}{2} = \frac{M_x \cdot f_y}{b^3 \cdot E^*} \cdot \frac{b}{2} \qquad \text{Gl. 9-33}$$

Die in Gl. 9-32 und Gl. 9-33 verwendeten Größen f_x und f_y sind aus Tafeln entnehmbare Verdrehungsbeiwerte für elliptische oder rechteckige Gründungsflächen.

Hinweis: In der Literatur und auch in DIN EN 1997-1 bzw. DIN 1054 wird oftmals statt des Begriffs „Verdrehung" der Begriff „Verkantung" verwendet.

Die Berechnungsverfahren in DIN 4019 basieren auf dem Vorhandensein eines elastischen, isotropen und homogenen Halbraums. In Fällen geschichteter Böden sind nach der Norm die Größen $\tan\alpha_y$ und $\tan\alpha_x$ aus Gl. 9-32 und Gl. 9-33 durch

$$\tan\alpha_y = \frac{M_y}{b^3} \cdot \left(\frac{f_{x,i}}{E^*_1} + \sum_{i=2}^{n} \frac{f_{x,i} - f_{x,i-1}}{E^*_i} \right) \qquad a \geq b \qquad \text{Gl. 9-34}$$

und

$$\tan\alpha_x = \frac{M_x}{b^3} \cdot \left(\frac{f_{y,i}}{E^*_1} + \sum_{i=2}^{n} \frac{f_{y,i} - f_{y,i-1}}{E^*_i} \right) \qquad \text{Gl. 9-35}$$

zu ersetzen. In Analogie zu Abschnitt 9.10.1 stehen in Gl. 9-34 und Gl. 9-35 n für die Anzahl der zu erfassenden Schichten, i für die jeweilige Schichtennummer (zu beginnen ist mit der obersten Schicht), $f_{x,i}$ bzw. $f_{y,i}$ für den bis zur Tiefe der Unterkante der i-ten Schicht geltende Setzungsbeiwert und E^*_i für den für die i-te Schicht anzusetzenden Zusammendrückungsmodul (Rechenmodul).

Die im Weiteren angegebenen Verfahren beruhen auf Formeln, mit denen sich Setzungen bzw. Verdrehungen mittels geschlossener Lösungen auf der Oberfläche des Halbraums oder der einer Schicht mit endlicher Dicke berechnen lassen.

Hinzuweisen ist noch auf [L 18], Tabelle 3. In ihr sind mehrere Literaturverweise zusammengestellt, die Tafeln und Tabellen zur Berechnung der Setzungen und Verkantungen von starren oder schlaffen Gründungskörpern unter ausmittigen lotrechten Lasten und unter lotrechten Dreieckslasten bei konstantem Steifemodul betreffen. Die dazugehörigen Lastflächen sind Rechtecke, Streifen, Kreise und Ellipsen.

9.11.2 Setzungen bzw. Verdrehungen rechteckiger Fundamente

Zu von KANY hergeleitete Tabellen bzw. Nomogramme für die Ermittlung von Verdrehungsbeiwerten ist auf [L 121] zu verweisen. Danach ist z. B. der Setzungsanteil s_x mit

$$s_x = \frac{2 \cdot M_y \cdot f_{sx}}{a^2 \cdot E^*} = \frac{2 \cdot F \cdot e_x \cdot f_{sx}}{a^2 \cdot E^*} \qquad \text{Gl. 9-36}$$

zu berechnen (von **KANY** wird in [L 121] statt der Bezeichnung f_{sx} die Bezeichnung $f_{s.A}$ verwendet). Da diese Größe mit dem Setzungsanteil s_x aus Gl. 9-32 identisch ist (Abb. 9-17 a), die Identität auch für die Größen M_y sowie a, b und E^* gilt, liefern die beiden Gleichungen die Beziehung

$$f_x = \frac{4 \cdot b^3}{a^3} \cdot f_{sx} \qquad \text{Gl. 9-37}$$

für die in ihnen verwendeten Setzungsbeiwerte. Funktionsverläufe des Setzungsbeiwerts f_{sx} zur Berechnung der Verkantung $\pm s_x$ sind in Abb. 9-18 dargestellt.

Unter Bezugnahme auf Gl. 9-32 ergibt sich für den Tangens des Verdrehungswinkels α_y

$$\tan \alpha_y = \frac{2 \cdot s_x}{a} = \frac{4 \cdot M_y \cdot f_{sx}}{a^3 \cdot E^*} = \frac{4 \cdot F \cdot e_x \cdot f_{sx}}{a^3 \cdot E^*} \qquad \text{Gl. 9-38}$$

und damit für den Verdrehungswinkel selbst

$$\alpha_x = \arctan\left(\frac{4 \cdot F \cdot e_y \cdot f_{sy}}{b^3 \cdot E^*}\right) \qquad \text{Gl. 9-39}$$

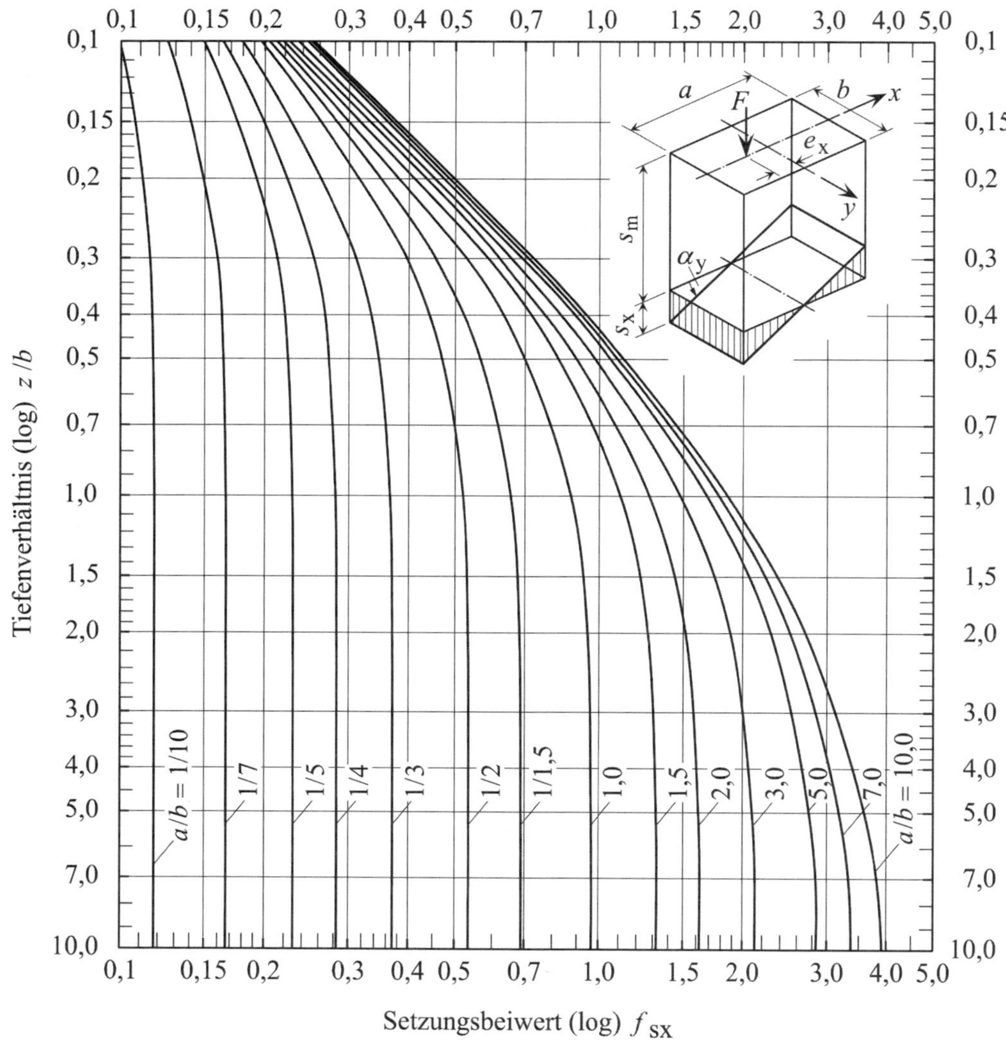

Abb. 9-18 Für Querdehnzahl $\nu = 0$ geltende Funktionsverläufe des Setzungsbeiwerts f_{sx} zur Berechnung der Verkantung $\pm s_x$ bei in x-Richtung ausmittiger Belastung starrer rechteckiger Fundamente (nach KANY [L 121])

Entsprechende Beziehungen gelten auch für den Setzungsanteil s_y, der sich nach [L 121] mit

$$s_y = \frac{2 \cdot M_x \cdot f_{sy}}{a \cdot b \cdot E^*} = \frac{2 \cdot F \cdot e_y \cdot f_{sy}}{a \cdot b \cdot E^*} \qquad \text{Gl. 9-40}$$

berechnen lässt (KANY verwendet in [L 121] statt der Bezeichnung f_{sy} die Bezeichnung $f_{s.B}$). Da diese Größe mit dem Setzungsanteil s_y aus Gl. 9-33 identisch ist (Abb. 9-17 b), die Identität auch für die Größen M_y sowie a, b und E^* gilt, liefern die beiden Gleichungen die Beziehung

$$f_y = \frac{4 \cdot b}{a} \cdot f_{sy} \qquad \text{Gl. 9-41}$$

für die in ihnen verwendeten Setzungsbeiwerte. Funktionsverläufe des Setzungsbeiwerts f_{sy} zur Berechnung der Verkantung $\pm s_y$ sind in Abb. 9-18 dargestellt.

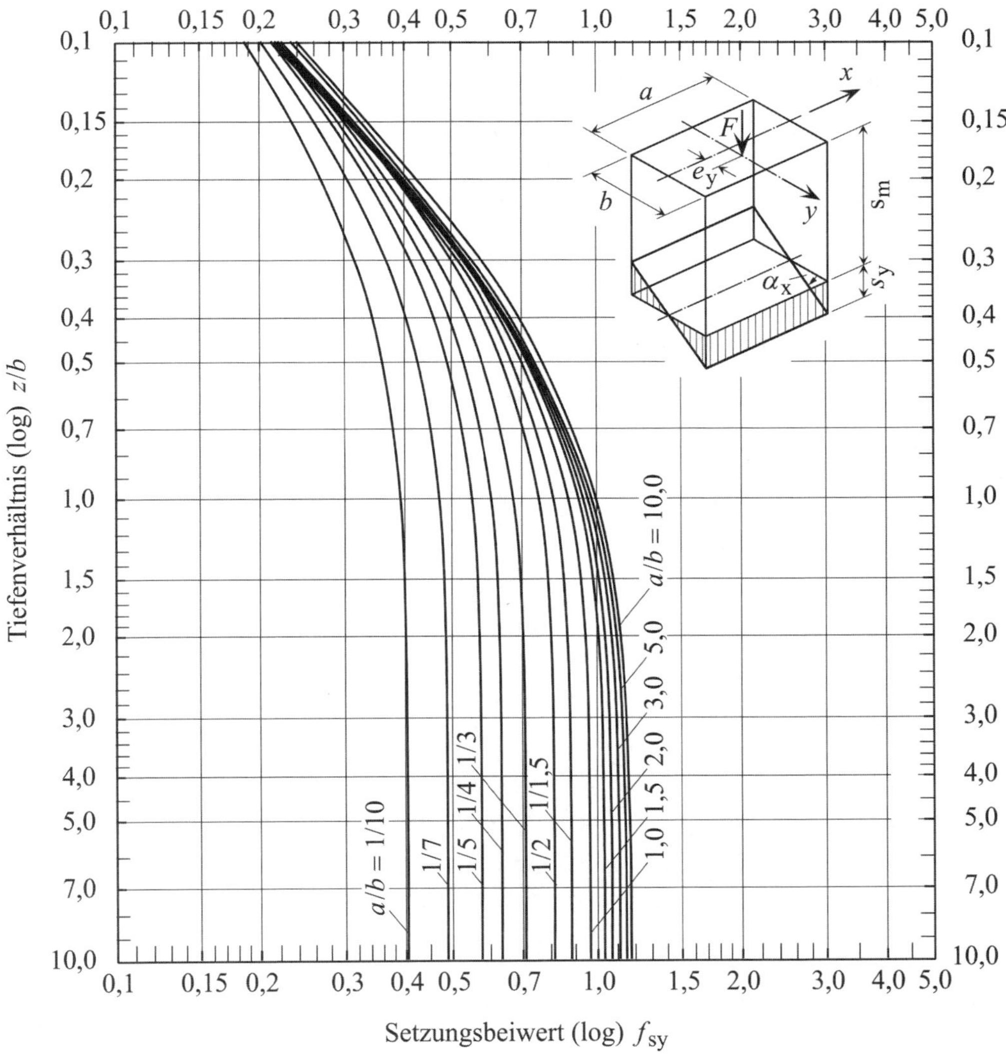

Abb. 9-19 Für Querdehnzahl $\nu = 0$ geltende Funktionsverläufe des Setzungsbeiwerts f_{sy} zur Berechnung der Verkantung $\pm s_y$ bei in y-Richtung ausmittiger Belastung starrer rechteckiger Fundamente (nach KANY [L 121])

Unter Bezugnahme auf Gl. 9-33 ergibt sich für den Tangens des Verdrehungswinkels α_x

$$\tan\alpha_x = \frac{2 \cdot s_y}{b} = \frac{4 \cdot M_x \cdot f_{sy}}{b^3 \cdot E^*} = \frac{4 \cdot F \cdot e_y \cdot f_{sy}}{b^3 \cdot E^*} \qquad \text{Gl. 9-42}$$

und damit für den Verdrehungswinkel selbst

$$\alpha_x = \arctan\left(\frac{4 \cdot F \cdot e_y \cdot f_{sy}}{b^3 \cdot E^*}\right)$$ Gl. 9-43

9.11.3 Verdrehungen starrer Streifenfundamente

In [L 17] wird auch die Verkantung starrer Streifenfundamente auf einem linear-elastisch isotropen Halbraum behandelt. Für Schichtdicken $t_s \geq 2 \cdot b$ (Abb. 9-20) wird für den Fall der Querdehnzahl $\nu = 0{,}5$ und der Belastungsexzentrizität $e \leq b/4$ die Gleichung

$$\tan\alpha = \frac{m_x}{b^2 \cdot E^*} \cdot f_b = \frac{m_x}{b^2 \cdot E^*} \cdot \frac{12}{\pi}$$ Gl. 9-44

zur Ermittlung der Drehung α angegeben.

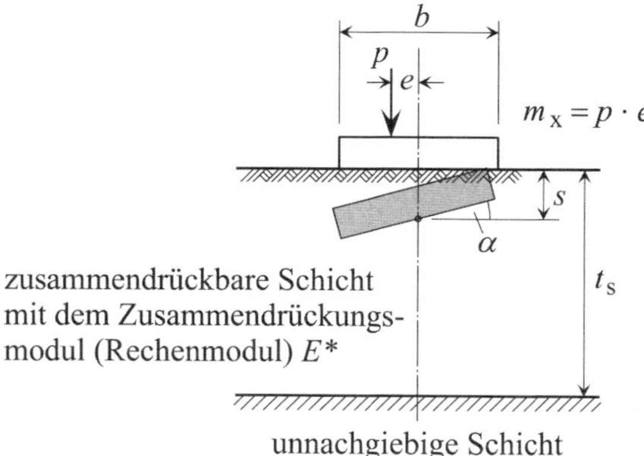

Abb. 9-20 Setzung und Verkantung (Drehung um den Winkel α) eines starren Streifenfundaments

Gl. 9-44 stellt einen Sonderfall der von MATL in [L 122] vorgestellten Lösung dar. Diese gilt für beliebige Werte der Querdehnzahl ν und betrifft sowohl die Setzung s als auch die Drehung α. Für die Berechnung der Drehung α ist nach MATL statt des in Gl. 9-44 verwendeten Setzungsbeiwerts f_b die Größe

$$f_\alpha = \frac{16 \cdot (1-\nu^2)}{\pi} \cdot \sqrt{1-\tan^2\beta} \cdot \left[1 - \frac{1}{2 \cdot (1-\nu)} \cdot \sin^2\beta\right]$$ Gl. 9-45

zu verwenden. Darin steht β für

$$\beta = \frac{1}{2} \cdot \arctan\frac{b}{d_s}$$ Gl. 9-46

Mit dem Setzungsbeiwert f_α berechnet sich die Drehung α mittels

$$\alpha = \arctan\left(\frac{m_x}{b^2 \cdot E_m} \cdot f_\alpha\right)$$ Gl. 9-47

Anwendungsbeispiel

Gegeben ist ein starres Streifenfundament der Breite $b = 2$ m (Abb. 9-21), das durch eine parallel zu seiner Längsachse wirkende Linienlast p mit der Exzentrizität $e = 20$ cm belastet wird und auf einer $z = 4$ m dicken Schicht aus einfach verdichtetem schluffigem Ton (Querdehnzahl $\nu = 0{,}5$ und mittlerer Steifemodul $E_s = 7\,500$ kN/m²) gegründet ist.

Zu ermitteln ist die zulässige Größe der Linienlast p (in kN/lfdm) für den Fall, dass der Winkel der Schiefstellung den Wert $\alpha = 0{,}4°$ nicht überschreiten darf.

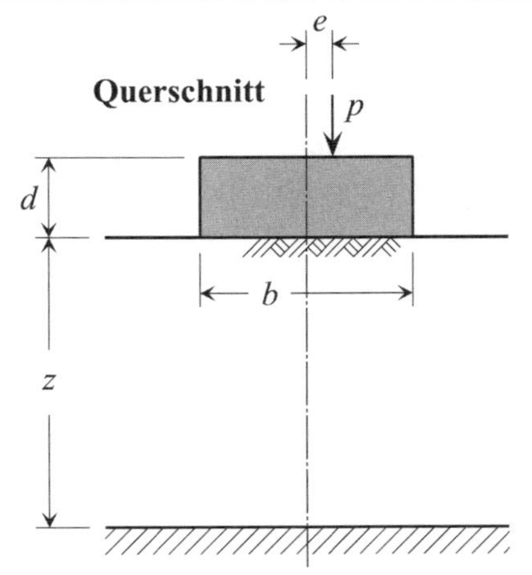

Abb. 9-21 Streifenfundament

Lösung

Aus den für starre Streifenfundamente geltenden Gleichungen von MATL ergibt sich für die Längen $z = 4{,}0$ m und $b = 2{,}0$ m die Größe (Gl. 9-46)

$$\beta = \frac{1}{2} \cdot \arctan \frac{b}{z} = \frac{1}{2} \cdot \arctan \frac{2{,}0}{4{,}0} = 13{,}283°$$

und damit der für $\nu = 0{,}5$ geltende Setzungsbeiwert (Gl. 9-45)

$$f_\alpha = \frac{16 \cdot (1-\nu^2)}{\pi} \cdot \sqrt{1-\tan^2\beta} \cdot \left[1 - \frac{1}{2 \cdot (1-\nu)} \cdot \sin^2\beta\right]$$

$$= \frac{16 \cdot (1-0{,}5^2)}{\pi} \cdot \sqrt{1-\tan^2 13{,}283°} \cdot \left[1 - \frac{1}{2 \cdot (1-0{,}5)} \cdot \sin^2 13{,}283°\right] = 3{,}516$$

Wird davon ausgegangen, dass auf der Basis von Erfahrungswerten die Gültigkeit der Gl. 9-19 angenommen werden kann, führt dies zu

$$E^* = E_s$$

und durch Umstellung der Gl. 9-47 zu dem zulässigen Moment

$$\text{zul}\,m = \frac{b^2 \cdot E_s \cdot \tan\alpha}{f_\alpha} = \frac{2{,}0^2 \cdot 7\,500 \cdot \tan 0{,}4°}{3{,}516} = 59{,}57 \text{ kN} \cdot \text{m/lfdm}$$

und damit die gesuchte zulässige Linienlast

$$\text{zul}\,p = \frac{m}{e} = \frac{59{,}57}{0{,}2} = 297{,}8 \text{ kN/lfdm}$$

9.11.4 Aufgabe mit Lösung

Aufgabe 9-5

Zu betrachten ist das in Abb. 9-22 gezeigte starre Rechteckfundament, das durch die Vertikallast $V = 600$ kN und das Moment $M_y = 50$ kN·m belastet wird und das auf einer $z = 4{,}0$ m dicken Schicht aus schluffigem Ton (Querdehnzahl $\nu = 0$ und mittlerer Zusammendrückungsmodul $E_m = 8\,500$ kN/m²) gegründet ist.

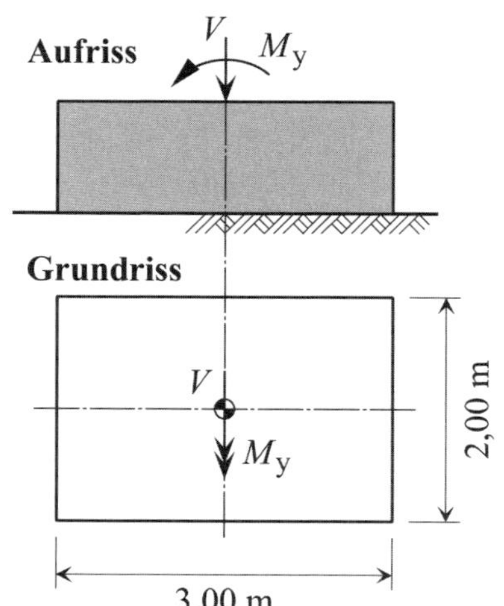

Abb. 9-22 Rechteckiges Fundament mit Belastung im Auf- und Grundriss

Mit Hilfe geschlossener Formeln sind die Größe s der Setzung des Fundamentmittelpunkts, die Größe des Drehwinkels α_y (in Altgrad) des Fundaments sowie die Setzungsgrößen s_l und s_r am linken und rechten Fundamentrand zu ermitteln, die sich unter der angegebenen Belastung einstellen.

Lösung zu Aufgabe 9-5

Wird vorausgesetzt, dass durch die Belastung des Fundaments kein Klaffen in der Sohlfuge auftritt, lässt dich die gesuchte Gesamtsetzung in die Anteile „reine Vertikalverschiebung" und „reine Drehung" aufteilen, die getrennt voneinander berechnet werden können. Die reine Vertikalverschiebung ist dabei allein auf die Wirkung der zentrischen Belastung V und die reine Drehung ausschließlich auf die Wirkung des Moments M_y zurückzuführen. Die Setzungen des linken und rechten Fundamentrandes ergeben sich aus der Superposition von Vertikalverschiebung und Drehung.

Da das Fundament als starr betrachtet werden kann, führt die reine Vertikalverschiebung zu der im gesamten Bereich der Sohlfläche gleich großen Setzung s. Sie gilt somit auch für den charakteristischen Punkt der Rechteckfläche und kann mit Hilfe des Nomogramms von KANY aus Abb. 9-12 berechnet werden, das im vorliegenden Fall für die gleichmäßig verteilte Last

$$\sigma_0 = \frac{V}{a \cdot b} = \frac{600}{3{,}00 \cdot 2{,}00} = 100 \text{ kN/m}^2$$

auszuwerten ist. Mit den Längenverhältnissen

$$\frac{a}{b} = \frac{3{,}00}{2{,}00} = 1{,}5 \quad \text{und} \quad \frac{z}{b} = \frac{4{,}00}{2{,}00} = 2{,}0$$

ergibt sich aus dem Nomogramm der Beiwert

$f_K = 0{,}71$

mit dem sich die Setzung infolge der vertikalen Starrkörperbewegung zu

$$s = \frac{\sigma_0 \cdot b \cdot f_K}{E_m} = \frac{100 \cdot 2{,}0 \cdot 0{,}71}{8\,500} = 0{,}0167 \text{ m} = 1{,}67 \text{ cm}$$

berechnet.

Die Starrkörperdrehung des Fundaments um den Winkel α_y lässt sich mit Hilfe des Diagramms von KANY aus Abb. 9-18 berechnen. Mit den Längenverhältnissen

$$\frac{a}{b} = \frac{3{,}0}{2{,}0} = 1{,}5 \quad \text{und} \quad \frac{z}{b} = \frac{4{,}0}{2{,}0} = 2{,}0$$

liefert das Nomogramm durch Ablesung die Größe

$f_{sx} = 1{,}28$

und damit die Setzungsgrößen an den Fundamenträndern

$$s_{x;l,r} = \pm \frac{2 \cdot M_y \cdot f_{sx}}{a^2 \cdot E_m} = \pm \frac{2 \cdot 50 \cdot 1{,}28}{3{,}0^2 \cdot 8\,500} = \pm 0{,}00167 \text{ m} = \pm 0{,}17 \text{ cm}$$

sowie den Drehwinkel des Fundaments

$$\alpha_y = \arctan \frac{2 \cdot s_x}{a} = \arctan \frac{2 \cdot 0{,}0017}{3{,}0} = 0{,}064°$$

Da für die ermittelten Setzungsgrößen

$s_x = 0{,}17 \text{ cm} < s = 1{,}67 \text{ cm}$

gilt, erweist sich die zu Beginn getroffene Annahme einer nicht klaffenden Sohlfläche im Nachhinein als richtig.

Die Setzungsgrößen s_l und s_r am linken und rechten Fundamentrand berechnen sich zu

$s_l = s + s_{x;l} = 1{,}67 + 0{,}17 = 1{,}84 \text{ cm}$

$s_r = s + s_{x;r} = 1{,}67 - 0{,}17 = 1{,}50 \text{ cm}$

9.12 Indirekte Setzungsberechnung nach DIN 4019

Die indirekte Setzungsberechnung ist grundsätzlich zur Ermittlung der Setzung eines homogenen Bodens wie auch eines geschichteten Baugrunds geeignet. Angewendet wird sie insbesondere bei Baugrund mit Schichtung oder nicht konstantem Zusammendrückungsmodul E^*. Diese Berechnung basiert auf den explizit zu ermittelnden Spannungen in den einzelnen Schichten und dem dort jeweils geltenden Modul E^* und führt letztendlich zur Integration der zu den entsprechenden Spannungen und Modulen gehörenden Dehnungen in vertikaler Richtung.

9.12.1 Ablauf der Setzungsermittlung

Zur Ermittlung der Setzungen sind im Labor zuerst Kompressionsversuche mit dem vor Ort entnommenen Probenmaterial der verschiedenen Bodenschichten durchzuführen. Sie liefern die Druck-Zusammendrückungs-Diagramme der einzelnen Bodenschichten (Abb. 9-23) und die zu den jeweiligen Spannungszuständen gehörenden Steifemodule E_s.

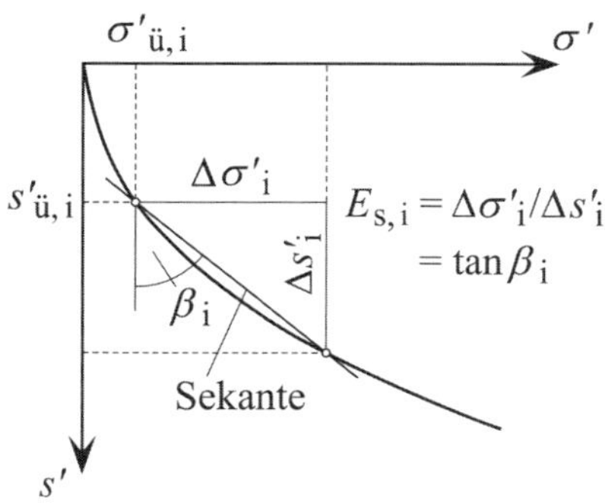

Abb. 9-23 Druck-Zusammendrückungs-Kurve mit Sekantenmodul $E_{s,i}$ der i-ten Schicht (Definition ohne Berücksichtigung von $s'_{ü,i}$)

Die Gleichung für den Steifemodul $E_{s,i}$ der i-ten Schicht aus Abb. 9-23 ergibt sich aus Gl. 5-79, wenn $s'_{ü,i} = 0$ (in Gl. 5-79 mit $s'_1 = 0$ bezeichnet) gesetzt wird. Diese Nullsetzung ist darauf zurückzuführen, dass die Setzung $s_{ü,i}$ in aller Regel als abgeklungen betrachtet werden kann.

Zur Berechnung der gesuchten Setzung wird

1. der zusammendrückbare Boden im Grenztiefenbereich in $i = 1, ..., n$ Schichten bzw. Teilschichten der Höhe Δh_i unterteilt (Teilschichten werden z. B. bei über die Tiefe sich veränderndem Steifemodul gewählt, für jede dieser Teilschichten ist dann ein über die ganze Teilschichthöhe konstanter Steifemodulwert festzulegen).
2. für jede der n Teilschichten bzw. Schichten in ihrer Mitte
   - die effektive vertikale Überlagerungsspannung $\sigma'_{ü,i}$ vor Beginn der Baumaßnahme,
   - die effektive Vertikalspannungserhöhung $\Delta\sigma'_i$ infolge der Baumaßnahme,
   - der Steifemodul $E_{s,i}$ (zu $\sigma'_{ü,i}$ und $\Delta\sigma'_i$ gehörender Sekantenmodul des im Labor gewonnenen Druck-Zusammendrückungs-Diagramms der Teilschicht, vgl. z. B. Abb. 9-23)

   ermittelt.
3. aus dem jeweiligen Steifemodul $E_{s,i}$ (zu $\sigma'_{ü,i}$ und $\Delta\sigma'_i$ gehörender Sekantenmodul der im Labor gewonnenen Druck-Zusammendrückungs-Kurve der i-ten Teilschicht bzw. Schicht; Abb. 9-23) der Zusammendrückungsmodul (Rechenmodul) E^*_i abgeleitet (siehe Abschnitt 9.9).
4. die Zusammendrückung jeder der n Teilschichten bzw. Schichten berechnet durch

$$\Delta s_i = \frac{\Delta\sigma'_i}{E^*_i} \cdot \Delta h_i \qquad \text{Gl. 9-48}$$

5. die gesuchte Gesamtsetzung bestimmt durch (Addition aller Teilsetzungen).

$$s_i = \sum_{i=1}^{n} \Delta s_i = \sum_{i=1}^{n} \frac{\Delta\sigma'_i}{E^*_i} \cdot \Delta h_i \qquad \text{Gl. 9-49}$$

Hinsichtlich der Ermittlung von Setzungen und Verdrehungen infolge lotrechter Baugrundspannungen sei hier auf [L 17] und MÖLLER [L 126], Abschnitt 9.13.3 verwiesen.

Anwendungsbeispiel

Abb. 9-24 zeigt das Beispiel einer Setzungsberechnung aus DIN 4019-1. Es ist ein Sonderfall mit einer einheitlichen Schicht, deren Drucksetzungslinie in d) und e) zu sehen ist.

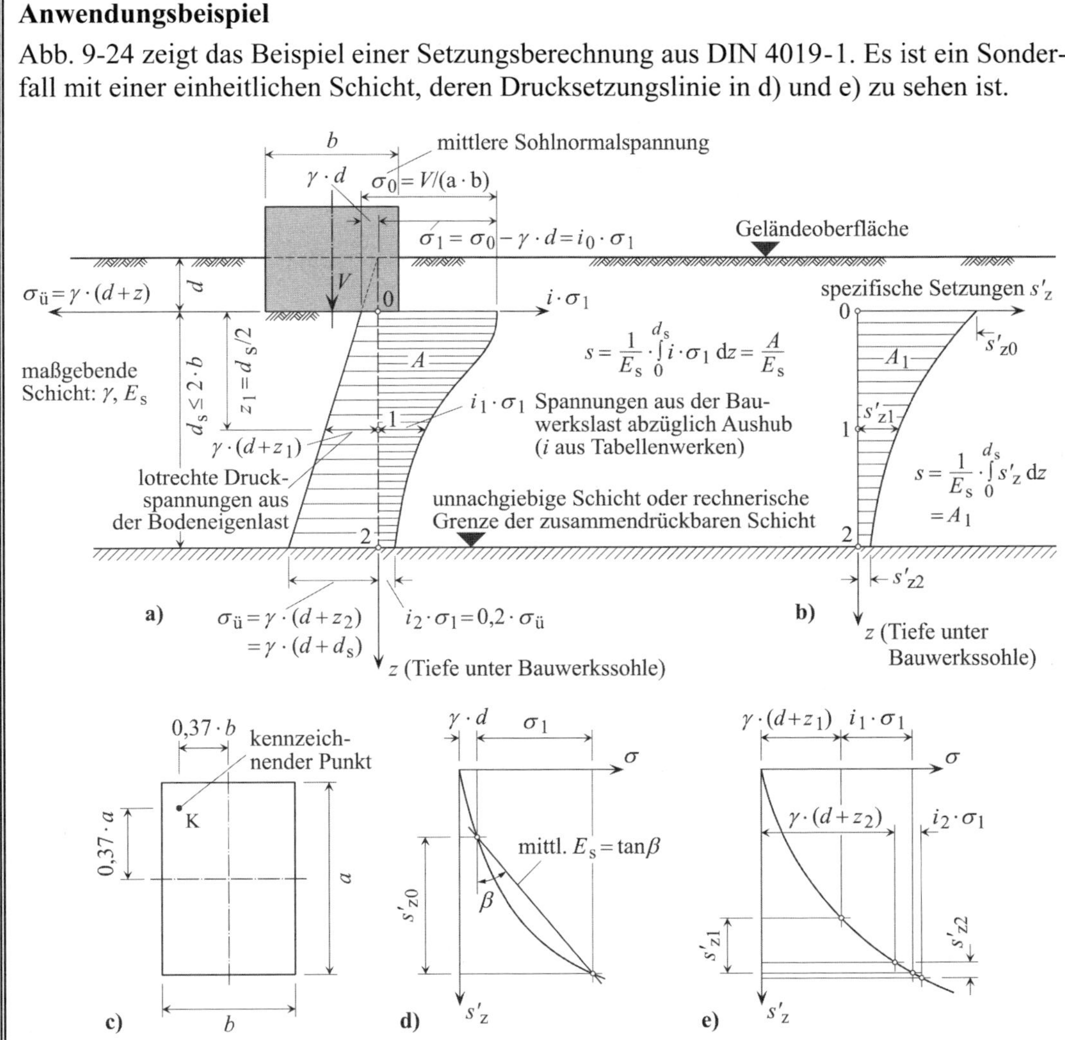

Abb. 9-24 Indirekte Setzungsberechnung für einheitliche Schicht nach [L 16]
a) Druckverteilung im Baugrund aus Bodeneigenlast und Bauwerkslast
b) Verteilung der spezifischen Setzungen aus a) und e)
c) Lage des kennzeichnenden Punkts
d) Drucksetzungslinie mit Bestimmung des mittleren Steifemoduls
e) Drucksetzungslinie mit Ermittlung der spezifischen Setzungen für Punkte 1 und 2

Die Gl. 9-49 geht in den Ausdruck von s aus Abb. 9-24 a) über, wenn Δh_i zu dz gesetzt wird und ein für die gesamte Schichtdicke einheitlicher Steifemodul E_s gewählt werden kann. Wegen der sehr großen Schichtdicke und der sich über sie sehr stark verändernden

Werte von $\sigma'_{ü}$ und $\Delta\sigma'_{i}$ wird als Steifemodul nicht der Sekantenmodul in Schichtmitte, sondern der an der Schichtoberkante gewählt. Die Zweckmäßigkeit dieses Ansatzes wird klar, wenn berücksichtigt wird, dass bei zunehmend tiefer liegenden Schichten sich die $\sigma'_{ü}$-Größen zwar erhöhen (vergrößernde Wirkung), dieser Effekt aber mit sich reduzierenden Werten für $\Delta\sigma'_{i}$ einhergeht (verkleinernde Wirkung). Die gesuchte Setzung s im kennzeichnenden Punkt ergibt sich dann als der durch E_{s} dividierte Inhalt A der Spannungsfläche.

Der „Ersatz" von Δh_{i} durch dz führt auch dazu, dass die Summation von Gl. 9-49 in die Integration des Ausdrucks für s in Abb. 9-24 b) übergeht. Die gesuchte Setzung im kennzeichnenden Punkt ergibt sich in diesem Fall als Inhalt A_{1} der spezifischen Setzungsfläche.

Die Größen A bzw. A_{1} können auch in sehr einfacher Weise mit Hilfe der KEPLER'schen Fassformel gewonnen werden.

Es bleibt noch der Hinweis, dass die mit der Gleichung für s in Abb. 9-24 berechneten Setzungen noch zu modifizieren sind, wenn Erfahrungen dies nahelegen (vgl. Abschnitt 9.9.2). Legen es Erfahrungen nahe, könnte der berechnete Wert s z. B. noch mit κ multipliziert werden.

9.12.2 Aufgabe mit Lösung

Aufgabe 9-6

Betrachtet wird der Mittelpunkt A einer konstanten Rechtecklast, die einen horizontal geschichteten Baugrund belastet, welcher in der Tiefe von 2 m bis 5 m eine Schicht mit tonigem Schluff aufweist.

Es ist zu begründen, warum der zur Rechtecklast gehörende Beitrag, den die Schicht aus tonigem Schluff zur Setzung unter dem Punkt A liefert, über die Schichttiefe abnimmt.

Lösung zu Aufgabe 9-6

Der Beitrag, den die Schicht aus tonigem Schluff zur Setzung unter dem Punkt A liefert, nimmt über ihre Tiefe ab, da

1. die durch die Rechtecklast hervorgerufenen vertikalen Spannungen, wegen der Querverteilung der Last, über die Tiefe kleiner werden,
2. sich die Vorbelastung aus der Bodeneigenlast mit zunehmender Tiefe vergrößert, was, wegen der nichtlinearen Drucksetzungslinie des tonigen Schluffs, selbst dann zu kleiner werdenden spezifischen Setzungen führen würde, wenn die vertikalen Spannungen infolge der Rechtecklast ihre Größe über die Tiefe beibehielten.

9.13 Setzungen infolge horizontaler Belastungen

Nach DIN 4019, 11 durch horizontale Belastungen hervorgerufene Setzungen können vernachlässigt werden, da sie vor allem mit Verdrehungen der Gründungskörper einhergehen, deren Größe gegenüber den Gründungskörperverdrehungen infolge vertikaler exzentrisch einwirkender Lastkomponenten klein ist.

Für die weiteren Ausführungen gilt, dass die Grenztiefen (Setzungseinflusstiefe) für die Setzungsberechnungen infolge horizontaler Belastungen gemäß Abschnitt 9.7 bzw. DIN 4019, 9 ermittelt werden.

9.13.1 Ansatz waagerechter Lasten und Sohlspannungen

Die für die Setzungsberechnungen maßgebenden waagerechten Lasten, die in der Sohle wirksam sind, dürfen nach [L 17], 3 nicht größer angesetzt werden als das Produkt

$$V \cdot \tan \delta_S \qquad \text{Gl. 9-50}$$

aus lotrechter Last V und Reibungswinkel δ_S in der Gründungssohle. Da diese waagerechten Lasten in der Regel nur sehr kleine Setzungen hervorrufen, kann dieser Anteil meist vernachlässigt werden.

Hinsichtlich der Sohldruckverteilung wird zwischen der Setzungsberechnung mit Hilfe geschlossener Formeln und der Setzungsberechnung mit Hilfe der lotrechten Spannungen im Baugrund unterschieden. Während beim ersten Verfahren (geschlossene Formeln) eine Sohlspannungsverteilung angenommen wird, wie sie bei starren Gründungskörpern auf dem elastisch-isotropen Halbraum entsteht, dürfen bei der Berechnung mit Hilfe der lotrechten Spannungen im Baugrund die Sohlspannungen geradlinig begrenzt werden (Spannungstrapez oder -dreieck).

Besteht der Baugrund aus einfach verdichtetem Boden, sind die aus der Bauwerkslast sich ergebenden Sohlnormalspannungen ggf. um den Lastanteil $\gamma \cdot d$ des Baugrubenaushubs zu reduzieren (γ = Bodendichte, d = Aushubtiefe). Das gilt nicht für die in der Sohlfuge ggf. anzusetzenden Schubspannungen aus den waagerechten Lasten. Diese sind näherungsweise im gleichen Verhältnis über die Sohlfläche zu verteilen wie die nicht abgeminderten lotrechten Sohlspannungen.

9.14 Setzungen infolge von Grundwasserabsenkung

9.14.1 Lösung nach CHRISTOW

Durch Grundwasserabsenkungen erhöhen sich die setzungsverursachenden effektiven Spannungen σ'_Z im Korngefüge unterhalb des ursprünglichen Grundwasserspiegels (Abb. 9-25).

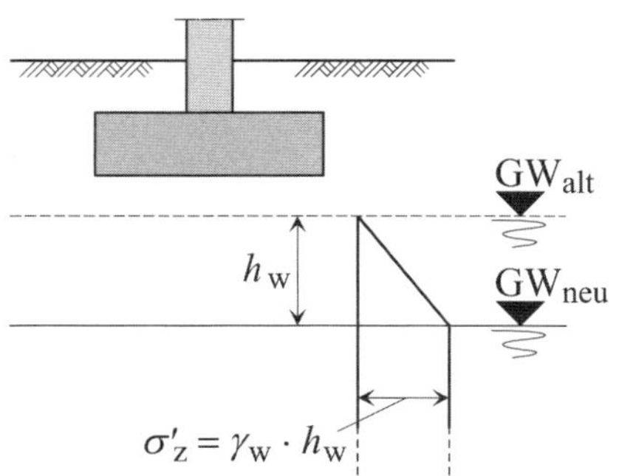

Abb. 9-25 Erhöhung der effektiven Spannungen σ'_z infolge Grundwasserabsenkung

Bei Berücksichtigung des besonderen Spannungsverlaufs und der in der Regel großflächigen Wirkung der effektiven Spannungen σ'_z kann die Ermittlung der Setzungen infolge einer Grundwasserabsenkung mit den üblichen Berechnungsmethoden erfolgen.

Steht unterhalb des alten Grundwasserspiegels homogener Boden an, lässt sich die Setzung mit dem Nomogramm von CHRISTOW (Abb. 9-26) ermitteln.

Anwendungsbeispiel

Mit den vorgegebenen Größen

- Grenztiefe $z_{gr} = 10{,}0$ m
- Absenktiefe $h_W = 2{,}0$ m
- mittlerer Steifemodul im Bereich der Grenztiefe ist $E_s = 50$ MN/m²

ist die Setzung zu berechnen, die infolge der Grundwasserabsenkung zu erwarten ist.

Lösung

1. Aus Nomogramm (gemäß dem eingetragenen Schlüssel) abgelesene Größe

   $s_{w11} = 1{,}8$ cm

2. Mit Hilfe der nicht dimensionsreinen Setzungsgleichung zu berechnende Setzung

$$s_W = 10 \cdot \frac{s_{w11}\,(\text{in cm})}{E_s\,(\text{in MN/m}^2)} = 10 \cdot \frac{1{,}8}{50} = 0{,}36 \text{ cm}$$

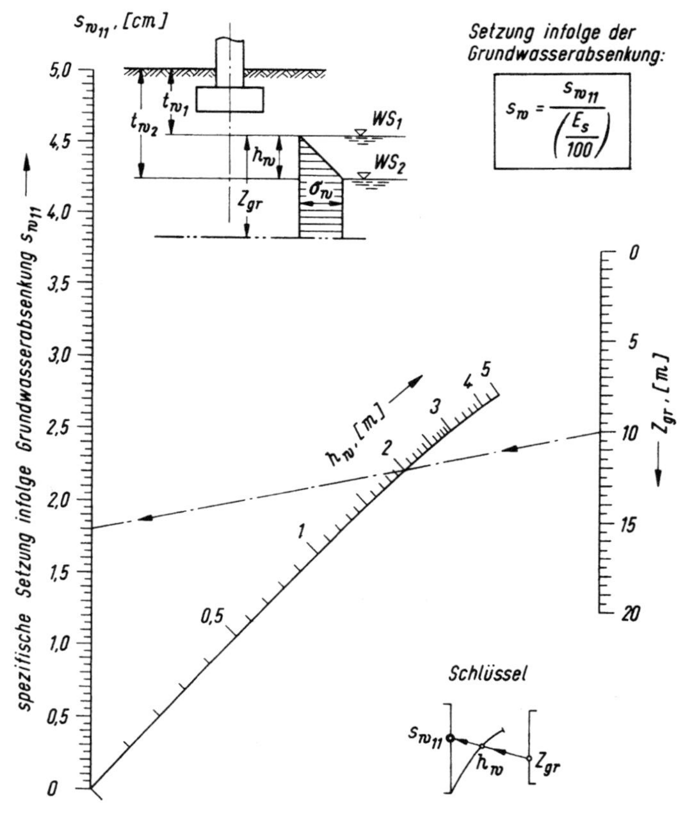

Abb. 9-26 Nomogramm zur Ermittlung der spezifischen Setzungen infolge von Grundwasserabsenkungen (nach CHRISTOW [L 1])

Hinweis: Da von CHRISTOW [L 1] für den Steifemodul E_s die Dimension kp/cm² verwendet wurde, heute aber die Dimension MN/m² üblich ist, muss die Gleichung für s_w aus Abb. 9-26 durch die im 2. Lösungsschritt angegebene Gleichung ersetzt werden.

9.14.2 Aufgaben mit Lösungen

Aufgabe 9-7

Zu betrachten sind

- zwei Gründungskörper, die sich hinsichtlich ihrer Gründungstiefe, ihrer Gründungsfläche und der von ihnen abzutragenden Bauwerkslast unterscheiden,
- ein unter beiden Gründungskörpern anstehender 5 m dicker Grundwasserleiter, der vollständig mit Grundwasser gefüllt ist und auf Fels liegt.

Mit entsprechender Begründung ist anzugeben, unter welchen Umständen für beide Gründungskörper gleich große Setzungen zu erwarten sind, wenn eine großflächige Absenkung des Grundwassers im Grundwasserleiter um 0,9 m vorgenommen wird!

Aufgabe 9-8 (Lösung Seite 238)

Unter einem Fundament, das auf einer 9 m dicken setzungsempfindlichen Schicht gegründet ist, steht 2 m unter der Sohlfuge Grundwasser an, dessen Spiegelhöhe im Zuge einer Grundwasserabsenkung um 0,5 m gesenkt wird.

Zu ermitteln ist die Größe der sich infolge der Grundwasserabsenkung einstellenden Fundamentsetzung unter der Voraussetzung, dass sich weitere Schichten an der Setzung nicht beteiligen und der Steifemodul des setzungsempfindlichen Bodens durch $E_s = 7\,800$ kN/m² gegeben ist!

Aufgabe 9-9 (Lösung Seite 238)

Unter einem auf einer 10,0 m mächtigen setzungsempfindlichen Schicht gegründeten Fundament steht 1,5 m unter der Sohlfuge Grundwasser an. Im Zuge einer Grundwasserabsenkung stellt sich eine Fundamentsetzung von 0,5 cm ein.

Zu ermitteln ist die Höhe der eingetretenen Grundwasserabsenkung unter der Voraussetzung, dass sich weitere Schichten an der Setzung nicht beteiligen und der Steifemodul des Bodens durch $E_s = 7\,000$ kN/m² gegeben ist!

Lösung zu Aufgabe 9-7

Da sich durch die Grundwasserabsenkung der Auftrieb vermindert, vergrößern sich die effektiven Spannungen σ'_z unterhalb des ursprünglichen Grundwasserspiegels, was zu einer entsprechenden Zusammendrückung des Korngerüstes und damit zu einer Setzung der Gründungskörper führt. Die Größe der Setzung ist dabei abhängig von der Größe h_w der Grundwasserabsenkung, der Grenztiefe z_{gr} sowie der Größe des mittleren Steifemoduls E_s (vgl. Abschnitt 9.12.2). Bei festliegender Größe der Grundwasserabsenkung ($h_w = 0{,}9$ m) und der Höhe der davon betroffenen Schicht ($z_{gr} = 5$ m) ist demzufolge die Setzung eines Gründungskörpers nur noch von dem mittleren Steifemodul E_s abhängig.

Da für die Größen h_w und z_{gr} in beiden Gründungsbereichen die gleichen Werte anzusetzen sind, ist somit eine gleich große Setzung der beiden Gründungskörper dann zu erwarten, wenn der Änderung der effektiven Spannungen in beiden Gründungsbereichen der gleiche mittlere Steifemodul E_s zugeordnet werden darf.

Lösung zu Aufgabe 9-8 (Aufgabenstellung Seite 237)

Das Nomogramm für Grundwasserabsenkungen nach CHRISTOW (Abb. 9-26) führt mit den Größen

$$h_w = 0{,}5 \text{ m}$$

$$z_{gr} = 9 - 2 = 7 \text{ m}$$

zu dem Ausdruck

$$s_{w11} = 0{,}35 \text{ cm}$$

Mit dem Steifemodul

$$E_s = 7\,800 \text{ kN/m}^2 = 7{,}8 \text{ MN/m}^2$$

und der Formel aus Abb. 9-26 berechnet sich die gesuchte Setzungsgröße zu

$$s_w = \frac{10 \cdot s_{w11}}{E_s} = \frac{10 \cdot 0{,}35}{7{,}8} = 0{,}45 \text{ cm}$$

Lösung zu Aufgabe 9-9 (Aufgabenstellung Seite 237)

Die Formel

$$s_w = \frac{10 \cdot s_{w11}}{E_s}$$

aus Abb. 9-26 führt mit dem Steifemodul $E_s = 7$ MN/m² und der Setzung $s_w = 0{,}5$ cm zu dem Ausdruck

$$s_{w11} = \frac{E_s \cdot s_w}{10} = \frac{7 \cdot 0{,}5}{10} = 0{,}35 \text{ cm}$$

Mit diesem Wert und der Grenztiefe

$$z_{gr} = 10{,}0 - 1{,}5 = 8{,}5 \text{ m}$$

ergibt sich durch Ablesung des Nomogramms für Grundwasserabsenkungen nach CHRISTOW (Abb. 9-26) die gesuchte Größe der eingetretenen Grundwasserabsenkung zu

$$h_w \approx 0{,}45 \text{ m}$$

9.15 Setzungsproblematik bei Hochbauten

Da durch Setzungen hervorgerufene Gebäudeschäden sehr unterschiedliche Erscheinungsformen und Ursachen haben können, wird nachstehend mittels Beispielen auf einige grundsätzliche Problemstellungen eingegangen.

9.15.1 Gegenseitige Beeinflussung

In Abb. 9-27 ist, in sehr vereinfachend angenommener Lastausbreitung unter den Gebäudeteilen, das prinzipielle Problem langer Gebäude gezeigt. Die Überlagerung der durch die Lasten der Gebäudeteile hervorgerufenen vertikalen Baugrundspannungen führt zu einer Spannungskonzentration in der Gebäudemitte und damit zu einer Setzungsmulde infolge der unterschiedlich starken Stauchung der zusammendrückbaren Schicht.

Die ungleichmäßigen Setzungen im Bereich der Setzungsmulde führen zu Gebäudedeformationen, die ggf. so groß werden können, dass z. B. Schäden in Form von Rissen auftreten.

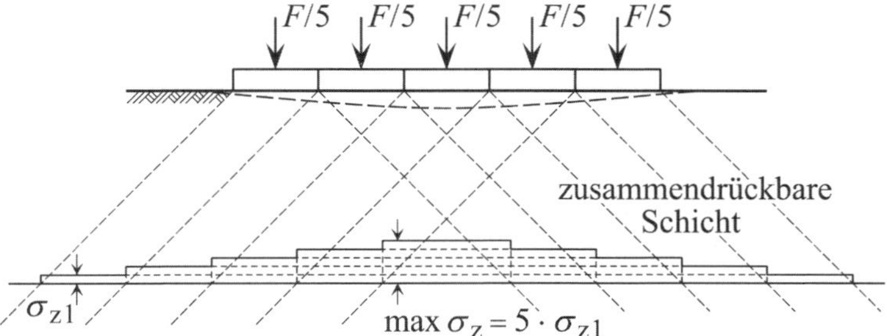

Abb. 9-27 Durchbiegung langer Gebäude infolge der Spannungskonzentration in Gebäudemitte durch Überlagerung von Teillastwirkungen

Abb. 9-28 verdeutlicht die gegenseitige Beeinflussung gleichzeitig hergestellter benachbarter Gebäude. Die vereinfachte Lastausbreitung lässt deutlich erkennen, dass die Gebäudelasten im Bereich der weichen Schicht unter den sich gegenüberliegenden Gebäudekanten höhere Druckspannungen hervorrufen als in dem Schichtbereich unter den Außenkanten der Gebäude. Dieser Umstand führt dazu, dass sich unter den Innenkanten größere Setzungen ergeben als unter den Außenkanten ($s_i > s_a$) und sich somit die Nachbargebäude gegeneinander neigen.

Nach SCHULTZE/HORN [L 114], Kapitel 1.8 beeinflussen sich benachbarte Fundamente in einer Entfernung $> t_s$ (Tiefe der zusammendrückbaren Schicht bzw. Grenztiefe) nur noch in geringem Maße. Eine überschlägige Berechnung der Setzung s in einem untersuchten Punkt kann, unter der Annahme einer vorhandenen unendlich tiefen zusammendrückbaren Schicht, mittels

$$s = \frac{F_v}{r \cdot \pi \cdot E_m} \qquad \text{Gl. 9-51}$$

erfolgen. In dieser Gleichung erfasst F_v die Resultierende der Vertikallast des Nachbarfundaments und r den waagerechten Abstand zwischen dem untersuchten Punkt und dem Nachbarfundament.

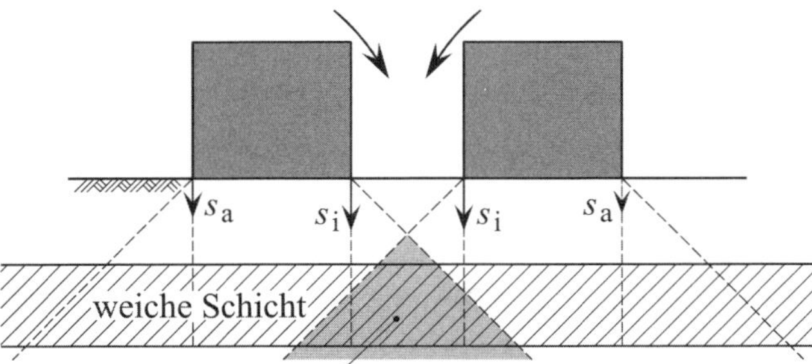

Abb. 9-28 Gegeneinanderneigung benachbarter Gebäude infolge Druckspannungsüberlagerungen in der setzungsempfindlichen Schicht

Abb. 9-29 zeigt den Fall eines neuen kleinen Anbaus an ein schon bestehendes großes Gebäude. Die dargestellten Gebäudeproportionen sollen verdeutlichen, dass durch den Altbau hohe Belastungen und damit hohe Beanspruchungen $\sigma_{z,\mathrm{alt}}$ in den Baugrund eingetragen wurden, die den Baugrund erheblich verdichtet und entsprechend große Setzungen hervorgerufen haben. Gemessen an den durch das alte Bauwerk hervorgerufenen Baugrundbeanspruchungen sind die durch das neue kleine Bauwerk erzeugten $\sigma_{z,\mathrm{neu}}$-Spannungen wesentlich geringer und wirken darüber hinaus zum Teil auf erheblich vorverdichteten Boden ein. Dies führt zu ungleich großen Setzungen des Anbaus, die an dessen freiem Ende größer sind. Damit ergibt sich ein Abneigen des Neubaus gegenüber dem Altbau, verbunden mit einem keilförmigen Riss an der Anschlussfuge von Alt- und Neubau.

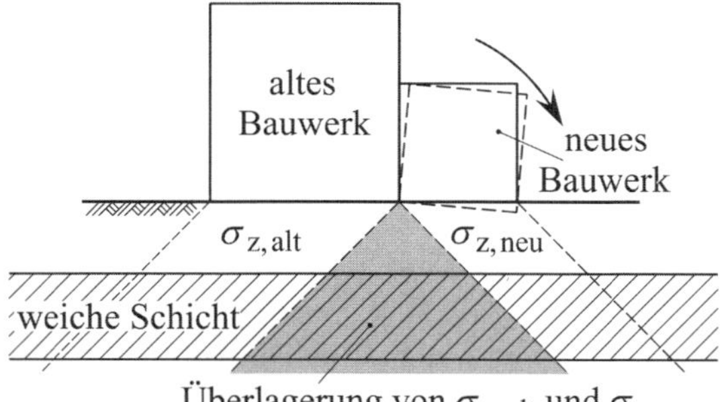

Abb. 9-29 Keilförmiger Riss in der Anschlussfuge benachbarter Gebäude infolge Druckspannungsüberlagerungen in der setzungsempfindlichen Schicht

9.15.2 Setzungen bei inhomogenem Baugrund

Abb. 9-30 zeigt Beispiele für Unregelmäßigkeiten bezüglich der Zusammendrückbarkeit des Baugrunds und damit verbundene mögliche Bauwerksschäden (Risse) infolge der stark unterschiedlichen Setzungen im Gründungsbereich.

Da in allen drei Fällen der unterschiedlich mächtige weiche Ton bzw. Faulschlamm besonders stark zusammengedrückt wird, ergeben sich sehr ungleichmäßige Setzungen. Sie können zu Abrissen (Beispiel a) oder zu Schäden infolge von Sattellagerung (Beispiel b) bzw. Setzungsmuldenbildung mit starker Krümmung (Beispiel c) führen.

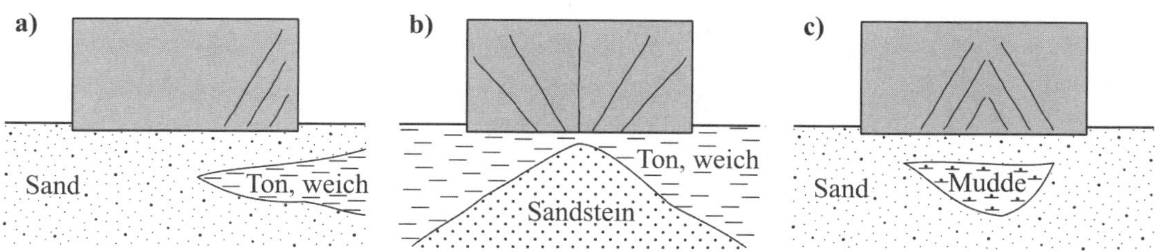

Abb. 9-30 Mögliche Rissbildungen in Gebäuden bei Unregelmäßigkeiten im Baugrund

9.16 Zulässige Setzungsgrößen

Die zulässige Größe von Setzungen kann z. B. beeinflusst werden durch

- ihre Gleichmäßigkeit (gleichmäßig, ungleichmäßig) und die Form bei Ungleichmäßigkeit (Verkantung, Mulden- oder Sattellagerung),
- Gebrauchstauglichkeit des Bauwerks (Lagerhalle, Labor mit Präzisionsgeräten),
- Schadensfreiheit (Rissefreiheit) und Standsicherheit des Bauwerks (z. B. bei Türmen),
- verwendetes Baumaterial (Beton, Mauerwerk usw.),
- Konstruktionsformen (Rahmen, Scheiben, Einzelfundamente, Plattengründung usw.),
- vorhandener Baugrund (Ton, Sand usw.).

In DIN 1054, A 6.10 werden ansetzbare Bemessungswerte des Sohlwiderstands $\sigma_{R,d}$ für Bauwerke angegeben, die auf Streifen- oder Einzelfundamente gegründet sind. Die Einhaltung dieser Werte gestattet den Verzicht auf die Berechnung der Grundbruchsicherheit und der Setzungen in Regelfällen. Bei nichtbindigem Baugrund können dabei Setzungen alleinstehender Fundamente auftreten, die bei setzungsempfindlichen Bauwerken und Fundamentbreiten bis 1,5 m ein Maß von ≈ 1 cm und bei breiteren Fundamenten ein Maß von ≈ 2 cm nicht übersteigen. Die entsprechenden Setzungswerte für setzungsunempfindliche Bauwerke sind nach DIN 1054, A 6.10.2 etwa 2 cm bei Fundamentbreiten bis 1,5 m. Bei breiteren Fundamenten erhöhen sich diese Setzungen ungefähr proportional zur Fundamentbreite. Sind die Bauwerke auf bindigen Böden gegründet, können die Setzungen alleinstehender Fundamente Größenordnungen von 2 bis 4 cm erreichen (DIN 1054, A 6.10.3).

Sind Setzungen z. B. im Hinblick auf die Schadensfreiheit der Bauwerke zu begrenzen, sind hierfür nicht die absoluten Setzungen, sondern die Setzungsunterschiede maßgebend, die ein Teil der Gesamtsetzung sind.

Für die Angabe zulässiger Winkelverdrehungen bei Hochbauten kann die Zusammenstellung aus Abb. 9-31 verwendet werden. Die Zahlenwerte gelten allerdings nur, wenn die Setzung Muldenform besitzt, da in Fällen von Sattellagerung Risse schon bei halb so großen Winkeldrehungen auftreten (SCHULTZE/HORN [L 114], Kapitel 1.8). Hinsichtlich weiterer Ausführungen zu zulässigen Setzungen sei auch auf MÖLLER [L 126], Abschnitt 9.19 hingewiesen.

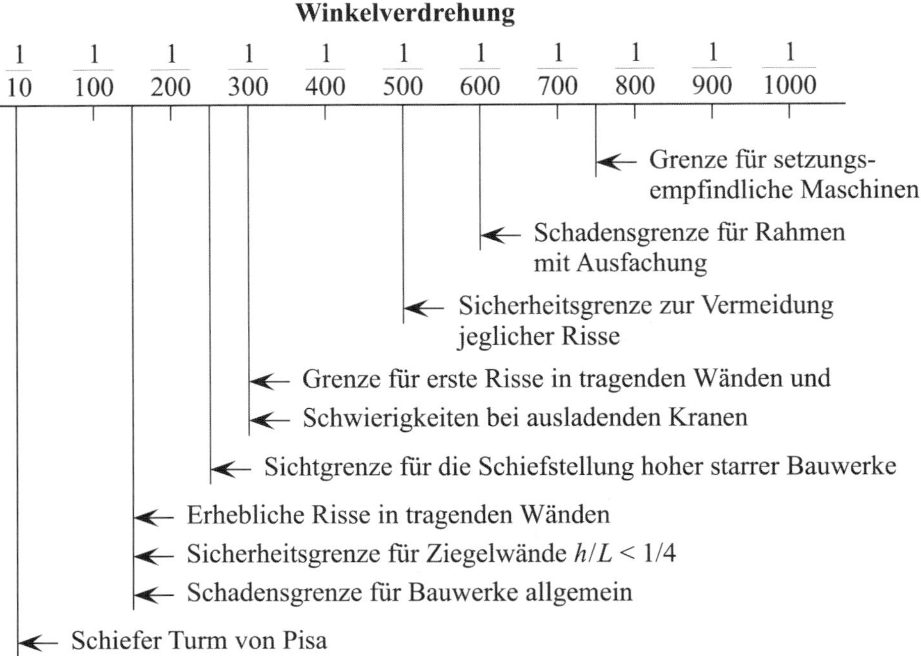

Abb. 9-31 Schadenskriterien für Winkelverdrehungen nach BJERRUM (nach SCHULTZE/HORN [L 114], Kapitel 1.8)

10 Erddruck

10.1 Regelwerke

Für die Berechnung des Erddrucks sind Grundlagen und Erläuterungen zusammengestellt in

- DIN 1054 [L 2], DIN 4085 [L 30], DIN 4085, Beiblatt 1 [L 31] sowie DIN EN 1997-1 [L 73] und DIN EN 1997-1/NA [L 75]

Auf die Ermittlung von Erddrücken auf Verbaukonstruktionen von Baugruben wird in den

- EAB [L 108]

in vielfältiger Weise eingegangen. Auch die

- EAU 2012 [L 110]

enthalten Ausführungen zu unterschiedlichen Aspekten des aktiven und passiven Erddrucks.

10.2 Begriffe nach DIN 4085

Erddruck: Druck von angrenzendem Boden auf eine Bauwerkswand (Fläche, auf die Erddruck wirkt; keine Sohlfläche).

Erddruckkraft: Resultierende des Erddrucks.

Erdruhedruck: Erddruck in gewachsenem, ungestörtem Boden (Abb. 10-5).

Aktiver Erddruck: kleinstmöglicher Erddruck auf eine Bauwerkswand (Abb. 10-5) infolge Bodeneigenlast, Auflasten und sonstiger Einwirkungen, wenn im Boden Entspannungen bis zur vollständigen Mobilisierung seiner Scherfestigkeit auftreten. Entspannungen können durch Wandbewegungen oder anderweitig verursachte Bewegungen im Boden entstehen.

Passiver Erddruck (*Erdwiderstand*): größtmöglicher Erddruck auf eine Bauwerkswand (Abb. 10-5) infolge Bodeneigenlast, Auflasten und sonstiger Einwirkungen, wenn im Boden Pressungen bis zur vollständigen Mobilisierung seiner Scherfestigkeit auftreten. Pressungen können durch Wandbewegungen oder auch durch anderweitig verursachte Bewegungen im Boden (z. B. durch untertägigen Bergbau) entstehen.

Erhöhter aktiver Erddruck: Erddruck infolge von Bodeneigenlast, Auflasten und sonstigen Einwirkungen, der kleiner ist als der Erdruhedruck und größer als der aktive Erddruck und der entsteht, wenn die Entspannungen im Boden nicht ausreichen, um aktiven Erddruck zu erzeugen.

Verminderter passiver Erddruck: Erddruck infolge von Bodeneigenlast, Auflasten und sonstigen Einwirkungen, der größer ist als der Erdruhedruck und kleiner als der passive Erddruck und der entsteht, wenn die aufeinander zu gerichteten Bewegungen von Boden und Wand nicht ausreichen, um passiven Erddruck zu erzeugen.

Mindesterddruck: Erddruck, der bei der Bemessung eines Stützbauwerks mindestens anzusetzen ist und sich mit $\varphi = 40°$ und $c = 0$ ergibt.

Neigungswinkel des Erddrucks: Winkel zwischen Erddruckrichtung und Wandnormaler (Tabelle 10-1).

Wandreibungswinkel: zwischen Wand und Boden maximal mobilisierbarer Reibungswinkel (Tabelle 10-2).

Tabelle 10-1 Neigungswinkel δ des Erddrucks *) (gemäß DIN 4085, Anhang B)

Spannungszustand im Boden	Neigungswinkel δ des Erddrucks
aktiver Zustand	je nach Art der Wandbewegung $-\frac{2}{3} \cdot \varphi \leq \delta_a \leq \frac{2}{3} \cdot \varphi$
Ruhedruckzustand	Bei von der Wand aus ansteigender Geländeoberfläche ($\beta > 0$) ist der Erdruhedruck entsprechend $\delta_0 \leq (\beta - \alpha)$ und bei von der Wand aus abfallender Geländeoberfläche ($\beta < 0$) entsprechend $\delta_0 = -\alpha$ anzusetzen.
teilweise mobilisierter passiver Zustand	Im Gebrauchszustand kann nur ein Teil des passiven Erddrucks als Reaktion des Baugrunds mobilisiert werden. Seine Richtung hängt weitgehend vom jeweiligen Beanspruchungszustand ab (vgl. nachstehende Beispiele). Die Möglichkeit des Gleichgewichts mit dem jeweils angenommenen Winkel δ_p ist in jedem Fall rechnerisch nachzuweisen. 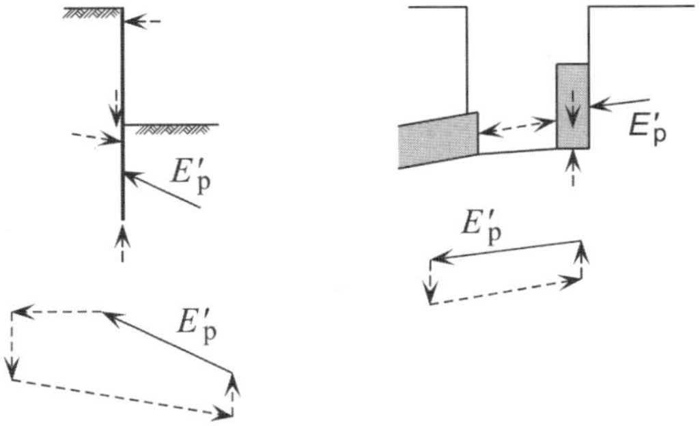 E'_p E'_p E'_p E'_p

*) Die angegebenen Werte gelten nur unter der Voraussetzung, dass die Beschaffenheit der Wand die Übertragung von Reibungskräften zulässt und die Wand nachweislich in der Lage ist, wandparallele Kräfte abzutragen.

Hinweis: Der Neigungswinkel δ des Erddrucks hängt ab von

1. dem Spannungszustand im Boden,
2. den Relativbewegungen zwischen Boden und Bauwerk,
3. der Scherfestigkeit in der Kontaktfläche (Wandreibungswinkel, Tabelle 10-2),
4. der Fähigkeit der Wand, wandparallele Kräfte abzutragen.

Für die zu 1. und 2. gehörenden Einflussgrößen sind durch Erfahrungen gestützte plausible Annahmen zu treffen (z. B. gemäß Tabelle 10-1). Die unter 3. und 4. aufgeführten Einflüsse führen zu oberen Begrenzungen, wobei der kleinere Wert maßgebend ist.

Tabelle 10-2 Wandreibungswinkel (nach DIN 4085, Anhang A, Tabelle A.1)

Beschaffenheit der Wandfläche	Wandreibungswinkel
verzahnt z. B. der Wandbeton wird so eingebracht, dass eine Verzahnung mit dem angrenzenden Boden entsteht (wie etwa bei Pfahlwänden)	φ'_{k}
rau z. B. unbehandelte Stahl-, Beton- oder Holzoberflächen	$\frac{2}{3}\cdot\varphi'_{\mathrm{k}}$
weniger rau z. B. Wandabdeckungen aus verwitterungsfesten, plastisch nicht verformbaren Kunststoffplatten	$\frac{1}{2}\cdot\varphi'_{\mathrm{k}}$
glatt z. B. stark schmierige Hinterfüllung oder Dichtungsschicht, die keine Schubkräfte übertragen kann	0°
φ'_{k} = charakteristischer Wert des Reibungswinkels des dränierten Bodens.	

10.3 Erdruhedruck

10.3.1 Unbelastetes horizontales und geneigtes Gelände

Bei unbelastetem horizontalem Gelände ergeben sich die effektiven Normalspannungen des Erdruhedrucks in normalkonsolidiertem Lockergestein mit der Bodenwichte γ in der Tiefe d (K_0 = Erdruhedruckbeiwert) zu

$$\sigma'_{\mathrm{x}}(d)=\sigma'_{\mathrm{z}}(d)\cdot K_0=\sigma'_{\mathrm{z}}(d)\cdot(1-\sin\varphi')=\gamma\cdot d\cdot(1-\sin\varphi') \qquad \text{Gl. 10-1}$$

In der Tiefe d wirkende horizontale Normalspannungen des Erdruhedrucks (γ = Bodenwichte, $K'_{0\mathrm{h}}$ = Erdruhedruckbeiwert) haben bei unbelastetem und unter dem Winkel $0<\beta\leq\varphi$ geneigtem Gelände (Abb. 10-1) die Größe

$$\sigma_{\mathrm{x}}(d)=K'_{0\mathrm{h}}\cdot\gamma\cdot d=\left[1-\sin\varphi+(\cos\varphi-1+\sin\varphi)\cdot\frac{\beta}{\varphi}\right]\cdot\gamma\cdot d \qquad \text{Gl. 10-2}$$

Die zugehörige vertikale Komponente des Erdruhedrucks ist

$$\tau_{\mathrm{xz}}(d)=K'_{0\mathrm{h}}\cdot\gamma\cdot d\cdot\tan\beta=K'_{0\mathrm{v}}\cdot\gamma\cdot d \qquad \text{Gl. 10-3}$$

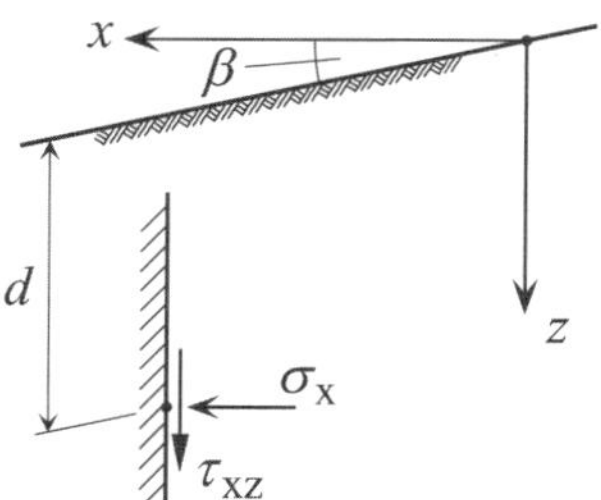

Abb. 10-1 Spannungen in der Tiefe d auf lotrechte Ebene bei geneigter Geländeoberfläche

Anwendungsbeispiel

Zu betrachten ist ein aus normalkonsolidiertem homogenem Boden bestehender Halbraum mit horizontaler Oberfläche. Das nichtbindige Bodenmaterial des Halbraums weist die charakteristischen Größen $\gamma_k = 17{,}0\,\text{kN/m}^3$ für die Wichte und $\varphi_k = 30°$ für den Reibungswinkel auf.

Zahlenmäßig anzugeben ist der Spannungstensor, der zu einem in der Tiefe $z = 3$ m liegenden Punkt „A" gehört und auf ein kartesisches x, y, z-Koordinatensystem bezogen ist, dessen x- und y-Achse in der Halbraumoberfläche liegen und dessen z-Achse in den Halbraum zeigt.

Lösung

Bezogen auf das angegebene x, y, z-Koordinatensystem stellt sich ein Hauptspannungszustand ein. Für seine Schubspannungen gilt

$$\tau_{xy} = \tau_{xz} = \tau_{yx} = \tau_{yz} = \tau_{zx} = \tau_{zy} = 0$$

Die Normalspannungen (Druckspannungen sind positiv) im Punkt „A" berechnen sich in vertikaler Richtung zu

$$\sigma_z(A) = z \cdot \gamma_k = 3{,}0 \cdot 17{,}0 = 51{,}0\,\text{kN/m}^2$$

und in horizontaler Richtung (Erdruhedruck) zu (Gl. 10-1)

$$\sigma_x(A) = \sigma_y(A) = \sigma_z(A) \cdot (1 - \sin\varphi_k) = 51{,}0 \cdot (1 - \sin 30°) = 25{,}5\,\text{kN/m}^2$$

Als Spannungstensor ergibt sich somit (Gl. 6-4)

$$\mathbf{S}(A) = \begin{pmatrix} \sigma_x & \tau_{xy} & \tau_{xz} \\ \tau_{yx} & \sigma_x & \tau_{yz} \\ \tau_{zx} & \tau_{zy} & \sigma_x \end{pmatrix} = \begin{pmatrix} \sigma_x & 0 & 0 \\ 0 & \sigma_y & 0 \\ 0 & 0 & \sigma_z \end{pmatrix} = \begin{pmatrix} 25{,}5 & 0 & 0 \\ 0 & 25{,}5 & 0 \\ 0 & 0 & 51{,}0 \end{pmatrix}$$

10.3.2 Gemäß DIN 4085

Nach DIN 4085, 8.2.4 ist Erdruhedruck ausnahmsweise anzunehmen, wenn keine Bewegungen der Bauwerkswand in Erddruckrichtung auftreten und der in situ-Spannungszustand des Baugrunds durch das eingebrachte Bauwerk nicht nennenswert beeinflusst wird. Zu den Konstruktionen, für die Erdruhedruck ggf. angesetzt werden kann, gehören beispielsweise auf Festgestein gegründete massive Stützmauern, die sich wie ebene Systeme verhalten.

Im Fall waagerechten Geländes, reiner Eigenlast von homogenem erstverdichtetem Boden, senkrechter Wandrückseite (Wandneigungswinkel $\alpha = 0°$, vgl. Abb. 10-7) und einem Erddruckneigungswinkel $\delta_0 = 0°$ wirkt die Erdruhedruckkraft pro lfdm als horizontale Resultierende des gemäß Abb. 10-2 verteilten Erdruhedrucks mit

$$E_{0g} = E_{0gh} = \frac{1}{2} \cdot \gamma \cdot h^2 \cdot K_{0g} = \frac{1}{2} \cdot \gamma \cdot h^2 \cdot (1 - \sin\varphi) \qquad \text{Gl. 10-4}$$

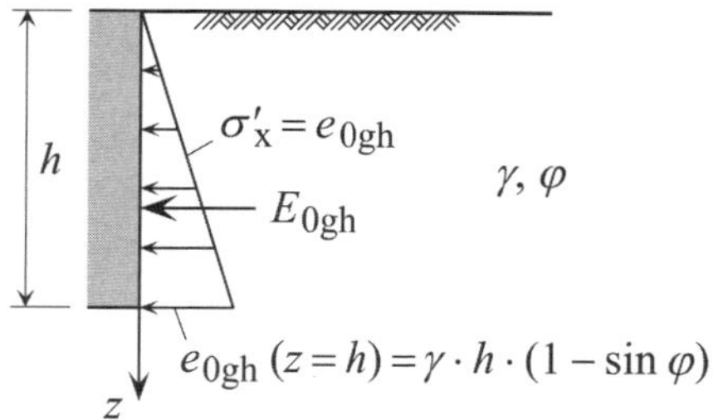

Abb. 10-2 Erdruhedruck und Erdruhedruckkraft bei horizontalem Gelände ohne Auflast

Zur Erdruhedruckberechnung in Fällen von $\alpha \neq 0$, $\beta \neq 0$ und $\delta_0 \neq 0$ siehe DIN 4085, 6.4 oder [L 126], Abschnitt 10.4.3.

Im Sonderfall einer senkrechten Wandrückseite ($\alpha = 0$), ansteigendem Gelände ($\beta > 0$, vgl. Abb. 10-1) und $\beta = \delta_0 = \varphi$ gilt der Erdruhedruckbeiwert

$$K_{0gh} = \cos^2\varphi \qquad \text{Gl. 10-5}$$

Mit ihm lässt sich die Horizontalkomponente der Erdruhedruckkraft pro lfdm berechnen zu

$$E_{0gh} = \frac{1}{2} \cdot \gamma \cdot h^2 \cdot K_{0g} = \frac{1}{2} \cdot \gamma \cdot h^2 \cdot \cos^2\varphi \qquad \text{Gl. 10-6}$$

und die zugehörige Vertikalkomponente durch

$$E_{0gv} = E_{0gh} \cdot \tan\delta_0 \qquad \text{Gl. 10-7}$$

10.3.3 Aufgaben mit Lösungen

Aufgabe 10-1 (Lösung Seite 248)

Nach DIN 4085 sind die auf die Rückseite einer 4 m hohen Stützkonstruktion wirkenden horizontalen Erddruckspannungen unter der Voraussetzung zu ermitteln, dass das Bauwerk als starr angesehen werden kann, der in situ-Spannungszustand des Baugrunds durch das Einbringen des Bauwerks nicht nennenswert beeinflusst wird und eine Bewegung des Bauwerks in Erddruckrichtung nicht auftreten kann.

Die Wandrückseite verläuft senkrecht ($\alpha = 0°$) und die Geländeoberfläche hinter der Wand horizontal ($\beta = 0°$). Der hinter der Wand anstehende Boden besteht im Wandhöhenbereich aus zwei Schichten mit den Kennwerten

1. Schicht (obere Schicht): $h_1 = 2{,}50$ m, $\gamma_{k1} = 17{,}5$ kN/m³, $\varphi_{k1} = 30°$
2. Schicht (untere Schicht): $h_2 = 1{,}50$ m, $\gamma_{k2} = 18{,}5$ kN/m³, $\varphi_{k2} = 32{,}5°$

Der Erddruckneigungswinkel ist für beide Schichten mit $\delta_0 = 0°$ anzunehmen.

Aufgabe 10-2 (Lösung Seite 248)

Betrachtet wird ein aus normalkonsolidiertem homogenem Boden bestehender Halbraum mit horizontaler Oberfläche, der durch eine unbegrenzt ausgedehnte gleichmäßig verteilte vertikale charakteristische Auflast $p_k = 20{,}0$ kN/m² belastet wird. Das nichtbindige Bodenmaterial des Halbraums weist den charakteristischen Reibungswinkel $\varphi = 30°$ auf.

Zahlenmäßig anzugeben ist der Spannungstensor, der sich unter Beachtung der DIN 4085 infolge der Auflast p_k für einen in der Tiefe $z = 0{,}5$ m liegenden Punkt „A" ergibt. Als Bezugssystem ist ein kartesisches x, y, z-Koordinatensystem zu verwenden, dessen x- und y-Achse in der Halbraumoberfläche liegen und dessen z-Achse in den Halbraum zeigt.

Lösung zu Aufgabe 10-1 (Aufgabenstellung Seite 247)

Da davon ausgegangen werden kann, dass der in situ-Spannungszustand des Baugrunds durch das Einbringen des Bauwerks nicht nennenswert beeinflusst wird und keine Bewegung des starren Bauwerks in Erddruckrichtung auftritt, darf nach DIN 4085, 8.2.4 ausnahmsweise mit Erdruhedruck gerechnet werden (Abschnitt 10.3.2).

Mit den Erddruckbeiwerten (Gl. 10-4) der 1. Schicht

$$K_{0g1} = 1 - \sin\varphi_{k1} = 1 - \sin 30° = 0{,}5$$

und der 2. Schicht

$$K_{0g2} = 1 - \sin\varphi_{k2}) = 1 - \sin 32{,}5° = 0{,}4627$$

ergeben sich gemäß Abb. 10-2 die Erddrücke der 1. Schicht

oben: $e_{0h1o} = 0 \text{ kN/m}^2$

unten: $e_{0h1u} = \gamma_{k1} \cdot h_1 \cdot K_{0g1}$
$= 17{,}5 \cdot 2{,}5 \cdot 0{,}5 = 21{,}88 \text{ kN/m}^2$

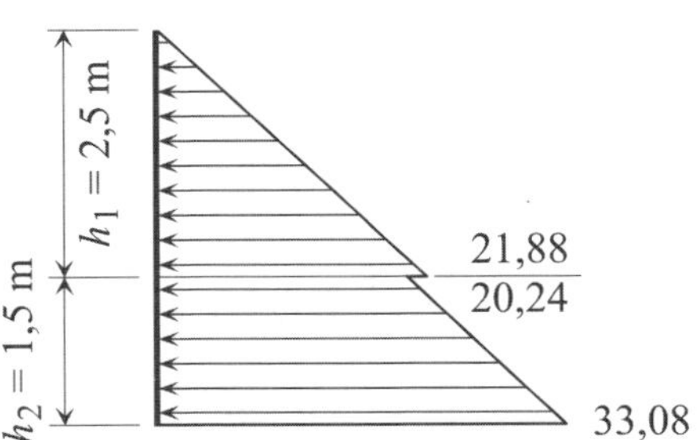

Abb. 10-3 Erddruckverteilung hinter der Stützkonstruktion (in kN/m²)

und die Erddrücke der 2. Schicht

oben: $e_{0h2o} = \gamma_{k1} \cdot h_1 \cdot K_{0g2} = 17{,}5 \cdot 2{,}5 \cdot 0{,}4627 = 20{,}24 \text{ kN/m}^2$

unten: $e_{0h2u} = (\gamma_{k1} \cdot h_1 + \gamma_{k2} \cdot h_2) \cdot K_{0g2} = (17{,}5 \cdot 2{,}5 + 18{,}5 \cdot 1{,}5) \cdot 0{,}4627$
$= 33{,}08 \text{ kN/m}$

Der vollständige Verlauf der Erddrücke ergibt sich durch die geradlinige Verbindung der jeweiligen oberen und unteren Erddruckwerte der beiden Schichten (Abb. 10-3).

Lösung zu Aufgabe 10-2 (Aufgabenstellung Seite 247)

Bezogen auf das angegebene x, y, z-Koordinatensystem stellt sich im Punkt „A" ein Hauptspannungszustand ein, für dessen Schubspannungen

$$\tau_{xy(A)} = \tau_{xz(A)} = \tau_{yx(A)} = \tau_{yz(A)} = \tau_{zx(A)} = \tau_{zy(A)} = 0$$

gilt.

Die Normalspannungen (Druckspannungen sind positiv) im Punkt „A" berechnen sich zu

$$\sigma_z(A) = p_k = 20{,}0 \text{ kN/m}^2$$

und (Gl. 10-4)

$$\sigma_x(A) = \sigma_y(A) = \sigma_z(A) \cdot K_{0g} = \sigma_z(A) \cdot (1 - \sin\varphi) = 20 \cdot (1 - \sin 30°) = 10{,}0 \text{ kN/m}^2$$

Für den Punkt „A" ergibt sich somit als Spannungstensor (Gl. 6-4) der Hauptspannungstensor (Gl. 6-8)

$$\mathbf{S}_{(A)} = \begin{pmatrix} \sigma_x(A) & 0 & 0 \\ 0 & \sigma_y(A) & 0 \\ 0 & 0 & \sigma_z(A) \end{pmatrix} = \begin{pmatrix} 10{,}0 & 0 & 0 \\ 0 & 10{,}0 & 0 \\ 0 & 0 & 20{,}0 \end{pmatrix}$$

10.4 Wandbewegungsformen und Erddruckkräfte

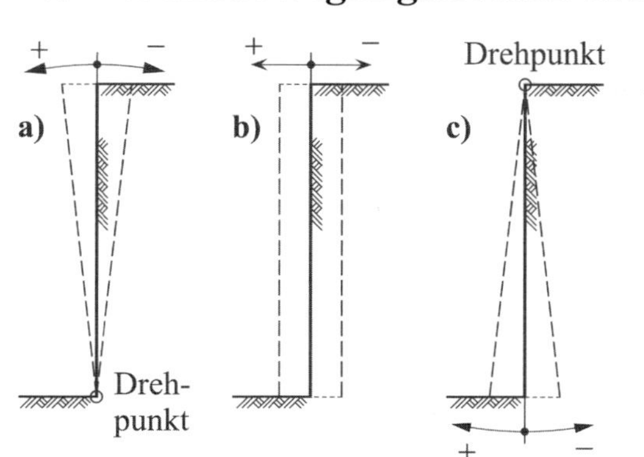

Abb. 10-4 Grundformen der Bewegungen einer starren Wand mit positivem Drehsinn (+) für aktiven und negativem Drehsinn (–) für passiven Erddruck (nach DIN 4085, Anhang B)
a) Drehung um Fußpunkt
b) Parallele Bewegung (Drehpunkt liegt im Unendlichen)
c) Drehung um Kopfpunkt

Die Bewegungsmöglichkeiten einer durch Erddruck belasteten starren Wand sind durch Kombination von drei Grundformen erfassbar, durch die passiver oder aktiver Erddruck hervorgerufen wird (Abb. 10-4). Die Richtung der Wandbewegung bestimmt vor allem die Erddruckgröße (Abb. 10-5).

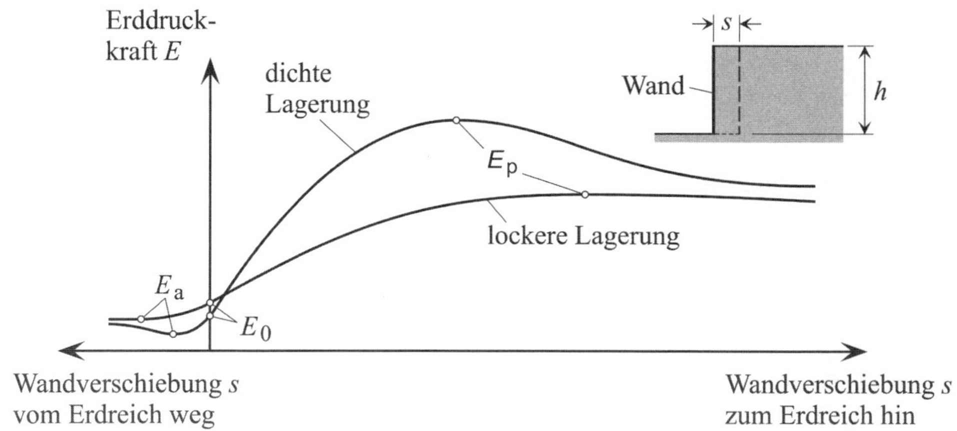

Abb. 10-5 Beziehung von Erddruckkraft E und Wandverschiebung s, mit aktiver (E_a) und passiver (E_p) Erddruckkraft und Erdruhedruckkraft E_0 (nach DIN 4085, Bild 1)

10.5 Erddruck nach RANKINE bei unbelasteter Geländeoberfläche

Für den horizontal begrenzten Halbraum (Böschungswinkel $\beta = 0°$) gilt für horizontal wirkenden aktiven bzw. passiven Erddruck in der Tiefe h

$$\sigma_{x\,a,p} = \gamma \cdot h \cdot \tan^2\left(\frac{\pi}{4} \mp \frac{\varphi}{2}\right) \qquad \text{Gl. 10-8}$$

mit der Erddruckkraft pro lfdm

$$E_{a,p} = \gamma \cdot \frac{h^2}{2} \cdot \tan^2\left(\frac{\pi}{4} \mp \frac{\varphi}{2}\right) \qquad \text{Gl. 10-9}$$

Bei Gelände, das unter dem Winkel $0 < \beta \leq \varphi$ geneigt ist, sind, nach der RANKINE-Theorie, die Erddruckkräfte E_h und E_v Resultierende der über die Tiefe d verteilten horizontalen und vertikalen Erddruckkomponenten e_h und e_v. Bei unbelasteter Oberfläche wachsen e_h und e_v mit der Tiefe linear an. Für bis in die Tiefe d reichenden Erddruck gelten pro lfdm

$$E_{ha,hp}(d) = \frac{1}{2} \cdot d \cdot 1 \cdot e_{ha,hp}(d) = \frac{d \cdot 1}{2} \cdot \frac{d \cdot \gamma \cdot \left[1 + \sin\varphi \cdot \cos(2 \cdot \psi_{a,p})\right]}{1 + \sin\left(-\arccos\dfrac{\cos\varphi}{\cos\beta}\right)} \qquad \text{Gl. 10-10}$$

und

$$E_{va,vp}(d) = \frac{1}{2} \cdot d \cdot 1 \cdot e_{va,vp}(d) = \frac{d \cdot 1}{2} \cdot \frac{d \cdot \gamma \cdot \sin\varphi \cdot \sin(2 \cdot \psi_{a,p})}{1 + \sin\left(-\arccos\dfrac{\cos\varphi}{\cos\beta}\right)} \qquad \text{Gl. 10-11}$$

mit den im aktiven bzw. passiven Fall anzusetzenden Winkeln

$$\psi_{a,p} = \frac{1}{2} \cdot \left(\beta + \varphi \pm \arccos\frac{\sin\beta}{\sin\varphi}\right) + \frac{\pi}{4} - \frac{\varphi}{2} \qquad \text{Gl. 10-12}$$

10.6 Erddruck nach COULOMB und MÜLLER-BRESLAU

10.6.1 Erddruck nach COULOMB

Für das Verfahren von COULOMB zur Ermittlung des Erddrucks wird vorausgesetzt, dass

- der Boden sich in einem ebenen Verformungszustand befindet und kohäsionslos ist,
- die Rückseite der Stützwand lotrecht ist,
- die Erdoberfläche hinter der Stützmauer waagerecht verläuft,
- zwischen rückseitiger Mauerfläche und Boden keine Reibung auftritt,
- sich infolge der Wandbewegung eine unter dem Winkel ϑ geneigte ebene Gleitfläche bildet, auf der der Boden als keilförmiger Monolith rutscht und zu der die extremale Erddruckkraft E gehört (Abb. 10-6),
- in der Gleitfuge die größtmögliche Trockenreibung nach der Grenzbedingung von COULOMB wirkt ($\tau = \sigma \cdot \tan\varphi$),

► das Momentengleichgewicht ($\Sigma M = 0$) der am Monolithen angreifenden Kräfte nur im RANKINE'schen Sonderfall (linear zunehmender Erddruck) erfüllt wird.

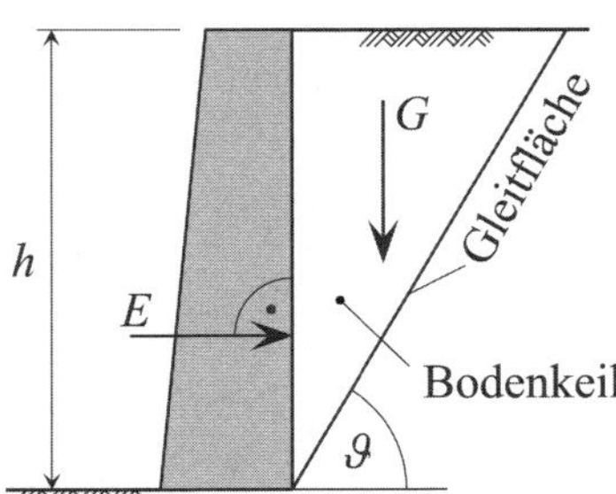

Abb. 10-6 Modell zur Erddruckermittlung nach COULOMB

10.6.2 Verallgemeinerung nach MÜLLER-BRESLAU

Die Verallgemeinerung des Ansatzes von COULOMB durch MÜLLER-BRESLAU erlaubt (Abb. 10-7)

- die Neigung der Geländeoberfläche ($\beta \neq 0$) und der Wand ($\alpha \neq 0$),
- die Einprägung einer gleichmäßig verteilten Flächenlast q auf der Geländeoberfläche,
- die Übertragung von Schubspannungen zwischen Erdkeil und Wandrückseite (resultierender Erddruck schließt mit der Wandnormalen den aus Erfahrung bekannten Erddruckneigungswinkel δ ein, siehe hierzu Tabelle 10-2 und Tabelle 10-1).

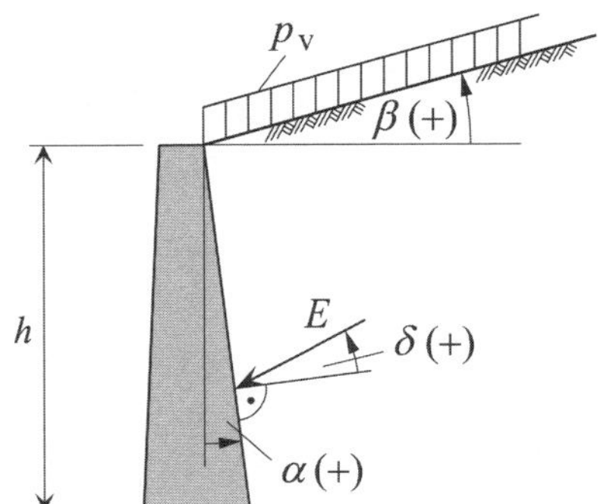

Abb. 10-7 Systemverallgemeinerungen von MÜLLER-BRESLAU

10.6.3 Aufgaben mit Lösungen

Aufgabe 10-3 (Lösung Seite 252)

Welcher Deformationszustand wird bei der Erddrucktheorie von COULOMB vorausgesetzt und wie ist ein zu diesem Problem gehörender dreidimensionaler Deformationstensor besetzt, wenn die x-Achse des entsprechenden kartesischen Koordinatensystems parallel zur Längsachse des Stützbauwerkes liegt?

Aufgabe 10-4 (Lösung Seite 252)

Worin besteht der Unterschied zwischen den Erddrucktheorien von MÜLLER-BRESLAU und von COULOMB?

Lösung zu Aufgabe 10-3 (Aufgabenstellung Seite 251)

Die Erddrucktheorie von COULOMB setzt einen ebenen Deformationszustand voraus.

Mit der allgemeinen Form des dreidimensionalen Deformationstensors (Gl. 6-4)

$$\mathbf{D} = \begin{pmatrix} \varepsilon_{xx} & \gamma_{xy} & \gamma_{xz} \\ \gamma_{yx} & \varepsilon_{yy} & \gamma_{yz} \\ \gamma_{zx} & \gamma_{zy} & \varepsilon_{zz} \end{pmatrix}$$

und den Deformationsgrößen des angegebenen ebenen Problems

$$\varepsilon_{xx} = \gamma_{xy} = \gamma_{xz} = \gamma_{yx} = \gamma_{zx} = 0$$

ergibt sich die Besetzung des dreidimensionalen Deformationstensors des ebenen Problems

$$\mathbf{D} = \begin{pmatrix} 0 & 0 & 0 \\ 0 & \varepsilon_{yy} & \gamma_{yz} \\ 0 & \gamma_{zy} & \varepsilon_{zz} \end{pmatrix}$$

Lösung zu Aufgabe 10-4 (Aufgabenstellung Seite 251)

Im Gegensatz zur Theorie von COULOMB (Abschnitt 10.6.1) können bei der Lösung von MÜLLER-BRESLAU (Abschnitt 10.6.2) auch Fälle behandelt werden, bei denen

- die Geländeoberfläche geneigt ist ($\beta \neq 0$),
- die Wand geneigt ist ($\alpha \neq 0$),
- zwischen dem Erdkeil und der Rückseite der Wand Schubspannungen übertragen werden, so dass der resultierende Erddruck mit der Wandnormalen den Erddruckneigungswinkel δ einschließt.

10.7 Aktiver Erddruck gemäß DIN 4085

Soll sich z. B. bei locker gelagerten nichtbindigen Böden hinter einer Bauwerkswand aktiver Erddruck einstellen, muss nach DIN 4085, Anhang B der Tangens des Drehwinkels

- bei einer Fußpunktdrehung der Wand den Wert 0,004 bis 0,005,
- bei einer Kopfpunktdrehung der Wand den Wert 0,008 bis 0,01

erreicht haben. Weitere Fälle finden sich in Tabelle 10-3, aus der auch hervorgeht, dass die erforderlichen Bewegungen mit dichterer Lagerung der Böden kleiner werden.

Tabelle 10-4 zeigt, dass bei Dauerbauwerken der sich einstellende aktive Erddruck auch von der Nachgiebigkeit der Stützkonstruktion abhängig ist. Aktiver Erddruck tritt demnach nur bei nachgiebigen Stützkonstruktionen auf. Bei wenig nachgiebigen bis unnachgiebigen Stützkonstruktionen ergeben sich Drücke, die zwischen erhöhten aktiven Erddrücken und Erdruhedrücken liegen können.

In Tabelle 10-5 werden Erddruckansätze für temporäre Stützkonstruktionen angegeben. Aktiver Erddruck stellt sich danach nur bei nicht gestützten oder nachgiebig gestützten und nicht vorgespannten Stützkonstruktionen ein; eine Erddruckumlagerung tritt bei wenig nachgiebig gestützten Konstruktionen auf. Bei den übrigen Fällen ist erhöhter aktiver Erddruck anzusetzen, der bei unnachgiebiger Stützung (auf Stützkraft bei Endaushub bezogene Vorspannung beträgt ≥ 100 %) bis zum Erdruhedruck ansteigen kann.

Tabelle 10-3 Anhaltswerte ($\alpha = \beta = 0°$) für zur Erzeugung aktiven Erddrucks erforderliche Wandbewegungen s_a und Verteilung des Erddrucks e_{agh} aus Bodeneigenlast für verschiedene Wandbewegungsarten (nach DIN 4085, Anhang B)

Art der Wandbewegung	**Erddruckkraft E_{agh}**		
	bezogene Wandbewegung s_a/h		vereinfachte Erddruckverteilung
	lockere Lagerung	dichte Lagerung	
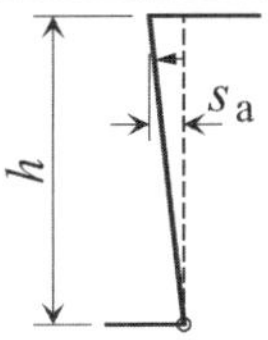 h, s_a a) Drehung um den Wandfuß	0,004 bis 0,005	0,001 bis 0,002	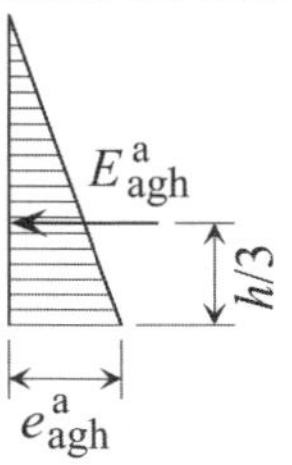 E^a_{agh}; $h/3$; e^a_{agh}
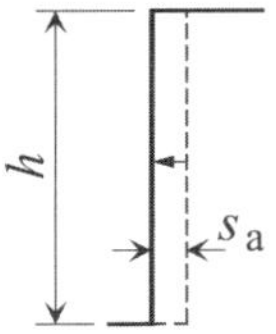 h, s_a b) parallele Bewegung	0,002	0,0005 bis 0,001	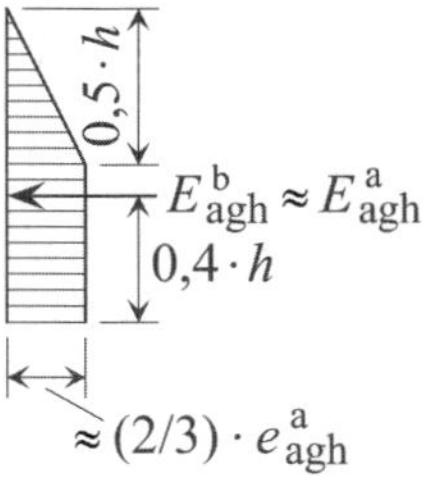 $0{,}5 \cdot h$; $E^b_{agh} \approx E^a_{agh}$; $0{,}4 \cdot h$; $\approx (2/3) \cdot e^a_{agh}$
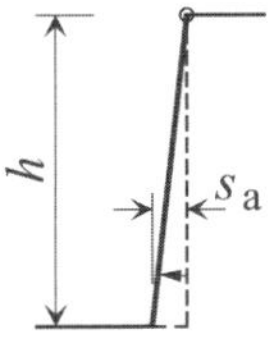 h, s_a c) Drehung um den Wandkopf	0,008 bis 0,01	0,002 bis 0,005	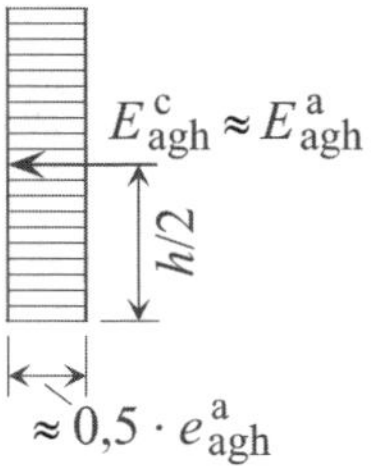 $E^c_{agh} \approx E^a_{agh}$; $h/2$; $\approx 0{,}5 \cdot e^a_{agh}$
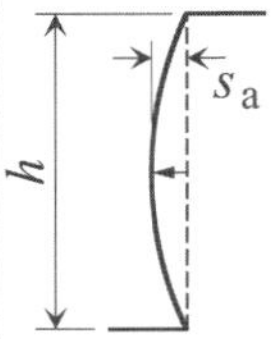 h, s_a d) Durchbiegung	0,004 bis 0,005	0,001 bis 0,002	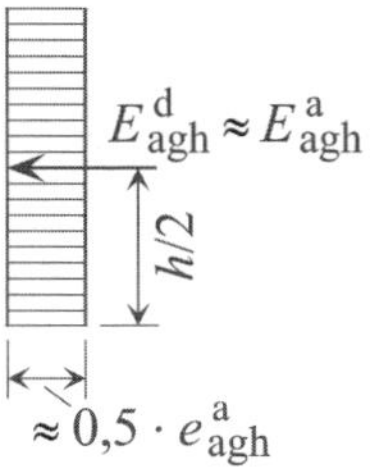 $E^d_{agh} \approx E^a_{agh}$; $h/2$; $\approx 0{,}5 \cdot e^a_{agh}$

Tabelle 10-4 Erddruckansätze in Abhängigkeit von der Nachgiebigkeit der Stützkonstruktion bei Dauerbauwerken (nach DIN 4085, Anhang A)

Zeile	Nachgiebigkeit der Stützkonstruktion	Konstruktion (Beispiele)	Erddruckansatz
1	nachgiebig	Stützwände, die während ihrer gesamten Nutzungszeit geringe Verformungen in Richtung der Erddruckbelastung ausführen können und dürfen (z. B. Uferwände, auf Lockergestein gegründete Gewichtsmauern).	aktiver Erddruck
2	wenig nachgiebig	Stützwände nach Zeile 1, bei denen während ihrer Nutzungszeit Verformungen in Richtung der Erddruckbelastung unerwünscht sind und die gegen den ungestörten Boden hergestellt worden sind.	erhöhter aktiver Erddruck $E'_{ah} = \frac{3}{4} \cdot E_{ah} + \frac{1}{4} \cdot E_{0h}$
3	annähernd unnachgiebig	Stützwände, die auf Grund ihrer Konstruktion unter der Erddruckbelastung anfänglich geringfügig nachgeben, sich dann aber nicht mehr verformen können oder dürfen (z. B. Kellerwände und Stützwände, die in Bauwerke einbezogen sind und von diesen zusätzlich gestützt werden, stehender Schenkel von Winkelstützwänden).	erhöhter aktiver Erddruck im Normalfall: $E'_{ah} = \frac{1}{2} \cdot E_{ah} + \frac{1}{2} \cdot E_{0h}$ in Ausnahmefällen: $E'_{ah} = \frac{1}{4} \cdot E_{ah} + \frac{3}{4} \cdot E_{0h}$
4	unnachgiebig	Stützwände, die auf Grund ihrer Konstruktion weitgehend unnachgiebig sind (z. B. auf Festgestein gegründete Stützmauern als ebene Systeme und auf Lockergestein gegründete Stützwände als räumliche Systeme wie Brückenwiderlager mit biegesteif angeschlossenen Parallel-Flügelmauern).	erhöhter aktiver Erddruck $E'_{ah} = \frac{1}{4} \cdot E_{ah} + \frac{3}{4} \cdot E_{0h}$ in Ausnahmefällen bis Erdruhedruck

Tabelle 10-5 Erddruckansätze in Abhängigkeit von der Nachgiebigkeit der Stützung bei Baugrubenwänden oder anderen kurzzeitig eingesetzten Stützkonstruktionen (nach DIN 4085, Anhang A und EAB, EB 67)

Nachgiebigkeit der Stützung (Stützkonstruktion)	**Konstruktion (Beispiele)**	**Vorspannung auf die Stützkraft bei Erdaushub bezogen**	**Erddruckansatz**
nicht gestützt oder nachgiebig gestützt	Wand ohne obere Stützung (Steifen, Anker) oder mit nachgiebiger Stützung (z. B. Anker nicht oder nur gering vorgespannt).	–	aktiver Erddruck
wenig nachgiebig gestützt	Steifen kraftschlüssig verkeilt – bei Spundwänden – bei Trägerbohlwänden Verpressanker	 ≤ 30 % ≤ 60 % 80 % ... 100 %	umgelagerter aktiver Erddruck
annähernd unnachgiebig gestützt	Steifen – bei mehrfach ausgesteiften Spundwänden, ausgesteiften Ortbetonwänden – bei mehrfach ausgesteiften Trägerbohlwänden Verpressanker	 30 % 60 % 100 %	erhöhter aktiver Erddruck in einfachen Fällen: $E'_{ah} = \frac{3}{4} \cdot E_{ah} + \frac{1}{4} \cdot E_{0h}$ im Normalfall: $E'_{ah} = \frac{1}{2} \cdot E_{ah} + \frac{1}{2} \cdot E_{0h}$ in Ausnahmefällen: $E'_{ah} = \frac{1}{4} \cdot E_{ah} + \frac{3}{4} \cdot E_{0h}$
unnachgiebig	Wände, die für einen abgeminderten oder für den vollen Erdruhedruck bemessen wurden und deren Stützungen entsprechend vorgespannt sind. Wenn Anker zusätzlich in einer unnachgiebigen Felsschicht verankert sind oder wesentlich länger sind, als rechnerisch erforderlich ist. Steifen Anker	 100 % 100 %	erhöhter aktiver Erddruck $E'_{ah} = \frac{1}{4} \cdot E_{ah} + \frac{3}{4} \cdot E_{0h}$ in Ausnahmefällen bis Erdruhedruck

10.7.1 Voraussetzungen der Berechnungsformeln

Zur Ermittlung der Grenzwerte für aktive Erddruckkräfte stellt DIN 4085 in Abschnitt 6.3 auf den Theorien von COULOMB und MÜLLER-BRESLAU beruhende Formeln bereit, für die vorausgesetzt wird, dass (vgl. Abb. 10-8)

- die Wandrückseite (Kontaktfläche zum Baugrund) eben ist,
- hinter der Wand homogener Baugrund ansteht, der nur durch seine Eigenlast belastet wird,
- die Geländeoberfläche und die sich einstellende Gleitfläche eben sind,
- diejenige Gleitfläche maßgebend ist, für die die Gesamterddruckkraft am größten ist,
- die Richtung des Erddrucks durch den Neigungswinkel δ_a vorgegeben wird,
- sich die Wand um ihren Fußpunkt dreht.

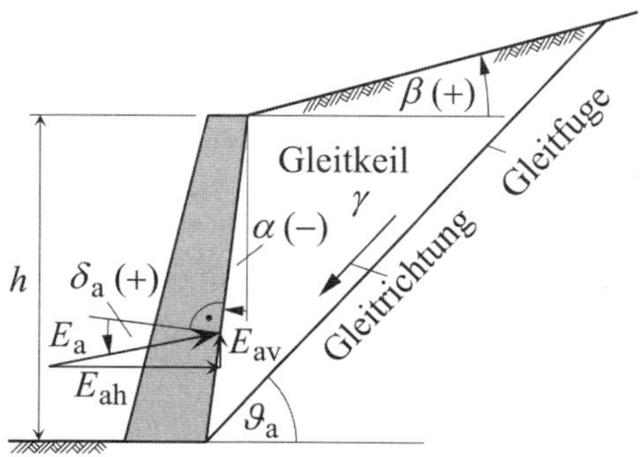

Abb. 10-8 Modell zur Ermittlung der aktiven Erddruckkraft E_a

Die Erddruckkraftberechnung auf der Basis ebener Gleitflächen ist nach DIN 4085 für aktiven Erddruck nur für begrenzte Wertebereiche des Wandneigungswinkels α zulässig. Mit dem Grenzwinkel

$$\alpha_{max} = \vartheta_{ag} - \varphi \qquad \text{mit } \vartheta_{ag} \text{ für } \alpha = 0 \text{ und } \delta_a = \beta \qquad \text{Gl. 10-13}$$

(φ = Reibungswinkel des Bodens, ϑ_{ag} = Gleitflächenwinkel aus Eigenlast des Bodens) ergeben sich die Gültigkeitsbereiche zu

Neigungswinkel des Erddrucks $\delta_a \geq 0°$

$$-20° \leq \alpha < -10° \quad \text{für} \quad 0° \leq \beta \leq \varphi \quad \text{und}$$
$$-10° \leq \alpha \leq \alpha_{max} \quad \text{für} \quad -\varphi \leq \beta \leq \varphi \qquad \text{Gl. 10-14}$$

Neigungswinkel des Erddrucks $\delta_a < 0°$

$$-20° \geq \alpha \leq \alpha_{max} \quad \text{für} \quad -\varphi \leq \beta \leq \tfrac{2}{3} \cdot \varphi$$

α_{max} ist der Winkel zwischen der Gegengleitfläche A'B und der Vertikalen (vgl. Abb. 10-9). Das Vorzeichen des in der Gl. 10-14 zu berücksichtigenden Erddruckneigungswinkels δ_a ist von der Relativbewegung zwischen Wand und Boden abhängig. Im Regelfall bewegt sich der Boden stärker nach unten als die Wand (Neigungswinkel $\delta_a \geq 0°$). Werden Stützkonstruktionen z. B. durch große Vertikalkräfte belastet, können sie sich so stark setzen, dass ein negativer Neigungswinkel des Erddrucks anzusetzen ist.

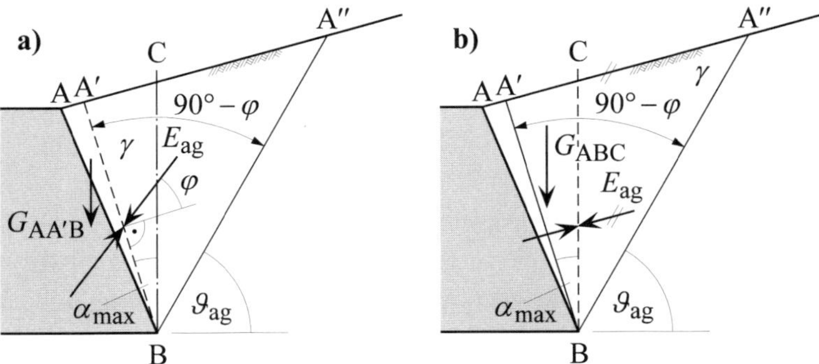

Abb. 10-9 Zu $\alpha > \alpha_{max}$ gehörende Gleitflächenwinkel beim aktiven Bruchzustand, mit den Gleitflächen A″B und den Gegengleitflächen A′B (nach DIN 4085, Bild 3)
a) Ansatz der Erddruckkraft in der Gleitfläche A′B
b) Ansatz der Erddruckkraft oberflächenparallel im Vertikalschnitt B-C, wenn sich die Gleitfläche A′B vollständig ausbilden kann. Andernfalls ist der Ansatz der Erddruckkraft in der vertikalen Schnittebene nur eine Näherung

Sind die Bedingungen aus Gl. 10-14 nicht erfüllbar, ist mit gekrümmten oder gebrochenen Gleitflächen zu rechnen.

10.7.2 Formeln für Erddrücke und Erddruckkräfte aus Bodeneigenlast

Für die Berechnung der auf die Wandlänge bezogenen Erddruckkräfte E (Angabe in kN pro lfdm Wand) werden in DIN 4085, 6.3.1.2 Formeln bereitgestellt, deren Indizes nachstehende Bedeutung haben:

- a aktive Wirkung,
- g verursacht durch Bodeneigenlast,
- h horizontal gerichtet,
- v vertikal gerichtet.

Betrachtet wird eine Wand mit

- der lotrechten Höhe h (Angabe in m),
- dem Wandneigungswinkel α (Angabe in °) und dem Neigungswinkel des aktiven Erddrucks δ_a (Angabe in °)

hinter der Bodenmaterial mit der Wichte γ des Bodens (Angabe in kN/m³), dem Reibungswinkel φ des Bodens (Angabe in °) und dem Geländeoberflächenneigungswinkel β (Angabe in °) ansteht. Für diesen Fall lautet die Gleichung zur Ermittlung der über die Tiefe z dreiecksförmig verteilten horizontalen Komponenten des aktiven Erddrucks infolge der Bodeneigenlastwirkung

$$e_{agh}(z) = \gamma \cdot z \cdot K_{agh} \qquad \text{Gl. 10-15}$$

und für die horizontalen und vertikalen Komponenten der aktiven Erddruckkraft pro lfdm Wand infolge der Bodeneigenlastwirkung

$$E_{agh} = \frac{e_{agh}(z = h)}{2} = \frac{h^2}{2} \cdot \gamma \cdot K_{agh} \quad \text{und} \quad E_{agv} = E_{agh} \cdot \tan(\alpha + \delta_a) \qquad \text{Gl. 10-16}$$

Der in Gl. 10-15 und Gl. 10-16 verwendete Erddruckbeiwert K_{agh} kann mittels

$$K_{agh} = \frac{\cos^2(\varphi - \alpha)}{\cos^2\alpha \cdot \left[1 + \sqrt{\frac{\sin(\varphi + \delta_a) \cdot \sin(\varphi - \beta)}{\cos(\alpha - \beta) \cdot \cos(\alpha + \delta_a)}}\right]^2} = K_{ag} \cdot \cos(\alpha + \delta_a) \qquad \text{Gl. 10-17}$$

berechnet werden. Einige dieser Beiwerte sind für diskrete Werte des Reibungswinkels φ, des Wandneigungswinkels α, des Geländeneigungswinkels β und des Neigungswinkels des Erddrucks δ_a in Tabelle 10-6 zusammengestellt. Eine Auswahl von Verläufen der von φ und δ_a abhängigen Funktion K_{agh} ($\alpha = \beta = 0°$ gesetzt) ist in der Abb. 10-10 dargestellt.

Tabelle 10-6 Erddruckbeiwerte K_{agh} für ebene Gleitflächen und diskrete Werte des Reibungswinkels φ, des Neigungswinkels δ_a der Erddrücke sowie des Wand- und des Geländeneigungswinkels α und β

φ (in °)	α (in °)	K_{agh}							
		$\delta_a = 0°$		$\delta_a = ½ \cdot \varphi$		$\delta_a = ⅔ \cdot \varphi$		$\delta_a = \varphi$	
		$\beta = 0°$	$\beta = 10°$	$\beta = 0°$	$\beta = 10°$	$\beta = 0°$	$\beta = 10°$	$\beta = 0°$	$\beta = 10°$
15,0	0	0,5888	0,7038	0,5387	0,6646	0,5249	0,6535	0,5000	0,6330
	−10	0,5311	0,6336	0,4881	0,5996	0,4764	0,5901	0,4558	0,5730
17,5	0	0,5376	0,6320	0,4869	0,5882	0,4729	0,5758	0,4478	0,5531
	−10	0,4761	0,5578	0,4338	0,5210	0,4224	0,5108	0,4022	0,4925
20,0	0	0,4903	0,5692	0,4400	0,5231	0,4261	0,5102	0,4011	0,4865
	−10	0,4260	0,4923	0,3853	0,4548	0,3744	0,4445	0,3549	0,4260
22,5	0	0,4465	0,5129	0,3974	0,4664	0,3839	0,4533	0,3593	0,4292
	−10	0,3804	0,4345	0,3419	0,3978	0,3316	0,3878	0,3131	0,3697
25,0	0	0,4059	0,4621	0,3587	0,4162	0,3457	0,4033	0,3218	0,3794
	−10	0,3387	0,3831	0,3029	0,3482	0,2933	0,3386	0,2760	0,3213
27,5	0	0,3682	0,4159	0,3234	0,3715	0,3109	0,3590	0,2879	0,3357
	−10	0,3008	0,3372	0,2678	0,3045	0,2590	0,2956	0,2429	0,2793
30,0	0	0,3333	0,3737	0,2911	0,3315	0,2794	0,3195	0,2574	0,2969
	−10	0,2662	0,2959	0,2363	0,2660	0,2282	0,2578	0,2134	0,2426
32,5	0	0,3010	0,3351	0,2617	0,2954	0,2506	0,2841	0,2297	0,2625
	−10	0,2346	0,2589	0,2078	0,2318	0,2005	0,2243	0,1869	0,2104
35,0	0	0,2710	0,2998	0,2347	0,2629	0,2244	0,2523	0,2046	0,2317
	−10	0,2059	0,2256	0,1821	0,2014	0,1755	0,1947	0,1632	0,1820
37,5	0	0,2432	0,2674	0,2100	0,2335	0,2005	0,2237	0,1818	0,2042
	−10	0,1797	0,1956	0,1589	0,1743	0,1531	0,1684	0,1420	0,1570
40,0	0	0,2174	0,2377	0,1874	0,2069	0,1786	0,1978	0,1610	0,1795
	−10	0,1560	0,1687	0,1379	0,1502	0,1328	0,1450	0,1229	0,1348

Die Tabellenwerte zeigen größer werdende K_{agh}-Werte bei zunehmender Größe der Geländeneigungswinkel β. Die K_{agh}-Werte verringern sich hingegen bei zunehmender Größe der

Reibungswinkel φ und der Neigungswinkel δ_a der Erddrücke bzw. bei abnehmender Größe der Wandneigungswinkel α (vgl. hierzu auch Abb. 10-10).

Die aus horizontaler und vertikaler Komponente sich ergebende aktive Erddruckkraft berechnet sich mit

$$E_{ag} = \frac{E_{agh}}{\cos(\alpha + \delta_a)} = \frac{h^2 \cdot \gamma}{2} \cdot K_{ag} = \frac{h^2 \cdot \gamma}{2} \cdot \frac{K_{agh}}{\cos(\alpha + \delta_a)} \qquad \text{Gl. 10-18}$$

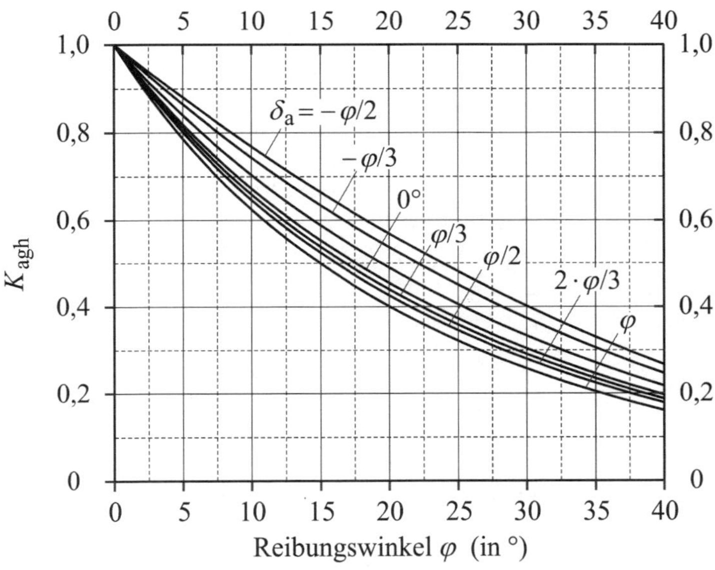

Abb. 10-10 Erddruckbeiwerte K_{agh} (aktiver Erddruck) für ebene Gleitflächen und für $\alpha = \beta = 0°$ (nach DIN 4085, Anhang B)

Zur Berechnung des Neigungswinkels der Gleitfläche, die sich beim aktiven Erddruck aus Bodeneigenlast einstellt, dient die Gleichung

$$\vartheta_{ag} = 90° + \varphi - \arctan\left[\tan(\varphi - \alpha) + \frac{1}{\cos(\varphi - \alpha)} \cdot \sqrt{\frac{\sin(\varphi + \delta_a) \cdot \cos(\alpha - \beta)}{\sin(\varphi - \beta) \cdot \cos(\alpha + \delta_a)}}\right] \qquad \text{Gl. 10-19}$$

Für Sonderfälle mit $\alpha = \beta = \delta_a = 0$ vereinfachen sich die Ausdrücke für K_{agh} und ϑ_{ag} zu

$$K_{agh} = \frac{1 - \sin\varphi}{1 + \sin\varphi} = \tan^2\left(45° - \frac{\varphi}{2}\right) \quad \text{und} \quad \vartheta_{ag} = 45° + \frac{\varphi}{2} \qquad \text{Gl. 10-20}$$

10.7.3 Verteilung des Erddrucks aus Bodeneigenlast

Die Lage der Resultierenden E_a des aktiven Erddrucks (Erddruckkraft) und damit die Verteilung des Erddrucks ist abhängig von der Art der Bewegung der ebenen Wand. So stellt sich etwa die dreiecksförmige Verteilung beim aktiven Erddruck (siehe Abb. 10-11) nur bei Fußpunktdrehungen der Wand ein. Zu allen übrigen Wandbewegungen gehören Erddruckverteilungen infolge der Bodeneigenlast, die von der dreiecksförmigen Verteilung abweichen (vgl. Tabelle 10-3).

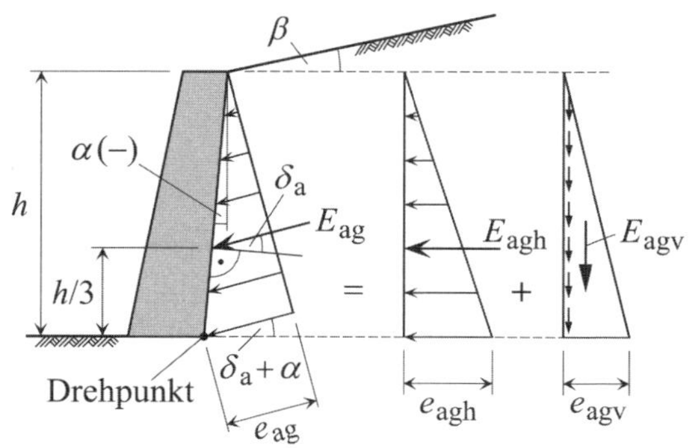

Abb. 10-11 Aktiver Erddruck e_{ag} und Erddruckkraft E_{ag} aus Bodeneigenlast bei Fußpunktdrehung und Zerlegung in ihre Vertikal- und Horizontalkomponenten

Die in Abb. 10-12 gezeigten Erddruckverteilungen lassen erkennen, dass die nach DIN 4085 rechnerisch anzusetzenden Verteilungen Vereinfachungen der wirklich zu erwartenden Verteilungen darstellen. Die verwendete Erddruckgröße e_{agh} ist der Maximalwert der horizontalen Erddruckkomponente bei dreiecksförmiger Verteilung, die zur Fußpunktdrehung der Wand gehört. Ihre Größe ist auf die Vertikalebene bezogen und ergibt sich aus

$$e_{agh} = \frac{2}{h} \cdot E_{agh} = h \cdot \gamma \cdot K_{agh} \qquad \text{Gl. 10-21}$$

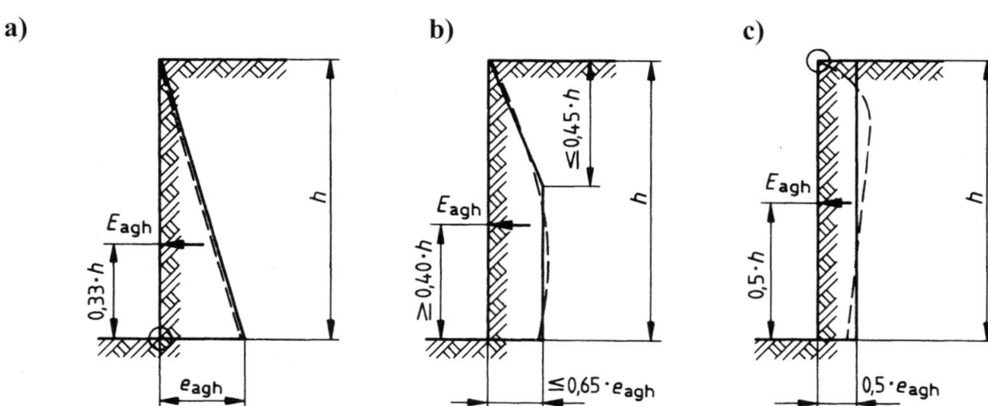

Abb. 10-12 Aktive Erddrücke aus Bodeneigenlast bei verschiedenen, zum Erdreich gerichteten Wandbewegungen aus [L 32] (——— rechnerische; ------- tatsächliche)
a) Drehung um Fußpunkt b) Parallele Bewegung c) Drehung um Kopfpunkt

Als Beziehungen zwischen dem Erddruck e_{ag} und seiner horizontalen und vertikalen Komponente e_{agh} und e_{agv} gelten (siehe hierzu Abb. 10-13)

$$e_{ag} = h \cdot \gamma \cdot K_{ag} = \frac{e_{agh}}{\cos(\alpha + \delta_a)}$$

$$= h \cdot \gamma \cdot \frac{K_{agh}}{\cos(\alpha + \delta_a)} \qquad \text{Gl. 10-22}$$

$$= \frac{e_{agv}}{\sin(\alpha + \delta_a)}$$

bzw.

$$e_{agh} = e_{ag} \cdot \cos(\alpha + \delta_a)$$
$$e_{agv} = e_{ag} \cdot \sin(\alpha + \delta_a) \qquad \text{Gl. 10-23}$$

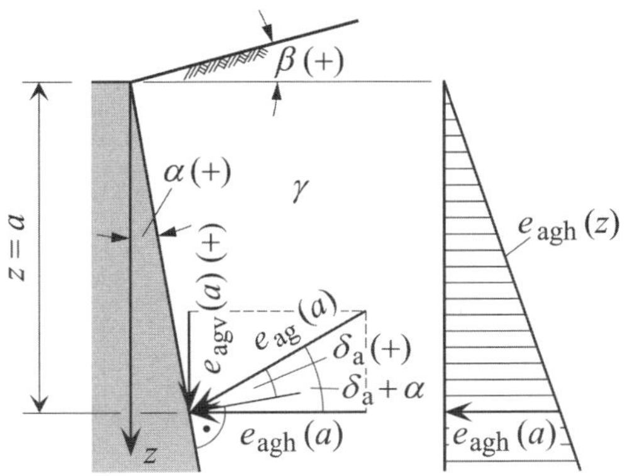

Abb. 10-13 Bezeichnungen für die Berechnung des aktiven Erddrucks (nach DIN 4085)

Näherungen zur Erddruckberechnung für Stützkonstruktionen mit nicht ebenen Wandflächen oder gestütztes Erdreich mit nicht ebener Geländeoberfläche oder oberflächenparallel geschichtetem Boden sind in DIN 4085, 6.3.1.2 zu finden. Sie gelten für Fußpunktdrehungen der Wände. Bei anderen Wandbewegungsarten (z. B. Kopfpunktdrehung) darf der jeweilige Erddruck gemäß Tabelle 10-3 umgelagert werden; für weiche bindige oder locker gelagerte nichtbindige Böden ist die Umlagerung nicht zulässig.

Anwendungsbeispiel

Für die in Abb. 10-14 gezeigte Ortbetonwand mit lotrechter bergseitiger Wandfläche ($\alpha = 0°$) und horizontaler Geländeoberfläche ($\beta = 0°$) ist der auf die bergseitige Wandfläche wirkende charakteristische aktive Erddruck zu ermitteln. Der Berechnung ist die Annahme zugrunde zu legen, dass die Wand eine Fußpunktdrehung ausführt.

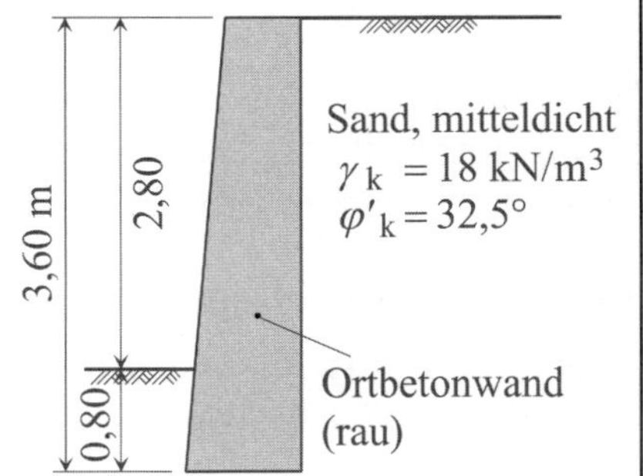

Abb. 10-14 System und Materialkenngrößen für die Erddruckberechnung

Lösung

Erddruckneigungswinkel

Bei rauer Wandbeschaffenheit gilt (Tabelle 10-2)

$$\delta_a = \frac{2}{3} \cdot \varphi'_k$$

Erddruckbeiwert

Mit $\alpha = 0°$, $\beta = 0°$ und $\delta_a = \frac{2}{3} \cdot \varphi'_k$ ergibt sich aus Tabelle 10-6 der Wert

$$K_{agh} = 0{,}2506$$

Charakteristische Größen der Erddruckkraftkomponenten auf Wand (Gl. 10-16)

$$E_{agh,k} = 0{,}5 \cdot \gamma_k \cdot h^2 \cdot K_{agh} = 0{,}5 \cdot 18 \cdot 3{,}6^2 \cdot 0{,}2506 = 29{,}23 \text{ kN/lfdm}$$

$$E_{agv,k} = E_{agh,k} \cdot \tan \delta_a = 29{,}23 \cdot \tan\left(\frac{2}{3} \cdot 32{,}5°\right) = 11{,}61 \text{ kN/lfdm}$$

Kraftangriff von $E_{ah,k}$ über der Sohlfuge = 3,60/3 = 1,20 m

Charakteristische Größen der Erddruckkomponenten auf Wand (Gl. 10-21)

$$e_{agh,k} = 2 \cdot \frac{E_{agh,k}}{h} = 2 \cdot \frac{29{,}23}{3{,}6} = 16{,}24 \text{ kN/m}^2$$

$$e_{agv,k} = 2 \cdot \frac{E_{agv,k}}{h} = 2 \cdot \frac{11{,}61}{3{,}6} = 6{,}45 \text{ kN/m}^2$$

Alle berechneten Erddruckgrößen sind in Abb. 10-15 dargestellt.

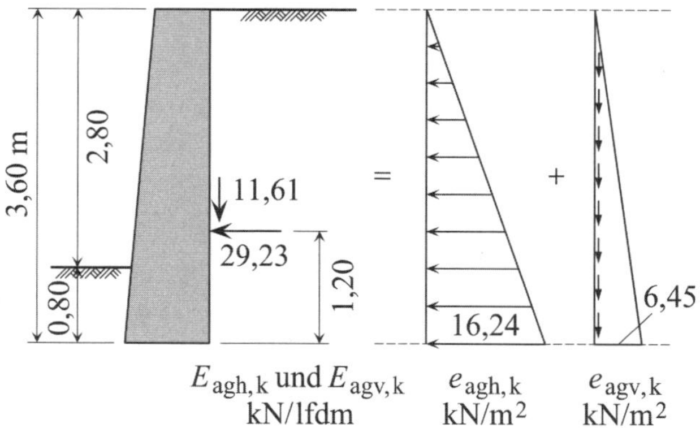

Abb. 10-15 Ergebnisdarstellung des Anwendungsbeispiels

10.7.4 Vertikale Flächen- und Linienlasten auf ebener Geländeoberfläche

Auf die Grundrissfläche bezogene gleichmäßig verteilte Belastungen p_v, die auf die hinter der Bauwerkswand anstehende Geländeoberfläche einwirken, mobilisieren in homogenen Böden Erddrücke (Index p), die näherungsweise durch eine gleichförmige Verteilung erfasst werden können (vgl. Abb. 10-16). Mit dem Erddruckbeiwert

$$K_{ap} = K_{ag} \cdot \frac{\cos\alpha \cdot \cos\beta}{\cos(\alpha - \beta)} \qquad \text{Gl. 10-24}$$

lautet die Gleichung zur Berechnung einer entsprechenden Erddruckkraft pro lfdm Wand infolge p_V

$$E_{ap} = h \cdot e_{ap} = h \cdot p_V \cdot K_{ap} \qquad \text{Gl. 10-25}$$

Zur Ermittlung der horizontalen und vertikalen Komponenten der Erddruckkräfte des durch p_V hervorgerufenen aktiven Erddrucks dienen der Erddruckbeiwert

$$K_{aph} = K_{agh} \cdot \frac{\cos\alpha \cdot \cos\beta}{\cos(\alpha - \beta)} \qquad \text{Gl. 10-26}$$

sowie die beiden Gleichungen

$$E_{aph} = p_V \cdot h \cdot K_{aph} = p_V \cdot h \cdot K_{agh} \cdot \frac{\cos\alpha \cdot \cos\beta}{\cos(\alpha - \beta)} \qquad \text{Gl. 10-27}$$

und

$$E_{apv} = E_{aph} \cdot \tan(\delta_a + \alpha) = p_V \cdot h \cdot K_{aph} \cdot \tan(\delta_a + \alpha) \qquad \text{Gl. 10-28}$$

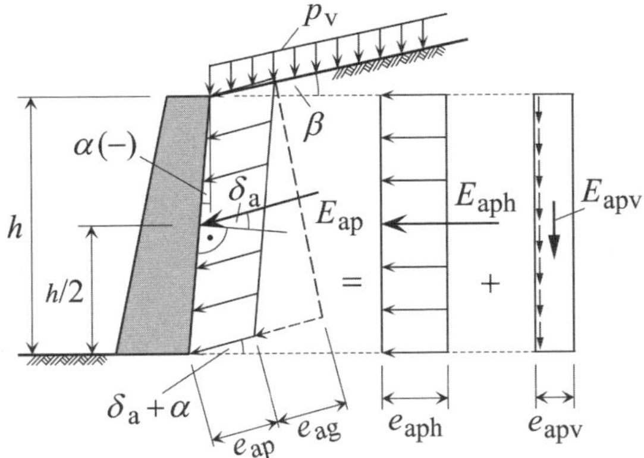

Abb. 10-16 Durch gleichmäßig verteilte Auflast p_V mobilisierter aktiver Erddruck e_{ap} mit Erddruckkraft E_{ap} und ihre Zerlegung in die Vertikal- und Horizontalkomponenten (--- gleichzeitig wirkender aktiver Erddruck aus Bodeneigenlast bei Drehung um Fußpunkt)

Die horizontalen und vertikalen Komponenten des durch die Auflast p_V hervorgerufenen Erddrucks haben, bezogen auf die Vertikalebene, die Größen

$$e_{aph} = \frac{1}{h} \cdot E_{aph} = p_V \cdot K_{agh} \cdot \frac{\cos\alpha \cdot \cos\beta}{\cos(\alpha - \beta)}$$
$$e_{apv} = \frac{1}{h} \cdot E_{apv} = p_V \cdot K_{agh} \cdot \frac{\cos\alpha \cdot \cos\beta \cdot \tan(\delta_a + \alpha)}{\cos(\alpha - \beta)} \qquad \text{Gl. 10-29}$$

Die obigen Gleichungen gelten sowohl für die Fälle von Flächenlasten p_V, die sich hinter der Wand unbegrenzt ausdehnen, als auch für Belastungen, die von der Wand bis zum Austritt der unter dem Winkel ϑ_{ag} geneigten Gleitfläche reichen (vgl. auch Tabelle 10-7).

Bezüglich der näherungsweisen Ermittlung des Erddrucks infolge einer kurzen Streifenlast sei auf DIN 4085, 6.3.1.6 verwiesen. Weitere Möglichkeiten zur Erfassung der Beeinflussung des Erddrucks sind außer bei WEIßENBACH [L 138] z. B. in EAB und in der nachstehenden Tabelle 10-7 zu finden.

Tabelle 10-7 Größe der Erddruckkraft aus Streifen- oder Linienlasten E_{aVh} bzw. E_{aph} und die Verteilung des Erddrucks (nach DIN 4085, Anhang B)

Zeile	Art der Auflast	Größe der Erddruckkraft E_{aVh} bzw. E_{aph}	Erddruckverteilung (vereinfacht) bei Wanddrehung um ihren Fuß [a]
1	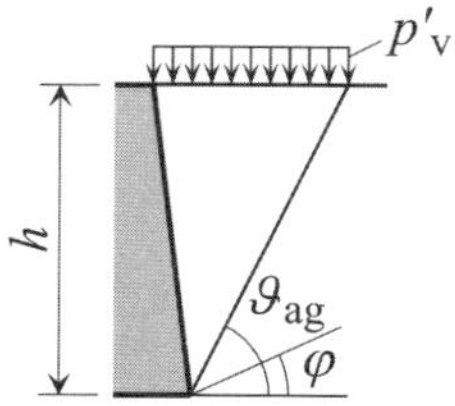 p'_v, h, ϑ_{ag}, φ	$E_{aph} = h \cdot e_{aph}$ $e_{aph} = p'_v \cdot K_{aph}$	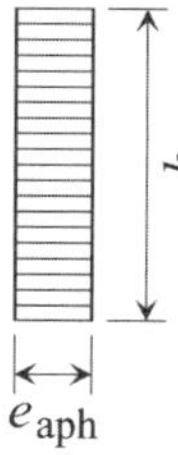 h, e_{aph}
2	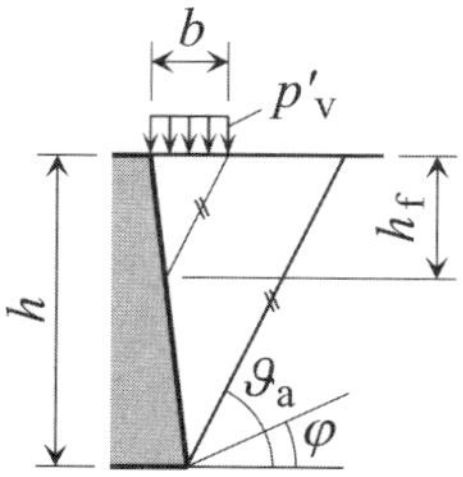 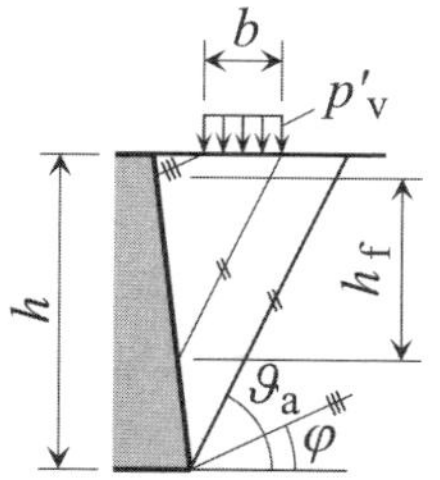 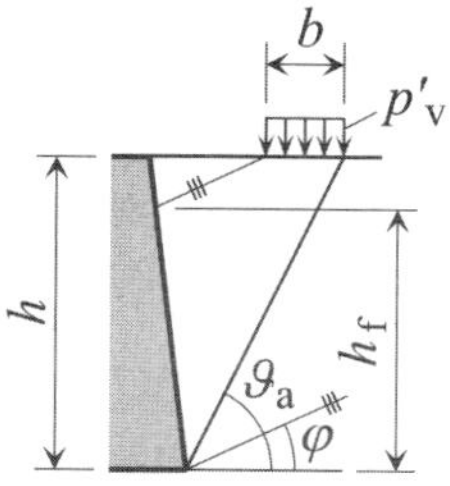 b, p'_v, h, h_f, ϑ_a, φ	$V = p'_v \cdot b$ für $\vartheta_a \approx \vartheta_{ag}$ gilt: ϑ_a nach Gl. 10-19 E_{aVh} nach DIN 4085 Gleichung (23) für $\vartheta_a \neq \vartheta_{ag}$ gilt: ϑ_a nach DIN 4085, 6.3.1.8 $E_{aVh} = E_{aV} \cdot \cos(\alpha + \vartheta_a)$ E_{aV} nach DIN 4085 Gleichung (31)	$e_{aph} = p'_v \cdot K_{aph}$ $e^u_{aph} = \frac{2 \cdot E_{aVh}}{h_f} - e_{aph}$ a) $e^u_{aph} > 0$: $e^o_{aph} = e_{aph}$ 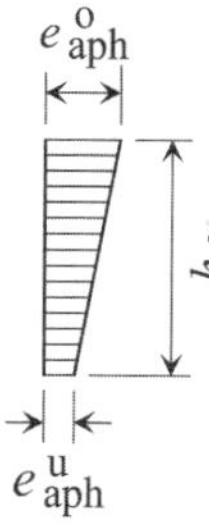 (e^o_{aph}, h_f, e^u_{aph}) b) $e^u_{aph} > e_{aph}$: $h_f = \frac{E_{aVh}}{e_{aph}}$ $e^o_{aph} = e^u_{aph} = e_{aph}$ 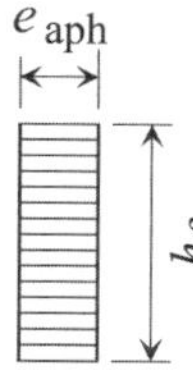 (e_{aph}, h_f) c) $e^u_{aph} \leq 0$: $e^o_{aph} = \frac{2 \cdot E_{aVh}}{h_f}$ $e^u_{aph} = 0$ 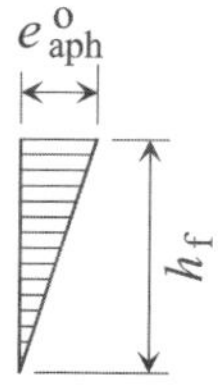 (e^o_{aph}, h_f)

Fortsetzung der Tabelle auf der nächsten Seite.

Fortsetzung der Tabelle 10-7

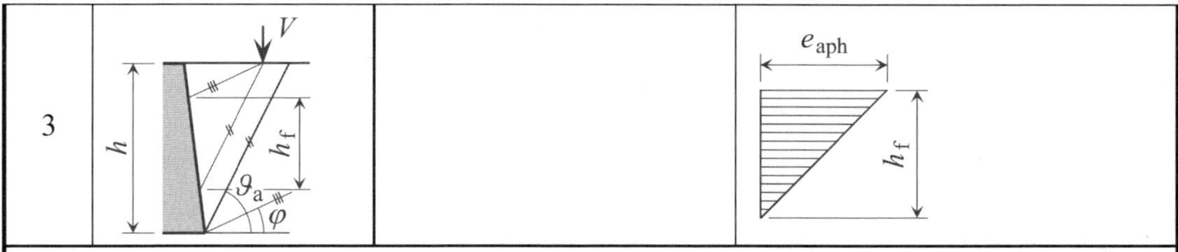

[a] Bei Wandbewegungen b), c) und d) nach Tabelle 10-3 (parallele Bewegung, Drehung um Wandfuß und Durchbiegung der Wand) ist die Erddruckkraft E_{aVh} innerhalb des Wandbereichs h_f als Näherung gleichmäßig zu verteilen.

Es ist darauf hinzuweisen, dass die in Tabelle 10-7 angegebenen Erddruckkraftgrößen und Erddruckverteilungen für den Fall gelten, dass durch die Streifen- und Linienlasten die zur Bodeneigenlastwirkung gehörende Neigung der Erddruckgleitfläche nicht wesentlich verändert wird. Dies darf angenommen werden, wenn die auf dem Gleitkeil angreifende Last nicht größer ist als 1/10 der Eigenlast des Gleitkeils. Bei Verletzung dieser Bedingung ist nach den Ausführungen von DIN 4085, 6.3.1.8 zu verfahren.

Anwendungsbeispiel

Das in Abb. 10-17 dargestellte System unterscheidet sich von dem der Abb. 10-14 durch die zusätzlich einwirkende vertikale Auflast $p_{v,k} = 15$ kN/m² auf der horizontalen Geländeoberfläche ($\beta = 0°$). Zu ermitteln ist der infolge von $p_{v,k}$ sich einstellende charakteristische aktive Erddruck, der auf die lotrechte bergseitige Wandfläche ($\alpha = 0°$) der Ortbetonwand einwirkt. Der Berechnung ist die Annahme zugrunde zu legen, dass die Wand eine Fußpunktdrehung ausführt.

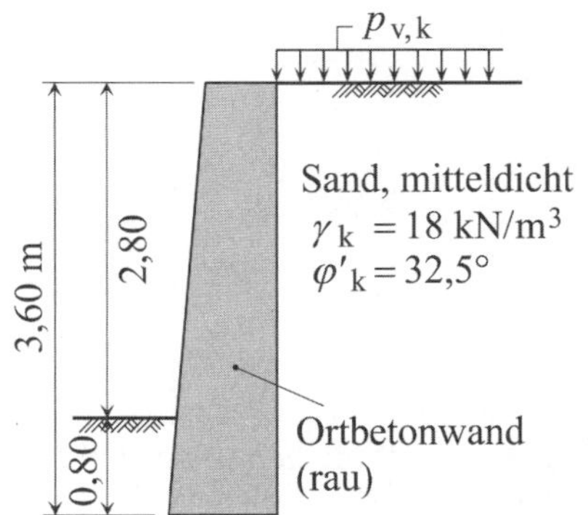

Abb. 10-17 System und Materialkenngrößen für die Erddruckberechnung

Lösung

Erddruckneigungswinkel

Zu rauer Wandbeschaffenheit gilt nach Tabelle 10-2

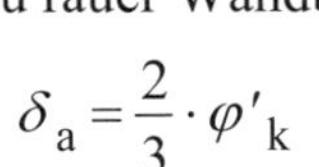

$$\delta_a = \frac{2}{3} \cdot \varphi'_k$$

Erddruckbeiwert

Mit $\alpha = 0°$, $\beta = 0°$ und $\delta_a = \tfrac{2}{3} \cdot \varphi'_k$ ergibt sich aus Tabelle 10-6 der Wert

$$K_{agh} = 0{,}2506$$

und nach Gl. 10-26

$$K_{aph} = K_{agh} \cdot \frac{\cos 0° \cdot \cos 0°}{\cos 0°} = K_{agh} \cdot \frac{1 \cdot 1}{1} = K_{agh}$$

Charakteristische Erddruckkraftkomponenten auf Wand infolge $p_{v,k}$ (Tabelle 10-7)

$$E_{aph,k} = p_{v,k} \cdot h \cdot K_{aph} = 15 \cdot 3{,}6 \cdot 0{,}2506 = 15{,}90 \text{ kN/lfdm}$$

$$E_{apv,k} = E_{aph,k} \cdot \tan \delta_a = 15{,}90 \cdot \tan\left(\frac{2}{3} \cdot 32{,}5°\right) = 6{,}32 \text{ kN/lfdm}$$

Kraftangriff von $E_{ah,k}$ über der Sohlfuge = 3,60/2 = 1,80 m

Charakteristische Erddruckkomponenten (Gl. 10-29)

$$e_{aph,k} = \frac{E_{aph,k}}{h} = p_{v,k} \cdot K_{aph} = \frac{15{,}90}{3{,}6} = 4{,}42 \text{ kN/m}^2$$

$$e_{apv,k} = \frac{E_{apv,k}}{h} = \frac{6{,}32}{3{,}6} = 1{,}75 \text{ kN/m}^2$$

Alle berechneten Erddruckgrößen sind in Abb. 10-18 dargestellt.

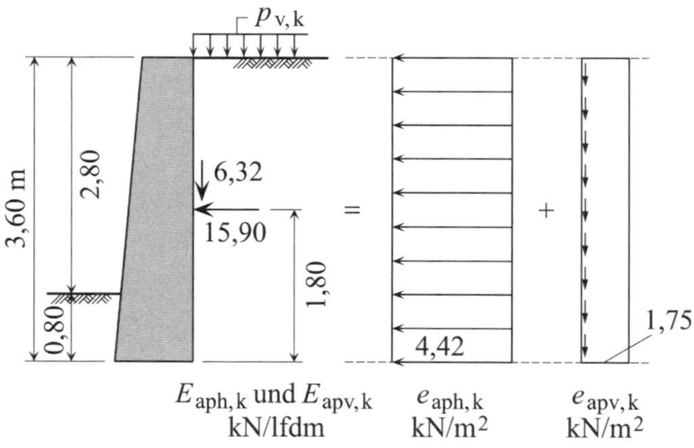

Abb. 10-18 Ergebnisdarstellung des Anwendungsbeispiels

10.7.5 Erddruckanteil aus Kohäsion

Bei der Berechnung des Erddruckanteils aus Kohäsion wird eine ebene Gleitfläche vorausgesetzt, die mit der Horizontalen den Neigungswinkel

$$\vartheta_a = 45^o + \frac{1}{2} \cdot (\varphi + \delta_a - \alpha + \beta) \qquad \text{Gl. 10-30}$$

einschließt. Weiterhin wird unterstellt, dass

- die Kohäsion in der gesamten Gleitfläche die gleiche Größe c aufweist,
- der Einfluss der Kohäsion getrennt von dem Eigenlast-Erddruck berechnet werden kann.

Damit berechnet sich die Horizontalkomponente des Anteils der Erddruckkraft infolge von Kohäsion pro lfdm Wand zu

$$E_{ach} = -h \cdot c \cdot K_{ach} \qquad \text{Gl. 10-31}$$

(aktive Erddruckkraft E_{ach} ist Zugkraft!) mit den Erddruckbeiwerten

$$K_{ach} = \frac{2 \cdot \cos\varphi \cdot \cos\beta \cdot (1 + \tan\alpha \cdot \tan\beta) \cdot \cos(\alpha + \delta_a)}{1 + \sin(\varphi + \delta_a + \alpha - \beta)} \qquad \text{Gl. 10-32}$$

Solche Beiwerte enthält Tabelle 10-8 für diskrete Werte des Reibungswinkels φ, des Wandneigungswinkels α, des Geländeneigungswinkels β und des Erddruckneigungswinkels δ_a. Eine Auswahl von Verläufen der von φ und δ_a abhängigen Funktion K_{ach} ($\alpha = \beta = 0°$ gesetzt) ist in der Abb. 10-19 dargestellt.

Tabelle 10-8 Erddruckbeiwerte K_{ach} für ebene Gleitflächen und diskrete Werte des Reibungswinkels φ, des Wandneigungswinkels α, des Geländeneigungswinkels β und des Neigungswinkel des Erddrucks δ_a

φ (in °)	α (in °)	K_{ach}							
		$\delta_a = 0°$		$\delta_a = ½ \cdot \varphi$		$\delta_a = ⅔ \cdot \varphi$		$\delta_a = \varphi$	
		$\beta = 0°$	$\beta = 10°$	$\beta = 0°$	$\beta = 10°$	$\beta = 0°$	$\beta = 10°$	$\beta = 0°$	$\beta = 10°$
15,0	0	1,535	1,750	1,385	1,551	1,337	1,488	1,244	1,369
	−10	1,750	1,989	1,587	1,765	1,535	1,696	1,434	1,565
17,5	0	1,466	1,662	1,307	1,451	1,256	1,385	1,156	1,259
	−10	1,662	1,874	1,490	1,641	1,435	1,569	1,329	1,433
20,0	0	1,400	1,577	1,234	1,358	1,180	1,290	1,075	1,159
	−10	1,577	1,766	1,400	1,528	1,344	1,455	1,234	1,316
22,5	0	1,336	1,496	1,165	1,272	1,109	1,202	1,000	1,068
	−10	1,496	1,664	1,317	1,424	1,259	1,350	1,146	1,210
25,0	0	1,274	1,418	1,100	1,192	1,043	1,121	0,930	0,985
	−10	1,418	1,567	1,239	1,328	1,181	1,255	1,066	1,114
27,5	0	1,214	1,343	1,038	1,117	0,981	1,046	0,865	0,908
	−10	1,343	1,475	1,166	1,240	1,107	1,167	0,991	1,026
30,0	0	1,155	1,271	0,980	1,047	0,922	0,976	0,804	0,837
	−10	1,271	1,387	1,097	1,157	1,038	1,085	0,922	0,945
32,5	0	1,097	1,201	0,924	0,981	0,866	0,910	0,746	0,770
	−10	1,201	1,303	1,031	1,080	0,974	1,009	0,857	0,871
35,0	0	1,041	1,134	0,871	0,918	0,813	0,848	0,692	0,708
	−10	1,134	1,223	0,969	1,008	0,913	0,939	0,796	0,802
37,5	0	0,986	1,069	0,820	0,859	0,762	0,790	0,640	0,650
	−10	1,069	1,146	0,911	0,940	0,855	0,873	0,738	0,738

Wird die Scherfestigkeit an undränierten Bodenproben bestimmt, sind die Kohäsion c_u und der Reibungswinkel $\varphi_u = 0°$ zu verwenden. In solchen Fällen hat der Erddruckbeiwert bei senkrechter Wand und horizontalem Gelände die Größe

$$K_{ach} = 2 \qquad \text{Gl. 10-33}$$

Mit Gl. 10-31 ergibt sich für die gesamten Erddruckkräfte pro lfdm Wand

$$E_{ac} = \frac{E_{ach}}{\cos(\alpha + \delta_a)} = -h \cdot c' \cdot K_{ac} = -h \cdot c' \cdot \frac{K_{ach}}{\cos(\alpha + \delta_a)} \qquad \text{Gl. 10-34}$$

und ihre vertikalen Komponenten

$$E_{acv} = E_{ach} \cdot \tan(\delta_a + \alpha) \qquad \text{Gl. 10-35}$$

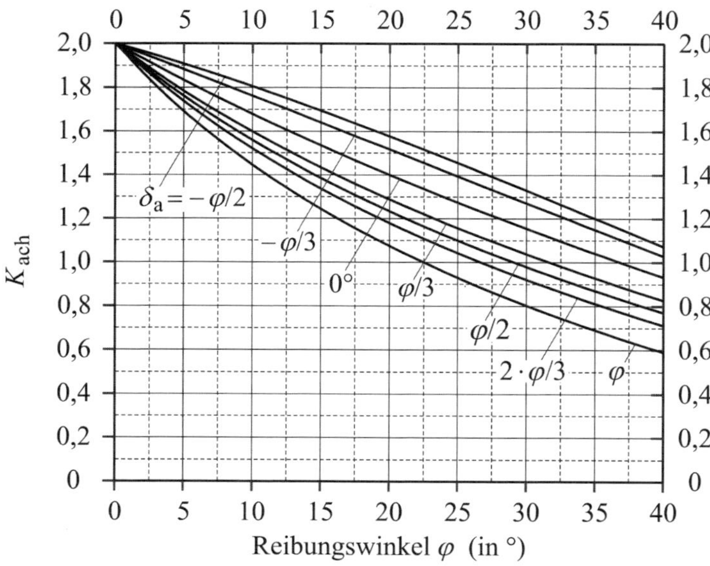

Abb. 10-19 Erddruckbeiwerte K_{ach} (aktiver Erddruck) für ebene Gleitflächen und für $\alpha = \beta = 0°$ (nach DIN 4085, Anhang B)

Der durch die Kohäsion bewirkte Erddruck ist bei homogenem Boden über die Wandhöhe gleichmäßig verteilt. Seine auf die Vertikalebene bezogene horizontale Komponente steht mit der horizontalen Erddruckkraft in der Beziehung

$$e_{ach} = \frac{1}{h} \cdot E_{ach} \qquad \text{Gl. 10-36}$$

Ein Beispiel ist für aktiven Erddruck in Abb. 10-20 gezeigt.

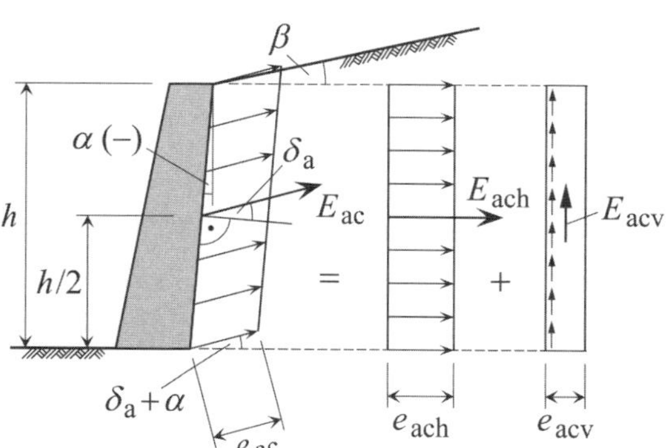

Abb. 10-20 Aktiver Erddruck e_{ac} und Erddruckkraft E_{ac} aus Kohäsion und ihre Zerlegung in Vertikal- und Horizontalkomponenten

Nimmt der Erddruck im oberen Bereich der Wand aufgrund des Kohäsionseinflusses sehr kleine Werte an, wird nach DIN 4085, 6.3.1.4 in der Regel ein Mindesterddruck gemäß DIN 4085, 6.3.1.5 maßgebend, der bei der Berechnung von Stützkonstruktionen nicht unterschritten werden darf. Dieser anzusetzende Erddruck ergibt sich bei der Annahme einer Scherfestigkeit für $\varphi = 40°$ und $c = 0$ und infolge der Eigenlast des Bodens bei Beibehaltung der geometrischen Größen und der Erddruckneigung.

10.7.6 Aufgaben mit Lösungen

Aufgabe 10-5 (Lösung Seite 271)

Unter welcher Voraussetzung kann sich bei aktivem Erddruck ein negativer Neigungswinkel δ_a des Erddrucks einstellen?

Aufgabe 10-6 (Lösung Seite 271)

Für die Bemessung der in Abb. 10-21 dargestellten Stützmauer (Schwergewichtsmauer) wird angenommen, dass die Konstruktion bergseitig durch aktiven Erddruck belastet wird, der sich infolge einer Fußpunktdrehung gemäß DIN 4085 ergibt.

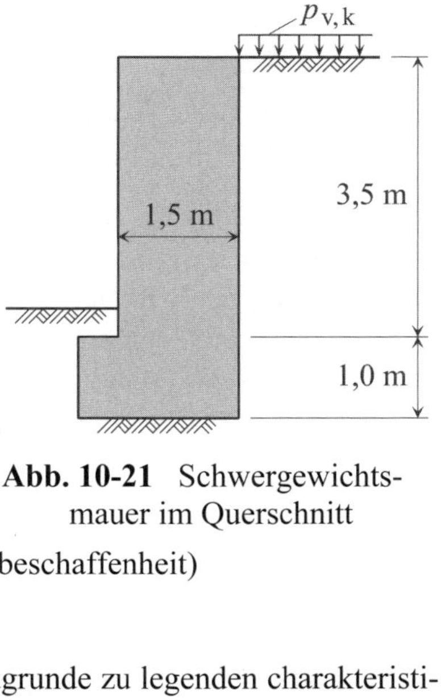

$p_{v,k}$
1,5 m
3,5 m
1,0 m

Abb. 10-21 Schwergewichtsmauer im Querschnitt

Als Systemdaten sind

Verkehrslast	$p_{v,k}$	$= 8{,}0\ \text{kN/m}^2$
Wandneigungswinkel	α	$= 0°$
Geländeneigungswinkel	β	$= 0°$
Wichte des Bodens	γ_k	$= 18{,}0\ \text{kN/m}^3$
Reibungswinkel des Bodens	φ'_k	$= 30{,}0$
Wandreibungswinkel	δ_a	$= \frac{2}{3} \cdot \varphi'_k$ (raue Wandbeschaffenheit)

anzusetzen.

Zu ermitteln sind die Größen der der Wandbemessung zugrunde zu legenden charakteristischen Biegemomente M_k der Wand (pro lfdm Wand), die in der Tiefe 3,5 m hervorgerufen werden durch die auf die bergseitige Wandfläche einwirkenden charakteristischen aktiven Erddruckbelastungen $e_{a,k}$, die sich infolge der Flächenlast $p_{v,k}$ und der Bodeneigenlast einstellen.

Aufgabe 10-7 (Lösung Seite 272)

Bei einer Vorberechnung wurde für die 4,5 m hohe Stützmauer aus Abb. 10-22 gemäß DIN 4085 der aktive Erddruck unter der Annahme einer Fußpunktdrehung der Mauer berechnet.

Für das Gesamtsystem wurden

$p_{v,k} \ = 15\,kN/m^2$

$\delta_a \ = \frac{2}{3} \cdot \varphi'_k$ (raue Wandbeschaffenheit)

$\alpha \ = 0°$

$\beta \ = 0°$

für die 1. Schicht

$\gamma_{1,k} \ = 17\,kN/m^3$

$\varphi'_{1,k} = 30{,}0°$

und für die 2. Schicht

$\gamma_{2,k} \ = 19\,kN/m^3$

$\varphi'_{2,k} = 32{,}5°$

angesetzt.

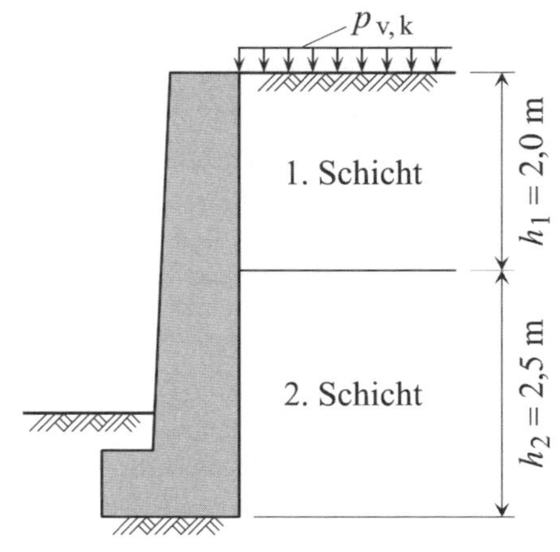

Abb. 10-22 Stützmauer im Querschnitt

Bei nachträglichen Laboruntersuchungen ergab sich für die 2. Schicht der Reibungswinkel $\varphi'_{2neu,k} = 35{,}0°$, mit dem eine Korrekturberechnung der Erddrücke der 2. Schicht durchgeführt wurde.

Zu ermitteln und in ihren Verläufen darzustellen sind die auf die bergseitige Stützmauerwand horizontal wirkenden charakteristischen aktiven Erddrücke im Bereich der 2. Schicht, die sich durch die Veränderung des Reibungswinkels $\varphi'_{2,k}$ ergeben. Es ist zusätzlich anzugeben, ob durch diese Veränderung die Stützmauer im Vergleich zur Vorberechnung be- oder entlastet wird.

Aufgabe 10-8 (Lösung Seite 274)

Bei einer Vorberechnung wurden für die 4,5 m hohe Stützmauer der Abb. 10-22 gemäß DIN 4085 die aktiven Erddruckspannungen unter der Annahme einer Fußpunktdrehung der Mauer berechnet.

Für das Gesamtsystem wurden

$p_{v,k} \ = 10\,kN/m^2$

$\delta_a \ = \frac{2}{3} \cdot \varphi'_k$ (raue Wandbeschaffenheit)

$\alpha \ = 0°$

$\beta \ = 0°$

für die 1. Schicht

$\gamma_{1,k} \ = 17\,kN/m^3$

$\varphi'_{1,k} = 30{,}0°$

und für die 2. Schicht

$\gamma_{2,k} \ = 19\,kN/m^3$

$\varphi'_{2,k} = 32{,}5°$

angesetzt.

Infolge neuer Annahmen für die Verkehrslast musste die charakteristische Last $p_{v,k}$ auf 18 kN/m² erhöht werden.

Zu ermitteln ist die Größe der horizontalen und vertikalen charakteristischen Zusatzbelastung auf die gesamte bergseitige Stützmauerwand, die sich infolge der Erhöhung von $p_{v,k}$ ergibt.

Aufgabe 10-9 (Lösung Seite 274)

Im Zuge einer Planungsänderung wurde eine durch aktiven Erddruck infolge Bodeneigenlast belastete Pfahlwand (verzahnt) durch Fertigteile (glatt) ersetzt. Unter Angabe der Gründe ist anzugeben, wie sich diese Änderung, unter Berücksichtigung der Tabelle A.1 aus DIN 4085, auf die vertikale Belastung der Wand auswirkt, wenn für den Wandneigungswinkel beider Wandtypen $\alpha = 0°$ gilt.

Lösung zu Aufgabe 10-5 (Aufgabenstellung Seite 269)

Ein positiver Neigungswinkel δ_a des aktiven Erddrucks stellt sich ein, wenn die Vertikalbewegung des abgleitenden Bodenkörpers größer ist als die Vertikalbewegung der sich setzenden Stützkonstruktion (Regelfall). Kehrt sich diese Relativbewegung zwischen Stützbauwerk und Bodenkörper um (z. B. bei auf sehr setzungsempfindlichem Baugrund gegründeten schweren Stützkonstruktionen oder hoher Vertikalbelastung der Stützkonstruktion), wechseln auch die Schubspannungen zwischen Wand und Bodenkörper ihre Wirkungsrichtung; dieser Sachverhalt wird durch einen negativen Erddruckneigungswinkel δ_a beschrieben.

Lösung zu Aufgabe 10-6 (Aufgabenstellung Seite 269)

Mit den anzusetzenden Parametern $\alpha = \beta = 0°$, $\varphi'_k = 30{,}0°$ und $\delta_a = \frac{2}{3} \cdot \varphi'_k = 20°$ ergibt sich aus Tabelle 10-6 der Erddruckbeiwert

$$K_{agh} = 0{,}2794$$

des 3,5 m tiefen Baugrundbereichs, in dem die charakteristischen Belastungen wirken, die die gesuchten Biegemomente hervorrufen.

Die zu diesem Erddruckbeiwert gehörenden horizontalen charakteristischen Erddruckkräfte des 3,5 m tiefen Bereichs ergeben sich aus der Eigenlastwirkung des Bodens zu (Gl. 10-16)

$$E_{agh,k} = \frac{h^2}{2} \cdot \gamma_k \cdot K_{agh} = \frac{3{,}5^2}{2} \cdot 18{,}0 \cdot 0{,}2794 = 30{,}80 \text{ kN/lfdm}$$

und aus der Verkehrslast zu (Gl. 10-27)

$$E_{aph,k} = p_{v,k} \cdot h \cdot K_{agh} \cdot \frac{\cos\alpha \cdot \cos\beta}{\cos(\alpha + \beta)} = 8{,}0 \cdot 3{,}50 \cdot 0{,}2794 \cdot 1 = 7{,}82 \text{ kN/lfdm}$$

Die zugehörigen vertikalen charakteristischen Erddruckkomponenten sind (Gl. 10-16 und Gl. 10-28)

$$E_{agv,k} = E_{agh,k} \cdot \tan(\alpha + \delta_a) = 30{,}80 \cdot \tan\left(0° + \frac{2 \cdot 30°}{3}\right) = 11{,}21 \text{ kN/lfdm}$$

und

$$E_{\text{apv, k}} = E_{\text{aph, k}} \cdot \tan(\alpha + \delta_{\text{a}}) = 7{,}820 \cdot \tan\left(0° + \frac{2 \cdot 30°}{3}\right) = 2{,}85 \text{ kN/lfdm}$$

Da der zu $E_{\text{agh, k}}$ gehörende charakteristische Erddruck dreiecksförmig (Abb. 10-11) über die Tiefe der Wandrückfläche verteilt ist, wirkt die horizontale Erddruckkraft im Abstand

$$h_{\text{Eg}} = 1{,}0 + \frac{3{,}5}{3} = 2{,}17 \text{ m}$$

von der Gründungssohle. Die zugehörige vertikale Erddruckkraft wirkt in der Wandrückfläche.

Zusammen rufen die beiden Kräfte in der Tiefe 3,5 m das charakteristische Biegemoment M_{k} der Wand (pro lfdm Wand)

$$M_{\text{Eg, k}} = E_{\text{agh, k}} \cdot (h_{\text{Eg}} - 1{,}0) - E_{\text{agv, k}} \cdot \frac{1{,}50}{2}$$
$$= 30{,}80 \cdot (2{,}17 - 1{,}0) - 11{,}21 \cdot 0{,}75 = 27{,}53 \text{ kN} \cdot \text{m/lfdm}$$

hervor.

Wegen der konstanten Verteilung des zu $E_{\text{aph, k}}$ gehörenden charakteristischen Erddrucks (Abb. 10-16) über die Wandrückfläche wirkt die horizontale Erddruckkraft im Abstand

$$h_{\text{Ep}} = 1{,}0 + \frac{3{,}5}{2} = 2{,}75 \text{ m}$$

von der Gründungssohle. Die zugehörige vertikale Erddruckkraft wirkt als Resultierende der Schubspannungen in der Wandrückfläche.

Zusammen rufen die beiden Kräfte in der Tiefe 3,5 m pro lfdm Wand das gegen den Uhrzeigersinn drehende charakteristische Biegemoment

$$M_{\text{Ep, k}} = E_{\text{aph, k}} \cdot (h_{\text{Ep}} - 1{,}0) - E_{\text{apv, k}} \cdot \frac{1{,}50}{2}$$
$$= 7{,}82 \cdot (2{,}75 - 1{,}0) - 2{,}85 \cdot 0{,}75 = 11{,}55 \text{ kN} \cdot \text{m/lfdm}$$

hervor.

Lösung zu Aufgabe 10-7 (Aufgabenstellung Seite 269)

Da nur in der 2. Schicht eine Parameteränderung gegenüber der 1. Berechnung festgestellt wurde, bleiben die Berechnungsergebnisse in der 1. Schicht unverändert.

Für die 2. Schicht ergeben sich mit den Parametern $\alpha = \beta = 0°$ und $\delta_{\text{a}} = ⅔ \cdot \varphi'_{\text{k}}$ sowie den Reibungswinkeln $\varphi'_{2,\text{k}} = 32{,}5°$ (1. Berechnung) bzw. $\varphi'_{2\text{neu, k}} = 35{,}0°$ (2. Berechnung) die Erddruckbeiwerte aus Tabelle 10-6 zu

$K_{\text{agh}\,2,1} = 0{,}2506$ (1. Berechnung)

$K_{\text{agh}\,2,2} = 0{,}2244$ (2. Berechnung)

Mit ihnen berechnen sich die charakteristischen horizontalen Erddrücke am oberen Rand der 2. Schicht infolge der ständig vorhandenen charakteristischen Bodeneigenlast $\gamma_{1,\text{k}} \cdot h_1$ aus der 1. Schicht (Gl. 10-16 und Gl. 10-21) zu

$$e_{\text{agh o 2,1,k}} = \gamma_{1,\text{k}} \cdot h_1 \cdot K_{\text{agh 2,1}} = 17 \cdot 2{,}0 \cdot 0{,}2506 = 8{,}52 \text{ kN/m}^2 \qquad \text{(1. Berechnung)}$$

$$e_{\text{agh o 2,2,k}} = \gamma_{1,\text{k}} \cdot h_1 \cdot K_{\text{agh 2,2}} = 17 \cdot 2{,}0 \cdot 0{,}2244 = 7{,}63 \text{ kN/m}^2 \qquad \text{(2. Berechnung)}$$

und die charakteristischen horizontalen Erddrücke am unteren Rand der 2. Schicht bzw. der Mauer infolge der ständig vorhandenen charakteristischen Bodeneigenlasten aus beiden Schichten zu

$$\begin{aligned} e_{\text{agh u 2,1,k}} &= (\gamma_{1,\text{k}} \cdot h_1 + \gamma_{2,\text{k}} \cdot h_2) \cdot K_{\text{agh 2,1}} \\ &= (17 \cdot 2{,}0 + 19 \cdot 2{,}5) \cdot 0{,}2506 = 20{,}42 \text{ kN/m}^2 \end{aligned} \qquad \text{(1. Berechnung)}$$

$$\begin{aligned} e_{\text{agh u 2,2,k}} &= (\gamma_{1,\text{k}} \cdot h_1 + \gamma_{2,\text{k}} \cdot h_2) \cdot K_{\text{agh 2,2}} \\ &= (17 \cdot 2{,}0 + 19 \cdot 2{,}5) \cdot 0{,}2244 = 18{,}29 \text{ kN/m}^2 \end{aligned} \qquad \text{(2. Berechnung)}$$

Die Änderung des Reibungswinkels führt in der 2. Schicht somit zu den charakteristischen Erddruckdifferenzen

$$\Delta e_{\text{agh o 2,k}} = e_{\text{agh o 2,2,k}} - e_{\text{agh o 2,1,k}} = 7{,}63 - 8{,}52 = -0{,}89 \text{ kN/m}^2$$

$$\Delta e_{\text{agh u 2,k}} = e_{\text{agh u 2,2,k}} - e_{\text{agh u 2,1,k}} = 18{,}29 - 20{,}42 = -2{,}14 \text{ kN/m}^2$$

die sich infolge der charakteristischen Bodeneigenlasten an den Schichtgrenzen ergeben. Der Verlauf der Erddruckdifferenzen kann der Abb. 10-23 entnommen werden. Das negative Vorzeichen weist darauf hin, dass die Parameteränderung im Bereich der 2. Schicht zu einer Entlastung der Stützmauer führt.

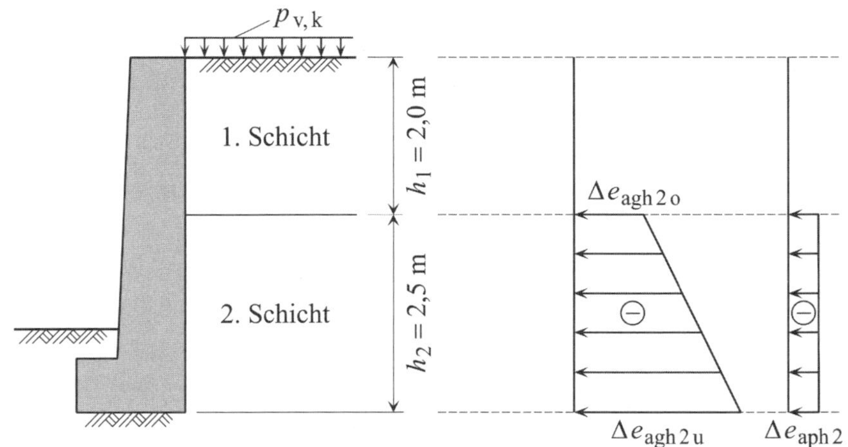

Abb. 10-23 Erddrücke infolge der Reibungswinkelveränderung in der 2. Schicht

Für die charakteristischen horizontalen Erddrücke infolge der charakteristischen Verkehrslast $p_{\text{v,k}}$ gelten im Bereich der 2. Schicht (Gl. 10-27, Gl. 10-29 und Tabelle 10-7, Zeile 1)

$$e_{\text{aph 2,1,k}} = p_{\text{v,k}} \cdot K_{\text{agh 2,1}} = 15 \cdot 0{,}2506 = 3{,}76 \text{ kN/m}^2 \qquad \text{(1. Berechnung)}$$

$$e_{\text{aph 2,2,k}} = p_{\text{v,k}} \cdot K_{\text{agh 2,2}} = 15 \cdot 0{,}2244 = 3{,}37 \text{ kN/m}^2 \qquad \text{(2. Berechnung)}$$

Die Änderung des Reibungswinkels in der 2. Schicht führt somit zu der charakteristischen Erddruckdifferenz

$$\Delta e_{\text{apho 2,k}} = e_{\text{apho 2,2,k}} - e_{\text{apho 2,1,k}} = 3{,}37 - 3{,}76 = -0{,}39\ \text{kN/m}^2$$

die sich infolge der charakteristischen Verkehrslast in dieser Schicht ergibt. Den Verlauf der Erddruckdifferenzen zeigt Abb. 10-23. Das negative Vorzeichen weist darauf hin, dass die Parameteränderung im Bereich der 2. Schicht zu einer Entlastung der Stützmauer führt.

Lösung zu Aufgabe 10-8 (Aufgabenstellung Seite 270)

Die Zusatzbelastung der Stützmauer ergibt sich aus der Erhöhung der Verkehrslast um

$$\Delta p_{\text{v,k}} = 18 - 10 = 8\ \text{kN/m}^2$$

Mit den Parametern $\alpha = \beta = 0°$ und $\delta_a = ⅔ \cdot \varphi'_k$ sowie den Reibungswinkeln $\varphi'_{1,k} = 30{,}0°$ (1. Schicht) bzw. $\varphi'_{2,k} = 32{,}5°$ (2. Schicht) ergeben sich aus Tabelle 10-6 die Erddruckbeiwerte

$K_{\text{agh1}} = 0{,}2794$ (1. Schicht)

$K_{\text{agh2}} = 0{,}2506$ (2. Schicht)

Zu ihnen gehören die charakteristischen horizontalen Erddruckkräfte infolge von $\Delta p_{\text{v,k}}$ (horizontale Zusatzbelastungen der Stützmauer), die sich mit $\alpha = \beta = 0°$ zu (Gl. 10-27)

$$\Delta E_{\text{aph 1,k}} = \Delta p_{\text{v,k}} \cdot h_1 \cdot K_{\text{agh 1}} \cdot 1{,}0 = 8 \cdot 2{,}0 \cdot 0{,}2794 \cdot 1{,}0 = 4{,}47\ \text{kN/lfdm} \quad \text{(1. Schicht)}$$

$$\Delta E_{\text{aph 2,k}} = \Delta p_{\text{v,k}} \cdot h_2 \cdot K_{\text{agh 2}} \cdot 1{,}0 = 8 \cdot 2{,}5 \cdot 0{,}2506 \cdot 1{,}0 = 5{,}01\ \text{kN/lfdm} \quad \text{(2. Schicht)}$$

berechnen, sowie die zugehörigen charakteristischen vertikalen Erdrucklastkomponenten

$$\Delta E_{\text{apv 1,k}} = \Delta E_{\text{aph 1,k}} \cdot \tan\delta_{\text{a 1}} = 4{,}47 \cdot \tan\frac{2 \cdot \varphi'_{1,k}}{3} = 4{,}47 \cdot \tan\frac{2 \cdot 30°}{3} = 1{,}63\ \text{kN/lfdm}$$

$$\Delta E_{\text{apv 2,k}} = \Delta E_{\text{aph 2,k}} \cdot \tan\delta_{\text{a 2}} = 4{,}47 \cdot \tan\frac{2 \cdot \varphi'_{2,k}}{3} = 5{,}01 \cdot \tan\frac{2 \cdot 32{,}5°}{3} = 1{,}99\ \text{kN/lfdm}$$

Die ermittelten ΔE-Größen stelle-n die gesuchte Zusatzbelastung der bergseitigen Stützmauerwand infolge der Verkehrslasterhöhung $\Delta p_{\text{v,k}}$ dar. Die ihnen zugeordneten Erddrücke besitzen in der jeweiligen Schicht konstante Größen.

Lösung zu Aufgabe 10-9 (Aufgabenstellung Seite 271)

Bei einer Verzahnung zwischen abgleitendem Erdkeil und Wandrückseite ist nach Tabelle A.1 aus DIN 4085 (entspricht Tabelle 10-2) mit einem Neigungswinkel des Erddrucks von $\delta_a = ⅔ \cdot \varphi'_k$ zu rechnen. Dies führt für den Fall der aktiven Erddruckbelastung infolge Bodeneigenlast zu einer charakteristischen Kraft der Größe

$$E_{\text{agv, verzahnt, k}} = E_{\text{agh, verzahnt, k}} \cdot \tan\delta_a$$

die als Resultierende der Wandreibungsspannungen die Wand vertikal belastet.

Ist, wie bei der Fertigteilwand, von einer glatten Wandbeschaffenheit auszugehen, gilt nach Tabelle A.1 aus DIN 4085 (entspricht Tabelle 10-2) der Erddruckneigungswinkel $\delta_a = 0°$

und damit

$$E_{\text{agv, glatt, k}} = E_{\text{agh, glatt, k}} \cdot \tan \delta_{a} = E_{\text{agh, glatt, k}} \cdot \tan 0° = E_{\text{agh, glatt, k}} \cdot 0 = 0$$

Die Planungsänderung führt somit zum Wegfall der charakteristischen vertikalen Wandbelastung $E_{\text{agv, verzahnt, k}}$.

10.8 Passiver Erddruck gemäß DIN 4085

Für die Ermittlung von passivem Erddruck (größtmöglicher Erdwiderstand, vgl. auch Abb. 10-5) nach DIN 4085 werden im Regelfall Gleitflächen gemäß Abb. 10-24 und im Sonderfall, in dem $\alpha = \beta = \delta_{p} = 0°$ gilt, ebene Gleitflächen mit Neigungswinkeln

$$\vartheta_{p} = 45° - \frac{\varphi}{2} \qquad \text{Gl. 10-37}$$

angenommen. Maßgebend ist jeweils die Gleitfläche, für die sich die kleinste passive Erddruckkraft ergibt.

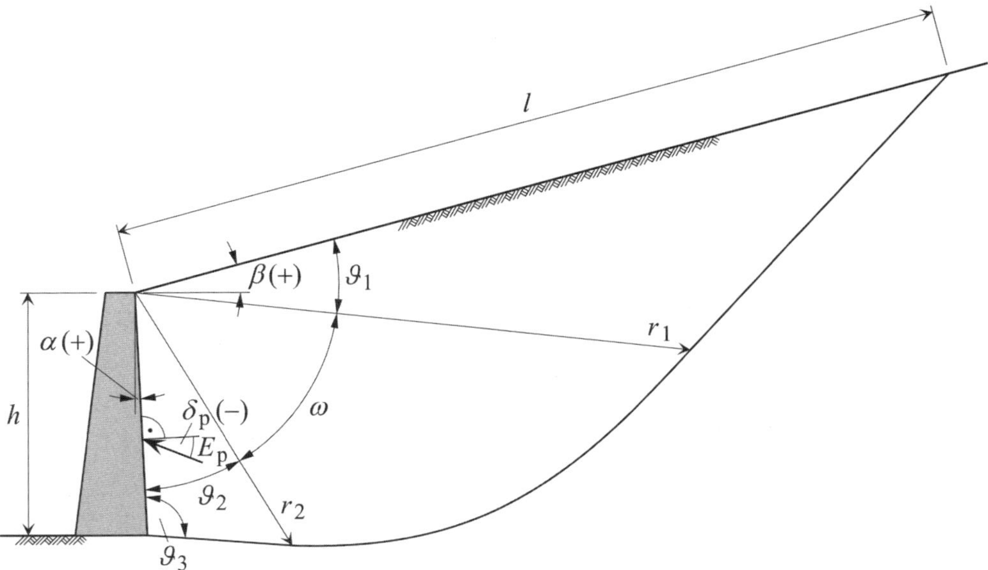

Abb. 10-24 Gleitflächenausbildung bei passivem Erddruck (nach DIN 4085, Anhang B und SOKOLOVSKII [L 136])

Die Größen der Winkel ϑ_{1}, ϑ_{2}, ϑ_{3} und ω sowie der Längen l, r_{1} und r_{2} aus Abb. 10-24 berechnen sich unter Verwendung der Größen für die Wandhöhe h, den Wandneigungswinkel α, den Geländeneigungswinkel β, den Erddruckneigungswinkel δ_{p} und der beiden Hilfsgrößen

$$\varepsilon_{1} = \arcsin \frac{\sin \beta}{\sin \varphi} \quad \text{und} \quad \varepsilon_{2} = \arcsin \frac{-\sin \delta_{p}}{\sin \varphi} \qquad \text{Gl. 10-38}$$

zu

$$\vartheta_1 = \frac{\pi}{4} - \frac{\varphi}{2} - \frac{\varepsilon_1 - \beta}{2} \qquad \vartheta_2 = \frac{\pi}{4} + \frac{\varphi}{2} - \frac{\varepsilon_2 - \delta_p}{2} \qquad \vartheta_3 = \frac{\pi}{4} + \frac{\varphi}{2} + \frac{\varepsilon_2 - \delta_p}{2} \qquad \text{Gl. 10-39}$$

$$\omega = \frac{\pi}{2} - \alpha + \beta - \vartheta_1 - \vartheta_2$$

und

$$r_2 = \frac{h}{\cos\alpha} \cdot \frac{\sin\vartheta_3}{\sin(\vartheta_2 + \vartheta_3)} \qquad r_1 = r_2 \cdot e^{\omega \cdot \tan\varphi} \qquad l = r_1 \cdot \frac{\cos\varphi}{\cos(\varphi + \vartheta_1)} \qquad \text{Gl. 10-40}$$

Tabelle 10-9 Anhaltswerte (für $\alpha = \beta = 0°$) für die zur Erzeugung der passiven Erddruckkraft erforderlichen Wandbewegungen s_p und die vereinfachte Erddruckverteilung e_{pgh} aus Bodeneigenlast für verschiedene Wandbewegungsarten bei nichtbindigem Boden (nach DIN 4085, Anhang B)

Art der Wandbewegung	Bezogene Wandbewegungen s_p/h (in Abhängigkeit von der Lagerungsdichte D, für $D > 0{,}3$)	Erddruckkraft E_{pgh} (vereinfachte Verteilung des passiven Erddrucks und Näherung für die Größe der Erddruckkraft [a])
a) Drehung um den Wandfußpunkt 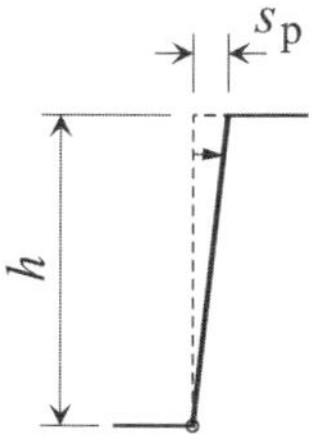 s_p, h	$\frac{s_p}{h} = -0{,}08 \cdot D + 0{,}12$ Die Gleichung liefert Mittelwerte und gilt näherungsweise, wenn im negativen Bereich für δ_p dem Betrage nach $\delta_p \leq \varphi/2$ ist. Die zu berücksichtigende Streuung beträgt bis zu ±20%. Innerhalb des Streubereichs nehmen die Werte mit der Wandhöhe etwas zu. Wenn im negativen Bereich für δ_p dem Betrage nach $\delta_p > \varphi/2$ ist, können betragsmäßig größere Werte für s_p/h auftreten.	$\frac{1}{2} \cdot E^b_{pgh} \leq E^a_{pgh} \leq \frac{2}{3} \cdot E^b_{pgh}$ 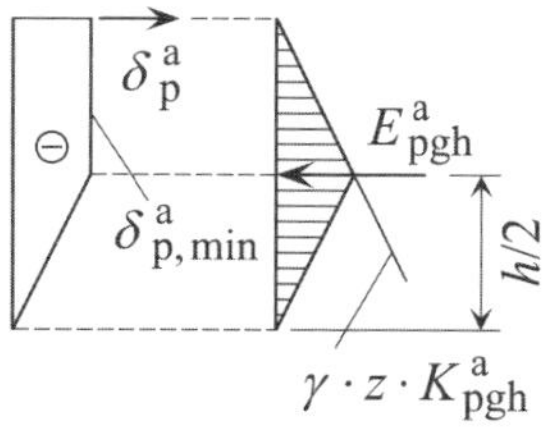 ⊖, δ^a_p, E^a_{pgh}, $\delta^a_{p,min}$, $h/2$, $\gamma \cdot z \cdot K^a_{pgh}$ $E^a_{pgv} = E^a_{pgh} \cdot \tan\delta^a_{p,mittel}$ $\delta^a_{p,mittel} = \frac{3}{4} \cdot \delta^a_{p,min}$
b) Parallelbewegung 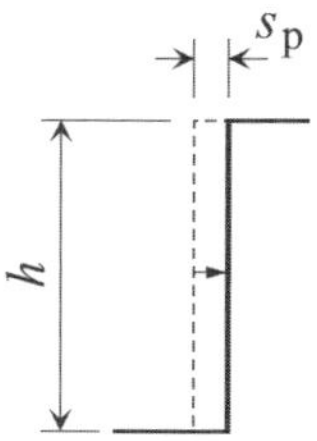 s_p, h		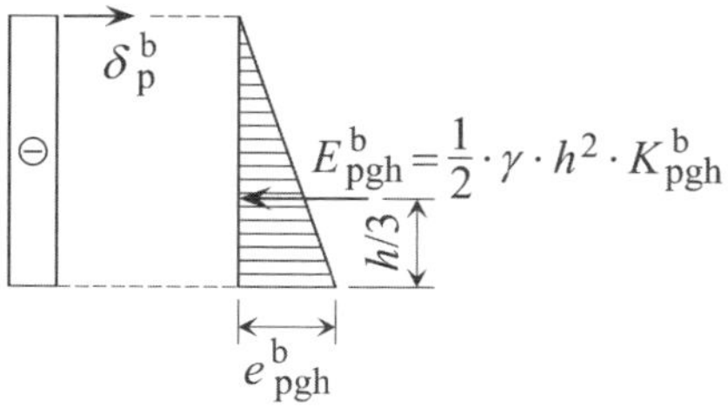 ⊖, δ^b_p, $E^b_{pgh} = \frac{1}{2} \cdot \gamma \cdot h^2 \cdot K^b_{pgh}$, $h/3$, e^b_{pgh} $\delta^b_{p,mittel} = \delta^b_{p,min}$

Fortsetzung der Tabelle auf der nächsten Seite.

c) Drehung um den Wandkopfpunkt 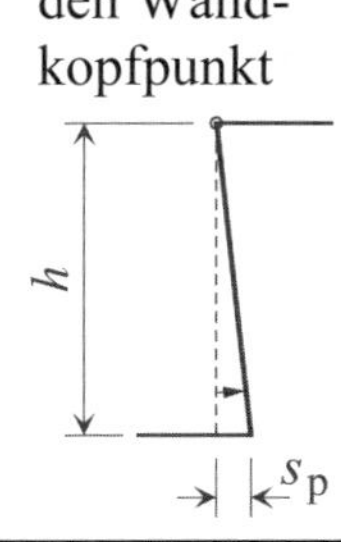	$\frac{s_p}{h} = -0{,}05 \cdot D + 0{,}09$ Die Gleichung liefert Mittelwerte. Die Streuung beträgt bei dieser Wandbewegungsart etwa ± 20 %. Innerhalb des Streubereichs nehmen die Werte mit der Wandhöhe etwas zu	$E_{pgh}^{c} \approx \frac{2}{3} \cdot E_{pgh}^{b}$ 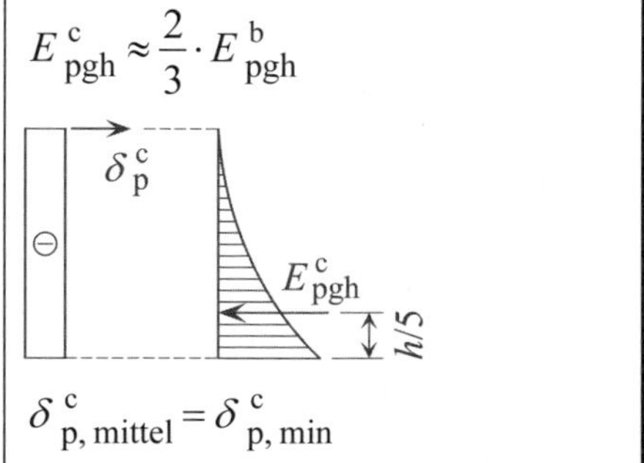 $\delta_{p,\,mittel}^{c} = \delta_{p,\,min}^{c}$
[a] Entsprechend der Vorzeichenregel nach Abb. 10-24 ist $\delta_{p,\,min}$ betragsmäßig der größte negative Neigungswinkel des Erddrucks an der jeweils betrachteten Wand.		

Hinweise aus DIN 4085, Anhang B zur Tabelle 10-9:

1) Bei Wandbewegungen, die sich aus einer Kombination von Fußpunktdrehung und Parallelverschiebung ergeben und bei denen die Fußpunktverschiebung so groß ist, dass sie bei reiner Parallelverschiebung passiven Erddruck erzeugen würde, dürfen Größe und Verteilung des Erddrucks wie bei reiner Parallelverschiebung angenommen werden.
2) Kombiniert sich die Wandbewegung aus Kopfpunktdrehung und Parallelverschiebung, und ist die Kopfpunktverschiebung so groß, dass sie bei reiner Parallelverschiebung passiven Erddruck erzeugen würde, dürfen Größe und Verteilung des Erddrucks wie bei reiner Parallelverschiebung angenommen werden.
3) Treten in beiden Fällen geringere Wandverschiebungen auf, darf näherungsweise interpoliert werden.

Soll sich hinter einer Wand, die z. B. in locker gelagertem nichtbindigen Boden mit der Lagerungsdichte $D = 0{,}3$ hergestellt wird, passiver Erddruck einstellen, muss nach DIN 4085 die bezogene Wandbewegung (s_p/h) bei

- ► paralleler Wandbewegung oder der Drehung um den Wandfußpunkt den Wert von 0,096,
- ► Drehung der Wand um ihren Kopfpunkt den Wert von 0,075

erreichen (vgl. Tabelle 10-9). Bezogen auf die erforderliche Wandbewegung zur Erzeugung aktiven Erddrucks entspricht dies dem (vgl. Tabelle 10-3)

- ► 19,2- bis 24fachen bei Drehung um den Wandfuß,
- ► 32- bis 48fachen bei Parallelbewegung der Wand,
- ► 7,5- bis 9,4fachen bei Drehung um den Wandkopf.

10.8.1 Formeln für Erddrücke und Erddruckkräfte infolge Bodeneigenlast

Zur näherungsweisen Berechnung der auf die Wandlänge bezogenen Erddruckkräfte E (Angabe z. B. in kN pro lfdm Wand) werden in DIN 4085, 6.5.1 Formeln bereitgestellt, deren Indizes die folgende Bedeutung haben:

p passiver Zustand,
g verursacht durch Bodeneigenlast,
c verursacht durch Kohäsion,
h Horizontalkomponente,
v Vertikalkomponente.

Zu betrachten sind Wände mit

- ▶ Wandneigungswinkeln α (Angabe in °),
- ▶ lotrechten Höhen h (Angabe in m) und
- ▶ Neigungswinkeln des passiven Erddrucks δ_p (Angabe in °)

hinter denen Bodenmaterial ansteht, das

- ▶ die Wichte γ (Angabe in kN/m³),
- ▶ den Reibungswinkel φ (Angabe in °) und
- ▶ den Neigungswinkel β der Geländeoberfläche (Angabe in °)

aufweist.

Für solche Fälle hat, bei Parallelbewegung der Wand, die Gleichung zur Ermittlung der horizontalen und vertikalen Komponenten des dreiecksförmig verteilten passiven Erddrucks (vgl. Tabelle 10-9) infolge der Bodeneigenlastwirkung die Form (Vorzeichen von α und δ_p beachten, auf die Wand einwirkende positive Komponente ist nach unten gerichtet)

$$e_{pgh}(z) = z \cdot \gamma \cdot K_{pgh}$$
$$e_{pgv}(z) = e_{pgh}(z) \cdot \tan(\alpha + \delta_p) = z \cdot \gamma \cdot K_{pgh} \cdot \tan(\alpha + \delta_p) \qquad \text{Gl. 10-41}$$

die Gleichung zur Ermittlung des zu der horizontalen und vertikalen Komponente gehörenden resultierenden Erddrucks die Form

$$e_{pg}(z) = \frac{e_{pgh}(z)}{\cos(\alpha + \delta_p)} = \frac{z \cdot \gamma \cdot K_{pgh}}{\cos(\alpha + \delta_p)} \qquad \text{Gl. 10-42}$$

die Gleichung zur Ermittlung der zugehörigen und für die Wandhöhe h geltenden horizontalen und vertikalen Erddruckkraftkomponenten pro lfdm Wand die Form (der obere Index b verweist auf die parallele Wandbewegungsart b der Tabelle 10-9, bei der sich der passive Erddruck im Fall homogenen Bodens etwa dreiecksförmig über die Wandhöhe h verteilt, vgl. auch Abb. 10-25; Vorzeichen von α und δ_p beachten, auf die Wand einwirkende positive Komponente weist nach unten)

$$E_{pgh}^{b} = \frac{e_{pgh}(h) \cdot h}{2} = \frac{\gamma \cdot h^2 \cdot K_{pgh}^{b}}{2}$$
$$E_{pgv}^{b} = E_{pgh}^{b} \cdot \tan(\alpha + \delta_p) = \frac{\gamma \cdot h^2 \cdot K_{pgh}^{b}}{2} \cdot \tan(\alpha + \delta_p) \qquad \text{Gl. 10-43}$$

und die Gleichung zur Ermittlung der zu der horizontalen und vertikalen Komponente gehörenden resultierenden Erddruckkraft pro lfdm Wand die Form

$$E_{pg}^{b} = \frac{E_{pgh}^{b}}{\cos(\alpha + \delta_p)} = \frac{\gamma \cdot h^2}{2} \cdot K_{pg}^{b} = \frac{\gamma \cdot h^2}{2} \cdot \frac{K_{pgh}^{b}}{\cos(\alpha + \delta_p)} \qquad \text{Gl. 10-44}$$

Im Sonderfall einer ebenen Gleitfläche ($\alpha = \beta = \delta_p = 0°$) kann der in Gl. 10-41 bis Gl. 10-44 verwendete Erddruckbeiwert zur Erfassung der Wirkung der Bodeneigenlast mittels

$$K_{pgh} = \frac{1 + \sin\varphi}{1 - \sin\varphi} = \tan^2\left(45° + \frac{\varphi}{2}\right) \qquad \text{Gl. 10-45}$$

berechnet werden. Die Gleitfläche schließt mit der Horizontalen den Winkel (Neigungswinkel der Gleitfläche)

$$\vartheta_p = 45° - \frac{\varphi}{2}$$ Gl. 10-46

ein.

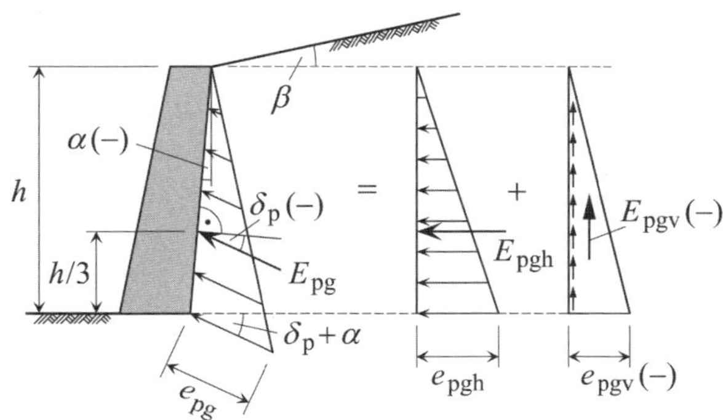

Abb. 10-25 Passiver Erddruck e_{pg} und Erddruckkraft E_{pg} aus Bodeneigenlast bei Parallelverschiebung und Zerlegung in Vertikal- und Horizontalkomponenten

Bei dem im Regelfall üblichen Ansatz von Gleitflächen gemäß Abb. 10-24 und paralleler Wandbewegung sind die Erddruckbeiwerte nach DIN 4085, Anhang C

$$K_{pg} = K_{pg,0} \cdot i_{pg} \cdot g_{pg} \cdot t_{pg} \qquad \varphi > 0°$$
$$K_{pg} = 1 \qquad \varphi = 0°$$ Gl. 10-47

zu verwenden. Für $\varphi > 0$ erforderliche Größen sind der zu $\alpha = \beta = \delta_p = 0°$ gehörende Beiwert

$$K_{pg,0} = \frac{1+\sin\varphi}{1-\sin\varphi} = \tan^2\left(45° + \frac{\varphi}{2}\right)$$ Gl. 10-48

der Erddruckneigungsbeiwert

$$i_{pg} = (1 - 0{,}53 \cdot \delta_p)^{0{,}26+5{,}96\cdot\varphi} \qquad \delta_p \leq 0°$$
$$i_{pg} = (1 + 0{,}41 \cdot \delta_p)^{-7{,}13} \qquad \delta_p > 0°$$ Gl. 10-49

dessen Größe von der des Erddruckneigungswinkels δ_p abhängt und der von der Größe des Geländeneigungswinkels β abhängende Geländeneigungsbeiwert

$$g_{pg} = (1 + 0{,}73 \cdot \beta)^{2{,}89} \qquad \beta \leq 0°$$
$$g_{pg} = (1 + 0{,}35 \cdot \beta)^{0{,}42+8{,}15\cdot\varphi} \qquad \beta > 0°$$ Gl. 10-50

sowie der Wandneigungsbeiwert

$$t_{pg} = (1 + 0{,}72 \cdot \alpha \cdot \tan\varphi)^{-3{,}51+1{,}03\cdot\varphi} \qquad \alpha \leq 0°$$
$$t_{pg} = (1 - 0{,}0012 \cdot \alpha \cdot \tan\varphi)^{2910+1958\cdot\varphi} \qquad \alpha > 0°$$ Gl. 10-51

dessen Größe durch die des Wandneigungswinkels α beeinflusst wird.

Mit dem Beiwert K_{pg}, dem Wandneigungswinkel α und dem Erddruckneigungswinkel δ_p berechnet sich der zur horizontalen Erddruckkomponente gehörende Erddruckbeiwert mit (Vorzeichen von α und δ_p beachten)

$$K_{pgh} = K_{pg} \cdot \cos(\alpha + \delta_p) \qquad \varphi > 0°$$
$$K_{pgh} = 1 \cdot \cos(\alpha + \delta_p) \qquad \varphi = 0° \qquad \text{Gl. 10-52}$$

In Abb. 10-26 sind K_{pgh}-Verläufe für Wände mit senkrechter Rückwand ($\alpha = 0°$) und horizontalem Gelände ($\beta = 0°$) dargestellt. Gut zu erkennen ist die Zunahme der Größe der K_{pgh}-Werte mit wachsenden Reibungswinkeln φ der Böden und abnehmenden Neigungswinkeln δ_p der Erddrücke.

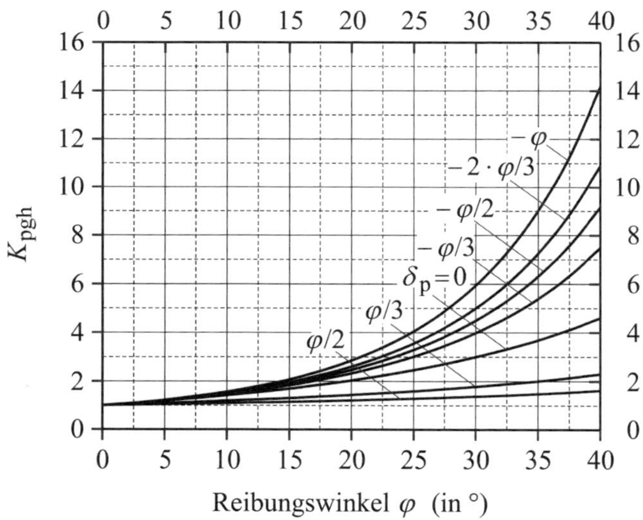

Abb. 10-26 Erddruckbeiwerte K_{pgh} (passiver Erddruck) für $\alpha = \beta = 0°$ und für zusammengesetzte Gleitflächen nach SOKOLOVSKII [L 136] und PREGL [L 132] (nach DIN 4085, Anhang B)

Führt die Wand statt einer Parallelverschiebung (liegt den Gleichungen Gl. 10-41 bis Gl. 10-44 zugrunde) eine Drehung um ihren Fußpunkt aus (Wandbewegung a in Tabelle 10-9), gilt, bei $\alpha = \beta = 0°$, für die Horizontalkomponente der Erddruckkraft pro lfdm Wand näherungsweise

$$\frac{1}{2} \cdot E^{b}_{pgh} = \frac{\gamma \cdot h^2}{4} \cdot K^{b}_{pgh} \leq E^{a}_{pgh} \leq \frac{2}{3} \cdot E^{b}_{pgh} = \frac{\gamma \cdot h^2}{3} \cdot K^{b}_{pgh} \qquad \text{Gl. 10-53}$$

Die Beziehung $E^{a}_{pgh} > 0{,}5 \cdot E^{b}_{pgh}$ setzt voraus, dass bei negativen Erddruckneigungswinkeln δ_p die Größe des mittleren Erddruckneigungswinkels

$$\delta^{a}_{p,\,mittel} = \frac{3}{4} \cdot \delta^{a}_{p,\,min} \qquad \text{Gl. 10-54}$$

betragsmäßig größer ist als der entsprechende Wert der Wandbewegung b in Tabelle 10-9

$$|\delta^{a}_{p,\,mittel}| > |\delta^{b}_{p,\,mittel}| \qquad \text{Gl. 10-55}$$

Bei bekannter horizontaler Erddruckkraftkomponente kann die entsprechende vertikale Komponente pro lfdm Wand mit (beachte Vorzeichen von α und δ_p)

$$E^{a}_{pgv} = \frac{2}{3} \cdot E^{b}_{pgh} \cdot \tan(\alpha + \delta^{a}_{p,\,mittel}) = \frac{\gamma \cdot h^2 \cdot K_{pgh}}{3} \cdot \tan(\alpha + \delta^{a}_{p,\,mittel}) \qquad \text{Gl. 10-56}$$

und die zu der horizontalen und vertikalen Komponente gehörende resultierende Erddruckkraft pro lfdm Wand mit

$$E^{a}_{pg} = \frac{2}{3} \cdot \frac{E^{b}_{pgh}}{\cos(\alpha + \delta^{a}_{p,\,mittel})} = \frac{\gamma \cdot h^2}{3} \cdot K_{pg} = \frac{\gamma \cdot h^2}{3} \cdot \frac{K_{pgh}}{\cos(\alpha + \delta^{a}_{p,\,mittel})} \qquad \text{Gl. 10-57}$$

berechnet werden. Der zugehörige Erddruck ist in diesem Fall näherungsweise dreiecksförmig verteilt (vgl. Tabelle 10-9).

Bei einer Drehung der Wand um den Kopf- statt um den Fußpunkt (Wandbewegung c in Tabelle 10-9) berechnet sich, für $\alpha = \beta = 0°$, die Horizontalkomponente der Erddruckkraft pro lfdm Wand näherungsweise mit

$$E^{c}_{pgh} = \frac{2}{3} \cdot E^{b}_{pgh} = \frac{2}{3} \cdot \frac{\gamma \cdot h^2}{2} \cdot K_{pgh} \qquad \text{Gl. 10-58}$$

Der zugehörige Erddruck verteilt sich in diesem Fall näherungsweise gemäß einer quadratischen Parabel (vgl. Tabelle 10-9).

Die zugehörige vertikale Erddruckkraftkomponente und die zu den Komponenten gehörende resultierende Erddruckkraft pro lfdm Wand könnein Analogie zu Gl. 10-56 und zu Gl. 10-57 ermittelt werden.

Anwendungsbeispiel

Für die in Abb. 10-14 gezeigte Ortbetonwand mit lotrechter bergseitiger Wandfläche ($\alpha = 0°$) und horizontaler Geländeoberfläche ($\beta = 0°$) ist der auf die bergseitige Wandfläche wirkende charakteristische passive Erddruck zu ermitteln. Der Berechnung ist die Annahme zugrunde zu legen, dass die Wand eine Parallelbewegung ausführt.

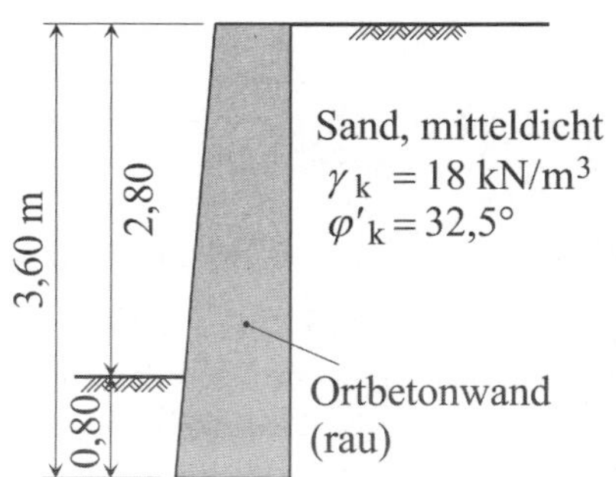

Abb. 10-27 System und Materialkenngrößen für die Erddruckberechnung

Lösung

Zu rauer Wandbeschaffenheit gilt nach Tabelle 10-2 für den Erddruckneigungswinkel

$$\delta_a = \frac{2}{3} \cdot \varphi'_k$$

Erddruckbeiwert

Mit $\alpha = 0°$, $\beta = 0°$ und $\delta_p = -⅔ \cdot \varphi'_k$ ergibt sich aus Abb. 10-26 der Wert

$K_{pgh} = 6{,}00$

Charakteristische Größen der Erddruckkraftkomponenten auf Wand (Gl. 10-43)

$$E_{pgh,k} = 0{,}5 \cdot \gamma_k \cdot h^2 \cdot K_{pgh} = 0{,}5 \cdot 18 \cdot 3{,}6^2 \cdot 6{,}00 = 699{,}84 \text{ kN/lfdm}$$

$$E_{pgv,k} = E_{pgh,k} \cdot \tan\delta_p = 699{,}84 \cdot \tan\left(\frac{2}{3} \cdot -32{,}5°\right) = -278{,}03 \text{ kN/lfdm}$$

Kraftangriff von $E_{ph,k}$ über der Sohlfuge = 3,60/3 = 1,20 m

Charakteristische Größen der Erddruckkomponenten auf Wand (Gl. 10-43)

$$e_{pgh,k} = 2 \cdot \frac{E_{pgh,k}}{h} = 2 \cdot \frac{699{,}84}{3{,}6} = 388{,}8 \text{ kN/m}^2$$

$$e_{pgv,k} = 2 \cdot \frac{E_{pgv,k}}{h} = 2 \cdot \frac{-278{,}03}{3{,}6} = -154{,}46 \text{ kN/m}^2$$

Alle berechneten Erddruckgrößen sind in Abb. 10-28 dargestellt.

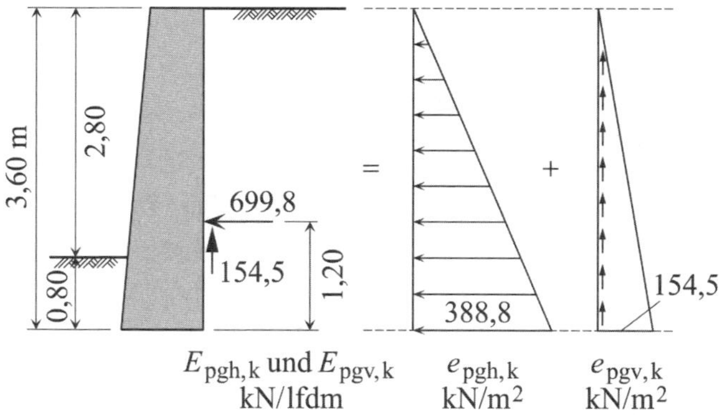

Abb. 10-28 Ergebnisdarstellung des Anwendungsbeispiels

10.8.2 Vertikale Flächenlasten auf ebener Geländeoberfläche

Bei einer auf die Grundrissfläche bezogenen gleichmäßig verteilten vertikalen Belastung p_v, die auf die als eben vorausgesetzte Geländeoberfläche hinter der Bauwerkswand einwirkt, wird, analog zum aktiven Erddruckfall, in homogenem Boden eine Erddruckkraft mobilisiert. Näherungsweise kann deren horizontale Komponente pro lfdm Wand mit

$$E_{pph} = p_v \cdot h \cdot K_{pph} \qquad \text{Gl. 10-59}$$

und deren vertikale Komponente pro lfdm Wand mit (Vorzeichen von α und δ_p beachten)

$$E_{ppv} = E_{pph} \cdot \tan(\delta_p + \alpha) = p_v \cdot h \cdot K_{pph} \cdot \tan(\delta_p + \alpha) \qquad \text{Gl. 10-60}$$

berechnet werden. Die Erddruckkraft selbst ergibt sich pro lfdm Wand aus

$$E_{pp} = \frac{E_{pph}}{\cos(\alpha + \delta_p)} = p_v \cdot h \cdot K_{pp} = p_v \cdot h \cdot \frac{K_{pph}}{\cos(\alpha + \delta_p)} \qquad \text{Gl. 10-61}$$

Die zugehörigen horizontalen und vertikalen Komponenten des durch die Auflast p_v hervorgerufenen Erddrucks haben, bezogen auf die Vertikalebene, die Größen (Vorzeichen von α und δ_p beachten)

$$\begin{aligned} e_{pph} &= \frac{1}{h} \cdot E_{pph} = p_v \cdot K_{pph} \\ e_{ppv} &= \frac{1}{h} \cdot E_{ppv} = p_v \cdot K_{pph} \cdot \tan(\delta_p + \alpha) \end{aligned} \qquad \text{Gl. 10-62}$$

Die resultierende Erddruckgröße berechnet sich zu

$$e_{pp} = \frac{1}{h} \cdot E_{pp} = \frac{1}{h} \cdot \frac{E_{pph}}{\cos(\alpha + \delta_p)} = p_v \cdot \frac{K_{pph}}{\cos(\alpha + \delta_p)} \qquad \text{Gl. 10-63}$$

Bei einer Gleitflächenform gemäß Abb. 10-24 und einer parallelen Wandbewegung berechnen sich die Erddruckbeiwerte nach DIN 4085, Anhang C mittels

$$\begin{aligned} K_{pp} &= K_{pp,0} \cdot i_{pp} \cdot g_{pp} \cdot t_{pp} && \varphi > 0° \\ K_{pp} &= 1 && \varphi = 0° \end{aligned} \qquad \text{Gl. 10-64}$$

Die für $\varphi > 0$ zu verwendenden Größen sind der zu $\alpha = \beta = \delta_p = 0°$ gehörende Beiwert

$$K_{pp,0} = \frac{1 + \sin\varphi}{1 - \sin\varphi} = \tan^2\left(45° + \frac{\varphi}{2}\right) \qquad \text{Gl. 10-65}$$

der Erddruckneigungsbeiwert

$$\begin{aligned} i_{pp} &= (1 - 1{,}33 \cdot \delta_p)^{0{,}08 + 2{,}37 \cdot \varphi} && \delta_p \le 0° \\ i_{pp} &= (1 - 0{,}72 \cdot \delta_p)^{2{,}81} && \delta_p > 0° \end{aligned} \qquad \text{Gl. 10-66}$$

dessen Größe von der des Erddruckneigungswinkels δ_p abhängig ist, der von der Größe des Geländeneigungswinkels β abhängige Geländeneigungsbeiwert

$$\begin{aligned} g_{pp} &= (1 + 1{,}16 \cdot \beta)^{1{,}57} && \beta \le 0° \\ g_{pp} &= (1 + 3{,}84 \cdot \beta)^{0{,}98 \cdot \varphi} && \beta > 0° \end{aligned} \qquad \text{Gl. 10-67}$$

und der Wandneigungsbeiwert

$$t_{pp} = \frac{e^{-2 \cdot \alpha \cdot \tan\varphi}}{\cos\alpha} \qquad \text{Gl. 10-68}$$

dessen Größe durch die des Wandneigungswinkels α beeinflusst wird.

Mit dem Beiwert K_{pp}, dem Wandneigungswinkel α und dem Erddruckneigungswinkel δ_p berechnet sich der zur horizontalen Erddruckkomponente gehörende Erddruckbeiwert mit (Vorzeichen von α und δ_p beachten)

$$K_{pph} = K_{pp} \cdot \cos(\alpha + \delta_p) \qquad \varphi > 0°$$
$$K_{pph} = 1 \cdot \cos(\alpha + \delta_p) \qquad \varphi = 0° \qquad \text{Gl. 10-69}$$

Abb. 10-29 zeigt K_{pph}-Verläufe für Wände mit senkrechter Rückwand ($\alpha = 0°$) und horizontalem Gelände ($\beta = 0°$). Gut zu sehen ist die Zunahme der Größe der K_{pph}-Werte mit wachsendem Reibungswinkel φ des Bodens und abnehmendem Erddruckneigungswinkel δ_p.

Im Sonderfall ebener Gleitflächen und $\alpha = \beta = \delta_p = 0°$ gilt mit K_{pgh} aus Gl. 10-45

$$K_{pph} = K_{pgh} = \frac{1 + \sin\varphi}{1 - \sin\varphi} = \tan^2\left(45° + \frac{\varphi}{2}\right) \qquad \text{Gl. 10-70}$$

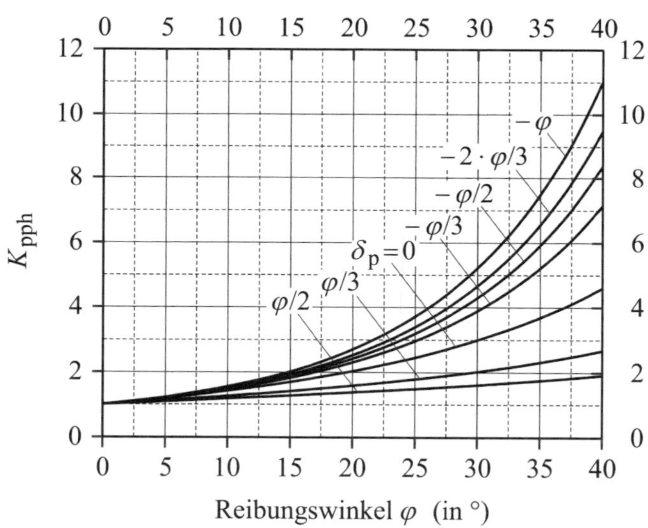

Abb. 10-29 Erddruckbeiwerte K_{pph} (passiver Erddruck) für $\alpha = \beta = 0°$ und für zusammengesetzte Gleitflächen nach SOKOLOVSKII [L 136] und PREGL [L 132] (nach DIN 4085, Anhang B)

10.8.3 Erddruckanteil aus Kohäsion

Bauwerkswände in kohäsiven Böden unterliegen einem durch die Wirkung der Kohäsion c vergrößerten passiven Erddruck. Die Horizontalkomponente des Erddruckkraftanteils infolge von Kohäsion, die auf eine Wand der Höhe h pro lfdm Wand einwirkt, ergibt sich zu

$$E_{pch} = c \cdot h \cdot K_{pch} \qquad \text{Gl. 10-71}$$

wobei der Erddruckbeiwert K_{pch} im Sonderfall $\alpha = \beta = \delta_p = 0°$ durch

$$K_{pch} = 2 \cdot \sqrt{K_{pgh}} = 2 \cdot \sqrt{\frac{1 + \sin\varphi}{1 - \sin\varphi}} = 2 \cdot \tan\left(45° + \frac{\varphi}{2}\right) \qquad \text{Gl. 10-72}$$

berechnet werden kann.

Bei einer Gleitflächenform gemäß Abb. 10-24 wird K_{pch} durch Funktionen erfasst, wie sie, für $\alpha = \beta = 0°$ (senkrechte Wandflächen und horizontales Gelände), Abb. 10-30 darstellt. In allgemeineren Fällen berechnen sich die Erddruckbeiwerte nach DIN 4085, Anhang C mit

$$K_{pc} = K_{pc,0} \cdot i_{pc} \cdot g_{pc} \cdot t_{pc} \qquad \varphi > 0$$

$$K_{pc} = \frac{2 \cdot (1+\beta) \cdot (1-\alpha)}{\cos\alpha} \qquad \varphi = 0 \qquad \text{Gl. 10-73}$$

Die dabei für $\varphi > 0°$ zu verwendenden Größen sind der zu $\alpha = \beta = \delta_p = 0°$ gehörende Beiwert

$$K_{pc,0} = \left(\frac{1+\sin\varphi}{1-\sin\varphi} - 1\right) \cdot \cot\varphi \qquad \text{Gl. 10-74}$$

der Erddruckneigungsbeiwert

$$i_{pc} = (1 - 1{,}33 \cdot \delta_p)^{0{,}08+2{,}37 \cdot \varphi} \qquad \delta_p \leq 0$$

$$i_{pc} = (1 + 4{,}46 \cdot \delta_p \cdot \tan\varphi)^{-1{,}14+0{,}57 \cdot \varphi} \qquad \delta_p > 0 \qquad \text{Gl. 10-75}$$

dessen Berechnung von der Größe des Erddruckneigungswinkels δ_p abhängig ist und der bei seiner Berechnung von der Größe des Geländeneigungswinkels β abhängige Geländeneigungsbeiwert

$$g_{pc} = (1 + 0{,}001 \cdot \beta \cdot \tan\varphi)^{205{,}4+2232 \cdot \varphi} \qquad \beta \leq 0$$

$$g_{pc} = e^{2 \cdot \beta \cdot \tan\varphi} \qquad \beta > 0 \qquad \text{Gl. 10-76}$$

sowie der Wandneigungsbeiwert

$$t_{pc} = \frac{e^{-2 \cdot \alpha \cdot \tan\varphi}}{\cos\alpha} \qquad \text{Gl. 10-77}$$

dessen Berechnung durch die Größe des Wandneigungswinkels α beeinflusst wird.

Mit den Größen des Beiwerts K_{pc}, des Wandneigungswinkels α und des Erddruckneigungswinkels δ_p berechnet sich der in Gl. 10-71 verwendete Erddruckbeiwert mit (Vorzeichen von α, β und δ_p beachten)

$$K_{pch} = K_{pc} \cdot \cos(\alpha + \delta_p) \qquad \varphi > 0$$

$$K_{pch} = \frac{2 \cdot (1+\beta) \cdot (1-\alpha)}{\cos\alpha} \cdot \cos(\alpha + \delta_p) \qquad \varphi = 0 \qquad \text{Gl. 10-78}$$

Abb. 10-30 zeigt K_{pch}-Verläufe für Wände mit senkrechter Rückwand ($\alpha = 0°$) und horizontalem Gelände ($\beta = 0°$). Wie bei den K_{pgh}- und den K_{pph}-Verläufen ist auch hier die Zunahme der Größe der K_{pch}-Werte mit wachsendem Reibungswinkel φ und abnehmendem Neigungswinkel δ_p der Erddrücke gut zu erkennen.

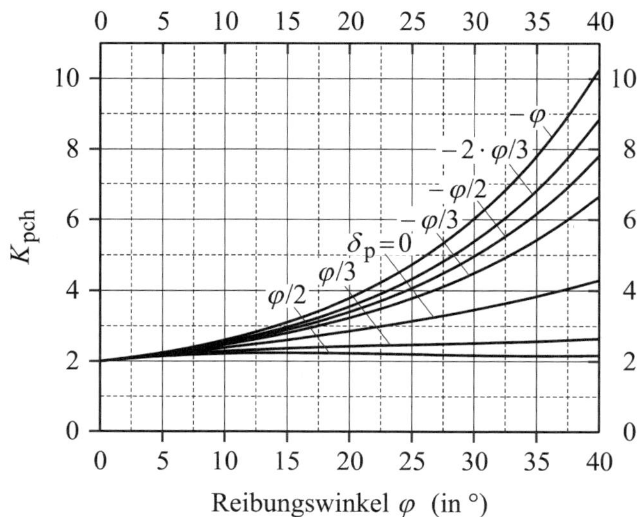

Abb. 10-30 Erddruckbeiwerte K_{pch} (passiver Erddruck) für $\alpha = \beta = 0°$ und für zusammengesetzte Gleitflächen nach SOKOLOVSKII [L 136] und PREGL [L 132] (nach DIN 4085, Anhang B)

Mit Gl. 10-71 ergibt sich für die Erddruckkraft pro lfdm Wand (Vorzeichen von α und δ_p beachten)

$$E_{pc} = \frac{E_{pch}}{\cos(\alpha + \delta_p)} = h \cdot c \cdot K_{pc} = h \cdot c \cdot \frac{K_{pch}}{\cos(\alpha + \delta_p)} \qquad \text{Gl. 10-79}$$

und für ihre vertikale Komponente (Vorzeichen von α und δ_p beachten)

$$E_{pcv} = E_{pch} \cdot \tan(\delta_p + \alpha) \qquad \text{Gl. 10-80}$$

Der Erddruck infolge Kohäsion verteilt sich bei homogenem Boden gleichmäßig über die Wandhöhe. Seine horizontale Komponente steht mit der horizontalen Erddruckkraftkomponente in der Beziehung

$$e_{pch} = \frac{1}{h} \cdot E_{pch} = c \cdot K_{pch} \qquad \text{Gl. 10-81}$$

Für die zugehörige Vertikalkomponente gilt (Vorzeichen von α und δ_p beachten)

$$e_{pcv} = \frac{1}{h} \cdot E_{pcv} = \frac{1}{h} \cdot E_{pch} \cdot \tan(\delta_p + \alpha) = c \cdot K_{pch} \cdot \tan(\delta_p + \alpha) \qquad \text{Gl. 10-82}$$

und für den resultierenden Erddruck selbst

$$e_{pc} = \frac{1}{h} \cdot E_{pc} = \frac{1}{h} \cdot \frac{E_{pch}}{\cos(\alpha + \delta_p)} = c \cdot K_{pc} = c \cdot \frac{K_{pch}}{\cos(\alpha + \delta_p)} \qquad \text{Gl. 10-83}$$

10.9 Grafische Bestimmung des Erddrucks nach CULMANN

Steht hinter der Stützkonstruktion Gelände an, dessen Oberfläche uneben ist und das ggf. durch ungleichmäßig verlaufende Auflasten belastet wird, können grafische Methoden eingesetzt werden, mit deren Hilfe sich die Neigung der ebenen Gleitfläche und die zugehörige Erddruckkraft rasch ermitteln lassen.

Als grafisches Verfahren zur Erddruckermittlung wird heute vor allem das Verfahren von CULMANN angewendet, mit dem die Erddruckkraft und der Gleitflächenwinkel bestimmt werden können.

Beim aktiven Erddruckfall und ebener Gleitfläche basiert die Vorgehensweise auf dem Krafteck von Abb. 10-31, wobei der hinter der Wand anstehende Boden in einzelne, etwa gleich große Keile eingeteilt wird. Danach wird die Eigenlast dieser Keile einschließlich der zugehörigen Oberflächenlasten (in Abb. 10-31 ist es die Linienlast V) bestimmt, was zu den Größen G_1, G_2, $G_3 + V$, ... , G_i führt.

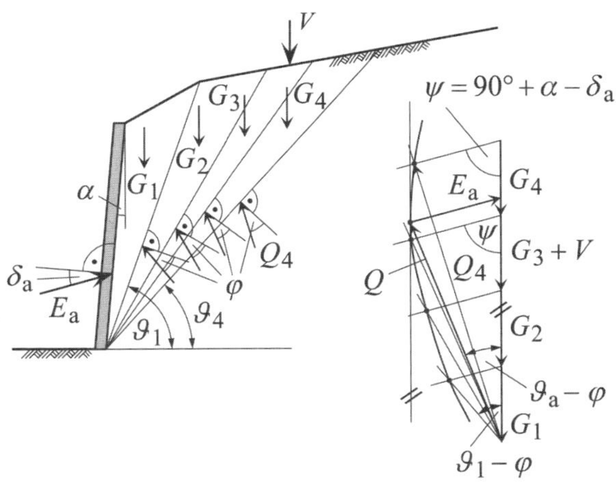

Abb. 10-31 Grafische Bestimmung der aktiven Erddruckkraft E_a und des Gleitflächenwinkels ϑ_a mit Hilfe von Kraftecken

Unter der Annahme, dass es sich bei der Trennfläche von zwei Erdkeilen um die maßgebliche Gleitfuge handelt, kann zu jeder der Ebenen ein Krafteck gezeichnet werden, aus dem die zugehörigen Größen der aktiven Erddruckkraft, der resultierenden Kraft Q in der Gleitfläche und der Neigungswinkel der Gleitfläche ablesbar sind. Werden die Endpunkte der Kraftgrößen Q_1, Q_2, ..., Q_i durch eine Kurve verbunden, ergibt sich die gesuchte maximale aktive Erddruckkraft E_a als die zum Scheitelpunkt dieser Kurve gehörende Erddruckkraft.

Neben der maximalen Erddruckkraft E_a ist auch der Winkel $(\vartheta_a - \varphi)$ ablesbar. Er liefert, mit dem bekannten Reibungswinkel φ, den Neigungswinkel ϑ_a der maßgeblichen Gleitfuge.

Die eigentliche Erddruckermittlung nach CULMANN (Abb. 10-32) ergibt sich, wenn das Krafteck mit den Kräften E, G $(G_1 + G_2 + G_3 + V + ... + G_i)$ und Q im Uhrzeigersinn um den Winkel $(90° - \varphi)$ gedreht und mit seiner Spitze „A“ in den Fußpunkt der Wand verschoben wird. G fällt dann mit der Böschungslinie zusammen, die mit der Horizontalen den Winkel φ

einschließt. Die Neigung von Q ist ϑ_a, d. h., die Wirkungslinie von Q liegt in der Gleitfläche. Da diese spezielle Lage von G und Q für alle angenommenen Gleitfugen gilt, können die gesuchten Erddruckgrößen wie im Folgenden beschrieben ermittelt werden.

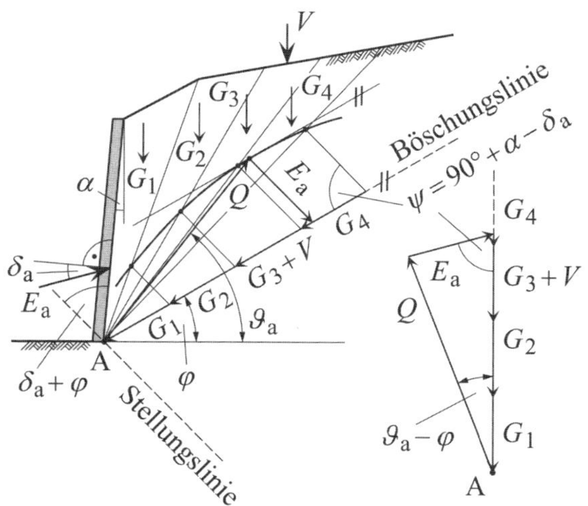

Abb. 10-32 Grafische Bestimmung der aktiven Erddruckkraft E_a, der zugehörigen Gleitflächenresultierenden Q und des Gleitflächenwinkels ϑ_a nach CULMANN

Begonnen wird mit der Auftragung von Geraden, die von den einzelnen Endpunkten der auf der Böschungslinie liegenden Kräfte G_1, G_2, ..., G_i ausgehen und mit der Böschungslinie den bekannten Winkel ψ einschließen. Ihre Schnitte mit den entsprechenden Trennungslinien der jeweiligen Erdkeile stellen die Endpunkte der Kraftvektoren Q_1, Q_2, ..., Q_i dar, die vom Punkt A ausgehen und sich mit den jeweils zugehörigen Teilgrößen von E und G zu den geneigten Kraftecken schließen. Werden diese Kraftvektorendpunkte durch eine Kurve verbunden, ergibt sich die gesuchte maximale aktive Erddruckkraft E_a als die zum Scheitelpunkt der Kurve gehörende Erddruckkraft. Der Neigungswinkel ϑ_a der maßgeblichen Gleitfuge ist aus der grafischen Lösung direkt ablesbar.

10.10 Sonderfälle und Erddruckzwischenwerte gemäß DIN 4085

10.10.1 Sonderfälle

In DIN 4085 werden vier Sonderfälle des Erddrucks behandelt,

- der Verdichtungserddruck,
- der Silodruck,
- Erddruck bei dynamischen Anregungen des Bodens und
- der Erddruck bei vertikaler Durchströmung des Bodens.

Wird Bodenmaterial lagenweise eingebaut und intensiv verdichtet, stellt sich Verdichtungserddruck ein, dessen Größe über die des Erddrucks infolge der Bodeneigenlast hinausgeht. Angaben zum näherungsweisen Ansatz dieses Erddrucks können DIN 4085, 6.6.1 entnommen werden (vgl. auch [L 126], Abschnitt 10.12.1).

Silodruck tritt ggf. auf, wenn z. B. der Hinterfüllbereich von Stützbauwerken begrenzt ist. Dies gilt z. B. bei dicht vor steilen Felsböschungen hergestellten Stützkonstruktionen und bei gestaffelten oder nebeneinander angeordneten Stützbauwerken. Wegen der geringen Abstände der benachbarten Wände kann sich der Erddruck im aktiven Zustand ab einer gewissen Tiefe nicht mehr so ausbilden, wie das bei einem seitlich unbegrenzten Hinterfüllbereich möglich ist. Weitere Einzelheiten hierzu sind in DIN 4085, 6.6.2 zu finden (vgl. auch [L 126], Abschnitt 10.12.2).

Auf Grundbauwerke einwirkender Erddruck kann auch auf dynamischen Einflüssen basieren. Zu solchen dynamischen Einwirkungen gehören u. a. Erdbeben oder Verkehrslasten. Die Größe des dynamischen Erddrucks wird dabei zusätzlich beeinflusst durch Eigenschaften des Hinterfüllmaterials (z. B. Verflüssigungsneigung und dynamische Verdichtbarkeit) sowie von dem Typ des eingesetzten Stützbauwerks selbst. Zur Ermittlung der horizontalen dynamischen Erddruckkraft sei auf DIN 4085, 6.6.3 verwiesen (vgl. auch [L 126], Abschnitt 10.12.2).

Wird Boden überwiegend vertikal durchströmt, bewirken die Strömungskräfte eine Veränderung des Erddrucks. Auf die näherungsweise Behandlung dieser Veränderung bei nach oben oder nach unten gerichteter Strömung wird in DIN 4085, 6.6.4 [L 30] genauer eingegangen (vgl. auch [L 126], Abschnitt 10.12.4).

10.10.2 Zwischenwerte des Erddrucks

Erddrücke, die nicht dem aktivem Erddruck, dem Erdruhedruck oder dem passiven Erddruck entsprechen, sind nach DIN 4085, 7.1 als Zwischenwerte einzustufen (vgl. hierzu Tabelle 10-4 und Tabelle 10-5). Sie treten auf, wenn die für die genannten speziellen Erddrücke zu fordernden Bedingungen nicht eingehalten sind oder wenn sich diese Bedingungen ändern.

Nach DIN 4085 sind Zwischenwerte des Erddrucks näherungsweise durch Interpolation zwischen den Fällen aktiver Erddruck – Erdruhedruck bzw. Erdruhedruck – passiver Erddruck zu berechnen.

Bezüglich der Ermittlung der Erddruckkräfte solcher Erddrücke, sei auf DIN 4085, 7 verwiesen (vgl. auch [L 126], Abschnitt 10.13).

11 Grundbruch

11.1 Allgemeines und Begriffe

Beim Aufbringen wachsender Vertikallasten V auf flach gegründete Fundamente können sich Lastsetzungsdiagramme gemäß Abb. 11-1 ergeben. Beim Erreichen der Grenzlasten tritt ein als „Grundbruch“ bezeichneter Versagenszustand des Baugrunds ein.

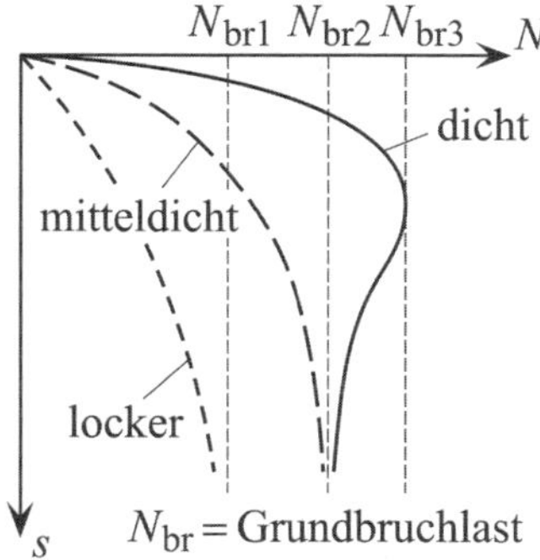

Abb. 11-1 Lastsetzungsdiagramme von Fundamenten unter vertikalen Lasten N

In diesem Zustand wird der Scherwiderstand des Bodens in Gleitbereichen überwunden, die sich in dem durch das Fundament belasteten Baugrund ausgebildet haben (Abb. 11-2). Das aus Fundament und Bodenkörper bestehende System befindet sich dann in einem instabilen Gleichgewicht, wobei der Boden schollenförmig zur Seite hin herausgeschoben wird.

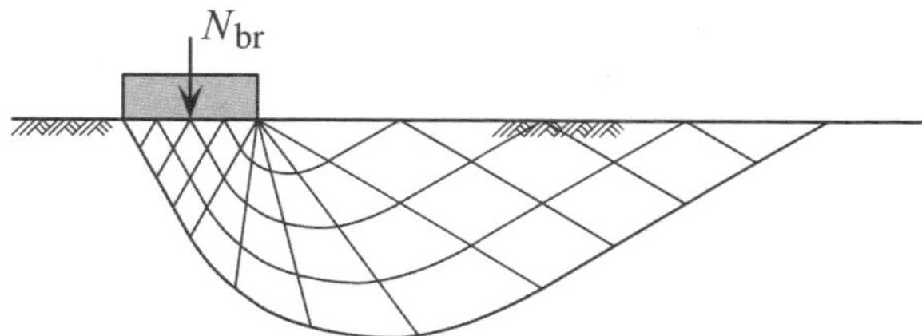

Abb. 11-2 Gleitflächen beim Grundbruch

Begriffe

Grundbruch: Durch die Gründungskörperbelastung hervorgerufenes Versagen des Baugrunds durch Überwindung der Scherfestigkeit des Bodens.

Grundbruchlast: Beanspruchung senkrecht zur Sohlfläche des Fundaments, die beim Eintritt des Grundbruchs vom Gründungskörper auf den Baugrund übertragen wird.

Grundbruchwiderstand: Widerstand des Bodens beim Eintritt des Grundbruchs.

11.2 DIN-Normen

Für die Berechnung des Grundbruchs lotrecht und mittig sowie schräg und außermittig belasteter Flachgründungen können Grundlagen, Erläuterungen und Beispiele den Normen

DIN 1054 [L 2], DIN 4017 [L 9], DIN 4017, Beiblatt 1 [L 10], DIN 4123 [L 39], DIN EN 1997-1 [L 73] und DIN EN 1997-1/NA [L 75]
entnommen werden.

11.3 Einflussgrößen und Modelle des Versagenszustands

Die Größe der Bruchlast bzw. des Grundbruchwiderstands wird u. a. beeinflusst durch Parameter wie Scherfestigkeit τ_f des Bodens, Gründungstiefe d und Fundamentbreite b.

Zur theoretischen Beschreibung des Versagenszustands wird davon ausgegangen, dass

- sich der gesamte mit dem Fundament bewegende Boden im plastischen Zustand befindet, d. h., in jedem Punkt dieses Bereichs ist die Fließbedingung erfüllt (Zonenbruch),
- der sich mit dem Fundament bewegende Bodenbereich ein Monolith ist oder durch mehrere monolithische Elemente modelliert wird, d. h., die Fließbedingung ist nur in der Gleitebene erfüllt.

11.4 Theorie von PRANDTL

Von PRANDTL wurde eine Theorie entwickelt, die in Teilen auch in der derzeit geltenden DIN 4017 und dem zugehörigen Beiblatt 1 berücksichtigt wird.

11.4.1 Voraussetzungen

Die nach der Theorie von PRANDTL ermittelbaren Grundbruchspannungen σ_{0f} gelten unter den Voraussetzungen, dass gemäß Abb. 11-3

- der Grundbruch unter einer konstanten, vertikalen Streifenlast auftritt (ebener Deformationszustand),
- in der Fundamentsohle keine Schub-, sondern nur die konstante Normalspannung σ_{0f} wirkt, die somit eine Hauptspannung ist,
- eine durch die Gründungssohle gehende Ersatzoberfläche des Halbraums so angenommen werden kann, dass
  - ▷ der Bruch nur bis in deren Höhe geht und
  - ▷ der darüberliegende Boden der Wichte γ als seitliche, schlaffe Auflast und Hauptspannung der Größe $\sigma_s = \gamma \cdot d$ anzusehen ist,
- die Eigenlast des homogenen und isotropen Bodens unterhalb der Gründungssohle vernachlässigt werden kann,
- eine Gleitfläche den plastischen Körper gegen den übrigen Halbraum abgrenzt.

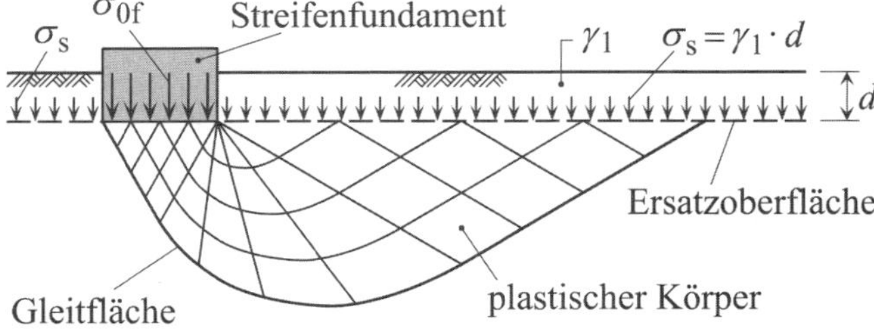

Abb. 11-3 Plastischer Körper unter Streifenfundamentlast σ_{0f} und Bodenauflast σ_s

11.4.2 Grundbruchformel nach PRANDTL (Lösung für die Übergangszone)

Mit der AIRY'schen Spannungsfunktion in den Zylinderkoordinaten r und ψ

$$F = \frac{r^2}{2} \cdot f(\psi) \qquad \text{Gl. 11-1}$$

deren Ursprung der Punkt A ist (vgl. Abb. 11-4), leitet PRANDTL die Gleichung für die Sohlnormalspannung in der Gründungsfuge beim Grundbruch her

$$\sigma_{0f} = \sigma_s \cdot \frac{1+\sin\varphi}{1-\sin\varphi} \cdot e^{\pi \cdot \tan\varphi} + c \cdot \left(\frac{1+\sin\varphi}{1-\sin\varphi} \cdot e^{\pi \cdot \tan\varphi} - 1 \right) \cdot \cot\varphi \qquad \text{Gl. 11-2}$$

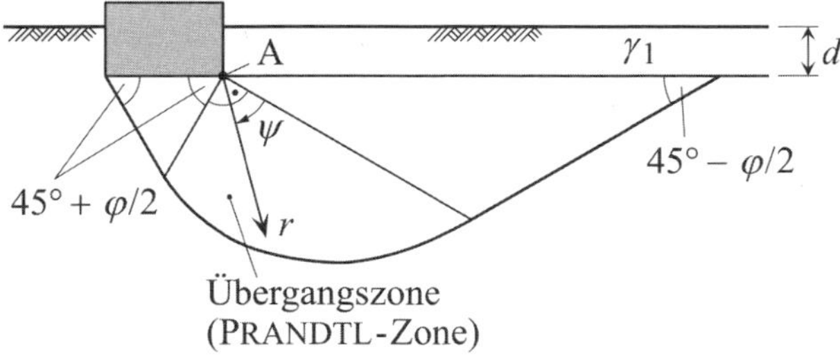

Abb. 11-4 Koordinaten ψ und r der Spannungsfunktion für einen Punkt in der PRANDTL-Zone

Mit den Größen (N_d und N_c werden „Tragfähigkeitsbeiwerte" genannt)

$$\sigma_s = \gamma_1 \cdot d \qquad N_d = \frac{1+\sin\varphi}{1-\sin\varphi} \cdot e^{\pi \cdot \tan\varphi} \qquad N_c = \left(\frac{1+\sin\varphi}{1-\sin\varphi} \cdot e^{\pi \cdot \tan\varphi} - 1 \right) \cdot \cot\varphi \qquad \text{Gl. 11-3}$$

ergibt sich die Grundbruchgleichung von PRANDTL

$$\sigma_{0f} = \gamma_1 \cdot d \cdot N_d + c \cdot N_c \qquad \text{Gl. 11-4}$$

$$r = r(\omega) = r_0 \cdot e^{\text{arc}\,\omega \cdot \tan\varphi} \qquad \text{Gl. 11-5}$$

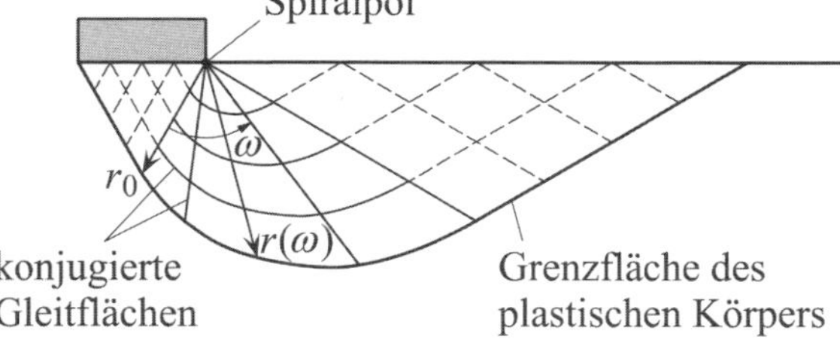

Abb. 11-5 Verläufe der konjugierten Gleitflächen in der PRANDTL-Zone

Abb. 11-5 zeigt die beiden konjugierten Gleitflächenscharen der PRANDTL-Zone. Die eine Schar wird durch logarithmische Spiralen und die andere durch Geraden beschrieben. Die beiden Gleitflächenscharen schließen Winkel der Größe 90° ± φ ein. Die z. B. zu r_0 (Abb. 11-5) gehörende Spirale genügt der Gleichung

11.5 Grundbruchberechnung nach DIN 1054 und DIN 4017

11.5.1 Allgemeines

Die DIN 4017 gilt sowohl für lotrecht und mittig als auch für schräg und außermittig belastete Flachgründungen, die als starr angenommen werden. Zu den letztgenannten Gründungen gehören z. B. die von Stützmauern, Ufermauern und turmartigen Bauwerken. Abb. 11-6 zeigt als Beispiel den Fall eines Rechteckfundaments, mit einer in seiner Sohlfuge schräg und in Richtung der beiden Seiten ausmittig einwirkenden Beanspruchung.

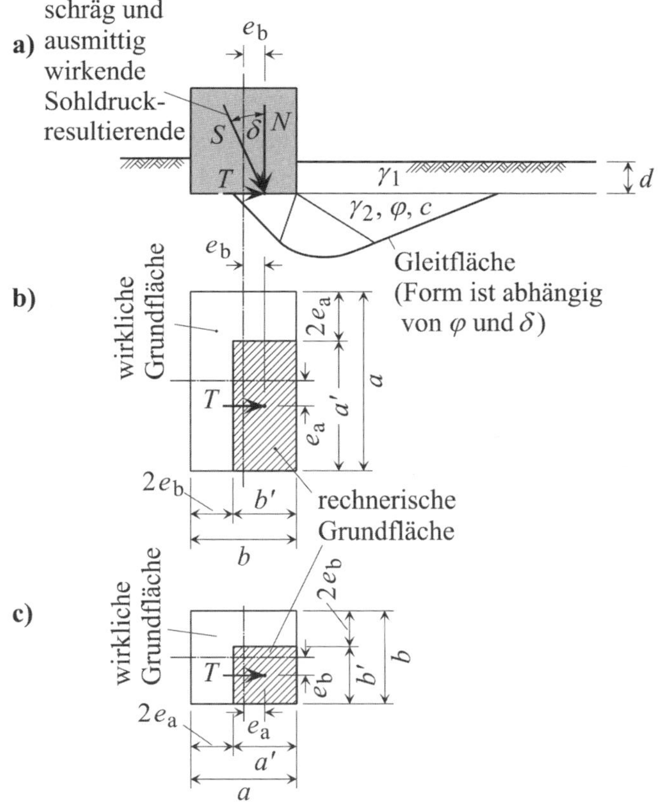

Abb. 11-6 Grundbruch unter einem in Richtung der kurzen Seite b schräg und über beide Seiten ausmittig belasteten Rechteckfundament bei einheitlicher Schichtung im Bereich des Gleitkörpers (b' ist immer die kürzere Seitenlänge; nach DIN 4017)
a) Querschnitt
b) Grundriss, T parallel zu b'
c) Grundriss, T parallel zu a

Bei Einbindetiefe-Breite-Verhältnissen von

$$\frac{d}{b} \leq 2 \qquad \text{Gl. 11-6}$$

die Grundlage der Bestimmungen der DIN 4017 sind, kann die Geländeoberfläche gemäß waagerecht oder auch geneigt (die lange Fundamentseite muss dann etwa parallel zu den Höhenlinien des Geländes verlaufen und die horizontale Komponente T der Resultierenden der Einwirkungen etwa parallel zur kurzen Seite des Fundaments gerichtet sein) verlaufen.

Nach DIN 4017 berechnete Grundbruchwiderstände gelten für nichtbindige Böden mit Lagerungsdichten $D > 0{,}2$ (Ungleichförmigkeitszahlen $C_U \leq 3$) bzw. $D > 0{,}3$ (Ungleichförmigkeitszahlen $C_U > 3$) sowie für bindige Böden mit Konsistenzzahlen $I_C > 0{,}5$. Ihre Berechnung basiert auf der Annahme, dass die Scherparameter in jeder der durch den Bruch betroffenen Bodenschichten richtungsunabhängig sind.

11.5.2 Nachweis der Grundbruchsicherheit

Nach DIN 1054, 6.5.2 ist ausreichende Grundbruchsicherheit gegeben, wenn im Grenzzustand GEO-2 die Bedingung

$$N_d \leq R_{n,d} \qquad \text{Gl. 11-7}$$

eingehalten wird. Hinsichtlich der Bemessungswerte N_d und $R_{n,d}$ siehe Abschnitt 11.5.4 und Abschnitt 11.5.5. Alternativ kann der Nachweis auch mit dem entsprechenden Ausnutzungsgrad μ in Form von

$$\mu = \frac{N_d}{R_{n,d}} \leq 1 \qquad \text{Gl. 11-8}$$

geführt werden.

Für den Sicherheitsnachweis sind die maßgebenden (das ungünstigste Verhältnis gemäß Gl. 11-7 bzw. Gl. 11-8 erzeugenden) Kombinationen von ständigen und ungünstigen veränderlichen Einwirkungen anzusetzen, vor allem die Kombination der

- größten Normalkraft $N_{k,max}$ und der zugehörigen größten Tangentialkraft $T_{k,max}$,
- kleinsten Normalkraft $N_{k,min}$ und der zugehörigen größten Tangentialkraft $T_{k,max}$.

11.5.3 Bodenkenngrößen

Für den rechnerischen Nachweis der Grundbruchsicherheit sind die charakteristischen Scherparameter und Bodenwichten der einzelnen Schichten im Bereich der Gleitfläche und die charakteristischen Bodenwichten der einzelnen Schichten im Bereich der Bodenauflast zu ermitteln.

Bei charakteristischen Scherparametern sind grundsätzlich die des dränierten (φ'_k, c'_k) und die des undränierten Zustands ($\varphi_{u,k}$, $c_{u,k}$) zu unterscheiden. Bei nichtbindigen Böden ist immer mit $\varphi'_k = \varphi_k$ und $c'_k = 0$ zu rechnen, bei bindigem Boden ist zu prüfen, welcher der beiden Fälle zu der geringeren Grundbruchsicherheit führt.

Grundbruchsicherheitsnachweise sind mit dem Scherparameter $c_{u,k}$ des undränierten Zustands zu führen, wenn eine schnelle Belastung gesättigter bindiger Böden anzunehmen ist.

Als Bodenwichten müssen bei homogenem Baugrund die charakteristische Wichte $\gamma_{1,k}$ im Bereich der Bodenauflast und die charakteristische Wichte $\gamma_{2,k}$ im Bereich der Gleitfläche (vgl. Abb. 11-6) bekannt sein. Bei geschichtetem Boden im Bereich der Bodenauflast ist $\gamma_{1,k}$ der gewichtete Mittelwert der Wichten der Bodenschichten dieses Bereichs. Liegt innerhalb des Gleitflächenbereichs eine Schichtung vor, darf nach DIN 4017, 6.2 der Grundbruchnachweis wie bei homogenem Baugrund geführt werden, wenn die Reibungswinkelwerte der einzelnen Schichten um nicht mehr als 5 % vom gemeinsamen arithmetischen Mittelwert abweichen. Ist das nicht der Fall, sind die ungünstigsten Gleitflächen z. B. nach dem Verfahren mit starren Bruchkörpern auf geraden Gleitlinien gemäß DIN 4084 [L 28] zu ermitteln.

Darf der geschichtete Baugrund wie homogener Boden behandelt werden, sind die einzelnen Schichtparameter gewichtet zu mitteln. Bei der Mittlung ist so vorzugehen, dass sich

- die Bodenwichte durch Wichtung der Anteile der Teilflächen der Einzelschichten an der Querschnittsfläche des gesamten Grundbruchkörpers,
- der Reibungswinkel und die Kohäsion durch Wichtung der zu den Einzelschichten gehörenden Gleitlinienabschnitten an der Gesamtlänge der Gleitlinie

ergeben. Zur iterativen Berechnung der Abmessungen des Gleitkörpers sei auf das Anwendungsbeispiel 2 in Abschnitt 11.5.6 verwiesen.

11.5.4 Einwirkungen

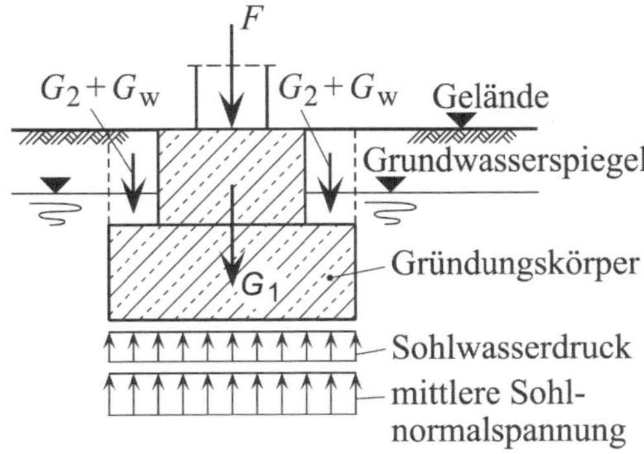

Abb. 11-7 Ansatz der Lasten für eine Grundbruchberechnung (nach [L 11])

Nach DIN 4017, 5 sind als Einwirkungen zu berücksichtigen:

- oberhalb der Oberkante des Gründungskörpers wirkende Lasten (in Abb. 11-7 die Last F),
- Eigenlast des Gründungskörpers (in Abb. 11-7 die Eigenlast G_1 des Grundkörpers und die Lasten G_2 aus Erd- und G_w aus Wasserauflast),
- Lasten aus Sohlwasserdruck (nicht immer identisch mit dem Auftrieb, siehe Abb. 11-7),
- Lasten aus Erddruck und seitlichem Wasserdruck,
- sonstige Horizontallasten am Gründungskörper und insbesondere die zur Sohlfläche parallel wirkende Bodenreaktionskomponente B_k an der Stirnseite des Fundaments (darf

nach DIN 1054, 6.5.5.2 höchstens so groß sein wie die charakteristische Beanspruchung T_k in der Sohlfläche bzw. höchstens mit der Größe $B_k = 0{,}5 \cdot E_{p,k}$ angesetzt werden).

Sind alle charakteristischen Beanspruchungen rechtwinklig zur Sohlfläche des Gründungskörpers in Form des ständigen Anteils $N_{G,k}$ sowie des ungünstig veränderlichen Anteils $N_{Q,k}$ bekannt, berechnet sich der entsprechende Bemessungswert für den Grenzzustand GEO-2 mit den Teilsicherheitsbeiwerten aus Tabelle 11-1 durch

$$N_d = N_{G,k} \cdot \gamma_G + N_{Q,k} \cdot \gamma_Q \qquad \text{Gl. 11-9}$$

Tabelle 11-1 Teilsicherheitsbeiwerte von DIN 1054 für die Grundbruchsicherheit (GEO-2: Grenzzustand des Versagens von Bauwerken, Bauteilen und Baugrund)

Teilsicherheits-beiwert	**Bemessungssituation**		
	BS-P	BS-T	BS-A
γ_G	1,35	1,20	1,10
γ_Q	1,50	1,30	1,10
$\gamma_{R,e}$, $\gamma_{R,v}$	1,40	1,30	1,20

11.5.5 Grundbruchwiderstände

Zur Ermittlung von charakteristischen Grundbruchwiderständen, die normal zur Sohlfläche von Rechteck- und Quadratfundamenten wirken, ist gemäß DIN 4017 die Gleichung

$$R_{n,k} = a' \cdot b' \cdot (\underbrace{\gamma_{2,k} \cdot b' \cdot N_b}_{\text{Gründungsbreite}} + \underbrace{\gamma_{1,k} \cdot d \cdot N_d}_{\text{Gründungstiefe}} + \underbrace{c_k \cdot N_c}_{\text{Kohäsion}}) \qquad \text{Gl. 11-10}$$

zu verwenden. Die darin verwendeten Tragfähigkeitsbeiwerte sind

$$\begin{aligned} N_b &= N_{b0} \cdot \nu_b \cdot i_b \cdot \lambda_b \cdot \xi_b \\ N_d &= N_{d0} \cdot \nu_d \cdot i_d \cdot \lambda_d \cdot \xi_d \\ N_c &= N_{c0} \cdot \nu_c \cdot i_c \cdot \lambda_c \cdot \xi_c \end{aligned} \qquad \text{Gl. 11-11}$$

Die einzelnen Größen sind (vgl. auch Abb. 11-6)

- a' = rechnerische Länge (in m) der Gründungsfläche des ausmittig belasteten Gründungskörpers (bei fehlender Ausmittigkeit gilt $a' = a$, bei Streifenfundamenten gilt $a = 1$ lfdm)
- b' = rechnerische Breite (in m) der Gründungsfläche des ausmittig belasteten Gründungskörpers (bei fehlender Ausmittigkeit gilt $b' = b$ und immer $b' \leq a'$ bzw. $b \leq a$)
- d = kleinste Gründungstiefe (in m) unter Gelände bzw. unter Oberkante Kellersohle
- c_k = charakteristischer Wert der Kohäsion des Bodens (in kN/m²), der, abhängig von den jeweiligen baulichen Gegebenheiten, mit c'_k oder $c_{u,k}$ zu vereinbaren ist
- $\gamma_{1,k}$ = charakteristische Wichte des Bodens (gewichteter Mittelwert) oberhalb der Gründungssohle (in kN/m³)
- $\gamma_{2,k}$ = charakteristische Wichte des Bodens unterhalb der Gründungssohle (in kN/m³)
- N_{b0} = Grundwert des Tragfähigkeitsbeiwerts für den Einfluss der Gründungsbreite b

N_{d0} = Grundwert des Tragfähigkeitsbeiwerts für den Einfluss der seitlichen charakteristischen Auflast $\gamma_{1,k} \cdot d$

N_{c0} = Grundwert des Tragfähigkeitsbeiwerts für den Einfluss der charakteristischen Kohäsion c_k

ν_b = Formbeiwert für den Einfluss der Gründungsbreite b

ν_d = Formbeiwert für den Einfluss der Tiefe d

ν_c = Formbeiwert für den Einfluss der charakteristischen Kohäsion c_k

i_b = Lastneigungsbeiwert für den Einfluss der Gründungsbreite b

i_d = Lastneigungsbeiwert für den Einfluss der Tiefe d

i_c = Lastneigungsbeiwert für den Einfluss der charakteristischen Kohäsion c_k

λ_b = Geländeneigungsbeiwert für den Einfluss der Gründungsbreite b

λ_d = Geländeneigungsbeiwert für den Einfluss der Tiefe d

λ_c = Geländeneigungsbeiwert für den Einfluss der charakteristischen Kohäsion c_k

ξ_b = Sohlneigungsbeiwert für den Einfluss der Gründungsbreite b

ξ_d = Sohlneigungsbeiwert für den Einfluss der Tiefe d

ξ_c = Sohlneigungsbeiwert für den Einfluss der charakteristischen Kohäsion c_k

Bei einem Lastneigungswinkel $\delta = 0°$ haben die Lastneigungsbeiwerte die Größe 1. Entsprechendes gilt für die Geländeneigungsbeiwerte bei einem Geländeneigungswinkel $\beta = 0°$ und für die Sohlneigungsbeiwerte bei einem Sohlneigungswinkel $\alpha = 0°$.

Ist der charakteristische Grundbruchwiderstand $R_{n,k}$ bekannt, ergibt sich der zugehörige Bemessungswert mit dem Teilsicherheitsbeiwert $\gamma_{R,v}$ aus Tabelle 11-1 zu

$$R_{n,d} = \frac{R_{n,k}}{\gamma_{Gr}} \qquad \text{Gl. 11-12}$$

11.5.6 Grundwerte der Tragfähigkeits- und Formbeiwerte

Zur Erfassung des Einflusses von seitlicher Auflast (Index d), Gründungsbreite (Index b) und charakteristischer Kohäsion (Index c) sind in Gl. 11-10 bzw. Gl. 11-11 die Grundwerte der Tragfähigkeitsbeiwerte

$$N_{d0} = e^{\pi \cdot \tan\varphi_k} \cdot \tan^2\left(45° + \frac{\varphi_k}{2}\right) \qquad \text{(nach PRANDTL)}$$

$$N_{b0} = (N_{d0} - 1) \cdot \tan\varphi_k \qquad \text{Gl. 11-13}$$

$$N_{c0} = \frac{N_{d0} - 1}{\tan\varphi_k}$$

zu verwenden. Tabelle 11-2 gibt, in Abhängigkeit vom charakteristischen Reibungswinkel φ_k (bei Böden im dränierten Zustand ist φ_k mit φ'_k und bei Böden im undränierten Zustand mit $\varphi_{u,k}$ zu vereinbaren), diskrete Zahlenwerte an.

Tabelle 11-2 Grundwerte der Tragfähigkeitsbeiwerte N_{c0}, N_{d0} und N_{b0} in Abhängigkeit vom charakteristischen Reibungswinkel φ_k (nach DIN 4017)

φ_k (in °)	N_{c0}	N_{d0}	N_{b0}
0	5,14	1,00	0
5	6,49	1,57	0,05
10	8,34	2,47	0,26
15	10,98	3,94	0,79
20	14,83	6,40	1,97
22,5	17,45	8,23	3,00
25	20,72	10,66	4,51
27,5	24,85	13,94	6,73
30	30,14	18,40	10,05
32,5	37,02	24,58	15,03
35	46,12	33,30	22,61
37,5	58,40	45,81	34,38
40	75,31	64,20	53,03
42,5	99,20	91,90	83,29

In Tabelle 11-3 werden Formbeiwerte gemäß Gl. 11-11 bereitgestellt, mit denen sich der Einfluss der Grundrissform der Fundamente auf die Grundbruchwiderstände erfassen lässt.

Tabelle 11-3 Formbeiwerte gängiger Fundamentgrundrisse (nach DIN 4017, Tabelle 2)

Grundrissform	ν_b	ν_d	ν_c ($\varphi_k \neq 0$)	ν_c ($\varphi_k = 0$)
Streifen	1,0	1,0	1,0	1,0
Rechteck	$1 - 0{,}3 \cdot \frac{b'}{a'}$	$1 + \frac{b'}{a'} \cdot \sin\varphi_k$	$\frac{\nu_d \cdot N_{d0} - 1}{N_{d0} - 1}$	$1 + 0{,}2 \cdot \frac{b'}{a'}$
Quadrat/Kreis	0,7	$1 + \sin\varphi_k$	$\frac{\nu_d \cdot N_{d0} - 1}{N_{d0} - 1}$	1,2

Anwendungsbeispiel 1

Unter der Voraussetzung, dass die Sicherheit gegen Grundbruch gemäß DIN 1054 für die Bemessungssituation BS-P einzuhalten ist, ist für das quadratische, 1,50 m tief eingebundene Fundament aus Abb. 11-8 der zulässige Bemessungswert der zentrisch einwirkenden charakteristischen vertikalen Beanspruchung N_d in der Sohlfuge zu berechnen.

Die Materialkenngrößen der beiden Bodenschichten (gG und mS) sind der Abbildung zu entnehmen.

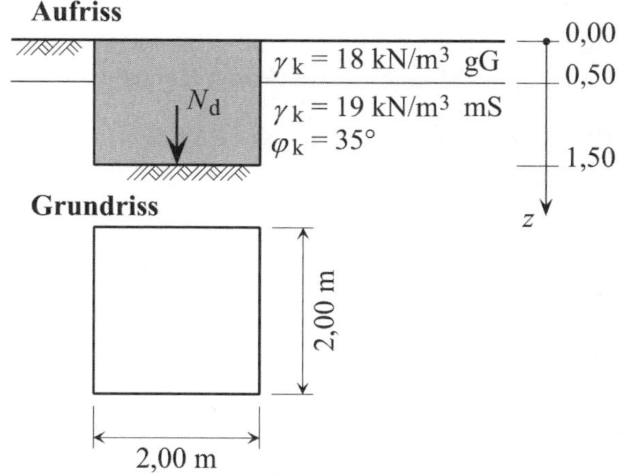

Abb. 11-8 Quadratisches Fundament im Auf- und Grundriss

Lösung

Mit der charakteristischen Wichte $\gamma_{1,k}$ im Bereich der Bodenauflast (gewichteter Mittelwert)

$$\gamma_{1,k} = \frac{\gamma_{\text{Kies},k} \cdot d_{\text{Kies}} + \gamma_{\text{Sand},k} \cdot d_{\text{Sand}}}{d} = \frac{18{,}0 \cdot 0{,}50 + 19{,}0 \cdot 1{,}00}{1{,}50} = 18{,}67 \text{ kN/m}^3$$

den Grundwerten der Tragfähigkeitsbeiwerte aus Tabelle 11-2 (N_{c0} bleibt unberücksichtigt, da $c_k = 0$)

$$N_{d0} = 33{,}30$$

$$N_{b0} = 22{,}61$$

und den Formbeiwerten gemäß Tabelle 11-3 (ν_c bleibt unberücksichtigt, da $c_k = 0$)

$$\nu_d = 1 + \sin\varphi_k = 1 + \sin 35° = 1{,}57$$

$$\nu_b = 0{,}7$$

ergibt sich als charakteristischer Grundbruchwiderstand gemäß Gl. 11-10 und Gl. 11-11 (alle Last-, Gelände- und Sohlneigungsbeiwerte sind 1)

$$R_{n,k} = a \cdot b \cdot (\gamma_{1,k} \cdot d \cdot N_{d0} \cdot \nu_d + \gamma_{2,k} \cdot b \cdot N_{b0} \cdot \nu_b)$$
$$= 2{,}00 \cdot 2{,}00 \cdot (18{,}67 \cdot 1{,}50 \cdot 33{,}30 \cdot 1{,}57 + 19 \cdot 2{,}00 \cdot 22{,}61 \cdot 0{,}7) = 8\,262 \text{ kN}$$

Der im Grenzzustand GEO-2 zum Grundbruchwiderstand und zur Bemessungssituation BS-P gehörende Teilsicherheitsbeiwert $\gamma_{R,v} = 1{,}4$ (Tabelle 7-3 bzw. Tabelle 11-1) liefert den zulässigen Bemessungswert der Sohlfugenbeanspruchung (Gl. 11-12)

$$\text{zul}\,N_d = \text{zul}\,R_{n,d} = \frac{R_{n,k}}{\gamma_{R,v}} = \frac{8262}{1{,}4} = 5902 \text{ kN}$$

Anwendungsbeispiel 2

Zu betrachten ist ein lotrecht und zentrisch belastetes Rechteckfundament, das auf geschichtetem Baugrund gegründet ist (Abb. 11-9).

Für dieses Fundament ist gemäß DIN 4017 und DIN 1054 zu prüfen, ob und mit welchem Ausnutzungsgrad eine ausreichende Sicherheit gegen Grundbruch im Grenzzustand GEO-2 und in der Bemessungssituation BS-P eingehalten wird. Dabei ist als Bemessungswert einer Auflast $N_{A,d} = 11\,450$ kN anzunehmen, die sich aus der Belastung infolge Bodeneigenlast und zentrischer Stützenkraft ergibt. Als charakteristische Wichte des Fundaments ist $\gamma_{F,k} = 24$ kN/m³ anzusetzen. Der in Abb. 11-9 eingezeichnete Grundwasserstand ist der niedrigste zu erwartende und damit ständig vorhandene Stand.

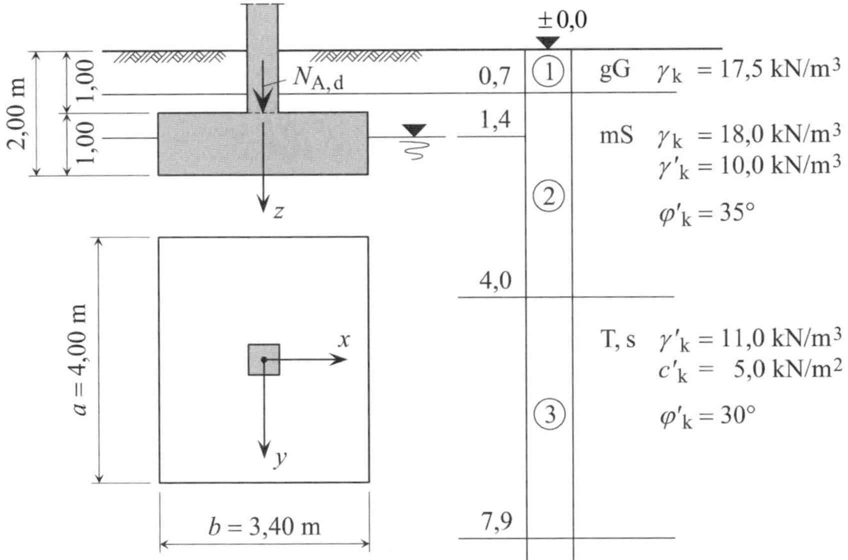

Abb. 11-9 Lotrecht und zentrisch belastetes Rechteckfundament auf geschichtetem Baugrund

Lösung

1. Berechnung des Bemessungswerts der Sohldruckresultierenden N_d

Mit der charakteristischen Eigenlast des Fundaments

$$N_{F,k} = 24{,}0 \cdot (4{,}0 \cdot 3{,}4 \cdot 1{,}0) = 326{,}4 \text{ kN}$$

der ständig vorhandenen charakteristischen Auftriebskraft ($\gamma_w = 10$ kN/m³)

$$N_{Auf,k} = -(4{,}0 \cdot 3{,}4) \cdot 10{,}0 \cdot (2{,}0 - 1{,}4) = -81{,}6 \text{ kN}$$

und dem zur Bemessungssituation BS-P gehörende Teilsicherheitsbeiwert $\gamma_G = 1{,}35$ (Tabelle 7-3 bzw. Tabelle 11-1) ergibt sich als Bemessungswert der Sohldruckresultierenden

$$N_d = N_{A,d} + (N_{F,k} + N_{Auf,k}) \cdot \gamma_G = 11450{,}0 + (326{,}4 - 81{,}6) \cdot 1{,}35 = 11780 \text{ kN}$$

2. Iterative Bestimmung der charakteristischen Bodenkenngrößen

Als Erstes ist zu prüfen, ob die Abweichung der charakteristischen Reibungswinkelwerte φ_k der einzelnen Bodenschichten vom arithmetischen Mittelwert $\varphi_{m,k}$ kleiner als 5° ist (Abschnitt 11.5.3). Mit den charakteristischen Reibungswinkeln $\varphi_{3,k}$ bzw. $\varphi_{4,k}$ der Teilbereiche A_3 und A_4 der Grundbruchfigur (vgl. Abb. 11-10) ergibt sich

$$\varphi'_{m,k} = \frac{\varphi'_{2,k} + \varphi'_{3,k}}{2} = \frac{35{,}0 + 30{,}0}{2} = 32{,}5°$$

sowie als Abweichung von $\varphi_{3,k}$

$$\Delta\varphi'_{2,k} = 35{,}0 - 32{,}5 = 2{,}5° < 5°$$

und als Abweichung von $\varphi_{4,k}$

$$\Delta\varphi'_{3,k} = 32{,}5 - 30{,}0 = 2{,}5° < 5°$$

Da die Abweichungen im zulässigen Rahmen liegen, kann die Grundbruchfigur (vgl. Abb. 11-10) gemäß DIN 4017 iterativ ermittelt werden. Die Iteration wird hier mit dem charakteristischen Reibungswinkel $\varphi'_{(1),k} = 30°$ als Startwert begonnen. Die Vorgehensweise bei der Iteration entspricht der aus DIN 4017 Bbl 1, die verwendeten Formeln sind DIN 4017, Anhang A entnommen und gelten für Streifenfundamente.

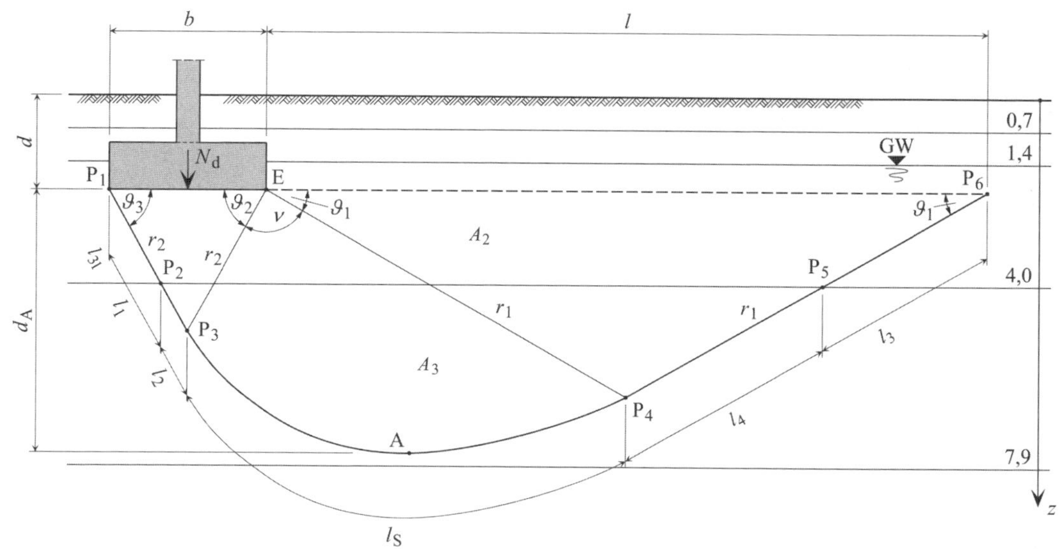

Abb. 11-10 Iterativ zu bestimmende Grundbruchfigur für den Grundbruchnachweis

2.1 Erster Iterationsschritt

Mit dem Abstand des tiefsten Punkts A der Gleitlinie zur Sohlfläche des Fundaments (vgl. Abschnitt 11.5.12 und Tabelle 11-4)

$$d_A = F_{d,30°} \cdot b = 1{,}59 \cdot 3{,}40 = 5{,}41 \text{ m}$$

ergibt sich, dass A um 7,80 − 2,00 − 5,41 = 0,39 m oberhalb der Unterkante der 3. Baugrundschicht und die Gleitlinie damit ausschließlich im Bereich der 2. und 3. Baugrundschicht liegt.

Winkel ϑ_1, ϑ_2, ϑ_3 und ν der Grundbruchfigur (Abb. 11-10)

$$\vartheta_1 = 45 - \frac{\varphi'_{(1),\mathrm{k}}}{2} = 45 - \frac{30}{2} = 30°$$

$$\vartheta_2 = \vartheta_3 = 45 + \frac{\varphi'_{(1),\mathrm{k}}}{2} = 45 + \frac{30}{2} = 60°$$

$$\nu = 180 - \vartheta_1 - \vartheta_2 = 180 - 60 - 30 = 90°$$

Dreieckseiten r_1 und r_2 des linken und rechten Gleitkörpers

$$r_2 = \frac{b}{2} \cdot \frac{1}{\cos\vartheta_2} = \frac{3{,}4}{2 \cdot \cos 60°} = 3{,}40 \text{ m}$$

$$r_1 = r_2 \cdot \mathrm{e}^{(\mathrm{arc}\,\nu \cdot \tan\varphi'_{(1),\mathrm{k}})} = 3{,}40 \cdot \mathrm{e}^{(\pi/2 \cdot \tan 30°)} = 8{,}42 \text{ m}$$

Längen l des rechten Gleitkörperteils und l_S der Spirale

$$l = 2 \cdot r_1 \cdot \cos\vartheta_1 = 2 \cdot 8{,}42 \cdot \cos 30° = 14{,}59 \text{ m}$$

$$l_\mathrm{S} = (r_1 - r_2) \cdot \frac{1}{\sin\varphi'_{(1),\mathrm{k}}} = (8{,}42 - 3{,}40) \cdot \frac{1}{\sin 30°} = 10{,}04 \text{ m}$$

Gesamtlänge l_GL der Gleitlinie und Teillängen im Bereich der einzelnen Schichten

$$l_\mathrm{GL} = r_1 + r_2 + l_\mathrm{S} = 8{,}42 + 3{,}40 + 10{,}04 = 21{,}86 \text{ m}$$

$$l_1 = \frac{z_2 - d}{\sin\vartheta_3} = \frac{4{,}00 - 2{,}00}{\sin 60°} = 2{,}31 \text{ m}$$

$$l_2 = r_2 - l_1 = 3{,}40 - 2{,}31 = 1{,}09 \text{ m}$$

$$l_3 = \frac{z_2 - d}{\sin\vartheta_1} = \frac{4{,}00 - 2{,}00}{\sin 30°} = 4{,}00 \text{ m}$$

$$l_4 = r_1 - l_3 = 8{,}42 - 4{,}00 = 4{,}42 \text{ m}$$

$$l_\mathrm{TL2} = l_1 + l_3 = 2{,}31 + 4{,}00 = 6{,}31 \text{ m}$$

$$l_\mathrm{TL3} = l_2 + l_4 + l_\mathrm{S} = 1{,}09 + 4{,}42 + 10{,}04 = 15{,}55 \text{ m}$$

Charakteristischer Reibungswinkel als gewichteter Mittelwert

$$\varphi'_{\mathrm{m}(1),\mathrm{k}} = \frac{l_\mathrm{TL2} \cdot \varphi'_{2,\mathrm{k}} + l_\mathrm{TL3} \cdot \varphi'_{3,\mathrm{k}}}{l_\mathrm{GL}} = \frac{6{,}31 \cdot 35° + 15{,}55 \cdot 30°}{21{,}86} = 31{,}4°$$

Als Abweichung der Größe $\varphi'_{\mathrm{m}(1),\mathrm{k}}$ vom Ausgangswert $\varphi'_{(1),\mathrm{k}}$ ergibt sich

$$\Delta = \frac{31{,}4 - 30{,}0}{30{,}0} \cdot 100 = 4{,}7\ \%$$

Da $\Delta > 3\ \%$ ist, wird hier ein weiterer Iterationsschritt durchgeführt. Für ihn wird als neuer Schätzwert

$$\varphi'_{(2),\mathrm{k}} = 31{,}5°$$

verwendet.

2.2 Zweiter Iterationsschritt

Mit dem Abstand des tiefsten Punkts A der Gleitlinie zur Sohlfläche des Fundaments (vgl. Abschnitt 11.5.12 und Tabelle 11-4)

$$d_\mathrm{A} < F_{\mathrm{d},32,5°} \cdot b = 1{,}73 \cdot 3{,}40 = 5{,}88\ \mathrm{m}$$

ergibt sich, dass A um mehr als $7{,}90 - 2{,}00 - 5{,}88 = 0{,}02\ \mathrm{m}$ oberhalb der Unterkante der 3. Baugrundschicht und die Gleitlinie damit ausschließlich im Bereich der 2. und 3. Baugrundschicht liegt.

Winkel ϑ_1, ϑ_2, ϑ_3 und ν der Grundbruchfigur (Abb. 11-10)

$$\vartheta_1 = 45 - \frac{\varphi'_{(2),\mathrm{k}}}{2} = 45 - \frac{31{,}5}{2} = 29{,}25°$$

$$\vartheta_2 = \vartheta_3 = 45 + \frac{\varphi'_{(2),\mathrm{k}}}{2} = 45 + \frac{31{,}5}{2} = 60{,}75°$$

$$\nu = 180 - \vartheta_1 - \vartheta_2 = 180 - 60{,}75 - 29{,}25 = 90°$$

Dreieckseiten r_1 und r_2 des linken und rechten Gleitkörpers

$$r_2 = \frac{b}{2} \cdot \frac{1}{\cos\vartheta_2} = \frac{3{,}4}{2 \cdot \cos 60{,}75°} = 3{,}48\ \mathrm{m}$$

$$r_1 = r_2 \cdot \mathrm{e}^{(\operatorname{arc}\nu \cdot \tan\varphi'_{(2),\mathrm{k}})} = 3{,}48 \cdot \mathrm{e}^{(\pi/2 \cdot \tan 31{,}5°)} = 9{,}11\ \mathrm{m}$$

Längen l des rechten Gleitkörperteils und l_S der Spirale

$$l = 2 \cdot r_1 \cdot \cos\vartheta_1 = 2 \cdot 9{,}11 \cdot \cos 29{,}25° = 15{,}90\ \mathrm{m}$$

$$l_\mathrm{S} = (r_1 - r_2) \cdot \frac{1}{\sin\varphi_{(2),\mathrm{k}}} = (9{,}11 - 3{,}48) \cdot \frac{1}{\sin 31{,}5°} = 10{,}78\ \mathrm{m}$$

Gesamtlänge l_GL der Gleitlinie und Teillängen im Bereich der einzelnen Schichten

$$l_\mathrm{GL} = r_1 + r_2 + l_\mathrm{S} = 9{,}11 + 3{,}48 + 10{,}78 = 23{,}37\ \mathrm{m}$$

$$l_1 = \frac{z_2 - d}{\sin\vartheta_3} = \frac{4{,}00 - 2{,}00}{\sin 60{,}75°} = 2{,}29\ \mathrm{m}$$

$$l_2 = r_2 - l_1 = 3{,}48 - 2{,}29 = 1{,}19\ \mathrm{m}$$

$$l_3 = \frac{z_2 - d}{\sin \vartheta_1} = \frac{4{,}00 - 2{,}00}{\sin 29{,}25°} = 4{,}09 \text{ m}$$

$$l_4 = r_1 - l_3 = 9{,}11 - 4{,}09 = 5{,}02 \text{ m}$$

$$l_{TL2} = l_1 + l_3 = 2{,}29 + 4{,}09 = 6{,}38 \text{ m}$$

$$l_{TL3} = l_2 + l_4 + l_S = 1{,}19 + 5{,}02 + 10{,}78 = 16{,}99 \text{ m}$$

Charakteristische Scherparameter als gewichtete Mittelwerte

$$\varphi'_{m(2),k} = \varphi_k = \frac{l_{TL2} \cdot \varphi'_{2,k} + l_{TL3} \cdot \varphi'_{3,k}}{l_{GL}} = \frac{6{,}38 \cdot 35° + 16{,}99 \cdot 30°}{23{,}37} = 31{,}4°$$

$$c'_{m(2),k} = c_k = \frac{l_{TL3} \cdot c'_{3,k}}{l_{GL}} = \frac{16{,}99 \cdot 5{,}0}{23{,}37} = 3{,}64 \text{ kN/m}^2$$

die für die weiteren Berechnungen zu verwenden sind.

2.3 Teilflächen der Querschnittsfläche des endgültigen Bruchkörpers

Fläche der dreiecksförmigen aktiven RANKINE-Zone (P_1–P_3–E)

$$A_a = \tan \vartheta_2 \cdot \left(\frac{b}{2}\right)^2 = \tan 60{,}75° \cdot \left(\frac{3{,}40}{2}\right)^2 = 5{,}16 \text{ m}^2$$

Fläche der dreiecksförmigen passiven RANKINE-Zone (E–P_4–P_6)

$$A_p = \tan \vartheta_1 \cdot \left(\frac{l}{2}\right)^2 = \tan 29{,}25° \cdot \left(\frac{15{,}90}{2}\right)^2 = 35{,}40 \text{ m}^2$$

Fläche der nach unten spiralförmig begrenzten PRANDTL-Zone (E–P_3–P_4), berechnet gemäß DIN 4017 Bbl 1

$$A_S = \frac{r_1^2 - r_2^2}{4 \cdot \tan \varphi'_{m(2),k}} = \frac{9{,}11^2 - 3{,}48^2}{4 \cdot \tan 31{,}4°} = 29{,}03 \text{ m}^2$$

Gesamte Querschnittsfläche des endgültigen Bruchkörpers

$$A = A_a + A_p + A_S = 5{,}16 + 35{,}40 + 29{,}03 = 69{,}59 \text{ m}^2$$

Teilfläche der Schicht 2 (P_1–P_2–P_5–P_6)

$$A_2 = (z_2 - d) \cdot \left(l + b - \frac{1}{2 \cdot \tan \vartheta_3} - \frac{1}{2 \cdot \tan \vartheta_1}\right)$$

$$= (4{,}00 - 2{,}00) \cdot \left(15{,}90 + 3{,}40 - \frac{1}{2 \cdot \tan 60{,}75} - \frac{1}{2 \cdot \tan 29{,}25}\right) = 36{,}25 \text{ m}^2$$

Teilfläche der Schicht 3 (P_2–P_3–P_4–P_5)

$$A_3 = A - A_2 = 69{,}59 - 36{,}25 = 33{,}34 \text{ m}^2$$

3. Ermittlung der charakteristischen Wichten des Baugrunds

Die charakteristische Wichte oberhalb der Gründungssohle ergibt sich mit den anteiligen Höhen (vgl. Abb. 11-9 und Abb. 11-10) durch entsprechende Wichtung zu

$$\gamma_{1,\mathrm{k}} = \frac{0{,}70 \cdot 17{,}5 + (1{,}40 - 0{,}70) \cdot 18{,}0 + (2{,}00 - 1{,}40) \cdot 10{,}0}{2{,}00} = 15{,}43 \text{ kN/m}^3$$

Der ebenfalls erforderliche charakteristische Wert der Wichte unterhalb der Gründungssohle berechnet sich als mit den Teilflächen A_2 und A_3 gewichteter Mittelwert zu

$$\gamma_{2,\mathrm{k}} = \frac{A_2 \cdot \gamma'_{2,\mathrm{k}} + A_3 \cdot \gamma'_{3,\mathrm{k}}}{A} = \frac{36{,}25 \cdot 10{,}0 + 33{,}34 \cdot 11{,}00}{69{,}59} = 10{,}48 \text{ kN/m}^3$$

4. Prüfung ausreichender Sicherheit gegen Grundbruch

Gemäß der Aufgabenstellung ist gemäß DIN 4017 und DIN 1054 zu prüfen, ob das Fundament eine ausreichende Sicherheit gegen Grundbruch im Grenzzustand GEO-2 und in der Bemessungssituation BS-P aufweist. Der entsprechende Nachweis ist durch (Gl. 11-7)

$$N_\mathrm{d} \le R_{\mathrm{n,d}}$$

zu erbringen (Bemessungswert $N_\mathrm{d} = 11\,780$ kN, siehe oben).

4.1 Charakteristischer Wert des Grundbruchwiderstands

Der charakteristische Wert des Grundbruchwiderstands berechnet sich mit (Gl. 11-10 und Gl. 11-11; alle Last-, Gelände- und Sohlneigungsbeiwerte sind 1)

$$R_{\mathrm{n,k}} = a \cdot b \cdot (\gamma_{1,\mathrm{k}} \cdot d \cdot N_{\mathrm{d0}} \cdot \nu_\mathrm{d} + \gamma_2 \cdot b \cdot N_{\mathrm{b0}} \cdot \nu_\mathrm{b} + c_\mathrm{k} \cdot N_{\mathrm{c0}} \cdot \nu_\mathrm{c})$$

Mit den schon bekannten Größen, den zu $\varphi_\mathrm{k} = 31{,}4°$ gehörenden Grundwerten der Tragfähigkeitsbeiwerte (Gl. 11-13)

$$N_{\mathrm{d0}} = \mathrm{e}^{\pi \cdot \tan\varphi_\mathrm{k}} \cdot \tan^2\left(45° + \frac{\varphi_\mathrm{k}}{2}\right) = \mathrm{e}^{\pi \cdot \tan 31{,}4°} \cdot \tan^2\left(45° + \frac{31{,}4}{2}\right) = 21{,}61$$

$$N_{\mathrm{b0}} = (N_{\mathrm{d0}} - 1) \cdot \tan\varphi_\mathrm{k} = (21{,}61 - 1) \cdot \tan 31{,}4 = 12{,}58$$

$$N_{\mathrm{c0}} = \frac{N_{\mathrm{d0}} - 1}{\tan\varphi_\mathrm{k}} = \frac{21{,}61 - 1}{\tan 31{,}4°} = 33{,}76$$

und den Formbeiwerten gemäß Tabelle 11-3

$$\nu_\mathrm{d} = 1 + \frac{b}{a} \cdot \sin\varphi_\mathrm{k} = 1 + \frac{3{,}40}{4{,}00} \cdot \sin 31{,}4° = 1{,}44$$

$$\nu_\mathrm{b} = 1 - 0{,}3 \cdot \frac{b}{a} = 1 - 0{,}3 \cdot \frac{3{,}40}{4{,}00} = 0{,}745$$

$$\nu_c = \frac{\nu_d \cdot N_{d0} - 1}{N_{d0} - 1} = \frac{1{,}44 \cdot 21{,}61 - 1}{21{,}61 - 1} = 1{,}46$$

ergibt sich zahlenmäßig der charakteristische Grundbruchwiderstand

$$\begin{aligned} R_{n,k} &= a \cdot b \cdot (\gamma_{1,k} \cdot d \cdot N_{d0} \cdot \nu_d + \gamma_2 \cdot b \cdot N_{b0} \cdot \nu_b + c_k \cdot N_{c0} \cdot \nu_c) \\ &= 4{,}00 \cdot 3{,}40 \cdot (15{,}43 \cdot 2{,}0 \cdot 21{,}61 \cdot 1{,}44 + 10{,}48 \cdot 3{,}4 \cdot 12{,}58 \cdot 0{,}745 + 3{,}64 \cdot 33{,}76 \cdot 1{,}46) \\ &= 20\,042 \text{ kN} \end{aligned}$$

und mit ihm sowie dem zum Grenzzustand GEO-2 und zur Bemessungssituation BS-P gehörenden Teilsicherheitsbeiwert $\gamma_{R,v} = 1{,}4$ (Tabelle 7-3 bzw. Tabelle 11-1) der Bemessungswert

$$R_{n,d} = \frac{R_{n,k}}{\gamma_{R,v}} = \frac{20042}{1{,}40} = 14316 \text{ kN}$$

4.2 Nachweis der Grundbruchsicherheit und Ermittlung des Ausnutzungsgrads

Mit den berechneten Bemessungswerten zeigt sich, dass die Sicherheit gegen Grundbruch eingehalten ist, da

$$R_{n,d} = 14316 \text{ kN} > N_d = 11780 \text{ kN}$$

und für den entsprechenden Ausnutzungsgrad (Gl. 11-8)

$$\mu = \frac{N_d}{R_{n,d}} = \frac{11780}{14316} = 0{,}82 < 1$$

gilt.

11.5.7 Lastneigungsbeiwerte

Lastneigungsbeiwerte i_b, i_d und i_c erfassen den Einfluss des Neigungswinkels δ (Lastneigungswinkel) der schräg zur Lotrechten auf die Sohlfläche wirkenden resultierenden Beanspruchung S ($\tan \delta = T/N$, Abb. 11-11) und der Richtung der parallel zur Sohlfläche wirkenden Komponenten T der resultierenden Beanspruchung (Abb. 11-12). Der Winkel δ ist positiv, wenn sich der Gleitkörper in Richtung von T verschiebt (Abb. 11-11, links), und negativ, wenn er sich, z. B. infolge unterschiedlicher Einbindetiefen, in die entgegengesetzte Richtung verschiebt (Abb. 11-11, rechts). Hinsichtlich seiner Größe wird vorausgesetzt, dass $|\delta| < \varphi$ gilt. Ist unklar, welcher der Grundbruchkörper den ungünstigeren Fall darstellt, sind beide zu untersuchen.

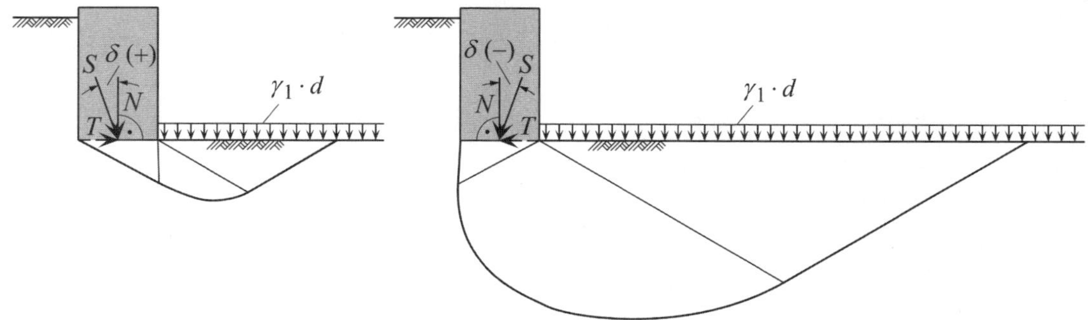

Abb. 11-11 Vorzeichenregeln für den Lastneigungswinkel δ (nach DIN 4017)

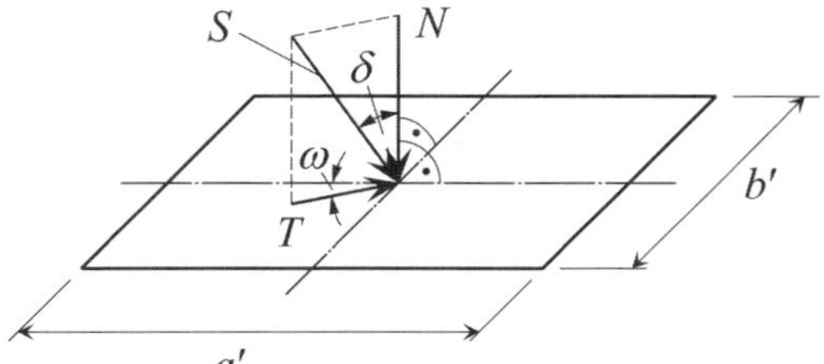

Abb. 11-12 Winkel ω bei schräg angreifender resultierender Last S (gemäß DIN 4017)

In DIN 4017, 7.2.4 werden bei der Ermittlung der Lastneigungsbeiwerte zwei Fälle unterschieden (in den folgenden Formeln haben Winkel die Dimension °).

Fall 1: $\varphi_k > 0$ und $c_k \geq 0$

Zur Ermittlung des Grundbruchwiderstands werden alle Neigungsbeiwerte benötigt. Für Lastneigungswinkel $\delta > 0°$ gilt

$$i_b = (1 - \tan\delta)^{m+1}$$

$$i_d = (1 - \tan\delta)^{m} \qquad \text{Gl. 11-14}$$

$$i_c = \frac{i_d \cdot N_{d0} - 1}{N_{d0} - 1}$$

und für Lastneigungswinkel $\delta < 0$

$$i_b = \cos\delta \cdot (1 - 0{,}04 \cdot \delta)^{0{,}64 + 0{,}028 \cdot \varphi_k}$$

$$i_d = \cos\delta \cdot (1 - 0{,}0244 \cdot \delta)^{0{,}03 + 0{,}04 \cdot \varphi_k} \qquad \text{Gl. 11-15}$$

$$i_c = \frac{i_d \cdot N_{d0} - 1}{N_{d0} - 1}$$

Die Größe m aus Gl. 11-14 ergibt sich mit

$$m = m_a \cdot \cos^2\omega + m_b \cdot \sin^2\omega \qquad \text{Gl. 11-16}$$

und

$$m_a = \frac{2 + \frac{a'}{b'}}{1 + \frac{a'}{b'}} \quad \text{und} \quad m_b = \frac{2 + \frac{b'}{a'}}{1 + \frac{b'}{a'}} \qquad \text{Gl. 11-17}$$

Bei parallel zu einer der beiden Grundrissseiten wirkender Beanspruchung T gilt

$m = m_a$ für T parallel zur längeren Seite a'

$m = m_b$ für T parallel zur kürzeren Seite b' Gl. 11-18

Fall 2: $\varphi_k = 0$ und $c_k > 0$

Da, wegen $\tan \varphi_k = 0$, $N_{b0} = 0$ (siehe Gl. 11-13) und somit $N_b = 0$ (siehe Gl. 11-11) gilt, beeinflusst die Gründungsbreite den Grundbruchwiderstand $R_{n,k}$ nicht. Zur Ermittlung der verbleibenden Beiwerte für Gründungstiefe und Kohäsion dienen

$$i_d = 1$$

$$i_c = 0{,}5 + 0{,}5 \cdot \sqrt{1 - \frac{T}{a' \cdot b' \cdot c}} \qquad \text{Gl. 11-19}$$

Anwendungsbeispiel

Zu betrachten ist das in Abb. 11-13 gezeigte rechteckige und 1,50 m tief eingebundene Fundament mit den Seitenlängen $a \times b = 2{,}50\text{ m} \times 2{,}00\text{ m}$, das in der Bemessungssituation BS-P als charakteristische Beanspruchung in der Sohlfläche die Vertikalkraft $N_k = N_{k,G} + N_{k,Q} = 1\,020 + 850 = 1\,870\text{ kN}$ sowie die Horizontalkraft $T_k = T_{k,Q} = 290\text{ kN}$ aufweist. Die Exzentrizitäten der Beanspruchung haben die Größen $e_a = 0{,}32$ m und $e_b = 0{,}21$ m.

Es ist zu prüfen, ob für dieses Fundament die Sicherheit gegen Grundbruch gemäß DIN 4017 eingehalten ist.

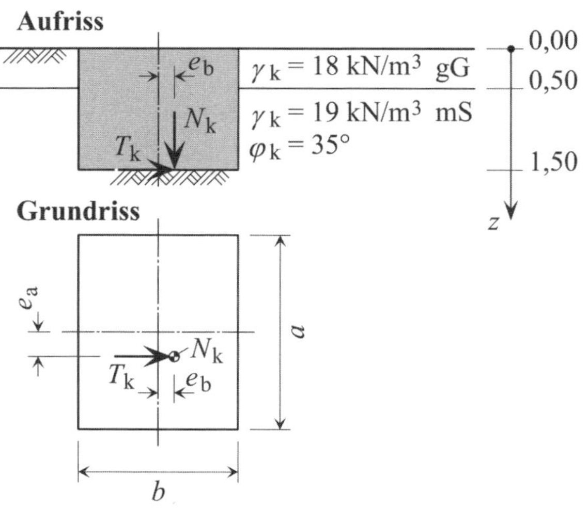

Abb. 11-13 Rechteckiges Fundament im Auf- und Grundriss

Die Materialkenngrößen der beiden Bodenschichten (gG und mS) sind der Abb. 11-13 zu entnehmen.

Lösung

1. Bemessungswert der Beanspruchung in der Sohlfuge

Die oben angegebenen charakteristischen Beanspruchungen und die zum Grenzzustand GEO-2 sowie zur Bemessungssituation BS-P gehörenden Teilsicherheitsbeiwerte $\gamma_G = 1{,}35$ und $\gamma_Q = 1{,}50$ (Tabelle 7-1 bzw. Tabelle 11-1) für ständige bzw. ungünstige veränderliche Einwirkungen führen zu dem Bemessungswert der Beanspruchung in der Sohlfuge

$$N_d = N_{G,k} \cdot \gamma_G + N_{Q,k} \cdot \gamma_Q = 1020 \cdot 1{,}35 + 850 \cdot 1{,}50 = 2\,652 \text{ kN}$$

2. Charakteristischer Wert des Grundbruchwiderstands

Da im vorliegenden Fall weder das geneigtes Gelände noch eine geneigte Sohlfuge vorliegt, haben alle Gelände- und Sohlneigungsbeiwerte die Größe 1. Die Gleichung für den charakteristischen Grundbruchwiderstand gemäß DIN 4017 lautet deshalb (Gl. 11-10 und Gl. 11-11)

$$R_{n,k} = a' \cdot b' \cdot (\gamma_{2,k} \cdot b' \cdot N_{b0} \cdot \nu_b \cdot i_b + \gamma_{1,k} \cdot d \cdot N_{d0} \cdot \nu_b \cdot i_b + c_k \cdot N_{c0} \cdot \nu_c \cdot i_c)$$

Wegen der fehlenden Kohäsion im unterhalb der Gründungssohle liegenden Gleitflächenbereich entfällt auch der Term zur Erfassung der Kohäsion und die Gleichung vereinfacht sich weiter zu

$$R_{n,k} = a' \cdot b' \cdot (\gamma_{2,k} \cdot b' \cdot N_{b0} \cdot \nu_b \cdot i_b + \gamma_{1,k} \cdot d \cdot N_{d0} \cdot \nu_b \cdot i_b)$$

Für den vorliegenden Fall eines außermittig belasteten Gründungskörpers sind als rechnerische Grundflächenabmessungen (siehe Abb. 11-4)

$$a' = a - 2 \cdot e_a = 2{,}50 - 2 \cdot 0{,}32 = 1{,}86 \text{ m}$$

$$b' = b - 2 \cdot e_b = 2{,}00 - 2 \cdot 0{,}21 = 1{,}58 \text{ m}$$

und als Wichte oberhalb der Gründungssohle (Mittelwert)

$$\gamma_1 = \frac{\gamma_{Kies} \cdot d_{Kies} + \gamma_{Sand} \cdot d_{Sand}}{d}$$

$$= \frac{18{,}0 \cdot 0{,}50 + 19{,}0 \cdot 1{,}00}{1{,}50} = 18{,}67 \text{ kN/m}^3$$

einzusetzen.

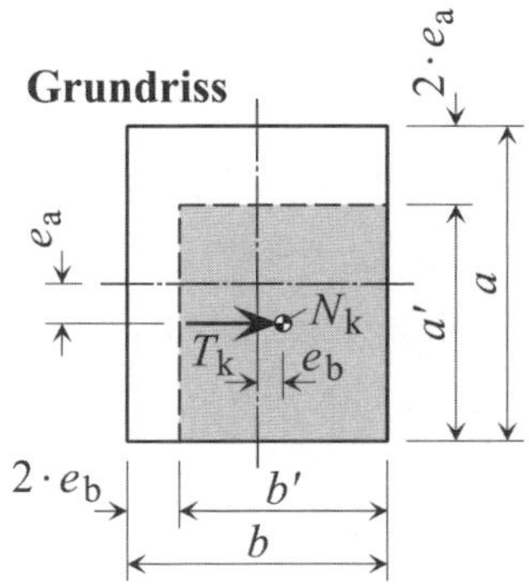

Abb. 11-14 Wirkliche und rechnerische Grundfläche des Fundaments

Mit den zum charakteristischen Reibungswinkel φ_k gehörenden Grundwerten der Tragfähigkeitsbeiwerte (Tabelle 11-2)

$$N_{d0} = 33{,}30$$

$$N_{b0} = 22{,}61$$

den zu den Abmessungen a' und b' gehörenden Formbeiwerten aus Tabelle 11-3

$$\nu_b = 1 - 0{,}3 \cdot \frac{b'}{a'} = 1 - 0{,}3 \cdot \frac{1{,}58}{1{,}86} = 0{,}745$$

$$\nu_d = 1 + \frac{b'}{a'} \cdot \sin\varphi_k = 1 + \frac{1{,}58}{1{,}86} \cdot \sin 35° = 1{,}487$$

sowie den sich mit (Gl. 11-17 und Gl. 11-18; T_k wirkt parallel zu b')

$$m = m_b = \frac{2 + \frac{b'}{a'}}{1 + \frac{b'}{a'}} = \frac{2 + \frac{1{,}58}{1{,}86}}{1 + \frac{1{,}58}{1{,}86}} = 1{,}541 \quad \text{und} \quad \tan\delta = \frac{T_k}{N_k} = \frac{290}{1870} = 0{,}1551$$

ergebenden Lastneigungsbeiwerten (Gl. 11-14)

$$i_b = (1 - \tan\delta)^{m+1} = (1 - 0{,}1551)^{1{,}541+1} = 0{,}6517$$

$$i_d = (1 - \tan\delta)^{m} = (1 - 0{,}1551)^{1{,}541} = 0{,}7713$$

ergibt sich als charakteristischer Grundbruchwiderstand

$$R_{n,k} = 1{,}86 \cdot 1{,}58 \cdot (19 \cdot 1{,}58 \cdot 22{,}61 \cdot 0{,}745 \cdot 0{,}6517 + 18{,}67 \cdot 1{,}5 \cdot 33{,}3 \cdot 1{,}487 \cdot 0{,}7713)$$
$$= 4\,112 \text{ kN}$$

3. Bemessungswert des Grundbruchwiderstands

Der charakteristische Grundbruchwiderstand führt mit dem zum Grenzzustand GEO-2 und der Bemessungssituation BS-P gehörenden Teilsicherheitsbeiwert $\gamma_{R,v} = 1{,}40$ (Tabelle 7-3 bzw. Tabelle 11-1) zu dem zugehörigen Bemessungswert

$$R_{n,d} = \frac{R_{n,k}}{\gamma_{R,v}} = \frac{4112}{1{,}40} = 2937 \text{ kN}$$

4. Nachweis der Grundbruchsicherheit des Fundaments

Da im vorliegenden Fall gemäß DIN 1054, 7.5.2 die Beziehung (Gl. 11-7)

$$N_d = 2652 \text{ kN} < R_{n,d} = 2937 \text{ kN}$$

gilt, ist die Sicherheit gegen Grundbruch mit dem Ausnutzungsgrad (Gl. 11-8)

$$\mu = \frac{N_d}{R_{n,d}} = \frac{2652}{2937} = 0{,}903$$

nachgewiesen.

11.5.8 Geländeneigungsbeiwerte

Die Geländeneigungsbeiwerte λ_b, λ_d und λ_c erfassen den Einfluss des Geländeneigungswinkels β (Abb. 11-15) auf den Grundbruchwiderstand. Voraussetzung für ihre Berechnung ist $\beta < \varphi_k$ und dass die Längsachse des jeweiligen Gründungskörpers ≈ parallel zur Böschungskante verläuft.

Bei $\beta > \varphi_k$ und $c_k \gg 0$ ist eine Geländebruchuntersuchung nach DIN 4084 [L 28] durchzuführen.

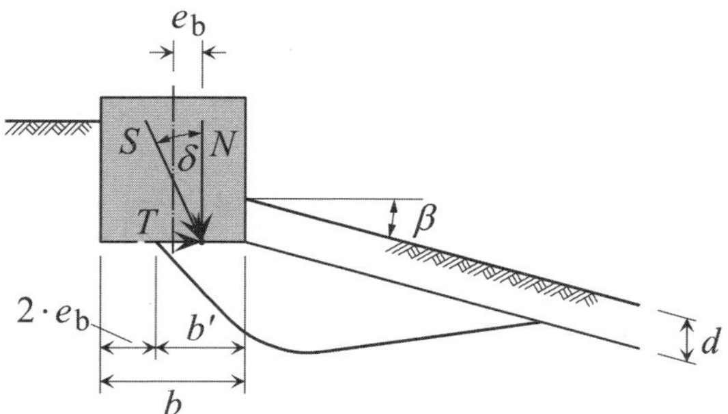

Abb. 11-15 Größen beim Grundbruch unter einem schräg und ausmittig belasteten Streifenfundament in geneigtem Gelände (nach DIN 4017, Bild 3)

ür die Ermittlung der Beiwerte ist zu unterscheiden zwischen den folgenden beiden Fällen (in den nachstehenden Formeln auftretende Winkel sind in der Dimension ° einzusetzen).

Fall 1: $\varphi_k > 0$ und $c_k \geq 0$

Die Beiwerte werden berechnet mit

$$\lambda_b = (1 - 0{,}5 \cdot \tan\beta)^6$$

$$\lambda_d = (1 - \tan\beta)^{1{,}9}$$

$$\lambda_c = \frac{N_{d0} \cdot e^{-0{,}0349 \cdot \beta \cdot \tan\varphi'_k} - 1}{N_{d0} - 1} \qquad \text{Gl. 11-20}$$

Fall 2: $\varphi_k = 0$ und $c_k > 0$

Da, wegen tan $\varphi_k = 0$, $N_{b0} = 0$ (siehe Gl. 11-13) und somit $N_b = 0$ (siehe Gl. 11-11) gilt, beeinflusst die Gründungsbreite den Grundbruchwiderstand $R_{n,k}$ nicht. Zur Ermittlung der verbleibenden Beiwerte für Gründungstiefe und Kohäsion dienen

$$\lambda_d = 1$$

$$\lambda_c = 1 - 0{,}4 \cdot \tan\beta \qquad \text{Gl. 11-21}$$

11.5.9 Sohlneigungsbeiwerte

Die Sohlneigungsbeiwerte erfassen den Einfluss der unter dem Winkel α (Abb. 11-16) geneigten Sohlfläche. Wie bei den Last- und Geländeneigungsbeiwerten sind bei ihrer Ermittlung zwei Fälle zu unterscheiden (in den nachstehenden Formeln auftretende Winkel sind in der Dimension ° einzusetzen).

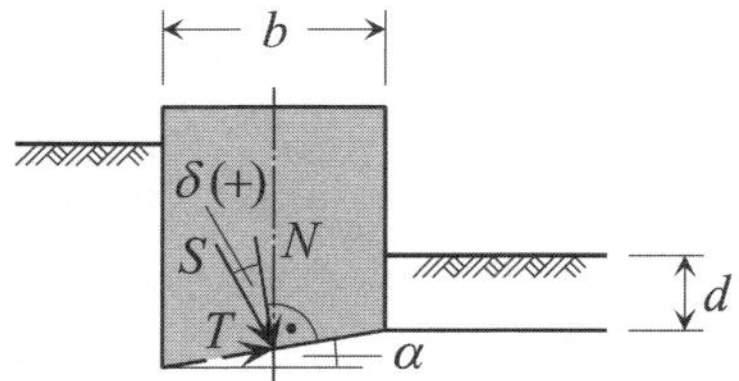

Abb. 11-16 Größen für die Berücksichtigung geneigter Sohlflächen (nach DIN 4017)

Fall 1: $\varphi_k > 0$ und $c_k \geq 0$

Die Beiwerte dieses Falls berechnen sich mit

$$\xi_b = \xi_d = \xi_c = e^{-0{,}045 \cdot \alpha \cdot \tan\varphi'_k} \qquad \text{Gl. 11-22}$$

Fall 2: $\varphi_k = 0$ und $c_k > 0$

Da, wegen tan $\varphi_k = 0$, $N_{b0} = 0$ (siehe Gl. 11-13) und somit $N_b = 0$ (siehe Gl. 11-11) gilt, beeinflusst die Gründungsbreite den Grundbruchwiderstand $R_{n,k}$ nicht. Zur Bestimmung der verbleibenden Beiwerte für Gründungstiefe und Kohäsion gelten

$$\begin{aligned} \xi_d &= 1 \\ \xi_c &= 1 - 0{,}0068 \cdot \alpha \end{aligned} \qquad \text{Gl. 11-23}$$

Der Sohlneigungswinkel α ist positiv, wenn die Horizontalkomponente S_h der Sohldruckresultierenden in Richtung der passiven RANKING-Zone zeigt (in Abb. 11-17 ist dies der Fall). Bei Verschiebungen des Grundbruchkörpers in die entgegengesetzte Richtung ist α negativ (Abb. 11-18). Bei Zweifeln hinsichtlich der Vorzeichenzuweisung sind beide Gleitkörper zu untersuchen, die sich mit den unterschiedlichen Vorzeichen von α ergeben.

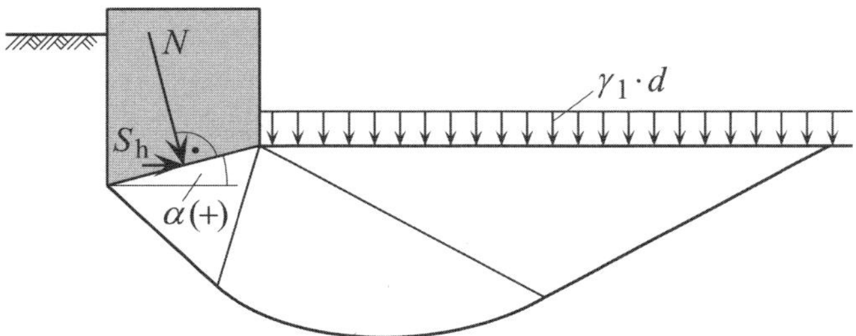

Abb. 11-17 Sohlneigungswinkel α mit positivem Vorzeichen (nach DIN 4017)

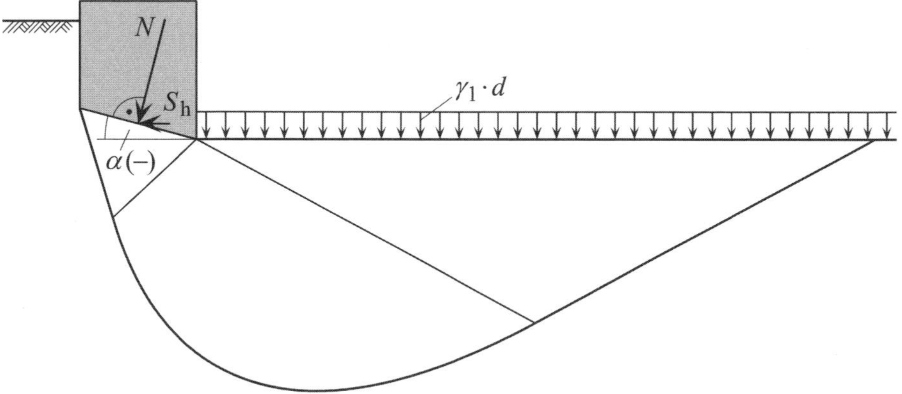

Abb. 11-18 Sohlneigungswinkel α mit negativem Vorzeichen (nach DIN 4017)

11.5.10 Berücksichtigung der Bermenbreite

Zur Berücksichtigung der Wirkung von Bermen der Breite s auf die Grundbruchsicherheit ist der Nachweis der Sicherheit gegen Grundbruch mit zwei verschiedenen charakteristischen Grundbruchwiderständen $R_{n,k}$ gemäß Gl. 11-10 zu führen (Abb. 11-19 beachten).

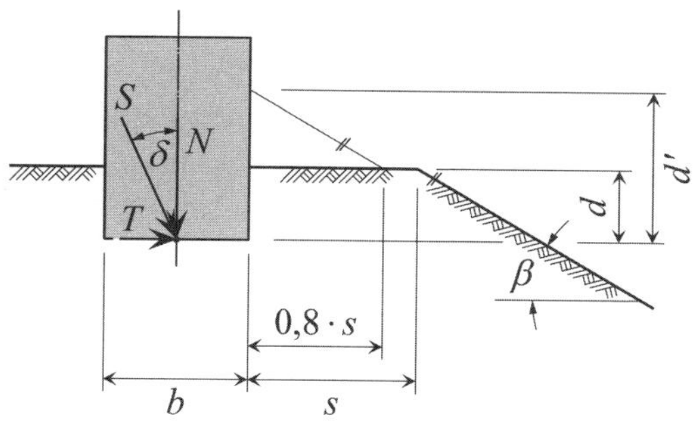

Abb. 11-19 Größen für die Berücksichtigung der Bermenbreite (nach DIN 4017, Bild 9)

Der eine Widerstand $R_{n,k}$ ist statt mit der Einbindetiefe d mit der Ersatzeinbindetiefe

$$d' = d + 0{,}8 \cdot s \cdot \tan \beta \qquad \text{Gl. 11-24}$$

und den zu β gehörenden Geländeneigungsbeiwerten gemäß Abschnitt 11.5.8 und der zweite Widerstand mit der Einbindetiefe d und dem Winkel $\beta = 0°$ zu berechnen. Für den Grundbruchsicherheitsnachweis gemäß Abschnitt 11.5.2 ist der kleinere der beiden $R_{n,k}$-Werte maßgebend.

11.5.11 Durchstanzen

Besteht der Baugrund aus einer festeren Schicht (Deckschicht) der Dicke d_1 und einem Reibungswinkel $\varphi_k > 25°$, die weichen oder breiigen, wassergesättigten, bindigen Boden überlagert, muss der Grundbruchwiderstand auch nach dem Durchstanznachweis ermittelt werden, wenn d_1 geringer ist als das Zweifache der Fundamentbreite b (Abb. 11-20).

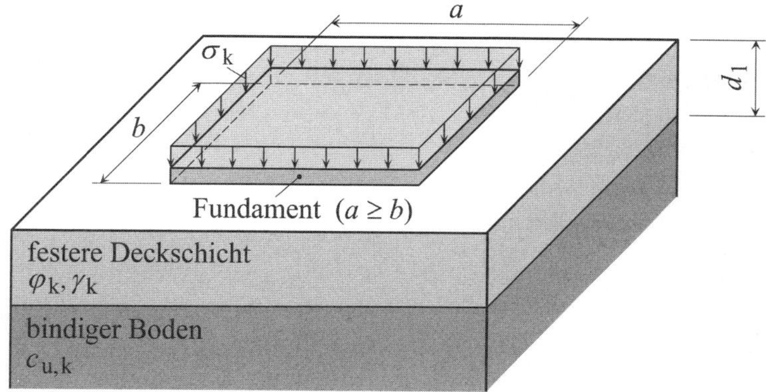

Abb. 11-20 Fundament auf geschichtetem Untergrund; Durchstanzen (nach DIN 4017)

Der charakteristische Widerstand beim Durchstanzen kann nach DIN 4017, Anhang B berechnet werden mit

$$R_{n,k} = a \cdot b \cdot \frac{2 \cdot \left(1 + \frac{b}{a}\right) \cdot N_c \cdot c_{u,k} + \left(3 + 2 \cdot \frac{b}{a}\right) \cdot A^* \cdot \lambda \cdot \gamma_k \cdot d_1}{\left(3 + 2 \cdot \frac{b}{a}\right) \cdot e^{-B^* \cdot \lambda} - 1} \qquad \text{Gl. 11-25}$$

Zu den Größen, die in dieser Gleichung verwendet werden, gehören

$$N_c = (2+\pi)\cdot\left(1+0{,}2\cdot\frac{b}{a}\right) \quad \text{und} \quad \lambda = \frac{d_1}{a}+\frac{d_1}{b} \qquad \text{Gl. 11-26}$$

sowie A^* und B^*, bei deren Ermittlung zwischen Fällen mit biegesteifen Fundamenten und Fällen mit schlaffen Fundamenten zu unterscheiden ist. Für biegesteife Fundamente gilt

$$A^* = 1{,}11\cdot 10^{-6}\cdot\varphi_k^3 - 2{,}01\cdot 10^{-4}\cdot\varphi_k^2 + 9{,}17\cdot 10^{-3}\cdot\varphi_k$$
$$B^* = 1{,}66\cdot 10^{-6}\cdot\varphi_k^3 - 3{,}02\cdot 10^{-4}\cdot\varphi_k^2 + 1{,}38\cdot 10^{-2}\cdot\varphi_k \qquad \text{Gl. 11-27}$$

und für schlaffe Lastbündel

$$A^* = 2{,}61\cdot 10^{-7}\cdot\varphi_k^3 - 5{,}31\cdot 10^{-5}\cdot\varphi_k^2 + 2{,}66\cdot 10^{-3}\cdot\varphi_k$$
$$B^* = 3{,}92\cdot 10^{-7}\cdot\varphi_k^3 - 7{,}97\cdot 10^{-5}\cdot\varphi_k^2 + 3{,}98\cdot 10^{-3}\cdot\varphi_k \qquad \text{Gl. 11-28}$$

Der charakteristische Reibungswinkel φ_k der Deckschicht ist in der Dimension ° anzusetzen.

11.5.12 Abmessungen von Gleitkörpern unter Streifenfundamenten

Im Anhang A der DIN 4017 werden Näherungsformeln zur Konstruktion des unterhalb eines Streifenfundaments anzunehmenden Gleitkörperquerschnitts bereitgestellt. Im allgemeinen Fall (Abb. 11-21) gelten die folgenden Beziehungen, in denen alle Winkel in der Dimension ° einzusetzen sind.

Sind die Winkel β, δ und φ_k sowie der Sohlneigungswinkel α bekannt, können die Hilfsgrößen

$$\varepsilon_1 = \arcsin\frac{-\sin\beta}{\sin\varphi_k} \quad \text{und} \quad \varepsilon_2 = \arcsin\frac{-\sin\delta}{\sin\varphi_k} \qquad \text{Gl. 11-29}$$

berechnet werden. Mit ihnen ergeben sich die in (Abb. 11-21) eingetragenen Winkel

$$\vartheta_1 = 45° - \frac{\varphi_k}{2} - \frac{\varepsilon_1+\beta}{2} \qquad \text{Gl. 11-30}$$

der passiven RANKINE-Zone

$$\vartheta_2 = 45° + \frac{\varphi_k}{2} - \frac{\varepsilon_2-\delta}{2} \quad \text{und} \quad \vartheta_3 = 45° + \frac{\varphi_k}{2} + \frac{\varepsilon_2-\delta}{2} \qquad \text{Gl. 11-31}$$

der aktiven RANKINE-Zone und

$$\nu = 180° - \alpha - \beta - \vartheta_1 - \vartheta_2 \qquad \text{Gl. 11-32}$$

der PRANDTL-Zone. Mit der Breite b' der rechnerischen Grundfläche des belasteten Gründungskörpers berechnen sich im Weiteren (Abb. 11-21)

$$r_2 = \frac{b'\cdot\sin\vartheta_3}{\cos\alpha\cdot\sin(\vartheta_2+\vartheta_3)} \quad \text{und} \quad r_1 = r_2\cdot e^{(\pi/180°)\cdot\nu\cdot\tan\varphi_k} \qquad \text{Gl. 11-33}$$

als Radien in der PRANDTL-Zone und

$$l = r_1\cdot\frac{\cos\varphi_k}{\cos(\vartheta_1+\varphi_k)} \qquad \text{Gl. 11-34}$$

als Länge der passiven RANKINE-Zone. Für Winkel $0° < \bar{\nu} < \nu$ lässt sich der Radius r der PRANDTL-Zone mit Hilfe von

$$r = r_2 \cdot e^{(\pi/180°)\cdot\bar{\nu}\cdot\tan\varphi_k} \quad \text{Gl. 11-35}$$

berechnen.

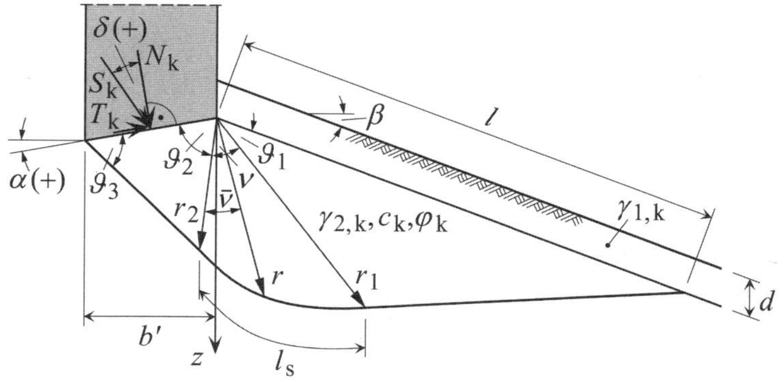

Abb. 11-21 Gleitflächenbild mit Winkel- und Längengrößen unter einem Streifenfundament (gemäß DIN 4017, Bild A.1)

Mit den bisherigen Gleichungen ergeben sich für den Fall $\alpha = \beta = \delta = 0°$die Größen

$$\vartheta_1 = 45° - \frac{\varphi_k}{2} \qquad \vartheta_2 = \vartheta_3 = 45° + \frac{\varphi_k}{2} \qquad \nu = 90°$$

$$r_2 = \frac{b'}{2 \cdot \cos\left(45° + \dfrac{\varphi_k}{2}\right)} \quad \text{Gl. 11-36}$$

und für den Fall $\varphi_k = \beta = 0°$ die Größen

$$\vartheta_1 = \vartheta_2 = \vartheta_3 = 45° \qquad \nu = 90°$$

$$r_1 = r_2 = b' \cdot \sin 45° \quad \text{Gl. 11-37}$$

sowie (Abb. 11-21)

$$l_s = \frac{r_1 - r_2}{\sin\varphi_k} \quad \text{Gl. 11-38}$$

In DIN 4017, Anhang A wird darauf hingewiesen, dass die Gleichungen Gl. 11-29 bis Gl. 11-38 nur für $\gamma_{2,k} = c'_k = 0$ gelten, näherungsweise aber auch für $\gamma_{2,k} > 0$ und $c'_k > 0$ angewendet werden dürfen.

Zur Berechnung der Größen l, d_A und l_A bei Streifenfundamenten mit $\alpha = \beta = \delta = 0°$ (Abb. 11-21) sind in Tabelle 11-4 Hilfsgrößen für mehrere Reibungswinkel φ_k zusammengestellt (der Punkt A in Abb. 11-22 ist der am tiefsten liegende Punkt der Gleitfläche).

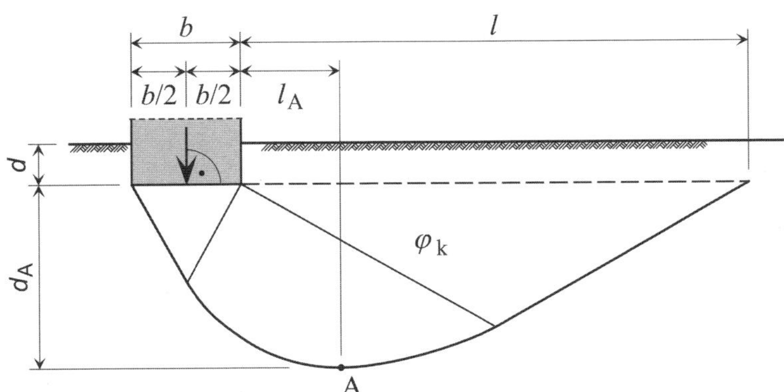

Abb. 11-22 Querschnitt eines Gleitkörpers beim Grundbruch unter einem Streifenfundament mit $\alpha = \beta = \delta = 0°$

Tabelle 11-4 Faktoren von b zur Berechnung der Abmessungen l, d_A und l_A von Gleitkörperquerschnitten unter Streifenfundamenten gemäß Abb. 11-22 in Abhängigkeit vom Reibungswinkel φ_k in homogenem, gewichtslosem Boden; $l = F_l \cdot b$, $d_A = F_{dA} \cdot b$ und $l_A = F_{lA} \cdot b$ (nach MÖLLER [L 126], Abschnitt 11.7.13)

φ_k (in °)	0,0	5,0	10,0	15,0	20,0	22,5	25,0	27,5	30,0	32,5	35,0	37,5	40,0	42,5
F_l	1,00	1,25	1,57	1,99	2,53	2,87	3,27	3,73	4,29	4,96	5,77	6,77	8,01	9,59
F_{dA}	0,71	0,79	0,89	1,01	1,16	1,25	1,35	1,46	1,59	1,73	1,90	2,11	2,35	2,64
F_{lA}	0,00	0,07	0,16	0,27	0,42	0,52	0,63	0,76	0,92	1,11	1,34	1,61	1,97	2,41

11.5.13 Aufgaben mit Lösungen

Aufgabe 11-1 (Lösung Seite 317)

Zu nennen sind drei Maßnahmen zur Erhöhung des Grundbruchwiderstands eines durch eine vertikale Last zentrisch belasteten Kreisfundaments, das auf locker gelagertem Sand gegründet werden soll.

Aufgabe 11-2 (Lösung Seite 317)

Betrachtet wird die nach der DIN 4017 zugrunde zu legende Grundbruchfigur für ein zentrisch und vertikal belastetes unendlich langes Streifenfundament mit der Breite b.

Unter Aufführung der Gründe ist anzugeben, durch welche Größen die geometrischen Abmessungen dieser Grundbruchfigur eindeutig festgelegt werden.

Aufgabe 11-3 (Lösung Seite 317)

Betrachtet wird ein quadratisches Fundament der Abmessung 2,0 m × 2,0 m, das durch eine vertikale Last zentrisch belastet werden soll und ohne Einbindung auf mitteldicht gelagertem Sand (charakteristische Wichte $\gamma_k = 18$ kN/m³, charakteristischer Reibungswinkel $\varphi_k = 32{,}5°$) zu gründen ist.

Um wie viel kN erhöht sich der nach DIN 4017 zu berechnende charakteristische Grundbruchwiderstand, wenn statt des quadratischen Fundaments ein Rechteckfundament der Breite 2,0 m und der Länge 3,0 m gewählt wird?

Aufgabe 11-4 (Lösung Seite 318)

Für ein auf mitteldicht gelagertem Sand gegründetes rechteckiges Fundament (Länge $= a$, Breite $= b$, Gründungstiefe $= d$) unter einer zentrisch wirkenden vertikalen Stützenlast erbrachte der Grundbruchnachweis eine ungenügende Sicherheit.

Zu benennen sind vier Maßnahmen, die, bei unveränderter Last, zu einer Erhöhung der Grundbruchsicherheit führen.

Aufgabe 11-5 (Lösung Seite 318)

Welche, die Grundbruchlast wesentlich beeinflussende Größe wird durch die Lösung des Grundbruchproblems von PRANDTL nicht berücksichtigt?

Lösung zu Aufgabe 11-1 (Aufgabenstellung Seite 316)

1. Vergrößerung des Fundamentdurchmessers
2. Vergrößerung der Gründungstiefe
3. Bodenverdichtung zur Vergrößerung des Reibungswinkels φ.

Lösung zu Aufgabe 11-2 (Aufgabenstellung Seite 316)

Die geometrischen Abmessungen der nach DIN 4017 zugrunde zu legenden Grundbruchfigur werden bei einem zentrisch und vertikal belasteten unendlich langen Streifenfundament der Breite b eindeutig festgelegt durch

1. den Reibungswinkel φ und
2. die Fundamentbreite b.

Zur Begründung ist anzuführen, dass die Neigung der Gleitflächen in der aktiven ($45° + \varphi/2$) und der passiven ($45° - \varphi/2$) RANKINE-Zone (Abb. 11-4) sowie die Gleichung der logarithmischen Spirale der PRANDTL-Zone (Gl. 11-5) ausschließlich durch den Reibungswinkel φ beeinflusst werden. Die Tiefe dieser Bereiche wird im Weiteren nur durch die Fundamentbreite b festgelegt.

Lösung zu Aufgabe 11-3 (Aufgabenstellung Seite 316)

Die Gleichung der DIN 4017 für den charakteristischen Grundbruchwiderstand (Gl. 11-10 und Gl. 11-11)

$$R_{n,k} = a' \cdot b' \cdot (\gamma_{2,k} \cdot b' \cdot N_{b0} \cdot \nu_b + \gamma_{1,k} \cdot d \cdot N_{d0} \cdot \nu_b + c_k \cdot N_{c0} \cdot \nu_c)$$

vereinfacht sich wegen der entfallenden Einbindung (Gründungstiefe $d = 0$ m) und der nicht vorhandenen Kohäsion ($c_k = 0$ kN/m^2) zu

$$R_{n,k} = a' \cdot b' \cdot \gamma_{2,k} \cdot b' \cdot N_{b0} \cdot \nu_b$$

Mit dem zu $\varphi_k = 32{,}5°$ gehörenden Grundwert der Tragfähigkeitsbeiwerte (Tabelle 11-2)

$$N_b = 15{,}03$$

dem Formbeiwert (Tabelle 11-3) für das quadratische Fundament

$$\nu_b = 0{,}7$$

bzw. das rechteckige Fundament

$$\nu_b = 1 - 0{,}3 \cdot \frac{b'}{a'} = 1 - 0{,}3 \cdot \frac{2}{3} = 0{,}8$$

ergeben sich als charakteristischer Grundbruchwiderstand des quadratischen Fundaments

$$R_{n,k,q} = 2{,}0 \cdot 2{,}0 \cdot 18 \cdot 2{,}0 \cdot 15{,}03 \cdot 0{,}7 = 1515 \text{ kN}$$

bzw. des rechteckigen Fundaments

$$R_{n,k,r} = 3{,}0 \cdot 2{,}0 \cdot 18 \cdot 2{,}0 \cdot 15{,}03 \cdot 0{,}7 = 2\,273 \text{ kN}$$

Die Erhöhung des Grundbruchwiderstands um

$$\Delta R_{n,k} = 2\,273 - 1515 = 758 \text{ kN}$$

bedeutet, dass der Widerstand des rechteckigen Fundaments um

$$\frac{R_{n,k,r}}{R_{n,k,q}} - 1 = \frac{2\,273}{1\,515} - 1 = 0{,}5 = 50\,\%$$

größer ist als der des quadratischen Fundaments (entspricht der Vergrößerung der Fundamentlänge von 2,0 m auf 3,0 m.

Lösung zu Aufgabe 11-4 (Aufgabenstellung Seite 317)

1. Vergrößerung der Länge a des Gründungskörpers
2. Vergrößerung der Breite b des Gründungskörpers
3. Vergrößerung der Gründungstiefe d des Gründungskörpers
4. Verdichtung des Bodens zur Erhöhung des charakteristischen Reibungswinkels φ_k des Baugrunds.

Lösung zu Aufgabe 11-5 (Aufgabenstellung Seite 317)

Bei der Ermittlung der Grundbruchlast mit Hilfe der Lösung von PRANDTL (Gl. 11-4) bleibt der Einfluss der Sohlflächengröße des Gründungskörpers und insbesondere dessen Breite unberücksichtigt.

12 Geländebruch

12.1 Allgemeines

Übergänge zwischen Geländeoberflächen mit unterschiedlichen Höhenlagen können z. B. als Böschungen (Abb. 12-1 a)) oder als durch Stützbauwerke gesicherte Geländesprünge (Abb. 12-1 b)) ausgeführt werden.

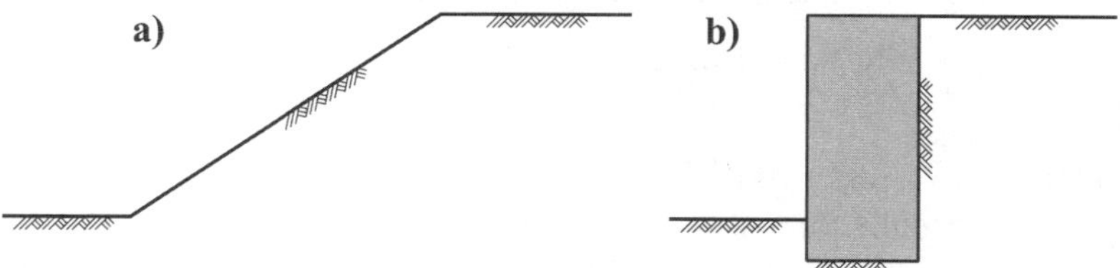

Abb. 12-1 Beispiele zur konstruktiven Gestaltung von Übergängen zwischen verschieden hohen Geländeoberflächen
a) Böschung b) mit Schwergewichtsmauer gesicherter Geländesprung

In diesen Bereichen können Böschungs- oder Geländebrüche auftreten (Abb. 12-2), für deren Berechnung in DIN 4084 [L 28] Verfahren angegeben werden. Diese DIN gilt für Böschungen in Lockergestein und Stützbauwerke an Geländesprüngen aus Lockergestein, für die ein ebener Formänderungszustand angenommen werden kann.

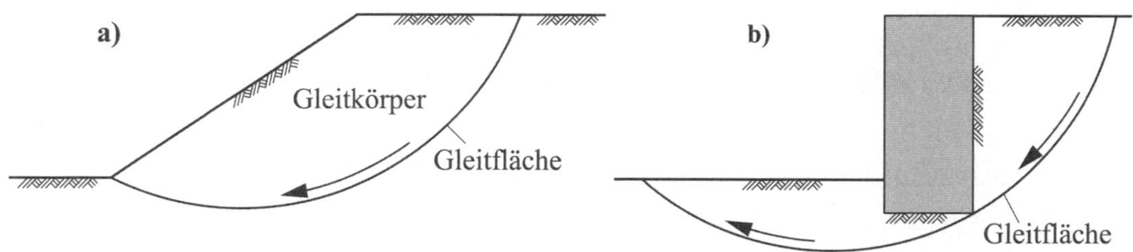

Abb. 12-2 Beispiele für ebene Bruchmechanismen nach DIN 4084 [L 28]
a) Böschungsbruch, b) Geländebruch

12.2 DIN-Normen

Für die Berechnung der Standsicherheit von Böschungen, Hängen, Dämmen und Geländesprüngen enthalten

- DIN 1054 [L 2], DIN 4084 [L 28], DIN 4084, Beiblatt 1 [L 29], DIN 4123 [L 39], DIN EN 1997-1 [L 73] und DIN EN 1997-1/NA [L 75]

u. a. Berechnungsgrundlagen und Berechnungsverfahren für den ebenen Fall beim Abrutschen auf angenommenen Gleitflächen (die Verfahren gelten auch dann, wenn sich die Erdkörper ohne Bildung von Gleitflächen allein durch Scherzonen verformen).

12.3 Begriffe

Geländesprung: natürlich oder künstlich entstandene Stufe im Gelände, mit oder ohne Stützbauwerk.

Böschung: Erdkörper mit einer durch Abtrag oder Auffüllung hergestellten geneigten Geländeoberfläche.

Hang: Erdkörper mit einer natürlich entstandenen geneigten Geländeoberfläche.

Stützkörper: Konstruktion zur Sicherung eines Geländesprungs, einer Böschung oder eines Hangs.

Geländebruch: das Abrutschen eines Erdkörpers an einer Böschung, einem Hang oder an einem Geländesprung (ggf. einschließlich des Stützbauwerks und eines Teils des das Bauwerk umgebenden Erdreichs) infolge Ausschöpfens des Scherwiderstands des Bodens und evtl. vorhandener Bauteile. Der rutschende Erdkörper kann sich dabei selbst verformen oder als starrer Körper abrutschen.

Böschungsbruch: Bezeichnung eines Geländebruchs, wenn der Erdkörper an einer Böschung abrutscht.

Hangrutschung: Bezeichnung eines Geländebruchs, wenn der Erdkörper an einem Hang abrutscht.

Rechnerisches Grenzgleichgewicht: Gleichgewicht zwischen dem Bemessungswert der Einwirkungen und dem mit dem Ausnutzungsgrad μ multiplizierten Bemessungswiderstand.

Ausnutzungsgrad des Bemessungswiderstands: Verhältnis des für das Gleichgewicht erforderlichen Widerstands zum Bemessungswert des Widerstands.

12.4 Sonderfall der ebenen Gleitfläche

Ebene Gleitflächen treten in der Natur nur in Sonderfällen auf, wie etwa bei der geologischen Situation von Abb. 12-3 a). Dabei ergeben sich in der oberen Grenzschicht der Störzone Spannungen mit Resultierenden gemäß Abb. 12-3 b). Die Resultierenden der durch die charakteristische Eigenlast G_k (Angabe pro lfdm Gleitkörper) des oberhalb der Störzone liegenden Erdkeils bewirkten Schub- und Normalspannungen in der Grenzschicht und sind parallel ($||$) und normal ($\perp$) zur Grenzschicht angeordnet.

Bewirkt die Eigenlast G_k ein Schubversagen in der Grenzschicht (Grenzschicht der Störzone wird zur Gleitfläche), würden in dieser Schicht, bei kohäsionslosem Bodenmaterial, die normal zur Gleitfläche gerichtete charakteristische Reaktionskraft pro lfdm Gleitkörper

$$Q_{k\perp} = G_{k\perp} = G_k \cdot \cos\vartheta \qquad \text{Gl. 12-1}$$

und die parallel zu Gleitfläche gerichtete maximal mobilisierbare charakteristische Reaktionskraft pro lfdm Gleitkörper

$$Q_{k||} = Q_{k\perp} \cdot \tan\varphi_k = G_{k\perp} \cdot \tan\varphi_k = G_k \cdot \cos\vartheta \cdot \tan\varphi_k \qquad \text{Gl. 12-2}$$

aktiviert. Beide Kräfte (Widerstände) wirken den jeweiligen charakteristischen Aktionskräften entgegen.

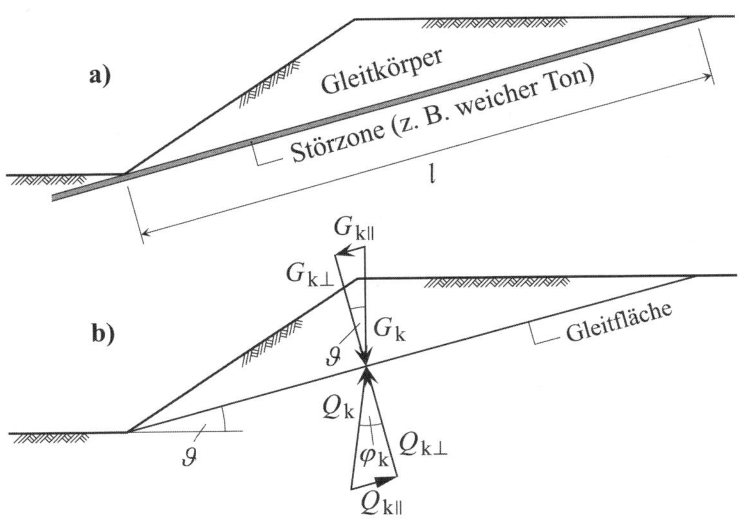

Abb. 12-3 Beispiel für eine ebene Gleitfläche (Länge l)
a) Lage einer Störzone
b) resultierende Kräfte in der Gleitfläche bei Bodenmaterial ohne Kohäsion

Mit den Kräften parallel zur Gleitfuge und ohne Berücksichtigung von Teilsicherheitsbeiwerten lässt sich ein Sicherheitsgrad gegen das Abgleiten in Form eines Ausnutzungsgrades

$$\mu = \frac{\text{vorh. treibende Kraft}}{\text{max. haltende Kraft}} = \frac{G_{k\|}}{Q_{k\|}} = \frac{G_k \cdot \sin\vartheta}{G_k \cdot \cos\vartheta \cdot \tan\varphi_k} = \frac{\tan\vartheta}{\tan\varphi_k} \qquad \mu \leq 1 \qquad \text{Gl. 12-3}$$

definieren.

Für den Nachweis der Sicherheit gegen Geländebruch gemäß DIN 1054 sind zusätzlich die zum Grenzzustand des Verlustes der Gesamtstandsicherheit GEO-3 gehörenden Teilsicherheitsbeiwerte γ_G der Einwirkung (siehe Tabelle 7-1) und γ_φ des Widerstands (siehe Tabelle 7-3) zu berücksichtigen. Mit ihnen lassen sich die Bemessungswerte der Einwirkung und des Widerstands parallel zur Gleitfläche

$$E_d = \gamma_G \cdot E_k = \gamma_G \cdot G_k \cdot \sin\vartheta$$
$$R_d = \gamma_\varphi \cdot R_k = \gamma_\varphi \cdot Q_{k\|} = \gamma_\varphi \cdot G_k \cdot \cos\vartheta \cdot \tan\varphi_k \qquad \text{Gl. 12-4}$$

ermitteln (Angabe pro lfdm Gleitkörper). Der Ausnutzungsgrad dieses Falls ist dann mit

$$\mu = \frac{E_d}{R_d} = \frac{E_k \cdot \gamma_G}{R_k \cdot \gamma_\varphi} = \frac{\gamma_G \cdot G_k \cdot \sin\vartheta}{\gamma_\varphi \cdot G_k \cdot \cos\vartheta \cdot \tan\varphi_k} = \frac{\gamma_G \cdot \tan\vartheta}{\gamma_\varphi \cdot \tan\varphi_k} \qquad \mu \leq 1 \qquad \text{Gl. 12-5}$$

berechenbar.

Weist das Bodenmaterial über die Länge l der Gleitfuge die konstante charakteristische Kohäsionsgröße c'_k (dränierter Boden) bzw. $c_{u,k}$ (undränierter Boden) auf, gilt für den parallel zur Grenzfläche wirkenden charakteristischen Widerstand $R_k = Q_{k\parallel}$ (charakteristische Scherspannungsresultierende pro lfdm Gleitkörper)

$$\begin{aligned} R_k &= c_k \cdot l + Q_{k\perp} \cdot \tan\varphi_k = c_k \cdot l + G_{k\perp} \cdot \tan\varphi_k \\ &= c_k \cdot l + G_k \cdot \cos\vartheta \cdot \tan\varphi_k \end{aligned} \qquad \text{Gl. 12-6}$$

G_k ist dabei die charakteristische Eigenlast pro lfdm Gleitkörper; für c_k und φ_k gelten im dränierten Zustand die Größen c'_k und φ'_k und im undränierten Zustand die Größen $c_{u,k}$ und $\varphi_{u,k}$. Der Ausnutzungsgrad ist für dränierten Boden (Endstandsicherheit) definiert durch

$$\mu = \frac{\text{vorh. treibende Kraft}}{\text{max. haltende Kraft}} = \frac{E_d}{R_d} = \frac{\gamma_G \cdot G_k \cdot \sin\vartheta}{\gamma_c \cdot c'_k \cdot l + \gamma_\varphi \cdot G_k \cdot \cos\vartheta \cdot \tan\varphi'_k} \qquad \mu \leq 1 \qquad \text{Gl. 12-7}$$

Für undränierten Boden (Anfangsstandsicherheit) sind die Teilsicherheitsbeiwerte γ_c und γ_φ durch γ_{cu} und $\gamma_{\varphi u}$ zu ersetzen.

12.5 Lamellenverfahren (schwedische Methode)

Das Lamellenverfahren lässt sich sowohl bei homogenem als auch bei geschichtetem Baugrund anwenden. Als Versagensmechanismus wird eine starre Bruchscholle angenommen, die auf einer kreiszylindrischen Gleitfläche abrutscht. Der Bruchkörper wird in n möglichst gleich breite vertikale Lamellen zerlegt (Abb. 12-4 a)). Bei geschichtetem Boden ist die Zerlegung so vorzunehmen, dass jedes zu einer Lamelle gehörende Gleitfugenteilstück in nur einer Bodenschicht liegt und somit konstante Größen für den effektiven charakteristischen Reibungswinkel φ'_k und die effektive charakteristische Kohäsion c'_k aufweist.

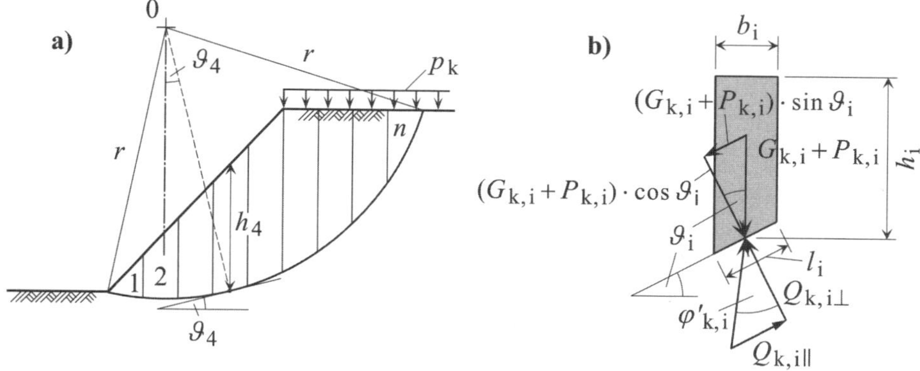

Abb. 12-4 Bruchmechanismus bei der schwedischen Methode
a) in n Lamellen geteilter starrer Bruchkörper mit kreiszylindrischer Gleitfläche
b) i-te Lamelle mit resultierenden charakteristischen Kräften bei kohäsionslosem Bodenmaterial in der Gleitfuge (Gleitfugenlänge l_i)

Um im Bereich der einzelnen Lamellen die gekrümmte Gleitfuge näherungsweise durch ihre Tangente ersetzen zu können, ist die Anzahl der Lamellen so groß zu wählen, dass hinreichend geringe Lamellenbreiten entstehen. Für diesen Fall wird bei der schwedischen Methode die in Abb. 12-4 b) gezeigte Kräftesituation in dem Gleitfugenteilstück der i-ten Lamelle angesetzt. Resultierende Kräfte der zwischen den einzelnen Lamellen wirkenden Spannungen

(z. B. aus Erddruck) und horizontale Oberflächenbelastungen bleiben bezüglich der Ermittlung der Normalspannungen in der Gleitfläche unberücksichtigt.

Beginnt die Bruchscholle auf der Gleitfläche abzurutschen (Schubversagen), gilt, bei kohäsionslosem Gleitfugenmaterial und unter Beachtung des Gleichgewichts, für die i-te Lamelle

$$\tan \varphi'_{k,i} = \frac{Q_{k,i||}}{Q_{k,i\perp}} = \frac{Q_{k,i||}}{(G_{k,i} + P_{k,i}) \cdot \cos \vartheta_i} \qquad \text{Gl. 12-8}$$

$G_{k,i}$ ist die sich aus der Lamellenhöhe h_i und der Wichte γ_i ergebende Eigenlast der Lamelle und P_i die Resultierende der vertikalen Lamellenbelastung (alle Kraftgrößen gelten pro lfdm Lamelle).

Als größte Resultierende der im Gleitflächenanteil der i-ten Lamelle aktivierten charakteristischen Schubspannungen („rückhaltende" Kraft) ergibt sich

$$Q_{k,i||} = (G_{k,i} + P_{k,i}) \cdot \cos \vartheta_i \cdot \tan \varphi'_{k,i} \qquad \text{Gl. 12-9}$$

Weist das Bodenmaterial über die Länge l_i des Gleitfugenteils der Lamelle Kohäsion mit der konstanten charakteristischen Größe c'_i auf, muss der charakteristische Widerstand (rückhaltende Kraft) aus Gl. 12-9 ersetzt werden durch

$$\begin{aligned} Q_{k,i||} &= c'_i \cdot l_i + (G_{k,i} + P_{k,i}) \cdot \cos \vartheta_i \cdot \tan \varphi'_{k,i} \\ &= c'_i \cdot \frac{b_i}{\cos \vartheta_i} + (G_{k,i} + P_{k,i}) \cdot \cos \vartheta_i \cdot \tan \varphi'_{k,i} \end{aligned} \qquad \text{Gl. 12-10}$$

Werden um den Mittelpunkt „0" des Gleitkreises (Abb. 12-4 a)) die Summe der Momente aus den charakteristischen Beanspruchungen (antreibende Kräfte)

$$(G_i + P_i)_{||} = (G_i + P_i) \cdot \sin \vartheta_i \qquad \text{Gl. 12-11}$$

und die Summe der Momente aus den charakteristischen Widerständen $Q_{k,i||}$ gebildet (die normal zur Gleitfläche gerichteten Komponenten der antreibenden und rückhaltenden Kräfte liefern keine Beiträge, da ihre Wirkungslinien durch den Mittelpunkt des Gleitkreises gehen), definiert sich über deren Verhältnis der Grad der Sicherheit gegen den Böschungsbruch durch den Ausnutzungsgrad

$$\begin{aligned} \mu &= \frac{\sum_{i=1}^{n} \text{vorh. antreibende Momente}}{\sum_{i=1}^{n} \text{max. rückhaltende Momente}} = \frac{\sum_{i=1}^{n} (G_{k,i} + P_{k,i})_{||} \cdot r}{\sum_{i=1}^{n} Q_{k,i||} \cdot r} \\ &= \frac{\sum_{i=1}^{n} (G_{k,i} + P_{k,i})_{||}}{\sum_{i=1}^{n} Q_{k,i||}} = \frac{\sum_{i=1}^{n} \text{vorh. antreibende Kräfte}}{\sum_{i=1}^{n} \text{max. rückhaltende Kräfte}} \qquad \mu \le 1 \end{aligned} \qquad \text{Gl. 12-12}$$

Für erdfeuchte nichtbindige Böden hat Gl. 12-12 die Form

$$\mu = \frac{\sum_{i=1}^{n} (G_{k,i} + P_{k,i}) \cdot \sin \vartheta_i}{\sum_{i=1}^{n} (G_{k,i} + P_{k,i}) \cdot \cos \vartheta_i \cdot \tan \varphi'_{k,i}} \qquad \mu \leq 1 \qquad \text{Gl. 12-13}$$

Sind die Böden in den Gleitfugenabschnitten der Lamellen kohäsiv (mit den Kohäsionsgrößen $c'_{k,i}$) und weisen sie keine Porenwasserdrücke auf, ist Gl. 12-13 zu ersetzen durch die pro lfdm Böschung geltende Gleichung

$$\mu = \frac{\sum_{i=1}^{n} (G_{k,i} + P_{k,i}) \cdot \sin \vartheta_i}{\sum_{i=1}^{n} \left[(G_{k,i} + P_{k,i}) \cdot \cos \vartheta_i \cdot \tan \varphi'_{k,i} + c'_{k,i} \cdot \frac{b_i}{\cos \vartheta_i} \right]} \qquad \mu \leq 1 \qquad \text{Gl. 12-14}$$

Wirken in den Gleitfugenabschnitten der kohäsiven Böden zusätzlich charakteristische Porenwasserdrücke ($u_{k,i}$ = Porenwasserdruck aus anstehendem Grundwasser, $\Delta u_{k,i}$ = Porenwasserüberdruck infolge von Konsolidation des Bodens), lautet die Gleichung für den Ausnutzungsgrad (pro lfdm Böschung)

$$\mu = \frac{\sum_{i=1}^{n} (G_{k,i} + P_{k,i}) \cdot \sin \vartheta_i}{\sum_{i=1}^{n} \left\{ c'_{k,i} \cdot \frac{b_i}{\cos \vartheta_i} + \left[(G_{k,i} + P_{k,i}) \cdot \cos \vartheta_i - (u_{k,i} + \Delta u_{k,i}) \cdot \frac{b_i}{\cos \vartheta_i} \right] \cdot \tan \varphi'_{k,i} \right\}} \qquad \mu \leq 1 \qquad \text{Gl. 12-15}$$

Bei der schwedischen Methode sind mehrere Gleitflächen versuchsweise durch den Boden zu legen. Für jede der Gleitflächen ist der Ausnutzungsgrad μ zu ermitteln. Maßgebend ist schließlich die Gleitfuge, zu der der größte Ausnutzungsgrad (= kleinste Sicherheit) gehört.

12.6 Berechnungen nach DIN 1054 und DIN 4084

12.6.1 Anwendungsbereich

Die Normen gelten für den Nachweis der Gesamtstandsicherheit (Grenzzustand GEO-3) von

- Stützbauwerken in Form von
  - nicht verankerten Gewichtsstützwänden (z. B. Winkelstützwände und Raumgitterkonstruktionen) und nicht gestützten, im Boden eingespannten Wänden (z. B. Spundwände, Bohrpfahlwände und Schlitzwände),
  - ein- oder mehrfach verankerten Stützwänden (z. B. Bohrpfahlwände, Trägerbohlwände und Schlitzwände)

  und der ggf. erforderlichen konstruktiven Bauteile (z. B. Anker und Zugpfähle) an Geländesprüngen, unabhängig von ihrer Konstruktion und Gründungsart;
- Böschungen und Hängen in Lockergesteinen, unabhängig von ihrer Gestalt;
- konstruktiven Böschungs- und Hangsicherungen (z. B. Hangverdübelung, Bodenvernagelung, geotextilbewehrte Böschungen und Bewehrte-Erde-Bauwerke).

Von DIN 4084 nicht erfasst werden z. B. räumliche Böschungsbruchfälle.

12.6.2 Grenzzustand, Einwirkungen und Widerstände

Gemäß DIN 1054 gehören alle Geländebruchsicherheitsnachweise zum Grenzzustand des Verlustes der Gesamtstandsicherheit GEO-3.

Bei den für den Nachweis zu berücksichtigenden Einwirkungen handelt es sich nach DIN 4084, 6 insbesondere um

- die Eigenlast des Gleitkörpers und der ggf. vorhandenen Stützkonstruktion,
- ungünstig wirkende veränderliche Lasten in oder auf dem Gleitkörper (erhöhen die Geländebruchgefahr),
- günstig wirkende, die Geländebruchgefahr vermindernde Kräfte von vorgespannten Zuggliedern, sofern sie nicht selbstspannend sind; die Kräfte sind als Festlegekräfte F_{A0} anzusetzen,
- auf die Gleit- und Begrenzungsflächen des Gleitkörpers einwirkende Porenwasserdrucklasten und sonstige Wasserdrücke (Abb. 12-5; die Porenwasserdrücke sind aus dem Strom- und Potenziallininennetz der Strömung bzw. aus der hydrostatischen Druckhöhe h_u über der Gleitfläche zu ermitteln),
- in den Massenschwerpunkten der Gleitkörper angreifende Erdbebenkräfte

sowie um sonstige Einwirkungen.

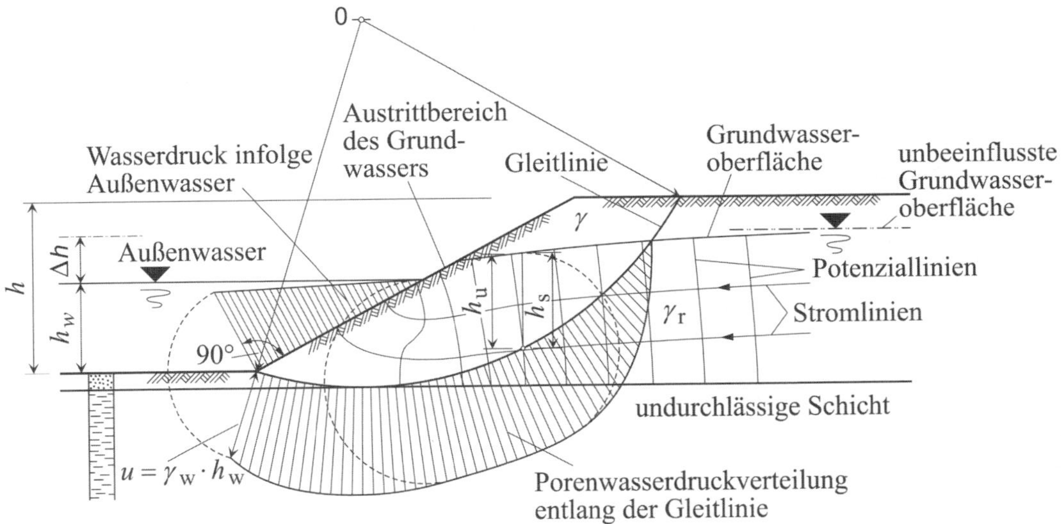

Abb. 12-5 Strömungsnetz, Wasserdruck und Porenwasserdruck bei einer Böschung (nach DIN 4084, Bild 1 a)

Als charakteristische Widerstände sind für den Sicherheitsnachweis ansetzbar

- Scherparameter φ_k und c_k des Bodens (bei bindigen Böden entweder die zur Anfangsstandsicherheit gehörenden Parameter $c_{u,k}$ und $\varphi_{u,k}$ oder die Parameter c'_k und φ'_k des dränierten Bodens (Endstandsicherheit)),

- Kräfte in Pfählen, Steifen, Zuggliedern und Dübeln; dabei ist für jeden Bruchmechanismus zu prüfen, ob diese Kräfte günstig oder ungünstig gerichtet sind (z. B. wirkt ein Zugglied in ungünstiger Richtung, wenn der Winkel ψ_A zwischen Zuggliedachse und Gleitrichtung des Bruchmechanismus im Schnittpunkt von äußerer Gleitlinie und Zugglied > 90° ist; Abb. 12-6 und Abb. 12-7),
- Scherwiderstände bei Stützkonstruktionen und Bauteilen, die, vgl. Abb. 12-7, durch die Gleitfläche geschnitten werden (für den endgültigen Sicherheitsnachweis anzusetzen ist der Bemessungswert des Scherwiderstands $R_{S,d}$ von jeweiliger Stützkonstruktion bzw. Bauteil, der an der Gleitlinie und entgegen der Bewegungsrichtung des Gleitkörpers übertragbar ist, d. h. von der Stützkonstruktion bzw. dem Bauteil entweder als Schnittkraft aufgenommen oder von diesen auf den Boden ober- bzw. unterhalb der Gleitlinie als Kraft abgetragen werden kann; maßgebend ist der kleinere Wert).

Bezüglich der Scherwiderstände von Stützkonstruktionen und Bauteilen bzw. der Abb. 12-7 ist darauf hinzuweisen, dass diese in [L 29] behandelt, nicht aber in die derzeit gültige DIN 4084 aufgenommen wurden. Es wird hier dennoch darauf eingegangen, da nach dem Autor vorliegenden Informationen noch nicht endgültig geklärt ist, ob diese Thematik nicht doch noch in die DIN 4084 aufgenommen werden soll.

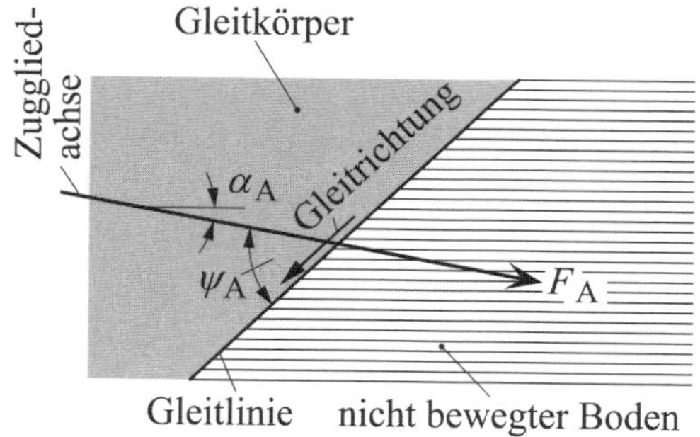

Abb. 12-6 Winkel ψ_A zwischen Zugglied und Gleitrichtung des Bruchmechanismus im Schnittpunkt von äußerer Gleitlinie und Zugglied (nach DIN 4084, Bild 2)

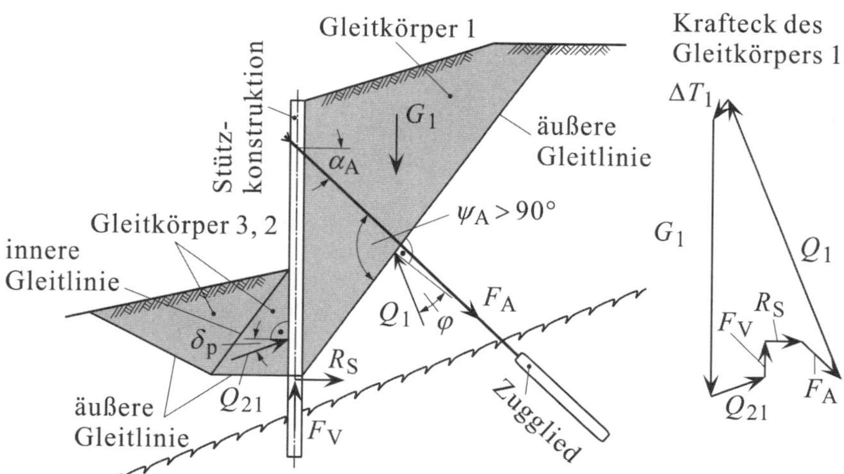

Abb. 12-7 Beispiel für den Ansatz einer Zugkraft bei ungünstig wirkendem Zugglied (gemäß DIN 4084)

12.6.3 Grenzzustandsbedingung

Die Sicherheit gegen Geländebruch nach DIN 4084 ist gegeben, wenn mit den resultierenden Bemessungswerten der Einwirkungen bzw. Beanspruchungen (E_d bei Kraft- und $E_{M,d}$ bei Momentenwirkung) und der Widerstände (R_d bei Kraft- und $R_{M,d}$ bei Momentenwirkung) gezeigt werden kann, dass die Bedingungen

$$E_d \leq R_d \qquad \text{bzw.} \qquad E_{M,d} \leq R_{M,d} \qquad \text{Gl. 12-16}$$

oder, bei Verwendung des Ausnutzungsgrades μ,

$$\frac{E_d}{R_d} = \mu \leq 1 \qquad \text{bzw.} \qquad \frac{E_{M,d}}{R_{M,d}} = \mu \leq 1 \qquad \text{Gl. 12-17}$$

eingehalten werden.

Zu untersuchen sind normalerweise mehrere in Frage kommende Bruchmechanismen. Für den Nachweis ausschlaggebend ist der Mechanismus, zu dem der größte Wert des Ausnutzungsgrades gehört.

12.6.4 Bruchmechanismusarten

Für die Sicherheitsnachweise müssen alle die Bruchmechanismen betrachtet werden, die in Frage kommen können. Die letztendlich als wesentlich erkannten Bruchmechanismen sind rechnerisch zu behandeln. Die DIN 4084 unterscheidet zwischen

a) einem Gleitkörper mit gerader Gleitlinie (Abb. 12-10), kreisförmiger Gleitlinie (z. B. Abb. 12-9) oder beliebiger einsinnig gekrümmter Gleitlinie

b) zusammengesetzten Bruchmechanismen mit mehreren Gleitkörpern und geraden Gleitlinien (z. B. Abb. 12-8); Bruchmechanismen mit beliebig einsinnig gekrümmten Gleitlinien werden in DIN 4084 nicht behandelt.

Bei Berechnungen nach DIN 4084 sind in Bruchmechanismen auftretende Scherzonen durch starre Gleitkörper und Gleitlinien zu ersetzen. Bei Sicherheitsnachweisen, die mit Scherparametern des dränierten Bodens und mit Parametern des undränierten Bodens geführt werden, können unterschiedliche Bruchmechanismen maßgebend sein.

Bekannte potenzielle Gleitflächen (z. B. Schichtgrenzen zwischen Locker- und Festgestein) sind bei den Sicherheitsnachweisen zu berücksichtigen.

12.6.5 Bruchmechanismus mit einem Gleitkörper oder zusammengesetzt

Bei Böschungen, die in homogenen oder annähernd homogenen Böden hergestellt wurden und bei denen keine konstruktiven Elemente mitwirken, sowie bei Geländesprüngen mit mächtigem, weichem Untergrund genügt es, Gleitkörper mit kreisförmigen Gleitlinien anzunehmen.

Bei einer unbelasteten Böschung, die in dräniertem Boden (auch unterhalb des Böschungsfußpunktes) hergestellt wurde, verläuft die Gleitfläche des zu untersuchenden Gleitkörpers durch den Böschungsfußpunkt. Alle anderen Fälle sind mit tief liegenden Gleitkreisen zu untersuchen, deren Austrittspunkte vor dem Böschungsfuß liegen.

Bei Böschungen in homogenen nichtbindigen Böden ohne Wasserdruck oder vollständig unter Wasser und ohne sonstige Einwirkungen ist die Böschungsoberfläche die ungünstigste Gleitfläche.

Geländesprünge mit Stützbauwerken und Böschungen mit mitwirkenden konstruktiven Elementen sind mit geraden Gleitlinien und zusammengesetzten Bruchmechanismen mit geraden Gleitlinien zu untersuchen. Auf der aktiven Seite sollten die Mechanismen im Regelfall mindestens zwei Gleitkörper besitzen (Abb. 12-8). Bei verankerten Böschungen oder Geländesprüngen müssen Untersuchungen an Bruchmechanismen durchgeführt werden, deren Gleitlinien die Zugglieder schneiden oder vollständig einschließen.

Alle genannten Mechanismen beruhen auf der kinematischen Methode (siehe z. B. GUßMANN u. a. [L 115], Kapitel 1.10).

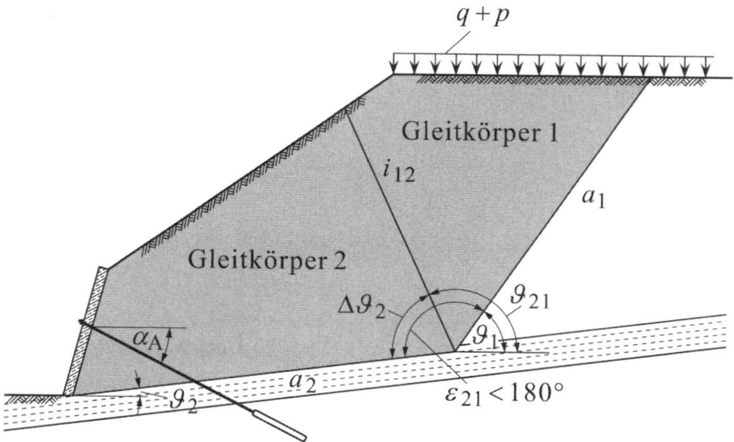

Abb. 12-8 Beispiel eines zusammengesetzten Bruchmechanismus mit zwei Gleitkörpern, geraden Gleitlinien und geologisch bedingter Gleitebene (gemäß DIN 4084, Bild 10 a)

12.6.6 Lamellenverfahren mit kreisförmig gekrümmten Gleitlinien

Das Lamellenverfahren mit kreisförmig gekrümmten Gleitflächen ist insbesondere bei geschichtetem Baugrund zu empfehlen, dessen Schichtgrenzlinien die Gleitfläche schneiden.

Der Gleitkörper (lfdm betrachten) wird bei überwiegend senkrechten Lasten in lotrechte Lamellen unterteilt, deren Breiten der Schichtung des Bodens und der Geländeform anzupassen sind (Abb. 12-9).

Die Summen der zu allen n Lamellen gehörenden Bemessungsmomente der Einwirkungen $E_{M,d}$ und Widerstände $R_{M,d}$ ergeben sich mit den pro lfdm Gleitkörper geltenden Beziehungen

$$E_{M,d} = r \cdot \sum_{i=1}^{n} [(G_{d,i} + P_{v,d,i}) \cdot \sin \vartheta_i] + \sum M_{S,d} \qquad \text{Gl. 12-18}$$

und

$$R_{\mathrm{M,d}} = r \cdot \sum_{i=1}^{n} \frac{(G_{\mathrm{k,i}} + P_{\mathrm{v,k,i}} - u_{\mathrm{k,i}} \cdot b_{\mathrm{i}}) \cdot \tan\varphi_{\mathrm{d,i}} + c_{\mathrm{d,i}} \cdot b_{\mathrm{i}}}{\cos\vartheta_{\mathrm{i}} + \mu \cdot \tan\varphi_{\mathrm{d,i}} \cdot \sin\vartheta_{\mathrm{i}}} \qquad \text{Gl. 12-19}$$

$M_{\mathrm{S,d}}$ erfasst dabei einwirkende Bemessungsmomente, die in den Einwirkungen der Lamellen um den Mittelpunkt des Gleitkreises nicht enthalten sind, welche sich aus den Bemessungswerten der totalen Lamelleneigenlasten $G_{\mathrm{d,i}}$ und der auf die Lamellen einwirkenden Lasten $P_{\mathrm{v,d,i}}$ ergeben.

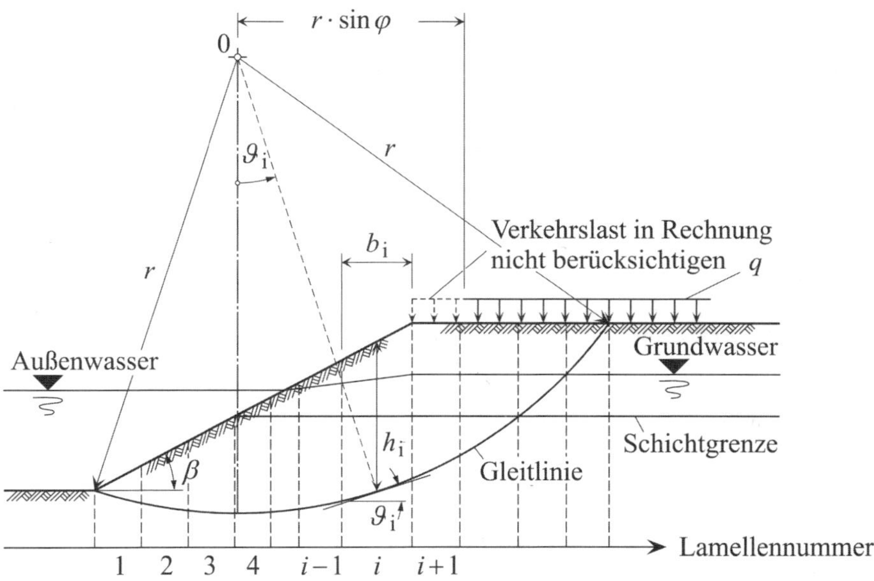

Abb. 12-9 Kreisförmige Gleitlinie und Lamelleneinteilung (Lamellenbreite der Schichtung und Geometrie angepasst) bei einer Böschung (gemäß DIN 4084, Bild 4)

Für die in Gl. 12-18 bzw. Gl. 12-19 verwendeten Bemessungswerte gilt im Einzelnen

$$G_{\mathrm{d,i}} = G_{\mathrm{k,i}} \cdot \gamma_{\mathrm{G}}$$

$$P_{\mathrm{v,d,i}} = P_{\mathrm{v,G,k,i}} \cdot \gamma_{\mathrm{G}} + P_{\mathrm{v,Q,k,i}} \cdot \gamma_{\mathrm{Q}} \qquad \text{Gl. 12-20}$$

$$M_{\mathrm{S,d}} = M_{\mathrm{S,G,k}} \cdot \gamma_{\mathrm{G}} + M_{\mathrm{S,Q,k}} \cdot \gamma_{\mathrm{Q}}$$

bzw.

$$\tan\varphi_{\mathrm{d,i}} = \frac{\tan\varphi'_{\mathrm{k,i}}}{\gamma_{\varphi}} \quad \text{und} \quad c_{\mathrm{d,i}} = \frac{c'_{\mathrm{k,i}}}{\gamma_{\mathrm{c}}}$$

oder Gl. 12-21

$$\tan\varphi_{\mathrm{d,i}} = \frac{\tan\varphi_{\mathrm{u,k,i}}}{\gamma_{\varphi\mathrm{u}}} \quad \text{und} \quad c_{\mathrm{d,i}} = \frac{c_{\mathrm{u,k,i}}}{\gamma_{\mathrm{cu}}}$$

Die in Gl. 12-20 und Gl. 12-21 verwendeten Größen sind die

- zum Grenzzustand des Verlustes der Gesamtstandsicherheit GEO-3 gehörenden Teilsicherheitsbeiwerte γ_{G} (ständige Einwirkungen) und γ_{Q} (ungünstige veränderliche Einwirkungen) der Einwirkungen sowie die zum dränierten Boden (charakteristische Scherparameter c'_k und φ'_k) gehörenden Teilsicherheitsbeiwerte γ_φ und γ_c bzw. die zum undränierten Boden (charakteristische Scherparameter $c_{u,k}$ und $\varphi_{u,k}$) gehörenden Werte $\gamma_{\varphi u}$ und γ_{cu},

- auf die Lamellen einwirkenden charakteristischen ständigen und ungünstigen veränderlichen Lasten $P_{v,G,k,i}$ und $P_{v,Q,k,i}$,
- charakteristischen ständigen und ungünstigen veränderlichen Momente $M_{S,G,k}$ und $M_{S,Q,k}$, die nicht in den Einwirkungen der Lamellen um den Mittelpunkt des Gleitkreises enthalten sind, welche sich aus den charakteristischen totalen Lamelleneigenlasten $G_{i,k}$ und den auf die Lamellen einwirkenden charakteristischen Lasten $P_{v,k,i}$ ergeben.

Der iterativ zu führende Standsicherheitsnachweis beginnt mit einem angenommenen Wert für μ, mit dem $R_{M,d}$ nach Gl. 12-19 ermittelt wird. In Verbindung mit $E_{M,d}$ aus Gl. 12-18 liefert Gl. 12-17 einen verbesserten Ausnutzungsgrad μ, mit dem $R_{M,d}$ erneut berechnet wird. Die Iteration wird so lange fortgesetzt, bis zwei aufeinanderfolgende Werte von μ auf 3 % übereinstimmen.

12.6.7 Lamellenfreie Verfahren mit geraden Gleitlinien

Ist der Nachweis der Sicherheit gegen Böschungsbruch bei Vorliegen von nur einer Bodenschicht und angenommener gerader Gleitlinie (vgl. Abb. 12-10) nach DIN 4084 zu führen, ergibt sich, bei n eingebauten vorgespannten Ankern und m Zuggliedern, parallel zur Gleitlinie als Bemessungswert der Einwirkung pro lfdm Gleitkörper

$$E_d = G_d \cdot \sin\vartheta + P_d \cdot \cos(\varepsilon - \vartheta) - \sum_{i=1}^{n} F_{A0,d,i} \cdot \cos(\vartheta + \varepsilon_{A0,i}) \qquad \text{Gl. 12-22}$$

und als zugehöriger Bemessungswert des Widerstands (U_k ist die in der Gleitlinie des Gleitkörpers wirkende charakteristische resultierende Porenwasserdruckkraft)

$$\begin{aligned} R_d = &\left[G_k \cdot \cos\vartheta + \sum_{j=1}^{m} F_{A,k,j} \cdot \sin(\varepsilon_{A,j} + \vartheta) + \sum_{i=1}^{n} F_{A0,k,i} \cdot \sin(\varepsilon_{A0,i} + \vartheta) \right] \cdot \tan\varphi_d \\ &+ [P_k \cdot \sin(\varepsilon - \vartheta) - U_k] \cdot \tan\varphi_d + c_d \cdot l_c \cdot 1\text{m} + \sum_{j=1}^{m} F_{A,d,j} \cdot \cos(\varepsilon_{A,j} + \vartheta) \end{aligned} \qquad \text{Gl. 12-23}$$

Die Kräfte

- $F_{A0,d,i}$ in Gl. 12-22 bzw. $F_{A,d,j}$ in Gl. 12-23 sind die Bemessungswerte der Festlegekräfte der vorgespannten Zugglieder bzw. der Längskräfte in den nicht vorgespannten konstruktiven Elementen (pro lfdm Gleitkörper),
- $F_{A0,k,i}$ bzw. $F_{A,k,j}$ in Gl. 12-23 sind die charakteristischen Werte der Festlegekräfte der vorgespannten Zugglieder bzw. der Längskräfte in den nicht vorgespannten konstruktiven Elementen (pro lfdm Gleitkörper).

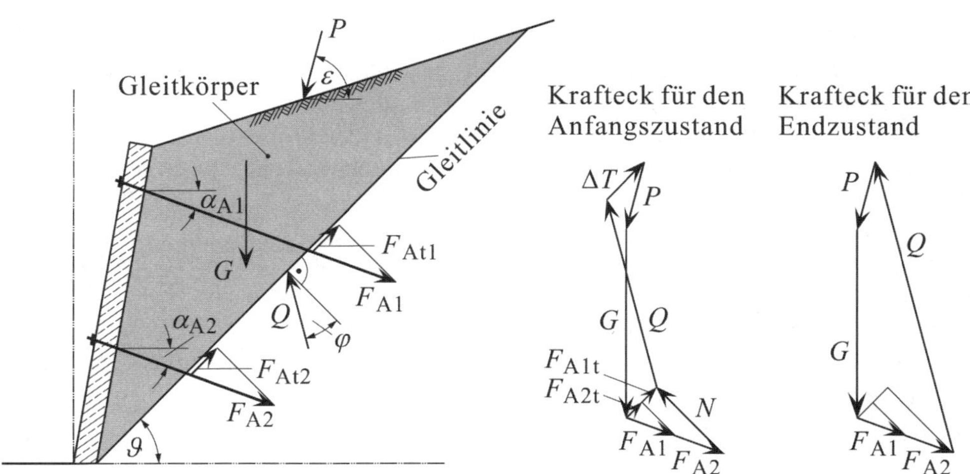

Abb. 12-10 Beispiel für einen Gleitkörper mit einer geraden Gleitlinie bei einer verankerten Wand ohne Einbindung in den Untergrund (gemäß DIN 4084)

Da sich die zu den Normalkomponenten der Ankerkräfte gehörenden Reibungswiderstände erst im Zuge der Konsolidierung aufbauen, ergibt sich hier beim Krafteck des Anfangszustands eine erforderliche haltende Zusatzkraft ΔT und damit eine nicht ausreichende Sicherheit (N= Normalkraft in der Gleitfläche infolge aller Ankerkräfte). Beim Krafteck für den Endzustand ergibt sich Gleichgewicht zwischen den angesetzten Werten der Einwirkungen und der Widerstände.

12.6.8 Zusammengesetzte Bruchmechanismen mit geraden Gleitlinien

Zusammengesetzte Bruchmechanismen mit geraden Gleitlinien, die aus mehreren Gleitkörpern bestehen, lassen sich für die Untersuchung von Gelände- und Böschungsbrüchen verwenden. Jeder der als starr anzunehmenden Gleitkörper gleitet auf einer äußeren Gleitfläche (Gleitfläche zwischen Gleitkörper und unbewegt bleibendem Untergrund) und, relativ zu den angrenzenden Gleitkörpern, auf einer bzw. zwei inneren Gleitlinien. Für die Gleitlinien gilt u. a., dass der Schnittpunkt von zwei äußeren Gleitlinien auch durch eine innere Gleitlinie geschnitten wird (vgl. Abb. 12-8). Um den ungünstigsten Bruchmechanismus (besitzt von allen untersuchten Mechanismen den höchsten Ausnutzungsgrad μ) zu finden, ist die geometrische Lage der äußeren und inneren Gleitlinien zu variieren (Variation der Neigungswinkel); dies gilt nicht für Gleitlinien, deren Lage durch geologische Verhältnisse vorgegeben oder aus Messungen bekannt ist. Bei der Variation ist u. a. darauf zu achten, dass die Winkel ε_{ji} zwischen zwei sich schneidenden äußeren Gleitlinien (Abb. 12-8) kleiner sein müssen als 180°.

Bruchmechanismen müssen in der Regel aus nicht mehr als vier Gleitkörpern bestehen. Um auszuschließen, dass sich zwischen den Gleitkörpern senkrecht zu den Gleitlinien rechnerisch Zugkräfte oder unendlich große Druckkräfte ergeben, muss für die Winkel zwischen den äußeren und inneren Gleitlinien die Bedingung

$$\Delta\vartheta_j > \mathrm{arc}(\mu \cdot \tan\varphi_{i,d}) + \mathrm{arc}(\mu \cdot \tan\varphi_{ij,d}) \quad \text{mit} \quad j = i + 1 \qquad \text{Gl. 12-24}$$

erfüllt sein (vgl. hierzu Abb. 12-8). Bei bindigen Böden reicht aber die Forderung der Gl. 12-24 zur Vermeidung von Zugkräften ggf. nicht aus. Stehen solche Böden an, sind deshalb die zum rechnerischen Grenzgleichgewicht gehörenden Normalkräfte in den inneren Gleitlinien darauf zu prüfen, ob sich dennoch rechnerische Zugkräfte ergeben. Ist dies der Fall, sind Bruchmechanismen zu wählen, deren Gleitlinien nicht in den betreffenden kohäsiven Schichten verlaufen.

Bei zusammengesetzten Bruchmechanismen ist der Nachweis der Sicherheiten gegen Geländebruch erbracht, wenn mit den Bemessungswerten der Einwirkungen und Widerstände sowie einer hinzugefügten gedachten Zusatzkraft $\Delta T_i > 0$, die in antreibender Richtung wirkt, für jeden Bruchmechanismus Gleichgewicht hergestellt werden kann. Aus numerischen Gründen sollte diese Zusatzkraft am jeweils größten der zum Bruchmechanismus gehörenden Gleitkörper angebracht werden (in Abb. 12-11 ist dies der Gleitkörper 2).

Zur Findung des ungünstigsten der zu untersuchenden Bruchmechanismen sind die Ausnutzungsgrade μ der Bemessungswiderstände zu berechnen. Außer bei rein kohäsiven Böden erfolgt diese Berechnung iterativ.

Für jeden Bruchmechanismus werden bei der Iteration im ersten Schritt alle Bemessungswiderstände mit einem Schätzwert für μ multipliziert. Danach wird geprüft, ob sich mit diesen reduzierten Widerständen und allen übrigen auf die Gleitkörper einwirkenden Bemessungskräften ein rechnerisches Gleichgewicht ergibt (Kräftegleichgewicht in horizontaler und vertikaler Richtung, kein Momentengleichgewicht). Für die Berechnung sind auch die widerstehenden Scher- und Axialkräfte der durch die Gleitlinien geschnittenen Bauteile und die Normalkräfte in den Gleitlinien heranzuziehen. Um am Anfang des Iterationsprozesses das Gleichgewicht zu „erzwingen“, wird zusätzlich zu allen sonstigen Kräften eine gedachte Zusatzkraft ΔT_i angenommen, die am größten Gleitkörper parallel zu dessen äußerer Gleitlinie wirkt (Abb. 12-11 d)). Ergibt der Gleichgewichtsnachweis $\Delta T_i > 0$ (treibende Kraft), ist μ im nächsten Schritt zu vermindern, ergibt er $\Delta T_i < 0$ (haltende Kraft), ist μ im nächsten Schritt zu erhöhen. Ergibt der Gleichgewichtsnachweis als Zusatzkraft $\Delta T = 0$, herrscht rechnerisches Grenzgleichgewicht und der angenommene Wert für μ ist der tatsächliche Ausnutzungsgrad des Bemessungswiderstands für den untersuchten Bruchmechanismus. Nach DIN 4084, 9.4.4 darf die Iteration abgebrochen werden, wenn mit dem gesamten für $\mu = 1$ geltenden rechnerischen Bemessungswiderstand $R_{d,i}$ des Bodens in der äußeren Gleitlinie des Gleitkörpers i das Verhältnis

$$|\Delta T_i / R_{d,i}| \leq 0{,}03 \qquad \text{Gl. 12-25}$$

erreicht ist.

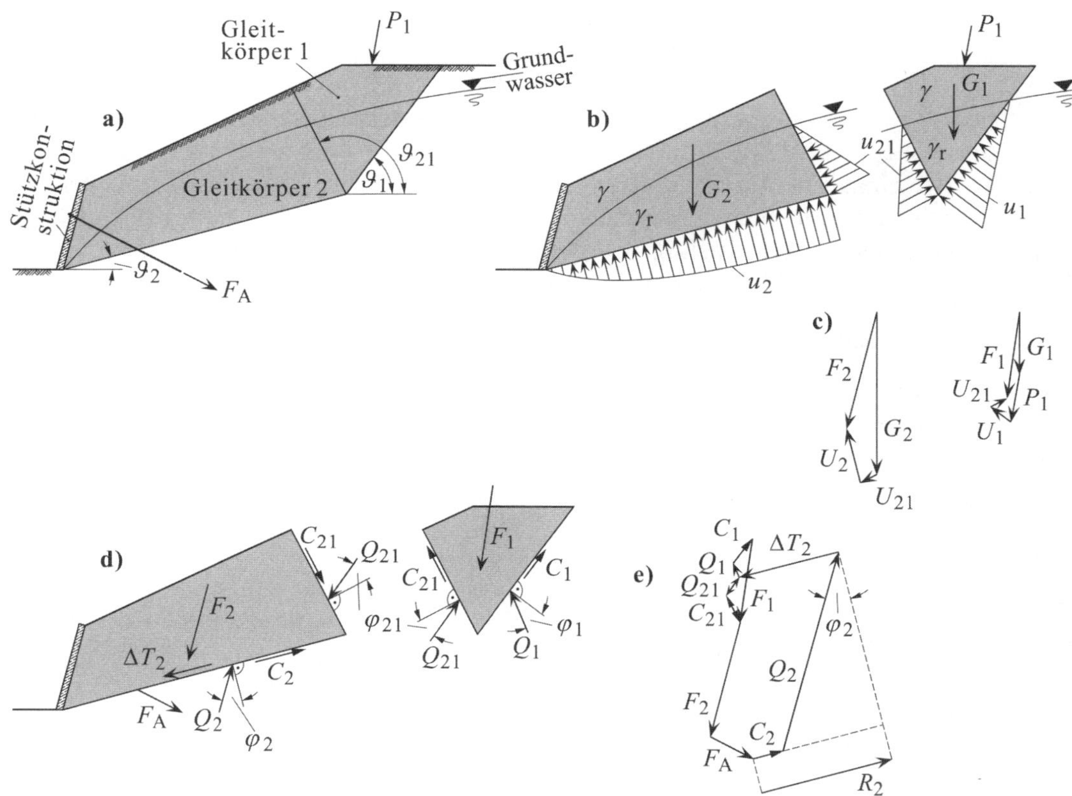

Abb. 12-11 Beispiel für einen zusammengesetzten Bruchmechanismus mit zwei Gleitkörpern (gemäß DIN 4084, Bild 13)

a) Bruchmechanismus
b) Ansatz der auf die Gleitkörper einwirkenden Größen (Eigenlasten G der Gleitkörper, Porenwasserdrücke u, Nutzlast P)
c) Kraftecke zur Ermittlung der Bemessungswerte der Resultierenden F_1 und F_2 der einwirkenden Kräfte aus b); U_i = Resultierende der Porenwasserdruckverteilung u_i
d) Resultierende der Lasten und Kräfte nach c), widerstehende Kräfte, Kräfte aus geschnittenen Zuggliedern und Zusatzkraft ΔT_2 am Gleitkörper 2
e) Krafteck für das Gesamtsystem (zur Herstellung des Gleichgewichts ist eine treibende Zusatzkraft $\Delta T_2 > 0$ erforderlich, daher ist μ im nächsten Iterationsschritt zu reduzieren)

12.6.9 Anwendungsbeispiele

Die im Folgenden dargestellten beiden Beispiele sind mit Hilfe des Programms GGU-STABILITY der Fa. CIVILSERVE [F 1] bearbeitet worden. Die dabei gewonnenen Ergebnisse wurden hinsichtlich der Grafik mit Hilfe des Programms CORELDRAW [F 2] modifiziert.

Damit wurde dem aus den obigen Ausführungen erkennbaren Umstand Rechnung getragen, dass die Auffindung des maximalen Ausnutzungsgrades mit vielfach wiederholten Berechnungen einhergeht. Die Bearbeitung solcher Aufgaben verlangt den Einsatz entsprechender EDV-Programme, die heute von verschiedenen Herstellern angeboten werden.

Im ersten Beispiel geht es um die Führung des Geländebruchsicherheitsnachweises für eine Winkelstützmauer (Abb. 12-12) gemäß DIN 4084 und DIN 1054 in der Bemessungssituation BS-P. Der Berechnung waren die Materialkennwerte aus Abb. 12-12 zugrunde zu legen. Der Nachweis selbst war mit einem zusammengesetzten Bruchmechanismus mit geraden Gleitlinien zu führen. Der zu berücksichtigende Baugrund besteht ausschließlich aus Sand, dessen Kenngrößen der Abb. 12-12 entnommen werden können.

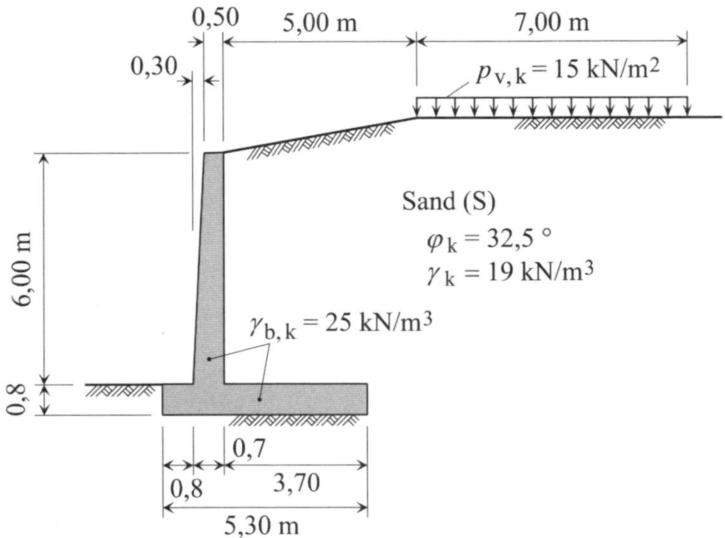

Abb. 12-12 Zu berechnende Winkelstützmauer im Querschnitt

Zur Nachweisführung musste, neben dem Sand, ein zweiter „Boden" für den Bereich der Stützmauer definiert werden, um diesem Bereich die Wichte von Stahlbeton zuordnen zu können, da das Programm zwar die Modellierung der Mauer als „Bauteil" zulässt, diesem aber keine Wichte zugeordnet werden kann. Der Standsicherheitsnachweis erfolgte für die Bemessungssituation BS-P mit den zum Grenzzustand GEO-3 (Grenzzustand des Verlustes der Gesamtstandsicherheit) gehörenden Teilsicherheitsbeiwerten $\gamma_G = 1{,}00$ für die ständigen Einwirkungen aus Eigenlast infolge γ_k und $\gamma_Q = 1{,}00$ für die veränderliche Last $p_{v,k}$ (vgl. Tabelle 7-1) und $\gamma_\varphi = \gamma_c = 1{,}25$ für die Widerstände aus der Scherfestigkeit (vgl. Tabelle 7-3).

Im Weiteren wurden für den Nachweis zwei aus jeweils vier Teilkörpern bestehende Gleitkörper (in Abb. 12-13 mit „1" und „2" gekennzeichnet) festgelegt. Zur Auffindung des ungünstigsten Gleitkörpers wurden danach, durch lineare Interpolation zwischen den Punkten dieser Körper, insgesamt 1438558 weitere Gleitkörper definiert. Von allen Gleitkörpern wurden 917765 berechnet, 90637 iterierten nicht und bei 430158 war der Passivbereich zu steil. Der ungünstigste der berechneten Gleitkörper ist in Abb. 12-13 dargestellt. Er besteht aus den vier Teilkörpern GK 1, GK 2, GK 3 und GK 4 und weist den größten nachgewiesenen Ausnutzungsgrad $\mu = 0{,}78$ auf.

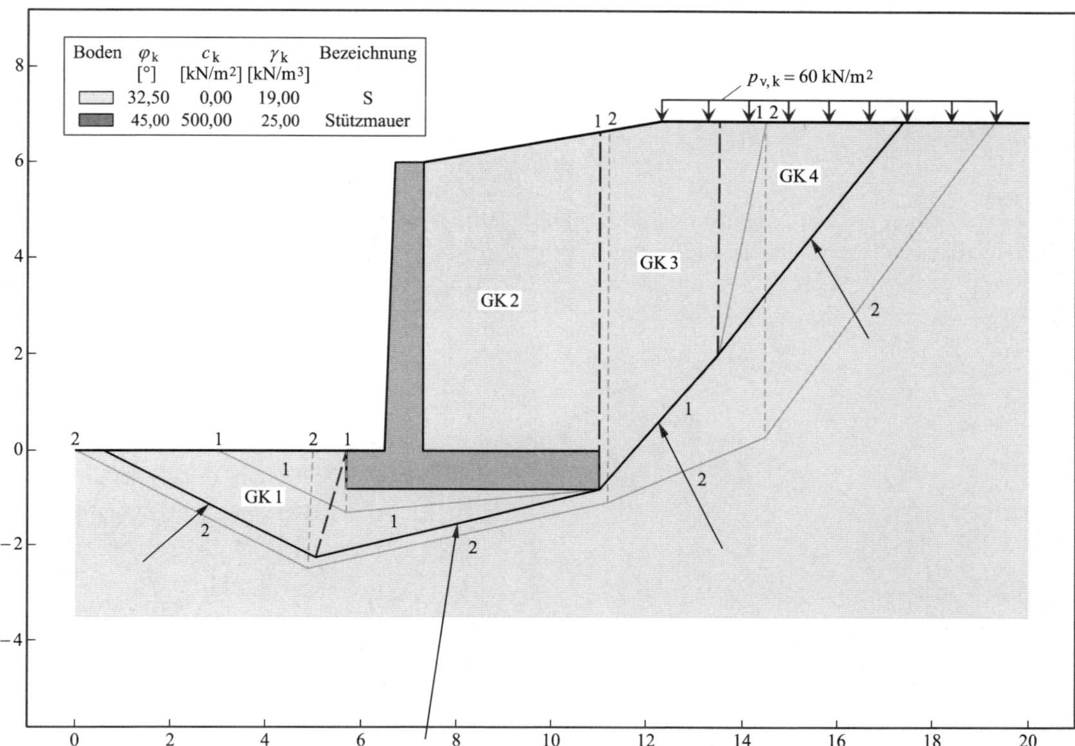

Abb. 12-13 Darstellung des Berechnungsergebnisses der Winkelstützmauer mit einem zusammengesetzten Bruchmechanismus (die Berechnung wurde mit dem Programm GGU-STABILITY [F 1] durchgeführt, als maximaler Ausnutzungsgrad ergab sich $\mu = 0{,}78$)

Das zweite Beispiel zeigt die Anwendung des Verfahrens von BISHOP (Lamellenverfahren mit kreisförmig gekrümmten Gleitlinien, vgl. Abschnitt 12.6.6) zur Untersuchung der Böschungsbruchsicherheit von einem Deich. Der Deich besteht, wie der Baugrund, aus nichtbindigem Boden mit den charakteristischen Kenngrößen Reibungswinkel $\varphi'_k = 32{,}5°$ und Wichte $\gamma_k = 19{,}0$ kN/m³. Als dichtende Abdeckung dient bindiger Boden mit den charakteristischen Schergrößen Reibungswinkel $\varphi'_k = 20{,}0°$ und $c'_k = 20{,}0$ kN/m² sowie der charakteristischen Dichte $\gamma_k = 20{,}0$ kN/m³. Im Bereich der Deichkrone wirkt als ständige vertikale charakteristische Last $p_{s,k} = 15{,}0$ kN/m². Die Untersuchung des Deichs erfolgte in der Bemessungssituation BS-P mit den zum Grenzzustand GEO-3 (Grenzzustand des Verlustes der Gesamtstandsicherheit) gehörenden Teilsicherheitsbeiwerten $\gamma_G = 1{,}00$ für die ständigen Einwirkungen aus Eigenlast infolge γ_k und $\gamma_Q = 1{,}30$ für die veränderliche Last $p_{s,k}$ (vgl. Tabelle 7-1) und $\gamma_\varphi = \gamma_c = 1{,}25$ für die Widerstände aus der Scherfestigkeit (vgl. Tabelle 7-3).

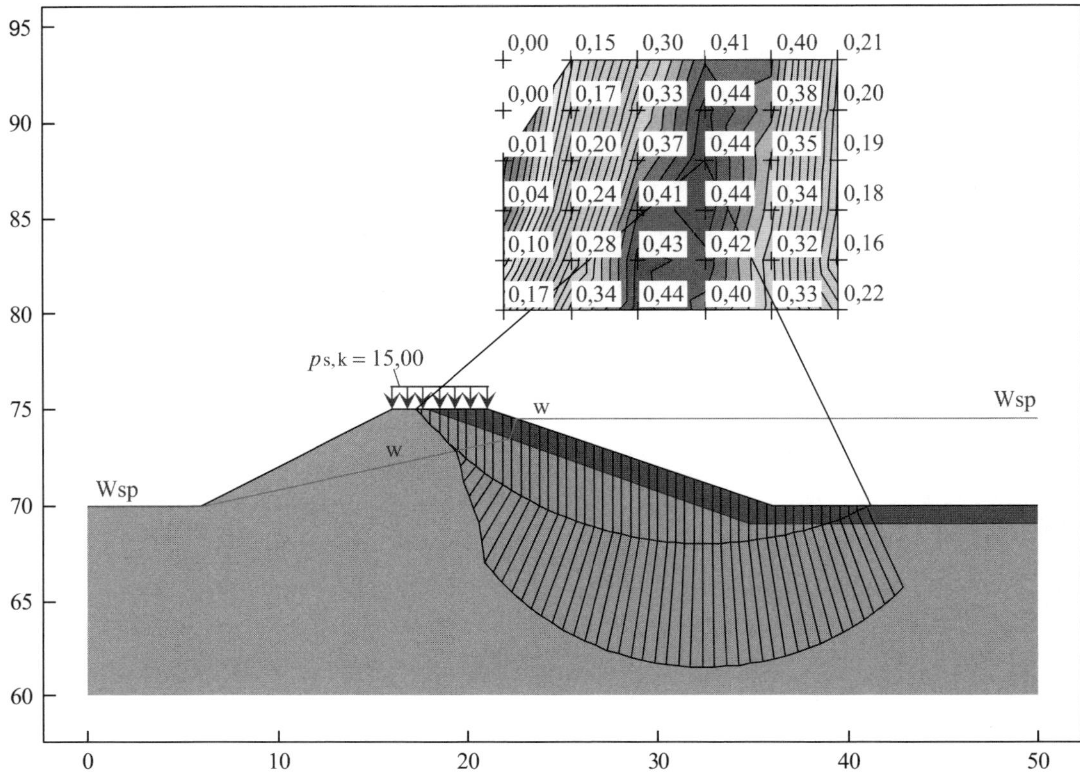

Abb. 12-14 Beispiel für die Anwendung des Verfahrens von BISHOP (Lamellenverfahren mit kreisförmig gekrümmten Gleitlinien) zur Untersuchung der Böschungsbruchsicherheit von einem Deich (die Berechnung wurde mit dem Programm GGU-STABILITY [F 1] durchgeführt, als maximaler Ausnutzungsgrad ergab sich $\mu = 0{,}46$)

12.6.10 Gebrauchstauglichkeit nach DIN 1054 und DIN 4084

Auf die Begrenzung der Verformungen von Böschungen und Geländesprüngen wird in DIN 1054, 11.6 [L 2] und in DIN 4084, 11 eingegangen.

Danach gilt im Regelfall, dass die Sicherheit gegen den Grenzzustand der Gebrauchstauglichkeit (SLS) bei

- mindestens mitteldicht gelagerten nichtbindigen und bei mindestens steifen bindigen Böden und nach DIN 1054 für die Bemessungssituation BS-P gegeben ist, wenn die Sicherheit gegen den Grenzzustand des Verlustes der Gesamtstandsicherheit (GEO-3) nachgewiesen wird,
- mitteldicht bis dicht gelagerten nichtbindigen und bei steifen bis halbfesten bindigen Böden und nach DIN 4084 in der Regel gegeben ist für Geländesprünge und Böschungen ohne Bebauung, deren Tragfähigkeit in der Bemessungssituation BS-P sowie für Stützkonstruktionen, deren Tragfähigkeit in der Bemessungssituation BS-T nachgewiesen wird.

Bei Böschungen in weichen bindigen Böden ist im Regelfall die Eingrenzung der Verformungen ausschlaggebend für die Bemessung. In DIN 4084 ist zur Einhaltung der Verformungsgrenzen bei Böden, die im undränierten Triaxialversuch nach DIN 18137-2 Scherdehnungen $> 20\,\%$ aufweisen, die Sicherheit im Grenzzustand GEO-3 in der Regel für einen Ausnutzungsgrad von 0,67 nachzuweisen. Bei Böden, die im undränierten Triaxialversuch Scherdehnungen zwischen 10 und 20 % aufweisen, darf der Wert des beim Nachweis anzusetzenden Ausnutzungsgrades durch lineare Interpolation zwischen 1,0 und 0,67 ermittelt werden.

Geländesprünge neben Gebäuden oder Verkehrsflächen, die erhöhten Gebrauchstauglichkeitsanforderungen genügen müssen, wird in DIN 1054 vorgeschlagen, entweder

- mit Anpassungsfaktoren $\eta < 1$ die Bodenwiderstände für den Sicherheitsnachweis im Grenzzustand GEO-3 zu vermindern oder
- die Beobachtungsmethode anzuwenden.

Für Stützkonstruktionen mit nicht vorgespannten Zuggliedern verlangt DIN 1054, dass beim Gebrauchstauglichkeitsnachweis die Verträglichkeit der Verformungen des gesamten Systems mit den Dehnungen der Zugglieder geprüft wird. In DIN 4084 wird, insbesondere bei Bewehrungslagen aus Geokunststoffen, der Nachweis verlangt, dass die zulässigen Verformungen des Geländesprungs dazu ausreichen, die Zugglieder bis zu den für den Gebrauchszustand notwendigen Kräften zu dehnen.

13 Aufschwimmen, Gleiten und Kippen

13.1 Aufschwimmen von Gründungskörpern

13.1.1 Allgemeines

Bei Gründungskörpern, die in ruhendem Grundwasser stehen, wird die vertikale charakteristische Gründungslast G_k nicht nur vom Korngerüst, sondern auch durch den charakteristischen Auftrieb A_k aufgenommen. Der Auftrieb bewirkt eine Verringerung der effektiven Spannungen zwischen Gründungskörper und Baugrund, die bis zum Aufschwimmen des Gründungskörpers (Abheben des Fundaments vom Baugrund) führen kann (Abb. 13-1). Die wirksame charakteristische Auftriebskraft ergibt sich mit γ_w (Wichte) und V_w (Volumen des durch den Gründungskörper verdrängten Grundwassers) zu

$$A_k = \gamma_w \cdot V_w \qquad \text{Gl. 13-1}$$

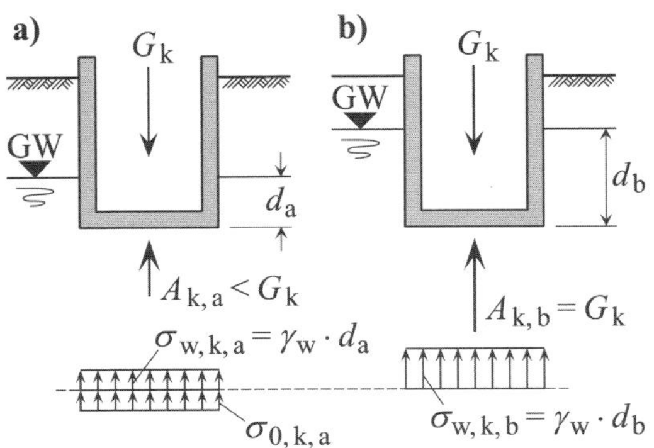

Abb. 13-1 Belastung der Bodenplatte eines Gründungskörpers durch die charakteristischen Größen des Sohlwasserdrucks $\sigma_{w,k}$ und der Bodenpressung $\sigma_{0,k}$
a) $\sigma_{w,k}$ und $\sigma_{0,k}$ (aus um den Auftrieb $A_{k,a}$ verminderter Gründungslast G_k)
b) Schwimmzustand, nur Sohlwasserdruck und keine Bodenpressung

Da der Auftrieb die Bodenpressungen verkleinert, ist immer zu prüfen, ob er u. U. wegfallen kann und damit höhere Bodenpressungen und entsprechende effektive Spannungen auftreten können.

13.1.2 Regelwerke

Die beim Auftrieb zu berücksichtigenden Gesichtspunkte wie z. B. Sicherheiten und der Ansatz von Scherkräften am Fundamentumfang sind z. B. in

- DIN 1054 [L 2], DIN EN 1997-1 [L 73] und DIN EN 1997-1/NA [L 75]

sowie in den

- EAB [L 108]

zu finden.

13.1.3 Sicherheit von Fundamenten gegen Aufschwimmen

Zur Standsicherheit von Bauwerken gehört auch die ausreichende Sicherheit gegen Aufschwimmen. Nach DIN 1054 ist diese Sicherheit im Grenzzustand UPL (Grenzzustand des Versagens durch Aufschwimmen) nachzuweisen. Bei nichtverankerten Konstruktionen ist sie gegeben, wenn mit den Bemessungswerten der destabilisierenden Auftriebskraft A_d, einer möglichen weiteren destabilisierenden und lotrecht aufwärts gerichteten Kraft $G_{dst,d}$, ungünstiger veränderlicher lotrecht aufwärts gerichteter (destabilisierender) Einwirkungen $Q_{dst,d}$ und dem unteren Wert $G_{stb,d}$ günstiger ständiger (stabilisierender) Einwirkungen gezeigt werden kann, dass

$$A_d + G_{dst,d} + Q_{dst,d} \leq G_{stb,d} \qquad \text{Gl. 13-2}$$

gilt. Gl. 13-2 kann auch in Form von

$$\mu = \frac{A_d + G_{dst,d} + Q_{dst,d}}{G_{stb,d}} \leq 1 \qquad \text{Gl. 13-3}$$

verwendet werden, wobei μ der Ausnutzungsgrad ist.

Die in den beiden Gleichungen verwendeten Bemessungswerte (Index d) berechnen sich aus den entsprechenden charakteristischen Werten (Index k) mit Hilfe der Teilsicherheitsbeiwerte aus Tabelle 13-1 (siehe auch Tabelle 7-1) und mit

$$\begin{aligned} A_d &= A_k \cdot \gamma_{G,dst} \\ G_{dst,d} &= G_{dst,k} \cdot \gamma_{G,dst} \\ Q_{dst,d} &= Q_{dst,k} \cdot \gamma_{Q,dst} \\ G_{stb,d} &= G_{stb,k} \cdot \gamma_{G,stb} \end{aligned} \qquad \text{Gl. 13-4}$$

Tabelle 13-1 Teilsicherheitsbeiwerte der Einwirkungen von DIN 1054 für die Sicherheit gegen Aufschwimmen (UPL)

Teilsicherheits-beiwert	**Bemessungssituation**		
	BS-P	BS-T	BS-A
$\gamma_{G,stb}$	0,95	0,95	0,95
$\gamma_{G,dst}$	1,05	1,05	1,00
$\gamma_{Q,stb}$	0	0	0
$\gamma_{Q,dst}$	1,50	1,30	1,00

13.1.4 Verankerte Konstruktionen

Müssen zur Gewährleistung der Sicherheit gegen Aufschwimmen des Bauwerks Zugelemente eingesetzt werden, die das Bauwerk nach unten verankern, sind als mögliche Versagensmechanismen immer das

- Herausziehen der Zugelemente aus dem Boden,
- Abheben des die Zugelemente enthaltenden Bodenblocks

zu untersuchen.

Im ersten Fall ist die Summe der Tragfähigkeit aller einzelnen Zugelemente zu berücksichtigen und im zweiten Fall die Tragfähigkeit der Zugelemente in ihrer Gruppenwirkung. Für den ersten Fall wird unterstellt, dass die einzelnen Zugelemente aus dem sich nicht bewegenden Baugrund herausgezogen werden oder dass sie abreißen. Im zweiten Fall wird angenommen, dass die Zugelemente mit dem sie umgebenden Baugrund einen Block bilden (Voraussetzung hierfür ist ein enger Zugelementabstand), der mit dem Bauwerk als Ganzes aufschwimmt (vgl. Abb. 13-3 d)).

Bei der Nachweisführung für die einzelnen Zugelemente ist, gemäß DIN 1054, 7.6.3.1, zu zeigen, dass für den Grenzzustand GEO-2 (Grenzzustand des Versagens von Bauwerken, Bauteilen und Baugrund) eine ausreichende Sicherheit gegen Herausziehen gegeben ist. Hierzu wird der Bemessungswert der Zugbeanspruchung aller Elemente

$$F_{Z,d} = (A_k + F_{Z,G,k}) \cdot \gamma_G + F_{Z,Q,k} \cdot \gamma_Q - F_{D,G,k} \cdot \gamma_{G,inf} \qquad \text{Gl. 13-5}$$

benötigt, der sich gemäß der Gleichung ermitteln lässt mit dem charakteristischen Wert A_k der Zugbeanspruchung infolge der ständig einwirkenden hydrostatischen Auftriebskraft, weiterer vertikal nach oben gerichteter ständiger charakteristischer Einwirkungen $F_{Z,G,k}$ und möglicher ungünstiger veränderlicher charakteristischer Einwirkungen $F_{Z,Q,k}$ sowie dem charakteristischen Wert $F_{D,G,k}$ einer gleichzeitig wirkenden Druckbeanspruchung infolge ständiger Einwirkungen. Die Teilsicherheitsbeiwerte γ_G, γ_Q und $\gamma_{G,inf}$ gehören zu Einwirkungen im Grenzzustand GEO-2 (vgl. Tabelle 7-2). $\gamma_{G,inf}$ ist mit 1,00 anzusetzen, da die charakteristische Druckbeanspruchung die ungünstigste charakteristische Zugbeanspruchung der Bauelemente nur verringert.

Werden Pfähle als Zugelemente verwendet, ist die Sicherheit gegen das Herausziehen im Grenzzustand GEO-2 mittels

$$F_{Z,d} = F_{t,d} \leq R_{t,d} \quad \text{bzw.} \quad \mu = \frac{F_{Z,d}}{R_{t,d}} = \frac{F_{1,d}}{R_{t,d}} \leq 1 \qquad \text{Gl. 13-6}$$

nachzuweisen. Bei Verpressankern muss

$$F_{Z,d} = P_d \leq R_d \quad \text{bzw.} \quad \mu = \frac{F_{Z,d}}{R_d} = \frac{P_d}{R_d} \leq 1 \qquad \text{Gl. 13-7}$$

gelten. Die in Gl. 13-6 und Gl. 13-7 verwendeten Größen sind die Bemessungswerte $F_{t,d}$ und $R_{t,d}$ der Pfahlbeanspruchung und des Pfahlwiderstands sowie P_d und R_d der Verpressankerbeanspruchung und des Verpressankerwiderstands. R_d ist der kleinere Wert von $R_{a,d}$ (Herauszieh-Widerstand der Verpresskörper im Grenzzustand GEO-2) und $R_{i,d}$ (Widerstandskraft der Stahlzugglieder). Zu den Pfahl- und Verpressankerwiderständen siehe auch MÖLLER [L 125], Abschnitte 4.8 und 6.6.

Im zweiten Versagensfall, dem Abheben des die Zugelemente enthaltenden Bodenblocks im Grenzzustand UPL, muss die Bedingung

$$(A_k + G_{dst,k}) \cdot \gamma_{G,dst} + Q_{dst,k} \cdot \gamma_{Q,dst} \leq G_{stb,k} \cdot \gamma_{G,stb} + G_{E,k} \cdot \gamma_{G,stb}$$

bzw.

$$\mu = \frac{(A_k + G_{dst,k}) \cdot \gamma_{G,dst} + Q_{dst,k} \cdot \gamma_{Q,dst}}{G_{stb,k} \cdot \gamma_{G,stb} + G_{E,k} \cdot \gamma_{G,stb}} \leq 1 \qquad \text{Gl. 13-8}$$

erfüllt sein; $G_{E,k}$ ist dabei der charakteristischer Wert der ständigen Einwirkung aus dem Eigengewicht des unter Auftrieb stehenden Bodenkörpers, der von den Zugelementen erfasst wird. Zu Details bezüglich der Ermittlung von $G_{E,k}$ siehe z. B. DIN 1054, 7.6.3.1 und MÖLLER [L 126], Abschnitt 14.3.3.

Anwendungsbeispiel

Für das Trockendock aus Abb. 13-2 sind zu berechnen

- der Größtwert der als gleichmäßig verteilt anzunehmenden charakteristischen effektiven Sohlfugenspannungen,
- die Mindestgröße des Bemessungswerts der Zugkraft, die (z. B. realisiert durch Anker) erforderlich ist, um die Sicherheit des Docks gegen Aufschwimmen nach EAB bzw. DIN 1054 in der Bemessungssituation BS-P zu gewährleisten, wenn keine Reibungskräfte zwischen Dockwand und Boden angesetzt werden dürfen.

Für die Berechnungen sind als Größen anzusetzen

$l = 350{,}0$ m
$b = 75{,}0$ m
$d = 0{,}8$ m
$t = 9{,}0$ m
$h = 1{,}0$ m
$\gamma_{b,k} = 24{,}0$ kN/m³

Hinweise

1) Der Grundwasserstand ist konstant.
2) Der eingetragene Wasserstand im Dock ist als höchster Wasserstand anzusehen.

Grundriss

d
b
d
d
l
d

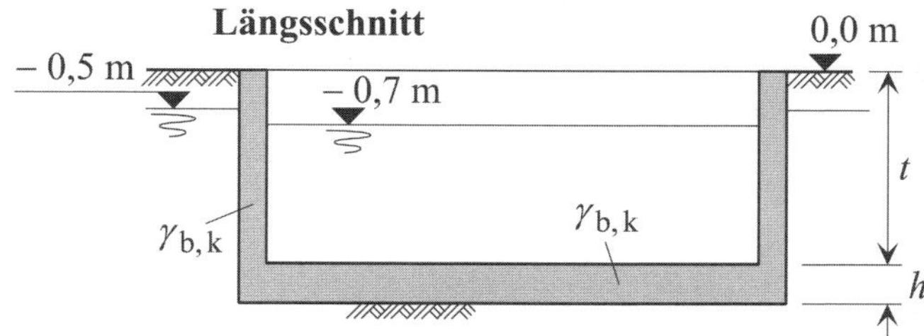

Abb. 13-2 Trockendock in Grundriss und Längsschnitt

Lösung

Der Größtwert der effektiven Sohlfugenspannungen tritt bei maximaler Füllung des Docks auf. Für diesen Fall ergeben sich als Sohlfläche des Docks

$$A_D = (l + 2 \cdot d) \cdot (b + 2 \cdot d) = (350{,}0 + 2 \cdot 0{,}8) \cdot (75{,}0 + 2 \cdot 0{,}8) = 26\,933 \text{ m}^2$$

als charakteristische Eigenlast der Dockkonstruktion

$$G_{D,k} = \gamma_{b,k} \cdot [A_D \cdot (t + h) - l \cdot b \cdot t]$$
$$= 24 \cdot [26\,933 \cdot (9{,}0 + 1{,}0) - 350{,}0 \cdot 75{,}0 \cdot 9{,}0] = 793\,920 \text{ kN}$$

als charakteristische Last der Wasserfüllung

$$G_{W,k} = \gamma_W \cdot l \cdot b \cdot (t - 0{,}7) = 10{,}0 \cdot 350{,}0 \cdot 75{,}0 \cdot (9{,}0 - 0{,}7) = 2\,178\,750 \text{ kN}$$

als auf die Dockkonstruktion wirkende charakteristische Auftriebskraft

$$A_k = \gamma_W \cdot A_D \cdot (t + h - 0{,}5) = 10{,}0 \cdot 26\,933 \cdot (9{,}0 + 1{,}0 - 0{,}5) = 2\,558\,635 \text{ kN}$$

und als gesuchter Größtwert der charakteristischen effektiven Sohlfugenspannungen

$$\sigma_{0,k,a} = \frac{G_{D,k} + G_{W,k} - A_k}{A_D} = \frac{793\,920 + 2\,178\,750 - 2\,558\,635}{26\,933} = 15{,}4 \text{ kN/m}^2$$

Da die Sicherheit gegen Aufschwimmen bei leerem Dock am kleinsten ist, muss nach DIN 1054 und gemäß den EAB nachgewiesen werden, dass der Bemessungswert der Beanspruchung aller Zugelemente (Gl. 13-5)

$$F_{Z,d} = A_k \cdot \gamma_G - F_{D,G,k} \cdot \gamma_{G,inf} = A_k \cdot \gamma_G - G_{D,k} \cdot \gamma_{G,inf}$$

durch Anker aufgenommen werden kann. Mit den obigen Zahlenwerten für A_k und $G_{D,k}$ sowie den zur Bemessungssituation BS-P gehörenden Teilsicherheitsbeiwerten (vgl. auch Tabelle 7-2)

$$\gamma_G = 1{,}35 \qquad \text{und} \qquad \gamma_{G,inf} = 1{,}00$$

berechnet sich der gesuchte Bemessungswert der Zugelementebeanspruchung zu

$$F_{Z,d} = 2\,558\,635 \cdot 1{,}35 - 793\,920 \cdot 1{,}00 = 2\,660\,237 \text{ kN}$$

13.1.5 Sicherheitsnachweis gegen Aufschwimmen nach EAB

In EAB, EB 62 werden Sicherheitsnachweise gegen Aufschwimmen im Fall von Baugruben behandelt, die in das Grundwasser reichen. Die Nachweise sind zu führen, wenn die Baugrubenwände und eine Schicht, die den Zutritt des Grundwassers in die Baugrube stark behindert, zusammen einen geschlossenen trogartigen Baukörper bilden. Solche Gegebenheiten zeigt Abb. 13-3.

Die in Abb. 13-3 verwendeten charakteristischen Größen stehen für:

- $u_{S,k}$ charakteristischer hydrostatischer Wasserdruck auf die Sohle,
- $u_{W,k}$ charakteristischer hydrostatischer Wasserdruck auf die Unterfläche der senkrechten Wand,
- $G_{B,k}$ nach unten gerichtete ständige Einwirkung aus der Eigenlast des überlagernden Bodens einschließlich der Dichtungsschicht,
- $G_{W,k}$ nach unten gerichtete ständige Einwirkung aus der Eigenlast der Baugrubenwand einschließlich der Aussteifung,
- T_k abwärts gerichtete Vertikalkomponente des auf die Baugrubenwände einwirkenden ständigen Erddrucks als ständige Einwirkung,
- $G_{E,k}$ nach unten gerichtete ständige Einwirkung aus der Eigenlast des Bodenkörpers, der von den Zugpfählen bzw. Verpressankern erfasst wird (Abb. 13-3 d)).

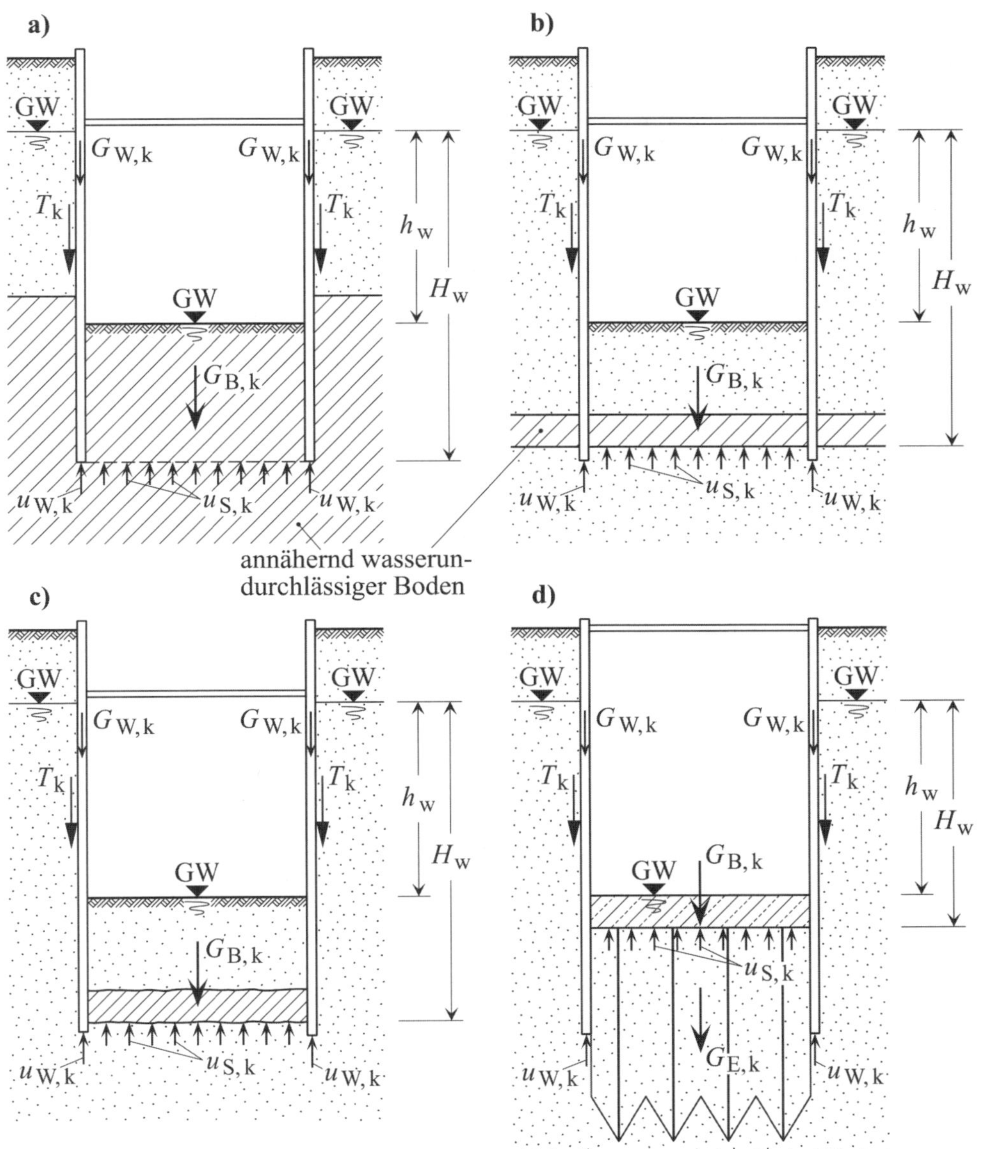

Abb. 13-3 Ansatz der Kräfte beim Nachweis der Sicherheit gegen Aufschwimmen (nach EAB [L 108])

a) Sohldichtung mit annähernd wasserundurchlässiger dicker Bodenschicht (Durchlässigkeitsbeiwert der Schicht mindestens um den Faktor 10^{-2} kleiner als der Beiwert des die Schicht umgebenden Bodens)

b) Sohldichtung mit annähernd wasserundurchlässiger tief liegender Bodenschicht (zur Wasserdurchlässigkeit siehe a))

c) künstliche tief liegende Sohldichtung

d) Sohldichtung mit einer verankerten Unterwasserbetonsohle.

Ist die Sohle nicht mit Pfählen oder Ankern gehalten (Abb. 13-3 a), b) und c)), ist gemäß EAB, EB 62 die Sicherheit gegen Aufschwimmen im Grenzzustand UPL gewährleistet, wenn die Ungleichung

$$V_{\mathrm{dst,k}} \cdot \gamma_{\mathrm{G,dst}} \leq (G_{\mathrm{B,k}} + G_{\mathrm{W,k}} + T_{\mathrm{k}}) \cdot \gamma_{\mathrm{G,stb}} \qquad \text{Gl. 13-9}$$

eingehalten wird. $V_{\mathrm{dst,k}}$ ist dabei die Resultierende der an der Unterfläche der annähernd wasserundurchlässigen Bodenschicht oder der Dichtungsschicht angreifenden lotrechten Komponenten der charakteristischen hydrostatischen Wasserdrücke $u_{\mathrm{S,k}}$ und $u_{\mathrm{W,k}}$ auf die Sohle und die Wand

Der Vergleich der Ungleichungen Gl. 13-2 und Gl. 13-9 zeigt, dass für die in diesen Ungleichungen verwendeten Größen $V_{\mathrm{dst,k}}$, A_{k}, $G_{\mathrm{B,k}}$, $G_{\mathrm{W,k}}$ und $G_{\mathrm{stb,k}}$

$$V_{\mathrm{dst,k}} = A_{\mathrm{k}} \qquad \text{und} \qquad G_{\mathrm{B,k}} + G_{\mathrm{W,k}} = G_{\mathrm{stb,k}} \qquad \text{Gl. 13-10}$$

gilt.

Hinsichtlich der Teilsicherheitsbeiwerte gehören Baugrubenkonstruktionen gemäß EAB, EB 79 zur Bemessungssituation

- BS-T, wenn Lasten des Regelfalls (siehe EAB, EB 24, Absatz 3),
- BS-A, wenn Lasten des Ausnahmefalls (siehe EAB, EB 24, Absatz 5),
- BS-T/A, wenn Lasten des Sonderfalls (siehe EAB, EB 24, Absatz 4)

zu berücksichtigen sind. Bei der Bemessungssituation BS-T/A (siehe auch DIN 1054, 2.2 A (6)) sind neben den Lasten des Regelfalls Einwirkungen zu berücksichtigen, wie Fliehkräfte, Bremskräfte und Seitenstöße, selten auftretende Lasten und unwahrscheinliche oder selten auftretende Kombinationen von Lastgrößen und Lastangriffspunkten, Wasserdrücke bei Wasserständen, die über den vereinbarten Bemessungswasserstand hinausgehen, sowie Temperatureinwirkungen auf Steifen. Zu der Bemessungssituation BS-T/A gehörende Teilsicherheitsbeiwerte sind den Tabellen 6.1, 6.2 und 6.3 der EAB zu entnehmen.

Werden Sohlen zusätzlich mit Zugpfählen oder Verpressankern rückverankert, gelten beim Nachweis der Sicherheit gegen Aufschwimmen im Grundsatz wieder die Ausführungen aus Abschnitt 13.1.4.

Im Fall des Sicherheitsnachweises gegen Abheben des Bodenblocks im Grenzzustand UPS muss

$$A_{\mathrm{k}} \cdot \gamma_{\mathrm{G,dst}} \leq G_{\mathrm{stb,k}} \cdot \gamma_{\mathrm{G,stb}} + (G_{\mathrm{E,k}} + T_{\mathrm{k}}) \cdot \gamma_{\mathrm{G,stb}} \qquad \text{Gl. 13-11}$$

bzw.

$$\mu = \frac{A_{\mathrm{k}} \cdot \gamma_{\mathrm{G,dst}}}{G_{\mathrm{stb,k}} \cdot \gamma_{\mathrm{G,stb}} + (G_{\mathrm{E,k}} + T_{\mathrm{k}}) \cdot \gamma_{\mathrm{G,stb}}} \leq 1 \qquad \text{Gl. 13-12}$$

gelten. Der Nachweis der Sicherheit gegen das Herausziehen der Zugelemente im Grenzzustand GEO-2 (vgl. Abschnitt 13.1.4) muss mit dem Bemessungswert der Zugbeanspruchung aller Elemente

$$F_{Z,d} = A_k \cdot \gamma_G - (F_{D,G,k} + T_k) \cdot \gamma_{G,inf}$$
$$= A_k \cdot \gamma_G - (G_{B,k} + G_{W,k} + T_k) \cdot \gamma_{G,inf} \quad \text{Gl. 13-13}$$

geführt werden. Gemäß der Gleichung ergibt sich die Druckbeanspruchung $F_{D,G,k}$ infolge von ständigen Einwirkungen bei Baugruben z. B. (vgl. Abb. 13-3) aus den unteren charakteristischen Werten der Eigenlast einer Beton- oder Düsenstrahlsohle nebst überlagerndem Boden, der Eigenlast des Baugrubenverbaus und der Vertikalkomponente der auf die Baugrubenwand einwirkenden Erddruckkraft.

Hinsichtlich der Berücksichtigung der Vertikalkomponenten von den Baugrubenverbau stützenden Ankern siehe z. B. MÖLLER [L 126], Abschnitt 14.3.4.

13.2 Gleiten von Bauwerken

13.2.1 Allgemeines

Auf Bauwerke können neben vertikalen auch horizontale Belastungen H (z. B. aus Erddruck) wirken. Ihre Abtragung in den Baugrund erfolgt über Scherwiderstände R in der Sohlfuge des Bauwerks und ggf. über Erdwiderstand R_p, der sich vor dem Bauwerk aufbaut (Abb. 13-4). Überschreitet die waagerechte Komponente H der in der Sohlfläche abzutragenden resultierenden Kraft die aktivierbaren Scher- und Erdwiderstandskräfte, tritt ein Gleiten des Bauwerks auf.

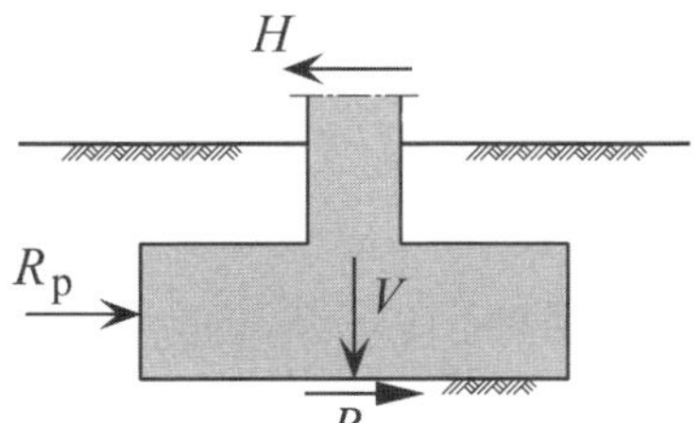

Abb. 13-4 Gleiten von Fundamenten

Gleiten von Bauwerken tritt bei der Überschreitung der Scherfestigkeit in der Sohlfuge wie auch dann auf, wenn die durch zu geringe Scherfestigkeit gekennzeichnete kritische Fuge unterhalb der Fundamentsohle liegt (vgl. z. B. MÖLLER [L 126], Seite 433).

13.2.2 DIN-Normen

Bedingungen bezüglich des Nachweises der Gleitsicherheit flach gegründeter Fundamente sind in

- DIN 1054 [L 2], DIN EN 1997-1 [L 73] und DIN EN 1997-1/NA [L 75]

zu finden.

13.2.3 Gleitsicherheit von Fundamenten

Der Nachweis der Gleitsicherheit für Fundamente gehört in den Bereich der Tragfähigkeitsnachweise von Bauwerken. Nach DIN 1054 muss dieser Nachweis für den Grenzzustand des Versagens von Bauwerken, Bauteilen und Baugrund (GEO-2) geführt werden. Eine ausreichende Sicherheit liegt vor, wenn mit den Bemessungswerten der beteiligten Größen die Bedingung

$$H_d \leq R_d + R_{p,d} \qquad \text{bzw.} \qquad \mu = \frac{H_d}{R_d + R_{p,d}} \leq 1 \qquad \text{Gl. 13-14}$$

erfüllt ist (μ steht für den Ausnutzungsgrad). Der Erdwiderstand R_p ist nur dann anzusetzen, wenn für die gesamte Einwirkungsdauer der Horizontalkraft H ausgeschlossen werden kann, dass er weder vorübergehend noch dauerhaft abgemindert oder aufgehoben wird. Darüber hinaus ist sicherzustellen, dass die zur Aktivierung von R_p erforderlichen Verschiebungen weder die Standsicherheit noch die Gebrauchstauglichkeit des Bauwerks unzulässig beeinträchtigen.

Der Bemessungswert der Beanspruchung H_d aus Gl. 13-14 ergibt sich mit dem ständigen Anteil $H_{G,k}$ und dem veränderlichen Anteil $H_{Q,k}$ der charakteristischen Beanspruchung aus

$$H_d = H_{G,k} \cdot \gamma_G + H_{Q,k} \cdot \gamma_Q \qquad \text{Gl. 13-15}$$

γ_G bzw. γ_Q sind dabei die zum Grenzzustand des Versagens von Bauwerken, Bauteilen und Baugrund (GEO-2) gehörenden Teilsicherheitsbeiwerte für die ständigen bzw. die ungünstigen veränderlichen Einwirkungen (siehe Tabelle 13-2 sowie Tabelle 7-2 und Tabelle 7-3).

Tabelle 13-2 Teilsicherheitsbeiwerte aus DIN 1054 für die Gleitsicherheit (GEO-2)

Teilsicherheits-beiwert	**Bemessungssituation**		
	BS-P	BS-T	BS-A
γ_G	1,35	1,20	1,00
γ_Q	1,50	1,30	1,00
$\gamma_{R,h}$	1,10	1,10	1,10
$\gamma_{R,e}$	1,40	1,30	1,20

Der Bemessungswert des Gleitwiderstands R_d aus Gl. 13-14 berechnet sich mit dem in der Sohlfläche mobilisierbaren charakteristischen Gleitwiderstand R_k und dem Teilsicherheitsbeiwert γ_{Gl} (siehe Tabelle 13-2) zu

$$R_d = \frac{R_k}{\gamma_{R,h}} \qquad \text{Gl. 13-16}$$

Bei der Ermittlung von $R_{t,k}$ nach DIN 1054, 6.5.3 sind die folgenden drei Fälle zu unterscheiden.

1) bei rascher Beanspruchung eines wassergesättigten Bodens (Anfangszustand) aus

$$R_k = A \cdot c_{u,k} \qquad \text{Gl. 13-17}$$

2) bei vollständiger Konsolidierung des Bodens (Endzustand) aus

$$R_k = V'_k \cdot \tan \delta_k \qquad \text{Gl. 13-18}$$

3) bei vollständiger Konsolidierung des Bodens (Endzustand), wenn die Bruchfläche durch den Boden verläuft (z. B. bei Anordnung eines Fundamentsporns) aus

$$R_k = V'_k \cdot \tan\varphi'_k + A \cdot c'_k \qquad \text{Gl. 13-19}$$

In Gl. 13-17 bis Gl. 13-19 verwendete Größen sind

A = maßgebende Sohlfläche für die Kraftübertragung

$c_{u,k}$ = charakteristischer Wert der Scherfestigkeit des undränierten Bodens

V'_k = rechtwinklig zur Sohlfläche bzw. Bruchfläche gerichtete Komponente der charakteristischen Beanspruchung in der Sohl- bzw. Bruchfläche, berechnet aus der ungünstigsten Kombination senkrechter und waagerechter Einwirkungen (Porenwasserdruck in der Gleitfläche vermindert die anzusetzende Größe von V'_k)

δ_k = charakteristischer Wert des Sohlreibungswinkels

φ'_k = charakteristischer Wert des Reibungswinkels des Bodens in der Bruchfläche durch den Boden

c'_k = charakteristischer Wert der Kohäsion des Bodens in der Bruchfläche durch den Boden

Bei nicht gesonderter Ermittlung des Sohlreibungswinkels darf dieser bei Ortbetonfundamenten mit $\delta_k = \varphi'_k$ angesetzt werden, jedoch den Wert $\delta_k = 35°$ nicht überschreiten. Bei vorgefertigten glatten Fundamenten ist er auf $\delta_k = ⅔ \cdot \varphi'_k$ abzumindern (Ausnahme: in Mörtelbett verlegte Fertigteile).

Der größte zulässige Bemessungswert des Erdwiderstands berechnet sich mit dem an der Stirnseite des Fundaments verfügbaren und parallel zur Sohlfläche wirkenden charakteristischen Erdwiderstand $R_{p,k}$ und dem Teilsicherheitsbeiwert $\gamma_{R,e}$ des Erdwiderstands im Grenzzustand GEO-2 (siehe Tabelle 13-2) zu

$$E_{p,d} = \frac{E_{p,k}}{\gamma_{Ep}} \qquad \text{Gl. 13-20}$$

Anwendungsbeispiel 1

Für die in Abb. 13-5 gezeigte Schwergewichtsmauer aus Ortbeton ($\gamma_{b,k} = 24\ \text{kN/m}^3$) ist gemäß DIN 1054 der Gleitsicherheitsnachweis ohne Ansatz des Erdwiderstands an ihrer Stirnseite für die Bemessungssituation BS-P zu führen. Bei dem die Mauer umgebenden Boden handelt es sich um Sand.

p_k = 10,0 kN/m²
h = 3,0 m
d = 1,0 m
$\gamma_{Sand,k}$ = 18,0 kN/m³
$\varphi_{Sand,k}$ = 32,5°

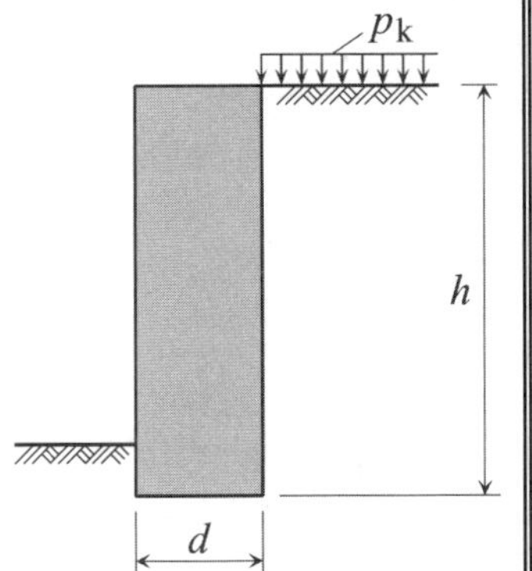

Abb. 13-5 Schwergewichtsmauer aus Ortbeton

Lösung

Die Annahme $\delta_a = \frac{2}{3} \cdot \varphi_{Sand,k}$ für den Erddruckneigungswinkel (raue Wandbeschaffenheit) führt mit Tabelle 10-6 zu dem Erddruckbeiwert für aktiven Erddruck ($\alpha = \beta = 0°$)

$$K_{agh} = K_{ah} = 0{,}2506$$

Die horizontalen charakteristischen Erddruckkomponenten des aktiven Erddrucks (bei angenommener Drehung der Mauer um ihren Fußpunkt) betragen infolge der charakteristischen Verkehrslast p_k (konstanter Erddruck)

$$e_{aph,k} = p_k \cdot K_{ah} = 10{,}0 \cdot 0{,}2506 = 2{,}51 \text{ kN/m}^2$$

und infolge der charakteristischen Bodeneigenlast (dreiecksförmige Erddruckverteilung)

$$e_{agh\,u,k} = \gamma_{Sand,k} \cdot h \cdot K_{ah} = 18{,}0 \cdot 3{,}00 \cdot 0{,}2506 = 13{,}53 \text{ kN/m}^2 \qquad \text{(unten)}$$

Als horizontale und vertikale charakteristische Erddruckkräfte des aktiven Erddrucks ergeben sich pro lfdm Mauer infolge der Verkehrslast p_k

$$E_{aph,k} = e_{aph,k} \cdot h \cdot 1{,}00 = 2{,}51 \cdot 3{,}00 \cdot 1{,}00 = 7{,}52 \text{ kN/lfdm}$$

$$E_{apv,k} = E_{aph,k} \cdot \tan\delta_a = E_{aph,k} \cdot \tan\left(\frac{2}{3} \cdot \varphi_{Sand,k}\right) = 7{,}52 \cdot \tan\left(\frac{2}{3} \cdot 32{,}5°\right) = 2{,}99 \text{ kN/lfdm}$$

und infolge der Bodeneigenlast

$$E_{agh,k} = \frac{e_{agh\,u,k}}{2} \cdot h \cdot 1{,}00 = \frac{13{,}53}{2} \cdot 3{,}00 \cdot 1{,}00 = 20{,}30 \text{ kN/lfdm}$$

$$E_{agv,k} = E_{agh,k} \cdot \tan\delta_a = E_{agh,k} \cdot \tan\left(\frac{2}{3} \cdot \varphi_{Sand,k}\right) = 20{,}30 \cdot \tan\left(\frac{2}{3} \cdot 32{,}5°\right) = 8{,}06 \text{ kN/lfdm}$$

Die charakteristische Eigenlast der Schwergewichtsmauer berechnet sich pro lfdm zu

$$V_{Mauer,k} = h \cdot d \cdot 1{,}00 \cdot \gamma_{b,k} = 3{,}0 \cdot 1{,}0 \cdot 1{,}0 \cdot 24{,}0 = 72{,}00 \text{ kN/lfdm}$$

Somit ergibt sich als charakteristische vertikale Beanspruchung in der Sohlfuge pro lfdm

$$V'_k = E_{apv,k} + E_{agv,k} + V_{Mauer,k} = 2{,}99 + 8{,}06 + 72{,}00 = 83{,}05 \text{ kN/lfdm}$$

als ständiger Anteil der horizontalen charakteristischen Beanspruchung in der Sohlfuge

$$H_{G,k} = E_{agh,k} = 20{,}30 \text{ kN/lfdm}$$

als veränderlicher Anteil der horizontalen charakteristischen Beanspruchung in der Sohlfuge

$$H_{Q,k} = E_{aph,k} = 7{,}52 \text{ kN/lfdm}$$

als charakteristischer Gleitwiderstand pro lfdm Sohlfuge, gemäß Gl. 13-18 (mit dem Sohlreibungswinkel $\delta_k = \varphi_k = 32{,}5°$)

$$R_k = V'_k \cdot \tan\varphi_k = 83{,}05 \cdot \tan 32{,}5° = 52{,}91 \text{ kN/lfdm}$$

als dessen Bemessungswert gemäß Gl. 13-16 (mit dem Teilsicherheitsbeiwert γ_{Gl} aus Tabelle 13-2)

$$R_d = \frac{R_k}{\gamma_{R,h}} = \frac{52{,}91}{1{,}10} = 48{,}10 \text{ kN/lfdm}$$

und als Bemessungswert der Beanspruchung gemäß Gl. 13-15 (mit den für die Bemessungssituation BS-P geltenden Teilsicherheitsbeiwerten γ_G und γ_Q aus Tabelle 13-2)

$$H_d = H_{G,k} \cdot \gamma_G + H_{Q,k} \cdot \gamma_Q = 20{,}30 \cdot 1{,}35 + 7{,}52 \cdot 1{,}50 = 38{,}68 \text{ kN/lfdm}$$

Für die Gleitsicherheit der Schwergewichtsmauer ergibt sich als Ausnutzungsgrad (Gl. 13-14)

$$\mu = \frac{H_d}{R_d + R_{p,d}} = \frac{38{,}68}{48{,}10 + 0{,}0} = 0{,}81 \le 1$$

Anwendungsbeispiel 2

Für die in Abb. 13-5 gezeigte Schwergewichtsmauer aus Ortbeton ($\gamma_{b,k} = 24 \text{ kN/m}^3$) ist, ohne Ansatz des Erdwiderstands an ihrer Stirnseite, die Mindestdicke d zu bestimmen, die erforderlich ist, um die Gleitsicherheit gemäß DIN 1054 für die Bemessungssituation BS-P zu gewährleisten. Bei dem die Mauer umgebenden Boden handelt es sich um Sand.

$p_k = 8{,}0 \text{ kN/m}^2$
$h = 3{,}5 \text{m}$
$\gamma_{\text{Sand},k} = 19{,}0 \text{ kN/m}^3$
$\varphi_{\text{Sand},k} = 35{,}0°$

Lösung

Mit der Annahme einer rauen Wandbeschaffenheit ergibt sich als Wandreibungswinkel (nach Tabelle 10-2) $\delta_a = \tfrac{2}{3} \cdot \varphi_{\text{Sand},k}$ und als Erddruckbeiwert für aktiven Erddruck ($\alpha = 0°$, $\beta = 0°$) aus Tabelle 10-6

$$K_{agh} = K_{ah} = 0{,}2244$$

Die horizontalen charakteristischen Erddruckkomponenten des aktiven Erddrucks (bei angenommener Drehung der Mauer um ihren Fußpunkt) betragen infolge der Verkehrslast p_k (konstanter Erddruck)

$$e_{aph,k} = p_k \cdot K_{ah} = 8{,}0 \cdot 0{,}2244 = 1{,}89 \text{ kN/m}^2$$

und infolge der Bodeneigenlast (dreiecksförmige Erddruckverteilung)

$$e_{agh\,u,k} = \gamma_{\text{Sand},k} \cdot h \cdot K_{ah} = 19{,}0 \cdot 3{,}50 \cdot 0{,}2244 = 14{,}92 \text{ kN/m}^2 \qquad \text{(unten)}$$

Als horizontale und vertikale charakteristische Erddruckkräfte des aktiven Erddrucks ergeben sich pro lfdm Mauer infolge der Verkehrslast p_k

$$E_{aph,k} = e_{aph,k} \cdot h \cdot 1{,}00 = 1{,}89 \cdot 3{,}50 \cdot 1{,}00 = 6{,}28 \text{ kN/lfdm}$$

$$E_{\text{apv, k}} = E_{\text{aph, k}} \cdot \tan \delta_{\text{a}} = E_{\text{aph, k}} \cdot \tan\left(\frac{2}{3} \cdot \varphi_{\text{Sand, k}}\right) = 6{,}28 \cdot \tan\left(\frac{2}{3} \cdot 35°\right) = 2{,}71 \text{ kN/lfdm}$$

und infolge der Bodeneigenlast

$$E_{\text{agh, k}} = \frac{e_{\text{agh u, k}}}{2} \cdot h \cdot 1{,}00 = \frac{14{,}92}{2} \cdot 3{,}50 \cdot 1{,}00 = 26{,}11 \text{ kN/lfdm}$$

$$E_{\text{agv, k}} = E_{\text{agh, k}} \cdot \tan \delta_{\text{a}} = E_{\text{agh, k}} \cdot \tan\left(\frac{2}{3} \cdot \varphi_{\text{Sand, k}}\right) = 26{,}11 \cdot \tan\left(\frac{2}{3} \cdot 35°\right) = 11{,}26 \text{ kN/lfdm}$$

Die charakteristische Eigenlast der Schwergewichtsmauer berechnet sich pro lfdm zu

$$V_{\text{Mauer, k}} = h \cdot d \cdot 1{,}00 \cdot \gamma_{\text{b, k}} = 3{,}5 \cdot d \cdot 1{,}0 \cdot 24{,}0 = 84{,}00 \cdot d \text{ kN/lfdm}$$

Somit ergibt sich als charakteristische vertikale Beanspruchung in der Sohlfuge pro lfdm

$$V'_{\text{k}} = E_{\text{apv, k}} + E_{\text{agv, k}} + V_{\text{Mauer, k}} = 2{,}71 + 11{,}26 + 84{,}00 \cdot d = 13{,}98 + 84{,}00 \cdot d \text{ kN/lfdm}$$

als ständiger Anteil der horizontalen charakteristischen Beanspruchung in der Sohlfuge

$$H_{\text{G, k}} = E_{\text{agh, k}} = 26{,}11 \text{ kN/lfdm}$$

als veränderlicher Anteil der horizontalen charakteristischen Beanspruchung in der Sohlfuge

$$H_{\text{Q, k}} = E_{\text{aph, k}} = 6{,}28 \text{ kN/lfdm}$$

als charakteristischer Gleitwiderstand pro lfdm Sohlfuge, gemäß Gl. 13-18 (mit dem Sohlreibungswinkel $\delta_{\text{k}} = \varphi_{\text{k}} = 35{,}0°$)

$$R_{\text{k}} = V'_{\text{k}} \cdot \tan \varphi_{\text{k}} = (13{,}98 + 84{,}00 \cdot d) \cdot \tan 35° = 9{,}79 + 58{,}82 \cdot d \text{ kN/lfdm}$$

als dessen Bemessungswert gemäß Gl. 13-16 (mit dem Teilsicherheitsbeiwert $\gamma_{\text{R,h}}$ aus Tabelle 13-2)

$$R_{\text{d}} = \frac{R_{\text{k}}}{\gamma_{\text{R,h}}} = \frac{9{,}79 + 58{,}82 \cdot d}{1{,}10} = 8{,}90 + 53{,}47 \cdot d \text{ kN/lfdm}$$

und als Bemessungswert der Beanspruchung gemäß Gl. 13-15 (mit den für die Bemessungssituation BS-P geltenden Teilsicherheitsbeiwerten γ_{G} und γ_{Q} aus Tabelle 13-2)

$$H_{\text{d}} = H_{\text{G,k}} \cdot \gamma_{\text{G}} + H_{\text{Q,k}} \cdot \gamma_{\text{Q}} = 26{,}11 \cdot 1{,}35 + 6{,}28 \cdot 1{,}50 = 44{,}68 \text{ kN/lfdm}$$

Mit dem Maximalwert des Ausnutzungsgrads der Gleitsicherheit (Gl. 13-14)

$$\mu = 1 = \frac{H_{\text{d}}}{R_{\text{d}} + R_{\text{p, d}}} = \frac{44{,}68}{8{,}90 + 53{,}47 \cdot d + 0{,}0}$$

ergibt sich durch Auflösung nach d die gesuchte Mindestdicke der Schwergewichtsmauer

$$\min d = \frac{44{,}68 - 8{,}90}{53{,}47} = 0{,}66 \text{ m}$$

13.2.4 Gebrauchstauglichkeit nach DIN 1054

Für horizontal belastete Flach- und Flächengründungen ist neben der Gleitsicherheit auch die Gebrauchstauglichkeit nach DIN 1054, A 6.6.6 nachzuweisen. Dabei ist zu zeigen, dass in den Sohlflächen der Fundamente keine unzuträglichen Verschiebungen auftreten.

Der Nachweis ist erbracht, wenn beim Gleitsicherheitsnachweis mit Gl. 13-14

- der Erdwiderstand $R_{p,d}$ gar nicht berücksichtigt werden muss,
- sich bei mindestens mitteldicht gelagertem nichtbindigen bzw. mindestens steifem bindigen Boden und mit einem auf $\leq 2/3 \cdot R_k$ reduzierten Gleitwiderstand das Gleichgewicht der charakteristischen Kräfte parallel zur Sohlfläche mit einem Erdwiderstand von $< 1/3 \cdot R_{p,k}$ ergibt.

Für Lastfälle, bei denen diese Bedingungen nicht eingehalten werden und somit

- der Erdwiderstand $R_{p,k}$ höher als oben angegeben anzusetzen ist oder
- der Boden den oben genannten Anforderungen nicht entspricht,

muss nachgewiesen werden, dass die in den Sohlflächen der Fundamente auftretenden Verschiebungen die Standsicherheit und Gebrauchstauglichkeit des Bauwerks nicht unzulässig beeinträchtigen.

13.2.5 Aufgaben mit Lösungen

Aufgabe 13-1 (Lösung Seite 352)

Betrachtet wird ein Fundament, das durch eine Vertikalkraft V und eine Horizontalkraft H beansprucht wird und für das ein Gleitsicherheitsnachweis gemäß DIN 1054 geführt werden soll.

Es ist anzugeben, welche Voraussetzungen für den Ansatz der Erdwiderstandskraft bei diesem Nachweis gelten.

Aufgabe 13-2 (Lösung Seite 352)

Zu betrachten ist ein quadratisches Fundament mit der Einbindetiefe d, das in seiner Sohlfuge als charakteristische vertikale Beanspruchung die Kraft V_k und als charakteristische horizontale Beanspruchung die Kraft H_k aufweist und für das ein nach DIN 1054 geführter Gleitsicherheitsnachweis nicht die erforderliche Sicherheit erbracht hat.

Anzugeben sind drei Möglichkeiten zur Erhöhung der Gleitsicherheit des Fundaments!

Aufgabe 13-3 (Lösung Seite 352)

Welche Fälle sind mindestens zu untersuchen, wenn die Gleitsicherheit für ein Fundament mit geneigter Sohlfuge nachzuweisen ist?

Aufgabe 13-4 (Lösung Seite 353)

Für die in Abb. 13-6 gezeigte Schwergewichtsmauer aus Ortbeton ($\gamma_b = 24$ kN/m³) ist die charakteristische Verkehrslast p_k zu bestimmen, die zulässig ist, wenn die Gleitsicherheit gemäß DIN 1054 für die Bemessungssituation BS-P zu gewährleisten ist und die Wirkung des passiven Erddrucks nicht in Ansatz gebracht werden darf. Bei dem die Mauer umgebenden Boden handelt es sich um Sand.

h = 4,0 m
d = 1,2m
$\gamma_{Sand,k}$ = 18,0 kN/m³
$\varphi_{Sand,k}$ = 32,5°

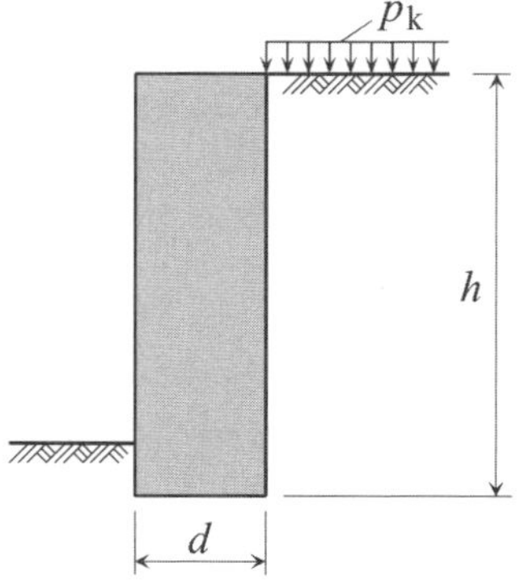

Abb. 13-6 Schwergewichtsmauer aus Ortbeton

Aufgabe 13-5 (Lösung Seite 354)

Für ein in den Boden eingebundenes Stützbauwerk wurde der Gleitsicherheitsnachweis gemäß DIN 1054 geführt.

Unter welchen Bedingungen, bezogen auf den Gleitsicherheitsnachweis, darf angenommen werden, dass der Nachweis der Gebrauchstauglichkeit nach DIN 1054, A 6.6.6 erbracht ist?

Lösung zu Aufgabe 13-1 (Aufgabenstellung Seite 351)

Beim Gleitsicherheitsnachweis gemäß DIN 1054 darf die Erdwiderstandskraft R_p nur dann angesetzt werden, wenn

- für die gesamte Einwirkungsdauer der Horizontalkraft T ausgeschlossen werden kann, dass er weder vorübergehend noch dauerhaft abgemindert oder aufgehoben wird
- die zur Aktivierung von R_p erforderlichen Verschiebungen weder die Standsicherheit noch die Gebrauchstauglichkeit des Bauwerks unzulässig beeinträchtigen.

Lösung zu Aufgabe 13-2 (Aufgabenstellung Seite 351)

Als Möglichkeiten zur Gleitsicherheitserhöhung des Fundaments können die

- Vergrößerung der Vertikalkraft V_k durch Vergrößerung des Fundamentvolumens,
- Verbesserung des Baugrunds mit dem Ziel der Erhöhung des Winkels φ der inneren Reibung (z. B. durch Bodenaustausch, Verdichtung usw.),
- Erhöhung der Gründungstiefe zur Vergrößerung des Erdwiderstands

erwogen werden.

Lösung zu Aufgabe 13-3 (Aufgabenstellung Seite 351)

Bei einem Fundament mit geneigter Sohlfuge ist die Gleitsicherheit mindestens

- in der geneigten Sohlfuge und
- in der waagerechten Ersatzscherfuge

nachzuweisen.

Lösung zu Aufgabe 13-4 (Aufgabenstellung Seite 352)

Da es sich um eine Ortbetonwand handelt, wird von einer rauen Wandbeschaffenheit ausgegangen, zu der sich als Erddruckneigungswinkel

$$\delta_a = \frac{2}{3} \cdot \varphi_{\text{Sand, k}}$$

ergibt.

Mit dem aus Tabelle 10-6 abgelesenen und zu $\alpha = \beta = 0°$ gehörendem Erddruckbeiwert für aktiven Erddruck

$$K_{\text{agh}} = K_{\text{ah}} = 0{,}2506$$

ergeben sich, bei angenommener Drehung der Mauer um ihren Fußpunkt, die folgenden horizontalen charakteristischen Komponenten des Erddrucks. Infolge der Verkehrslast p_k stellt sich konstanter Erddruck der Größe

$$e_{\text{aph, k}} = p_k \cdot K_{\text{ah}} = p_k \cdot 0{,}2506 \text{ kN/m}^2$$

ein und infolge der Bodeneigenlast (dreiecksförmige Erddruckverteilung)

$$e_{\text{agh u, k}} = \gamma_{\text{Sand, k}} \cdot h \cdot K_{\text{ah}} = 18{,}0 \cdot 4{,}00 \cdot 0{,}2506 = 18{,}04 \text{ kN/m}^2 \qquad \text{(unten)}$$

Als horizontale und vertikale charakteristische Erddruckkräfte des aktiven Erddrucks ergeben sich pro lfdm Mauer infolge der Verkehrslast p_k

$$E_{\text{aph, k}} = e_{\text{aph, k}} \cdot h \cdot 1{,}00 = p_k \cdot 0{,}2506 \cdot 4{,}00 \cdot 1{,}00 = p_k \cdot 1{,}00 \text{ kN/lfdm}$$

$$E_{\text{apv, k}} = E_{\text{aph, k}} \cdot \tan \delta_a = E_{\text{aph, k}} \cdot \tan\left(\frac{2}{3} \cdot \varphi_{\text{Sand, k}}\right) = p_k \cdot 1{,}00 \cdot \tan\left(\frac{2}{3} \cdot 32{,}5°\right)$$
$$= p_k \cdot 0{,}40 \text{ kN/lfdm}$$

und infolge der Bodeneigenlast

$$E_{\text{agh, k}} = \frac{e_{\text{agh u, k}}}{2} \cdot h \cdot 1{,}00 = \frac{18{,}04}{2} \cdot 4{,}00 \cdot 1{,}00 = 36{,}09 \text{ kN/lfdm}$$

$$E_{\text{agv, k}} = E_{\text{agh, k}} \cdot \tan \delta_a = E_{\text{agh, k}} \cdot \tan\left(\frac{2}{3} \cdot \varphi_{\text{Sand, k}}\right) = 36{,}09 \cdot \tan\left(\frac{2}{3} \cdot 32{,}5°\right)$$
$$= 14{,}34 \text{ kN/lfdm}$$

Die charakteristische Eigenlast der Schwergewichtsmauer berechnet sich pro lfdm zu

$$V_{\text{Mauer, k}} = h \cdot d \cdot 1{,}00 \cdot \gamma_{\text{b, k}} = 4{,}00 \cdot 1{,}20 \cdot 1{,}0 \cdot 24{,}0 = 115{,}20 \text{ kN/lfdm}$$

Somit ergibt sich als charakteristische vertikale Beanspruchung in der Sohlfuge pro lfdm

$$V'_k = E_{\text{apv, k}} + E_{\text{agv, k}} + V_{\text{Mauer, k}} = p_k \cdot 0{,}40 + 14{,}34 + 115{,}20$$
$$= p_k \cdot 0{,}40 + 129{,}54 \text{ kN/lfdm}$$

als ständiger Anteil der horizontalen charakteristischen Beanspruchung in der Sohlfuge

$$H_{G,k} = E_{agh,k} = 36{,}09 \text{ kN/lfdm}$$

als veränderlicher Anteil der horizontalen charakteristischen Beanspruchung in der Sohlfuge

$$H_{Q,k} = E_{aph,k} = p_k \cdot 1{,}00 \text{ kN/lfdm}$$

als charakteristischer Gleitwiderstand pro lfdm Sohlfuge, gemäß Gl. 13-18 (mit dem Sohlreibungswinkel $\delta_k = \varphi_k = 32{,}5°$)

$$R_k = V'_k \cdot \tan\varphi_k = (p_k \cdot 0{,}40 + 128{,}04) \cdot \tan 32{,}5° = p_k \cdot 0{,}25 + 81{,}57 \text{ kN/lfdm}$$

als dessen Bemessungswert gemäß Gl. 13-16 (mit dem Teilsicherheitsbeiwert $\gamma_{R,h}$ aus Tabelle 13-2)

$$R_d = \frac{R_k}{\gamma_{R,h}} = \frac{p_k \cdot 0{,}25 + 81{,}57}{1{,}10} = p_k \cdot 0{,}23 + 74{,}15 \text{ kN/lfdm}$$

und als Bemessungswert der Beanspruchung gemäß Gl. 13-15 (mit den für die Bemessungssituation BS-P geltenden Teilsicherheitsbeiwerten γ_G und γ_Q aus Tabelle 13-2)

$$H_d = H_{G,k} \cdot \gamma_G + H_{Q,k} \cdot \gamma_Q = 36{,}09 \cdot 1{,}35 + p_k \cdot 1{,}00 \cdot 1{,}50 = 48{,}72 + p_k \cdot 1{,}50 \text{ kN/lfdm}$$

Mit dem Maximalwert des Ausnutzungsgrads der Gleitsicherheit (Gl. 13-14)

$$\mu = 1 = \frac{H_d}{R_d} = \frac{48{,}72 + p_k \cdot 1{,}50}{p_k \cdot 0{,}23 + 74{,}15}$$

ergibt sich durch Auflösung nach p_k der gesuchte Maximalwert der charakteristischen Verkehrslast

$$\max p_k = \frac{74{,}15 - 48{,}72}{1{,}50 - 0{,}23} = 19.98 \text{ kN/m}^2$$

Lösung zu Aufgabe 13-5 (Aufgabenstellung Seite 352)

Der Nachweis der Gebrauchstauglichkeit nach DIN 1054, A 6.6.6 gilt als erbracht, wenn beim Gleitsicherheitsnachweis mit Gl. 13-14

- der Erdwiderstand $R_{p,d}$ gar nicht berücksichtigt werden muss,
- von mindestens mitteldicht gelagertem nichtbindigen bzw. mindestens steifem bindigen Boden ausgegangen werden darf und, bei einem auf $\leq ⅔ \cdot R_k$ reduzierten Gleitwiderstand, sich das Gleichgewicht der charakteristischen Kräfte parallel zur Sohlfläche mit einem Erdwiderstand von $< ⅓ \cdot R_{p,k}$ ergibt.

13.3 Kippen von Bauwerken

13.3.1 Allgemeines

Wie das Gleiten gehört auch das Kippen (Abb. 13-7) von Gründungskörpern zu den Stabilitätsproblemen, bei denen die Baugrunddeformationen zu unkontrolliert großen Bewegungen des Bauwerks führen können.

Über das Verhältnis von Stand- zu Kippmoment lässt sich die Kippsicherheit nur dann sinnvoll überprüfen, wenn die sich gegeneinander drehenden Körper nahezu starr sind (z. B. auf Fels gegründete Bauwerke). Bei auf Lockergestein gegründeten Bauwerken geht der Kippvorgang mit fortschreitendem Grundbruch einher.

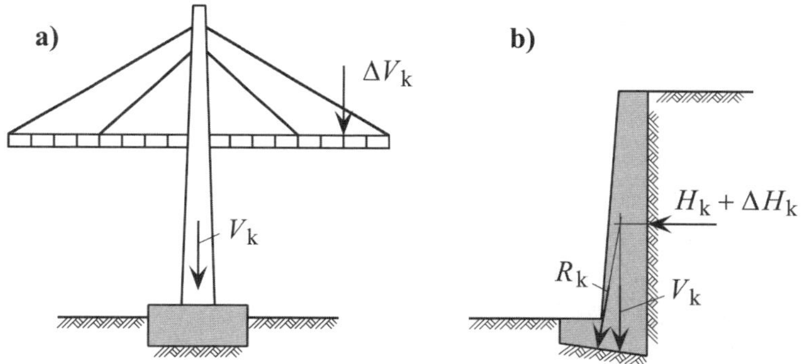

Abb. 13-7 Beispiele für kippempfindliche Flächengründungen (nach [L 5])

13.3.2 DIN-Normen

Bedingungen bezüglich des Nachweises der Kippsicherheit flach gegründeter Fundamente sind in

- DIN 1054 [L 2], DIN 4017 [L 9], DIN EN 1997-1 [L 73] und DIN EN 1997-1/NA [L 75]

zu finden.

13.3.3 Kippsicherheit von Flach- und Flächengründungen nach DIN 1054

Obwohl bei Flach- und Flächengründungen auf bindigen und nichtbindigen Böden die Lage der Kippkante unbekannt ist, muss nach DIN 1054, 6.5.4 A (3) für diese Böden im Grenzzustand des Verlusts der Lagesicherheit (EQU) ein Kippnachweis um eine fiktive Kippkante geführt werden. Dabei sind die durch die Bemessungsgrößen der Einwirkungen hervorgerufenen stabilisierenden und destabilisierenden Momente um die fiktive Kippkante miteinander zu vergleichen.

Zusätzlich zu diesem Kippnachweis sind die Nachweise der Gebrauchstauglichkeit gemäß DIN 1054, A 6.6.5 zu erbringen (siehe Abschnitt 13.3.4).

Im nachstehehenden einfachen Anwendungsbeispiel wird die Vorgehensweise beim Kippnachweis gezeigt.

Anwendungsbeispiel

Zu betrachten ist das auf nichtbindigem Boden gegründete Streifenfundament aus Abb. 13-8, für das gemäß DIN 1054, 6.5.4 der Sicherheitsnachweis gegen Kippen (Grenzzustand EQU) für die Bemessungssituation BS-P zu führen ist. Die dabei zu verwendende fiktive Kippkante ist in der Abbildung mit A markiert.

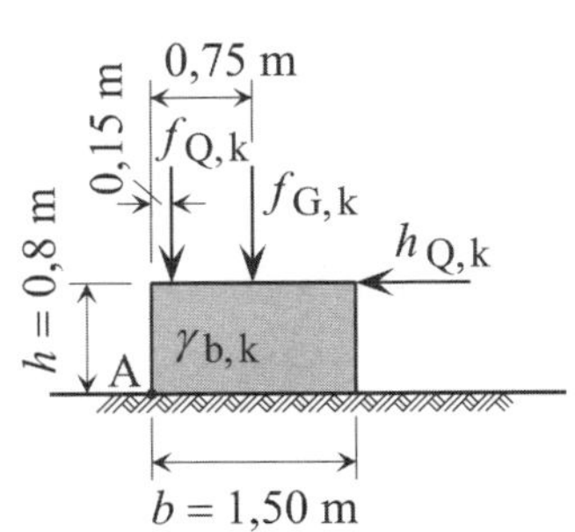

Abb. 13-8 Im Querschnitt dargestelltes Streifenfundament

Das aus Stahlbeton (mit $\gamma_{b,k} = 24$ kN/m³) bestehende Fundament wird durch die aus dem Überbau sich ergebenden Linienkräfte

$$f_{G,k} = 168{,}00 \text{ kN/lfdm}$$

$$f_{Q,k} = 48{,}00 \text{ kN/lfdm}$$

$$h_{Q,k} = 49{,}00 \text{ kN/lfdm}$$

beansprucht.

Lösung

1. Bemessungswerte der Einwirkungen

Mit der Größe der charakteristischen Fundamenteigenlast pro lfdm

$$g_{Fun,k} = b \cdot h \cdot 1{,}0 \cdot \gamma_{b,k} = 1{,}5 \cdot 0{,}8 \cdot 1{,}0 \cdot 24 = 29 \text{ kN/lfdm}$$

und den zum Grenzzustand EQU und zur Bemessungssituation BS-P gehörenden Teilsicherheitsbeiwerten der Tabelle 7-2

$$\gamma_{G,stb} = 0{,}9$$

$$\gamma_Q = 1{,}5$$

berechnen sich die Bemessungswerte der Einwirkungen zu

$$g_{Fun,d} = g_{Fun,d} \cdot \gamma_{G,stb} = 29 \cdot 0{,}9 = 26{,}1 \text{ kN/lfdm}$$

$$f_{G,d} = f_{G,k} \cdot \gamma_{G,stb} = 168{,}0 \cdot 0{,}9 = 151{,}2 \text{ kN/lfdm}$$

$$f_{Q,d} = f_{Q,k} \cdot \gamma_Q = 48{,}00 \cdot 1{,}5 = 72{,}0 \text{ kN/lfdm}$$

$$h_{Q,d} = h_{Q,k} \cdot \gamma_Q = 49{,}00 \cdot 1{,}5 = 73{,}5 \text{ kN/lfdm}$$

2. Momente um A

Mit den Bemessungswerten der Einwirkungen ergeben sich um den Punkt A aus Abb. 13-8 die Bemessungsgrößen des Kippmoments

$$M_{K,d} = h_{Q,d} \cdot h = 73{,}5 \cdot 0{,}8 = 58{,}8 \text{ kN} \cdot \text{m/lfdm}$$

und des Rückstellmoments

$$M_{R,d} = f_{Q,d} \cdot 0{,}15 + (f_{G,d} + g_{Fun,d}) \cdot 0{,}75 = 72{,}0 \cdot 0{,}15 + (151{,}2 + 26{,}1) \cdot 0{,}75$$
$$= 143{,}78 \text{ kN} \cdot \text{m/lfdm}$$

3. Kippnachweis

Der Vergleich bzw. das Verhältnis der Bemessungsmomente um die fiktive Kippachse (Punkt A in Abb. 13-8) führt zu

$$M_{R,d} = 143{,}78 \text{ kN} \cdot \text{m/lfdm} > M_{K,d} = 58{,}8 \text{ kN} \cdot \text{m/lfdm}$$

und dem Ausnutzungsgrad

$$\mu = \frac{M_{K,d}}{M_{R,d}} = \frac{58{,}8 \text{ kN} \cdot \text{m/lfdm}}{143{,}78 \text{ kN} \cdot \text{m/lfdm}} = 0{,}41 < 1$$

Damit ist gezeigt, dass das Streifenfundament eine sehr hohe Sicherheit gegen Kippen besitzt.

Ergeben sich Ausnutzungsgrade von $\mu > 1$, kann z. B. durch die Wahl eines breiteren Fundaments der Ausnutzungsgrad veringert werden.

13.3.4 Gebrauchstauglichkeit nach DIN 1054

Unter Flach- und Flächengründungen, die auf nichtbindigen und bindigen Böden gegründet sind, darf nach DIN 1054, A 6.6.5 infolge ständiger charakteristischer Einwirkungen kein Klaffen in ihrer Sohlfuge auftreten. Diese Bedingung ist erfüllt, wenn die Sohldruckresultierende nicht außerhalb der 1. Kernweite (auch „Kern" genannt) liegt (vgl. Abb. 8-7 und Gl. 8-7 für Rechteckfundamente und Gl. 8-10 für Kreisfundamente).

Werden Gründungskörper nicht nur durch ständige, sondern auch durch veränderliche Einwirkungen belastet, ist gemäß DIN 1054, A 6.6.5 für die ungünstigste Kombination der charakteristischen bzw. repräsentativen Einwirkungen nachzuweisen, dass die Fundamentsohlfläche noch bis zu ihrem Schwerpunkt Druckspannungen aufnimmt. Somit sind Sohlfugenklaffungen maximal bis zum Sohlflächenschwerpunkt zugelassen. Bei Fundamenten mit rechteckigen Vollquerschnitten als Grundrissform wird diese Forderung erfüllt durch die Einhaltung von Gl. 8-11 (siehe hierzu Anwendungsbeispiel Seite 194). Bei Fundamenten mit kreisförmigen Vollquerschnitten als Grundrissform und mit dem Radius r muss gezeigt werden, dass der Angriffspunkt der Sohldruckresultierenden nicht außerhalb eines Kreises mit dem Radius (2. Kernweite)

$$r_e = 0{,}59 \cdot r \qquad \text{Gl. 13-21}$$

liegt.

Bei Einhaltung der angegebenen Exzentrizitäts-Bedingungen darf davon ausgegangen werden, dass sich keine unzuträglichen Verdrehungen eines Bauwerks ergeben, wenn es auf Einzel- und/oder Streifenfundamenten gegründet ist und seine Lasten auf mindestens mitteldicht gelagerten nichtbindigen bzw. steifen bindigen Boden abträgt.

Ist anzunehmen, dass ungleichmäßige Setzungen der Gründung oder von Gründungsteilen zu Schäden am Bauwerk selbst oder an dessen Umgebung führen, sind die Verdrehungen gemäß DIN 1054, A 6.6.5 in Anlehnung an DIN EN 1997-1, 6.6.3 zu berechnen.

13.3.5 Ungleichmäßige Setzungen bei hohen Bauwerken

Die ohne Berücksichtigung von Setzungen ermittelte Kippsicherheit von Bauwerken mit hoch liegendem Schwerpunkt bzw. hoch liegendem Angriffspunkt der lotrechten Lastresultierenden vermindert sich, wenn ungleichmäßige Setzungen auftreten und diese beim Nachweis der Kippsicherheit zusätzlich berücksichtigt werden. Der Grund hierfür liegt in der horizontalen Schwerpunktverschiebung bzw. der horizontalen Verschiebung des Angriffspunkts der lotrechten Lastresultierenden und dem sich damit ergebenden Moment aus Last und Auslenkung bzw. der sich damit ergebenden Vergrößerung der Exzentrizität der maßgebenden Sohldruckresultierenden.

In den genannten Fällen war bisher, gemäß [L 17], neben dem Grundbruchsicherheitsnachweis auch der Nachweis der Sicherheit gegen Instabilität zu führen (vgl. auch [L 124], Abschnitt 12.3.2). Da diese Norm noch auf dem Globalsicherheitskonzept beruht und dieses Problem in E DIN 4019 [L 14] nicht mehr behandelt wird, sei hier auf [L 117], Kapitel 3.1 hingewiesen. Die dort zu findenden Ausführungen zur „Stabilitätskontrolle bei turmartigen Bauwerken“ bieten die Möglichkeit, das Problem auf der Basis der Theorie 2. Ordnung iterativ zu bearbeiten.

13.3.6 Aufgaben mit Lösungen

Aufgabe 13-6 (Lösung Seite 359)

Für ein auf Lockergestein gegründetes Fundament mit der Grundfläche 3,5 m × 3,5 m in x- und y-Richtung, das auf mitteldicht gelagertem nichtbindigem Boden hergestellt werden soll, ist nach DIN 1054 die Gebrauchstauglichkeit nachzuweisen. Wie groß darf die Exzentrizität der charakteristischen Sohldruckresultierenden V_k (vertikal gerichtet) in x-Richtung sein (Angaben in m), wenn V_k zu

a) ständigen Einwirkungen
b) ständigen und veränderlichen Einwirkungen

gehört?

Aufgabe 13-7 (Lösung Seite 359)

Für ein auf steifem bindigen Boden gegründetes quadratisches Fundament wurden die zur Fundamentmitte sich ergebenden Exzentrizitäten $e_{x1} = 0{,}20$ m der sich infolge ständiger Einwirkungen ergebenden charakteristischen Sohldruckresultierenden und $e_{x2} = 0{,}50$ m der sich infolge ständiger und veränderlicher Einwirkungen ergebenden charakteristischen Sohldruckresultierenden ermittelt.

Zu berechnen sind die Mindestabmessungen der Grundfläche des Fundaments (Angaben in m), wenn für das Fundament die Gebrauchstauglichkeit gemäß DIN 1054 zu gewährleisten ist.

Lösung zu Aufgabe 13-6 (Aufgabenstellung Seite 358)

Die Gebrauchstauglichkeit gemäß DIN 1054 ist für das auf mitteldicht gelagertem nichtbindigem Boden gegründetes Fundament dann gewährleistet, wenn im Fall ständiger Einwirkungen die resultierende charakteristische Kraft V_k eine Exzentrizität von maximal

$$e_x = \frac{1}{6} \cdot 3{,}5 = 0{,}583 \text{ m}$$

aufweist (es tritt keine Sohlfugenklaffung auf).

Für den Fall ständiger und veränderlicher Einwirkungen ist die Gebrauchstauglichkeit bei Exzentrizität der resultierenden charakteristischen Kraft V_k von maximal

$$e_x = \frac{1}{3} \cdot 3{,}5 = 1{,}167 \text{ m}$$

gewährleistet.

Lösung zu Aufgabe 13-7 (Aufgabenstellung Seite 358)

Für die Gewährleistung der Gebrauchstauglichkeit des quadratischen Fundaments (Grundrissseitenlänge a) ist nach DIN 1054 bei ständigen Einwirkungen die Forderung

$$a \geq 6 \cdot e_{x1} = 6 \cdot 0{,}20 = 1{,}20 \text{ m}$$

für die Exzentrizität der Resultierenden zu erfüllen (Resultierende schneidet die Sohlfläche nicht außerhalb der 1. Kernweite, wodurch ein Klaffen der Sohlfuge verhindert wird).

Bei gleichzeitigem Vorhandensein ständiger und veränderlicher Einwirkungen verlangt DIN 1054 zur Gewährleistung der Gebrauchstauglichkeit, dass für die Exzentrizität der Resultierenden

$$a \geq 3 \cdot e_{x2} = 3 \cdot 0{,}50 = 1{,}50 \text{ m}$$

gilt (Resultierende schneidet die Sohlfläche nicht außerhalb der 2. Kernweite, wodurch ein Klaffen der Sohlfuge über den Schwerpunkt der Sohlfläche hinaus verhindert wird).

Damit ergibt sich für das Fundament die Mindestgröße $a = 1{,}50$ m für die Abmessung der Grundrissseiten.

14 Europäische Normung in der Geotechnik

14.1 Allgemeines

Nach den ersten Ansätzen zur europaweiten Vereinheitlichung der Normung im Bauwesen zu Beginn der 1970er Jahre wurden, nach ca. 40 Jahren, die Eurocodes zum 1. Juli 2012 in nahezu allen deutschen Bundesländern (Ausnahme: Niedersachsen) verbindlich eingeführt. Damit wurden Europäische Normen

- in die Liste der Technischen Baubestimmungen der einzelnen Bundesländer aufgenommen und damit für den praktisch tätigen Ingenieur als verbindliche Mindestanforderungen definiert (eingeführte technische Regeln der Geotechnik, vgl. die im Internet gemäß Abschnitt 14.6.1 einsehbare Musterbauordnung, § 3 Abs. 3),
- ergänzt durch die zugehörigen nationalen Normen und Nationalen Anwendungsdokumente (NA), als eingeführte technische Regeln ausschließlich gültig, da eine parallele Gültigkeit der bisherigen und der neuen Normen nicht eingeräumt wurde (keine Übergangszeit).

14.2 Deutsche und europäische Normung

Normung im technisch-wissenschaftlichen Bereich erfolgt in Deutschland über DIN-Normen. Für diese Normungsarbeit ist das Deutsche Institut für Normung e. V. (im Folgenden kurz DIN genannt) zuständig; das Bauwesen obliegt im DIN dem Normenausschuss Bauwesen (NABau).

Seit den 70er Jahren des vorigen Jahrhunderts laufen im Auftrag der Kommission der Europäischen Gemeinschaft (KEG) Bemühungen zur Schaffung eines einheitlichen und europaweit geltenden Normenwerks für den Entwurf sowie die Bemessung und Ausführung von Bauwerken. Getragen werden sie von der Gemeinsamen Europäischen Normeninstitution CEN/CENELEC (Europäisches Komitee für Normung/Europäisches Komitee für Elektrotechnische Normung), der als nationales deutsches Normungsinstitut das DIN angehört. Die Normung von Bauprodukten fällt dabei in den Zuständigkeitsbereich von CEN. Das Technische Komitee CEN/TC 250 ist für alle Eurocodes des Konstruktiven Ingenieurbaus zuständig, die eine Normengruppe bilden für den Entwurf, die Berechnung und die Bemessung von Tragwerken des Hoch- und Ingenieurbaus sowie für geotechnische Bemessungsregeln für bauliche Anlagen.

Für den konstruktiven Ingenieurbau wurden zehn Eurocodes, nämlich

EN 1990 Eurocode 0	Grundlagen der Tragwerksplanung,
EN 1991 Eurocode 1	Einwirkung auf Tragwerke,
EN 1992 Eurocode 2	Entwurf, Berechnung und Bemessung von Stahlbetonbauten,
EN 1993 Eurocode 3	Entwurf, Berechnung und Bemessung von Stahlbauten,
EN 1994 Eurocode 4	Entwurf, Berechnung und Bemessung von Stahl-Beton-Verbundbauten,
EN 1995 Eurocode 5	Entwurf, Berechnung und Bemessung von Holzbauten,
EN 1996 Eurocode 6	Entwurf, Berechnung und Bemessung von Mauerwerksbauten,
EN 1997 Eurocode 7	Entwurf, Berechnung und Bemessung in der Geotechnik,

EN 1998 Eurocode 8 Auslegung von Bauwerken gegen Erdbeben,

EN 1999 Eurocode 9 Entwurf, Berechnung und Bemessung von Aluminiumkonstruktionen

bearbeitet. Bis auf EN 1990 umfassen alle Eurocodes mindestens zwei Teile, ergänzt durch den jeweiligen Nationalen Anhang. Insgesamt bestehen die Codes aus 58 einzelnen Normen mit einem Umfang von mehr als 5 200 Seiten (ohne die Nationalen Anhänge).

Alle Eurocodes basieren auf dem Konzept der Teilsicherheiten, nach dem aus charakteristischen Werten F_k der Einwirkungen (z. B. Kräfte, Momente und Temperaturverformungen), und mit entsprechenden Teilsicherheitsbeiwerten γ_F, zugehörige Bemessungswerte der Einwirkungen mit Hilfe von

$$F_d = \gamma_F \cdot F_k \qquad \text{Gl. 14-1}$$

berechnet werden. In analoger Form können Bemessungswerte des Widerstands mit

$$R_d = \frac{R_k}{\gamma_R} \qquad \text{Gl. 14-2}$$

bestimmt werden (mit charakteristischem Widerstand R_k und Teilsicherheitsbeiwert γ_R). Für den einfachsten Fall mit jeweils einer Einwirkung und einem Widerstand ergibt sich für den Grenzzustand der Tragfähigkeit die Beziehung

$$F_d \le R_d \quad \Rightarrow \quad F_k \le \frac{R_k}{\gamma_F \cdot \gamma_R} \qquad \text{Gl. 14-3}$$

Dieses Sicherheitskonzept gilt auch für die ergänzenden deutschen Normen in der Geotechnik wie etwa die DIN 1054:2010-12 [L 2].

Im Grundsatz gilt dieser Ersatz für alle Normenwerke der nationalen Normungsinstitute, da in der seit 1990 geltende Geschäftsordnung der CEN/CENELEC festgelegt ist, dass bei der Annahme von CEN-Normen durch die dazu erforderliche qualifizierte Mehrheit der CEN-Mitglieder alle Mitglieder, und damit auch das DIN, dazu verpflichtet sind, die bis dato geltenden nationalen Bestimmungen durch die angenommenen CEN-Normen nach einer angemessenen Übergangsfrist zu ersetzen. Während dieser Frist laufen die nationalen und die europäischen Bestimmungen parallel. Nationale Normen müssen nicht zurückgezogen werden, wenn es sich bei den angenommenen CEN-Normen um Europäische Vornormen (ENV) handelt.

Letztendlich sind von dem Ersatz nur die nationalen Normen betroffen, die mit europäischen Normen „konkurrieren". Zulässig sind nationale Normen, wenn sie europäische Normen „ergänzen" und diesen nicht widersprechen.

14.3 Eurocode 7

Der Eurocode 7 gliedert sich in

Teil 1 Allgemeine Regeln,

Teil 2 Erkundung und Untersuchung des Baugrunds,

denen als Nationale Anhänge

DIN EN 1997-1/NA [L 75] und

DIN EN 1997-2/NA [L 77]

zugeordnet sind.

Da sich das Arbeiten mit mehreren separaten Normen als in der Praxis wenig sinnvoll erwiesen hat, wurden zur Erleichterung „Normen-Handbücher“ erarbeitet, in denen pro Band mehrere Normen zusammengestellt wurden. Für den Bereich der Geotechnik führte das zu den beiden Bänden

Handbuch Eurocode 7 Geotechnische Bemessung, Band 1: Allgemeine Regeln [L 127] (beinhaltet DIN EN 1997-1 [L 74], DIN EN 1997-1/NA [L 75] und DIN 1054 [L 2]),

Handbuch Eurocode 7 Geotechnische Bemessung, Band 2: Erkundung und Untersuchung [L 129] (beinhaltet DIN EN 1997-2 [L 76], DIN EN 1997-2/NA [L 77] und DIN 4020 [L 19]).

Es ist zu bemerken, dass die mit den Handbüchern angestrebte anwenderfreundliche Form insbesondere mit einem Problem verbunden ist. Im Band 1 (256 Seiten) sind eine Reihe von Ausführungen zu finden, die in Deutschland belanglos sind. Als Beispiel sei das Nachweisverfahren 1 der DIN EN 1997-1 [L 74] herausgegriffen, das vollständig in das Handbuch übernommen wurde, obwohl es, gemäß DIN EN 1997-1/NA, NDP Zu 2.4.7.3.4.1 (1)P [L 75], in Deutschland nicht anzuwenden ist. Im Band 2 (215 Seiten) werden in den Anhängen B, D, E, F, H und K Verfahren anhand von Beispielen dargestellt, die gemäß DIN EN 1997-2/NA [L 77] in Deutschland nicht gebräuchlich sind. Es stellt sich somit die Frage: Hätte das Weglassen solcher Passagen der Anwenderfreundlichkeit der Handbücher geschadet?

Im Jahre 2015 ist eine Neuauflage der beiden Handbücher erschienen ([L 128] und [L 130]). Der neue Band 1 [L 128] unterscheidet sich von der alten Version [L 127] durch die zusätzliche Berücksichtigung der in [L 3] und [L 4] zu findenden Ergänzungen zur DIN 1054 [L 2]. Die im März 2014 erschienene aktuelle Version von DIN EN 1997-1 [L 73] ist unberücksichtigt geblieben. Der Unterschied zwischen der alten [L 129] und der neuen [L 130] Version von Band 2 liegt in der ISBN-Nummer (**I**nternationale **S**tandard**b**uch**n**ummer).

Europaweit einheitliche Regelungen sind mit der DIN EN 1997-1 [L 73] nicht erreicht worden, da diese Norm drei unterschiedliche Sicherheitsnachweisverfahren zulässt (vgl. auch [L 135]), zwischen denen im Zuge der Erstellung des Nationalen Anhangs (siehe nächsten Abschnitt) eines jeden Mitgliedslands gewählt werden kann. Für Deutschland gilt, dass die Nachweisverfahren 2 und 3 angewendet werden.

14.3.1 Nationaler Anhang (NA)

Ein wesentliches Element der Eurocodes ist der jeweilige „Nationale Anhang“ (NA), der ihre Anwendung auf nationaler Ebene überhaupt erst möglich macht, da die CEN-Mitglieder es sich vorbehalten haben, einzelne Sicherheitsaspekte in Abweichung vom Eurocode festzulegen.

Grundsätzlich gilt, dass ein Nationaler Anhang den Inhalt eines Eurocodes in keiner Weise ändern darf. Für den Nationalen Anhang der DIN EN 1997-1 [L 73] bedeutet das z. B., dass nur

- Zahlenwerte für Teilsicherheitsbeiwerte,
- die Entscheidung für ein Bemessungsverfahren (wenn der Eurocode mehrere Verfahren zur Wahl stellt),
- die Entscheidungen hinsichtlich der Anwendung informativer Anhänge,
- länderspezifische Angaben (geografischer, klimatischer Art …),
- ergänzende zusätzliche Angaben, die dem Eurocode nicht widersprechen, dem Anwender beim Umgang mit dem Eurocode aber helfen,

aufgenommen werden dürfen.

Zum Zeitpunkt der Veröffentlichung von DIN EN 1997-1 [L 74] existierte noch kein zu dieser Norm gehörender endgültiger Nationaler Anhang (NA), mit der DIN EN 1997-1/NA [L 75] ist diese „Lücke" aber inzwischen geschlossen.

Da die spezifisch deutschen Erfahrungen vor allem in DIN 1054 enthalten sind, wurde diese Norm in Form der DIN 1054 [L 2] als nationale Ergänzung in die normativen Verweisungen des Nationalen Anhangs von DIN EN 1997-1 [L 73] aufgenommen.

14.3.2 Ergänzende deutsche Berechnungsnormen und Empfehlungen

Da außer in DIN 1054 [L 2] (vgl. Abschnitt 14.3.1) spezifisch deutsche Erfahrungen auch in den deutschen Berechnungsnormen

DIN 4017 [L 9]	(Grundbruchwiderstand von Flachgründungen),
DIN 4019 [L 14]	(Setzungsberechnungen),
DIN 4019-1 Bbl 1 [L 16]	Setzungsberechnungen bei lotrechter, mittiger Belastung; Erläuterungen und Berechnungsbeispiele)
DIN 4019-2 Bbl 1 [L 18]	(Setzungsberechnungen bei schräg und außermittig wirkender Belastung; Erläuterungen und Berechnungsbeispiele)
DIN 4084 [L 28]	(Gelände- und Böschungsbruchberechnungen),
DIN 4085 [L 30]	(Berechnung des Erddrucks)

sowie in den EAB [L 108] enthalten sind, wurden auch diese in die normativen Verweisungen von DIN EN 1997-1/NA [L 75] aufgenommen. In diesem Zusammenhang bleibt aber unklar, warum nicht in gleicher Weise mit den EA-Pfähle [L 109], den EAU [L 110], den EBGEO [L 111] und der DIN 4018 [L 12] verfahren wurde, da nur mit DIN EN 1997-1 [L 73], DIN EN 1997-1/NA [L 75] und DIN 1054 [L 2] eine Bemessung entsprechender Baukonstruktionen nicht möglich ist.

14.4 Europäische geotechnische Ausführungsnormen

Europäische Normen (EN) auf dem Gebiet der Geotechnik, die in den Bereich der Ausführung gehören, werden von dem Technischen Komitee CEN/TC 288 „Ausführung von Arbeiten im Spezialtiefbau" erarbeitet. Als Ergebnisse liegen derzeit vor

DIN EN 1536 [L 64]	(Bohrpfähle)
DIN EN 1537 [L 66]	(Verpressanker)
DIN EN 1538 [L 68]	(Schlitzwände)
DIN EN 12063 [L 78]	(Spundwandkonstruktionen)
DIN EN 12699 [L 79]	(Verdrängungspfähle)

DIN EN 12715 [L 81] (Injektionen)
DIN EN 12716 [L 82] (Düsenstrahlverfahren)
DIN EN 14199 [L 83] (Mikropfähle)
DIN EN 14475 [L 85] (bewehrte Schüttkörper; beachte Berichtigung 1 [L 86])
DIN EN 14490 [L 87] (Bodenvernagelung)
DIN EN 14679 [L 88] (tiefreichende Bodenstabilisierung; beachte Berichtigung 1 [L 89])
DIN EN 14731 [L 90] (Baugrundverbesserung durch Tiefenrüttelverfahren)
DIN EN 15237 [L 91] (Vertikaldräns)

14.5 Weitere europäische geotechnische Normen

Neben den Technischen Komitees CEN/TC 250 (konstruktiver Ingenieurbau) und CEN/TC 288 (Ausführung von Arbeiten im Spezialtiefbau) besteht noch das Komitee CEN/TC 341 „Geotechnische Erkundung und Untersuchung", das im Jahre 2000 von Deutschland initiiert wurde (vgl. [L 133], A 3). Seine Arbeitsgebiete sind

- Benennung und Klassifizierung von Boden und Fels,
- Laborversuche an Böden,
- Bohrungen,
- Probenentnahmen und Grundwassermessungen,
- Versuche an geotechnischen Bauteilen,
- Versuche in Bohrungen,
- Flügel- und Spitzendrucksondierungen.

Zum inzwischen erarbeiteten Normenstand siehe SCHUPPENER [L 133], A 3.

14.6 Bauaufsichtliche Einführung

14.6.1 Allgemeines

Gemäß § 3 Abs. 3 der Musterbauordnung (MBO; Text ist im Internet zu finden, siehe Ausführungen am Ende dieses Abschnitts) sind die zu beachtenden technischen Regeln in den deutschen Bundesländern von deren obersten Baubehörden durch öffentliche Bekanntmachung als Technische Baubestimmungen einzuführen. Für den praktisch tätigen Ingenieur stellen diese Regeln verbindliche Mindestanforderungen dar, von denen nur dann abgewichen werden darf, wenn mit anderen Lösungen in gleichem Maße die allgemeinen Anforderungen von § 3 Abs. 1 der Musterbauordnung erfüllt werden.

In jedem einzelnen Bundesland erfolgt die öffentliche Bekanntmachung der Technischen Baubestimmungen in Form der Veröffentlichung der „Liste der Technischen Baubestimmungen" im Amtsblatt des Bundeslandes. Erst dann sind die Baubestimmungen als bauaufsichtlich eingeführt zu betrachten. Rechtskräftig ist das der Fall, wenn

- die Aufnahme, ggf. mit Ergänzungen, empfohlen wurde von der „Projektgruppe Technische Bestimmungen" der „Bauministerkonferenz" (Zusammenschluss aller der für das Bau-, Wohnungs- und Siedlungswesen zuständigen Minister und Senatoren, vormals ARGEBAU),

- diese Empfehlung in die Form eines Einführungserlasses der obersten Bauaufsichtsbehörde des jeweiligen Bundeslandes umgesetzt wurde,
- dieser Erlass im Amtsblatt des entsprechenden Bundeslandes veröffentlicht wurde.

Die Liste gliedert sich in die Teile I (Technische Regeln für die Planung, Bemessung und Konstruktion baulicher Anlagen und ihrer Teile) und II (Anwendungsregeln für Bauprodukte und Bausätze nach europäischen technischen Zulassungen und harmonisierten Normen nach der Bauproduktenrichtlinie) sowie die Anlagen. Dabei umfasst der Teil I Technische Regeln zu Lastannahmen und Grundlagen der Tragwerksplanung, zur Bemessung und zur Ausführung, zum Brandschutz, zum Wärme- und zum Schallschutz, zum Bautenschutz, zum Gesundheitsschutz und als Planungsgrundlagen. Die Technischen Regeln zur Bemessung und Ausführung beinhalten dabei

- Grundbau,
- Mauerwerksbau,
- Beton-, Stahlbeton- und Spannbetonbau,
- Metallbau,
- Holzbau,
- Bauteile,
- Sonderkonstruktionen.

In die Liste werden nur die technischen Regeln eingeführt, die unerlässlich sind zur Erfüllung der Grundsatzforderungen des Bauordnungsrechts. Als Orientierungsrahmen für die Auswahl der in die Liste des jeweiligen Bundeslandes aufzunehmenden Bestimmungen dient eine von der ARGEBAU fortzuschreibende „Musterliste". Sie wurde erstellt, um deutschlandweit eine möglichst weitgehende Vereinheitlichung der in den einzelnen Bundesländern geltenden Listen zu initiieren. Die aktuelle Liste des jeweiligen Bundeslands kann auf der Internetseite der obersten Baubehörde eingesehen werden. Der Zugang kann z. B. über die Internetadresse http://www.is-argebau.de, verbunden mit dem Mouseclick auf den Button „Länder" hergestellt werden; über diesen Zugang sind auch die entsprechenden Informationen der übrigen Bundesländer erreichbar. Gleichzeitig kann über diese Adresse auch der aktuelle Stand der „Muster-Liste der Technischen Baubestimmungen" und der Musterbauordnung (MBO) eingesehen und heruntergeladen werden. Zugänglich sind die Dokumente mit den aufeinanderfolgenden Mouseclicks auf den Button „Mustervorschriften/Mustererlasse" und den Button „Bauaufsicht/Bautechnik".

14.6.2 Übergang von deutscher auf europäische Normung

Die bis Juni 2012 gültige Muster-Liste der Technischen Baubestimmungen enthielt für den Grundbau elf Normen, bei denen es sich, mit Ausnahme von DIN EN 1536 [L 64], ausschließlich um nationale Normen handelte. Die seit Juni 2015 gültige Liste enthält für den Grundbau sieben Normen, von denen sechs Europäische Normen sind. Fünf Normen ergänzen diese Europäischen Normen (u. a. DIN 1054 [L 2]) und nur eine Norm (DIN 4123 [L 39]) ist eine „reine" Deutsche Norm. Die sieben Normen der Liste sind:

DIN EN 1997-1 [L 74]	(allgemeine Regeln zu Entwurf, Berechnung und Bemessung),
DIN EN 1997-1/NA [L 75]	(Nationaler Anhang zu DIN EN 1997-1 [L 74]),
DIN EN 1536 [L 65]	(Bohrpfähle, ergänzt um DIN SPEC 18140 [L 102]),

DIN EN 1537 [L 67]	(Verpressanker, ergänzt um DIN SPEC 18537 [L 103]),
DIN EN 12699 [L 80]	(Verdrängungspfähle, ergänzt um DIN SPEC 18538 [L 104]),
DIN EN 14199 [L 84]	(Mikropfähle, ergänzt um DIN SPEC 18539 [L 105]),
DIN 4123 [L 39]	(Ausschachtungen, Gründungen und Unterfangungen im Bereich bestehender Gebäude).

Zu einigen dieser Normen enthält die Liste Anlagen mit Ausführungen, die bei der Anwendung der jeweiligen Norm zu beachten sind.

Literaturverzeichnis

L 1 **Christow, C. K.:** Anwendung der Methode „spezifische Setzung" zur Ermittlung der Setzungen infolge einer Grundwasserabsenkung.
Bautechnik 46 (1969), Heft 10, Seite 347 – 348.

L 2 **DIN 1054 (Dezember 2010):** Baugrund – Sicherheitsnachweise im Erd- und Grundbau – Ergänzende Regelungen zu DIN EN 1997-1.

L 3 **DIN 1054/A1 (August 2012):** Baugrund – Sicherheitsnachweise im Erd- und Grundbau – Ergänzende Regelungen zu DIN EN 1997-1:2010; Änderung A1:2012.

L 4 **DIN 1054/A2 (November 2015):** Baugrund – Sicherheitsnachweise im Erd- und Grundbau – Ergänzende Regelungen zu DIN EN 1997-1; Änderung 2.

L 5 **DIN 1054 (Januar 2005):** Baugrund – Sicherheitsnachweise im Erd- und Grundbau.

L 6 **DIN 1054 Beiblatt (November 1976):** Baugrund; Zulässige Belastung des Baugrunds; Erläuterungen.

L 7 **DIN 1055-2 (November 2010):** Einwirkungen auf Tragwerke – Teil 2: Bodenkenngrößen.

L 8 **DIN 1080-1 (Juni 1976):** Begriffe, Formelzeichen und Einheiten im Bauingenieurwesen; Grundlagen.

L 9 **DIN 4017 (März 2006):** Baugrund – Berechnung des Grundbruchwiderstands von Flachgründungen.

L 10 **DIN 4017 Beiblatt 1 (November 2006):** Baugrund – Berechnung des Grundbruchwiderstands von Flachgründungen – Berechnungsbeispiele.

L 11 **DIN 4017-1 Beiblatt 1 (August 1979):** Baugrund; Grundbruchberechnungen von lotrecht mittig belasteten Flachgründungen; Erläuterungen und Berechnungsbeispiele.

L 12 **DIN 4018 (September 1974):** Baugrund; Berechnung der Sohldruckverteilung unter Flächengründungen.

L 13 **DIN 4018 Beiblatt 1 (Mai 1981):** Baugrund; Berechnung der Sohldruckverteilung unter Flächengründungen; Erläuterungen und Berechnungsbeispiele.

L 14 **DIN 4019 (Mai 2015):** Baugrund – Setzungsberechnungen.

L 15 **DIN 4019-1 (April 1979):** Baugrund; Setzungsberechnungen bei lotrechter, mittiger Belastung.

L 16 **DIN 4019-1 Beiblatt 1 (April 1979):** Baugrund; Setzungsberechnungen bei lotrechter, mittiger Belastung; Erläuterungen und Berechnungsbeispiele.

L 17 **DIN 4019-2 (Februar 1981):** Baugrund; Setzungsberechnungen bei schräg und bei außermittig wirkender Belastung.

L 18 **DIN 4019-2 Beiblatt 1 (Februar 1981):** Baugrund; Setzungsberechnungen bei schräg und bei außermittig wirkender Belastung; Erläuterungen und Berechnungsbeispiele.

L 19 **DIN 4020 (Dezember 2010):** Geotechnische Untersuchungen für bautechnische Zwecke – Ergänzende Regelungen zu DIN EN 1997-2.

L 20 **DIN 4020 (September 2003):** Geotechnische Untersuchungen für bautechnische Zwecke.

L 21 **DIN 4020 Beiblatt 1 (Oktober 2003):** Geotechnische Untersuchungen für bautechnische Zwecke; Anwendungshilfen, Erklärungen.

L 22 **DIN 4021 (Oktober 1990):** Baugrund; Aufschluss durch Schürfe und Bohrungen sowie Entnahme von Proben.

L 23 **DIN 4022-1 (September 1987):** Baugrund und Grundwasser; Benennen und Beschreiben von Boden und Fels; Schichtenverzeichnis für Bohrungen ohne durchgehende Gewinnung von gekernten Proben im Boden und Fels.

L 24 **DIN 4023 (Februar 2006):** Geotechnische Erkundung und Untersuchung – Zeichnerische Darstellung der Ergebnisse von Bohrungen und sonstigen direkten Aufschlüssen.

L 25 **DIN 4026 (August 1975):** Rammpfähle; Herstellung, Bemessung und zulässige Belastung.

L 26 **DIN 4030-1 (Juni 2008):** Beurteilung betonangreifender Wässer, Böden und Gase – Teil 1: Grundlagen und Grenzwerte.

L 27 **DIN 4030-2 (Juni 2008):** Beurteilung betonangreifender Wässer, Böden und Gase – Teil 2: Entnahme und Analyse von Wasser- und Bodenproben.

L 28 **DIN 4084 (Januar 2009):** Baugrund – Geländebruchberechnungen.

L 29 **DIN 4084 Beiblatt 1 (Juli 2012):** Baugrund – Geländebruchberechnungen – Beiblatt 1: Berechnungsbeispiele.

L 30 **DIN 4085 (Mai 2011):** Baugrund – Berechnung des Erddrucks.

L 31 **DIN 4085 Beiblatt 1 (Dezember 2011):** Baugrund – Berechnung des Erddrucks – Beiblatt 1: Berechnungsbeispiele.

L 32 **DIN 4085 Beiblatt 1 (Februar 1987):** Baugrund; Berechnung des Erddrucks, Erläuterungen.

L 33 **DIN 4094-1 (Juni 2002):** Baugrund – Felduntersuchungen – Teil 1: Drucksondierungen.

L 34 **DIN 4094-2 (Mai 2003):** Baugrund – Felduntersuchungen – Teil 2: Bohrlochrammsondierung.

L 35 **DIN 4094-3 (Januar 2002):** Baugrund – Felduntersuchungen – Teil 3: Rammsondierungen.

L 36 **DIN 4094-4 (Januar 2002):** Baugrund – Felduntersuchungen – Teil 4: Flügelscherversuche.

L 37 **DIN 4107-2 (März 2011):** Geotechnische Messungen – Teil 2: Extensometer- und Konvergenzmessungen.

L 38 **DIN 4107-3 (März 2011):** Geotechnische Messungen – Teil 3: Inklinometer- und Deflektometermessungen.

L 39 **DIN 4123 (April 2013):** Ausschachtungen, Gründungen und Unterfangungen im Bereich bestehender Gebäude.

L 40 **DIN 18121-2 (Februar 2012):** Baugrund, Untersuchung von Bodenproben – Wassergehalt – Teil 2: Bestimmung durch Schnellverfahren.

L 41 **DIN 18122-1 (Juli 1997):** Baugrund, Untersuchung von Bodenproben – Zustandsgrenzen (Konsistenzgrenzen) – Teil 1: Bestimmung der Fließ- und Ausrollgrenze.

L 42 **DIN 18122-2 (September 2000):** Baugrund, Untersuchung von Bodenproben – Zustandsgrenzen (Konsistenzgrenzen) – Teil 2: Bestimmung der Schrumpfgrenze.

L 43 **DIN 18123 (April 2011):** Baugrund, Untersuchung von Bodenproben – Bestimmung der (Korngrößenverteilung.

L 44 **DIN 18124 (April 2011):** Baugrund, Untersuchung von Bodenproben – Bestimmung der Korndichte – Kapillarpyknometer, Weithalspyknometer, Gaspyknometer.

L 45 **DIN 18125-2 (März 2011):** Baugrund, Untersuchung von Bodenproben – Bestimmung der Dichte des Bodens – Teil 2: Feldversuche.

L 46 **DIN 18126 (November 1996):** Baugrund, Untersuchung von Bodenproben – Bestimmung der Dichte nichtbindiger Böden bei lockerster und dichtester Lagerung.

L 47 **DIN 18127 (September 2012):** Baugrund, Untersuchung von Bodenproben – Proctorversuch.

L 48 **DIN 18128 (Dezember 2002):** Baugrund; Untersuchung von Bodenproben – Bestimmung des Glühverlustes.

L 49 **DIN 18129 (Juli 2011):** Baugrund, Untersuchung von Bodenproben – Kalkgehaltsbestimmung.

L 50 **DIN 18130-1 (Mai 1998):** Baugrund, Untersuchung von Bodenproben – Bestimmung des Wasserdurchlässigkeitsbeiwerts – Teil 1: Laborversuche.

L 51 **DIN 18130-2 (August 2015):** Baugrund, Untersuchung von Bodenproben – Bestimmung des Wasserdurchlässigkeitsbeiwerts – Teil 2: Feldversuche.

L 52 **DIN 18134 (April 2012):** Baugrund – Versuche und Versuchsgeräte – Plattendruckversuch.

L 53 **DIN 18135 (April 2012):** Baugrund – Untersuchung von Bodenproben – Eindimensionaler Kompressionsversuch.

L 54 **DIN 18136 (November 2003):** Baugrund – Untersuchung von Bodenproben – Einaxialer Druckversuch.

L 55 **DIN 18137-1 (Juli 2010)**: Baugrund, Untersuchung von Bodenproben – Bestimmung der Scherfestigkeit – Teil 1: Begriffe und grundsätzliche Versuchsbedingungen.

L 56 **DIN 18137-2 (April 2011)**: Untersuchung von Bodenproben – Bestimmung der Scherfestigkeit – Teil 2: Triaxialversuch.

L 57 **DIN 18137-3 (September 2002):** Baugrund, Untersuchung von Bodenproben – Bestimmung der Scherfestigkeit – Teil 3: Direkter Scherversuch.

L 58 **DIN 18196 (Mai 2011):** Erd- und Grundbau – Bodenklassifikation für bautechnische Zwecke.

L 59 **DIN 18300 (April 2015):** VOB Vergabe- und Vertragsordnung für Bauleistungen – Teil C: Allgemeine Technische Vertragsbedingungen für Bauleistungen (ATV) – Erdarbeiten.

L 60 **DIN 19682-1 (Juli 2007):** Bodenbeschaffenheit – Felduntersuchungen – Teil 1: Bestimmung der Bodenfarbe.

L 61 **DIN 19682-2 (Juli 2014):** Bodenbeschaffenheit – Felduntersuchungen – Teil 2: Bestimmung der Bodenart.

L 62 **DIN 19682-8 (Juli 2012):** Bodenbeschaffenheit – Felduntersuchungen – Teil 8: Bestimmung der Wasserdurchlässigkeit mit der Bohrlochmethode.

L 63 **DIN 19682-12 (November 2007):** Bodenbeschaffenheit – Felduntersuchungen – Teil 12: Bestimmung des Zersetzungsgrades der Torfe.

L 64 **DIN EN 1536 (Oktober 2015):** Ausführung von Arbeiten im Spezialtiefbau – Bohrpfähle; Deutsche Fassung EN 1536:2010 + A1:2015.

L 65 **DIN EN 1536 (Dezember 2010):** Ausführung von Arbeiten im Spezialtiefbau – Bohrpfähle; Deutsche Fassung EN 1536:2010.

L 66 **DIN EN 1537 (Juli 2014):** Ausführungen von Arbeiten im Spezialtiefbau – Verpressanker; Deutsche Fassung EN 1537:2013.

L 67 **DIN EN 1537 (Januar 2001):** Ausführungen von besonderen geotechischen Arbeiten (Spezialtiefbau) – Verpressanker; Deutsche Fassung EN 1537:1999 + AC:2000.

L 68 **DIN EN 1538 (Oktober 2015):** Ausführung von Arbeiten im Spezialtiefbau – Schlitzwände; Deutsche Fassung EN 1538:2010 + A1:2015.

L 69 **DIN EN 1990 (Dezember 2010):** Eurocode: Grundlagen der Tragwerksplanung; Deutsche Fassung EN 1990:2002 + A1:2005 + A1:2005/AC:2010.

L 70 **DIN EN 1990/NA (Dezember 2010):** Nationaler Anhang – National festgelegte Parameter – Eurocode: Grundlagen der Tragwerksplanung.

L 71 **DIN EN 1992-1-1 (Januar 2011):** Eurocode 2: Bemessung und Konstruktion von Stahlbeton- und Spannbetontragwerken – Teil 1-1: Allgemeine Bemessungsregeln und Regeln für den Hochbau; Deutsche Fassung EN 1992-1-1:2004 + AC:2010.

L 72 **DIN EN 1992-1-1/NA (April 2013):** Nationaler Anhang – National festgelegte Parameter – Eurocode 2: Bemessung und Konstruktion von Stahlbeton- und Spannbetontragwerken – Teil 1-1: Allgemeine Bemessungsregeln und Regeln für den Hochbau.

L 73 **DIN EN 1997-1 (März 2014):** Eurocode 7 – Entwurf, Berechnung und Bemessung in der Geotechnik – Teil 1: Allgemeine Regeln; Deutsche Fassung EN 1997-1:2004 + AC:2009 + A1:2013.

L 74 **DIN EN 1997-1 (September 2009):** Eurocode 7 – Entwurf, Berechnung und Bemessung in der Geotechnik – Teil 1: Allgemeine Regeln; Deutsche Fassung EN 1997-1:2004 + AC:2009.

L 75 **DIN EN 1997-1/NA (Dezember 2010):** Nationaler Anhang – National festgelegte Parameter – Eurocode 7: Entwurf, Berechnung und Bemessung in der Geotechnik – Teil 1: Allgemeine Regeln.

L 76 **DIN EN 1997-2 (Oktober 2010):** Eurocode 7: Entwurf, Berechnung und Bemessung in der Geotechnik – Teil 2: Erkundung und Untersuchung des Baugrunds; Deutsche Fassung EN 1997-2:2007 + AC:2010.

L 77 **DIN EN 1997-2/NA (Dezember 2010):** Nationaler Anhang – National festgelegte Parameter – Eurocode 7: Entwurf, Berechnung und Bemessung in der Geotechnik – Teil 2: Erkundung und Untersuchung des Baugrunds.

L 78 **DIN EN 12063 (Mai 1999):** Ausführungen von besonderen geotechnischen Arbeiten (Spezialtiefbau) – Spundwandkonstruktionen; Deutsche Fassung EN 12063:1999.

L 79 **DIN EN 12699 (Juli 2015):** Ausführung von Arbeiten im Spezialtiefbau – Verdrängungspfähle; Deutsche Fassung EN 12699:2015.

L 80 **DIN EN 12699 (Mai 2001):** Ausführung spezieller geotechnischer Arbeiten (Spezialtiefbau) – Verdrängungspfähle; Deutsche Fassung EN 12699:2000.

L 81 **DIN EN 12715 (Oktober 2000):** Ausführung von besonderen geotechnischen Arbeiten (Spezialtiefbau) – Injektionen; Deutsche Fassung EN 12715:2000.

L 82 **DIN EN 12716 (Dezember 2001):** Ausführung von besonderen geotechnischen Arbeiten (Spezialtiefbau) – Düsenstrahlverfahren (Hochdruckinjektion, Hochdruckbodenvermörtelung, Jetting); Deutsche Fassung EN 12716:2001.

L 83 **DIN EN 14199 (Juli 2015):** Ausführung von Arbeiten im Spezialtiefbau – Mikropfähle; Deutsche Fassung EN 14199:2015.

L 84 **DIN EN 14199 (Januar 2012):** Ausführung von besonderen geotechnischen Arbeiten (Spezialtiefbau) – Pfähle mit kleinen Durchmessern (Mikropfähle); Deutsche Fassung EN 14199:2005.

L 85 **DIN EN 14475 (April 2006):** Ausführung von besonderen geotechnischen Arbeiten (Spezialtiefbau) – Bewehrte Schüttkörper; Deutsche Fassung EN 14475:2006.

L 86 **DIN EN 14475 Berichtigung 1 (Dezember 2006):** Ausführung von besonderen geotechnischen Arbeiten (Spezialtiefbau) – Bewehrte Schüttkörper; Deutsche Fassung EN 14475:2006, Berichtigungen zu DIN EN 14475:2006-04; Deutsche Fassung EN 14475:2006/AC:2006.

L 87 **DIN EN 14490 (November 2010):** Ausführung von Arbeiten im Spezialtiefbau – Bodenvernagelung; Deutsche Fassung EN 14490:2010.

L 88 **DIN EN 14679 (Juli 2005):** Ausführung von besonderen geotechnischen Arbeiten (Spezialtiefbau) – Tiefreichende Bodenstabilisierung; Deutsche Fassung EN 14679:2005.

L 89 **DIN EN 14679 Berichtigung 1 (September 2006):** Ausführung von besonderen geotechnischen Arbeiten (Spezialtiefbau) – Tiefreichende Bodenstabilisierung; Deutsche Fassung EN 14679:2005, Berichtigungen zu DIN EN 14679:2005-07; Deutsche Fassung EN 14679:2005/AC:2006.

L 90 **DIN EN 14731 (Dezember 2005):** Ausführung von besonderen geotechnischen Arbeiten (Spezialtiefbau) – Baugrundverbesserung durch Tiefenrüttelverfahren; Deutsche Fassung EN 14731:2005.

L 91 **DIN EN 15237 (Juni 2007):** Ausführung von besonderen geotechnischen Arbeiten (Spezialtiefbau) – Vertikaldräns; Deutsche Fassung EN 15237:2007.

L 92 **DIN EN ISO 14688-1 (Dezember 2013):** Geotechnische Erkundung und Untersuchung – Benennung, Beschreibung und Klassifizierung von Boden – Teil 1: Benennung und Beschreibung (ISO 14688-1:2002 + Amd 1:2013); Deutsche Fassung EN ISO 14688-1: 2002 + A1:2013.

L 93 **DIN EN ISO 14688-2 (Dezember 2013):** Geotechnische Erkundung und Untersuchung – Benennung, Beschreibung und Klassifizierung von Boden – Teil 2: Grundlagen für Bodenklassifizierungen (ISO 14688-2:2004 + Amd 1:2013); Deutsche Fassung EN ISO 14688-2:2004 + A1:2013.

L 94 **DIN EN ISO 14689-1 (Juni 2011):** Geotechnische Erkundung und Untersuchung – Benennung, Beschreibung und Klassifizierung von Fels – Teil 1: Benennung und Beschreibung (ISO 14689-1:2003); Deutsche Fassung EN ISO 14689-1:2003.

L 95 **DIN EN ISO 17892-1 (März 2015):** Geotechnische Erkundung und Untersuchung – Laborversuche an Bodenproben – Teil 1: Bestimmung des Wassergehalts (ISO 17892-1: 2014); Deutsche Fassung EN ISO 14892-1:2014.

L 96 **DIN EN ISO 18674-1 (September 2015):** Geotechnische Erkundung und Untersuchung – Geotechnische Messungen – Teil 1: Allgemeine Regeln (ISO 18674-1:2015); Deutsche Fassung EN ISO 18674-1:2015.

L 97 **DIN EN ISO 22475-1 (Januar 2007):** Geotechnische Erkundung und Untersuchung – Probenentnahmeverfahren und Grundwassermessungen – Teil 1: Technische Grundlagen und Ausführungen (ISO 22475-1:2006); Deutsche Fassung EN ISO 22475-1:2006.

L 98 **DIN EN ISO 22476-1 (Oktober 2013):** Geotechnische Erkundung und Untersuchung – Felduntersuchungen – Teil 1: Drucksondierungen mit elektrischen Messwertaufnehmern und Messeinrichtungen für den Porenwasserdruck (ISO 22476-1:2012 + Cor. 1:2013); Deutsche Fassung EN ISO 22476-1:2012 + AC:2013.

L 99 **DIN EN ISO 22476-2 (März 2012):** Geotechnische Erkundung und Untersuchung – Felduntersuchungen – Teil 2: Rammsondierungen (ISO 22476-2:2005 + Amd 1:2011); Deutsche Fassung EN ISO 22476-2:2005 + A1:2011.

L 100 **DIN EN ISO 22476-3 (März 2012):** Geotechnische Erkundung und Untersuchung – Felduntersuchungen – Teil 3: Standard Penetration Test (ISO 22476-3:2005 + Amd 1:2011); Deutsche Fassung EN ISO 22476-3:2005 + A1:2011.

L 101 **DIN EN ISO 22476-12 (Oktober 2009):** Geotechnische Erkundung und Untersuchung – Felduntersuchungen – Teil 12: Drucksondierungen mit mechanischen Messwertaufnehmern (ISO 22476-12:2009); Deutsche Fassung EN ISO 22476-12:2009.

L 102 **DIN SPEC 18140 (Februar 2012):** Ergänzende Festlegungen zu DIN EN 1536:2010-12, Ausführung von Arbeiten im Spezialtiefbau – Bohrpfähle.

L 103 **DIN SPEC 18537 (Februar 2012):** Ergänzende Festlegungen zu DIN EN 1537:2001-01, Ausführung von besonderen geotechnischen Arbeiten (Spezialtiefbau) – Verpressanker.

L 104 **DIN SPEC 18538 (Februar 2012):** Ergänzende Festlegungen zu DIN EN 12699:2001-05, Ausführung spezieller geotechnischer Arbeiten (Spezialtiefbau) – Verdrängungspfähle.

L 105 **DIN SPEC 18539 (Februar 2012):** Ergänzende Festlegungen zu DIN EN 14199:2012-01, Ausführung von besonderen geotechnischen Arbeiten (Spezialtiefbau) – Pfähle mit kleinen Durchmessern (Mikropfähle).

L 106 **DIN-Fachbericht 130 (2003):** Wechselwirkung Baugrund/Bauwerk bei Flachgründungen.

L 107 **Dörken, W.; Dehne, E.:** Grundbau in Beispielen.
Teil 2, Werner-Verlag, Düsseldorf 1995.

L 108 **Empfehlungen des Arbeitskreises „Baugruben“: EAB.**
Herausgegeben von der Deutschen Gesellschaft für Geotechnik e. V.
5. Auflage, Ernst & Sohn, Berlin 2012.

L 109 **Empfehlungen des Arbeitskreises „Pfähle“: EA-Pfähle.**
Herausgegeben von der Deutschen Gesellschaft für Geotechnik e. V.
Ernst & Sohn, Berlin 2012.

L 110 **Empfehlungen des Arbeitsausschusses „Ufereinfassungen“: Häfen und Wasserstraßen; EAU 2012.**
Herausgegeben vom Arbeitsausschuss „Ufereinfassungen“ der Hafenbautechnischen Gesellschaft e. V. und der Deutschen Gesellschaft für Erd- und Grundbau e. V.
11. Auflage, Ernst & Sohn, Berlin 2012.

L 111 **Empfehlungen für den Entwurf und die Berechnung von Erdkörpern mit Bewehrungen aus Geokunststoffen – EBGEO.**
Herausgegeben von der Deutschen Gesellschaft für Geotechnik e. V. (DGGT)
2. Auflage, Ernst & Sohn, Berlin 2010.

L 112 **Empfehlungen „Verformungen des Baugrunds bei baulichen Anlagen“ – EVB.**
Erarbeitet durch den Arbeitskreis „Berechnungsverfahren“ der Deutschen Gesellschaft für Erd- und Grundbau e. V.
Ernst & Sohn, Berlin 1993.

L 113 **FISCHER, K.:** Beispiele zur Bodenmechanik; Aufsätze mit Formeln, Tafeln und Schaubildern. Verlag von Wilhelm Ernst & Sohn, Berlin 1965.

L 114 **Grundbau-Taschenbuch** (Hrsg. und Schriftl.: ULRICH SMOLTCZYK). Teil 1, 5. Auflage, Ernst & Sohn, Berlin 1996.

L 115 **Grundbau-Taschenbuch** (Hrsg. und Schriftl.: ULRICH SMOLTCZYK). Teil 1, 6. Auflage, Ernst & Sohn, Berlin 2001.

L 116 **Grundbau-Taschenbuch** (Hrsg. und Schriftl.: KARL Josef WITT). Teil 1, 7. Auflage, Ernst & Sohn, Berlin 2008.

L 117 **Grundbau-Taschenbuch** (Hrsg. und Schriftl.: KARL Josef WITT). Teil 3, 7. Auflage, Ernst & Sohn, Berlin 2009.

L 118 **GUDEHUS, G.:** Bodenmechanik. Ferdinand Enke Verlag, Stuttgart 1981.

L 119 **HÜLSDÜNKER, A.:** Maximale Bodenpressung unter rechteckigen Fundamenten bei Belastung mit Momenten in beiden Achsrichtungen. Bautechnik 41 (1964), Heft 8, Seite 269.

L 120 **KANY, M.:** Berechnung von Flächengründungen. 1. Band, 2. Auflage, Verlag von Wilhelm Ernst & Sohn, Berlin 1974.

L 121 **KANY, M.:** Berechnung von Flächengründungen. 2. Band, 2. Auflage, Verlag von Wilhelm Ernst & Sohn, Berlin 1974.

L 122 **MATL, F.:** Zur Berechnung der Setzung und Schiefstellung des exzentrisch belasteten starren Plattenstreifens. Österreichische Bauzeitschrift 9 (1954), Heft 4, Seite 65 – 70.

L 123 **Merkblatt über geotechnische Untersuchungen und Berechnungen im Straßenbau.** Ausgabe 2004, Forschungsgesellschaft für Straßen- und Verkehrswesen e.V. Arbeitsgruppe Erd- und Grundbau, Köln. FGSV Verlag GmbH, Köln 2004.

L 124 **MÖLLER, G.:** Geotechnik kompakt, Bodenmechanik. Bauwerk, Berlin 2001.

L 125 **MÖLLER, G.:** Geotechnik kompakt, Band 2: Grundbau nach Eurocode 7. 4. Auflage, Beuth Verlag, Berlin 2012.

L 126 **MÖLLER, G.:** Geotechnik, Bodenmechanik. Ernst & Sohn, Berlin 2016.

L 127 **Normen-Handbuch Eurocodes, Handbuch Eurocode 7, Geotechnische Bemessung,** Band 1: Allgemeine Regeln. Beuth Verlag, Berlin 2011.

L 128 **Normen-Handbuch Eurocodes, Handbuch Eurocode 7, Geotechnische Bemessung,** Band 1: Allgemeine Regeln. Beuth Verlag, Berlin 2015.

L 129 **Normen-Handbuch Eurocodes, Handbuch Eurocode 7, Geotechnische Bemessung,** Band 2: Erkundung und Untersuchung. Beuth Verlag, Berlin 2011.

L 130 **Normen-Handbuch Eurocodes, Handbuch Eurocode 7, Geotechnische Bemessung,** Band 2: Erkundung und Untersuchung. Beuth Verlag, Berlin 2015.

L 131 **ÖNORM B 4420 (Jänner 1989):** Erd- und Grundbau; Untersuchung von Bodenproben; Grundsätze für die Durchführung und Auswertung von Kompressionsversuchen.

L 132 **Pregl, O.:** Bemessung von Stützbauwerken.
Handbuch der Geotechnik, Band 16, Eigenverlag des Institutes für Geotechnik, Universität für Bodenkultur Wien, Wien 2002.

L 133 **Schuppener, B. (Hrsg):** Kommentar zum Handbuch Eurocode **7** – Geotechnische Bemessungen: Allgemeine Regeln.
Ernst & Sohn, Berlin 2012.

L 134 **Simmer, K.:** Grundbau.
Teil 1, 19. Auflage, B. G. Teubner, Stuttgart 1994.

L 135 **Smoltczyk, U.; Schuppener, B.:** Standsicherheitsnachweise für Flachgründungen nach dem Eurocode 7 Teil 1.
Vorträge der Baugrundtagung 2000 in Hannover, Seite 149 – 157, Deutsche Gesellschaft für Geotechnik e. V., Essen.

L 136 **Sokolovskii, V. V.:** Statics of Granular Media.
Pergamon Press, Oxford 1965.

L 137 **Steinbrenner, W.:** Tafeln zur Setzungsberechnung.
Strasse, 1. Jahrgang, Seite 121 ff. Volk und Reich Verlag, Berlin 1934.

L 138 **Weißenbach, A.:** Baugruben.
Teil II (Berechnungsgrundlagen), Ernst & Sohn, Berlin 1985.

L 139 **Zusätzliche Technische Vertragsbedingungen und Richtlinien für Erdarbeiten im Straßenbau (ZTVE- StB 09).**
Ausgabe 1994, Herausgeber: Bundesministerium für Verkehr, Abteilung Straßenbau, Forschungsgesellschaft für Straßen- und Verkehrswesen, Köln.

Firmenverzeichnis

F 1 Civilserve GmbH – EDV für das Bauwesen
Weuert 5
D-49439 Steinfeld
Telefon: +49 (0) 54 92/96 29 2 - 0
Telefax: +49 (0) 54 92/96 29 2 - 5
Homepage: http://www.civilserve.com

F 2 Corel GmbH
Edisonstraße 6
D-85716 Unterschleißheim
Telefon: +49 (0) 89/321 73 - 0
Telefax: +49 (0) 89/321 73 - 100
Homepage: http://www.corel.de

F 3 SEBA Hydrometrie GmbH & Co. KG
Gewerbestraße 61 A
D-87600 Kaufbeuren
Telefon: +49 (0) 8341/96 48-0
Telefax: +49 (0) 8341/96 48-48
Homepage: http://www.seba-hydrometrie.com

Stichwortverzeichnis

A

B

C

D

E

F

G

S

T

U

V

Inserentenverzeichnis

Die inserierenden Firmen und die Aussagen in Inseraten stehen nicht notwendigerweise in einem Zusammenhang mit den in diesem Buch abgedruckten Normen. Aus dem Nebeneinander von Inseraten und redaktionellem Teil kann weder auf die Normgerechtheit der beworbenen Produkte oder Verfahren geschlossen werden, noch stehen die Inserenten notwendigerweise in einem besonderen Zusammenhang mit den wiedergegebenen Normen. Die Inserenten dieses Buches müssen auch nicht Mitarbeiter eines Normenausschusses oder Mitglied des DIN sein. Inhalt und Gestaltung der Inserate liegen außerhalb der Verantwortung des DIN.

Zuschriften bezüglich des Anzeigenteils werden erbeten an:

Beuth Verlag GmbH
Anzeigenverwaltung
Am DIN-Platz
Burggrafenstraße 6
10787 Berlin